2026
The Newest Edition
최신판

핵심이론+10개년 기출

위험물산업기사 기출문제집 필기

저자 김재호

핵심이론 저자직강
동영상 강의 무료
cafe.naver.com/sehwabooks

도서출판 세화

NAVER 카페 cafe.naver.com/sehwabooks

주기율표(Periodic table)

머리말

오늘날 우리는 급속도로 변화하는 산업사회에 살고 있다. 이러한 경제 성장과 함께 중화학공업도 급진적으로 발전하면서 여기에 사용되는 위험물의 종류도 다양해지고, 이에 따른 안전사고도 증가함으로써 많은 인명 손실과 재산상의 피해가 늘고 있는 실정이다. 그러므로 사업주들도 심각한 지경에 이른 안전 문제를 노사간의 차원으로 신중하게 인식해야 한다.

이러한 시대적 요청에 따라 위험물 취급자의 수요는 더욱 증가하리라 생각하여 위험물을 취급하고자 하는 관계자들에게 조금이나마 도움이 되길 바라는 마음으로 이 책을 출간하게 되었다. 그러나 복잡한 생활 속에서 시간적인 여유가 없을 뿐더러 짧은 시간에 위험물 취급에 대한 전반적인 지식을 습득하기에는 많은 어려움이 있을 것이다.

이에 따라 그동안 강단에서의 오랜 강의 경험과 틈틈이 준비하였던 자료와 현장실무 경험을 바탕으로 책으로 펴내게 되었다. 따라서, 위험물 산업기사 수험생과 산업 현장에서 실무에 종사하시는 산업역군들에게 조그마한 도움이 되었으면 저자로서는 다행이라고 생각이 되며, 미흡한 점을 수정 보완하여 판이 거듭될 때마다 완벽한 기술도서가 될 수 있도록 노력할 것을 약속하면서 끝으로 본서의 출간을 위해 온갖 정성을 기울여 주신 세화출판사 박 용 사장님 그리고 임직원 여러분들에게 감사의 뜻을 표한다.

저자 씀

출제기준(필기)

- 직무 분야 : 화학·위험물
- 자격 종목 : 위험물산업기사
- 검정 방법 : 객관식(시험시간 : 1시간 30분)
- 직무내용 : 위험물제조소등에서 위험물을 제조·저장·취급하고 작업자를 교육·지시·감독하며, 각 설비에 대한 점검과 재해 발생 시 사고대응 등의 안전관리 업무를 수행하는 직무이다.

시험 과목	출제 문제 수	주요 항목	세부 항목	세세 항목
물질의 물리·화학적 성질	20	1. 기초 화학	(1) 물질의 상태와 화학의 기본법칙	❶ 물질의 상태와 변화 ❷ 화학의 기초법칙 ❸ 화학 결합
			(2) 원자의 구조와 원소의 주기율	❶ 원자의 구조 ❷ 원소의 주기율표
			(3) 산, 염기	❶ 산과 염기 ❷ 염 ❸ 수소이온농도
			(4) 용액	❶ 용액 ❷ 용해도 ❸ 용액의 농도
			(5) 산화, 환원	❶ 산화 ❷ 환원
		2. 유기화합물 위험성 파악	(1) 유기화합물 종류·특성 및 위험성	❶ 유기화합물의 개념 ❷ 유기화합물의 종류 ❸ 유기화합물의 명명법 ❹ 유기화합물의 특성 및 위험성
		3. 무기화합물 위험성 파악	(1) 무기화합물 종류·특성 및 위험성	❶ 무기화합물의 개념 ❷ 무기화합물의 종류 ❸ 무기화합물의 명명법 ❹ 무기화합물의 특성 및 위험성 ❺ 방사성 원소
화재예방과 소화방법	20	1. 위험물 사고 대비·대응	(1) 위험물 사고 대비	❶ 위험물의 화재예방 ❷ 취급 위험물의 특성 ❸ 안전장비의 특성
			(2) 위험물 사고 대응	❶ 위험물시설의 특성 ❷ 초동조치 방법 ❸ 위험물의 화재시 조치
		2. 위험물 화재예방·소화방법	(1) 위험물 화재예방 방법	❶ 위험물과 비위험물 판별 ❷ 연소이론 ❸ 화재의 종류 및 특성 ❹ 폭발의 종류 및 특성
			(2) 위험물 소화방법	❶ 소화이론 ❷ 위험물 화재 시 조치방법 ❸ 소화설비에 대한 분류 및 작동방법 ❹ 소화약제의 종류 ❺ 소화약제별 소화원리
		3. 위험물 제조소등의 안전계획	(1) 소화설비 적응성	❶ 유별 위험물의 품명 및 지정수량 ❷ 유별 위험물의 특성 ❸ 대상물 구분별 소화설비의 적응성
			(2) 소화 난이도 및 소화설비 적용	❶ 소화설비의 설치기준 및 구조·원리 ❷ 소화난이도별 제조소등 소화설비 기준
			(3) 경보설비·피난설비 적용	❶ 제조소등 경보설비의 설치대상 및 종류 ❷ 제조소등 피난설비의 설치대상 및 종류 ❸ 제조소등 경보설비의 설치기준 및 구조·원리 ❹ 제조소등 피난설비의 설치기준 및 구조·원리
위험물 성상 및 취급	20	1. 제1류 위험물 취급	(1) 성상 및 특성	❶ 제1류 위험물의 종류 ❷ 제1류 위험물의 성상 ❸ 제1류 위험물의 위험성·유해성
			(2) 저장 및 취급방법의 이해	❶ 제1류 위험물의 저장방법 ❷ 제1류 위험물의 취급방법
		2. 제2류 위험물 취급	(1) 성상 및 특성	❶ 제2류 위험물의 종류 ❷ 제2류 위험물의 성상 ❸ 제2류 위험물의 위험성·유해성
			(2) 저장 및 취급방법의 이해	❶ 제2류 위험물의 저장방법 ❷ 제2류 위험물의 취급방법
		3. 제3류 위험물 취급	(1) 성상 및 특성	❶ 제3류 위험물의 종류 ❷ 제3류 위험물의 성상 ❸ 제3류 위험물의 위험성·유해성
			(2) 저장 및 취급방법의 이해	❶ 제3류 위험물의 저장방법 ❷ 제3류 위험물의 취급방법

〈적용 기간 : 2025. 1. 1. ~ 2029. 12. 31.〉

시험 과목	출제 문제 수	주요 항목	세부 항목	세세 항목
위험물 성상 및 취급	20	4. 제4류 위험물 취급	(1) 성상 및 특성	❶ 제4류 위험물의 종류 ❷ 제4류 위험물의 성상 ❸ 제4류 위험물의 위험성·유해성
			(2) 저장 및 취급방법의 이해	❶ 제4류 위험물의 저장방법 ❷ 제4류 위험물의 취급방법
		5. 제5류 위험물 취급	(1) 성상 및 특성	❶ 제5류 위험물의 종류 ❷ 제5류 위험물의 성상 ❸ 제5류 위험물의 위험성·유해성
			(2) 저장 및 취급방법의 이해	❶ 제5류 위험물의 저장방법 ❷ 제5류 위험물의 취급방법
		6. 제6류 위험물 취급	(1) 성상 및 특성	❶ 제6류 위험물의 종류 ❷ 제6류 위험물의 성상 ❸ 제6류 위험물의 위험성·유해성
			(2) 저장 및 취급방법의 이해	❶ 제6류 위험물의 저장방법 ❷ 제6류 위험물의 취급방법
		7. 위험물 운송·운반	(1) 위험물 운송기준	❶ 위험물운송자의 자격 및 업무 ❷ 위험물 운송방법 ❸ 위험물 운송 안전조치 및 준수사항 ❹ 위험물 운송차량 위험성 경고 표지
			(2) 위험물 운반기준	❶ 위험물운반자의 자격 및 업무 ❷ 위험물 용기기준, 적재방법 ❸ 위험물 운반방법 ❹ 위험물 운반 안전조치 및 준수사항 ❺ 위험물 운반차량 위험성 경고 표지
		8. 위험물 제조소등의 유지관리	(1) 위험물 제조소	❶ 제조소의 위치기준 ❷ 제조소의 구조기준 ❸ 제조소의 설비기준 ❹ 제조소의 특례기준
			(2) 위험물 저장소	❶ 옥내저장소의 위치, 구조, 설비기준 ❷ 옥외탱크저장소의 위치, 구조, 설비기준 ❸ 옥내탱크저장소의 위치, 구조, 설비기준 ❹ 지하탱크저장소의 위치, 구조, 설비기 ❺ 간이탱크저장소의 위치, 구조, 설비기준 ❻ 이동탱크저장소의 위치, 구조, 설비기준 ❼ 옥외저장소의 위치, 구조, 설비기준 ❽ 암반탱크저장소의 위치, 구조, 설비기준
			(3) 위험물 취급소	❶ 주유취급소의 위치, 구조, 설비기준 ❷ 판매취급소의 위치, 구조, 설비기준 ❸ 이송취급소의 위치, 구조, 설비기준 ❹ 일반취급소의 위치, 구조, 설비기준
			(4) 제조소등의 소방시설 점검	❶ 소화난이도 등급 ❷ 소화설비 적응성 ❸ 소요단위 및 능력단위 산정 ❹ 옥내소화전설비 점검 ❺ 옥외소화전설비 점검 ❻ 스프링클러설비 점검 ❼ 물분무소화설비 점검 ❽ 포소화설비 점검 ❾ 불활성가스 소화설비 점검 ❿ 할로겐화물소화설비 점검 ⓫ 분말소화설비 점검 ⓬ 수동식소화기설비 점검 ⓭ 경보설비 점검 ⓮ 피난설비 점검
		9. 위험물 저장·취급	(1) 위험물 저장기준	❶ 위험물 저장의 공통기준 ❷ 위험물 유별 저장의 공통기준 ❸ 제조소등에서의 저장기준
			(2) 위험물 취급기준	❶ 위험물 취급의 공통기준 ❷ 위험물 유별 취급의 공통기준 ❸ 제조소등에서의 취급기준
		10. 위험물 안전관리 감독 및 행정처리	(1) 위험물시설 유지관리감독	❶ 위험물시설 유지관리 감독 ❷ 예방규정 작성 및 운영 ❸ 정기검사 및 정기점검 ❹ 자체소방대 운영 및 관리
			(2) 위험물안전관리법상 행정사항	❶ 제조소등의 허가 및 완공검사 ❷ 탱크안전 성능검사 ❸ 제조소등의 지위승계 및 용도폐지 ❹ 제조소등의 사용정지, 허가취소 ❺ 과징금, 벌금, 과태료, 행정명령

차례

- 머리말 5

제1과목 일반화학

1. 물질의 상태와 구조 ·· 12
2. 원자 구조 및 화학 결합 ·· 20
3. 유기화합물 ·· 29

제2과목 위험물의 연소특성

1. 화재 예방 ·· 34
2. 소화 방법 ·· 37
3. 소방 시설 ·· 46
4. 능력 단위 및 소요 단위 ·· 54

제3과목 위험물의 성질과 취급

1. 제1류 위험물의 품명과 지정수량 ·· 58
2. 제2류 위험물의 품명과 지정수량 ·· 65
3. 제3류 위험물의 품명과 지정수량 ·· 70
4. 제4류 위험물의 품명과 지정수량 ·· 76
5. 제5류 위험물의 품명과 지정수량 ·· 84
6. 제6류 위험물의 품명과 지정수량 ·· 89

제4과목 위험물안전관리법

1. 총칙 ··· 92
2. 위험물의 취급 기준 ··· 95
3. 위험물 시설의 구분 ··· 101
4. 위험물 취급소 구분 ··· 114
5. 소화 난이도 등급별 소화 설비, 경보 설비 및 피난 설비 ························· 117
6. 위험물의 운송 시에 준수하는 기준 ··· 122
7. 위험물제조소 등의 소방시설 일반점검표 ··· 122

부록 과년도 출제 문제

# 제1과목

일반화학

1 물질의 상태와 구조

(1) 원자에 관한 법칙

① 질량 불변(보존)의 법칙

화학 변화에서 그 변화의 전후에서 반응에 참여한 물질의 질량 총합은 일정 불변이다.

예) $C + O_2 \longrightarrow CO_2$
[12g + 32g = 44g]

② 일정 성분비(정비례)의 법칙

순수한 화합물에서 성분 원소의 중량비는 항상 일정하다.

예) $2H_2 + O_2 \longrightarrow 2H_2O$
[4g : 32g] 즉, 물을 구성하는 수소(H_2)와 산소(O_2)의 질량비는 항상 1 : 8이다.

> **예제** 수소 2g과 산소 24g을 반응시켜 물을 만들 때 반응하지 않고 남아있는 기체의 무게는?
>
> **풀이** 일정 성분비의 법칙
> $2H_2 + O_2 \longrightarrow 2H_2O$
> 4g 32g
> 2g 16g
> ∴ 24g − 16g = 산소 8g
>
> **답** 산소 8g

③ 배수 비례의 법칙

두 가지 원소가 두 가지 이상의 화합물을 만들 때, 한 원소의 일정 중량에 대하여 결합하는 다른 원소의 중량 간에는 항상 간단한 정수비가 성립된다.

예) 배수 비례의 법칙이 성립되는 경우
CO와 CO_2, H_2O와 H_2O_2, SO_2와 SO_3, NO와 NO_2, $FeCl_2$와 $FeCl_3$ 등

(2) 분자에 관한 법칙

① 기체 반응의 법칙

화학 반응을 하는 물질이 기체일 때 반응 물질과 생성 물질의 부피 사이에는 간단한 정수비가 성립된다.

예) $2H_2 + O_2 \longrightarrow 2H_2O$
   2부피 1부피   2부피

즉, 수소 20mL와 산소 10mL를 반응시키면 수증기 20mL가 얻어진다. 따라서 이들 기체의 부피 사이에는 간단한 정수비 2 : 1 : 2가 성립된다.

> **예제**
>
> 1.5L의 메탄을 완전히 태우는 데 필요한 산소의 부피 및 연소의 결과로 생기는 이산화탄소의 부피는?
>
> **풀이** $CH_4 + 2O_2 \longrightarrow CO_2 + 2H_2O$
> 1.5L $2 \times 1.5L$ 1.5L
> ① 산소의 부피 : $2 \times 1.5L = 3L$
> ② 이산화탄소의 부피 : 1.5L
>
> **답** 산소 3L, 이산화탄소 1.5L

② 아보가드로의 법칙

온도와 압력이 일정하면 모든 기체 1mole이 차지하는 부피는 표준 상태(0℃, 1기압)에서 22.4L이며, 그 속에는 6.02×10^{23}개의 분자가 들어 있다.

> **예제**
>
> 3.65kg의 염화수소 중에는 HCl 분자가 몇 개 있는가?
>
> **풀이** HCl의 분자량은 36.5g이다.
> 1몰 속에는 6.02×10^{23}개의 분자가 존재한다.
> HCl 3.65kg의 몰수는 $\dfrac{3.65 \times 10^3 g}{36.5g} = 100$몰이다.
> 1몰 : 6.02×10^{23} = 100몰 : x
> ∴ $x = 6.02 \times 10^{23} \times 100 = 6.02 \times 10^{25}$개
>
> **답** 6.02×10^{25}개

(3) 화학식

① 실험식(조성식)

물질의 조성을 원소 기호로서 간단하게 표시한 식

예 NaCl

> **예제**
>
> 1. 유기 화합물을 질량 분석한 결과 C 84%, H 16%의 결과를 얻었다. 이 물질의 실험식은?
>
> **풀이** $C : H = \dfrac{84}{12} : \dfrac{16}{1} = 7 : 16$
>
> **답** C_7H_{16}

> **예제**
>
> 2. 탄소, 산소, 수소로 되어 있는 유기물 8mg을 태워서 CO_2 15.40mg, H_2O 9.18mg을 얻었다. 이 실험식은?
>
> **풀이** ① 각 원소의 함량을 구한다.
>
> $$C의\ 양 = CO_2의\ 양 \times \frac{C의\ 양}{CO_2의\ 분자량} = 15.40 \times \frac{12}{44} = 4.2$$
>
> $$H의\ 양 = H_2O의\ 양 \times \frac{2H의\ 양}{H_2O의\ 분자량} = 9.18 \times \frac{2}{18} = 1.02$$
>
> $$O의\ 양 = 8 - (4.2 + 1.02) = 2.78$$
>
> ② 각 원소의 원소수 비를 구한다.
>
> $$C : H : O = \frac{4.2}{12} : \frac{1.02}{1} : \frac{2.78}{16} = 2 : 6 : 1$$
>
> ∴ 실험식 = C_2H_6O
>
> **답** C_2H_6O

② 분자식

분자를 구성하는 원자의 종류와 그 수를 나타낸 식. 즉, 조성식에 양수를 곱한 식

$$분자식 = 실험식 \times n$$

여기서, n : 양수

> **예제**
>
> 어떤 화합물을 분석한 결과 질량비가 탄소 54.55%, 수소 9.10%, 산소 36.35%이고, 이 화합물 1g은 표준상태에서 0.17ℓ라면 이 화합물의 분자식은?
>
> **풀이** $C : H : O = \frac{54.55}{12} : \frac{9.10}{1} : \frac{35.35}{16} = 2 : 4 : 1$

③ 시성식

분자식 속에 원자단(라디칼) 등의 결합 상태를 나타낸 식으로서, 물질의 성질을 나타낸 것

④ 구조식

분자 내의 원자의 결합 상태를 원소 기호와 결합식을 이용하여 표시한 식

(4) 기체에 관한 법칙

① 보일의 법칙(Boyle's law)

일정한 온도에서 기체가 차지하는 부피는 압력에 반비례한다.

$$PV = P_1V_1$$

예제

30L 용기에 산소를 넣어 압력이 150기압으로 되었다. 이 용기의 산소를 온도변화없이 동일한 조건에서 40L의 용기에 넣었다면 압력은 얼마로 되는가?

풀이 보일의 법칙 : $PV = P_1V_1$

$$P_1 = \frac{PV}{V_1} = \frac{150\text{atm} \times 30\text{L}}{40\text{L}} = 112.5\text{atm}$$

답 112.5atm

② 샤를의 법칙(Charles's law)

압력이 일정할 때 기체의 부피는 절대 온도에 비례한다.

$$\frac{V}{T} = \frac{V_1}{T_1}$$

예제

273℃에서 기체의 부피가 2L이다. 같은 압력에서 0℃일 때의 부피는 몇 L인가?

풀이 샤를의 법칙 : $\frac{V}{T} = \frac{V_1}{T_1}$, $\frac{2}{(273+273)} = \frac{V_1}{(0+273)}$

$$V_1 = \frac{2 \times (0+273)}{(273+273)}$$

$$V_1 = 1\text{L}$$

답 1L

③ 보일-샤를의 법칙(Boyle-Charales's law)

일정량의 기체가 차지하는 부피는 압력에 반비례하고 절대 온도에 비례한다.

$$\frac{PV}{T} = \frac{P_1V_1}{T_1}$$

예제

27℃, 5기압의 산소 10L를 100℃, 2기압으로 하였을 때 부피는 몇 L가 되는가?

풀이 보일-샤를의 법칙 : $\frac{PV}{T} = \frac{P_1V_1}{T_1}$

$$\frac{5 \times 10}{(27+273)} = \frac{2 \times V_1}{(100+273)}, \quad V_1 = \frac{5 \times 10 \times (100+273)}{2 \times (27+273)} = 31.08\text{L}$$

답 31.08L

④ 이상 기체의 상태 방정식

㉮ 이상 기체 : 분자 상호 간의 인력을 무시하고 분자 자체의 부피가 전체 부피에 비해 너무 적어서 무시될 때의 기체, 보일-샤를의 법칙을 완전히 따르는 기체

㉔ 이상 기체 상태 방정식

보일-샤를의 법칙에 아보가드로의 법칙을 대입시킨 것으로서, 표준 상태(0℃, 1기압)에서 기체 1mole이 차지하는 부피는 22.4L이며,

$$\frac{PV}{T} = \frac{1\text{atm} \times 22.4\text{L}}{(273+0)\text{K}} = 0.082\text{atm} \cdot \text{L/K} \cdot \text{mole} = R(\text{기체 상수})$$

$$\therefore PV = nRT \left(n = \frac{W(\text{무게})}{M(\text{분자량})} \right)$$

예제

1. 산소 32g과 메탄 32g을 20℃에서 30L의 용기에 혼합하였을 때 이 혼합기체가 나타내는 압력은 약 몇 atm인가? (단, R=0.082atm·L/mol·K이며, 이상기체를 가정한다.)

   풀이 $PV = nRT$, $P = \frac{nRT}{V}$, $\frac{3 \times 0.082 \times (20+273)}{30} = 2.4\text{atm}$

   여기서, $n = \frac{\text{무게}}{\text{분자량}}$, $\frac{32g}{32g} + \frac{32g}{16g} = 3\text{mol}$

   답 2.4atm

예제

2. 물분무소화에 사용된 20℃의 물 2g이 완전히 기화되어 100℃의 수증기가 되었다면 흡수된 열량과 수증기 발생량은 약 얼마인가? (단, 1기압을 기준으로 한다.)

   풀이 ① $Q_1 = GC\Delta t = 2 \times 1 \times (100-20) = 160\text{cal}$

   $Q_2 = Gr = 2 \times 539 = 1{,}078\text{cal}$

   $\therefore Q = Q_1 + Q_2 = 160 + 1{,}078 = 1{,}238\text{cal}$

   ② $PV = nRT$, $V = \frac{nRT}{P} = \frac{2/18 \times 0.082 \times (273+100)}{1} = 3.4\text{L} = 3{,}400\text{mL}$

   답 3,400mL

⑤ 그레이엄(Graham)의 기체 확산 속도 법칙

일정한 온도에서 기체의 확산 속도는 그 기체 밀도(분자량)의 제곱근에 반비례한다. 즉, A기체의 확산 속도를 u_1 그 분자량을 M_1, 밀도를 d_1이라 하고, B기체의 확산 속도를 u_2 그 분자량을 M_2, 밀도를 d_2라고 하면,

$$\frac{u_1}{u_2} = \sqrt{\frac{M_2}{M_1}} = \sqrt{\frac{d_2}{d_1}}$$

예제

어떤 기체의 확산속도가 SO_2의 4배일 때 이 기체의 분자량을 추정하면 얼마인가?

풀이 $\frac{u_A}{u_B} = \sqrt{\frac{M_B}{M_A}}$

$\frac{u_A}{u_{SO_2}} = \sqrt{\frac{M_{SO_2}}{M_A}} = \sqrt{\frac{64}{M_A}} = 4$

$\frac{64}{M_A} = 16$, $M_A = 4$

답 4

(5) 열역학

① **세기성질** : 이떤 물질의 양에 관계없이 일정한 성실
   예 녹는점, 밀도, 인화점, 압력, 온도, 농도, 비점, 색 등

② **크기성질** : 계의 크기에 비례하는 계의 양
   예 부피, 질량, 열용량 등

(6) 용액과 용해도

① **정의**

두 종류의 순물질이 균일 상태에 섞여 있는 것으로서 용매(녹이는 물질)와 용질(녹는 물질)로 이루어진 것을 용액이라 한다.
   예 설탕물(용액) = 설탕(용질) + 물(용매)

② **용액의 분류**

㉮ **포화 용액** : 일정한 온도, 압력하에서 일정량의 용매에 용질이 최대한 녹아 있는 용액

㉯ **불포화 용액** : 용질이 더 녹을 수 있는 상태의 용액

㉰ **과포화 용액** : 용질이 한도 이상으로 녹아 있는 용액

③ **용해도**

일정한 온도에서 용매 100g에 녹을 수 있는 용질의 최대 g수

$$용해도 = \frac{용질의\ g수}{용매의\ g수} \times 100$$

> **예제**
>
> 40℃에서 어떤 물질은 그 포화 용액 84g 속에 24g 녹아 있다. 이 온도에서 이 물질의 용해도는?
>
> **풀이** $용해도 = \frac{용질의\ g수}{용액의\ g수 - 용질의\ g수}$
>
> $= \frac{24}{84-24} \times 100$
>
> $= 40$
>
> **답** 40

(7) 용액의 농도

① **중량 백분율(% 농도)**

용액 100g 속에 녹아 있는 용질의 g수를 나타낸 농도

$$\%\ 농도 = \frac{용질의\ 양(g)}{용액의\ 양(g)} \times 100$$

> **예제**
> 물 100g에 10g의 소금이 용해되어 있다. 소금물은 몇 % 농도인가?
>
> **풀이** % 농도(중량 백분율)
> 용액 속에 녹아 있는 용질의 양(g수)을 %로 나타낸 농도
> $$\therefore \% \text{ 농도} = \frac{\text{용질의 g수}}{\text{용액의 g수}} \times 100 = \frac{\text{용질}}{\text{용매}+\text{용질}} \times 100 = \frac{10}{100+10} \times 100 = 9.1\%$$
>
> **답** 9.1%

② 몰 농도(M 농도, mole 농도)
   ㉮ 용액 1L 속에 녹아 있는 용질의 몰수(용질의 무게/용질의 분자량)를 나타낸 농도

$$M \text{ 농도} = \frac{\text{용질의 무게}(W)}{\text{용질의 분자량}(M)} \times \frac{1,000}{\text{용액의 부피(mL)}}$$

> **예제**
> 순황산 9.8g을 물에 녹여 전체 부피가 500mL가 되게 한 용액은 몇 M인가?
>
> **풀이** $\dfrac{9.8}{98} \times \dfrac{1,000}{500} = \dfrac{9.8 \times 1,000}{98 \times 500} = 0.2M$
>
> **답** 0.2M

   ㉯ $1,000 \times$ 비중 $\times \% \div$ 용질의 분자량

> **예제**
> 20% HCl(비중 1.10)은 몇 M 농도인가?
>
> **풀이** $M = 1,000 \times$ 비중 $\times \% \div$ 용질의 분자량
> $= 1,000 \times 1.10 \times \dfrac{20}{100} \div 36.5 = 6M$
>
> **답** 6M

③ 몰랄 농도(m 농도, molality 농도)
   용매 1kg(1,000g)에 녹아 있는 용질의 몰수(용질의 무게/용질의 분자량)를 나타낸 농도

$$m \text{ 농도} = \frac{\text{용질의 무게(g)}}{\text{용질의 분자량}(M)} \times \frac{1,000}{\text{용매의 무게}}$$

예제

물 500g 중에 설탕($C_{12}H_{22}O_{11}$) 171g이 녹아 있는 설탕물의 몰랄 농도는?

풀이 몰랄 농도 $= \dfrac{\text{용질의 무게(g)}}{\text{용질의 분자량}(M)} \times \dfrac{1{,}000}{\text{용매의 무게(g)}}$

$= \dfrac{171\text{g}}{(12 \times 12 + 22 + 16 \times 11)\text{g}} \times \dfrac{1{,}000}{500} = 1$

답 1

④ 규정 농도(N 농도, 노르말 농도)
  ㉮ 용액 1L 속에 녹아 있는 용질의 g당량수

$$N \text{ 농도} = \dfrac{\text{용질의 무게}(W)}{\text{용질의 g당량}} \times \dfrac{1{,}000}{\text{용액의 부피(mL)}}$$

예제

순황산 9.8g을 물에 녹여 전체 부피가 500mL가 되게 한 용액은 몇 N인가?

풀이 $N = \dfrac{9.8}{49} \times \dfrac{1{,}000}{500}$

$= 0.4\text{N}$

답 0.4N

  ㉯ $1{,}000 \times$ 비중 $\times \% \div$ 용질의 g당량수

예제

비중이 1.84이고 무게농도가 96wt%인 진한 황산의 노르말 농도는 약 몇 N인가? (단, 황의 원자량은 32이다.)

풀이 $N = 1{,}000 \times$ 비중 $\times \% \div$ 용질의 g당량수 $= 1{,}000 \times 1.84 \times \dfrac{96}{100} \div 49 = 36\text{N}$

답 36N

⑤ 라울(Raoult)의 법칙
  용매에 용질을 녹일 경우 증기압 강하의 크기는 용액 중에 녹아있는 용질의 몰분율에 비례한다.

2 원자 구조 및 화학 결합

(1) 원자 반지름과 이온 반지름

① 원자 반지름
  ㉮ 같은 주기에서는 I족에서 VII족으로 갈수록 원자 반지름이 작아진다.
  ㉯ 같은 족에서는 원자 번호가 증가할수록 원자 반지름이 커진다(전자 껍질이 증가하기 때문이다).

> **예제**
> 할로겐 원소 중 원자 반지름이 가장 작은 원소는?
>
> 답 F

② 이온 반지름
  ㉮ 양이온은 원자로부터 전자를 잃어 이온 반지름이 원자 반지름보다 작아진다.
  ㉯ 음이온은 전자를 얻어서 전자가 서로 반발함으로써 이온 반지름이 원자 반지름보다 커진다.

(2) 이온화 에너지

중성인 원자로부터 전자 1개를 떼어 양이온으로 만드는 데 필요로 하는 최소한의 에너지이다.

① 이온화 에너지는 0족으로 갈수록 증가하고, 같은 족에서는 원자 번호가 증가할수록 작아진다.
  즉, 비금속성이 강할수록 이온화 에너지는 증가한다.
② 이온화 에너지가 가장 작은 것은 I족 원소인 알칼리 금속이다. 즉, 양이온이 되기 쉽다.
③ 이온화 에너지가 가장 큰 것은 0족 원소인 불활성 원소이다. 즉, 이온이 되기 어렵다.

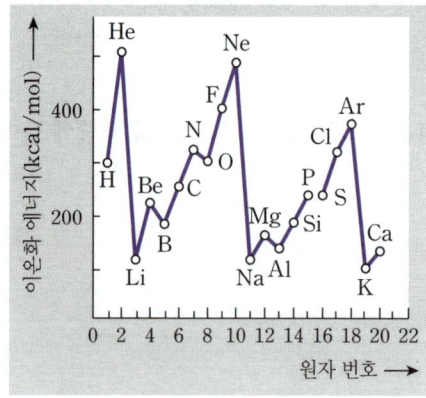

(3) 전기 음성도[폴링(Pauling)이 발견]

중성인 원자가 전자 1개를 잡아당기는 상대적인 수치이다.

① 전기 음성도는 비금속성이 강할수록 커진다.

(증가) F > O > N > Cl > Br > C > S > I > H > P (감소)
　　　4.10　3.50　3.07　2.83　2.74　2.50　2.44　2.21　2.10　2.06

② 전기 음성도가 클수록 음이온의 비금속성이 커지며, 산화성이 큰 산화제가 된다.

(4) 화학 결합

① 이온 결합

양이온과 음이온의 정전 인력(전기적 인력이 작용하여 쿨롱의 힘)에 의해 결합하는 화학 결합으로 주로 전기 음성도의 차이가 심한(1.7 이상) 금속성이 강한 원소(1A, 2A족)와 비금속성이 강한 원소(6B, 7B족) 간의 결합을 말한다.

예 $NaCl$, KCl, BeF_2, MgO, CaO 등

② 공유 결합

전기 음성도가 같은 비금속 단체나 전기 음성도의 차이가 심하지 않은(1.7 이하) 비금속과 비금속 간의 결합을 말한다.

㉮ 극성 공유 결합 : 전기 음성도가 다른 두 원자 사이에 결합

예 HF, HCl, NH_3, CH_3COOH, CH_3COCH_3 등

㉯ 비극성 공유 결합 : 전기 음성도가 같거나 비슷한 원자들 사이의 결합

예 Cl_2, O_2, F_2, CO_2, BF_3, CCl_4, C_2H_2, C_2H_4, C_2H_6, C_6H_6 등

③ 배위 결합(배위 공유 결합)

공유할 전자쌍을 한쪽 원자에서만 일방적으로 제공하는 형식의 공유 결합으로 주로 착이온을 형성하는 물질이다.

예 NH_4^+, H_3O^+, SO_4^{2-}, NO_3^-, $Cu(NH_3)_4^+$, $Ag(NH_3)_2^+$ 등

> **참고**
>
> 공유, 배위 결합을 모두 가지는 화합물 : [NH_4^+]

예 $N + 3H \xrightarrow{공유} NH_3$, $NH_3 + H^+ \xrightarrow{배위} [NH_4^+]$

④ 금속 결합

자유전자의 영향으로 높은 전기전도성을 갖는다.

⑤ 수소 결합

전기 음성도가 매우 큰 F, O, N와 전기 음성도가 작은 H 원자가 공유 결합을 이룰 때 H 원자가 다른 분자 중의 F, O, N에 끌리면서 이루어지는 분자와 분자 사이의 결합이다.

예 HF, H_2O, NH_3, 4℃의 물이 얼음의 밀도보다 큰 이유

㉮ 전기 음성도의 차이가 클수록 극성이 커지며, 수소 결합이 강해진다.
㉯ 분자 간의 인력이 커져서 같은 족의 다른 수소 화합물보다 비등점이 높고, 증발열도 크다.

예 물(H_2O)의 비등점은 100℃, 산소(O) 원자 대신에 같은 족의 황(S) 원자를 바꾼 황화수소(H_2S)는 분자량이 큼에도 불구하고 비등점이 −61℃이다.

⑥ 반 데르 발스 결합

분자와 분자 사이에 약한 전기적 쌍극자에 의해 생기는 반 데르 발스 힘으로 액체나 고체를 이루는 분자 간의 결합이다.

예 요오드(I_2), 드라이아이스(CO_2), 나프탈렌, 장뇌 등의 승화성 물질

> **참고**
>
> 결합력의 세기
> 1. 공유 결합(그물 구조체) > 이온 결합 > 금속 결합 > 수소 결합 > 반 데르 발스 결합
> 2. 공유 결합 : 수소 결합 : 반 데르 발스 결합 = 100 : 10 : 1

(5) 분자 궤도 함수와 분자 모형

분자 궤도 함수	s 결합	sp 결합	sp^2 결합	sp^3 결합	p^3 결합	p^2 결합	p 결합
분자 모형	구형	직선형	평면 정삼각형	정사면체형	피라미드형	굽은형(V자형)	직선형
결합각	180°	180°	120°	109° 28′	90~93°	90~92°	180°
화합물	H_2	$BeCl_2$ BeF_2 BeH_2 C_2H_2	BF_3 BH_3 C_2H_4 NO_3^-	CH_4 CCl_4 SiH_4 NH_4^+	PH_3(93.3°) AsH_3(91.8°) SbH_3(91.3°) NH_3	H_2S(92.2°) H_2Se(90.9°) H_2Te(90°) H_2O	HF HCl HBr HI

(6) 화학 반응의 종류 :

① 발열 반응 : 열이 발생하는 반응. 즉, 반응계 에너지 > 생성계 에너지, $\Delta H = (-)$, $Q = (+)$

$$H_2(g) + \frac{1}{2}O_2(g) \longrightarrow H_2O(l) + 68.3\text{kcal}, \quad \therefore \Delta H = -68.3\text{kcal}$$

② 흡열 반응 : 열을 흡수하는 반응. 즉, 반응계 에너지<생성계 에너지, $\Delta H=(+)$, $Q=(-)$

$$\frac{1}{2}N_2(g) + \frac{1}{2}O_2(g) \longrightarrow NO - 21.6kcal, \quad \therefore \Delta H = +21.6kcal$$

(7) 총열량 불변(에너지 보존)의 법칙(Hess's law)

화학 반응에서 반응 전과 반응 후의 상태가 결정되면, 반응경로와 관계없이 반응열의 총량은 일정하다.

예 1. $C + O_2 \longrightarrow CO_2 + 94.1kcal : Q$

2. $\begin{cases} C + \frac{1}{2}O_2 \longrightarrow CO + 26.5kcal : Q_1 \\ CO + \frac{1}{2}O_2 \longrightarrow CO_2 + 67.6kcal : Q_2 \end{cases}$

$\therefore Q = Q_1 + Q_2 = 26.5 + 67.6 = 94.1kcal$

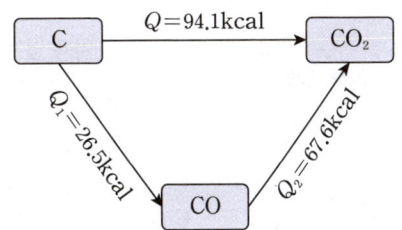

(8) 평형 상수(K)

[가역 반응] $aA + bB \underset{V_2}{\overset{V_1}{\rightleftarrows}} cC + dD$ (a, b, c, d는 계수)

$V_1 = K_1[A]^a[B]^b$, $V_2 = K_2[C]^c[D]^d$, $V_1 = V_2$

$K_1[A]^a[B]^b = K_2[C]^c[D]^d$

$\therefore \dfrac{[C]^c[D]^d}{[A]^a[B]^b} = \dfrac{K_1}{K_2} = K$(일정) ($K$: 평형 상수)

> **예제**
>
> 25℃에서 다음과 같은 반응이 일어날 때 평형상태에서 NO_2의 부분압력은 0.15atm이다. 혼합물 중 N_2O_4의 부분압력은 약 몇 atm인가? (단, 압력 평형상수 K_p는 7.13이다.)
>
> $$2NO_2(g) \rightleftarrows N_2O_4(g)$$
>
> **풀이** $K = \dfrac{PN_2O_4}{PNO_2^2} = \dfrac{x}{0.15^2} = 7.13$
>
> $x = PN_2O_4 = 0.16atm$
>
> **탑** 0.16atm

(9) 산화와 환원

① 산화

한 원소가 낮은 산화 상태로부터 전자를 잃어서 보다 높은 산화 상태로 되는 화학 변화

② 환원

한 원소가 높은 산화 상태로부터 전자를 얻어서 보다 낮은 산화 상태로 되는 화학 변화

구분	산화(oxidation)	환원(reduction)
산소 관계	산소와 결합하는 현상 $\underset{\text{산화}}{C+O_2 \longrightarrow CO_2}$	산소를 잃는 현상 $\underset{\text{환원}}{CuO+H_2 \longrightarrow Cu+H_2O}$
수소 관계	수소를 잃는 현상 $\underset{\text{산화}}{2H_2S+O_2 \longrightarrow 2S+2H_2O}$	수소와 결합하는 현상 $\underset{\text{환원}}{H_2S+S \longrightarrow H_2S}$
전자 관계	전자를 잃는 현상 $\underset{\text{산화}}{Na \longrightarrow Na^+ + e^-}$	전자를 얻는 현상 $\underset{\text{환원}}{Ag^+ + e^- \longrightarrow Ag}$
산화수 관계	산화수가 증가되는 현상 $Cu^{2+}+O+H_2^0 \longrightarrow Cu^0+H_2^+O$ (산화/환원)	산화수가 감소되는 현상 $H_2S^{2-}+Cl_2^0 \longrightarrow 2HCl^{1-} + S^0$ (환원/산화)

참고

산화수의 결정법

1. 단체의 산화수는 0이다.
2. 화합물에서 수소(H)의 산화수는 +1로 한다(단, 수소(H)보다 이온화 경향이 큰 금속과 화합되어 있을 때는 수소(H)의 산화수는 -1이다).
3. 화합물에서 산소(O)의 산화수는 -2로 한다(단, 과산화물인 경우 산소는 -1이다).
4. 이온의 산화수는 그 이온의 전하와 같다.
5. 화합물 중에 포함되어 있는 원자의 산화수의 총합은 0이다.
   예 $HClO_2 \longrightarrow 1+x-4=0$ ∴ Cl의 산화수 = +3
   $H_2SO_4 \longrightarrow (+1)\times 2+S+(-2)\times 4=0$ ∴ S의 산화수 = +6
   $KMnO_4 \longrightarrow (+1)+Mn+(-2)\times 4=0$ ∴ Mn의 산화수 = +7
6. 화학 결합이나 반응에서 산화와 환원을 나타내는 척도이다.

예제

$Cl_2+H_2O \longrightarrow HClO+HCl$에서 염소 원소는?

답 Cl_2는 HClO에서 산소와 결합하여 산화되었고, HCl에서 수소를 얻었으므로 환원되었다.

(10) 산화제와 환원제

① 산화제

다른 물질을 산화시키는 성질이 강한 물질이며 산화수는 증가한다. 즉 자신은 환원되기 쉬운 물질

㉠ 산소를 내기 쉬운 물질 : H_2O_2, $KClO_3$

㉯ 수소와 결합하기 쉬운 물질 : O_2, Cl_2

㉰ 전자를 받기 쉬운 물질 : MnO_4^-, $Cr_2O_3^{7-}$, 비금속 단체

㉱ 발생기 산소[O]를 내기 쉬운 물질 : O_2, MnO_2, $KMnO_4$, HNO_3, $c-H_2SO_4$ 등

> **예제**
>
> 다음 반응에서 과산화수소가 산화제로 작용한 것?
>
> **풀이** $2HI + H_2O_2 \longrightarrow I_2 + 2H_2O$
> $PbS + 4H_2O_2 \longrightarrow PbSO_4 + 4H_2O$

② 환원제

다른 물질을 환원시키는 성질이 강한 물질, 즉 자신은 산화되기 쉬운 물질

㉮ 수소를 내기 쉬운 물질 : H_2S

㉯ 산소와 결합하기 쉬운 물질 : H_2, SO_2

㉰ 전자를 잃기 쉬운 물질 : H_2SO_3, 금속 단체

㉱ 발생기 수소 [H]를 내기 쉬운 물질 : H_2, CO, H_2S, SO_2, $FeSO_4$, 황산제1철 등

> **예제**
>
> 다음 반응에서 과산화수소가 환원제로 작용한 것은?
>
> **풀이** $MnO_2 + H_2O + H_2SO_4 \longrightarrow MnSO_4 + 2H_2O + O_2$

(11) 금속의 이온화 경향

카	카	나	마	알	아	쇠	니	주	납	수	구	수	은	백	금
K	Ca	Na	Mg	Al	Zn	Fe	Ni	Sn	Pb	[H]	Cu	Hg	Ag	Pt	Au

⟵──────────────────────⟶

1. 이온화 경향이 크다.
2. 양이온이 되기 쉽다.
   (전자를 방출하기 쉽다.)
3. 산화되기 쉽다.

1. 이온화 경향이 작다.
2. 양이온이 되기 어렵다.
   (전자를 방출하기 어렵다.)
3. 환원되기 쉽다.

(12) 전기 분해

① 소금물(NaCl)의 전기 분해

$NaCl \rightleftharpoons Na^+ + Cl^-$, $H_2O \rightleftharpoons H^+ + OH^-$

(+)극에서의 변화 : $2Cl^- \longrightarrow Cl_2 \uparrow + 2e^-$(산화)

(−)극에서의 변화 : $2H^+ + 2e^- \longrightarrow H_2 \uparrow$(환원)

$$\therefore 전체\ 반응 : 2NaCl + 2H_2O \xrightarrow{전기\ 분해} \underbrace{2NaOH}_{(-)극} + H_2 \uparrow + \underbrace{Cl_2 \uparrow}_{(+)극}$$

> **예제**
>
> 소금물을 전기분해하여 표준상태에서 염소가스 22.4L를 얻으려면 소금 몇 g이 이론적으로 필요한가? (단, 나트륨의 원자량은 23이고, 염소의 원자량은 35.5이다.)
>
> **풀이** $2NaCl + 2H_2O \xrightarrow{전기\ 분해} 2NaOH + H_2 + Cl$
> 117g   22.4L
>
> 답 117g

② 물(H_2O)의 전기 분해

(+)극에서의 변화 : $2OH^- \longrightarrow H_2O + \frac{1}{2}O_2 \uparrow + 2e^-$(산화)

(−)극에서의 변화 : $2H^+ + 2e^- \longrightarrow H_2 \uparrow$(환원)

$$전체\ 반응 : H_2O \xrightarrow{전기\ 분해} H_2 + \frac{1}{2}O_2$$

> **예제**
>
> 1패러데이(Faraday)의 전기량으로 물을 전기 분해하였을 때 생성되는 기체 중 산소 기체는 0°C, 1기압에서 몇 L인가?
>
> **풀이** $H_2O \xrightarrow[1F]{전기\ 분해} \begin{cases} (+)극 : O_2 \to 1g당량\ 생성 : 8g(5.6L) \\ (-)극 : H_2 \to 1g당량\ 생성 : 1g(11.2L) \end{cases}$
>
> ∴ 5.6L
>
> 답 5.6L

(13) 패러데이 법칙

① 제1법칙

같은 물질에 대하여 전기 분해로 전극에서 석출 또는 용해되는 물질의 양은 통한 전기량에 비례한다.

② 제2법칙

전기 분해에서 일정량의 전기량에 대하여 석출되는 물질의 양은 그 물질의 당량에 비례한다.

> **참고**
>
> **1F(패러데이)**
>
> 물질 1g당량을 석출하는 데 필요한 전기량[96,500쿨롬, 전자(e^-) 1몰(6.02×10^{23}개)의 전기량]
>
> <1F(96,500C)로 석출(또는 발생)되는 물질의 양>
>
> | 전해액 | 전극 | (−)극 | (+)극 |
> |---|---|---|---|
> | 물(NaOH 또는 H_2SO_4 용액) | Pt | H_2 1g(11.2L) | O_2 8g(5.6L) |
> | NaCl 수용액 | Pt | NaOH 40g, H_2 1g(11.2L) | Cl_2 35.5g(11.2L) |
> | $CuSO_4$ 수용액 | Pt | Cu 31.7g | O_2 8g(5.6L) |

(14) 산과 염기

① 산, 염기의 학설

학설	산(acid)	염기(base)
아레니우스설	수용액에서 $H^+(H_3O^+)$을 내는 것	수용액에서 OH^-을 내는 것
브뢴스테드설	H^+을 줄 수 있는 것	H^+를 받을 수 있는 것
루이스설	비공유 전자쌍을 받는 물질	비공유 전자쌍을 줄 수 있는 물질

> **예제**
>
> **브뢴스테드(J.N. Bronsted)설을 설명하시오.**
>
> **풀이** H^+을 주는 물질을 산, H^+을 받는 물질을 염기라 한다.
>
> $NH_3 + H_2O \rightleftharpoons NH_4^+ + OH^-$
> 염기   산   산   염기

② 산, 염기의 구분
  ㉮ 산도 : 산 1분자 속에 포함되어 있는 H^+의 수

구분	산	
	강산	약산
1가의 산	HCl, HNO_3	CH_3COOH
2가의 산	H_2SO_4	H_2CO_3, H_2S
3가의 산	H_3PO_4	H_3BO_3

  ㉯ 염기도 : 염기의 1분자 속에 포함되어 있는 OH^-의 수

구분	염기	
	강염기	약염기
1가의 염기	NaOH, KOH	NH_4OH
2가의 염기	$Ca(OH)_2$, $Ba(OH)_2$	$Mg(OH)_2$
3가의 염기		$Fe(OH)_3$, $Al(OH)_3$

(15) 수소 이온 지수(power of Hydrogen, pH)

① 수소 이온 지수(pH)

  ㉮ 수소 이온 지수(pH) : 수소 이온 농도의 역수를 상용대수(log)로 나타낸 값

$$pH = \log\frac{1}{[H^+]} = -\log[H^+]$$

∴ $pH + pOH = 14$

> **예제**
>
> 0.4N HCl 500mL에 물을 가해 1L로 하였을 때 PH는 약 얼마인가?
>
> **풀이** $NV = N'V'$, 0.4N×0.5L = x×1L
> $x = 0.2N$
> $PH = -\log H^+ = -\log 0.2 = 0.7$
>
> **답** 0.7

3 유기 화합물

(1) 요소

예제

요소[$(NH_2)_2CO$]의 질소 분율은?

풀이 $\dfrac{N_2}{(NH_2)_2CO} \times 100 = \dfrac{28}{(28+4)+12+16} \times 100 = 46.67\%$

답 46.67%

(2) 탄소 원자의 결합 모양에 따른 분류

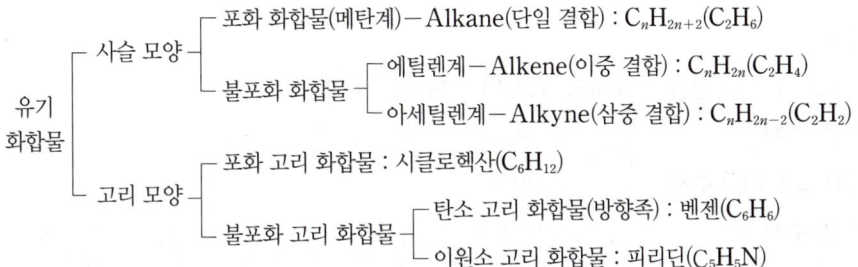

예제

사슬 모양의 탄화수소 분자식이 $C_{16}H_{28}$인 물질 1분자 속에 이중 결합이 몇 개 있을 수 있는가?

풀이 알칸족 탄화수소(C_nH_{2n+2})는 단일 결합으로 이중 결합이 없다. 이중 결합은 수소 원자(H)가 2개 감소됨에 따라 1개가 생기므로 알칸족 탄화수소에서 감소된 수소(H)의 수에 의해 계산한다.

$C_{16}H_{34}(C_nH_{2n+2}) \longrightarrow C_{16}H_{28}$

감소된 수소수 $= 34 - 28 = 6$

∴ 이중 결합수 $= \dfrac{6}{2} = 3$개

답 3개

(3) 단백질(protein)

아미노산의 탈수 축합 반응에 의해 펩티드(peptide) 결합(−CO−NH−)으로 된 고분자 물질이다. 또한 펩티드 결합을 갖는 물질을 폴리아미드(poly amide)라 한다.

> **참고**
>
> **단백질의 검출법**
> ① 뷰렛(biuret) 반응
> 단백질 용액 + NaOH $\xrightarrow{1\% \text{ CuSO}_4}$ 적자색
> ② 크산토프로테인(xanthoprotein) 반응
> 단백질 용액 $\xrightarrow[\text{가열}]{\text{HNO}_3}$ 노란색 $\xrightarrow{\text{NaOH}}$ 오렌지색
> ③ 밀론(Millon) 반응
> 단백질 용액 + 밀론 시약[$\text{HNO}_3 + \text{Hg(NO}_3)_2$] $\xrightarrow{\text{가열}}$ 적색
> ④ 닌히드린(ninhydrin) 반응
> 단백질 용액 + 1% 닌히드린 용액 ⟶ 끓인 후 냉각 ⟶ 보라색 또는 적자색

(4) 합성 수지

① 열가소성 수지

가열하면 부드러워져 소성을 나타내고, 식히면 경화하는 수지

㉮ 폴리에틸렌 수지

㉯ 폴리염화비닐(PVC) 수지

㉰ 폴리스티렌 수지

㉱ 아크릴 수지

㉲ 실리콘(규소) 수지

② 열경화성 수지

축합 중합에 의한 중합체로, 한번 성형되어 경화된 후에는 재차 용융하지 않는 수지

㉮ 페놀 수지(베이클라이트)

㉯ 요소 수지

㉰ 멜라민 수지

(5) 합성 섬유

① 나일론 6, 6(폴리아미드계 합성 수지) : 헥사메틸렌디아민과 아디프산의 축합 중합체로서 펩티드 결합($-\overset{\overset{\text{O}}{\|}}{\text{C}}-\overset{\overset{\text{H}}{|}}{\text{N}}-$)을 하는 섬유

② 테트론(폴리에스테르계 합성 수지)

③ 비닐론(폴리비닐계 합성 수지)

(6) 유지(fats & oils)

① 정의

고급 지방산과 글리세린의 에스테르 화합물

$$\underset{\text{고급 지방산}}{3RCOOH} + \underset{\text{글리세린}}{C_3H_5(OH)_3} \underset{\text{가수 분해}}{\overset{\text{에스테르화}}{\rightleftarrows}} \underset{\text{유지}}{(RCOO)_3C_3H_5} + 3H_2O$$

② 비누화

$$\underset{\text{유지}}{(RCOO)_3C_3H_5} + 3NaOH \xrightarrow{\text{비누화}} \underset{\text{비누}}{3RCOONa} + \underset{\text{글리세린}}{C_3H_5(OH)_3}$$

제2과목

위험물의 연소특성

1 화재 예방

(1) 연소의 정의
가연성 물질이 공기 중의 산소와 반응하여 열과 빛을 내는 산화 반응

(2) 점화원이 되지 못하는 것
① 기화열(증발 잠열) ② 온도
③ 압력 ④ 중화열

(3) 고온체의 색깔과 온도
① 발광에 따른 온도 측정
  ㉮ 적열 상태 : 500℃ 부근
  ㉯ 백열 상태 : 1,000℃ 이상

② 화염색에 따른 불꽃의 온도
  ㉮ 암적색 : 700℃ ㉯ 적색 : 850℃
  ㉰ 회적색 : 950℃ ㉱ 황적색 : 1,100℃
  ㉲ 백적색 : 1,300℃ ㉳ 회백색 : 1,500℃

(4) 연소의 형태
① 기체의 연소(발염 연소, 확산 연소)
  예 산소, 아세틸렌

② 액체의 연소(증발 연소)
  예 에테르, 가솔린, 석유, 알코올 등

③ 고체의 연소 (증발 연소)
  ㉮ 표면(직접) 연소
    예 숯, 목탄, 코크스, 나트륨, 금속분(마그네슘분, 아연분) 등
  ㉯ 분해 연소
    예 목재, 석탄, 종이, 섬유, 플라스틱 등
  ㉰ 증발 연소
    예 황, 나프탈렌, 장뇌 등과 같은 승화성 물질, 촛불(양초, 파라핀), 고급 알코올 등

㉣ 내부(자기) 연소

　　예 질산에스터류, 나이트로셀룰로오스, 셀룰로이드류, 나이트로화합물(TNT), 하이드라진과 유도체 등과 같은 제5류 위험물(피크린산) 등

(5) 연소에 관한 물성

① 인화점(인화온도) : 가연물을 가열하면 한쪽에 점화원을 부여하여 발화점보다 낮은 온도에서 연소가 일어나는데 이를 인화라고 하며, 인화가 일어나는 최저의 온도

> **참고**
>
> **인화점 50℃의 의미**
> 액체의 온도가 50℃ 이상이 되면 가연성 증기를 발생하여 점화원에 의해 인화한다.

② 발화점(발화 온도, 착화점, 착화 온도) : 외부에서 점화하지 않더라도 발화하는 최저 온도

　　예 프라이팬에 기름을 붓고 가열한다. 시간이 흐른 후 기름에 불이 붙는다.

③ 정전기 방전 에너지(E)를 구하는 공식

$$E = \frac{1}{2} Q \cdot V = \frac{1}{2} C \cdot V^2$$

여기서, E : 정전기 에너지(J), Q : 전기량(C)
　　　　V : 전압(V), C : 정전 용량(F)

④ 연소 범위(연소 한계, 폭발 범위, 폭발 한계, 가연 범위, 가연 한계)

연소가 일어나는 데 필요한 공기 중 가연성 가스의 농도(vol%)를 말한다.

⑤ 위험도(H, Hazards)

가연성 혼합 가스 연소 범위의 제한치를 나타내는 것으로서 위험도가 클수록 위험하다.

$$H = \frac{U - L}{L}$$

여기서, H : 위험도
　　　　U : 연소 범위의 상한치(UFL ; Upper Flammability Limit)
　　　　L : 연소 범위의 하한치(LFL ; Lower Flammability Limit)

> **예제**
>
> 아세틸렌(C_2H_2)의 위험도는?
>
> **풀이** 아세틸렌의 연소 범위가 2.5~81%이므로 위험도(H)는 다음과 같다.
>
> $$H = \frac{81 - 2.5}{2.5} = 31.4$$
>
> **답** 31.4

(6) 자연 발화

① 조건
- ㉮ 표면적이 넓을 것
- ㉯ 발열량이 많을 것
- ㉰ 열전도율이 적을 것
- ㉱ 발화되는 물질보다 주위 온도가 높을 것
- ㉲ 열 축적이 클수록
- ㉳ 적당량의 수분이 존재할 것

② 형태
- ㉮ 분해열에 의한 발화 : 예 셀룰로이드류, 나이트로셀룰로오스(질화면), 과산화수소, 염소산칼륨 등
- ㉯ 산화열에 의한 발화 : 예 건성유, 원면, 석탄, 고무 분말, 발연 질산 등
- ㉰ 중합열에 의한 발화 : 예 시안화수소(HCN), 산화에틸렌(C_2H_4O), 염화비닐(CH_2CHCl), 부타디엔(C_4H_6) 등
- ㉱ 흡착열에 의한 발화 : 예 활성탄, 목탄 분말 등
- ㉲ 미생물에 의한 발화 : 예 퇴비, 퇴적물, 먼지 등

③ 영향을 주는 인자
- ㉮ 열의 축적
- ㉯ 열전도율
- ㉰ 퇴적 방법
- ㉱ 공기의 유동 상태
- ㉲ 발열량
- ㉳ 수분
- ㉴ 촉매 물질

④ 방지법
- ㉮ 통풍이 잘 되게 할 것
- ㉯ 저장실의 온도를 낮출 것
- ㉰ 습도가 높은 것을 피할 것
- ㉱ 열의 축적을 방지할 것
- ㉲ 정촉매 작용을 하는 물질을 피할 것

(7) 폭발 이론

① 분진 폭발
- ㉮ 분진 폭발 물질
  마그네슘 분말, 알루미늄 분말, 황, 실리콘, 금속분, 석탄, 플라스틱, 담뱃가루, 커피 분말, 설탕, 옥수수, 감자, 밀가루, 나무 가루 등
- ㉯ 분진 폭발을 하지 않는 물질
  시멘트 가루, 석회분, 염소산칼륨 가루, 모래, 염화아세틸(제4류 위험물) 등

② BLEVE(Boiling Liquid Expanding Vapor Explosion) 액화 가스 탱크의 폭발(비등 액체 팽창 증기 폭발) : 비등 상태의 액화 가스가 기화하여 팽창하고 폭발하는 현상

③ 르 샤틀리에(Le Chatelier)의 혼합 가스 폭발 범위를 구하는 식

$$\frac{100}{L} = \frac{V_1}{L_1} + \frac{V_2}{L_2} + \frac{V_3}{L_3} + \cdots$$

여기서, L : 혼합 가스의 폭발 한계치

$L_1, L_2, L_3, \cdots$: 각 성분의 단독 폭발 한계치(vol%)

$V_1, V_2, V_3, \cdots$: 각 성분의 체적(vol%)

예제

메탄 60vol%, 에탄 30vol%, 프로판 10vol%로 혼합된 가스의 공기 중 폭발 하한값은 약 몇 %인가?

풀이 $\frac{100}{L} = \frac{V_1}{L_1} + \frac{V_2}{L_2} + \frac{V_3}{L_3}$ 이므로 $\frac{100}{L} = \frac{60}{5} + \frac{30}{3} + \frac{10}{2.1}$

$L = \frac{100}{26.76}$ ∴ $L = 3.74\%$

답 3.74%

④ 연소파와 폭굉파

㉮ 연소파 : 0.1~10m/sec   ㉯ 폭굉파 : 1,000~3,500m/sec

⑤ 폭굉 유도 거리

관 중에 폭굉성 가스가 존재할 경우 최초의 완만한 연소가 격렬한 폭굉으로 발전할 때까지의 거리이다. 일반적으로 짧아지는 경우는 다음과 같다.

① 정상 연소 속도가 큰 혼합 가스일수록
② 관 속에 방해물이 있거나 관 지름이 가늘수록
③ 압력이 높을수록
④ 점화원의 에너지가 강할수록

2 소화 방법

(1) 화재의 종류

화재별 급수	가연 물질의 종류
A급 화재	종이, 목재, 섬유류 등
B급 화재	유류(가연성 액체 포함)
C급 화재	전기
D급 화재	금속
K급 화재	동식물유

① A급 화재(일반 화재-백색)

다량의 물 또는 수용액으로 화재를 소화할 때 냉각 효과가 가장 큰 소화 역할을 할 수 있는 것으로, 연소 후 재를 남기는 화재

예 종이, 목재, 섬유류 등

② B급 화재(유류 화재-황색)

유류와 같이 연소 후 아무 것도 남기지 않는 화재

예 위험물안전관리법상 제4류 위험물 등

③ C급 화재(전기 화재-청색)

전기에 의한 발열체가 발화원이 되는 화재

예 전기 합선, 과전류, 지락, 누전, 정전기 불꽃, 전기 불꽃 등

④ D급 화재(금속 화재)

가연성 금속류의 화재

예 위험물안전관리법상 제2류 위험물 중 금속분과 제3류 위험물 등

⑤ K급 화재(주방 화재)

주방에서 동식물유류를 취급하는 조리 기구에서 일어나는 화재

(2) 소화기의 성상

① 포말(포) 소화기

㉮ 화학포 소화기

㉠ 정의 : A제(중조, 중탄산나트륨, $NaHCO_3$)와 B제[황산알루미늄, $Al_2(SO_4)_3$]의 화학 반응에 의해 생성된 포(CO_2)에 의해 소화하는 소화기

㉡ 화학 반응식

$$6NaHCO_3 + Al_2(SO_4)_3 + 18H_2O \longrightarrow 3Na_2SO_4 + 2Al(OH)_3 + 6CO_2\uparrow + 18H_2O$$
(질식) (냉각)

ⓐ A제(외통제) : 중조($NaHCO_3$) 등

ⓑ B제(내통제) : 황산알루미늄[$Al_2(SO_4)_3$]

ⓒ 기포 안정제 : 가수 분해 단백질, 젤라틴, 카세인, 사포닌, 계면활성제 등

㉯ 기계포(air foam) 소화기

㉠ 정의 : 소화 원액과 물을 일정량 혼합한 후 발포 장치에 의해 거품을 내어 방출하는 소화기

ⓐ 소화 원액 : 가수 분해 단백질, 계면활성제, 일정량의 물

ⓑ 포핵(거품 속의 가스) : 공기

㉡ 발포 배율(팽창비) = $\dfrac{\text{내용적(용량)}}{\text{전체 중량} - \text{빈 시료 용기의 중량}}$

> **예제**
>
> 공기포 발포 배율을 측정하기 위해 중량 340g, 용량 1,800mL의 포 수집 용기에 가득히 포를 채취하여 측정한 용기의 무게가 540g이었다면 발포 배율은? (단, 포 수용액의 비중은 1로 가정한다.)
>
> **풀이** 발포 배율(팽창비) $= \dfrac{\text{내용적(용량)}}{\text{전체 중량} - \text{빈 시료 용기의 중량}} = \dfrac{1,800}{540-340} = 9$배　　**답** 9배

ⓒ 포 소화 약제의 종류

ⓐ 저팽창 포 소화 약제 : 팽창비 20 이하

　예 단백 포, 불화 단백 포, 수성막 포 소화 약제

ⓑ 고팽창 포 소화 약제 : 팽창비 80 이상 1,000 미만

　예 합성 계면활성제 포 소화 약제

ⓒ 특수 포 소화 약제 : 알코올 같은 수용성 화재에 사용하는 소화 약제

　예 내알코올형 소화 약제

ⓔ 용도 : A, B급 화재

> **참고**
>
> **수성막 포 소화 약제**
> 1. 불소계 계면활성제를 주성분으로 한 것으로 분말 소화약제와 함께 트윈약제 시스템(twin agent system)에 사용되어 소화효과를 높이는 약제
> 2. 불소계 계면활성제를 기제로 하여 안정제 등을 첨가한 소화약제로서 보존성·내약품성이 우수하지만, 수용성 위험물의 화재시에는 효과가 떨어지는 것
> 3. 불소계 계면활성제를 주성분으로 하여 물과 혼합하여 사용하는 소화약제로서, 유류화재 발생시 분말 소화약제와 함께 사용이 가능한 포소화약제

ⓑ 포(foam)의 성질로서 구비하여야 할 조건

㉠ 화재면과 부착성이 있을 것

㉡ 열에 대한 센 막을 가지며, 유동성이 있을 것

㉢ 바람 등에 견디고 응집성과 안정성이 있을 것

② 분말 소화기

㉮ 1종 분말(dry chemicals) - 탄산수소나트륨($NaHCO_3$)

흰색 분말이며 B, C급 화재에 좋다. 특히 요리용 기름의 화재(식당, 주방 화재) 시 비누화 반응을 일으켜 질식 효과와 재발화 방지 효과를 나타낸다.

㉠ 270°C에서 반응

$$2NaHCO_3 \longrightarrow Na_2CO_3 + \underline{CO_2} + \underline{H_2O} - 19.9\text{kcal}(흡열 반응)$$
　　　　　　　　　　　　　질식　　냉각

ⓒ 850℃ 이상에서 반응

$$2NaHCO_3 \longrightarrow Na_2O + 2CO_2 + H_2O - Q(kcal)$$

> **예제**
>
> 분말 소화 약제인 탄산수소나트륨 10kg이 1기압, 270℃에서 방사되었을 때 발생하는 이산화탄소의 양은 약 몇 m^3인가?
>
> **풀이** $PV = \dfrac{W}{M}RT$ 이므로
>
> $\therefore V = \dfrac{WRT}{PM} = \dfrac{10 \times 0.082 \times (273+270)}{1 \times 168} = 2.65m^3$
>
> **답** $2.65m^3$

㉯ 2종 분말 – 탄산수소칼륨($KHCO_3$)

1종 분말보다 2배의 소화 효과가 있다. 보라색(담회색) 분말이며 B, C급 화재에 좋다.

ⓐ 190℃에서 반응

$$2KHCO_3 \xrightarrow{\triangle} K_2CO_3 + \underbrace{CO_2}_{질식} + \underbrace{H_2O}_{냉각}$$

ⓑ 590℃에서 반응

$$2KHCO_3 \longrightarrow K_2O + 2CO_2 + H_2O - Q(kcal)$$

㉰ 3종 분말 – 인산암모늄($NH_4H_2PO_4$)

광범위하게 사용하며, 담홍색(핑크색) 분말이며 A, B, C급 화재에 좋다.

ⓐ 166℃에서 반응

$$NH_4H_2PO_4 \longrightarrow H_3PO_4 + NH_3$$

ⓑ 360℃에서 반응

$$NH_4H_2PO_4 \longrightarrow \underbrace{HPO_3}_{질식} + NH_3 + \underbrace{H_2O}_{냉각}$$

> **예제**
>
> $NH_4H_2PO_4$ 57.5kg이 완전 열분해하여 메타인산, 암모니아와 수증기로 되었을 때 메타인산은 몇 kg이 생성되는가? (단, P의 원자량은 31)
>
> **풀이** $NH_4H_2PO_4 \longrightarrow HPO_3 + NH_3 + H_2O$
> 115kg   80kg
> 57.5kg $x$kg
>
> $x = \dfrac{57.5 \times 80}{115}$
>
> $x = 40kg$
>
> **답** 40kg

㉔ 4종 분말

탄산수소칼륨($KHCO_3$)+요소[$(NH_2)_2CO$] : 2종 분말 약제를 개량한 것으로 회백색(회색) 분말이며 B, C급 화재에 좋다.

$$2KHCO_3 + (NH_2)_2CO \xrightarrow{\triangle} K_2CO_3 + 2NH_3 + \underset{\text{질식}}{2CO_2}$$

③ 탄소 가스(CO_2) 소화기

㉠ 정의 : 소화 약제를 불연성인 CO_2 가스의 질식과 냉각 효과를 이용한 소화기

㉡ 소화약제의 특성

　㉠ 탄산가스의 함량은 99.5% 이상으로 냄새가 없어야 하며, 수분의 중량은 0.05% 이하여야 한다. 만약 수분이 0.05% 이상이면 줄-톰슨 효과에 의하여 수분이 결빙되어 노즐이 구멍을 폐쇄시키기 때문이다.

　㉡ 줄-톰슨 효과는 기체 또는 액체가 가는 관을 통과할때 온도가 급강화하여 고체로 되는 현상이다.

예제

소화기 속에 압축되어 있는 이산화탄소 1.1kg을 표준 상태에서 분사하였다. 이산화탄소의 부피는 몇 m^3가 되는가?

풀이 $PV = \dfrac{W}{M}RT$에서

$\therefore V = \dfrac{WRT}{PM} = \dfrac{1.1 \times 0.082 \times 273}{1 \times 44} = 0.56m^3$

답 $0.56m^3$

㉢ CO_2의 소화 농도(vol%) $= \dfrac{21 - \text{한계 산소 농도(vol\%)}}{21} \times 100$

예제

화재 시 이산화탄소를 사용하여 공기 중 산소의 농도를 21vol%에서 13vol%로 낮추려면 공기 중 이산화탄소의 농도는 약 몇 vol%가 되어야 하는가?

풀이 CO_2의 소화 농도(vol%)

$= \dfrac{21 - \text{한계 산소 농도(vol\%)}}{21} \times 100 = \dfrac{21-13}{21} \times 100 = 38.1vol\%$

답 38.1vol%

㉣ 용도 : B, C급 화재

④ 할로겐화합물(증발성 액체) 소화기

㉠ 정의 : 소화 약제로 증발성이 강하고 공기보다 무거운 불연성인 할로겐 화합물을 이용하여 부촉매 효과, 질식 효과 및 냉각 효과를 하는 소화기이다.

④ 소화 약제의 조건
  ㉠ 비점이 낮을 것
  ㉡ 기화되기 쉽고, 증발 잠열이 클 것
  ㉢ 공기보다 무겁고(증기 비중이 클 것) 불연성일 것
  ㉣ 증발 잔유물이 없을 것
  ㉤ 전기 절연성이 우수할 것
  ㉥ 인화성이 없을 것
④ 할론 번호 순서
  ㉠ 첫째 : 탄소(C)
  ㉡ 둘째 : 불소(F)
  ㉢ 셋째 : 염소(Cl)
  ㉣ 넷째 : 취소(Br)
  ㉤ 다섯째 : 옥소(I)

> **예제**
> 할로겐 화합물 중 CH_3I에 해당하는 할론번호는?
>
> 답 Halon 10001

> **참고**
> 오존파괴지수(ODP, Ozone Depletion Potential)
> 어떤 물질 1kg에 의해 파괴되는 오존량은 기준물질인 CFC-11, 1kg에 의해 파괴되는 오존량으로 나눈 상대적인 비율로 오존파괴능력을 나타내는 지표

④ 종류
  ㉠ 사염화탄소(CCl_4, Halon1040) : CTC 소화기
    ⓐ 밀폐된 장소에서 CCl_4를 사용해서는 안 되는 이유
      • $2CCl_4 + O_2 \longrightarrow 2COCl_2 + 2Cl_2$ (건조된 공기 중)
      • $CCl_4 + H_2O \longrightarrow COCl_2 + 2HCl$ (습한 공기 중)
      • $CCl_4 + CO_2 \longrightarrow 2COCl_2$ (탄산 가스 중)
      • $3CCl_4 + Fe_2O_3 \longrightarrow 3COCl_2 + 2FeCl_3$ (철 존재 시)
    ⓑ 설치 금지 장소(할론 1301은 제외)
      • 지하층
      • 무창층
      • 거실 또는 사무실로서 바닥 면적이 $20m^2$ 미만인 곳
  ㉡ 일염화 일취화 메탄(CH_2ClBr, $H-\underset{\underset{Br}{|}}{\overset{\overset{Cl}{|}}{C}}-H$, Halon 1011) : CB 소화기
  ㉢ 브로모클로로다이플루오로메탄(CF_2ClBr, Halon 1211) : BCF 소화기

② 브로모트라이플루오로메탄(CF$_3$Br, Halon 1301) : BT 소화기

⑩ 다이브로모테트라플루오로에탄(C$_2$F$_4$Br$_2$, Halon 2402) : FB 소화기

㉮ 용도 : A, B, C급 화재

⑤ 강화액 소화기

㉮ 정의 : 물의 소화력을 향상시키기 위해서 물에 금속염류(K$_2$CO$_3$)을 첨가시킨 고농도의 수용액이며, 동결되지 않도록 하여 재연을 방지하고 −20℃ 이하의 겨울철이나 한랭지에서 사용 가능하도록 개발된 소화기로서, 독성과 부식성이 없으며 질소 가스에 의해 강화액을 방출한다.

㉯ 소화 약제(탄산칼륨)의 특성
- ㉠ 비중 : 1.3~1.4
- ㉡ 응고점 : −30~−17℃
- ㉢ 강알칼리성 : pH 12
- ㉣ 독성과 부식성이 없음

㉰ 종류
- ㉠ 축압식
- ㉡ 가스가압식 : $K_2CO_3 + 2H_2O \longrightarrow 2KOH + CO_2 + H_2O$
- ㉢ 반응식(파병식) : $K_2CO_3 + H_2SO_4 \longrightarrow K_2SO_4 + CO_2 + H_2O$

㉱ 용도
- ㉠ 봉상일 경우 : A급 화재
- ㉡ 무상일 경우 : A, C급 화재

⑥ 산알칼리 소화기

㉮ 정의 : 황산과 중조수의 화합액에 탄산 가스를 내포한 소화액을 방사한다.

㉯ 주성분
- ㉠ 산 : H$_2$SO$_4$
- ㉡ 알칼리 : NaHCO$_3$

㉰ 반응식

$2NaHCO_3 + H_2SO_4 \longrightarrow Na_2SO_4 + 2CO_2 + 2H_2O$

㉱ 용도
- ㉠ 봉상일 경우 : A급 화재
- ㉡ 무상일 경우 : A, C급 화재

⑦ 물 소화기

㉮ 정의 : 물을 펌프 또는 가스로 방출한다.

㉯ 소화제로 사용하는 이유
- ㉠ 기화열(증발 잠열)이 커서(539cal/g) 냉각 능력(기화 시 다량의 열을 제거)이 크기 때문이다.
- ㉡ 구입이 용이하다.
- ㉢ 취급상 안전하고, 숙련을 요하지 않는다.
- ㉣ 가격이 저렴하다.

> **예제**
>
> 20℃의 물 100kg이 100℃의 수증기로 증발하면 최대 몇 kcal의 열량을 흡수할 수 있는가? (단, 물의 증발 잠열은 540cal/g이다.)
>
> **풀이**
> $Q_1 = Gc\Delta t = 100 \times 1 \times (100-20) = 8,000 \text{kcal}$
> $Q_2 = Gr = 100 \times 540 = 54,000 \text{kcal}$
> $Q = Q_1 + Q_2 = 8,000 + 54,000 = 62,000 \text{kcal}$
>
> **답** 62,000kcal

㉰ 용도 : A급 화재

⑧ 청정 소화 약제

㉮ 할로겐화합물 청정소화약제

불소, 염소, 브로민 또는 아이오딘 중 하나 이상의 원소를 포함하고 있는 유기화합물을 기본 성분으로 하는 소화약제이다.

HFC(Hydro Fluoro Carbon)	불화탄화수소
HBFC(Hydro Bromo Fluoro Carbon)	브로민불화탄화수소
HCFC(Hydro Chloro Fluoro Carbon)	염화불화탄화수소
FC, PFC(Perfluoro Carbon)	불화탄소, 과불화탄소
FIC(Fluoroiodo Carbon)	불화아이오딘화탄소

㉯ 불활성 가스 청정 소화 약제

헬륨, 네온, 아르곤, 질소 가스 중 하나 이상의 원소를 기본 성분으로 하는 소화 약제

소화 약제	상품명	화학식
퍼플루오로부탄(FC-3-1-10)	PFC-410	C_4F_{10}
하이드로클로로플루오로카본 혼화제 (HCFC BLEND A)	NAFS-Ⅲ	• HCFC-22($CHClF_2$) : 82% • HCFC-123($CHCl_2CF_3$) : 4.75% • HCFC-124($CHClFCF_3$) : 9.5% • $C_{10}H_{16}$: 3.75%
클로로테트라플루오로에탄(HCFC-124)	FE-24	$CHClFCF_3$
펜타플루오로에탄(HFC-125)	FE-25	CHF_2CF_3
헵타플루오로프로판(HFC-227ea)	FM-200	CF_3CHFCF_3
트라이플루오로메탄(HFC-23)	FE-13	CHF_3
헥사플루오로프로판(HFC-236fa)	FE-36	$CF_3CH_2CF_3$
트라이플루오로이오다이드(FIC-1311)	Tiodide	CF_3I
도데카플루오로-2-메틸펜탄-3-원(FK-5-1-12)	-	$CF_3CF_2C(O)CF(CF_3)_2$
불연성·불활성 기체 혼합 가스(IG-01)	Argon	Ar
불연성·불활성 기체 혼합 가스(IG-100)	Nitrogen	N_2
불연성·불활성 기체 혼합 가스(IG-541)	Inergen	N_2 : 52%, Ar : 40%, CO_2 : 8%
불연성·불활성 기체 혼합 가스(IG-55)	Argonite	N_2 : 50%, Ar : 50%

> **참고**
>
> IG-541(Inergen)
> 비할로겐 계열로서 화학적 소화보다는 물리적 소화에 의해 화재를 진압하는 소화약제

> **예제**
>
> 질소와 아르곤과 이산화탄소의 용량비가 52 : 40 : 8인 혼합물 소화약제는? **답** IG 541

(3) 소화기의 유지 관리

① 각 소화기의 공통 사항
  ㉮ 소화기의 설치 위치는 바닥으로부터 1.5m 이하의 높이에 설치할 것
  ㉯ 통행이나 피난 등에 지장이 없고 사용할 때에는 쉽게 반출할 수 있는 위치에 있을 것
  ㉰ 각 소화 약제가 동결, 변질 또는 분출할 염려가 없는 곳에 비치할 것
  ㉱ 소화기가 설치된 주위의 잘 보이는 곳에 '소화기'라는 표시를 할 것

② 소화기의 사용 방법
  ㉮ 적응 화재에만 사용할 것
  ㉯ 성능에 따라 방출 거리 내에서 사용할 것
  ㉰ 소화 시에는 바람을 등지고 풍상에서 풍하의 방향으로 소화할 것
  ㉱ 소화 작업은 양옆으로 비로 쓸듯이 골고루 사용할 것

> **참고**
>
> 소화기에 "B-2" 표시란?
> 유류 화재에 대한 능력 단위 2단위에 적용되는 소화기

(4) 피뢰 설치

① 설치 대상
  지정 수량 10배 이상의 위험물을 취급하는 제조소(단, 제6류 위험물의 제소소 제외)

3 소방 시설

(1) 방호대상물 각 부분으로부터 소화기까지의 보행거리

① 소형수동식 소화기 : 20m

② 대형수동식 소화기 : 30m

(2) 옥내 소화전 설비(호스릴 옥내 소화전 설비를 포함)

① 옥내 소화전함의 상부의 벽면에 적색의 표시등을 설치하되, 해당 표시등의 부착면과 15° 이상의 각도가 되는 방향으로 10m 떨어진 곳에서 용이하게 식별이 가능하도록 한다.

② 옥내 소화전 설비의 비상 전원 : 자가 발전 설비 또는 축전지 설비로 45분 이상 작동할 수 있어야 한다.

③ 압력 수조를 이용한 가압 송수 장치

압력 수조의 압력은 다음 식에 의하여 구한 수치 이상으로 한다.

$$P = P_1 + P_2 + P_3 + 0.35\text{MPa}$$

여기서, P : 필요한 압력(MPa), P_1 : 소방용 호스의 마찰 손실 수두압(MPa)
P_2 : 배관의 마찰 손실 수두압(MPa), P_3 : 낙차의 환산 수두압(MPa)

> **예제**
>
> 위험물안전관리법령상 압력 수조를 이용한 옥내 소화전 설비의 가압 송수 장치에서 압력 수조의 최소 압력(MPa)은? (단, 소방용 호스의 마찰 손실 수두압은 3MPa, 배관의 마찰 손실 수두압은 1MPa, 낙차의 환산 수두압은 1.35MPa이다.)
>
> **풀이** $P = P_1 + P_2 + P_3 + 0.35\text{MPa} = 3 + 1 + 1.35 + 0.35 = 5.70\text{MPa}$
>
> **답** 5.70MPa

④ 펌프를 이용한 가압 송수 장치

펌프의 전양정을 다음 식에 의하여 구한 수치 이상으로 한다.

$$H = h_1 + h_2 + h_3 + 35\text{m}$$

여기서, H : 펌프의 전양정(m), h_1 : 소방용 호스의 마찰 손실 수두(m)
h_2 : 배관의 마찰 손실 수두(m), h_3 : 낙차(m)

> **예제**
>
> 위험물 제조소 등에 펌프를 이용한 가압 송수 장치를 사용하는 옥내 소화전을 설치하는 경우 펌프의 전양정은 몇 m인가? (단, 소방용 호스의 마찰 손실 수두는 6m, 배관의 마찰 손실 수두는 1.7m, 낙차는 32m이다.)
>
> **풀이** $H = h_1 + h_2 + h_3 + 35m$
> $= 6m + 1.7m + 32m + 35m = 74.7m$
>
> **답** 74.7m

⑤ 수원의 양(Q) : 옥내 소화전이 가장 많이 설치된 층의 옥내 소화전 설비의 설치 개수(N : 설치 개수가 5개 이상인 경우는 5개의 옥내 소화전)에 7.8m³를 곱한 양 이상

$$Q(m^3) = N \times 7.8m^3$$

여기서, Q : 수원의 양, N : 옥내 소화전 설비의 설치 개수

즉, 7.8m³란 법정 방수량 260L/min으로 30min 이상 기동할 수 있는 양

> **예제**
>
> 제조소 등의 건축물에서 옥내소화전이 가장 많이 설치된 층의 소화전의 수가 3개일 경우 확보해야할 수원의 양은 몇 m³ 이상인가?
>
> **풀이** $Q = N \times 7.8m^3 = 3 \times 7.8 = 24.3m^3$
> 여기서, Q : 수원의 수량
> N : 옥내 소화전 설비의 설치 개수(설치 개수가 5개 이상인 경우는 5개의 옥내 소화전)
>
> **답** 24.3m³

⑥ 소화전의 노즐 선단의 성능 기준 : 방사 압력 350kPa(0.35MPa) 이상, 방수량 260L/min 이상

(3) 옥외 소화전 설비

① 수원의 양(Q) : 옥외 소화전 설비의 설치 개수(설치 개수가 4개 이상인 경우는 4개의 옥외 소화전)에 13.5m³를 곱한 양 이상

$$Q(m^3) = N \times 13.5m^3$$

여기서, Q : 수원의 양, N : 옥외 소화전 설비 설치 개수

즉, 13.5m³란 법정 방수량 450L/min으로 30min 이상을 기동할 수 있는 양

> **예제**
>
> 위험물 제조소 등에 옥외 소화전을 6개 설치할 경우 수원의 수량은 몇 m^3 이상이어야 하는가?
>
> **풀이** $Q(m^3) = N \times 13.5 = 4 \times 13.5 = 54m^3$
> 여기서, Q : 수원의 양
> N : 옥외 소화전 설비 설치 개수
> (설치 개수가 4개 이상인 경우는 4개의 옥외 소화전)
>
> **답** $54m^3$

> **예제**
>
> 위험물 제조소에 옥내소화전 1개와 옥외소화전 2개를 설치하는 경우 수원의 수량을 얼마 이상 확보하여야 하는가? (단, 위험물 제조소는 단층건물이다.)
>
> **풀이** 수원의 수량
> ㉠ 옥내소화전 : $Q(m^3) = N(5개 이상인 경우 5개) \times 7.8m^3$
> ㉡ 옥외소화전 : $Q(m^3) = N(4개 이상인 경우 4개) \times 13.5m^3$
> ∴ 수원의 수량 = $(1 \times 7.8m^3) + (1 \times 13.5m^3) = 21.3m^3$
>
> **답** $21m^3$

② 소화전 노즐 선단의 성능 기준

방사 압력 350kPa(0.35MPa) 이상, 방수량 450L/min 이상

(4) 스프링클러 설비

① 스프링클러 헤드 부착 장소의 평상 시 최고 주위 온도와 표시 온도

부착 장소의 최고 주위 온도(℃)	표시 온도(℃)
28 미만	58 미만
28 이상 39 미만	58 이상 79 미만
39 이상 64 미만	79 이상 121 미만
64 이상 106 미만	121 이상 162 미만
106 이상	162 이상

② 스프링클러의 장·단점

장점	단점
• 특히 초기 진화에 절대적인 효과가 있다. • 약제가 물이기 때문에 값이 저렴하고, 복구가 쉽다. • 오동작, 오보가 없다(감지부가 기계적). • 조작이 간편하고 안전하다. • 야간이라도 자동으로 화재 감지 경보, 소화할 수 있다.	• 초기 시설비가 많이 든다. • 시공이 다른 설비와 비교했을 때 복잡하다. • 물로 인한 피해가 크다.

③ 수동식 개방 밸브를 개방 조작하는 데 필요한 힘
 개방형 스프링클러 헤드를 사용하는 경우 : 15kg 이하

④ 가압 송수 장치의 송수량 기준
 방사 압력 100kPa(0.1MPa) 이상, 방수량 80L/min 이상

⑤ 제어 밸브 : 바닥으로부터 0.8m 이상 1.5m 이하

(5) 물분무 등 소화 설비

① 물분무 소화 설비

㉮ 위험물 제조소 등

구분	기준
방사 구역	150m² 이상
방사 압력	350kPa 이상
수원의 수량	• $Q(L) \geqq$ 방호 대상물 표면적(m²)×20L/min·m²×30min (건축물의 경우 바닥 면적) • $Q(L) \geqq 2\pi r \times 37L/min \cdot 20min$ (탱크 높이 15m마다) (탱크 원주 둘레)
비상 전원	45분 이상 작동할 것

㉯ 옥외 저장 탱크에 설치하는 물분무 설비 기준

㉠ 탱크 표면에 방사하는 물의 양 : 원주 둘레(m)×37L/m·min 이상

㉡ 수원의 양 : 방사하는 물의 양을 20분 이상 방사할 수 있는 수량

> **예제**
> 방사구역의 표면적이 100m²인 곳에 물분무소화설비를 설치하고자 한다. 수원의 수량은 몇 L 이상이어야 하는가? (단, 분무헤드가 가장 많이 설치된 방사구역의 모든 분무헤드를 동시에 사용할 경우이다.)
>
> **풀이** 수원의 양
> $Q(m^3) = 100m^2 \times 20L/m^2 \cdot 분 \times 30분 = 60,000L$
>
> 目 60,000L

㉰ 제어 밸브
 바닥으로부터 0.8m 이상 1.5m 이하

② 포 소화 설비
　㉮ 고정식 포 소화 설비의 포 방출구

방출구 형식	지붕구조	주입방식
Ⅰ형	고정지붕구조	상부포주입법
Ⅱ형	고정지붕구조 또는 부상덮개부착 고정지붕구조	상부포주입법
특형	부상지붕구조	상부포주입법
Ⅲ형	고정지붕구조	저부포주입법
Ⅳ형	고정지붕구조	저부포주입법

　㉯ 공기 포 소화 약제의 혼합 방식
　　㉠ 펌프 혼합 방식(펌프 프로포셔너 방식)
　　　펌프의 토출관과 흡입관 사이의 배관 도중에 설치된 흡입기에 펌프에서 토출된 물의 일부를 보내고 농도 조절 밸브에서 조정된 포 소화 약제의 필요량을 포 소화 약제 탱크에서 펌프 흡입측으로 보내어 이를 혼합하는 방식
　　㉡ 차압 혼합 방식(프레셔 프로포셔너 방식)
　　　펌프와 발포기의 중간에 설치된 벤투리관의 벤투리 작용과 펌프 가압수의 포 소화 약제 저장 탱크에 대한 압력에 의하여 포 소화 약제를 흡입·혼합하는 방식
　　㉢ 관로 혼합 방식(라인 프로포셔너 방식)
　　　펌프와 발포기 중간에 설치된 벤투리관의 벤투리 작용에 의해 포 소화 약제를 흡입하여 혼합하는 방식
　　㉣ 압입 혼합 방식(프레셔 사이드 프로포셔너 방식)
　　　펌프의 토출관에 압입기를 설치하여 포 소화 약제 압입용 펌프로 포 소화 약제를 압입시켜 혼합하는 방식

　㉰ 수조의 설치 부속물
　　㉠ 고가수조
　　　배수관, 맨홀, 수위계, 오버플로우용 배수관, 보급수관
　　㉡ 압력수조
　　　압력계, 수위계, 배수관, 보급수관, 통기관 및 맨홀

③ 불활성 기체 소화 설비
　㉮ 전역 방출 방식 또는 국소 방출 방식의 저장 용기 설치 기준
　　㉠ 방호 구역 외의 장소에 설치한다.
　　㉡ 온도가 40℃ 이하이고, 온도 변화가 적은 곳에 설치한다.
　　㉢ 직사광선 및 빗물이 침투할 우려가 적은 장소에 설치한다.

    ㉣ 저장 용기에는 안전 장치(용기 밸브에 설치되어 있는 것 포함)를 설치한다.
    ㉤ 저장 용기의 외면에 소화 약제의 종류와 양, 제조년도 및 제조사를 표시한다.
  ㉯ 국소방출방식 중 저압식 저장용기에 설치되는 압력경보장치의 작동압력
    2.3MPa 이상의 압력과 1.9MPa 이하의 압력에서 작동
  ㉰ 저장용기의 충전비

약제의 종류		충전비
CO_2 충전비	고압식	1.5 이상 1.9 이하
	저압식	1.1 이상 1.4 이하

  ㉱ 기동용 가스용기 및 당해 용기에 사용하는 밸브는 25MPa 이상의 압력에 견딜 수 있는 것으로 한다.
  ㉲ 저압식 저장용기에는 액면계 및 압력계와 2.3MPa 이상 1.9MPa 이하의 압력에서 작동하는 압력경보장치를 설치한다.

④ 할로겐화합물 소화 설비
  ㉮ 축압식 저장 용기 압력 : 압력은 온도 20℃에서 질소 가스로 축압한다.

약제의 종류	저압식	고압식
할론 1301, HFC-227ea	2.5MPa	4.2 MPa
할론 1211	1.1MPa	2.5MPa

  ㉯ 전역 · 국소 방출 방식 분사 헤드의 방사 압력

약제	방사 압력
할론 2402	0.1MPa 이상
할론 1211	0.2MPa 이상
할론 1301	0.9MPa 이상
HFC-227ea, FK-5-1-12	0.3MPa 이상
HFC-23	0.9MPa 이상
HFC-125	0.9MPa 이상

⑤ 분말소화설비
  ㉮ 전역방출방식

소화약제의 종별	소화약제의 양
제1종 분말	0.60kg/m³
제2종 분말 또는 제3종 분말	0.36kg/m³
제4종 분말	0.24kg/m³

  ㉯ 전역방출방식 또는 국소방출방식의 저장용기 충전비

소화약제의 종별	충전비의 범위
1종	0.85 이상 1.45 이하
2종, 3종	1.05 이상 1.75 이하
4종	1.50 이상 2.50 이하

⑤ 경보 설비
  ㉮ 지정수량 10배 이상의 위험물을 저장 또는 취급하는 제조소 등에 설치한다.(이동탱크 저장소는 제외)
  ㉯ 자동 화재 탐지 설비의 설치 기준
    ㉠ 경계 구역(화재가 발생한 구역을 다른 구역과 구분하여 식별할 수 있는 최고 단위의 구역을 말한다)은 건축물 그 밖의 공작물의 2 이상의 층에 걸치지 아니하도록 할 것. 다만, 하나의 경계 구역의 면적이 500m² 이하이면서 당해 경계 구역이 두 개의 층에 걸치는 경우이거나 계단·경사로·승강기의 승강로 그 밖에 이와 유사한 장소에 연기 감지기를 설치하는 경우에는 그러하지 아니하다.
    ㉡ 하나의 경계 구역의 면적은 600m² 이하로 하고, 그 한 변의 길이는 50m(광전식 분리형 감지기를 설치할 경우에는 100m) 이하로 할 것. 다만, 당해 건축물 그 밖의 공작물의 주요한 출입구에서 그 내부의 전체를 볼 수 있는 경우에 있어서는 그 면적을 1,000m² 이하로 할 수 있다.
    ㉢ 감지기는 지붕(상층이 있는 경우에는 상층의 바닥) 또는 벽의 옥내에 면한 부분(천장이 있는 경우에는 천장 또는 벽의 옥내에 면한 부분 및 천장의 뒷부분)에 유효하게 화재의 발생을 감지할 수 있도록 설치할 것
    ㉣ 비상 전원을 설치할 것
    ㉤ 위험물 제조소의 경우 연면적이 최소 500m²일 때 설치할 것

⑥ 피난 구조 설비
 ㉮ 피난구 유도등
  ㉠ 피난구의 바닥으로부터 1.5m 이상의 곳에 설치한다.
  ㉡ 조명도는 피난구로부터 30m의 거리에서 문자 및 색채를 쉽게 식별할 수 있는 것이어야 한다.
 ㉯ 통로 유도등
  ㉠ 조도는 통로 유도등의 바로 밑의 바닥으로부터 수평으로 0.5m 떨어진 지점에서 측정하여 1Lux 이상이어야 한다.
  ㉡ 백색 바탕에 녹색으로 피난 방향을 표시한 등으로 하여야 한다.
 ㉰ 객석 유도등
  ㉠ 조도는 통로 바닥의 중심선에서 측정하여 0.2Lux 이상이어야 한다.
  ㉡ 설치 개수 $=\dfrac{\text{객석의 통로 직선 부분의 길이(m)}}{4}-1$
 ㉱ 유도 표지
  ㉠ 피난구 유도 표지는 출입구 상단에 설치한다.
  ㉡ 통로 유도 표지는 바닥으로부터 높이 1.5m 이하의 위치에 설치한다.

⑦ 소화 용수 설비
화재를 진압하는 데 필요한 물을 공급하거나 저장하는 설비
 ㉮ 상수도 소화 용수 설비
 ㉯ 소화 수조 · 저수조 그 밖의 소화 용수 설비

⑧ 소화 활동 설비
화재를 진압하거나 인명 구조 활동을 위하여 사용하는 설비
 ㉮ 제연(배연) 설비
 ㉯ 연결 송수관 설비
 ㉰ 연결 살수 설비
 ㉱ 비상 콘센트 설비
 ㉲ 무선 통신 보조 설비
 ㉳ 연소 방지 설비

4 능력 단위 및 소요 단위

(1) 능력 단위

소방 기구의 소화 능력을 나타내는 수치, 즉 소요 단위에 대응하는 소화 설비 소화 능력의 기준 단위

① 마른 모래(50L, 삽 1개 포함) : 0.5단위

> **예제**
>
> 메틸알코올 8,000리터에 대한 소화 능력으로 삽을 포함한 마른 모래를 몇 리터 설치하여야 하는가?
>
> **풀이** 소요 단위 = $\dfrac{저장량}{지정 수량 \times 10배} = \dfrac{8,000}{400 \times 10} = 2$단위
>
> 마른 모래(50L, 삽 1개 포함) = 0.5단위이므로
>
> $50L : xL = 0.5$단위 $: 2$단위, $x = \dfrac{50 \times 2}{0.5}$
>
> $\therefore x = 200L$
>
> **답** 200L

② 팽창 질석 또는 팽창 진주암(160L, 삽 1개 포함) : 1단위

③ 소화 전용 물통(8L) : 0.3단위

④ 수조

⑦ 190L(8L 소화 전용 물통 6개 포함) : 2.5단위

④ 80L(8L 소화 전용 물통 3개 포함) : 1.5단위

(2) 소요 단위(1단위)

소화 설비의 설치 대상이 되는 건축물, 그 밖의 인공 구조물 규모 또는 위험물 양에 대한 기준 단위

① 제조소 또는 취급소용 건축물의 경우

⑦ 외벽이 내화 구조로 된 것으로 연면적 $100m^2$

> **예제**
>
> 위험물 취급소의 건축물 연면적이 $500m^2$인 경우 소요 단위는? (단, 외벽은 내화 구조이다.)
>
> **풀이** $\dfrac{500m^2}{100m^2} = 5$단위
>
> **답** 5단위

④ 외벽이 내화 구조가 아닌 것으로 연면적이 $50m^2$

② 저장소 건축물의 경우
　㉮ 외벽이 내화 구조로 된 것으로 연면적 150m²

> **예제**
> 건축물 외벽이 내화 구조이며, 연면적 300m²인 위험물 옥내 저장소의 건축물에 대하여 소화 설비의 소화 능력 단위는 최소 몇 단위 이상이 되어야 하는가?
>
> **풀이** $\dfrac{300\text{m}^2}{150\text{m}^2} = 2$단위
>
> **답** 2단위

　㉯ 외벽이 내화 구조가 아닌 것으로 연면적이 75m²

③ 위험물의 경우 : 지정 수량 10배

> **예제**
> 가솔린 저장량이 2,000L일 때 소화 설비 설치를 위한 소요 단위는?
>
> **풀이** 소요 단위 = $\dfrac{\text{저장량}}{\text{지정 수량} \times 10\text{배}}$
>
> $\therefore \dfrac{2,000\text{L}}{200\text{L} \times 10} = 1$
>
> **답** 1단위

> **예제**
> 디에틸에테르 2,000L와 아세톤 4,000L를 옥내 저장소에 저장하고 있다면 총 소요 단위는 얼마인가?
>
> **풀이** 소요 단위 = $\dfrac{\text{저장량}}{\text{지정 수량} \times 10\text{배}} + \dfrac{\text{저장량}}{\text{지정 수량} \times 10\text{배}}$
>
> $= \dfrac{2,000}{50 \times 10} + \dfrac{4,000}{400 \times 10} = 5$단위
>
> **답** 5단위

제3과목

위험물의 성질과 취급

1 제1류 위험물의 품명과 지정 수량

성질	품명	지정 수량	위험 등급
산화성 고체	1. 아염소산염류	50kg	I
	2. 염소산염류	50kg	
	3. 과염소산염류	50kg	
	4. 무기과산화물	50kg	
	5. 브로민산염류	300kg	II
	6. 질산염류	300kg	
	7. 아이오딘산염류	300kg	
	8. 과망가니즈산염류	1,000kg	III
	9. 다이크로뮴산염류	1,000kg	

	10. 그 밖에 행정안전부령이 정하는 것
	  ① 과아이오딘산염류(300kg)
	  ② 과아이오딘산(300kg)
	  ③ 크로뮴, 납 또는 아이오딘의 산화물
	  ④ 아질산염류
	  ⑤ 염소화이소시아눌산
	  ⑥ 퍼옥소이황산염류
	  ⑦ 퍼옥소붕산염류
	11. 제1호부터 제10호까지의 어느 하나에 해당하는 위험물을 하나 이상 함유한 것
		50kg, 300kg 또는 1,000kg	I, II, III

[비고] 산화성고체

고체[액체(1기압 및 20℃에서 액상인 것 또는 20℃ 초과 40℃ 이하에서 액상인 것을 말한다) 또는 기체(1기압 및 20℃에서 기상인 것을 말한다) 외의 것을 말한다]로서 산화력의 잠재적인 위험성 또는 충격에 대한 민감성을 판단하기 위하여 소방청장이 정하여 고시하는 시험에서 고시로 정하는 성질과 상태를 나타내는 것을 말한다. 이 경우 '액상'이라 함은 수직으로 된 시험관(안지름 30mm, 높이 120mm의 원통형 유리관을 말한다)에 시료를 55mm까지 채운 다음 당해 시험관을 수평으로 하였을 때 시료액면의 끝부분이 30mm를 이동하는 데 걸리는 시간이 90초 이내에 있는 것을 말한다.

(1) 공통 성질

① 대부분 무색 결정 또는 백색 분말로서 비중이 1보다 크고 대부분 물에 잘 녹으며, 물과 작용하여 열과 산소를 발생시키는 것도 있다.
② 일반적으로 불연성이며, 산소를 많이 함유하고 있는 강산화제이다.

③ 조연성 물질로서 반응성이 풍부하여 열, 충격, 마찰 또는 분해를 촉진하는 약품과의 접촉으로 인해 폭발할 위험이 있다.
④ 모두 무기 화합물이다.

(2) 소화 방법

① 산화제의 분해 온도를 낮추기 위하여 물을 주수하는 냉각 소화가 효과적이다.
② 무기 과산화물(알칼리 금속의 과산화물)은 물과 급격히 발열 반응을 하므로 건조사에 의한 피복 소화를 실시한다.

(3) 위험물의 성상

① 아염소산나트륨($NaClO_2$, 아염소산소다)
  ㉮ 일반적 성질
    ㉠ 자신은 불연성이며, 무색의 결정성 분말로 조해성이 있어서 물에 잘 녹는다.
    ㉡ 산을 가하면 이산화염소(ClO_2)를 발생시키기 때문에 종이, 펄프 등의 표백제로 쓰인다.
      예) $3NaClO_2 + 2HCl \longrightarrow 3NaCl + 2ClO_2 + H_2O_2$
    ㉢ 분자량 90.5, 융점 240℃
  ㉯ 위험성
    ㉠ 비교적 안정하나 시판품은 140℃ 이상의 온도에서 발열 분해하여 폭발을 일으킨다.
    ㉡ 매우 불안정하여 180℃ 이상 가열하면 산소를 발생한다.
      예) $NaClO_2 \longrightarrow NaCl + O_2$

② 염소산칼륨($KClO_3$, 염소산칼리)
  ㉮ 일반적 성질
    ㉠ 상온에서 광택이 있는 무색·무취의 결정이다. 또는 백색 분말로서 불연성 물질이다.
    ㉡ 찬물이나 알코올에는 녹기 어렵고, 온수나 글리세린 등에 잘 녹는다.
    ㉢ 분자량 122.5, 비중 2.32, 융점 368.4℃, 분해 온도 400℃, 용해도 7.3g/100g
  ㉯ 위험성
    ㉠ 강산화제이며 가열에 의해 분해하여 산소를 발생한다. 촉매 없이 400℃ 정도에서 가열하면서 분해한다.
      예) $2KClO_3 \longrightarrow 2KCl + 3O_2$
    ㉡ 분해촉매로 알루미늄이 혼합되면 염소가스가 발생한다.

③ 염소산나트륨($NaClO_3$, 염소산소다)
  ㉮ 일반적 성질
    ㉠ 무색, 무취의 결정이다.

ⓒ 조해성이 강하며 흡습성이 있고 물, 알코올, 글리세린, 에테르 등에 잘 녹는다.
　　　ⓒ 분자량 106.5, 비중 2.5, 융점 248℃, 분해 온도 300℃
　㉯ 위험성
　　　㉠ 매우 불안정하여 300℃의 분해 온도에서 열분해하여 산소를 발생하고, 촉매에 의해서는 낮은 온도에서 분해한다.　예 $2NaClO_3 \longrightarrow 2NaCl + 3O_2$
　　　㉡ 흡습성이 좋아 강한 산화제로서 철을 부식시키므로 철제 용기에는 저장하지 말아야 한다.
　　　㉢ 염산과 반응하여 유독한 이산화염소(ClO_2)를 발생하며, 이산화염소는 폭발성을 지닌다.
　　　　예 $2NaClO_3 + 2HCl \longrightarrow 2NaCl + 2ClO_2 + H_2O_2$
　　　㉣ 가연물과 혼합되어 있으면 충격·마찰에 의해 폭발할 수 있다.

④ 염소산암모늄(NH_4ClO_3)
　㉮ 일반적 성질
　　　㉠ 조해성과 금속의 부식성, 폭발성이 크며, 수용액은 산성이다.
　　　㉡ 분해온도 100℃
　㉯ 위험성
　　　㉠ 폭발기(NH_4)와 산화기(ClO_3)가 결합되었기 때문에 폭발성이 크다.

⑤ 과염소산칼륨($KClO_4$)
　㉮ 일반적 성질
　　　㉠ 무색, 무취의 결정 또는 백색의 분말이다.
　　　㉡ 물에 녹기 어렵고, 알코올이나 에테르 등에도 녹지 않는다.
　　　ⓒ 융점 610℃, 분해온도 400℃
　㉯ 위험성
　　　㉠ 400℃에서 열분해하기 시작하여 약 610℃에서 완전 분해되어 염화칼륨과 산소를 방출한다.
　　　　예 $KClO_4 \longrightarrow KCl + 2O_2$
　　　㉡ 진한 황산과 접촉하면 폭발성 가스를 생성하고 튀는 듯이 폭발할 위험이 있다.

⑥ 과염소산암모늄(NH_4ClO_4)
　㉮ 일반적 성질
　　　㉠ 무색, 무취의 결정
　　　㉡ 비중 1.87, 분해 온도 130℃
　㉯ 위험성
　　　㉠ 상온에서는 비교적 안정하나 약 130℃에서 분해하기 시작하여 약 300℃ 부근에서 급격히 가열하면 분해하여 폭발한다.
　　　　예 $2NH_4ClO_4 \longrightarrow \underbrace{N_2 + Cl_2 + 2O_2 + 4H_2O}_{\text{다량의 가스}}$

ⓒ 충격이나 화재에 의해 단독으로 폭발할 위험이 있으며, 금속분이나 가연성 물질과 혼합하면 위험하다.

⑦ 과산화칼륨(K_2O_2, 과산화칼리)
  ㉮ 일반적 성질
    ㉠ 무색 또는 오렌지색의 등축 정계 분말이다.
    ㉡ 가열하면 열분해하여 산화칼륨(K_2O)과 산소(O_2)를 발생한다.   예 $2K_2O_2 \longrightarrow 2K_2O+O_2$
    ㉢ 흡습성이 있으므로 물과 접촉하면 수산화칼륨(KOH)과 산소(O_2)를 발생한다.
       예 $2K_2O_2+2H_2O \longrightarrow 4KOH+O_2$
    ㉣ 공기 중의 탄산 가스를 흡수하여 탄산염이 생성된다.
       예 $2K_2O_2+2CO_2 \longrightarrow 2K_2CO_3+O_2$
    ㉤ 에틸알코올에는 용해하며, 묽은 산과 반응하여 과산화수소(H_2O_2)를 생성시킨다.
       예 $K_2O_2+2CH_3COOH \longrightarrow 2CH_3COOK+H_2O_2$
    ㉥ 분자량 110, 비중 2.9, 융점 490℃
  ㉯ 위험성
    ㉠ 물과 반응하면 심하게 발열하면서 폭발 위험성이 증가한다.
    ㉡ 염산과 반응하여 과산화수소를 만든다.
       예 $K_2O_2+2HCl \longrightarrow 2KCl+H_2O_2$

⑧ 과산화나트륨(Na_2O_2, 과산화소다)
  ㉮ 일반적 성질
    ㉠ 순수한 것은 백색이지만 보통은 황색의 분말이다.
    ㉡ 가열하면 열분해하여 산화나트륨(Na_2O)과 산소(O_2)를 발생한다.
       예 $2Na_2O_2 \longrightarrow 2Na_2O+O_2$
    ㉢ 흡습성이 있으므로 물과 접촉하면 수산화나트륨(NaOH)과 산소(O_2)를 발생한다.
       예 $2Na_2O_2+2H_2O \longrightarrow 4NaOH+O_2$
    ㉣ 공기 중의 탄산 가스를 흡수하여 탄산염이 생성된다.
       예 $2Na_2O_2+2CO_2 \longrightarrow 2Na_2CO_3+O_2$
    ㉤ 에틸알코올에는 녹지 않으나 묽은 산과 반응하여 과산화수소(H_2O_2)를 생성시킨다.
       예 $Na_2O_2+2CH_3COOH \longrightarrow 2CH_3COONa+H_2O_2$
    ㉥ 분자량 78, 비중 2.805, 융점 460℃, 분해 온도 600℃
  ㉯ 위험성
    ㉠ 상온에서 물과 격렬하게 반응하며, 가열하면 분해되어 산소(O_2)를 발생한다.
    ㉡ 불연성이나 물과 접촉하면 발열하며, 대량의 경우에는 폭발한다.

⑨ 과산화마그네슘(MgO_2)
  ㉮ 일반적 성질
    ㉠ 물에 잘 녹지 않으며, 산에 녹아 과산화수소(H_2O_2)를 발생한다.
      예) $MgO_2 + 2HCl \longrightarrow MgCl_2 + H_2O_2$
    ㉡ 가열하면 산소가 방출한다.
      예) $2MgO_2 \longrightarrow 2MgO + O_2$

⑩ 과산화바륨(BaO_2)
  ㉮ 일반적 성질
    ㉠ 백색 분말로서 알칼리토금속의 과산화물 중 가장 안전한 물질이다.
    ㉡ 융점 450℃, 분해온도 840℃
  ㉯ 위험성
    ㉠ 산과 반응하여 과산화수소를 만든다.
      예) $BaO_2 + 2HCl \longrightarrow BaCl_2 + H_2O_2$
    ㉡ 유기물과의 접촉을 피한다.

⑪ 브로민산칼륨($KBrO_3$)
  ㉮ 일반적 성질
    ㉠ 백색의 결정성 분말이며 물에 녹으며 에테르, 알코올에는 녹지 않는다.
    ㉡ 융점 이상으로 가열하면 분해되어서 산소를 발생한다.
      예) $2KBrO_3 \longrightarrow 2KBr + 3O_2$

⑫ 질산칼륨(KNO_3, 초석)
  ㉮ 일반적 성질
    ㉠ 무색, 무취의 결정 백색 분말이며 조해성이 있다.
    ㉡ 약 400℃로 가열하면 분해하여 아질산칼륨(KNO_2)과 산소(O_2)가 발생한다.
      예) $2KNO_3 \longrightarrow 2KNO_2 + O_2$
    ㉢ 분자량 101, 비중 2.1, 융점 339℃, 분해 온도 400℃
  ㉯ 위험성
    ㉠ 강한 산화제이므로 가연성 분말이나 유기물과 접촉 시 폭발한다.
    ㉡ 흑색 화약(blackgun powder)을 질산칼륨(KNO_3)과 유황(S), 목탄분(C)을 75% : 10% : 15%의 비율로 혼합한 것으로 각자는 폭발성이 없으나 적정 비율로 혼합되면 폭발력이 생긴다. 이것은 뇌관을 사용하지 않고도 충분히 폭발시킬 수 있다.

⑬ 질산암모늄(NH_4NO_3)
  ㉮ 일반적 성질
    ㉠ 상온에서 무색, 무취의 결정 고체이다.

2. 제2류 위험물의 품명과 지정 수량

성질	품명	지정 수량	위험 등급
가연성 고체	1. 황화인	100kg	II
	2. 적린	100kg	
	3. 유황	100kg	
	4. 철분	500kg	III
	5. 금속분	500kg	
	6. 마그네슘	500kg	
	7. 그 밖의 행정안전부령이 정하는 것 8. 1.~7.에 해당하는 어느 하나 이상을 함유한 것	100kg 또는 500kg	II, III
	9. 인화성 고체	1,000kg	III

[비고] ① 가연성 고체 : 고체로서 화염에 의한 발화의 위험성 또는 인화의 위험성을 판단하기 위하여 고시로 정하는 시험에서 고시로 정하는 성질과 상태를 나타내는 것을 말한다.
② 황 : 순도가 60 중량% 이상인 것을 말하며, 순도 측정을 하는 경우 불순물은 활석 등 불연성 물질과 수분으로 한정한다.
③ 철분 : 철의 분말로서 53μm 표준체를 통과하는 것이 50 중량% 미만인 것을 제외한다.
④ 금속분 : 알칼리금속·알칼리토류금속·철 및 마그네슘 외의 금속의 분말을 말하고, 구리분·니켈분 및 150μm의 체를 통과하는 것이 50 중량% 미만인 것은 제외한다.
⑤ 마그네슘 및 제2류 제8호의 품품 중 마그네슘을 함유한 것에 있어서는 다음 각목의 1에 해당하는 것은 제외한다.
 가. 2mm의 체를 통과하지 아니하는 덩어리 상태의 것
 나. 지름 2mm 이상의 막대 모양의 것
⑥ 황하인·적린ㅍ황 및 철분은 위의 ①의 규정에 의한 성상이 있는 것으로 본다.
⑦ 인화성 고체 : 고형 알코올 그 밖에 1기압에서 인화점이 40℃ 미만인 고체를 말한다.

(1) 공통 성질

① 비교적 낮은 온도에서 연소하기 쉬운 가연성 고체로서 이연성, 속연성 물질이다.
② 연소 속도가 매우 빠르고, 연소 시 유독 가스를 발생하며, 연소열이 크고, 연소 온도가 높다.
③ 강환원제로서 비중이 1보다 크고, 물에 녹지 않는다.
④ 산화제와 접촉, 마찰로 인하여 착화되면 급격히 연소한다.
⑤ 철분, 마그네슘, 금속분은 물과 산의 접촉 시 발열한다.

(2) 소화 방법

① 주수에 의한 냉각 소화 및 질식 소화

② 금속분은 건조사

(3) 위험물 성상

① 황화인

   ㉮ 일반적 성질

      ㉠ 삼황화인(P_4S_3) : 분자량 220.19, 황색의 결정성 덩어리로 물, 염소, 황산, 염산 등에는 녹지 않고, 질산이나 이황화탄소, 알칼리 등에 녹는다.

         예) $P_4S_3 + 9H_2O \longrightarrow H_3PO_3(인산산) + H_3PO_2(히포인산) + 3H_2S$

      ㉡ 오황화인(P_2S_5, P_4S_5) : 분자량 222, 조해성이 있는 담황색 결정성 덩어리로 알코올이나 이황화탄소(CS_2)에 녹으며, 물과 반응하면 분해하여 유독성 가스인 인산(H_3PO_4)과 황화수소(H_2S)가 되며 알칼리와 반응하면 아인산나트륨(Na_3PO_3)와 황화수소(H_2S)가 된다.

         예) $P_2S_5 + 8H_2O \longrightarrow 2H_3PO_4 + 5H_2S$, $P_4S_5 + 12NaOH \longrightarrow 4Na_3PO_3 + 5H_2S$,
            $2H_2S + 3O_2 \longrightarrow 2H_2O + 2SO_2$

      ㉢ 칠황화인(P_4S_7) : 조해성이 있는 담황색 결정으로 이황화탄소(CS_2)에는 약간 녹으며, 냉수에는 서서히, 고온의 물에는 급격히 분해하여 황화수소를 발생한다.

         예) $P_4S_7 + 13H_2O \longrightarrow 3H_3PO_3 + 7H_2S + H_3PO_4$

   ㉯ 위험성

      ㉠ 가연성 고체 물질로서 약간의 열에 의해서도 대단히 연소하기 쉬우며, 때에 따라 폭발한다.

      ㉡ 연소 생성물은 모두 유독하다.

         예) $P_4S_3 + 8O_2 \longrightarrow 2P_2O_5 + 3SO_2$, $2P_2S_5 + 15O_2 \longrightarrow 2P_2O_5 + 10SO_2$,
            $P_4S_7 + 12O_2 \longrightarrow 2P_2O_5 + 7SO_2$

② 적린(P, 붉은인, 지정 수량 100kg)

   ㉮ 일반적 성질

      ㉠ 전형적인 비금속의 원소이며, 안정한 암적색 분말로서 공기를 차단한 상태에서 황린을 약 260℃로 가열하여 만든다.

      ㉡ 황린과 성분 원소가 같다.

      ㉢ 황린에 비하여 화학적으로 활성이 적고, 공기 중에서 대단히 안정하다.

      ㉣ 황린과 달리 발화성이 없고, 독성이 약하며, 어두운 곳에서 인광을 발생하지 않는다.

      ㉤ 비중 2.2, 융점 596℃, 발화점 260℃, 승화 온도 400℃

   ㉯ 위험성

      ㉠ 염소산염류, 과염소산염류 등 강산화제와 혼합하면 마찰에 의해 착화하기 쉽고, 불안정한 폭발물과 같이 되어 약간의 가열, 충격, 마찰에도 폭발한다.

         예) $6P + 5KClO_3 \longrightarrow 3P_2O_5 + 5KCl$

      ㉡ 공기 중에서 연소하면 유독성이 심한 백색 연기의 오산화인(P_2O_5)이 생성된다.

예 $4P+5O_2 \longrightarrow 2P_2O_5$

㉯ 저장 및 취급 방법

석유(등유), 경유, 유동파라핀 속에 보관한다.

③ 황(S, 지정 수량 100kg)

㉮ 일반적 성질

㉠ 분자량 32인 미황색의 분말로 물, 산에는 녹지 않으며 알코올에는 약간 녹고, 이황화탄소(CS_2)에는 잘 녹는다(단, 고무상황은 녹지 않는다).

㉡ 공기 중에서 연소하면 푸른 빛을 내며, 아황산 가스(SO_2)를 발생한다.

예 $S+O_2 \longrightarrow SO_2$

㉢ 전기의 부도체이므로 전기의 절연 재료로 사용되어 정전기 발생에 유의하여야 한다.

㉣ 용융된 황과 수소가 반응한다.

예 $H_2+S \longrightarrow H_2S+$발열

④ 철분(Fe, 지정 수량 500kg)

㉮ 일반적 성질

㉠ 회백색의 분말이며, 공기 중에서 서서히 산화하여 산화철이 되어 은백색의 광택이 황갈색으로 변한다.

예 $4Fe+3O_2 \longrightarrow 2Fe_2O_3$

㉡ 열이나 전기의 양도체이며 염산에 반응하여 수소를 발생한다.

예 $Fe+2HCl \longrightarrow FeCl_2+H_2$

㉢ 분자량 55.8, 비중 7.86, 융점 1,530℃

⑤ 금속분(지정 수량 500kg)

1) 알루미늄분(Al)

㉮ 일반적 성질

㉠ 연성, 전성이 좋으며 열전도율, 전기전도도가 큰 은백색의 무른 금속이다.

㉡ 다른 금속 산화물을 환원한다.

예 $3Fe_3O_4+8Al \longrightarrow 4Al_2O_3+9Fe$

㉢ 비중 2.7, 융점 660.3℃, 비점 2,470℃

㉯ 위험성

㉠ 알루미늄 분말이 발화하면 다량의 열을 발생하며, 광택 및 흰 연기를 내면서 연소하므로 소화가 곤란하다. 예 $4Al+3O_2 \longrightarrow 2Al_2O_3$

㉡ 대부분의 산과 반응하여 수소를 발생한다.

예 $2Al+6HCl \longrightarrow 2AlCl_3+3H_2$

ⓒ 알칼리나트륨 수용액과 반응하여 수소를 발생한다.

    예 $2Al+2NaOH+2H_2O \longrightarrow 2NaAlO_2+3H_2$

ⓓ 분말은 찬물과 반응하면 매우 느리고, 뜨거운 물과는 격렬하게 반응하여 수소를 발생한다.

    예 $2Al+6H_2O \longrightarrow 2Al(OH)_3+3H_2$

> **예제**
>
> Al제조공장에서 용접작업시 알루미늄분에 착화가 되어 소화를 목적으로 뜨거운 물을 뿌렸더니 수 초후 폭발사고로 이어졌다. 이 폭발의 주원인은?
>
> **풀이** 알루미늄분과 물의 화학반응으로 수소가스를 발생하여 폭발하였다.

2) 아연분(Zn)

  ㉮ 일반적 성질

    ⓐ 흐릿한 회색의 분말로 공기 중에서 표면에 흰 염기성 탄산아연의 얇은 막을 만들어 내부를 보호한다.

       예 $2Zn+CO_2+H_2O+O_2 \longrightarrow Zn(OH)_2 \cdot ZnCO_3$

    ⓑ 비중 7.14, 융점 420℃

  ㉯ 위험성

    ⓐ 양쪽성을 나타내고 있어 산이나 알칼리와 반응하고, 뜨거운 물과는 격렬하게 반응하여 수소를 발생한다.

       예 $Zn+H_2SO_4 \longrightarrow ZnSO_4+H_2$

           $Zn+2NaOH \longrightarrow Na_2ZnO_2+H_2$

           $Zn+2H_2O \longrightarrow Zn(OH)_2+H_2$

3) 주석분(Sn, tin powder)

  분말의 형태로서 150μm의 체를 통과하는 50wt% 이상인 것

⑥ 마그네슘분(Mg, 지정 수량 500kg)

  ㉮ 일반적 성질

    ⓐ 은백색의 광택이 있는 가벼운 금속 분말로 공기 중 서서히 산화되어 광택을 잃는다.

    ⓑ 열전도율 및 전기 전도도가 큰 금속이며, 주기율표상의 2족 원소로 분류한다.

    ⓒ 비중 1.74, 융점 650℃, 비점 1,107℃

  ㉯ 위험성

    ⓐ 연소하고 있을 때 주수하면 다음과 같은 과정을 거쳐 위험성이 증대한다.

      • 1차(연소) : $2Mg+O_2 \longrightarrow 2MgO+$ 발열

      • 2차(주수) : $Mg+2H_2O \longrightarrow Mg(OH)_2+H_2$

- 3차(수소 폭발) : $2H_2 + O_2 \longrightarrow 2H_2O$

ⓒ CO_2 등 질식성 가스와 연소 시에는 유독성인 CO 가스를 발생한다.

例 $2Mg + CO_2 \longrightarrow 2MgO + C$

$Mg + CO_2 \longrightarrow MgO + CO$

⑦ 인화성 고체(지정 수량 1,000kg)

3 제3류 위험물의 품명과 지정 수량

성질	품명	지정수량	위험 등급
자연 발화성 물질 및 금수성 물질	1. 칼륨	10kg	I
	2. 나트륨	10kg	
	3. 알킬알루미늄	10kg	
	4. 알킬리튬	10kg	
	5. 황린	20kg	
	6. 알칼리 금속(칼륨 및 나트륨을 제외한다) 및 알칼리 토금속	50kg	II
	7. 유기 금속 화합물(알킬알루미늄 및 알킬리튬을 제외한다)	50kg	
	8. 금속의 수소화물	300kg	III
	9. 금속의 인화물	300kg	
	10. 칼슘 또는 알루미늄의 탄화물	300kg	
	11. 그 밖에 행정안전부령이 정하는 것 염소화규소화합물 12. 제1호 내지 제11호의 1에 해당하는 어느 하나 이상을 함유한 것	10kg, 20kg, 50kg 또는 300kg	I, II, III

[비고] ① 자연발화성물질 및 금수성물질 : 고체 또는 액체로서 공기 중에서 발화의 위험성이 있거나 물과 접촉하여 발화하거나 가연성가스를 발생하는 위험성이 있는 것을 말한다.
② 칼륨·나트륨·알킬알루미늄·알킬리튬 및 황린은 위의 ①의 규정에 의한 성상이 있는 것으로 본다.

(1) 공통 성질

① 대부분 무기물의 고체이지만 알킬알루미늄과 같은 액체도 있다.
② 금수성 물질로서 물과 접촉하면 발열 또는 발화한다.
③ 자연 발화성 물질로서 공기와의 접촉으로 자연 발화하는 경우도 있다.

(2) 소화 방법

① 건조사, 팽창 질석 및 팽창 진주암 등을 사용한 질식 소화를 실시한다.
② 금속 화재용 분말 소화 약제(탄산수소염류 분말 소화 설비)에 의한 질식 소화를 실시한다.

(3) 위험물 성상

① 금속 칼륨(K, 지정 수량 10kg)
  ㉠ 일반적 성질
    ㉠ 활성이 매우 큰 은백색의 광택이 있는 무른 경금속이다.
    ㉡ 분자량 39, 비중 0.86
  ㉯ 위험성
    ㉠ 공기 중의 수분 또는 물과 반응하여 수소 가스를 발생하고 발화한다.
      예 $2K + 2H_2O \longrightarrow 2KOH + H_2 + 92.4kcal$
    ㉡ 알코올과 반응하여 칼륨에틸레이트와 수소 가스를 발생한다.
      예 $2K + 2C_2H_5OH \longrightarrow 2C_2H_5OK + H_2$
    ㉢ 소화 약제로 쓰이는 CO_2와 반응하면 폭발 등의 위험이 있고, CCl_4와 접촉하면 폭발적으로 반응한다.
      예 $4K + 3CO_2 \longrightarrow 2K_2CO_3 + C$(연소·폭발)
      $4K + CCl_4 \longrightarrow 4KCl + C$(폭발)

> **참고**
> 금속칼륨을 석유 속에 넣어 보관하는 이유 :
> 습기 및 공기와의 접촉을 방지하기 위해

② 금속 나트륨(Na, 금속 소다, 지정 수량 10kg)
  ㉠ 일반적 성질
    ㉠ 화학적 활성이 매우 큰 은백색의 광택이 있는 무른 금속이다.
    ㉡ 가연성 고체이다.
      예 $4Na + O_2 \longrightarrow 2Na_2O$
    ㉢ 비중 0.97, 융점 97.8℃
  ㉯ 위험성
    ㉠ 물과 격렬하게 반응하여 발열하고, 수소 가스를 발생하고 발화한다.
      예 $2Na + 2H_2O \longrightarrow 2NaOH + H_2$
    ㉡ 알코올과 반응하여 나트륨에틸레이트와 수소 가스를 발생한다.
      예 $2Na + 2C_2H_5OH \longrightarrow 2C_2H_5ONa + H_2$

③ 트라이에틸알루미늄[$(C_2H_5)_3Al$, TEA]
  ㉮ 일반적 성질
    ㉠ 상온에서 무색 투명한 액체 또는 고체로, 독성이 있으며 자극적인 냄새가 난다.
    ㉡ 비중 0.83, 비점 185℃
  ㉮ 위험성
    ㉠ 탄소수가 C_1~C_4까지는 공기와 접촉하여 자연 발화한다.
      예 $2(C_2H_5)_3Al + 21O_2 \longrightarrow 12CO_2 + Al_2O_3 + 15H_2O + 1,470.4kcal$
    ㉡ 물과 폭발적 반응을 일으켜 에탄(C_2H_6) 가스가 발화 비산되므로 위험하다.
      예 $(C_2H_5)_3Al + 3H_2O \longrightarrow Al(OH)_3 + 3C_2H_6$

> **예제**
>
> 트리에틸알루미늄 19kg이 물과 반응하였을 때 생성되는 가연성 가스는 표준상태에서 몇 m^3인가? (단, 알루미늄의 원자량은 27이다.)
>
> **풀이** $(C_2H_5)_3Al + 3H_2O \longrightarrow Al(OH)_3 + 3C_2H_6$
> 114kg $3 \times 22.4m^3$
> 19kg $x$kg
>
> $x = \dfrac{19 \times 3 \times 22.4}{114} = 11.2 gm^3$
>
> 답 $11.2m^3$

  ㉯ 저장 및 취급방법
    ㉠ 실제 사용 시 희석제(벤젠, 톨루엔, 펜탄, 헥산 등 탄화수소 용제)로 20~30% 희석하여 안전을 도모한다.
    ㉡ 산과 격렬히 반응하여 에탄을 발생한다.
      예 $(C_2H_5)_3Al + HCl \longrightarrow (C_2H_5)_2AlCl + C_2H_6$
  ㉰ 용도 : 미사일 원료, 제트연료 등
  ㉱ 소화방법 : 팽창질석, 팽창진주암

④ 트라이메틸알루미늄[$(CH_3)_3Al$, TMA]
  ㉮ 일반적 성질
    ㉠ 무색의 액체이다.
    ㉡ 물과 반응 시 메탄(CH_4)을 생성하고 이때 발열, 폭발에 이른다.
      예 $(CH_3)_3Al + 3H_2O \longrightarrow Al(OH)_3 + 3CH_4 + 발열$

⑤ 황린(P_4, 백린, 지정 수량 20kg)
  ㉮ 일반적 성질
    ㉠ 백색 또는 담황색의 고체로 강한 마늘 냄새가 난다. 증기는 공기보다 무거우며, 가연성이다. 또한 매우 자극적이며, 맹독성 물질이다.
    ㉡ 분자량 123.9, 비중 1.82, 증기 비중 4.3, 융점 44℃, 비점 280℃, 발화점 34℃
  ㉯ 위험성
    ㉠ 약 50℃ 전후에서 공기와의 접촉으로 자연 발화되며, 오산화인(P_2O_5)의 흰 연기를 발생한다.
      예) $P_4 + 5O_2 \longrightarrow 2P_2O_5$
    ㉡ 인화수소(PH_3)의 생성을 방지하기 위해 보호액은 pH 9로 유지하기 위하여 알칼리제 [$Ca(OH)_2$ 또는 소다회 등]로 pH를 높인다.

> **참고**
>
> **황린을 물속에 보관하는 이유**
>
> 인화수소(PH_3) 가스의 발생을 억제하기 위해서이다.

⑥ 리튬(Li)
  ㉮ 일반적 성질
    ㉠ 은백색의 무르고 연한 금속이다.
    ㉡ 비중 0.53, 융점 180.5℃, 비점 1,350℃
  ㉯ 위험성
    ㉠ 물과 만나면 심하게 발열하고, 가연성의 수소 가스를 발생하므로 위험하다.
      예) $Li + H_2O \longrightarrow LiOH + 0.5H_2$

⑦ 세슘(CS)
  ㉮ 일반적 성질
    ㉠ 노란색의 금속이며, 알칼리 금속 중 반응성이 가장 풍부하다.
    ㉡ 비중 1.87, 융점 28.4℃

⑧ 수소화리튬(LiH)
  ㉮ 일반적 성질
    ㉠ 물과 상온에서 격렬히 반응하여 수소를 발생하므로 위험하다.
      예) $LiH + H_2O \longrightarrow LiOH + H_2$
    ㉡ 비중 0.82, 융점 680℃

⑨ 수소화나트륨(NaH)

회색의 입방 정계 결정으로, 습한 공기 중에서 분해하고, 물과는 격렬하게 반응하여 수소 가스를 발생시킨다.

예 $NaH + H_2O \longrightarrow NaOH + H_2$

⑩ 인화석회(Ca_3P_2, 인화칼슘)

㉮ 일반적 성질

㉠ 적갈색의 괴상(덩어리 상태) 고체이다.

㉡ 분자량 182.3, 비중 2.51, 융점 1,600℃

㉯ 위험성

㉠ 물 또는 산과 반응하여 유독하고, 가연성인 인화수소 가스(PH_3, 포스핀)를 발생한다.

예 $Ca_3P_2 + 6H_2O \longrightarrow 3Ca(OH)_2 + 2PH_3$

$Ca_3P_2 + 6HCl \longrightarrow 3CaCl_2 + 2PH_3$

⑪ 탄화칼슘(CaC_2, 카바이드)

㉮ 일반적 성질

㉠ 질소와는 약 700℃ 이상에서 질화되어 칼슘시안아미드($CaCN_2$, 석회질소)가 생성된다.

예 $CaC_2 + N_2 \longrightarrow CaCN_2 + C$

㉡ 물 또는 습기와 작용하여 아세틸렌 가스를 발생하고, 수산화칼슘을 생성한다.

예 $CaC_2 + 2H_2O \longrightarrow Ca(OH)_2 + C_2H_2$

생성되는 아세틸렌 가스의 발화점 335℃ 이상, 연소 범위 2.5~81%

㉢ 분자량 64, 비중 2.22, 융점 2,300℃

㉯ 아세틸렌(C_2H_2) 가스를 발생시키는 카바이드

㉠ $Li_2C_2 + 2H_2O \longrightarrow 2LiOH + C_2H_2$

㉡ $Na_2C_2 + 2H_2O \longrightarrow 2NaOH + C_2H_2$

㉢ $MgC_2 + 2H_2O \longrightarrow Mg(OH)_2 + C_2H_2$

㉰ 메탄(CH_4) 가스를 발생시키는 카바이드

예 $Be_2C_2 + 4H_2O \longrightarrow 2Be(OH)_2 + CH_4$

㉱ 메탄(CH_4)과 수소(H_2) 가스를 발생시키는 카바이드

예 $Mn_3C + 6H_2O \longrightarrow 3Mn(OH)_2 + CH_4 + H_2$

⑫ 탄화알루미늄(Al_4C_3)

㉮ 일반적 성질

㉠ 황색(순수한 것은 백색)의 단단한 결정 또는 분말로서 1,400℃ 이상 가열 시 분해한다.

㉡ 분자량 143.95, 비중 2.36, 융점 2,200℃

㉯ 위험성
  ㉠ 물과 반응하여 가연성인 메탄(폭발 범위 : 5~15%)을 발생하므로 인화의 위험이 있다.
   예 $Al_4C_3 + 12H_2O \longrightarrow 4Al(OH)_3 + 3CH_4$

> **예제**
>
> 메탄 1g이 완전 연소하면 발생되는 이산화탄소는 몇 g인가?
>
> **풀이** $CH_4 + 2O_2 \longrightarrow CO_2 + 2H_2O$
> 16g ＼ 44g
> 1g ╳ x(g)
> $x = \dfrac{1 \times 44}{16}$, ∴ $x = 2.75g$
>
> **답** 2.75g

⑬ 3염화실란($SiHCl_3$, 염소화규소화합물)

반도체 산업에서 사용한다.

4 제4류 위험물의 품명과 지정 수량

성질	품명		지정수량	위험 등급
인화성 액체	1. 특수 인화물		50L	Ⅰ
	2. 제1석유류	비수용성액체	200L	Ⅱ
		수용성액체	400L	
	3. 알코올류		400L	
	4. 제2석유류	비수용성액체	1,000L	Ⅲ
		수용성액체	2,000L	
	5. 제3석유류	비수용성액체	2,000L	
		수용성액체	4,000L	
	6. 제4석유류		6,000L	
	7. 동식물유류		10,000L	

[비고] ① "인화성액체"라 함은 액체(제3석유류, 제4석유류 및 동식물유류의 경우 1기압과 섭씨 20도에서 액체인 것만 해당한다)로서 인화의 위험성이 있는 것을 말한다. 다만, 다음 각 목의 어느 하나에 해당하는 것을 법 제20조제1항의 중요기준과 세부기준에 따른 운반용기를 사용하여 운반하거나 저장(진열 및 판매를 포함한다)하는 경우는 제외한다.
  가. 「화장품법」제2조제1호에 따른 화장품 중 인화성액체를 포함하고 있는 것
  나. 「약사법」제2조제4호에 따른 의약품 중 인화성액체를 포함하고 있는 것
  다. 「약사법」제2조제7호에 따른 의약외품(알코올류에 해당하는 것은 제외한다) 중 수용성인 인화성액체를 50부피퍼센트 이하로 포함하고 있는 것
  라. 「의료기기법」에 따른 체외진단용 의료기기 중 인화성액체를 포함하고 있는 것
  마. 「생활화학제품 및 살생물제의 안전관리에 관한 법률」제3조제4호에 따른 안전확인대상생활화학제품(알코올류에 해당하는 것은 제외한다) 중 수용성인 인화성액체를 50부피퍼센트 이하로 포함하고 있는 것
② 특수인화물 : 이황화탄소, 디에틸에테르 그 밖에 1기압에서 발화점이 100℃ 이하인 것 또는 인화점이 -20℃ 이하이고 비점이 40℃ 이하인 것을 말한다.
③ 제1석유류 : 아세톤, 휘발유 그 밖에 1기압에서 인화점이 21℃ 미만인 것을 말한다.
④ 알코올류 : 1분자를 구성하는 탄소원자의 수가 1개부터 3개까지인 포화 1가 알코올(변성알코올을 포함한다)을 말한다. 다만, 다음 각 목의 1에 해당하는 것은 제외한다.
  가. 1분자를 구성하는 탄소원자의 수가 1개 내지 3개의 포화 1가 알코올의 함유량이 60 중량% 미만인 수용액
  나. 가연성액체량이 60 중량% 미만이고 인화점 및 연소점(태그개방식 인화점측정기에 의한 연소점을 말한다. 이하 같다)이 에틸알코올 60 중량% 수용액의 인화점 및 연소점을 초과하는 것
⑤ 제2석유류 : 등유, 경유 그 밖에 1기압에서 인화점이 21℃ 이상 70℃ 미만인 것을 말한다. 다만, 도료류 그 밖의 물품에 있어서 가연성 액체량이 40 중량% 이하이면서 인화점이 40℃ 이상인 동시에 연소점이 60℃ 이상인 것은 제외한다.

⑥ 제3석유류 : 중유, 크레오소트유, 그 밖에 1 기압에서 인화점이 70℃ 이상 200℃ 미만인 것을 말한다. 다만, 도료류 그 밖의 물품은 가연성 액체량이 40 중량% 이하인 것은 제외한다.
⑦ 제4석유류 : 기어유, 실린더유 그 밖에 1기압에서 인화점이 200℃ 이상 250℃ 미만의 것을 말한다. 다만, 도료류 그 밖의 물품은 가연성 액체량이 40 중량% 이하인 것은 제외한다.
⑧ 동식물유류 : 동물의 지육 등 또는 식물의 종자나 과육으로부터 추출한 것으로서 1기압에서 인화점이 250℃ 미만인 것을 말한다. 다만, 법 제20조제1항의 규정에 의하여 행정안전부령이 정하는 용기기준과 수납·저장기준에 따라 수납되어 저장·보관되고 용기의 외부에 물품의 통칭명, 수량 및 화기엄금(화기엄금과 동일한 의미를 갖는 표시를 포함한다)의 표시가 있는 경우를 제외한다.

(1) 공통 성질

① 상온에서 액상인 가연성 액체로 대단히 인화하기 쉽다.
② 대부분 물보다 가볍고, 물에 녹기 어렵다.
③ 증기는 공기보다 무겁다(단, HCN은 제외).
④ 증기와 공기가 약간 혼합되어 있어도 연소한다.

(2) 소화 방법

이산화탄소, 할로겐화물, 분말, 포 등으로 질식 소화한다.

(3) 위험물의 성상

1) 특수 인화물류(지정 수량 50L)

① 디에틸에테르($C_2H_5OC_2H_5$, 에테르, 다이에틸에터)

㉮ 일반적 성질

㉠ 비점이 낮고 무색 투명하며, 인화되기 쉬운 휘발성, 유동성의 액체이다.
㉡ 물에는 약간 녹고, 알코올 등에는 잘 녹는다.
㉢ 분자량 74, 인화점 −45℃, 발화점 180℃, 연소범위 1.9~48%

㉯ 위험성

㉠ 인화점이 낮고, 휘발성이 강하다(제4류 위험물 중 인화점이 가장 낮음).
㉡ 진한 증기는 마취성이 있어 장시간 흡입 시 위험하다.

㉰ 과산화물

㉠ 과산화물 검출 시약은 10% KI 용액(무색 → 황색) : 과산화물 존재
㉡ 과산화물 제거 시약 : 황산제일철($FeSO_4$), 환원철 등

② 이황화탄소(CS_2)

㉮ 일반적 성질

㉠ 순수한 것은 무색 투명한 액체로 냄새가 없으나, 시판품은 불순물로 인해 황색을 띠고 불쾌한 냄새를 지닌다.

ⓛ 비중 1.26, 증기 비중 2.64, 비점 46℃, 인화점 -30℃, 발화점 100℃, 연소 범위 1.2~44%

> **예제**
>
> 이황화탄소를 저장하는 실의 온도가 -20℃이고, 저장실내 이황화탄소의 공기중 증기농도가 2Vol% 라고 가정할 때
>
> 답 점화원이 있으면 연소한다.

㉯ 위험성
　㉠ 휘발하기 쉽고 인화성이 강하며, 제4류 위험물 중 발화점이 가장 낮다.
　㉡ 연소 시 유독한 아황산(SO_2) 가스를 발생한다.
　　예 $CS_2 + 3O_2 \longrightarrow CO_2 + 2SO_2$
　㉢ 연소 범위가 넓고 물과 150℃ 이상으로 가열하면 분해되어 이산화탄소(CO_2)와 황화수소 (H_2S) 가스를 발생한다.
　　예 $CS_2 + 2H_2O \longrightarrow CO_2 + 2H_2S$

㉰ 저장 및 취급방법
　㉠ 물보다 무겁고 물에 녹지 않아 저장 시 가연성 증기의 발생을 억제하기 위해 콘크리트 물(수조)속의 위험물 탱크에 저장한다.

③ 아세트알데하이드(CH_3CHO)
　㉮ 일반적 성질
　　㉠ 자극성의 과일향을 지닌 무색투명한 인화성이 강한 휘발성 액체이다.
　　㉡ 산화 시 초산, 환원 시 에탄올이 생성된다.
　　　예 $CH_3CHO + \frac{1}{2}O_2 \longrightarrow CH_3COOH$
　　　　 $CH_3CHO + H_2 \longrightarrow C_2H_5OH$
　　㉢ 비중 0.783, 증기 비중 1.5, 비점 21℃, 인화점 -37.7℃, 발화점 185℃, 연소 범위 4.1~57%

④ 산화프로필렌(CH_3CHOCH_2, 프로필렌옥사이드)
　㉮ 일반적 성질
　　㉠ 무색의 휘발성 액체이다.
　　㉡ 분자량 58, 증기비중 2.0, 비점 34℃, 인화점 -37.2℃, 발화점 465℃, 연소범위 2.5~38.5%

2) 제1석유류$\left(\text{지정 수량}\dfrac{\text{비수용성 액체 200L}}{\text{수용성 액체 400L}}\right)$

① 아세톤(CH_3COCH_3, 다이메틸케톤) − 수용성 액체

㉮ 일반적 성질

㉠ 무색투명한 액체로서 자극성의 과일 냄새를 가진다.

㉡ 물과 에테르, 알코올에 잘 녹는다.

㉢ 아이오딘폼 반응을 한다.

㉣ 완전 연소 반응은 다음과 같다.

$$CH_3COCH_3 + 4O_2 \longrightarrow 3CO_2 + 3H_2O$$

㉯ 분자량 58, 비중 0.79, 증기 비중 2.0, 비점 56℃, 인화점 −18℃, 발화점 538℃, 연소 범위 2.5~12.8%

② 휘발유($C_5H_{12} \sim C_9H_{20}$, 가솔린) − 비수용성 액체

㉮ 일반적 성질

㉠ 비전도성이다.

㉡ 비중 0.65~0.8, 증기비중 3~4, 인화점 −20~−43℃, 발화점 300℃, 연소범위 1.4~7.6%

㉢ 옥탄값 = $\dfrac{\text{이소옥탄}}{\text{이소옥탄} + \text{노르말헵탄}} \times 100$

㉣ 옥탄값이 0인 물질 : 노르말헵탄, 옥탄값이 100인 물질 : 이소옥탄

③ 벤젠(C_6H_6, 벤졸) − 비수용성 액체

㉮ 무색투명하며, 독특한 냄새를 가진 휘발성이 강한 액체로서 증기는 마취성과 독성이 있는 방향족 유기 화합물이다.

㉯ 연소시키면 그을음을 많이 내면서 탄다(탄소수에 비해 수소수가 적기 때문).

㉰ 분자량 78.1, 비중 0.879, 증기 비중 2.8, 융점 5.5℃, 비점 80℃, 인화점 −11.1℃, 발화점 498℃, 연소 범위 1.4~7.8%

④ 톨루엔($C_6H_5CH_3$) − 비수용성 액체

벤젠 핵에 메틸가 한 개가 결합된 구조이다.

㉮ 일반적 성질

㉠ 벤젠보다는 독성이 적으나 무색투명한 액체로서 방향성의 독특한 냄새를 가지는 물질

㉡ 물에는 녹지 않으나 알코올, 에테르, 벤젠 등과 잘 섞이며 벤젠보다 휘발하기 어렵다.

㉢ 산화하면 벤즈알데하이드를 거쳐 벤조산(C_6H_5COOH, 안식향산)이 된다.

② 톨루엔에 진한 질산과 진한 황산을 가하면 나이트로화가 일어나 트라이나이트로톨루엔(TNT)이 생성된다.

$$C_6H_5CH_3 + 3HNO_3 \xrightarrow{c-H_2SO_4} C_6H_2CH_3(NO_2)_3 + 3H_2O$$

⑩ 비중 0.871, 융점 -95℃, 비점 111℃, 인화점 4.5℃, 연소범위 1.4~6.7%

⑤ 크실렌[$C_6H_4(CH_3)_2$] - 비수용성 액체

벤젠핵에 메틸기(-CH_3) 2개가 결합한 물질이다.

㉮ 일반적 성질

㉠ 무색투명하고 단맛이 있으며, 방향성이 있다.

㉡ 3가지 이성질체가 있다.

구분 \ 명칭	o-크실렌	m-크실렌	p-크실렌
구조식	CH_3, CH_3 (ortho)	CH_3, CH_3 (meta)	CH_3, CH_3 (para)
인화점 구 분	17.2℃ 제1석유류	23.2℃ 제2석유류	23.0℃ 제2석유류

㉢ BTX(솔벤트나프타)는 벤젠(C_6H_6), 톨루엔($C_6H_5CH_3$), 크실렌[$C_6H_4(CH_3)_2$]이다.

⑥ 메틸에틸케톤($CH_3COC_2H_5$, MEK) - 비수용성 액체

㉮ 일반적 성질

㉠ 아세톤과 같은 냄새를 가지는 무색의 휘발성 액체이다.

㉡ 분자량 72, 비중 0.8, 증기 비중 2.5, 비점 80℃, 인화점 -1℃, 발화점 516℃, 연소 범위 1.8~10%

⑦ 시안화수소(HCN)

㉮ 일반적 성질

㉠ 수용액은 약산성이다.

㉡ 분자량 27, 비중 0.69, 인화점 -18℃

3) 알코올류(R-OH, 지정 수량 400L) - 수용성 액체

① 메틸알코올(CH_3OH, 메탄올, 목정)

㉮ 일반적 성질

㉠ 방향성이 있고, 무색투명한 휘발성이 강한 액체로 독성이 있다.

㉡ 백금(Pt), 산화구리(CuO) 존재하의 공기 속에서 산화되면 포르말린(HCHO)이 되며, 최종적으로 폼산(HCOOH)이 된다.

예) $CH_3OH \xrightarrow{Pt, CuO 산화} HCHO \xrightarrow{최종 산화} HCOOH$

㉢ 분자량 32, 인화점 11℃, 발화점 464℃

② 에틸알코올(C_2H_5OH, 에탄올, 주정)

㉮ 일반적 성질

㉠ 당밀, 고구마, 감자 등을 원료로 발효 방법으로 제조하며, 독성은 없다.

㉡ 산화되면 아세트알데하이드(CH_3CHO)가 되며, 최종적으로 초산(CH_3COOH)이 된다.

예) $C_2H_5OH \xrightarrow{산화} CH_3CHO \xrightarrow{최종 산화} CH_3COOH$

㉢ 비중 0.79, 인화점 130℃, 발화점 423℃

4) 제2석유류 $\left(\text{지정 수량} \dfrac{\text{비수용성 액체 } 1,000L}{\text{수용성 액체 } 2,000L}\right)$

① 등유(kerosene) - 비수용성 액체

㉮ 일반적 성질

㉠ 순수한 것은 무색이며, 오래 방치하면 연한 담황색을 띤다.

㉡ 비중 0.8, 증기비중 4~5, 인화점 30~60℃, 발화점 254℃

② 경유

㉮ 일반적 성질

㉠ 담황색, 담갈색의 액체이다.

㉡ 인화점 50~70℃, 발화점 257℃

③ 아세트산(CH_3COOH)

㉮ 일반적 성질

㉠ 무색 투명의 자극적인 식초냄새가 나는 물보다 무거운 액체이다.

㉡ 분자량 60, 인화점 42.8℃, 발화점 463℃

④ 하이드라진(N_2H_4) – 수용성 액체
   ㉮ 일반적 성질
      ㉠ H_2O_2와 혼촉 발화한다.
         예) $N_2H_4 + 2H_2O_2 \longrightarrow 4H_2O + N_2$
      ㉡ 분자량 32, 인화점 38℃, 발화점 270℃

5) 제3석유류$\left(\text{지정 수량}\dfrac{\text{비수용성 액체 4,000L}}{\text{수용성 액체 2,000L}}\right)$

① 아닐린($C_6H_5NH_2$) – 비수용성 액체
   ㉮ 일반적 성질
      ㉠ 물보다 무겁고 물에 약간 녹으며, 유기 용제 등에는 잘 녹는 특유한 냄새를 가진 황색 또는 담황색의 끈기 있는 기름 상태의 액체로서 햇빛이나 공기의 작용에 의해 흑갈색으로 변색한다.
      ㉡ 알칼리 금속 또는 알칼리 토금속과 반응하여 수소와 아닐리드를 생성한다.
      ㉢ 분자량 93, 인화점 70℃, 발화점 538℃, 연소범위 1.3~11%
   ㉯ 위험성
      ㉠ 가연성이고 독성이 강하다.

② 에틸렌글리콜[$C_2H_4(OH)_2$] – 수용성 액체
   ㉮ 일반적 성질
      ㉠ 무색, 무취의 단맛이 나고, 흡수성이 있는 끈끈한 액체로서 2가 알코올이다.
      ㉡ 물, 알코올, 에테르, 글리세린 등에는 잘 녹고, 사염화탄소, 이황화탄소, 클로로포름에는 녹지 않는다.
      ㉢ 분자량 62, 비중 1.113, 융점 −12℃, 비점 197℃, 인화점 111℃, 발화점 402℃

③ 글리세린[$C_3H_5(OH)_3$, 감유] – 수용성 액체
   ㉮ 일반적 성질
      ㉠ 물보다 무겁고 단맛이 나는 시럽상 무색액체로서, 흡습성이 좋은 3가의 알코올이다.
      ㉡ 물, 알코올과는 어떤 비율로도 혼합되며, 에테르, 벤젠, 클로로포름 등에는 녹지 않는다.
      ㉢ 비중 1.26, 증기 비중 3.1, 융점 19℃, 인화점 160℃, 발화점 393℃

6) 제4석유류(지정 수량 6,000L)

7) 동·식물유류(지정 수량 10,000L)

① 아이오딘값 : 기름 100g에 흡수하는 아이오딘의 g수
② 아이오딘값이 크면 이중결합을 많이 포함한 불포화지방산을 많이 가진다.

③ 아이오딘값에 따른 종류
  ㉮ 건성유 : 아이오딘값이 130 이상인 것
    이중 결합이 많아 불포화도가 높기 때문에 공기 중에서 산화되어 액 표면에 피막을 만드는 기름
    예) 들기름(192~208), 아마인유(168~190), 정어리기름(154~196), 동유(145~176), 해바라기유(113~146)

  ㉯ 반건성유 : 아이오딘값이 100~130인 것
    공기 중에서 건성유보다 얇은 피막을 만드는 기름
    예) 청어기름(123~147), 콩기름(114~138), 옥수수기름(88~147), 참기름(104~118), 면실유(88~121), 채종유(97~107)
      ※ 참기름 : 인화점 255℃

  ㉰ 불건성유 : 아이오딘값이 100 이하인 것
    공기 중에서 피막을 만들지 않는 안정된 기름
    예) 낙화생기름(땅콩기름, 82~109), 올리브유(75~90), 피마자유(81~91), 야자유(7~16)

5 제5류 위험물의 품명과 지정 수량

성질	품명	지정 수량	위험 등급
자기 반응성 물질	1. 유기 과산화물 2. 질산에스터류 3. 나이트로 화합물 4. 나이트로소 화합물 5. 아조 화합물 6. 다이아조 화합물 7. 하이드라진 유도체 8. 하이드록실아민 9. 하이드록실아민염류 10. 그 밖에 행정안전부령이 정하는 것 　① 금속의 아지드 화합물 　② 질산구아니딘 11. 제1호부터 제10호까지의 어느 하나에 해당하는 위험물을 하나 이상 함유한 것	제1종 : 10kg 제2종 : 100kg	제1종 : I 제2종 : II

[비고] ① 자기 반응성 물질 : 고체 또는 액체로서 폭발의 위험성 또는 가열 분해의 격렬함을 판단하기 위하여 고시로 정하는 시험에서 고시로 정하는 성질과 상태를 나타내는 것을 말하며, 위험성 유무와 등급에 따라 제1종 또는 제2종으로 분류한다.

② 제5류 제11호의 물품 : 위 물품에 있어서는 유기 과산화물을 함유하는 것 중에서 불활성 고체를 함유하는 것으로서 다음 각 목의 어느 하나에 해당하는 것은 제외한다.

　가. 과산화벤조일의 함유량이 35.5 중량% 미만인 것으로서 전분 가루, 황산칼슘 2수화물 또는 인산수소칼슘 2수화물과의 혼합물

　나. 비스(4-클로로벤조일)퍼옥사이드의 함유량이 30 중량% 미만인 것으로서 불활성 고체와의 혼합물

　다. 과산화다이쿠밀의 함유량이 40 중량% 미만인 것으로서 불활성 고체와의 혼합물

　라. 1·4비스(2-터셔리뷰틸퍼옥시아이소프로필)벤젠의 함유량이 40 중량% 미만인 것으로서 불활성 고체와의 혼합물

　마. 사이클로헥산온퍼옥사이드의 함유량이 30 중량% 미만인 것으로서 불활성 고체와의 혼합물

(1) 공통 성질

① 가연성 물질로서 그 자체가 산소를 함유하므로(모두 산소를 포함하고 있지는 않다) 내부(자기) 연소를 일으키기 쉬운 자기 반응성 물질이다.

② 연소 시 연소 속도가 매우 빨라 폭발성이 강한 물질이다.

③ 가열, 충격, 타격 등에 민감하며, 강산화제 또는 강산류와 접촉 시 위험하다.
④ 장시간 공기에 방치하면 산화 반응에 의해 열분해하여 자연 발화를 일으키는 경우도 있다.
⑤ 대부분 물에 잘 녹지 않으며, 물과의 직접적인 반응 위험성은 적다.

(2) 소화 방법

대량의 주수 소화가 효과적이다.

(3) 위험물의 성상

① 벤조일퍼옥사이드[$(C_6H_5CO)_2O_2$, ⌬—CO—OC—⌬ (∥O ∥O), BPO, 과산화벤조일]

  ㉮ 일반적 성질
   ㉠ 무색, 무미의 백색 분말 또는 무색의 결정 고체로서 물에는 잘 녹지 않으나 알코올, 식용유에 약간 녹으며, 유기 용제에 녹는다.
   ㉡ 상온에서는 안정하며, 강한 산화 작용을 한다.
   ㉢ 비중 1.33, 융점 103~105℃, 발화점 125℃

  ㉯ 위험성
   ㉠ 열, 빛, 충격, 마찰 등에 의해 폭발의 위험이 있다.
   ㉡ 수분이 흡수되거나 비활성 희석제(프탈산디메틸, 프탈산디부틸 등)가 첨가되면 폭발성을 낮출 수 있다.

② 메틸에틸케톤퍼옥사이드[$(CH_3COC_2H_5)_2O_2$, MEKPO]

  ㉮ 일반적 성질
   ㉠ 독특한 냄새가 있는 기름 상태의 무색 액체이다.
   ㉡ 시판품은 50~60% 정도의 희석제(프탈산디메틸, 프탈산디부틸 등)를 첨가하여 희석시킨 것이며, 함유율(중량퍼센트)은 60 이상이다.
   ㉢ 융점 −20℃, 인화점 58℃, 발화점 205℃

  ㉯ 위험성
   ㉠ 상온에서 헝겊, 쇠녹 등과 접하면 분해 발화하고, 다량 연소 시는 폭발의 우려가 있다.
   ㉡ 강한 산화성 물질로서 상온에서 규조토, 탈지면과 장시간 접촉하면 연기를 내면서 발화한다.

> **참고**
>
> CH_3COOOH(과초산)
> 제5류 위험물 중 유기과산화물

③ 질산메틸(CH_3ONO_2)
  ㉮ 일반적 성질
    ㉠ 무색투명한 액체이다.
    ㉡ 물에 약간 녹으며, 알코올에 잘 녹는다.
    ㉢ 분자량 77, 비중 1.22, 증기 비중 2.66, 비점 66℃

④ 질산에틸($C_2H_5ONO_2$)
  ㉮ 일반적 성질
    ㉠ 에탄올을 진한 질산에 작용시켜 얻는다.
    ㉡ 무색투명하고 상온에서 액체이며, 방향성과 단맛을 지닌다.
    ㉢ 분자량 91, 비중 1.11, 증기 비중 3.1, 융점 −112℃, 비점 87℃, 인화점 −10℃

⑤ 나이트로셀룰로오스($[C_6H_7O_2(ONO_2)_3]_n$, NC, 질화면)
  ㉮ 일반적 성질
    ㉠ 천연 셀룰로오스를 진한 질산과 진한 황산의 혼합액에 작용시켜 제조한다.
      예) $C_6H_{10}O_5 + 11HNO_3 \xrightarrow{H_2SO_4} C_{24}H_{29}O_9(NO_3)_{11} + 11H_2O$
    ㉡ 맛과 냄새가 없으며, 물에는 녹지 않고 아세톤, 초산에틸, 초산아밀에는 잘 녹는다.
    ㉢ 질화도는 나이트로셀룰로오스 중에 포함된 질소의 농도(%)이다.

> **참고**
> 질화면을 강면약과 약면약으로 구분하는 기준?
> 질산기의 수

    ㉣ 비중 1.7, 인화점 13℃, 발화점 160~170℃
  ㉯ 위험성
    ㉠ 질화도가 클수록 분해도, 폭발성, 위험성이 증가한다. 질화도에 따라 차이는 있지만 점화, 가열, 충격 등에 격렬히 연소하고, 양이 많을 때는 압축 상태에서도 폭발한다.
    ㉡ 약 130℃에서 서서히 분해되고, 180℃에서 격렬하게 연소하며, 다량의 CO_2, CO, H_2, N_2, H_2O 가스를 발생한다.
      예) $2C_{24}H_{29}O_9(ONO_2)_{11} \longrightarrow 24CO + 24CO_2 + 17H_2 + 12H_2O + 11N_2$
  ㉰ 저장 및 취급방법
    ㉠ 물(20%)이나 알코올(30%)로 습면시킨다.
    ㉡ 수분을 함유하면 위험성이 감소된다.

⑥ 나이트로글리세린[$C_3H_5(ONO_2)_3$]
  ㉮ 일반적 성질
    ㉠ 글리세린에 질산과 황산의 혼산으로 반응시켜 만든다.
      예 $C_3H_5(OH)_3 + 3HNO_3 \xrightarrow{H_2SO_4} C_3H_5(NO_3)_3 + 3H_2O$
    ㉡ 여름철(30℃) 액체, 겨울철(0℃) 고체이다. 순수한 것은 동결 온도가 8~10℃이므로 겨울철에는 동결하며 백색 결정으로 변한다. 이때 체적이 수축하고 밀도가 커진다.
    ㉢ 순수한 것은 무색투명한 기름 상태의 액체이나, 공업용으로 제조된 것은 담황색을 띠고 있다.
    ㉣ 다공질의 규조토에 흡수하여 다이너마이트를 제조할 때 사용한다.
    ㉤ 물에 녹지 않는다.
    ㉥ 비중 1.6, 융점 2.8℃
  ㉯ 위험성
    ㉠ 다량의 폭발력이 강하고, 점화하면 즉시 연소한다.
      예 $4C_3H_5(ONO_2)_3 \longrightarrow 12CO_2 + 10H_2O + 6N_2 + O_2$
    ㉡ 증기는 유독성이다.

⑦ 셀룰로이드(celluloid)
  ㉮ 일반적 성질
    ㉠ 질소 함유량 약 11%의 나이트로셀룰로오스를 장뇌와 알코올에 녹여 교질 상태로 만든 것이다.
    ㉡ 무색 또는 황색의 반투명 유연성을 가진 고체로서 일종의 합성 수지와 같다. 열, 햇빛, 산소의 영향을 받아 담황색으로 변한다.

⑧ 트라이나이트로톨루엔 [$C_6H_2CH_3(NO_2)_3$, TNT, (구조식), 다이너마이트]

  ㉮ 일반적 성질
    ㉠ 담황색의 결정으로 작용기는 $-NO_2$기이며, 햇빛을 받으면 다갈색으로 변한다.
    ㉡ 물에는 불용이며, 에테르, 벤젠, 아세톤 등에는 잘 녹고, 알코올에는 가열하면 약간 녹는다.
    ㉢ 충격, 마찰 감도는 피크린산보다 둔하지만, 급격한 타격을 주면 폭발한다. 이때 다량의 가스를 발생한다.
      예 $2C_6H_2CH_3(NO_2)_3 \longrightarrow 12CO + 3N_2 + 5H_2 + 2C$
    ㉣ 분자량 227, 비중 1.8, 인화점 150℃, 발화점 300℃

④ 저장 및 취급방법
  ㉠ 운반시에는 10%의 물을 넣어 운반한다.

⑨ 트라이나이트로페놀[$C_6H_2OH(NO_2)_3$, TNP, (구조식), 피크린산]

㉮ 일반적 성질
  ㉠ 페놀을 진한 황산에 녹여 이것을 질산에 작용시켜 만든다.

  예) $C_6H_5OH + 3HNO_3 \xrightarrow{H_2SO_4} C_6H_2OH(NO_2)_3 + 3H_2O$

  ㉡ 가연성 물질이며, 강한 쓴맛과 독성이 있고 순수한 것은 무색이지만 공업용은 휘황색의 침상 결정으로 분자 구조 내에 하이드록시기를 가지고 있다.
  ㉢ 충격, 마찰에 비교적 둔감하며, 공기 중 자연 분해되지 않기 때문에 장기간 저장할 수 있다.
  ㉣ 비중 1.8, 융점 122.5℃, 비점 255℃, 인화점 150℃, 발화점 300℃

> **예제**
> 피크린산의 질소 함량(%)은?
>
> **풀이** 피크린산[$C_6H_2OH(NO_2)_3$]의 분자량 = 229
>
> ∴ $\frac{42}{229} \times 100 = 18.34\%$
>
> **답** 18.34%

㉯ 위험성
  ㉠ 단독으로는 타격, 마찰, 충격 등에 둔감하고 비교적 안정하지만, 산화철과 혼합한 것과 에탄올을 혼합한 것은 급격한 타격에 의해 격렬히 폭발한다.
  ㉡ 용융하여 덩어리로 된 것은 타격에 의하여 폭굉을 일으키며, TNT보다 폭발력이 크다.

  예) $2C_6H_2OH(NO_2)_3 \longrightarrow 12CO + H_2 + 3N_2 + 2H_2O$

㉰ 저장 및 취급방법
  ㉠ 운반시 물에 젖게 하는 것이 안전하다.
  ㉡ 자연분해의 위험이 적어서 장기간 저장할 수 있다.

⑩ 트라이메틸렌트라이나이트로아민[$(CH_2)_3(NNO_2)_3$, 헥소겐]
㉮ 일반적 성질
  ㉠ 무색 또는 백색의 결정으로 물에 불용이다.
  ㉡ 비중 1.8, 융점 202℃, 발화점 230℃

6 제6류 위험물의 품명과 지정 수량

성질	품명	지정 수량	위험 등급
산화성 액체	1. 과염소산	300kg	I
	2. 과산화수소	300kg	
	3. 질산	300kg	
	4. 그 밖에 행정안전부령이 정하는 것 할로겐간 화합물(BrF_3, BrF_5, IF_5 등)	300kg	
	5. 제1호 내지 제4호의1에 해당하는 어느 하나 이상을 함유한 것	300kg	

[비고] ① 산화성 액체 : 액체로서 산화력의 잠재적인 위험성을 판단하기 위하여 고시로 정하는 시험에서 고시로 정하는 성질과 상태를 나타내는 것을 말한다.
② 과산화수소 : 농도가 36 중량% 이상인 것에 한하며, 산화성 액체의 성상이 있는 것으로 본다.
③ 질산 : 비중이 1.49 이상인 것에 한하며, 산화성 액체의 성상이 있는 것으로 본다.

(1) 공통 성질

① 불연성 물질로서 강산화제이며, 다른 물질의 연소를 돕는 조연성 물질이다.
② 모두 강산성의 액체이다(H_2O_2는 제외).
③ 비중이 1보다 크며, 물에 잘 녹고 물과 접촉하면 발열한다.
④ 분해하여 유독성 가스를 발생하며, 부식성이 강하여 피부에 침투한다(H_2O_2는 제외).

(2) 소화 방법

① 주수 소화는 곤란하다.
② 건조사나 인산염류의 분말 등을 사용한다.
③ 과산화수소는 양의 대소에 관계없이 다량의 물로 희석 소화한다.

(3) 위험물의 성상

① 과염소산($HClO_4$, 지정 수량 300kg)
　㉮ 일반적 성질
　　㉠ 무색의 유동하기 쉬운 액체로서 공기 중에 방치하면 분해하고, 가열하면 폭발한다.
　　㉡ 산화제이므로 쉽게 환원될 수 있다.
　　㉢ 염소산 중에서 가장 강한 산이다.
　　　예 $HClO_4 > HClO_3 > HClO_2 > HClO$
　　㉣ 분자량 100.5, 비중 1.76, 융점 $-122℃$

㈏ 위험성
　　㉠ 불연성이지만 유기물과 접촉시 발화의 위험이 있다.
　　㉡ 물과 반응하여 열을 발생한다.
　　㉢ 유독성이 있다.
② 과산화수소(H_2O_2, 지정 수량 300kg)
　㈎ 일반적 성질
　　㉠ 순수한 것은 점성이 있는 무색의 액체이나, 양이 많을 경우에는 청색을 띤다.
　　㉡ 알칼리 용액에서는 급격히 분해하나, 약산성에서는 분해하기 어렵다.
　　㉢ 일반 시판품은 30~40%의 수용액으로 분해하기 쉬워 분해 방지를 위해 보관 시 안정제[인산(H_3PO_4), 요산($C_2H_4N_4O_3$), 인산나트륨, 요소, 글리세린] 등을 가하거나 햇빛을 차단하며, 약산성으로 만든다. 과산화수소는 산화제 및 환원제로 작용한다.
　　㉣ 분자량 34, 비중 1.465, 비점 152℃
　㈏ 위험성
　　㉠ 3% : 옥시풀(소독약), 산화제, 발포제, 탈색제, 방부제, 살균제 등
　　㉡ 30% : 표백제, 양모, 펄프, 종이, 면, 실, 식품, 섬유, 명주, 유지 등
　　㉢ 85% : 비닐 화합물 등의 중합 촉진제, 중합 촉매, 폭약, 유기 과산화물의 제조, 농약, 의약품, 제트기, 로켓의 산소 공급제 등
　　㉣ 농도가 66% 이상인 것은 단독으로 분해 폭발하기도 하며, 이 분해 반응은 발열 반응이고, 다량의 산소를 발생한다.
③ 질산(HNO_3, 지정 수량 300kg)
　㈎ 일반적 성질
　　㉠ 무색 액체이나 보관 중 담황색으로 변하며, 직사광선에 의해 공기 중에서 분해되어 유독한 갈색 이산화질소(NO_2)를 생성시킨다.
　　　예 $4HNO_3 \longrightarrow 2H_2O + 4NO_2 + O_2$
　　㉡ 왕수(royal water, 질산 1 : 염산 3)에 Au, Pt을 녹인다.
　　㉢ 진한 질산에는 Al, Fe, Ni, Cr 등은 부동태를 만들며, 녹지 않는다.
　　㉣ 크산토프로테인 반응을 한다.
　　㉤ 분자량 63, 비중 1.49 이상, 융점 −43.3℃, 비점 86℃
　㈏ 위험성
　　㉠ 환원성 물질과 혼합시 발화 위험성이 있다.
　　㉡ 물과 접촉하면 발열하므로 주의하여야 한다.

제4과목

위험물안전관리법

1 총칙

(1) 위험물안전관리법의 목적

위험물의 저장·취급 및 운반과 이에 따른 안전 관리에 관한 사항을 규정함으로써 위험물로 인한 위해를 방지하여 공공의 안전을 확보함을 목적으로 한다.

(2) 용어의 정의

① 위험물 : 인화성 또는 발화성 등의 성질을 가지는 것으로서 대통령령이 정하는 물품을 말한다.
② 지정수량 : 위험물의 종류별로 위험성을 고려하여 대통령령이 정하는 수량으로써 제조소 등의 허가 등에 있어서 최저의 기준이 되는 수량
③ 제조소 등 : 제조소·저장소 및 취급소를 말한다.

(3) 제조소 등의 승계 및 용도 폐지

제조소 등의 승계	제조소 등의 용도 폐지
• 신고처 : 시·도지사	• 신고처 : 시·도지사
• 신고 기간 : 30일 이내	• 신고 기간 : 14일 이내

(4) 위험물 안전관리자

① 안전관리자를 해임하거나 퇴직한 때에는 그 날로부터 30일 이내에 다시 선임하여야 하고, 선임 시에는 14일 이내에 소방본부장 또는 소방서장에게 신고하여야 한다.
② 안전관리자를 선임한 제조소 등의 관계인은 안전관리자가 여행·질병 그 밖의 사유로 인하여 일시적으로 직무를 수행할 수 없거나 안전관리자의 해임 또는 퇴직과 동시에 다른 안전관리자를 선임하지 못하는 경우에는 국가기술자격법에 따른 위험물의 취급에 관한 자격 취득자 또는 위험물 안전에 관한 기본 지식과 경험이 있는 자로서 행정안전부령이 정하는 자를 대리자(代理者)로 지정하여 그 직무를 대행하게 하여야 한다. 이 경우 대리자가 안전관리자의 직무를 대행하는 기간은 30일을 초과할 수 없다.

(5) 위험물 안전관리자의 책무

안전관리자는 위험물의 취급에 관한 안전관리와 감독에 관한 다음의 업무를 성실하게 행하여야 한다.
① 위험물의 취급 작업에 참여하여 당해 작업이 법 제5조 제3항의 규정에 의한 저장 또는 취급에 관한 기술 기준과 법 제17조의 규정에 의한 예방 규정에 적합하도록 해당 작업자(당해 작업에 참여하는 위험물 취급 자격자를 포함한다. 이하 같다)에 대하여 지시 및 감독하는 업무
② 화재 등의 재난이 발생한 경우 응급 조치 및 소방관서 등에 대한 연락 업무

③ 위험물 시설의 안전을 담당하는 자를 따로 두는 제조소 등의 경우에는 그 담당자에게 다음 규정에 의한 업무의 지시, 그 밖의 제조소 등의 경우에는 다음의 규정에 의한 업무
  ㉮ 제조소 등의 위치·구조 및 설비를 법 제5조 제4항의 기술 기준에 적합하도록 유지하기 위한 점검과 점검 상황의 기록·보존
  ㉯ 제조소 등의 구조 또는 설비의 이상을 발견한 경우 관계자에 대한 연락 및 응급 조치
  ㉰ 화재가 발생하거나 화재 발생의 위험성이 현저한 경우 소방관서 등에 대한 연락 및 응급 조치
  ㉱ 제조소 등의 계측 장치. 제어 장치 및 안전 장치 등의 적정한 유지·관리
  ㉲ 제조소 등의 위치·구조 및 설비에 관한 설계 도서 등의 정비·보존 및 제조소 등의 구조 및 설비의 안전에 관한 사무의 관리
④ 화재 등의 재해의 방지에 관하여 인접하는 제조소 등과 그 밖의 관련되는 시설의 관계자와 협조 체제의 유지
⑤ 위험물의 취급에 관한 일지의 작성·기록
⑥ 그 밖에 위험물을 수납한 용기를 차량에 적재하는 작업, 위험물 설비를 보수하는 작업 등 위험물의 취급과 관련된 작업의 안전에 관하여 필요한 감독의 수행

(6) 예방 규정

① 예방 규정 작성대상

작성 대상	지정 수량의 배수	제외 대상
제조소	10배 이상	지정 수량의 10배 이상의 위험물을 취급하는 일반 취급소. 다만, 제4류 위험물(특수 인화물을 제외한다)만을 지정 수량의 50배 이하로 취급하는 일반 취급소(제1석유류, 알코올류의 취급량이 지정 수량의 10배 이하인 경우에 한한다)로서 다음의 어느 하나에 해당하는 것을 제외한다. ① 보일러·버너 또는 이와 비슷한 것으로서 위험물을 소비하는 장치로 이루어진 일반 취급소 ② 위험물을 용기에 옮겨 담거나 차량에 고정된 탱크에 주입하는 일반 취급소
옥내 저장소	150배 이상	
옥외 탱크 저장소	200배 이상	
옥외 저장소	100배 이상	
이송 취급소	전 대상	
일반 취급소	10배 이상	
암반 탱크 저장소	전 대상	

(7) 정기 점검 대상이 되는 제조소 등

① 예방 규정 작성 대상인 제조소 등
  ㉮ 지정 수량의 10배 이상의 제조소·일반 취급소
  ㉯ 지정 수량의 100배 이상의 옥외 저장소
  ㉰ 지정 수량의 150배 이상의 옥내 저장소
  ㉱ 지정 수량의 200배 이상의 옥외 탱크 저장소
  ㉲ 암반 탱크 저장소
  ㉳ 이송 취급소

② 지하 탱크 저장소
③ 이동 탱크 저장소
④ 위험물을 취급하는 탱크로서 지하에 매설된 탱크가 있는 제조소 · 주유 취급소 또는 일반 취급소

> **참고**
>
> 예방 규정을 정하여야 하는 제조소 등의 관계인은 위험물 제조소 등에 기술 기준에 적합한지 여부를 연 1회 이상 점검한다(단, 100만L 이상의 옥외 탱크 저장소는 제외한다).

(8) 제조소 및 일반 취급소의 자체 소방대의 기준

① 제조소 및 일반 취급소 등의 자체 소방대의 기준

사업소의 구분	화학 소방 자동차	자체 소방대원의 수
제조소 또는 일반취급소에 취급하는 제4류 위험물의 최대수량의 합이 지정수량의 3천 배 이상 12만 배 미만인 사업소	1대	5인
제조소 또는 일반취급소에 취급하는 제4류 위험물의 최대수량의 합이 지정수량의 12만 배 이상 24만 배 미만인 사업소	2대	10인
제조소 또는 일반취급소에 취급하는 제4류 위험물의 최대수량의 합이 지정수량의 24만 배 이상 48만 배 미만인 사업소	3대	15인
제조소 또는 일반취급소에 취급하는 제4류 위험물의 최대수량의 합이 지정수량의 48만 배 이상인 사업소	4대	20인
옥외탱크저장소에 저장하는 제4류 위험물의 최대수량이 지정수량의 50만 배 이상인 사업소	2대	10인

② 자체 소방대에 두어야 하는 화학 소방 자동차에 갖추어야 하는 소화 능력 및 설비 기준

화학 소방차의 구분	소화 능력	비치량
분말 방사차	35kg/s 이상	1,400kg 이상
할로겐화물 방사차	40kg/s 이상	1,000kg 이상
CO_2 방사차	40kg/s 이상	3,000kg 이상
포 수용액 방사차	2,000L/min 이상	10만L 이상
제독차		가성소다 및 규조토를 각각 50kg 이상

2 위험물의 취급 기준

(1) 지정 수량 이상의 위험물을 임시로 제조소 등이 아닌 장소에서 취급할 경우
관할 소방서장에게 승인 후 90일 이내

(2) 취급 중 제조 공정 시
① 증류 공정

　위험물을 취급하는 설비의 내부 압력의 변동 등에 의하여 액체 또는 증기가 새지 않도록 한다.

② 추출 공정

　추출관의 내부 압력이 비정상으로 상승하지 않도록 한다.

③ 건조 공정

　위험물의 온도가 국부적으로 상승하지 않는 방법으로 가열 또는 건조한다.

④ 분쇄 공정

　위험물의 분말이 현저하게 부유하고 있거나 기계, 기구 등에 부착된 상태로 그 기계·기구를 취급하지 않는다.

(3) 위험물의 운반에 관한 기준

위험물	수납률
알킬알루미늄 등	90% 이하(50℃에서 5% 이상 공간 용적 유지)
고체 위험물	95% 이하
액체 위험물	98% 이하(55℃에서 누설되지 않는 것)

> **참고**
>
> 기계에 의하여 하역하는 구조로 된 운반용기에 대한 수납기준에 의하면 액체위험물을 수납하는 경우에는 55℃의 온도에서 증기압이 130kPa 이하가 되도록 수납한다.

(4) 위험물 적재 방법

위험물은 그 운반 용기의 외부에 다음에서 정하는 바에 따라 위험물의 품명, 수량 등을 표시하여 적재하여야 한다.

① 위험물의 품명·위험 등급·화학명 및 수용성('수용성' 표시는 제4류 위험물로서 수용성인 것에 한한다)

② 위험물의 수량
③ 수납하는 위험물에 따라 다음의 규정에 의한 주의 사항
  ㉮ 위험물 운반 용기 주의 사항

위험물		주의 사항
제1류 위험물	알칼리 금속의 과산화물 또는 이를 함유한 것	화기 · 충격 주의, 물기 엄금 및 가연물 접촉 주의
	기타	화기 · 충격 주의 및 가연물 접촉 주의
제2류 위험물	철분 · 금속분 · 마그네슘 또는 이들 중 어느 하나 이상을 함유한 것	화기 주의 및 물기 엄금
	인화성고체	화기 엄금
	기타	화기주의
제3류 위험물	자연 발화성 물질	화기 엄금 및 공기 접촉 엄금
	금수성 물질	물기 엄금
제4류 위험물		화기 엄금
제5류 위험물		화기 엄금 및 충격 주의
제6류 위험물		가연물 접촉 주의

  ㉯ 제조소의 게시판 주의 사항

위험물		주의 사항
제1류 위험물	알칼리 금속의 과산화물	물기 엄금
	기타	별도의 표시를 하지 않는다.
제2류 위험물	인화성 고체	화기 엄금
	기타	화기 주의
제3류 위험물	자연 발화성 물질	화기 엄금
	금수성 물질	물기 엄금

위험물	주의 사항
제4류 위험물	화기 엄금
제5류 위험물	
제6류 위험물	별도의 표시를 하지 않는다.

(5) 방수성이 있는 피복 조치

유별	적용 대상
제1류 위험물	알칼리 금속의 과산화물
제2류 위험물	철분, 금속분, 마그네슘
제3류 위험물	금수성 물품

(6) 차광성이 있는 피복 조치

유별	적용 대상
제1류 위험물	전부
제3류 위험물	자연 발화성 물품
제4류 위험물	특수 인화물
제5류 위험물	전부
제6류 위험물	

(7) 위험물의 위험 등급

구분	위험등급 Ⅰ	위험등급 Ⅱ	위험등급 Ⅲ
제1류 위험물	아염소산염류, 염소산염류, 과염소산염류, 무기과산화물, 그 밖에 지정수량이 50kg인 위험물	브로민산염류, 질산염류, 아이오딘산염류, 그 밖에 지정수량이 300kg인 위험물	위험등급 Ⅰ, 위험등급 Ⅱ 외의 것
제2류 위험물		황화인, 적린, 황, 그 밖에 지정수량이 100kg인 위험물	
제3류 위험물	칼륨, 나트륨, 알킬알루미늄, 알킬리튬, 황린, 그 밖에 지정수량이 10kg 또는 20kg인 위험물	알칼리금속(칼륨 및 나트륨을 제외) 알칼리토금속, 유기금속화합물(알킬알루미늄 및 알킬리튬을 제외), 그 밖에 지정수량이 50kg인 위험물	
제4류 위험물	특수인화물	제1석유류, 알코올류	
제5류 위험물	지정수량이 제1종 : 10kg인 위험물	지정수량이 제2종 : 100kg인 위험물	
제6류 위험물	모두		

(8) 유별을 달리하는 위험물의 혼재 기준

위험물의 구분	제1류	제2류	제3류	제4류	제5류	제6류
제1류		×	×	×	×	○
제2류	×		×	○	○	×
제3류	×	×		○	×	×

제4류	×	○	○		○	×
제5류	×	○	×	○		×
제6류	○	×	×	×	×	

[비고] 1. '×' 표시는 혼재할 수 없음을 표시한다.
2. '○' 표시는 혼재할 수 있음을 표시한다.
3. 이 표는 지정 수량 $\frac{1}{10}$ 이하의 위험물에 대하여는 적용하지 아니한다.

▼ 참고

위험물 운반을 위해 제4류 위험물과 혼재가 가능한 경우
① 내용적이 120L 미만의 용기에 충전한 불활성가스
② 내용적이 120L 미만의 용기에 충전한 액화석유가스 또는 압축천연가스

(9) 위험물 저장 탱크의 용량

① 위험물을 저장 또는 취급하는 탱크의 용량은 해당 탱크의 내용적에서 공간 용적을 뺀 용적으로 한다.
② 탱크의 공간 용적은 탱크 내용적의 100분의 5 이상 100분의 10 이하로 한다.

> **예제**
> 위험물 탱크의 내용적이 10,000L이고 공간 용적이 내용적의 10%일 때 탱크의 용량은?
>
> **풀이** 탱크의 공간 용적 : 탱크 내용적의 $\frac{5}{100}$ 이상 $\frac{10}{100}$ 이하로 한다.
> 10,000L×0.9=9,000L
> **답** 9,000L

③ 타원형 탱크의 내용적

㉮ 양쪽이 볼록한 것 : $V = \frac{\pi ab}{4}\left(l + \frac{l_1 + l_2}{3}\right)$

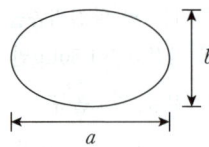
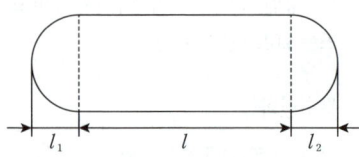

예제

그림과 같은 타원형 탱크의 내용적은 약 몇 m³인가?

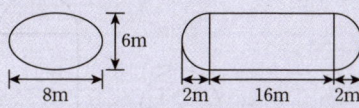

풀이 $V = \dfrac{\pi ab}{4}\left(l + \dfrac{l_1+l_2}{3}\right) = \dfrac{\pi \times 8 \times 6}{4} \times \left(16 + \dfrac{2+2}{3}\right) = 653\,\text{m}^3$

답 653m³

㉯ 한쪽이 볼록하고, 다른 한쪽은 오목한 것 : $V = \dfrac{\pi ab}{4}\left(l + \dfrac{l_1-l_2}{3}\right)$

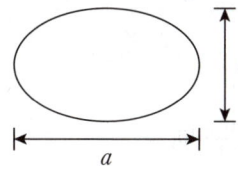
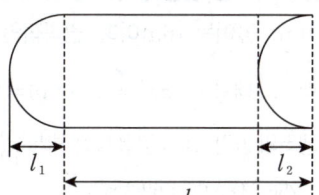

② 원형 탱크의 내용적

㉮ 횡(수평)으로 설치한 것 : $V = \pi r^2 \left(l + \dfrac{l_1+l_2}{3}\right)$

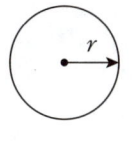
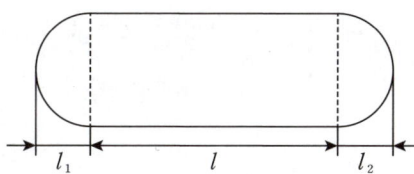

예제

그림과 같이 횡으로 설치한 원통형 위험물 탱크에 대하여 탱크의 용량을 구하면 약 몇 m³인가?
(단, 공간 용적은 탱크 내용적의 100분의 5로 한다.)

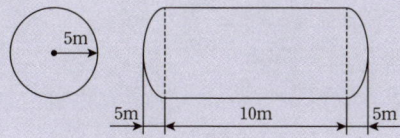

풀이 $V = \pi r^2 \left(l + \dfrac{l_1+l_2}{3}\right) = \pi \times 5^2 \left(10 + \dfrac{5+5}{3}\right) = 1046.67\,\text{m}^3$

여기서 공간 용적이 5%인 탱크의 용량 = 1046.67 × 0.95 = 994.34m³

답 994.34m³

㉯ 종(수직)으로 설치한 것 : $V = \pi r^2 l$ (탱크의 지붕 부분(l_2)은 제외)

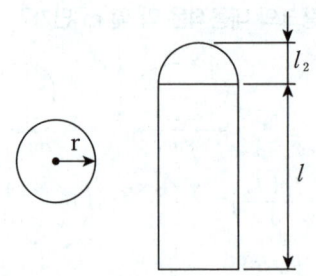

예제

위험물을 저장하는 원통형 탱크를 종으로 설치할 경우 공간용적을 옳게 나타낸 것은? (단, 탱크의 지름은 10m, 높이는 16m이며, 원칙적인 경우)

풀이 탱크의 내용적 $= \pi r^2 l = \pi \times 5^2 \times 16 = 1,256.64 \text{m}^3$

탱크의 공간용적 : 탱크 내용적의 $\dfrac{5}{100}$ 이상 $\dfrac{10}{100}$ 이하

$1,256.64 \times 0.95 = 62.8 \text{m}^3$

$1,256.64 \times 0.90 = 125.7 \text{m}^3$

답 62.8m^3 이상 125.7m^3 이하

3 위험물 시설의 구분

3-1 제조소

(1) 안전 거리

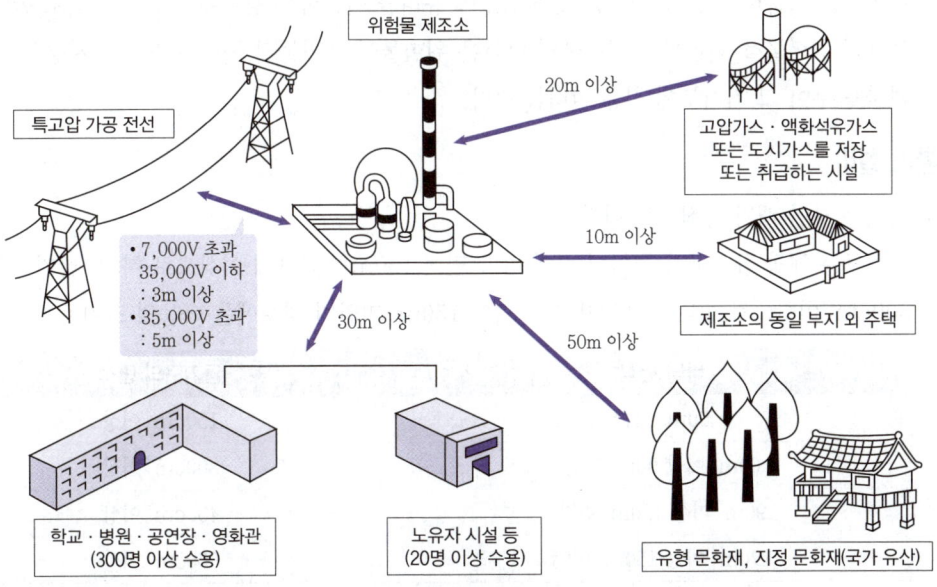

<위험물 제조소와의 안전 거리>

(2) 안전 거리의 적용 대상

① 위험물 제조소(제6류 위험물을 취급하는 제조소 제외)
② 일반 취급소
③ 옥내 저장소
④ 옥외 탱크 저장소
⑤ 옥외 저장소

(3) 보유 공지

위험물 시설 또는 그 구성 부분의 주위에 확보해야 할 절대 공간을 말하며, 소방 활동의 공간을 제공하고 화재 시 상호 연소 방지를 위해 설치한다.

취급하는 위험물의 최대 수량	공지의 너비
지정 수량 10배 이하	3m 이상
지정 수량 10배 초과	5m 이상

(4) 제조소의 건축물 구조 기준

① 지하층이 없도록 한다.
② 벽, 기둥, 바닥, 보, 서까래 및 계단은 불연 재료로 설치한다.
③ 지붕은 폭발력이 위로 방출될 정도의 가벼운 불연 재료로 덮어야 한다.
④ 출입구와 비상구는 60분+방화문·60분방화문 또는 30분방화문을 설치(연소의 우려가 있는 외벽에 설치하는 출입구에는 자동 폐쇄식의 60분+방화문 또는 60분방화문을 설치)한다.
⑤ 위험물을 취급하는 건축물의 창 및 출입구에 유리를 이용하는 경우에는 망입 유리로 한다.
⑥ 액체의 위험물을 취급하는 건축물의 바닥은 위험물이 스며들지 못하는 재료로 사용하고, 적당한 경사를 두어 그 최저부에 집유 설비를 한다.

(5) 환기 설비

① 환기는 자연 배기 방식으로 한다.
② 급기구는 해당 급기구가 설치된 실의 바닥 면적 150m²마다 1개 이상으로 하되, 급기구의 크기는 800cm² 이상으로 한다. 다만, 바닥 면적이 150m² 미만인 경우에는 다음의 크기로 하여야 한다.

바닥 면적	급기구의 면적
60m² 미만	150cm² 이상
60m² 이상 90m² 미만	300cm² 이상
90m² 이상 120m² 미만	450cm² 이상
120m² 이상 150m² 미만	600cm² 이상

③ 급기구는 낮은 곳에 설치하고, 가는 눈의 구리망 등으로 인화 방지망을 설치한다.
④ 환기구는 지붕 위 또는 지상 2m 이상의 높이에 회전식 고정 벤틸레이터 또는 루프팬 방식으로 설치한다.

(6) 배출 설비

배출 능력은 1시간당 배출 장소 용적의 20배 이상인 것으로 하여야 한다. 다만, 전역 방식은 바닥 면적 1m²당 18m³ 이상으로 할 수 있다.

(7) 정전기 제거 설비의 설치 기준

① 접지에 의한 방법(접지법)
② 공기 중의 상대 습도를 70% 이상으로 하는 방법(수증기 분사법)
③ 공기를 이온화하는 방법(공기의 이온화법)

(8) 압력계 및 안전 장치

① 자동적으로 압력의 상승을 정지시키는 장치(일반적으로 안전 밸브를 사용)

② 감압측에 안전 밸브를 부착한 감압 밸브
③ 안전 밸브를 병용하는 경보 장치
④ 파괴판(위험물의 성질에 따라 안전 밸브의 작동이 곤란한 가압 설비에 한함)

3-2 옥내 저장소

(1) 옥내 저장소의 기준

① 보유 공지

저장 또는 취급하는 위험물의 최대 수량	공지의 너비	
	벽·기둥 및 바닥이 내화구조로 된 건축물	그 밖의 건축물
지정 수량의 5배 이하	–	0.5m 이상
지정 수량의 5배 초과 10배 이하	1m 이상	1.5m 이상
지정 수량의 10배 초과 20배 이하	2m 이상	3m 이상
지정 수량의 20배 초과 50배 이하	3m 이상	5m 이상
지정 수량의 50배 초과 200배 이하	5m 이상	10m 이상
지정 수량의 200배 초과	10m 이상	15m 이상

단, 지정 수량의 20배를 초과하는 옥내 저장소와 동일한 부지 내에 있는 다른 옥내 저장소와의 사이에는 동표에 정하는 공지 너비의 $\frac{1}{3}$(해당 수치가 3m 미만인 경우는 3m)의 공지를 보유할 수 있다.

② 저장창고 바닥면적 기준

㉮ 다음의 위험물을 저장하는 창고 : 1,000m² 이하
  ㉠ 제1류 위험물 중 아염소산염류, 염소산염류, 과염소산염류, 무기 과산화물, 그 밖에 지정 수량이 50kg인 위험물
  ㉡ 제3류 위험물 중 칼륨, 나트륨, 알킬알루미늄, 알킬리튬, 그 밖에 지정 수량이 10kg인 위험물 및 황린
  ㉢ 제4류 위험물 중 특수 인화물, 제1석유류 및 알코올류
  ㉣ 제5류 위험물 중 유기 과산화물, 질산에스테르류, 그 밖에 지정 수량이 10kg인 위험물
  ㉤ 제6류 위험물

㉯ ㉮의 위험물 외의 위험물을 저장하는 창고 : 2,000m² 이하

(2) 위험물의 저장 기준

① 운반 용기에 수납하여 저장한다.

② 품명별로 구분하여 저장한다.
③ 위험물과 비위험물과의 상호 거리 : 1m 이상
④ 혼재할 수 있는 위험물과 위험물의 상호 거리 : 1m 이상
⑤ 자연 발화 위험이 있는 위험물 : 지정 수량 10배 이하마다 0.3m 이상 간격을 둔다.

(3) 위험물 용기를 겹쳐 쌓을 수 있는 높이
① 기계에 의하여 하역하는 구조로 된 용기만을 겹쳐 쌓는 경우 : 6m
② 제4류 위험물 중 제3석유류, 제4석유류 및 동·식물유류를 수납하는 용기만을 겹쳐 쌓는 경우 : 4m
③ 그 밖의 경우 : 3m

(4) 상호 1m 이상의 간격을 유지하는 경우에도 동일한 옥내 저장소에 저장할 수 있는 것
① 제1류 위험물(알칼리 금속의 과산화물 또는 이를 함유한 것은 제외)＋제5류 위험물
② 제1류 위험물＋제6류 위험물
③ 제1류 위험물＋자연 발화성 물품(황린)
④ 제2류 위험물 중 인화성 고체＋제4류 위험물
⑤ 제3류 위험물 중 알킬알루미늄 등＋제4류 위험물(알킬알루미늄·알킬리튬을 함유한 것)
⑥ 제4류 위험물 중 유기 과산화물 또는 이를 함유하는 것＋제5류 위험물 중 유기 과산화물 또는 이를 함유하는 것

(5) 지정 유기과산화물 외벽의 기준
① 두께 20cm 이상의 철근콘크리트조, 철골철근콘크리트조
② 두께 30cm이상의 보강시멘트블록조

3-3 옥외 저장소

(1) 옥외 저장소에 저장할 수 있는 위험물
① 제2류 위험물 중 황 또는 인화성 고체(인화점이 0℃ 이상인 것에 한함)
② 제4류 위험물 중 제1석유류(인화점 0℃ 이상인 것에 한함), 알코올류, 제2석유류, 제3석유류, 제4석유류 및 동·식물유류
③ 제6류 위험물

(2) 옥외 저장소의 선반 설치 기준
선반의 높이는 6m를 초과하지 아니할 것

(3) 위험물의 저장 기준

① 운반 용기에 수납하여 저장한다.
② 위험물과 비위험물의 상호 거리 : 1m 이상
③ 위험물과 위험물의 상호 거리 : 1m 이상

(4) 위험물을 저장하는 경우 높이를 초과하여 겹쳐 쌓지 아니한다.

① 기계에 의하여 하역하는 구조로 된 용기만을 겹쳐 쌓는 경우 : 6m
② 제4류 위험물 중 제3석유류, 제4석유류 및 동·식물유류를 수납하는 용기만을 겹쳐 쌓는 경우 : 4m
③ 그 밖의 경우 : 3m

(5) 옥외 저장소 중 덩어리 상태의 황만을 지반면에 설치한 경계 표시의 안쪽에서 저장·취급하는 것

① 하나의 경계 표시의 내부 면적 : 100m^2 이하
② 2개 이상의 경계 표시를 설치하는 경우에 있어서는 각각의 경계 표시 내부의 면적을 합산한 면적 : 1,000m^2 이하
③ 황 옥외 저장소의 경계 표시 높이 : 1.5m 이하
④ 경계 표시에는 황이 넘치거나 비산하는 것을 방지하기 위한 천막 등을 고정하는 장치를 설치하되 천막 등을 고정하는 장치는 경계 표시의 길이 2m마다 1개 이상 설치한다.

3-4 옥외 탱크 저장소

(1) 탱크 구조 기준

① 재질 및 두께 : 두께 3.2mm 이상의 강철판
② 탱크 통기 장치의 기준
  ㉮ 밸브 없는 통기관
    ㉠ 통기관의 직경 : 30mm 이상
    ㉡ 통기관의 끝부분은 수평면보다 아래로 45° 이상 구부려 빗물 등의 침투를 막는 구조일 것
    ㉢ 가는 눈의 구리망 등으로 인화 방지 장치를 설치할 것
  ㉯ 대기 밸브 부착 통기관
    ㉠ 5kPa 이하의 압력 차이로 작동할 수 있을 것
    ㉡ 가는 눈의 구리망 등으로 인화 방지 장치를 설치할 것
③ 옥외 탱크 저장소의 금속 사용 제한 및 위험물 저장 기준
  ㉮ 금속 사용 제한 조치 기준 : 아세트알데하이드 또는 산화프로필렌의 옥외 탱크 저장소에는 은,

수은, 동, 마그네슘 또는 이들 합금과는 사용하지 말 것
④ 아세트알데하이드, 산화프로필렌 등의 저장 기준
　㉠ 옥외 저장 탱크에 아세트알데하이드 또는 산화프로필렌을 저장하는 경우에는 그 탱크 안에 불연성 가스를 봉입해야 한다.
　㉡ 옥외 저장 탱크(옥내 저장 탱크 또는 지하 저장 탱크) 중 압력 탱크 외의 탱크에 저장하는 경우
　　ⓐ 디에틸에테르 또는 산화프로필렌 : 30℃ 이하
　　ⓑ 아세트알데하이드 : 15℃ 이하
　㉢ 옥외 저장 탱크(옥내 저장 탱크 또는 지하 저장 탱크) 중 압력 탱크에 저장하는 경우 : 에틸에테르, 아세트알데하이드 또는 산화프로필렌의 온도는 40℃ 이하

(2) 펌프설비

① 펌프실의 벽, 기둥, 바닥, 보 : 불연 재료
② 펌프실의 지붕 : 폭발력이 위로 방출될 정도의 가벼운 불연 재료
③ 펌프실의 창 및 출입구에는 60분+방화문·60분방화문 또는 30분방화문을 설치

(3) 옥외 탱크 저장소의 방유제 설치 기준

① 설치 목적 : 저장 중인 액체 위험물이 주위로 누설 시 그 주위에 피해 확산을 방지하기 위하여 설치한 담이다.
② 용량
　㉮ 인화성 액체 위험물(CS_2 제외)의 옥외 탱크 저장소의 탱크
　　㉠ 1기 이상 : 탱크 용량의 110% 이상(인화성이 없는 액체 위험물은 탱크 용량의 100% 이상)
　　㉡ 2기 이상 : 최대 용량의 110% 이상

> **예제**
> 휘발유를 저장하는 옥외 탱크 저장소의 하나의 방유제 안에 10,000L, 20,000L 탱크 각각 1기가 설치되어 있다. 방유제의 용량은 몇 L 이상이어야 하는가?
>
> **풀이** 옥외 탱크 저장소 방유제 용량(탱크 1기인 경우)
> ＝탱크 용량×1.1 이상(비인화성 액체의 경우×1.0 이상)
> ＝20,000×1.1＝22,000L 이상
>
> **답** 22,000L 이상

　㉯ 위험물 제조소의 옥외에 있는 위험물 취급 탱크(용량이 지정 수량의 $\frac{1}{5}$ 미만인 것은 제외)
　　㉠ 1개의 탱크 : 방유제 용량＝탱크 용량×0.5

ⓒ 2개 이상의 탱크 : 방유제 용량=최대 탱크 용량×0.5+기타 탱크 용량의 합×0.1

> **예제**
>
> 제조소의 옥외에 모두 3기의 휘발유 취급 탱크를 설치하고, 그 주위에 방유제를 설치하고자 한다. 방유제 안에 설치하는 각 취급 탱크의 용량이 5만L, 3만L, 2만L일 때 필요한 방유제의 용량은 몇 L 이상인가?
>
> **풀이** 방유제 용량=최대 용량×0.5+ (기타 용량의 합×0.1)
> =50,000×0.5+(30,000+20,000)×0.1=25,000+5,000
> =30,000L 이상
>
> **답** 30,000L 이상

㉮ 위험물 제조소의 옥내에 있는 위험물 취급 탱크의 방유턱의 용량
  ㉠ 1기일 때 : 탱크 용량 이상
  ㉡ 2기 이상 : 최대 탱크 용량 이상
③ 용량 : 0.5m 이상 3.0m 이하
④ 면적 : 80,000m² 이하
⑤ 방유제 내에 설치하는 옥외 저장 탱크의 수 : 10개 이하(단, 방유제 내에 설치하는 모든 옥외 저장 탱크의 용량이 20만L 이하이고, 당해 옥외 저장 탱크에 저장 또는 취급하는 위험물의 인화점이 70℃ 이상 200℃ 미만인 경우에는 20개 이하)

3-5 옥내 탱크 저장소

(1) 탱크와 탱크 전용실과의 이격 거리

① 탱크와 탱크 전용실 벽과의 사이 : 0.5m 이상
② 탱크와 탱크 상호 간 : 0.5m 이상(점검 및 보수에 지장이 없는 경우는 예외)

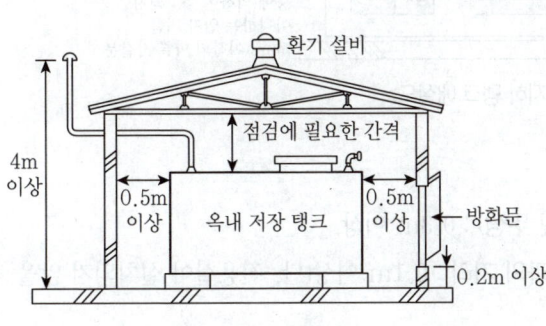
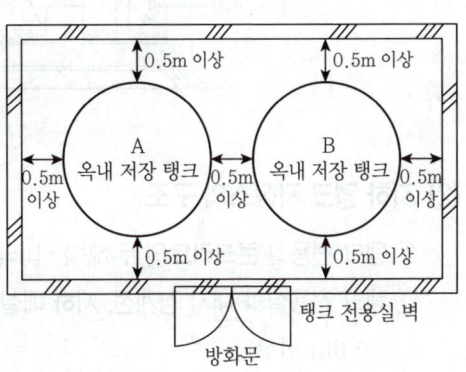

③ 탱크 전용실에 설치하는 탱크 용량 (하나의 탱크 전용실에 2기 이상의 탱크를 설치하는 경우 각 탱크 용량의 합한 양을 기준)

 ㉮ 1층 이하 층의 건축물에 설치 시 : 지정 수량 40배(제4석유류 또는 동·식물유류 외의 제4류 위험물로서 당해 수량이 20,000L를 초과하는 경우에는 20,000L) 이하

 ㉯ 2층 이상 층의 건물에 설치 시 : 지정 수량 10배(제4석유류 또는 동·식물유류 외의 제4류 위험물로서 당해 수량이 5,000L를 초과하는 경우에는 5,000L) 이하

(2) 옥내 탱크의 통기 장치(밸브 없는 통기관) 기준

① 통기관의 지름 : 30mm 이상
② 통기관의 끝부분은 수평면보다 아래로 45° 이상 구부려 빗물 등이 들어가지 않는 구조로 할 것 (단, 빗물이 들어가지 않는 구조일 경우는 제외)
③ 통기관의 끝부분은 건축물의 창 또는 출입구 등의 개구부로부터 1m 이상 떨어진 옥외에 설치하되, 지면으로부터 4m 이상의 높이로 할 것
④ 통기관은 가스 등이 체류하지 않도록 굴곡이 없게 할 것

3-6 지하 탱크 저장소

(1) 지하 탱크 저장소의 구조

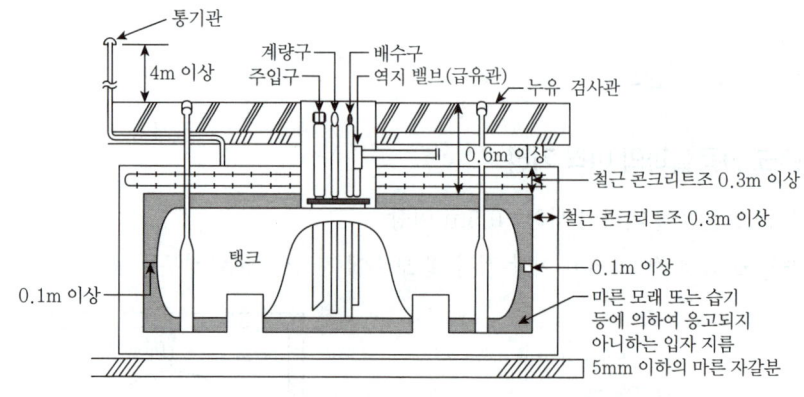

<지하 탱크 매설도>

(2) 지하 탱크 저장소의 구조

① 탱크 전용실 콘크리트의 두께(벽·바닥 및 뚜껑) : 0.3m 이상
② 탱크 전용실과 대지 경계선, 지하 매설물과의 거리 : 0.1m 이상(단, 전용실이 설치되지 않을 경우 : 0.6m 이상)

③ 탱크와 탱크 전용실과의 간격 : 0.1m 이상
④ 탱크 본체의 윗부분과 지면까지의 거리 : 0.6m 이상
⑤ 해당 탱크 주위에 마른 모래 또는 습기 등에 의하여 응고되지 아니하는 입자 지름 5mm 이하의 마른 자갈분을 채워야 한다.
⑥ 탱크를 2개 이상 인접하였을 때 상호 거리는 다음과 같다.
  ㉮ 지정 수량 100배 초과 : 1m 이상
  ㉯ 지정 수량 100배 이하 : 0.5m 이상
⑦ 누유 검사관 : 액체 위험물의 탱크로부터 새는 것을 검사하기 위하여 탱크 1기당 4개 이상 설치한다.

(3) 과충전 방지 장치

탱크 용량의 최소 90%가 찰 때 경보음이 울린다.

(4) 수압시험

① 압력탱크 : 최대상용압력의 1.5배의 압력으로 10분간 실시하여 새거나 변형이 없을 것
② 압력탱크(최대상용압력이 46.7kPa 이상인 탱크) 외의 탱크 : 70kPa의 압력으로 10분간 실시하여 새거나 변형이 없을 것

3-7 이동 탱크 저장소

(1) 상치 장소

① 옥외 : 화기 취급 장소 또는 인근 건축물로부터 5m 이상(인근 건축물이 1층인 경우 3m 이상)의 거리를 확보하되, 하천의 공지나 수면, 내화 구조 또는 불연 재료의 담 또는 벽, 기타 이와 유사한 것에 접하는 경우는 제외
② 옥내 : 벽·바닥·보·서까래 및 지붕을 내화 구조 또는 불연 재료로한 건축물의 1층에 설치한다.

(2) 이동 탱크 저장소의 탱크 구조 기준

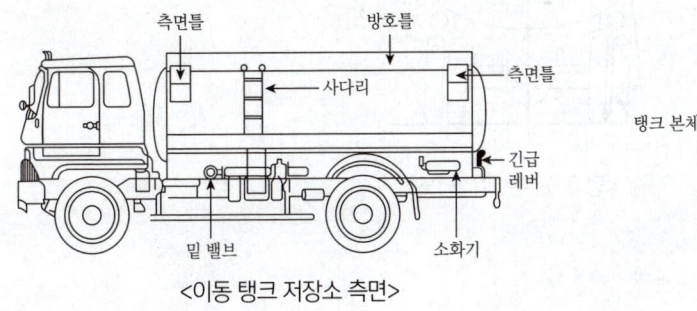

<이동 탱크 저장소 측면>

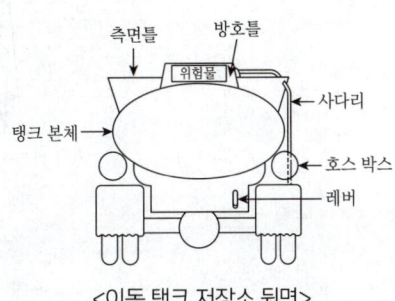

<이동 탱크 저장소 뒷면>

탱크 강철관의 두께는 다음과 같다.
① 본체 : 3.2mm 이상
② 측면틀 : 3.2mm 이상
③ 안전 칸막이 : 3.2mm 이상
④ 방호틀 : 2.3mm 이상
⑤ 방파판 : 1.6mm 이상

(3) 수압 시험

① 압력 탱크 : 최대 상용 압력은 1.5배의 압력으로 각각 10분간 수압 시험을 실시하여 새거나 변형되지 아니할 것. 이 경우 수압 시험은 용접부에 대한 비파괴 시험과 기밀 시험으로 대신할 수 있다.
② 압력 탱크(최대 상용 압력이 46.7kPa 이상인 탱크) 외의 탱크 : 70kPa의 압력으로 10분간 수압 시험을 실시하여 새거나 변형되지 아니할 것

(4) 안전 장치 작동 압력

① 상용 압력이 20kPa 이하 : 20kPa 이상 24kPa 이하의 압력
② 상용 압력이 20kPa 초과 : 상용 압력이 1.1배 이하의 압력

(5) 측면틀 부착 기준

① 최외측선(측면틀의 최외측과 탱크의 최외측을 연결하는 직선)의 수평면에 대하여 내각이 75° 이상일 것
② 최대 수량의 위험물을 저장한 상태에 있을 때의 해당 탱크 중량의 중심선과 측면틀의 최외측을 연결하는 직선과 그 중심선을 지나는 직선 중 최외측선과 직각을 이루는 직선과의 내각이 35° 이상이 되도록 할 것

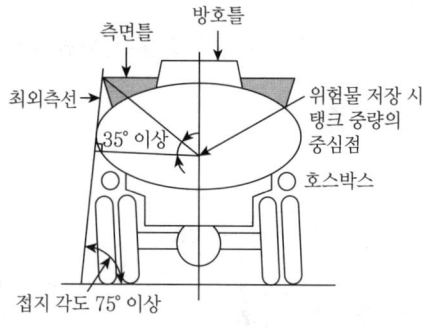

<탱크 뒷부분의 입면도>

(6) 안전 간막이 및 방파판의 설치 기준

① 재질은 두께 3.2mm 이상의 강철판
② 4,000L 이하마다 구분하여 설치

> **예제**
> 액체위험물을 저장하는 용량 10,000L의 이동저장탱크는 최소 몇 개 이상의 실로 구획하여야 하는가?
>
> **풀이** $\dfrac{10,000L}{4,000L} = 2.5 = 3$
>
> 답 3

(7) 이동 탱크 저장소의 위험물 취급 기준

① 이동 탱크 저장소의 원동기를 정지시켜야 하는 경우 : 인화점 40℃ 미만인 위험물 주입 시
② 전기에 의한 재해 발생의 우려가 있는 액체 위험물(휘발유, 벤젠 등)을 이동 탱크 저장소에 주입하는 경우의 취급 기준
　㉮ 정전기 등으로 인한 재해 발생 방지 조치 사항
　　예 휘발유를 저장하던 이동 저장 탱크에 등유나 경유를 주입하거나, 등유나 경유를 저장하던 이동 저장 탱크에 휘발유를 저장하는 경우
　　㉠ 탱크의 위쪽 주입관에 의해 위험물을 주입할 경우의 주입 속도 1m/sec 이하
　　㉡ 탱크의 밑바닥에 설치된 고정 주입 배관에 의해 위험물을 주입할 경우 주입 속도 1m/sec 이하

> **참고 1**
>
> **이동탱크저장소의 불활성기체 봉입압력**
>
> | 구분 | 저장(주입할 때) | 취급(꺼낼 때) |
> |---|---|---|
> | 알킬알루미늄 등 | 20kPa 이하 | 200kPa 이하 |
> | 아세트알데하이드 등 | 항상 불활성기체 봉입 | 100kPa 이하 |

> **참고 2**
>
> 보냉 장치의 유무에 따른 이동 저장 탱크
>
> ① 보냉 장치가 있는 이동 저장 탱크에 저장하는 아세트알데하이드 등 또는 디에틸에테르 등의 온도는 해당 위험물의 비점 이하로 유지한다.
> ② 보냉 장치가 없는 이동 저장 탱크에 저장하는 아세트알데하이드 등 또는 디에틸에테르 등의 온도는 40℃ 이하로 유지한다.

(8) 위험물을 운송할 때 위험물 운송자의 위험물 안전 카드 작성 대상 위험물

① 제1류 위험물
② 제2류 위험물
③ 제3류 위험물
④ 제4류 위험물(특수인화물, 제1석유류)
⑤ 제5류 위험물
⑥ 제6류 위험물

(9) 이동 탱크 저장소의 위험물 운송 시 운송 책임자의 감독·지원을 받아야 하는 위험물

① 알킬알루미늄
② 알킬리튬
③ 알킬알루미늄 또는 알킬리튬을 함유하는 위험물

(10) 이동 저장 탱크의 외부 도장

유별	도장의 색상	비고
제1류	회색	탱크의 앞면과 뒷면을 제외한 면적의 40% 이내의 면적은 다른 유별의 색상 외의 색상으로 도장하는 것이 가능하다.
제2류	적색	
제3류	청색	
제4류	도장에 색상 제한은 없으나 적색을 권장한다.	
제5류	황색	
제6류	청색	

3-8 간이 탱크 저장소

(1) 탱크의 구조 기준

① 두께 3.2mm 이상의 강판으로 흠이 없도록 제작
② 시험 방법 : 70kPa 압력으로 10분간 수압 시험을 실시하여 새거나 변형되지 아니할 것
③ 하나의 탱크 용량은 600L 이하로 할 것
④ 탱크의 외면에는 녹을 방지하기 위한 도장을 할 것

(2) 탱크의 설치방법

하나의 간이 탱크 저장소에 설치하는 탱크의 수는 3기 이하로 할 것(단, 동일한 품질의 위험물 탱크를 2기 이상 설치하지 말 것)

3-9 암반 탱크 저장소

• 공간 용적

위험물 암반 탱크의 공간 용적은 해당 탱크 내에 용출하는 7일간의 지하수 양에 상당하는 용적과 해당 탱크 내용적 $\frac{1}{100}$의 용적 중 보다 큰 용적으로 한다.

> **예제**
>
> 위험물암반탱크가 다음과 같은 조건일 때 탱크의 용량은 몇 L인가?
>
> - 암반탱크의 내용적 : 600,000L
> - 1일간 탱크 내에 용출하는 지하수의 양 : 800L
>
> **풀이** 암반탱크에 있어서는 해당 탱크 내에 용출하는 7일간의 지하수의 양에 상당하는 용적과 해당 탱크의 내용적의 100분의 1의 용적 중에서 보다 큰 용적을 공간 용적으로 한다.
> 즉, 탱크용량=내용적−공간용적, 공간용적 : 800L×7일=5,600L
> 내용적의 $\frac{1}{100}$: 600,000L×0.01=6,000L, 이중 큰 값은 6,000L
> 따라서 탱크용량=600,000−6,000L=594,000L
>
> **답** 594,000L

4 위험물 취급소 구분

4-1 주유 취급소

(1) 주유 취급소의 게시판 기준

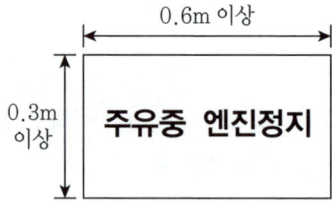

① 규격 : 한 변의 길이가 0.3m 이상, 다른 한 변의 길이가 0.6m 이상
② 색깔 : 황색 바탕에 흑색 문자

(2) 전용 탱크 1개의 용량 기준

① 자동차 등에 주유하기 위한 고정 주유 설비에 직접 접속하는 전용 탱크 : 50,000L(고속국도 주유 취급소는 60,000L 이하)
② 고정 급유 설비에 직접 접속하는 전용 탱크 : 50,000L 이하(고속도로 주유 취급소는 60,000L 이하)
③ 보일러 등에 직접 접속하는 전용 탱크 : 10,000L 이하
④ 자동차 등을 점검·정비하는 작업장 등(주유 취급소에 설치한 것에 한한다)에서 사용하는 폐유·윤활유 등의 위험물을 저장하는 탱크로 소용량(2기 이상 설치하는 경우에는 각 용량의 합계를 말한다) 2,000L 이하인 탱크
⑤ 고정 주유 설비 또는 고정 급유 설비에 직접 접속하는 3기 이하의 간이 탱크

(3) 고정 주유 설비 등

① 고정 주유 설비의 중심선을 기점으로
　㉮ 도로 경계선으로 : 4m 이상
　㉯ 부지 경계선·담 및 건축물의 벽까지 : 2m(개구부가 없는 벽까지 1m) 이상
② 셀프용 고정 주유 설비의 기준
　1회의 연속 주유량 및 주유 시간의 상한
　㉮ 휘발유 : 100L 이하, 4분 이하
　㉯ 경유 : 600L 이하, 12분 이하

> **참고**
>
> 주유 취급소의 피난 설비 기준
>
> 주유 취급소 중 건축물의 2층을 휴게 음식점의 용도로 사용하는 것에 있어 해당 건축물의 2층으로부터 직접 주유 취급소의 부지 밖으로 통하는 출입구와 해당 출입구로 통하는 통로 계단에는 유도등을 설치한다.

4-2 판매 취급소

점포에서 위험물을 용기에 담아 판매하기 위하여 지정 수량의 40배 이하의 위험물을 취급하는 장소

(1) 제1종 판매 취급소

저장 또는 취급하는 위험물의 수량이 지정 수량의 20배 이하인 취급소이다.

① 건축물의 1층에 설치한다.
② 배합실은 다음과 같다.
　㉮ 바닥 면적은 $6m^2$ 이상 $15m^2$ 이하이다.
　㉯ 내화 구조 또는 불연 재료로 된 벽으로 구획한다.
　㉰ 바닥은 위험물이 침투하지 아니하는 구조로 하여 적당한 경사를 두고 집유 설비를 한다.
　㉱ 출입구에는 수시로 열 수 있는 자동 폐쇄식의 60분+방화문 또는 60분방화문을 설치한다.
　㉲ 출입구 문턱의 높이는 바닥면으로 0.1m 이상으로 한다.
　㉳ 내부에 체류한 가연성 증기 또는 가연성의 미분을 지붕 위로 방출하는 설비를 한다.

> **참고**
>
> 배합실에서 배합하여서는 안되는 위험물 : 과산화수소.

(2) 제2종 판매 취급소

저장 또는 취급하는 위험물의 수량이 40배 이하인 취급소이다.

> **예제**
>
> 제4류 위험물 중 경유를 판매하는 제2종 판매취급소를 허가받아 운영하고자 한다. 취급할 수 있는 최대 수량은?
>
> **풀이** 제2종 판매취급소의 최대허가량은 지정수량의 40배 이하이다.
> 　　　경유는 지정수량이 1,000L이므로
> 　　　∴ 40배×1,000L=40,000L
>
> **답** 40,000L

4-3 이송 취급소

① 이송 기지 내의 지상에 설치되는 배관 등은 전체 용접부의 20% 이상 발췌하여 비파괴 시험을 할 수 있다.
② 경보설비
   ㉮ 이송 기지 : 확성 장치, 비상벨 장치
   ㉯ 가연성 증기를 발생하는 위험물을 취급하는 펌프실 등 : 가연성 증기 경보설비

4-4 일반 취급소

(1) 특례 적용 대상 일반 취급소

① 분무 도장 작업 등의 일반 취급소
② 세정 작업의 일반 취급소
③ 열처리 작업 등의 일반 취급소
④ 보일러 등으로 위험물을 소비하는 일반 취급소
⑤ 충전하는 일반 취급소 : 이동 저장 탱크에 액체 위험물(알킬알루미늄 등, 아세트알데하이드 등 하이드록실아민 등을 제외한다)을 주입하는 일반 취급소(액체 위험물을 용기에 옮겨 담는 취급소를 포함)
⑥ 옮겨 담는 일반 취급소
⑦ 유압 장치 등을 설치하는 일반 취급소
⑧ 절삭 장치 등을 설치하는 일반 취급소
⑨ 열매체유 순환 장치를 설치하는 일반 취급소
⑩ 화학 실험의 일반 취급소

5 소화 난이도 등급별 소화 설비, 경보 설비 및 피난 설비

5-1 소화 설비

(1) 소화 난이도 등급 I의 제조소 등의 소화 설비 구분

① 소화 난이도 등급 I에 해당하는 제조소 등

제조소 등의 구분	제조소 등의 규모, 저장 또는 취급하는 위험물의 품명 및 최대 수량 등
제조소 일반 취급소	연면적 1,000m² 이상인 것
	지정 수량의 100배 이상인 것(고인화점 위험물만을 100℃ 미만의 온도에서 취급하는 것 및 제48조의 위험물을 취급하는 것은 제외)
	지반면으로부터 6m 이상의 높이에 위험물 취급 설비가 있는 것(고인화점 위험물만을 100℃ 미만의 온도에서 취급하는 것은 제외)
	일반 취급소로 사용되는 부분 외의 부분을 갖는 건축물에 설치된 것(내화 구조로 개구부 없이 구획된 것 및 고인화점 위험물만을 100℃ 미만의 온도에서 취급하는 것 및 별표 16 X의 2의 화학 실험의 일반 취급소는 제외)
주유 취급소	별표 13 V 제2호에 따른 면적의 합이 500m²를 초과하는 것
옥내 저장소	지정 수량의 150배 이상인 것(고인화점 위험물만을 저장하는 것 및 제48조의 위험물을 저장하는 것은 제외)
	연면적 150m²를 초과하는 것(150m² 이내마다 불연 재료로 개구부 없이 구획된 것 및 인화성 고체 외의 제2류 위험물 또는 인화점 70℃ 이상의 제4류 위험물만을 저장하는 것은 제외)
	처마 높이가 6m 이상인 단층 건물의 것
	옥내 저장소로 사용되는 부분 외의 부분이 있는 건축물에 설치된 것(내화 구조로 개구부 없이 구획된 것 및 인화성 고체 외의 제2류 위험물 또는 인화점 70℃ 이상의 제4류 위험물만을 저장하는 것은 제외)
옥외 탱크 저장소	액표면적이 40m² 이상인 것(제6류 위험물을 저장하는 것 및 고인화점 위험물만을 100℃ 미만의 온도에서 저장하는 것은 제외)
	지반면으로부터 탱크 옆판의 상단까지 높이가 6m 이상인 것(제6류 위험물을 저장하는 것 및 고인화점 위험물만을 100℃ 미만의 온도에서 저장하는 것은 제외)
	지중 탱크 또는 해상 탱크로서 지정 수량의 100배 이상인 것(제6류 위험물을 저장하는 것 및 고인화점 위험물만을 100℃ 미만의 온도에서 저장하는 것은 제외)
	고체 위험물을 저장하는 것으로서 지정 수량의 100배 이상인 것
옥내 탱크 저장소	액표면적이 40m² 이상인 것(제6류 위험물을 저장하는 것 및 고인화점 위험물만을 100℃ 미만의 온도에서 저장하는 것은 제외)

		바닥면으로부터 탱크 옆판의 상단까지 높이가 6m 이상인 것(제6류 위험물을 저장하는 것 및 고인화점 위험물만을 100℃ 미만의 온도에서 저장하는 것은 제외)
		탱크 전용실이 단층 건물 외의 건축물에 있는 것으로 인화점 38℃ 이상 70℃ 미만의 위험물을 지정 수량 5배 이상 저장하는 것(내화 구조로 개구부 없이 구획된 것은 제외한다)
	옥외 저장소	덩어리 상태의 황 등을 저장하는 것으로서 경계 표시 내부의 면적(2 이상의 경계 표시가 있는 경우에는 각 경계 표시의 내부의 면적을 합한 면적)이 $100m^2$ 이상인 것
		별표 11 III의 위험물을 저장하는 것으로서 지정 수량의 100배 이상인 것
	암반 탱크 저장소	액표면적이 $40m^2$ 이상인 것(제6류 위험물을 저장하는 것 및 고인화점 위험물만을 100℃ 미만의 온도에서 저장하는 것은 제외)
		고체 위험물을 저장하는 것으로서 지정 수량의 100배 이상인 것
	이송 취급소	모든 대상

[비고] 제조소 등의 구분별로 오른쪽란에 정한 제조소 등의 규모, 저장 또는 취급하는 위험물의 수량 및 최대 수량 등의 어느 하나에 해당하는 제조소 등은 소화 난이도 등급 I에 해당하는 것으로 한다.

② 소화 난이도 등급 I의 제조소 등에 설치하여야 하는 소화 설비

제조소 등의 구분			소화 설비
제조소 및 일반 취급소			옥내 소화전 설비, 옥외 소화전 설비, 스프링클러 설비 또는 물분무 등 소화 설비(화재 발생 시 연기가 충만할 우려가 있는 장소에는 스프링클러 설비 또는 이동식 외의 물분무 등 소화 설비에 한한다)
주유 취급소			스프링클러 설비(건축물에 한정한다), 소형 수동식 소화기 등(능력 단위의 수치가 건축물 그 밖의 공작물 및 위험물의 소요단위의 수치에 이르도록 설치할 것)
옥내 저장소	처마 높이가 6m 이상인 단층 건물 또는 다른 용도의 부분이 있는 건축물에 설치한 옥내 저장소		스프링클러 설비 또는 이동식 외의 물분무 등 소화 설비
	그 밖의 것		옥외 소화전 설비, 스프링클러 설비, 이동식 외의 물분무 등 소화 설비 또는 이동식 포 소화 설비(포 소화전을 옥외에 설치하는 것에 한한다)
옥외 탱크 저장소	지중 탱크 또는 해상 탱크 외의 것	황만을 저장 취급하는 것	물분무 소화 설비
		인화점 70℃ 이상의 제4류 위험물만을 저장 취급하는 것	물분무 소화 설비 또는 고정식 포 소화 설비
		그 밖의 것	고정식 포 소화 설비(포 소화 설비가 적응성이 없는 경우에는 분말 소화 설비)

	지중 탱크	고정식 포 소화 설비, 이동식 이외의 불활성 가스 소화 설비 또는 이동식 이외의 할로겐 화합물 소화 설비
	해상 탱크	고정식 포 소화 설비, 물분무 소화 설비, 이동식 외의 불활성 가스 소화 설비 또는 이동식 이외의 할로겐 화합물 소화 설비
옥내 탱크 저장소	황만을 저장 취급하는 것	물분무 소화 설비
	인화점 70℃ 이상의 제4류 위험물만을 저장 취급하는 것	물분무 소화 설비, 고정식 포 소화 설비, 이동식 이외의 불활성 가스 소화 설비, 이동식 이외의 할로겐 화합물 소화 설비 또는 이동식 이외의 분말 소화 설비
	그 밖의 것	고정식 포 소화 설비, 이동식 이외의 불활성 가스 소화 설비, 이동식 이외의 할로겐 화합물 소화 설비 또는 이동식 이외의 분말 소화 설비
옥외 저장소 및 이송 취급소		옥내 소화전 설비, 옥외 소화전 설비, 스프링클러 설비 또는 물분무 등 소화 설비(화재 발생 시 연기가 충만할 우려가 있는 장소에는 스프링클러 설비 또는 이동식 이외의 물분무 등 소화 설비에 한한다)
암반 탱크 저장소	황만을 저장 취급하는 것	물분무 소화 설비
	인화점 70℃ 이상의 제4류 위험물만을 저장 취급하는 것	물분무 소화 설비 또는 고정식 포 소화 설비
	그 밖의 것	고정식 포 소화 설비(포 소화 설비가 적응성이 없는 경우에는 분말 소화 설비)

(2) 소화 설비의 적응성

소화 설비의 구분		건축물·그 밖의 공작물	전기 설비	제1류 위험물		제2류 위험물			제3류 위험물		제4류 위험물	제5류 위험물	제6류 위험물
				알칼리 금속 과산화물 등	그 밖의 것	철분·금속분·마그네슘 등	인화성 고체	그 밖의 것	금수성 물품	그 밖의 것			
옥내 소화전 설비 또는 옥외 소화전 설비		○			○		○	○		○		○	○
스프링클러 설비		○			○		○	○		○	△	○	○
물분무 등 소화 설비	물분무 소화 설비	○	○		○		○	○		○	○	○	○
	포 소화 설비	○			○		○	○		○	○	○	○
	불활성 가스 소화 설비		○					○			○		

분말 소화 설비	할로젠 화합물 소화 설비		O			O			O		
	인산염류 등	O	O		O	O		O		O	
	탄산수소염류 등		O	O		O		O		O	
	그 밖의 것			O				O			
대형·소형 수동식 소화기	봉상수(棒狀水) 소화기	O			O		O	O		O	O
	무상수(無狀水) 소화기	O			O		O	O		O	O
	봉상 강화액 소화기	O			O		O	O		O	O
	무상 강화액 소화기	O			O		O	O		O	O
	포 소화기	O			O		O	O		O	O
	이산화탄소 소화기				O			O		O	△
	할론 소화 설비				O			O		O	
분말 소화기	인산염류 소화기	O	O		O			O		O	
	탄산수소염류 소화기		O	O		O		O		O	
	그 밖의 것			O		O		O			
기타	물통 또는 수조	O			O		O	O		O	
	건조사						O	O		O	O
	팽창 질석 또는 팽창 진주암						O	O		O	O

[비고] 1. "O" 표시는 당해 소방 대상물 및 위험물에 대하여 소화 설비가 적응성이 있음을 표시하고, "△" 표시는 제4류 위험물을 저장 또는 취급하는 장소의 살수 기준 면적에 따라 스프링클러 설비의 살수 밀도가 표에서 정하는 기준 이상인 경우에는 당해 스프링클러 설비가 제4류 위험물에 대하여 적응성이 있음을, 제6류 위험물을 저장 또는 취급하는 장소로서 폭발의 위험이 없는 장소에 한하여 이산화탄소 소화기가 제6류 위험물에 대하여 적응성이 있음을 각각 표시한다.

살수 기준 면적(m^2)	방사 밀도(L/m^2)		비고
	인화점 38℃ 미만	인화점 38℃ 이상	
279 미만	16.3 이상	12.2 이상	살수 기준 면적은 내화 구조의 벽 및 바닥으로 구획된 하나의 실의 바닥 면적을 말하고, 하나의 실의 바닥 면적이 465m^2 이상인 경우의 살수 기준 면적은 465m^2로 한다. 다만, 위험 물의 취급을 주된 작업 내용으로 하지 아니하고 소량의 위험 물을 취급하는 설비 또는 부분이 넓게 분산되어 있는 경우에는 방사 밀도는 8.2L/m^2 이상, 살수 기준 면적은 279m^2 이상으로 할 수 있다.
279 이상 372 미만	15.5 이상	11.8 이상	
372 이상 465 미만	13.9 이상	9.8 이상	
465 이상	12.2 이상	8.1 이상	

2. 인산염류 등은 인산염류, 황산염류, 그 밖에 방염성이 있는 약제를 말한다.
3. 탄산수소염류 등은 탄산수소염류 및 탄산수소염류와 요소의 반응 생성물을 말한다.
4. 알칼리 금속 과산화물 등은 알칼리 금속의 과산화물 및 알칼리 금속의 과산화물을 함유한 것을 말한다.
5. 철분·금속분·마그네슘 등은 철분·금속분·마그네슘과 철분·금속분 또는 마그네슘을 함유한 것을 말한다.

5-2 제조소 등의 경보 설비

〈제조소 등별로 설치하여야 하는 경보 설비의 종류〉

제조소 등의 구분	제조소 등의 규모, 저장 또는 취급하는 위험물의 종류 및 최대 수량 등	경보 설비
제조소 및 일반 취급소	• 연면적 500m² 이상인 것 • 옥내에서 지정 수량의 100배 이상을 취급하는 것(고인화점 위험물만을 100℃ 미만의 온도에서 취급하는 것을 제외한다) • 일반 취급소로 사용되는 부분 외의 부분이 있는 건축물에 설치된 일반 취급소(일반 취급소와 일반 취급소 외의 부분이 내화구조의 바닥 또는 벽으로 개구부 없이 구획된 것을 제외한다)	자동 화재 탐지 설비
옥내 저장소	• 지정 수량의 100배 이상을 저장 또는 취급하는 것(고인화점 위험물만을 저장 또는 취급하는 것을 제외한다) • 저장 창고의 연면적이 150m²를 초과하는 것[당해 저장 창고가 연면적 150m² 이내마다 불연재료의 격벽으로 개구부 없이 완전히 구획된 것과 제2류 또는 제4류의 위험물(인화성 고체 및 인화점이 70℃ 미만인 제4류 위험물을 제외한다)만을 저장 또는 취급하는 것에 있어서는 저장 창고의 연면적이 500m² 이상의 것에 한한다] • 처마 높이가 6m 이상인 단층 건물의 것 • 옥내 저장소로 사용되는 부분 외의 부분이 있는 건축물에 설치된 옥내 저장소[옥내 저장소와 옥내 저장소 외의 부분이 내화 구조의 바닥 또는 벽으로 개구부 없이 구획된 것과 제2류 또는 제4류의 위험물(인화성 고체 및 인화점이 70℃ 미만인 제4류 위험물을 제외한다)만을 저장 또는 취급하는 것을 제외한다]	자동 화재 탐지 설비
옥내 탱크 저장소	단층 건물 외의 건축물에 설치된 옥내 탱크 저장소로서 소화 난이도 등급 I에 해당하는 것	
주유 취급소	옥내 주유 취급소	
옥외 탱크 저장소	특수인화물, 제1석유류 및 알코올류를 저장 또는 취급하는 탱크의 용량이 1,000만리터 이상인 것	자동 화재 탐지 설비, 자동 화재 속보 설비
제1호 내지 제5호의 자동 화재 탐지 설비 설치 대상에 해당하지 아니하는 제조소 등	지정 수량의 10배 이상을 저장 또는 취급하는 것	자동 화재 탐지 설비, 비상 경보 설비, 확성 장치 또는 비상 방송 설비중 1종 이상

[비고] 이송취급소의 경보설비는 별표 15 IV 제14호의 규정에 의한다.

6 위험물의 운송 시에 준수하는 기준

위험물 운송자는 장거리(고속 국도에 있어서는 340km 이상, 그 밖의 도로에 있어서는 200km 이상을 말한다)에 걸친 운송을 하는 때에는 2명 이상의 운전자로 한다.

다음의 어느 하나에 해당하는 경우에는 그러하지 아니하다.
① 운송 책임자를 동승시킨 경우
② 운송하는 위험물이 제2류 위험물, 제3류 위험물(칼슘 또는 알루미늄의 탄화물과 이것만을 함유한 것에 한한다) 또는 제4류 위험물(특수 인화물 제외한다)인 경우
③ 운송 도중에 2시간 이내마다 20분 이상씩 휴식하는 경우
※ 서울 – 부산 거리(서울 톨게이트에서 부산 톨게이트까지) : 410.3km

7 위험물제조소 등의 소방시설 일반점검표

(1) 이동탱크 저장소
① 점검항목 : 가연성 증기 회수설비
② 점검내용
　㉮ 회수구의 변형·손상의 유무
　㉯ 호스결합장치의 균열·손상의 유무
　㉰ 완충이음 등의 균열·변형·손상의 유무

(2) 옥외 저장소
① 점검항목 : 선반
② 점검내용
　㉮ 변형·손상의 유무
　㉯ 고정상태의 적부
　㉰ 낙하방지조치의 적부

(3) 스프링클러 설비

① 점검항목 : 헤드

② 점검내용

㉮ 변형·손상의 유무

㉯ 부착각도의 적부

㉰ 기능의 적부

(4) 포소화설비

① 점검항목 : 약제저장탱크

② 점검내용

㉮ 누설의 유무

㉯ 변형·손상의 유무

㉰ 도장상황 및 부식의 유무

㉱ 배관접속부의 이탈의 유무

㉲ 고정상태의 적부

㉳ 통기관의 막힘의 유무

㉴ 압력탱크방식의 경우 압력계의 지시상황

(3) 스톨링포드 경매

부록

과년도 출제문제

- **직무 분야** : 화학, 위험물
- **자격 종목** : 위험물 산업기사
- **필기 검정 방법** : 객관식(60문항)
- **시험 시간** : 1시간 30분

필기 과목명		문제 수
제1과목	일반화학	20
제2과목	화재예방과 소화방법	20
제3과목	위험물의 성질과 취급	20

위험물 산업기사 (2016. 3. 6 시행)

제1과목 일반화학

01 27℃에서 500mL에 6g의 비전해질을 녹인 용액의 삼투압은 7.4기압이었다. 이 물질의 분자량은 약 얼마인가?

① 20.78
② 39.89
③ 58.16
④ 77.65

해설 $PV = \dfrac{W}{M}RT$

$M = \dfrac{WRT}{PV}$

$M = \dfrac{6 \times 0.082 \times (273+27)}{7.4 \times 0.5} = 39.89$

02 다음 화합물들 가운데 기하학적 이성질체를 가지고 있는 것은?

① $CH_2=CH_2$
② $CH_3-CH_2-CH_2-OH$
③ $\begin{matrix} CH_3 \\ CH_3 \end{matrix} C=C \begin{matrix} CH_3 \\ CH_3 \end{matrix}$
④ $CH_3-CH=CH-CH_3$

해설 기하학적 이성질체 : 두 탄소 원자가 이중 결합으로 연결될 때 탄소에 결합된 원자나 원자단의 위치가 다름으로 인하여 생기는 이성질체로 cis형과 trans형이 있다.

예 2-부텐($CH_3-CH=CH-CH_3$)

cis-2-부텐   trans-2부텐

03 PH에 대한 설명으로 옳은 것은?

① 건강한 사람의 혈액의 pH는 5.7이다.
② pH 값은 산성 용액에서 알칼리성 용액보다 크다.
③ pH가 7인 용액에 지시약 메틸오렌지를 넣으면 노란색을 띤다.
④ 알칼리성 용액은 pH가 7보다 작다.

해설 ① 건강한 사람의 혈액의 pH는 7.35~7.45의 약알칼리성이다.
② pH 값은 산성 용액에서 알칼리성 용액보다 작다.
④ 알칼리성 용액은 pH가 7보다 크다.

04 에틸렌(C_2H_4)을 원료로 하지 않은 것은?

① 아세트산
② 염화비닐
③ 에탄올
④ 메탄올

해설 에틸렌(C_2H_4)을 원료로 하는 물질 : 아세트산, 염화비닐, 에탄올

05 물 200g에 A 물질 2.9g을 녹인 용액의 빙점은? (단, 물의 어는점 내림 상수는 1.86℃·kg/mol이고, A 물질의 분자량은 58이다.)

① -0.465℃
② -0.932℃
③ -1.871℃
④ -2.453℃

해설 $\Delta T_f = \dfrac{2.9}{58} \times \dfrac{1{,}000}{200} \times 1.86 = 0.465℃$

06 3가지 기체 물질 A, B, C가 일정한 온도에서 다음과 같은 반응을 하고 있다. 평형에서 A, B, C가 각각 1몰, 2몰, 4몰이라면 평형 상수 K의 값은?

$$A + 3B \rightarrow 2C + 열$$

① 0.5   ② 2   ③ 3   ④ 4

해설 $K = \dfrac{[C]}{[A][B]} = \dfrac{4^2}{1 \times 2^3} = 2$

정답 01 ②   02 ④   03 ③   04 ④   05 ①   06 ②

부록 과년도 출제문제

07 n그램(g)의 금속을 묽은 염산에 완전히 녹였더니 m몰의 수소가 발생하였다. 이 금속의 원자가를 2가로 하면 이 금속의 원자량은?

① $\dfrac{n}{m}$ ② $\dfrac{2n}{m}$
③ $\dfrac{n}{2m}$ ④ $\dfrac{2m}{n}$

해설 ㉠ 금속과 수소의 관계에 의해서 당량을 구한다.
금속의 당량은 수소 1g($\dfrac{1}{2}$몰)에 대응되는 값이므로

$n(g) : m몰$
$x : \dfrac{1}{2}몰$ $\Big)$ x(금속당량) $= \dfrac{n}{m} \times \dfrac{1}{2} = \dfrac{n}{2m}$

㉡ 원자가가 2이므로 다음 식에 의해서 원자량을 구한다.

원자량 = 당량 × 원자가 = $\dfrac{n}{2m} \times \dfrac{1}{2} = \dfrac{n}{m}$

08 20°C에서 4L를 차지하는 기체가 있다. 동일한 압력 40°C에서는 몇 L를 차지하는가?

① 0.23 ② 1.23
③ 4.27 ④ 5.27

해설 샤를의 법칙 : $\dfrac{V}{T} = \dfrac{V_1}{T_1}$

$\dfrac{4}{20+273} = \dfrac{V_1}{40+273}$, $V_1 = \dfrac{4 \times (40+273)}{(20+273)}$

∴ $V_1 = 4.27L$

09 최외각 전자가 2개 또는 8개로 불활성인 것은?

① Na과 Br ② N와 Cl
③ C와 B ④ He와 Ne

해설

불활성	He	Ne
최외각 전자	2	8

10 다음 물질 중 C_2H_2와 첨가 반응이 일어나지 않는 것은?

① 염소 ② 수은
③ 브롬 ④ 요오드

해설 C_2H_2와 첨가(부가) 반응 : 할로겐족(Cl_2, Br, I_2)

예 $H-C\equiv C-H \xrightarrow{Cl_2} \underset{Cl\quad Cl}{\overset{H\quad H}{C=C}} \xrightarrow{Cl_2} H-\underset{Cl}{\overset{Cl}{C}}-\underset{Cl}{\overset{Cl}{C}}-H$

디클로로에틸렌   테트라클로로에탄

11 H_2O가 H_2S보다 비등점이 높은 이유는?

① 이온 결합을 하고 있기 때문에
② 수소 결합을 하고 있기 때문에
③ 공유 결합을 하고 있기 때문에
④ 분자량이 작기 때문에

해설 수소 결합
물(H_2O)의 비등점은 100°C, 산소(O) 원자 대신에 같은 족의 황(S) 원자를 바꾼 황화수소(H_2S)는 분자량이 큼에도 불구하고 비등점이 −61°C이다.

12 산화에 의하여 카르보닐기를 가진 화합물을 만들 수 있는 것은?

① $CH_3-CH_2-CH_2-COOH$
② $CH_3-\underset{OH}{CH}-CH_3$
③ $CH_3-CH_2-CH_2-OH$
④ $\underset{OH}{CH_2}-\underset{OH}{CH_2}$

해설 · 케톤($R-OR-R'$) : 알킬기 두 개와 카르보닐기($-CO-$) 한 개가 결합된 물질이다.

· 2차 알코올($R-\overset{R}{CHO}$) : OH기가 결합된 탄소가 다른 탄소 2개와 연결된 알코올이다.

· 제2차 알코올 $\xrightarrow{산화}$ 케톤

∴ $CH_3-\underset{OH}{CH}-CH_3$: 2차 알코올이므로 산화되면 카르보닐기를 갖는다.

정답 07 ① 08 ③ 09 ④ 10 ② 11 ② 12 ②

13 0.01N NaOH 용액 100mL에 0.02N HCl 55mL를 넣고 증류수를 넣어 전체 용액을 1,000mL로 한 용액의 pH는?

① 3　　　　　② 4
③ 10　　　　　④ 11

해설 0.01N NaOH 용액 100mL에 0.02N HCl 55mL를 넣는다.
$NV = N'V'$
$0.01 \times 0.1 = 0.02 \times 0.05$
여기서, 0.01N NaOH 100mL에 0.02N HCl 50mL를 첨가하면 중화된다.
즉, 0.02N HCl 5mL 중화되지 못하고 존재한다.
$0.02 = n \cdot M = 1 \times 0.02$
$\therefore M = 0.02 \text{mol/L}$ 이다.
그러므로 0.02M HCl 5mL에 $0.02\text{mol/L} \times 0.005\text{L}$
$= 10^{-4}$ mol이 존재한다.
전체 용액 1,000mL에 존재하는 H^+의 몰수 : 10^{-4}
$[H^+] = \dfrac{10^{-4}}{1} = 10^{-4} \text{mol/L} = 10^{-4} \text{mol}$
$pH = -\log[H^+]$　　$\therefore pH = -\log(10^{-4}) = 4$

14 다음의 그래프는 어떤 고체 물질의 용해도 곡선이다. 100℃ 포화 용액(비중 1.4) 100mL를 20℃의 포화 용액으로 만들려면 몇 g의 물을 더 가해야 하는가?

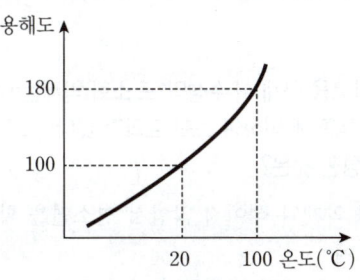

① 20g　　　　　② 40g
③ 60g　　　　　④ 80g

해설 용해도 : 용매 100g에 녹을 수 있는 용질의 g수 100℃, 포화 용액(비중 1.4g/mL), 100L
1. 용액의 질량＝용매의 질량＋용질의 질량
2. 용액의 질량＝1.4×100＝140g
　㉠ 100℃에서 용해도는 180
　여기서, 100 : 180＝(140−x) : x (x : 용질의 g수)

$180(140-x) = 100x$
$1.8(140-x) = x$
$2.8x = 1.8 \times 140$
$\therefore x = 90g$
　㉡ 용액의 질량−용질의 질량＝140g−90g
　　＝50g(용매의 g수)
　100 : 100 = 50 : x'
　$x' = 50g$ (x'은 20℃에서 포화되는 용질의 g수)
　$x - x' = 90 - 50 = 40g$ (남은 용질의 수)
즉, 포화 용액을 만들기 위해 40g의 물이 더 필요하다.

15 염(salt)을 만드는 화학 반응식이 아닌 것은?

① $HCl + NaOH \rightarrow NaCl + H_2O$
② $2NH_4OH + H_2SO_4 \rightarrow (NH_4)_2SO_4 + 2H_2O$
③ $CuO + H_2 \rightarrow Cu + H_2O$
④ $H_2SO_4 + Ca(OH)_2 \rightarrow CaSO_4 + 2H_2O$

해설 염 : 산과 염기가 반응을 일으킬 때 물과 함께 생성되는 물질로 산의 음이온과 염기의 양이온으로 만들어지는 화합물이다.

① $HCl + NaOH \rightarrow NaCl + H_2O$
　　산　　염기　　염　　물
② $2NH_4OH + H_2SO_4 \rightarrow (NH_4)_2SO_4 + 2H_2O$
　　염기　　　산　　　　염　　　물
③ $CuO + H_2 \rightarrow Cu + H_2O$
　　　　　　　　금속
　∴ 구리는 금속이기 때문에 이온이 아니므로 염이 아니다.
④ $H_2SO_4 + Ca(OH)_2 \rightarrow CaSO_4 + 2H_2O$
　　산　　　염기　　　염　　　물

16 에탄(C_2H_6)을 연소시키면 이산화탄소(CO_2)와 수증기(H_2O)가 생성된다. 표준 상태에서 에탄 30g을 반응시킬 때 발생하는 이산화탄소와 수증기의 분자수는 모두 몇 개인가?

① 6×10^{23}개　　　　② 12×10^{23}개
③ 18×10^{23}개　　　　④ 30×10^{23}개

해설 $C_2H_6 + \dfrac{7}{2}O_2 \rightarrow 2CO_2 + 3H_2O$
$2C_2H_6 + 7O_2 \rightarrow 4CO_2 + 6H_2O$
C_2H_6 분자량 $(12 \times 2 + 1 \times 6)$g/mol＝30g/mol
C_2H_6 30g : $\dfrac{30g}{30g/mol} = 1\text{mol}$

정답 13 ② 14 ② 15 ③ 16 ④

$C_2H_6 : CO_2 : H_2O = 2 : 4 : 6 = 1 : 2 : 3$(부피비=몰비)
즉 C_2H_6 1mol에는 CO_2 2mol, H_2O 3mol이 생성된다.
그러므로 (CO_2+H_2O)의 몰수=2+3=5mol
∴ $1.5 \times 6.02 \times 10^{23} = 30.10 \times 10^{23}$개

17 일반적으로 환원제가 될 수 있는 물질이 아닌 것은?

① 수소를 내기 쉬운 물질
② 전자를 잃기 쉬운 물질
③ 산소와 화합하기 쉬운 물질
④ 발생기의 산소를 내는 물질

해설 ④ 발생기의 수소를 내는 물질(환원제), 발생기의 산소를 내는 물질(산화제)

18 25g의 암모니아가 과잉의 황산과 반응하여 황산암모늄이 생성될 때 생성된 황산암모늄의 양은 약 얼마인가? (단, 황산암모늄의 몰 질량은 132g/mol이다.)

① 82g ② 86g ③ 92g ④ 97g

해설 $2NH_3 + H_2SO_4 \rightarrow (NH_4)_2SO_4$
   34g   132g
   25g x(g)

$x = \dfrac{25 \times 132}{34}$

∴ $x = 97g$

19 d 오비탈이 수용할 수 있는 최대 전자의 총 수는?

① 6 ② 8 ③ 10 ④ 14

해설 오비탈이 수용할 수 있는 최대 전자수

부전자 껍질	s	p	d	f
수용할 수 있는 전자수	2	6	10	14

20 표준 상태에서 11.2L의 암모니아에 들어있는 질소는 몇 g인가?

① 7 ② 8.5 ③ 22.4 ④ 14

해설 NH_3에서 N는 14g이다.
즉, 표준 상태에서 22.4L : 14g = 11.2L : x(g)
∴ $x = 7g$

제2과목 화재예방과 소화방법

21 자연 발화가 잘 일어나는 조건에 해당하지 않는 것은?

① 주위 습도가 높을 것
② 열전도율이 클 것
③ 주위 온도가 높을 것
④ 표면적인 넓을 것

해설 ② 열전도율이 작을 것

22 주유 취급소에 캐노피를 설치하고자 한다. 위험물안전관리법령에 따른 캐노피의 설치 기준이 아닌 것은?

① 캐노피의 면적은 주유 취급소 공지 면적의 1/2 이하로 할 것
② 배관이 캐노피 내부를 통과할 경우에는 1개 이상의 점검구를 설치할 것
③ 캐노피 외부의 배관이 일광열의 영향을 받을 우려가 있는 경우에는 단열재로 피복할 것
④ 캐노피 외부의 점검이 곤란한 장소에 배관을 설치하는 경우에는 용접 이음으로 할 것

해설 ① 캐노피 설치 기준의 면적에 대한 기준이 없다.

23 알코올 화재 시 수성막 포 소화 약제는 내알코올 포 소화 약제에 비하여 소화 효과가 낮다. 그 이유로서 가장 타당한 것은?

① 소화 약제와 섞이지 않아서 연소면을 확대하기 때문에
② 알코올은 포와 반응하여 가연성 가스를 발생하기 때문에
③ 알코올이 연료로 사용되어 불꽃의 온도가 올라가기 때문에
④ 수용성 알코올로 인해 포가 소멸되기 때문에

해설 알코올 화재 시 수성막 포 소화 약제가 효과가 낮은 이유 : 수용성 알코올로 인해 포가 소멸되기 때문에

정답 17 ④ 18 ④ 19 ③ 20 ① 21 ② 22 ① 23 ④

24 분말 소화 약제를 종별로 주성분을 바르게 연결한 것은?

① 1종 분말 약제 – 탄산수소나트륨
② 2종 분말 약제 – 인산암모늄
③ 3종 분말 약제 – 탄산수소칼륨
④ 4종 분말 약제 – 탄산수소칼륨 + 인산암모늄

해설 분말 소화 약제

종별	명칭	착색
제1종	중탄산나트륨($NaHCO_3$)	백색
제2종	탄산수소칼륨($KHCO_3$)	보라색(담회색)
제3종	제1인산암모늄($NH_4H_2PO_4$)	담홍색(핑크색)
제4종	탄산수소칼륨 + 요소 [$KHCO_3 + (NH_2)_2CO$]	회백색

25 다음 위험물의 저장 창고에 화재가 발생하였을 때 소화 방법으로 주수 소화가 적당하지 않은 것은?

① $NaClO_3$ ② S
③ NaH   ④ TNT

해설 $NaH + H_2O \rightarrow NaOH + H_2$

26 가연물에 대한 일반적인 설명으로 옳지 않은 것은?

① 주기율표에서 0족의 원소는 가연물이 될 수 없다.
② 활성화 에너지가 작을수록 가연물이 되기 쉽다.
③ 산화 반응이 완결된 산화물은 가연물이 아니다.
④ 질소는 비활성 기체이므로 질소의 산화물은 존재하지 않는다.

해설 ④ 질소는 산화물을 만들지만 흡열 반응을 한다.

27 이산화탄소 소화 약제에 대한 설명으로 틀린 것은?

① 장기간 저장하여도 변질, 부패 또는 분해를 일으키지 않는다.
② 한랭지에서 동결의 우려가 없고 전기 절연성이 있다.
③ 밀폐된 지역에서 방출 시 인명 피해의 위험이 있다.
④ 표면 화재보다는 심부 화재에 적응력이 뛰어나다.

해설 ④ 심부 화재보다는 표면 화재에 적응력이 뛰어나다.(심부 화재 : 고체 가연물에서 발생하는 화재 형태로서 가연물 내부에서 연소하는 화재)

예 목재, 섬유, 스티로폼 등 (표면 화재 : 가연성 물질의 표면에서 연소하는 화재)

28 위험물안전관리법령상 물분무 소화 설비가 적응성이 있는 위험물은?

① 알칼리 금속 과산화물
② 금속분·마그네슘
③ 금수성 물질
④ 인화성 고체

해설 소화 설비의 적응성

소화 설비의 구분		건축물·그 밖의 공작물	전기 설비	제1류 위험물 알칼리 금속 과산화물 등	제1류 위험물 그 밖의 것	제2류 위험물 철분·금속분·마그네슘 등	제2류 위험물 인화성 고체	제2류 위험물 그 밖의 것	제3류 위험물 금수성 물품	제3류 위험물 그 밖의 것	제4류 위험물	제5류 위험물	제6류 위험물
옥내 소화전 설비 또는 옥외 소화전 설비		○			○		○	○		○		○	○
스프링클러 설비		○			○		○	○		○	△	○	○
물분무등 소화 설비	물분무 소화 설비	○	○		○		○	○		○	○	○	○
	포 소화 설비	○			○		○	○		○	○	○	○
	불활성 가스 소화 설비		○				○				○		
	할로젠 화합물 소화 설비		○				○				○		
	분말 소화 설비	인산염류 등	○	○		○		○	○			○		○
		탄산수소염류 등		○	○		○	○		○		○		
		그 밖의 것			○		○			○				
대형·소형 수동식 소화기	봉상수(棒狀水) 소화기	○			○		○	○		○		○	○
	무상수(霧狀水) 소화기	○	○		○		○	○		○		○	○
	봉상 강화액 소화기	○			○		○	○		○		○	○
	무상 강화액 소화기	○	○		○		○	○		○	○	○	○
	포 소화기	○			○		○	○		○	○	○	○
	이산화탄소 소화기		○				○				○		△
	할론 소화 설비		○				○				○		
	분말 소화기	인산염류 소화기	○	○		○		○	○			○		○
		탄산수소염류 소화기		○	○		○	○		○		○		
		그 밖의 것			○		○			○				
기타	물통 또는 수조	○			○		○	○		○		○	○
	건조사			○	○	○	○	○	○	○	○	○	○
	팽창 질석 또는 팽창 진주암			○	○	○	○	○	○	○	○	○	○

정답 24 ① 25 ③ 26 ④ 27 ④ 28 ④

29 다음 제1류 위험물 중 물과의 접촉이 가장 위험한 것은?

① 아염소산나트륨 ② 과산화나트륨
③ 과염소산나트륨 ④ 다이크로뮴산암모늄

해설 과산화나트륨(Na_2O_2)는 온도가 높은 소량의 물과 반응한 경우 발열하고 O_2를 발생한다.
$Na_2O_2 + 2H_2O \rightarrow 4NaOH + O_2$

30 최소 착화에너지를 측정하기 위해 콘덴서를 이용하여 불꽃 방전 실험을 하고자 한다. 콘덴서의 전기 용량을 C, 방전 전압을 K 전기량을 Q라 할 때 착화에 필요한 최소 전기 에너지 E를 옳게 나타낸 것은?

① $E = \frac{1}{2}CQ^2$ ② $E = \frac{1}{2}C^2V$
③ $E = \frac{1}{2}QV^2$ ④ $E = \frac{1}{2}CV^2$

해설 전기불꽃 에너지 공식
$E = \frac{1}{2}QV = \frac{1}{2}CV^2$
여기서, Q : 전기량
V : 방전 전압
C : 전기 용량

31 할론 2402를 소화 약제로 사용하는 이동식 할로겐화합물 소화 설비는 20℃의 온도에서 하나의 노즐마다 분당 방사되는 소화 약제의 양(kg)을 얼마 이상으로 하여야 하는가?

① 5 ② 35
③ 45 ④ 50

해설 이동식 할로겐화합물 소화 설비

소화 약제의 종류	소화 약제의 양	분당 방사량
할론 2402	50kg	45kg
할론 1211	45kg	40kg
할론 1301		35kg

32 불활성 가스 소화 약제 중 "IG-55"의 성분 및 그 비율을 옳게 나타낸 것은? (단, 용량비 기준이다.)

① 질소 : 이산화탄소 = 55 : 45
② 질소 : 이산화탄소 = 50 : 50
③ 질소 : 아르곤 = 55 : 45
④ 질소 : 아르곤 = 50 : 50

해설 불활성 가스 소화 약제

소화 약제	상품명	화학식
불연성·불활성 기체 혼합 가스	Argonite	N_2 : 50%, Ar : 50%

33 물의 특성 및 소화 효과에 관한 설명으로 틀린 것은?

① 이산화탄소보다 기화 잠열이 크다.
② 극성 분자이다.
③ 이산화탄소보다 비열이 작다.
④ 주된 소화 효과가 냉각 소화이다.

해설 물과 CO_2의 비열

물질명	비열(cal/g·℃)
물	1.00
CO_2	0.20

34 제1석유류를 저장하는 옥외 탱크 저장소에 특형 포 방출구를 설치하는 경우, 방출률은 액표면적 $1m^2$당 1분에 몇 리터 이상이어야 하는가?

① 9.5L ② 8.0L ③ 6.5L ④ 3.7L

해설 고정 포 방출구의 포 수용액량 및 방출률

포 방출구의 종류	제4류 위험물	인화점이 21℃ 미만	인화점이 21℃ 이상 70℃ 미만	인화점이 70℃ 이상
I형	포 수용액량 (L/m²)	120	80	60
	방출률 (L/m²·min)	4	4	4
II형	포 수용액량 (L/m²)	220	120	100
	방출률 (L/m²·min)	4	4	4

정답 29 ② 30 ④ 31 ③ 32 ④ 33 ③ 34 ②

특형	포 수용액량 (L/m²)	240	160	120
	방출률 (L/m²·min)	8	8	8
III형	포 수용액량 (L/m²)	220	120	100
	방출률 (L/m²·min)	4	4	4
IV형	포 수용액량 (L/m²)	220	120	100
	방출률 (L/m²·min)	4	4	4

35 분말 소화 약제로 사용되는 탄산수소칼륨(중탄산칼륨)의 착색 색상은?

① 백색 ② 담홍색
③ 청색 ④ 담회색

해설 24번 해설 참조

36 화재 발생 시 소화 방법으로 공기를 차단하는 것이 효과가 있으며, 연소 물질을 제거하거나 액체를 인화점 이하로 냉각시켜 소화할 수도 있는 위험물은?

① 제1류 위험물 ② 제4류 위험물
③ 제5류 위험물 ④ 제6류 위험물

해설 제4류 위험물 소화 방법 : 질식 효과, 제거 효과, 냉각 효과

37 위험물 제조소에서 옥내 소화전이 1층에 4개, 2층에 6개가 설치되어 있을 때 수원의 수량은 몇 L 이상이 되도록 설치하여야 하는가?

① 13,000 ② 15,600
③ 39,000 ④ 46,800

해설 $Q = N \times 7.8 m^3 = 5 \times 7.8 = 39 m^3 = 39,000 L$
여기서, Q : 수원의 수량
N : 옥내 소화전 설비 설치 개수(설치 개수가 5개 이상인 경우는 5개의 옥내 소화전)

38 위험물안전관리법령상 전기 설비에 적응성이 없는 소화 설비는?

① 포 소화 설비
② 불활성 가스 소화 설비
③ 물분무 소화 설비
④ 할로젠 화합물 소화 설비

해설 28번 해설 참조

39 위험물안전관리법령에 따른 옥내 소화전 설비의 기준에서 펌프를 이용한 가압송수장치의 경우 펌프의 전양정 H는 소정의 계산식에 의한 수치 이상 이어야 한다. 전양정 H를 구하는 식으로 옳은 것은? (단, h_1은 소방용 호스의 마찰 손실 수두, h_2는 배관의 마찰 손실 수두, h_3는 낙차이며, h_1, h_2, h_3의 단위는 모두 m이다.)

① $H = h_1 + h_2 + h_3$
② $H = h_1 + h_2 + h_3 + 0.35 m$
③ $H = h_1 + h_2 + h_3 + 35 m$
④ $H = h_1 + h_2 + h_3 + 3.5 m$

해설 옥내 소화전 설비의 펌프를 이용한 가압송수장치
전양정$(H) = h_1 + h_2 + h_3 + 35 m$

40 드라이아이스의 성분을 옳게 나타낸 것은?

① H_2O ② CO_2
③ $H_2O + CO_2$ ④ $N_2 + H_2O + CO_2$

해설 드라이아이스의 성분 : CO_2

제3과목 위험물의 성질과 취급

41 염소산칼륨이 고온에서 완전 열분해할 때 주로 생성되는 물질은?

① 칼륨과 물 및 산소 ② 염화칼륨과 산소
③ 이염화칼륨과 수소 ④ 칼륨과 물

해설 $2KClO_3 \longrightarrow 2KCl + 3O_2$

정답 35 ④ 36 ② 37 ③ 38 ① 39 ③ 40 ② 41 ②

42 과산화나트륨의 위험성에 대한 설명으로 틀린 것은?

① 가열하면 분해하여 산소를 방출한다.
② 부식성 물질이므로 취급 시 주의해야 한다.
③ 물과 접촉하면 가연성 수소 가스를 방출한다.
④ 이산화탄소와 반응을 일으킨다.

해설 과산화나트륨(Na_2O_2)은 물과 접촉하면 지연성 산소 가스를 방출한다.
$2Na_2O_2 + 2H_2O \rightarrow 4NaOH + O_2$

43 다음의 2가지 물질을 혼합하였을 때 위험성이 증가하는 경우가 아닌 것은?

① 과망가니즈산칼륨 + 황산
② 나이트로셀룰로오스 + 알코올 수용액
③ 질산나트륨 + 유기물
④ 질산 + 에틸알코올

해설 ② 나이트로셀룰로오스와 알코올 수용액을 혼합하면 위험성이 감소된다.

44 위험물의 운반용기 재질 중 액체 위험물의 외장 용기로 사용할 수 없는 것은?

① 유리 ② 나무
③ 파이버판 ④ 플라스틱

해설 액체 위험물의 외장 용기로 사용할 수 없는 것 : 유리

45 위험물 제조소 건축물의 구조 기준이 아닌 것은?

① 출입구에는 60분+방화문 · 60분방화문 또는 30분방화문을 설치할 것
② 지붕은 폭발력이 위로 방출될 정도의 가벼운 불연 재료로 덮을 것
③ 벽 · 기둥 · 바닥 · 보 · 서까래 및 계단을 불연 재료로 하고, 연소(延燒)의 우려가 있는 외벽은 출입구 외의 개구부가 없는 내화 구조의 벽으로 하여야 한다.
④ 산화성 고체, 가연성 고체 위험물을 취급하는 건축물의 바닥은 위험물이 스며들지 못하는 재료를 사용할 것

해설 ④ 액체 위험물을 취급하는 건축물의 바닥은 위험물이 스며들지 못하는 재료를 사용할 것

46 트라이에틸알루미늄(triethyl aluminium) 분자식에 포함된 탄소의 개수는?

① 2 ② 3 ③ 5 ④ 6

해설 $(C_2H_5)_3Al$의 탄소의 개수 : 6개

47 연소 반응을 위한 산소 공급원이 될 수 없는 것은?

① 과망가니즈산칼륨 ② 염소산칼륨
③ 탄화칼슘 ④ 질산칼륨

해설 ③ 탄화칼슘 : 제3류 위험물

48 옥외 저장 탱크 · 옥내 저장 탱크 또는 지하 저장 탱크 중 압력 탱크에 저장하는 아세트알데하이드 등의 온도는 몇 ℃ 이하로 유지하여야 하는가?

① 30 ② 40
③ 55 ④ 65

해설 옥외 저장 탱크의 위험물 저장 기준
1. 옥외 저장 탱크(옥내 저장 탱크 또는 지하 저장 탱크) 중 압력 탱크 외의 탱크에 저장하는 경우
   ㉠ 에틸에테르 또는 산화프로필렌 : 30℃ 이하
   ㉡ 아세트알데하이드 : 15℃ 이하
2. 옥외 저장 탱크(옥내 저장 탱크 또는 지하 저장 탱크) 중 압력 탱크에 저장하는 경우
   · 에틸에테르, 아세트알데하이드 또는 산화프로필렌의 온도 : 40℃ 이하

49 외부의 산소 공급이 없어도 연소하는 물질이 아닌 것은?

① 알루미늄의 탄화물 ② 하이드록실아민
③ 유기 과산화물 ④ 질산에스테르

해설 ① 알루미늄의 탄화물(Al_4C_3) : 금수성 물질
$Al_4C_3 + 12H_2O \rightarrow 4Al(OH)_3 + 3CH_4$
②, ③, ④ : 자기 반응성 물질

정답 42 ③ 43 ② 44 ① 45 ④ 46 ④ 47 ③ 48 ② 49 ①

50 셀룰로이드류를 다량으로 저장하는 경우, 자연 발화의 위험성을 고려하였을 때 다음 중 가장 적합한 장소는?

① 습도가 높고 온도가 낮은 곳
② 습도와 온도가 모두 낮은 곳
③ 습도와 온도가 모두 높은 곳
④ 습도가 낮고 온도가 높은 곳

해설 셀룰로이드류를 다량 저장 시 가장 적합한 장소 : 습도와 온도가 모두 낮은 곳

51 이황화탄소의 인화점, 발화점, 끓는점에 해당하는 온도를 낮은 것부터 차례대로 나타낸 것은?

① 끓는점 < 인화점 < 발화점
② 끓는점 < 발화점 < 인화점
③ 인화점 < 끓는점 < 발화점
④ 인화점 < 발화점 < 끓는점

해설

위험물	인화점	발화점	끓는점
CS_2	$-30°C$	$100°C$	$46°C$

52 물과 접촉 시 발생되는 가스의 종류가 나머지 셋과 다른 하나는?

① 나트륨
② 수소화칼슘
③ 인화칼슘
④ 수소화나트륨

해설
① $2Na + 2H_2O \rightarrow 2NaOH + H_2$
② $CaH_2 + 2H_2O \rightarrow Ca(OH)_2 + 2H_2$
③ $Ca_3P_2 + 6H_2O \rightarrow 3Ca(OH)_2 + 2PH_3$
④ $NaH + H_2O \rightarrow NaOH + H_2$

53 위험물안전관리법령에 따른 제4류 위험물 중 제1석유류에 해당하지 않는 것은?

① 등유   ② 벤젠
③ 메틸에틸케톤   ④ 톨루엔

해설 ① 등유는 제2석유류에 속한다.

54 위험물안전관리법령에 따른 제1류 위험물과 제6류 위험물의 공통적 성질로 옳은 것은?

① 산화성 물질이며 다른 물질을 환원시킨다.
② 환원성 물질이며 다른 물질을 환원시킨다.
③ 산화성 물질이며 다른 물질을 산화시킨다.
④ 환원성 물질이며 다른 물질을 산화시킨다.

해설 제1류 위험물과 제6류 위험물의 공통적 성질
산화성 물질이며 다른 물질을 산화시킨다.

55 위험물 운반 용기 외부 표시의 주의 사항으로 틀린 것은?

① 제1류 위험물 중 알칼리 토금속의 과산화물 : 화기·충격 주의, 물기 엄금 및 가연물 접촉 주의
② 제2류 위험물 중 인화성 고체 : 화기 엄금
③ 제4류 위험물 : 화기 엄금
④ 제6류 위험물 : 물기 엄금

해설 ④ 제6류 위험물 : 가연물 접촉 주의

56 다음 제4류 위험물 중 인화점이 가장 낮은 것은?

① 아세톤
② 아세트알데하이드
③ 산화프로필렌
④ 디에틸에테르

해설 ① $-18°C$ ② $-37.7°C$
③ $-37.2°C$ ④ $-45°C$

57 TNT의 폭발, 분해 시 생성물이 아닌 것은?

① CO
② N_2
③ CO_2
④ H_2

해설 TNT의 폭발, 분해 반응식

$2C_6H_2(NO_2)_3CH_3 \longrightarrow 12CO + 3N_2 + 5H_2 + 2C$

정답 50 ② 51 ③ 52 ③ 53 ① 54 ③ 55 ④ 56 ④ 57 ③

58 제3류 위험물의 운반 시 혼재할 수 있는 위험물은 제 몇 류 위험물인가? (단, 각각 지정 수량의 10배인 경우이다.)

① 제1류
② 제2류
③ 제4류
④ 제5류

해설 유별을 달리하는 위험물의 혼재 기준

구 분	제1류	제2류	제3류	제4류	제5류	제6류
제1류		×	×	×	×	○
제2류	×		×	○	○	×
제3류	×	×		○	×	×
제4류	×	○	○		○	×
제5류	×	○	×	○		×
제6류	○	×	×	×	×	

59 1기압 27°C에서 아세톤 58g을 완전히 기화 시키면 부피는 약 몇 L가 되는가?

① 22.4
② 24.6
③ 27.4
④ 58.0

해설 $PV = \dfrac{W}{M}RT$

$V = \dfrac{WRT}{PM} = \dfrac{58 \times 0.082 \times (273+27)}{1 \times 58} = 24.6\text{L}$

60 다음 중 증기 비중이 가장 큰 것은?

① 벤젠
② 아세톤
③ 아세트알데하이드
④ 톨루엔

해설 ① 2.8, ② 2.0, ③ 1.5, ④ 3.17

정답 58 ③ 59 ② 60 ④

위험물 산업기사 (2016. 5. 8 시행)

제1과목 일반화학

01 대기압 하에서 열린 실린더에 있는 1mol의 기체를 20℃에서 120℃까지 가열하면 기체가 흡수하는 열량은 몇 cal인가? (단, 기체 몰 열용량은 4.97cal/mol이다.)

① 97
② 100
③ 497
④ 760

해설 $Q=Cm\triangle t$ (C : 비열, m : 질량)
$C'=Cm$ (C' : 열용량)
$4.97=C \cdot 1$
∴ $Q=C'\triangle t = 4.97 \times (120-20) = 497$

02 분자 구조에 대한 설명으로 옳은 것은?

① BF_3는 삼각 피라미드형이고 NH_3는 선형이다.
② BF_3는 평면 정삼각형이고, NH_3는 삼각 피라미드형이다.
③ BF_3는 굽은 형(V형)이고, NH_3는 삼각 피라미드형이다.
④ BF_3는 평면 정삼각형이고, NH_3는 선형이다.

해설 분자 구조에 대한 설명

㉠ BF_3 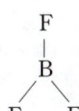 ㉡ NH_3

03 다음은 열역학 제 몇 법칙에 대한 내용인가?

> 0K(절대영도)에서 물질의 엔트로피는 0이다.

① 열역학 제0법칙
② 열역학 제1법칙
③ 열역학 제2법칙
④ 열역학 제3법칙

해설 ① 열역학 제0법칙 : 온도가 서로 다른 두 물체를 접촉시키면 높은 온도를 지닌 물체의 온도는 내려가고, 낮은 온도의 물체는 온도가 올라가서, 두 물체의 온도차가 없어지고 두 물체는 열평형이 된다.
② 열역학 제1법칙 : 에너지 보존의 법칙이라고 하며 열(Q)은 일(W)에너지로, 일에너지는 열로 상호 쉽게 바꿀 수 있으며, 그 비는 일정하다.
③ 열역학 제2법칙 : 열 이동의 방향성을 나타내는 경험 법칙이다(열효율이 100%인 기관을 만들 수 없다).

04 물(H_2O)의 끓는점이 황화수소(H_2S)의 끓는 점보다 높은 이유는?

① 분자량이 작기 때문에
② 수소 결합 때문에
③ pH가 높기 때문에
④ 극성 결합 때문에

해설 수소 결합 : 물(H_2O)의 비등점이 100℃, 산소(O) 원자 대신에 같은 족의 황(S) 원자를 바꾼 황화수소(H_2S)는 분자량이 큼에도 불구하고 비등점이 -61℃이다.

05 다음 중 비공유 전자쌍을 가장 많이 가지고 있는 것은?

① CH_4
② NH_3
③ H_2O
④ CO_2

해설 비공유 전자쌍

① 0쌍

H–C–H (with H above and below)

② 1쌍

$\ddot{N}$ H H H

③ 2쌍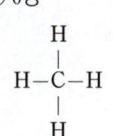

④ 4쌍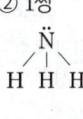

정답 01 ③ 02 ② 03 ④ 04 ② 05 ④

06 NH₄Cl에서 배위 결합을 하고 있는 부분을 옳게 설명한 것은?

① NH₃의 N—H 결합
② NH₃와 H⁺의 결합
③ NH₄⁺와 Cl⁻과의 결합
④ H⁺과 Cl⁻과의 결합

해설 배위 결합 : NH₃+H⁺ → [NH₄⁺]

07 중크롬산이온($Cr_2O_7^{2-}$)에서 Cr의 산화수는?

① +3 ② +6
③ +7 ④ +12

해설 ($Cr_2O_7^{2-}$)에서 Cr의 산화수
㉠ O의 산화수 : −2
㉡ Cr의 산화수를 x라고 할 때
$2x+(-2)\times 7=-2$
$2x=12$ ∴ $x=6$

08 어떤 비전해질 12g을 물 60.0g에 녹였다. 이 용액이 −1.88℃의 빙점 강하를 보였을 때 이 물질의 분자량을 구하면? (단, 물의 몰랄 어는점 내림 상수 $K_f=1.86℃/m$이다.)

① 297 ② 202
③ 198 ④ 165

해설 라울(Raoult)의 법칙
묽은 용액의 비등점 상승도(ΔT_b)나 빙점 강하도(ΔT_f)는 그 용액의 몰랄 농도(m)에 비례한다.
$\Delta T_b = m \times K_b$, $\Delta T_f = m \times K_f$
(m : 몰랄 농도, K_b : 몰오름 상수, K_f : 몰내림 상수)
$1.88 = m \times 1.86 \rightarrow m = \frac{1.88}{1.86}$
몰랄 농도(m) = $\frac{\text{용질의 용수}}{\text{분자량}} \times \frac{1,000}{\text{용매 g수}}$
$\frac{1.88}{1.86} = \frac{12}{x} \times \frac{1,000}{60}$
∴ $x = 197.87 ≒ 198$

09 페놀 수산기(−OH)의 특성에 대한 설명으로 옳은 것은?

① 수용액이 강알칼리성이다.
② −OH기가 하나 더 첨가되면 물에 대한 용해도가 작아진다.
③ 카르복실산과 반응하지 않는다.
④ FeCl₃ 용액과 정색 반응을 한다.

해설 ① 수용액이 약산성이다.
② −OH기가 하나 더 첨가되면 물에 대한 용해도가 커진다.
③ 카르복실산과 반응한다.

10 시약의 보관 방법으로 옳지 않은 것은?

① Na : 석유 속에 보관
② NaOH : 공기가 잘 통하는 곳에 보관
③ P₄(흰인) : 물속에 보관
④ HNO₃ : 갈색병에 보관

해설 수산화나트륨(NaOH) : 밀폐된 유리 용기나 플라스틱 용기에 보관

11 17g의 NH₃와 충분한 양의 황산이 반응하여 만들어지는 황산암모늄은 몇 g인가? (단, 원소의 원자량은 H : 1, N : 14, O : 16, S : 32이다.)

① 66g   ② 106g
③ 115g ④ 132g

해설 $2NH_3 + H_2SO_4 \rightarrow (NH_4)_2SO_4$

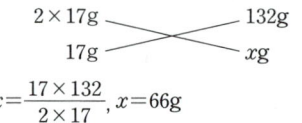

$x = \frac{17 \times 132}{2 \times 17}$, $x = 66g$

12 원자가 전자 배열이 as^2ap^2인 것은? (단, a=2, 3이다.)

① Ne, Ar ② Li, Na
③ C, Si   ④ N, P

해설 원자가 전자가 4이므로 4족 원소이다.

13 다음에서 설명하는 물질의 명칭은?

- HCl과 반응하여 염산염을 만든다.
- 니트로벤젠을 수소로 환원하여 만든다.
- CaOCl₂ 용액에서 붉은 보라색을 띤다.

① 페놀
② 아닐린
③ 톨루엔
④ 벤젠술폰산

해설 아닐린($C_6H_5NH_2$)
㉠ HCl과 반응하여 염산염을 만든다.

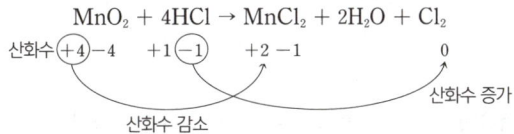

㉡ 니트로벤젠을 수소로 환원하여 만든다.

$C_6H_5NO_2 + 3H_2 \xrightarrow{Fe, Sn + HCl} C_6H_5NO_2 + 2H_2O$

㉢ CaOCl₂ 용액에서 붉은 보라색을 띤다.

14 원자에서 복사되는 빛은 선 스펙트럼을 만드는데 이것으로부터 알 수 있는 사실은?

① 빛에 의한 광전자의 방출
② 빛이 파동의 성질을 가지고 있다는 사실
③ 전자껍질의 에너지의 불연속성
④ 원자핵 내부의 구조

해설 선 스펙트럼이 생기는 이유는 원자에 포함된 전자가 가질 수 있는 에너지가 불연속적이기 때문이다.

15 다음의 반응에서 환원제로 쓰인 것은?

$MnO_2 + 4HCl \rightarrow MnCl_2 + 2H_2O + Cl_2$

① Cl_2
② $MnCl_2$
③ HCl
④ MnO_2

해설 환원제란 다른 물질을 환원시키는 성질이 강한 물질이다. 즉, 자신은 산화되기 쉬운 물질이다.

산화	환원
산소와 결합	산소를 잃음
수소를 잃음	수소와 결합
전자를 잃음	전자를 얻음
산화수 증가	산화수 감소

$MnO_2 + 4HCl \rightarrow MnCl_2 + 2H_2O + Cl_2$
산화수 +4 −4 +1 −1 +2 −1 0
산화수 감소 산화수 증가

16 벤조산은 무엇으로 산화하면 얻을 수 있는가?

① 톨루엔
② 니트로벤젠
③ 트리니트로톨루엔
④ 페놀

해설 톨루엔 산화제($KMnO_4 + H_2SO_4$)를 작용시키면 산화되어 벤즈알데히드(C_6H_5CHO)를 거쳐 벤조산(C_6H_5COOH, 안식향산)이 된다.

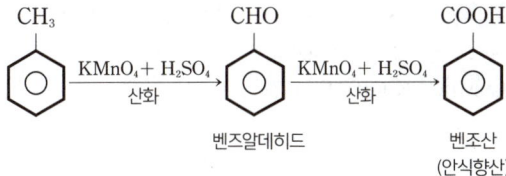

17 다음 화학 반응으로부터 설명하기 어려운 것은?

$2H_2(g) + O_2(g) \rightarrow 2H_2O(g)$

① 반응 물질 및 생성 물질의 부피비
② 일정 성분비의 법칙
③ 반응 물질 및 생성 물질의 몰수비
④ 배수 비례의 법칙

해설 ㉠ 배수 비례의 법칙
두 원소가 일련의 화합물을 만들 때 일정한 질량의 한 원소와 결합하는 다른 원소의 질량들은 서로 작은 정수비로 존재한다.
㉡ 일정 성분비의 법칙
화합물을 조성하는 원소의 질량비가 정해지면 화합물의 근원이나 만들어지는 방법에 관계없이 일정하다는 법칙이다.

정답 13 ② 14 ③ 15 ③ 16 ① 17 ④

18 질산칼륨을 물에 용해시키면 용액의 온도가 떨어진다. 다음 사항 중 옳지 않은 것은?

① 용해 시간과 용해도는 무관하다.
② 질산칼륨의 용해 시 열을 흡수한다.
③ 온도가 상승할수록 용해도는 증가한다.
④ 질산칼륨 포화 용액을 냉각시키면 불포화 용액이 된다.

해설 ④ 질산칼륨 포화 용액을 냉각시키면 과포화 용액이 된다.

19 볼타 전지에서 갑자기 전류가 약해지는 현상을 "분극 현상"이라 한다. 이 분극 현상을 방지해주는 감극제로 사용되는 물질은?

① MnO_2 ② $CuSO_3$
③ $NaCl$ ④ $Pb(NO_3)_2$

해설 감극제 : 산화제로 양주에 발생하는 수소를 산화하여 수소 이온의 발생을 방지한다.
예) MnO_2, K_2CrO_7, O_2

20 디클로로벤젠의 구조 이성질체 수는 몇 개인가?

① 5 ② 4
③ 3 ④ 2

해설 디클로로벤젠($C_6H_4Cl_2$)

㉠ 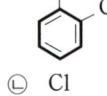 1,2-디클로로벤젠(오르소 디클로로벤젠)

㉡ 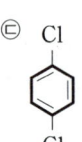 1,3-디클로로벤젠(메타 디클로로벤젠)

㉢ 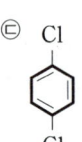 1,4-디클로로벤젠(파라 디클로로벤젠)

제2과목　화재예방과 소화방법

21 위험물안전관리법령에서 정한 다음의 소화 설비 중 능력 단위가 가장 큰 것은?

① 팽창 진주암 160L(삽 1개 포함)
② 수조 80L(소화 전용 물통 3개 포함)
③ 마른 모래 50L(삽 1개 포함)
④ 팽창 질석 160L(삽 1개 포함)

해설 능력 단위
① 팽창 진주암 160L(삽 1개 포함) : 1단위
② 수조 80L(소화 전용 물통 3개 포함) : 1.5단위
③ 마른 모래 50L(삽 1개 포함) : 0.5단위
④ 팽창 질석 160L(삽 1개 포함) : 1단위

22 강화액 소화기에 대한 설명으로 옳은 것은?

① 물의 유동성을 크게 하기 위한 유화제를 첨가한 소화기이다.
② 물의 표면 장력을 강화한 소화기이다.
③ 산·알칼리 액을 주성분으로 한다.
④ 물의 소화 효과를 높이기 위해 염류를 첨가한 소화기이다.

해설 강화액 소화기 : 물의 소화 효과를 높이기 위해 염류(K_2CO_3)를 첨가한 소화기이다.

23 소화 약제 제조 시 사용되는 성분이 아닌 것은?

① 에틸렌글리콜
② 탄산칼륨
③ 인산이수소암모늄
④ 인화알루미늄

해설 ① 에틸렌글리콜 : 단백 포 소화 약제 제조 시 사용되는 성분
② 탄산칼륨 : 강화액 소화기 제조 시 사용되는 성분
③ 인산이수소암모늄 : 제3종 분말 소화기 제조 시 사용되는 성분

24 가연성 가스나 증기의 농도를 연소 한계(하한) 이하로 하여 소화하는 방법은?

① 희석 소화
② 제거 소화
③ 질식 소화
④ 냉각 소화

해설 희석 소화의 설명이다.

25 열의 전달에 있어서 열전달 면적과 열전도도가 각각 2배로 증가한다면, 다른 조건이 일정한 경우 전도에 의해 전달되는 열의 양은 몇 배가 되는가?

① 0.5배
② 1배
③ 2배
④ 4배

해설 푸리에 법칙(Fourier's law)

$$\frac{g}{A} = -k\frac{dT}{dx}$$

g : 열량
A : 단위 면적
k : 물질의 고유 상수(열전도도)
dT : 온도 변화, dx : 거리 변화

이때 열전달 면적과 열전도도가 각 2배로 증가하면,

$$\frac{g}{2A} = -2k\frac{dT}{dx}$$

$$g = -4k\frac{dT}{dx} \cdot A$$

g는 4배로 증가한다.

26 마그네슘에 화재가 발생하여 물을 주수하였다. 그에 대한 설명으로 옳은 것은?

① 냉각 소화 효과에 의해서 화재가 진압된다.
② 주수된 물이 증발하여 질식 소화 효과에 의해서 화재가 진압된다.
③ 수소가 발생하여 폭발 및 화재 확산의 위험성이 증가한다.
④ 물과 반응하여 독성 가스를 발생한다.

해설 마그네슘에 화재가 발생하며 물을 주수하였다면 수소가 발생하여 폭발 및 화재 확산의 위험성이 증가한다.

27 위험물 제조소 등에 설치된 옥외 소화전 설비는 모든 옥외 소화전(설치 개수가 4개 이상인 경우는 4개의 옥외 소화전)을 동시에 사용할 경우에 각 노즐 선단의 방수 압력은 몇 kPa 이상이어야 하는가?

① 250
② 300
③ 350
④ 450

해설 위험물 제조소 등에 설치된 옥외 소화전 설비의 방수 압력은 350kPa 이상이다.

28 불활성 가스 소화 약제 중 IG-100의 성분을 옳게 나타낸 것은?

① 질소 100%
② 질소 50%, 아르곤 50%
③ 질소 52%, 아르곤 40%, 이산화탄소 8%
④ 질소 52%, 이산화탄소 40%, 아르곤 8%

해설 불활성 가스 소화 약제

소화 약제	상품명	화학식
IG-100	Nitrogen	N_2 : 100%
IG-55	Argonite	N_2 : 50%, Ar : 50%
IG-541	Inergen	N_2 : 52%, Ar : 40%, CO_2 : 8%

29 제1종 분말 소화 약제의 소화 효과에 대한 설명으로 가장 거리가 먼 것은?

① 열분해 시 발생하는 이산화탄소와 수증기에 의한 질식 효과
② 열분해 시 흡열 반응에 의한 냉각 효과
③ H^+이온에 의한 부촉매 효과
④ 분말 운무에 의한 열방사의 차단 효과

해설 제1종 분말 소화 약제의 소화 효과
㉠ 열분해 시 발생하는 이산화탄소와 수증기에 의한 질식 효과
㉡ 열분해 시 흡열 반응에 의한 냉각 효과
㉢ 분말 운무에 의한 열방사의 차단 효과

정답 24 ① 25 ④ 26 ③ 27 ③ 28 ① 29 ③

30 위험물안전관리법령상 제3류 위험물 중 금수성 물질 이외의 것에 적응성이 있는 소화 설비는?

① 할로겐 화합물 소화 설비
② 불활성 가스 소화 설비
③ 포 소화 설비
④ 분말 소화 설비

해설 소화 설비의 적응성

소화 설비의 구분		건축물·그 밖의 공작물	전기 설비	제1류 위험물		제2류 위험물			제3류 위험물		제4류 위험물	제5류 위험물	제6류 위험물
				알칼리 금속 과산화물 등	그 밖의 것	철분·금속분·마그네슘 등	인화성 고체	그 밖의 것	금수성 물품	그 밖의 것			
옥내 소화전 설비 또는 옥외 소화전 설비		○			○		○	○		○		○	○
스프링클러 설비		○			○		○	○		○	△	○	○
물분무등 소화 설비	물분무 소화 설비	○	○		○		○	○		○	○	○	○
	포 소화 설비	○			○		○	○		○	○	○	○
	불활성 가스 소화 설비		○					○			○		
	할로겐 화합물 소화 설비		○					○			○		
	분말 소화 설비	인산염류 등	○	○		○		○	○		○		○
		탄산수소염류 등		○	○		○	○		○	○		
		그 밖의 것			○		○			○			
대형·소형 수동식 소화기	봉상수(棒狀水) 소화기	○			○		○	○		○		○	○
	무상수(無狀水) 소화기	○	○		○		○	○		○		○	○
	봉상 강화액 소화기	○			○		○	○		○		○	○
	무상 강화액 소화기	○	○		○		○	○		○	○	○	○
	포 소화기	○			○		○	○		○	○	○	○
	이산화탄소 소화기		○					○			○		△
	할론 소화 설비		○					○			○		
	분말 소화기	인산염류 소화기	○	○		○		○	○		○		○
		탄산수소염류 소화기		○	○		○	○		○	○		
		그 밖의 것			○		○			○			
기타	물통 또는 수조	○			○		○	○		○		○	○
	건조사			○	○	○	○	○	○	○	○	○	○
	팽창 질석 또는 팽창 진주암			○	○	○	○	○	○	○	○	○	○

31 다음 ( )에 알맞은 수치를 옳게 나열한 것은?

> 위험물안전관리법령상 옥내 소화전 설비는 각층을 기준으로 하여 당해 층의 모든 옥내 소화전(설치 개수가 5개 이상인 경우는 5개의 옥내 소화전)을 동시에 사용할 경우에 각 노즐 선단의 방수압력이 ( ) kPa 이상이고 방수량이 1분당 ( )L 이상의 성능이 되도록 할 것

① 350, 260
② 260, 350
③ 450, 260
④ 260, 450

해설 옥내 소화전 설비의 노즐 선단의 성능 기준
방수압 350kPa 이상, 방수량 260L/min 이상

32 다음 중 물을 소화 약제로 사용하는 가장 큰 이유는?

① 기화 잠열이 크므로
② 부촉매 효과가 있으므로
③ 환원성이 있으므로
④ 기화하기 쉬우므로

해설 물을 소화제로 사용하는 가장 큰 이유는 기화 잠열이 크기 때문이다.

33 위험물 취급소의 건축물 연면적이 500m²인 경우 소요 단위는? (단, 외벽은 내화 구조이다.)

① 2단위
② 5단위
③ 10단위
④ 50단위

해설 $\dfrac{500m^2}{100m^2}=5$단위

34 트라이에틸알루미늄의 화재 발생 시 물을 이용한 소화가 위험한 이유를 옳게 설명한 것은?

① 가연성의 수소 가스가 발생하기 때문에
② 유독성의 포스핀 가스가 발생하기 때문에
③ 유독성의 포스겐 가스가 발생하기 때문에
④ 가연성의 에탄 가스가 발생하기 때문에

해설 $(C_2H_5)_3Al+3H_2O \rightarrow Al(OH)_3+3C_2H_6$

정답 30 ③ 31 ① 32 ① 33 ② 34 ④

35 불꽃의 표면 온도가 300℃에서 360℃로 상승하였다면 300℃보다 약 몇 배의 열을 방출하는가?

① 1.49배
② 3배
③ 7.27배
④ 10배

해설 슈테판-볼츠만의 법칙(Stefan-Boltzman's law)

$$\frac{Q_2}{Q_1} = \frac{(273+t_2)^4}{(273+t_1)^4}$$

$$\frac{Q_2}{Q_1} = \frac{(273+360)^4}{(273+300)^4} = 1.49배$$

36 인화점이 70℃ 이상인 제4류 위험물을 저장·취급하는 소화 난이도 등급 I의 옥외 탱크 저장소(지중 탱크 또는 해상 탱크 외의 것)에 설치하는 소화 설비는?

① 스프링클러 소화 설비
② 물분무 소화 설비
③ 간이 소화 설비
④ 분말 소화 설비

해설 소화 난이도 등급 I에 대한 제조소 등의 소화 설비

제조소 등의 구분		소화 설비
제조소 및 일반 취급소		옥내 소화전 설비, 옥외 소화전 설비, 스프링클러 설비 또는 물분무 등 소화 설비(화재 발생 시 연기가 충만할 우려가 있는 장소에는 스프링클러 설비 또는 이동식 외의 물분무 등 소화 설비에 한한다)
주유 취급소		스프링클러 설비(건축물에 한정한다), 소형 수동식 소화기 등(능력 단위의 수치가 건축물 그 밖의 공작물 및 위험물의 소요단위의 수치에 이르도록 설치할 것
옥내 저장소	처마 높이가 6m 이상인 단층 건물 또는 다른 용도의 부분이 있는 건축물에 설치한 옥내 저장소	스프링클러 설비 또는 이동식 외의 물분무 등 소화 설비
	그 밖의 것	옥외 소화전 설비, 스프링클러 설비, 이동식 외의 물분무 등 소화 설비 또는 이동식 포 소화 설비(포 소화전을 옥외에 설치하는 것에 한한다)
옥외 탱크 저장소	지중 탱크 또는 해상 탱크 외의 것	황만을 저장 취급하는 것	물분무 소화 설비
		인화점 70℃ 이상의 제4류 위험물만을 저장 취급하는 것	물분무 소화 설비 또는 고정식 포 소화 설비
		그 밖의 것	고정식 포 소화 설비(포 소화 설비가 적응성이 없는 경우에는 분말 소화 설비)
	지중 탱크		고정식 포 소화 설비, 이동식 이외의 불활성 가스 소화 설비 또는 이동식 이외의 할로겐 화합물 소화 설비
	해상 탱크		고정식 포 소화 설비, 물분무 소화 설비, 이동식 이외의 불활성 가스 소화 설비 또는 이동식 이외의 할로겐 화합물 소화 설비
옥내 탱크 저장소	황만을 저장 취급하는 것		물분무 소화 설비
	인화점 70℃ 이상의 제4류 위험물만을 저장 취급하는 것		물분무 소화 설비, 고정식 포 소화 설비, 이동식 이외의 불활성 가스 소화 설비, 이동식 이외의 할로겐 화합물 소화 설비 또는 이동식 이외의 분말 소화 설비
	그 밖의 것		고정식 포 소화 설비, 이동식 이외의 불활성 가스 소화 설비, 이동식 이외의 할로겐 화합물 소화 설비 또는 이동식 이외의 분말 소화 설비
옥외 저장소 및 이송 취급소			옥내 소화전 설비, 옥외 소화전 설비, 스프링클러 설비 또는 물분무 등 소화 설비(화재 발생 시 연기가 충만할 우려가 있는 장소에는 스프링클러 설비 또는 이동식 이외의 물분무 등 소화 설비에 한한다)
암반 탱크 저장소	황만을 저장 취급하는 것		물분무 소화 설비
	인화점 70℃ 이상의 제4류 위험물만을 저장 취급하는 것		물분무 소화 설비 또는 고정식 포 소화 설비
	그 밖의 것		고정식 포 소화 설비(포 소화 설비가 적응성이 없는 경우에는 분말 소화 설비)

정답 35 ① 36 ②

37 제4류 위험물의 소화 방법에 대한 설명 중 틀린 것은?

① 공기 차단에 의한 질식 소화가 효과적이다.
② 물분무 소화도 적응성이 있다.
③ 수용성인 가연성 액체의 화재에는 수성막 포에 의한 소화가 효과적이다.
④ 비중이 물보다 작은 위험물의 경우는 주수 소화가 효과가 떨어진다.

해설 알코올 화재 시 수성막 포 소화 약제가 효과가 없는 이유는 알코올이 수용성이어서 포를 소멸시키기 때문이다.

38 위험물안전관리법령상 이산화탄소 소화기가 적응성이 있는 위험물은?

① 트라이나이트로톨루엔 ② 과산화나트륨
③ 철분   ④ 인화성 고체

해설 30번 해설 참조

39 위험물안전관리법령상 이산화탄소를 저장하는 저압식 저장 용기에는 용기 내부의 온도를 어떤 범위로 유지할 수 있는 자동 냉동기를 설치하여야 하는가?

① 영하 20°C ~ 영하 18°C
② 영하 20°C ~ 0°C
③ 영하 25°C ~ 영하 18°C
④ 영하 25°C ~ 0°C

해설 CO_2를 저장하는 저압식 저장 용기 : 용기 내부의 온도를 $-20°C \sim -18°C$ 범위로 유지할 수 있는 자동 냉동기를 설치한다.

40 위험물안전관리법령상 연소의 우려가 있는 위험물 제조소의 외벽의 기준으로 옳은 것은?

① 개구부가 없는 불연 재료의 벽으로 하여야 한다.
② 개구부가 없는 내화 구조의 벽으로 하여야 한다.
③ 출입구 외의 개구부가 없는 불연 재료의 벽으로 하여야 한다.
④ 출입구 외의 개구부가 없는 내화 구조의 벽으로 하여야 한다.

해설 ㉠ 위험물을 취급하는 건축물의 기준
- 불연 재료로 하여야 하는 것 : 벽, 연소의 우려가 있는 기둥, 바닥, 보, 서까래, 계단
- 내화 구조로 하여야 하는 것 : 연소의 우려가 있는 외벽

㉡ 불연 재료 : 화재 시 불에 녹거나 열에 의해 빨갛게 되는 경우는 있어도 연소 현상은 일으키지 않는 재료

㉢ 내화 구조 : 화재에도 쉽게 연소하지 않고 건축물 내에서 화재가 발생하더라도 보통은 방화 구역 내에서 진화되며, 최종적으로 전소해도 수리하여 재사용할 수 있는 구조

제3과목 위험물의 성질과 취급

41 다음은 위험물안전관리법령에 관한 내용이다. ( )에 알맞은 수치의 합은?

> • 위험물 안전 관리자를 선임한 제조소 등의 관계인은 그 안전 관리자를 해임하거나 안전 관리자가 퇴직한 때에는 해임하거나 퇴직한 날부터 (　)일 이내에 다시 안전 관리자를 선임하여야 한다.
> • 제조소 등의 관계인은 해당 제조소 등의 용도를 폐지한 때에는 행정안전부령이 정하는 바에 따라 제조소 등의 용도를 폐지한 날부터 (　)일 이내에 시·도지사에게 신고하여야 한다.

① 30   ② 44
③ 49   ④ 62

해설 ㉠ 위험물 안전 관리자를 선임한 제조소 등의 관계인은 그 안전 관리자를 해임하거나 안전 관리자가 퇴직한 때에는 해임하거나 퇴직한 날부터 30일 이내에 다시 안전 관리자를 선임하여야 한다.

㉡ 제조소 등의 관계인은 해당 제조소 등의 용도를 폐지한 때에는 행정안전부령이 정하는 바에 따라 제조소 등의 용도를 폐지한 날부터 14일 이내에 시·도지사에게 신고하여야 한다.

정답 37 ③ 38 ④ 39 ① 40 ④ 41 ②

42 제4류 위험물의 일반적인 성질 또는 취급 시 주의 사항에 대한 설명 중 가장 거리가 먼 것은?

① 액체의 비중은 물보다 가벼운 것이 많다.
② 대부분 증기는 공기보다 무겁다.
③ 제1석유류~제4석유류는 비점으로 구분한다.
④ 정전기 발생에 주의하여 취급하여야 한다.

해설 ③ 제1석유류~제4석유류는 인화점으로 구분한다.

43 위험물안전관리법령상 HCN의 품명으로 옳은 것은?

① 제1석유류 ② 제2석유류
③ 제3석유류 ④ 제4석유류

해설 HCN의 품명 : 제1석유류

44 과산화나트륨이 물과 반응할 때의 변화를 가장 옳게 설명한 것은?

① 산화나트륨과 수소를 발생한다.
② 물을 흡수하여 탄산나트륨이 된다.
③ 산소를 방출하여 수산화나트륨이 된다.
④ 서서히 물에 녹아 과산화나트륨의 안정한 수용액이 된다.

해설 $2Na_2O_2 + 2H_2O \rightarrow 4NaOH + O_2$

45 다음과 같이 위험물을 저장할 경우 각각의 지정수량 배수의 총합은 얼마인가?

- 클로로벤젠 : 1,000L
- 동·식물유류 : 5,000L
- 제4석유류 : 12,000L

① 2.5 ② 3.0
③ 3.5 ④ 4.0

해설 $\frac{1,000}{1,000} + \frac{5,000}{10,000} + \frac{12,000}{6,000} = 3.5$배

46 위험물안전관리법령상 다음 암반 탱크의 공간 용적은 얼마인가?

- 암반 탱크의 내용적 100억L
- 탱크 내에 용출하는 1일 지하수의 양 2천만L

① 2천만L ② 1억L
③ 1억 4천L ④ 100억 L

해설 암반 탱크의 공간 용적
㉠ 해당 탱크 내에 용출하는 7일간의 지하수 양에 상당하는 용적과
㉡ 해당 탱크 내용적 1/100의 용적 중 보다 큰 용적으로 한다.
→ ㉠ 2천만L/1일 × 7일 = 1억 4천만L > ㉡ 100억L × $\frac{1}{100}$ = 1억L

47 다음 중 물과 접촉 시 유독성의 가스를 발생하지는 않지만 화재의 위험성이 증가하는 것은?

① 인화칼슘 ② 황린
③ 적린   ④ 나트륨

해설 ① $Ca_3P_2 + 6H_2O \rightarrow 3Ca(OH)_2 + 2PH_3$ (유독성 가스)
② 황린은 물속에 저장
③ 적린은 석유 속에 저장
④ $2Na + 2H_2O \rightarrow 2NaOH + H_2$ 가연성 가스를 발생하며 위험성이 증가한다.

48 위험물안전관리법령에서 정하는 제조소와의 안전 거리의 기준이 다음 중 가장 큰 것은?

① 「고압가스 안전관리법」의 규정에 의하여 허가를 받거나 신고를 하여야 하는 고압가스 저장 시설
② 사용 전압이 35,000[V]를 초과하는 특고압 가공전선
③ 병원, 학교, 극장
④ 「문화재보호법」의 규정에 의한 유형 문화재와 기념물 중 지정 문화재

해설 ① 20m 이상 ② 5m 이상
③ 30m 이상 ④ 50m 이상

정답 42 ③ 43 ① 44 ③ 45 ③ 46 ③ 47 ④ 48 ④

49 위험물의 운반에 관한 기준에서 위험물의 적재 시 혼재가 가능한 위험물은? (단, 지정 수량의 5배인 경우이다.)

① 과염소산칼륨 – 황린
② 질산메틸 – 경유
③ 마그네슘 – 알킬알루미늄
④ 탄화칼슘 – 나이트로글리세린

해설 유별을 달리하는 위험물의 혼재 기준

구 분	제1류	제2류	제3류	제4류	제5류	제6류
제1류		×	×	×	×	○
제2류	×		×	○	○	×
제3류	×	×		○	×	×
제4류	×	○	○		○	×
제5류	×	○	×	○		×
제6류	○	×	×	×	×	

① 과염소산칼륨 : 제1류 위험물, 황린 : 제3류 위험물
② 질산메틸 : 제5류 위험물, 경유 : 제4류 위험물
③ 마그네슘 : 제2류 위험물, 알킬알루미늄 : 제3류 위험물
④ 탄화칼슘 : 제3류 위험물, 나이트로글리세린 : 제5류 위험물

50 다음 중 지정 수량이 나머지 셋과 다른 금속은?

① Fe분   ② Zn분   ③ Na   ④ Mg

해설 ① 500kg   ② 500kg
③ 10k   ④ 500kg

51 다음은 위험물안전관리법령상 위험물의 운반 기준 중 적재 방법에 관한 내용이다. ( )에 알맞은 내용은?

( ) 위험물 중 ( )℃ 이하의 온도에서 분해될 우려가 있는 것은 보냉 컨테이너에 수납하는 등, 적정한 온도 관리를 할 것

① 제5류, 25   ② 제5류, 55
③ 제6류, 25   ④ 제6류, 55

해설 제5류 위험물 중 55℃ 이하의 온도에서 분해될 우려가 있는 것은 보냉 컨테이너에 수납하는 등, 적정한 온도 관리를 할 것

52 오황화인에 관한 설명으로 옳은 것은?

① 물과 반응하면 불연성 기체가 발생된다.
② 담황색 결정으로서 흡습성과 조해성이 있다.
③ P_5S_2로 표현되며 물에 녹지 않는다.
④ 공기 중에서 자연 발화한다.

해설 ① 물과 반응하면 유독성 가스가 발생된다.
$P_2S_5 + 8H_2O \rightarrow 5H_2S + 2H_3PO_4$
③ P_2O_5로 표현되며 물에 분해된다.
④ 공기 중에서 자연 발화하지 않는다.

53 짚, 헝겊 등을 다음의 물질과 적셔서 대량으로 쌓아 두었을 경우 자연 발화의 위험성이 제일 높은 것은?

① 동유   ② 야자유   ③ 올리브유   ④ 피마자유

해설 ① 동유 : 건성유(자연 발화의 위험성이 제일 높다.)
② 야자유 : 불건성유   ③ 올리브유 : 불건성유
④ 피마자유 : 불건성유

54 위험물안전관리법령상 다음 사항을 참고하여 제조소의 소화 설비의 소요 단위의 합을 옳게 산출한 것은?

A. 제조소 건축물의 연면적은 3,000m²이다.
B. 제조소 건축물의 외벽은 내화 구조이다.
C. 제조소 허가 지정 수량은 30,000배이다.
D. 제조소의 옥외 공작물은 최대 수평 투영 면적은 500m²이다.

① 335   ② 395   ③ 400   ④ 440

해설 소요 단위(1단위)
㉠ 제조소 또는 취급소용 건축물의 경우 외벽이 내화 구조로 된 것으로 연면적 100m²
㉡ 위험물의 경우 : 지정 수량 10배
㉢ 제조소 등의 옥외에 설치된 공작물은 외벽이 내화 구조인 것으로 간주하고 공작물의 수평 투영 면적을 연면적으로 간주한다.

A, B : $\dfrac{3,000m^2}{100m^2} = 30$단위   C : $\dfrac{30,000배}{100m^2} = 300$단위

D : $\dfrac{500m^2}{100m^2} = 5$단위

∴ 30 + 300 + 5 = 335단위

정답 49 ② 50 ③ 51 ② 52 ② 53 ① 54 ①

55 다음 중 물과 반응하여 수소를 발생하지 않는 물질은?

① 칼륨   ② 수소화붕소나트륨
③ 탄화칼슘   ④ 수소화칼슘

해설 ① $2K + 2H_2O \rightarrow 2KOH + H_2$
② $3NaBH_4 + 6H_2O \rightarrow NaB_3O_6 + 12H_2$
③ $CaC_2 + 2H_2O \rightarrow Ca(OH)_2 + C_2H_2$
④ $CaH_2 + 2H_2O \rightarrow Ca(OH)_2 + 2H_2$

56 제4석유류를 저장하는 옥내 탱크 저장소의 기준으로 옳은 것은? (단, 단층 건축물에 탱크 전용실을 설치하는 경우이다.)

① 옥내 저장 탱크의 용량은 지정 수량의 40배 이하일 것
② 탱크 전용실은 벽, 기둥, 바닥, 보를 내화 구조로 할 것
③ 탱크 전용실에는 창을 설치하지 아니할 것
④ 탱크 전용실에 펌프 설비를 설치하는 경우에는 그 주위에 0.2m 이상의 높이로 턱을 설치할 것

해설 ② 탱크 전용실은 벽, 기둥, 바닥을 내화 구조로 하고 보를 불연 재료로 한다.
③ 탱크 전용실의 창 및 출입구에는 60분+방화문·60분방화문 또는 30분방화문을 설치한다.
④ 탱크 전용실에 펌프를 설치하는 경우에는 견고한 기초 위에 고정한 다음, 그 주위에는 불연 재료로 된 턱을 0.2m 이상의 높이로 설치하는 등, 누설된 위험물이 유출되거나 유입되지 아니하도록 하는 조치를 한다.

57 인화칼슘의 성질이 아닌 것은?

① 적갈색의 고체이다.
② 물과 반응하여 포스핀 가스를 발생한다.
③ 물과 반응하여 유독한 불연성 가스를 발생한다.
④ 산과 반응하여 포스핀 가스를 발생한다.

해설 ③ 물과 반응하여 유독한 가연성인 인화수소(PH_3) 가스를 발생한다.
$Ca_3P_2 + 6H_2O \rightarrow 3Ca(OH)_2 + 2PH_3$

58 이동 저장 탱크에 저장할 때 불연성 가스를 봉입하여야 하는 위험물은?

① 메틸에틸케톤 퍼옥사이드
② 아세트알데하이드
③ 아세톤
④ 트라이나이트로톨루엔

해설 아세트알데하이드는 이동 저장 탱크에 저장할 때 불연성 가스를 봉입한다.

59 위험물안전관리법령상 위험물 운반 시에 혼재가 금지된 위험물로 이루어진 것은? (단, 지정 수량의 $\frac{1}{10}$ 초과이다.)

① 과산화나트륨과 황
② 황과 과산화벤조일
③ 황린과 휘발유
④ 과염소산과 과산화나트륨

해설 유별을 달리하는 위험물의 혼재 기준

구분	제1류	제2류	제3류	제4류	제5류	제6류
제1류		×	×	×	×	○
제2류	×		×	○	○	×
제3류	×	×		○	×	×
제4류	×	○	○		○	×
제5류	×	○	×	○		×
제6류	○	×	×	×	×	

① 과산화나트륨 : 제1류 위험물, 황 : 제2류 위험물
② 황 : 제2류 위험물, 과산화벤조일 : 제5류 위험물
③ 황린 : 제3류 위험물, 휘발유 : 제4류 위험물
④ 과염소산 : 제6류 위험물, 과산화나트륨 : 제1류 위험물

60 위험물 주유 취급소의 주유 및 급유 공지의 바닥에 대한 기준으로 옳지 않은 것은?

① 주위 지면보다 낮게 할 것
② 표면을 적당하게 경사지게 할 것
③ 배수구, 집유 설비를 할 것
④ 유분리 장치를 할 것

해설 ① 주위 지면보다 높게 할 것

정답 55 ③ 56 ① 57 ③ 58 ② 59 ① 60 ①

위험물 산업기사 (2016. 10. 1 시행)

제1과목 일반화학

01 황산구리 수용액을 전기 분해하여 음극에서 63.54g의 구리를 석출시키고자 한다. 10A의 전기를 흐르게 하면 전기 분해에는 약 몇 시간이 소요되는가? (단, 구리의 원자량은 63.54이다.)

① 2.72 ② 5.36
③ 8.13 ④ 10.8

해설 $p = nF = I \cdot t$ 이므로
$2 \times \dfrac{63.54}{63.54} = \text{mole}^- \cdot 96,500\text{C/mole}^- = 10\text{A} \cdot x(\text{s})$
$\therefore x = 19,300\text{s} \times \dfrac{1\text{hr}}{3,600\text{s}} = 5.36\text{hr}$

02 100mL 메스플라스크로 10ppm 용액 100mL를 만들려고 한다. 1,000ppm 용액 몇 mL를 취해야 하는가?

① 0.1 ② 1
③ 10 ④ 100

해설 $10\text{ppm} \times 100\text{mL} = 1,000\text{ppm} \times x$
$\therefore x = 1\text{mL}$

03 발연 황산이란 무엇인가?

① H_2SO_4의 농도가 98% 이상인 거의 순수한 황산
② 황산과 염산을 1 : 3의 비율로 혼합한 것
③ SO_3를 황산에 흡수시킨 것
④ 일반적인 황산을 총괄하는 것

해설 발연 황산이란 SO_3를 황산에 흡수시킨 것

04 다음 중 $FeCl_3$과 반응하면 색깔이 보라색으로 되는 현상을 이용해서 검출하는 것은?

① CH_3OH ② C_6H_5OH
③ $C_6H_5NH_2$ ④ $C_6H_5CH_3$

해설 C_6H_5OH : 벤젠 핵에 $-OH$기가 붙어 있는 페놀은 수용액에 $FeCl_3$ 수용액을 작용시키면 보라색을 띤다.

05 다음의 평형계에서 압력을 증가시키면 반응에 어떤 영향이 나타나는가?

$$N_2(g) + 3H_2(g) \rightleftarrows 2NH_3(g)$$

① 오른쪽으로 진행
② 왼쪽으로 진행
③ 무변화
④ 왼쪽과 오른쪽에서 모두 진행

해설 압력을 증가시키면 → 분자수가 감소하는 방향(몰수가 작은 쪽) 즉, 오른쪽으로 진행된다.

06 물 100g에 황산구리 결정($CuSO_4 \cdot 5H_2O$) 2g을 넣으면 몇 % 용액이 되는가? (단, $CuSO_4$의 분자량은 160g/mol이다.)

① 1.25% ② 1.96%
③ 2.4% ④ 4.42%

해설
· 황산구리 결정($CuSO_4 \cdot 5H_2O$)의 분자량
$= 160 + 5 \times 18 = 250\text{g/mol}$
· 황산구리 결정 2g에 해당하는 몰수
$= \dfrac{2\text{g}}{250\text{g/mol}} = 0.008\text{mol}$
· 황산구리의 양
$= 0.008\text{mol} \times 160\text{g/mol} = 1.28\text{g}$
$\therefore \%\text{농도} = \dfrac{\text{용질 질량(g)}}{\text{용액의 질량(g)}} \times 100 = \dfrac{1.28\text{g}}{102\text{g}} \times 100$
$= 1.25\%$

07 다음 중 유리기구 사용을 피해야 하는 화학 반응은?

① $CaCO_3 + HCl$ ② $Na_2CO_3 + Ca(OH)_2$
③ $Mg + HCl$ ④ $CaF_2 + H_2SO_4$

정답 01 ② 02 ② 03 ③ 04 ② 05 ① 06 ① 07 ④

해설 불산(HF)의 제로 반응 : 형석 분말에 진한 황산을 가하여 가열한다.
$CaF_2 + H_2SO_4 \rightarrow 2HF + CaSO_4$
불산(HF)은 유리기구, 모래, 석영 등을 부식시킨다.

08 원소의 주기율표에서 같은 족에 속하는 원소들의 화학적 성질에는 비슷한 점이 많다. 이것과 관련있는 설명은?

① 같은 크기의 반지름을 가지는 이온이 된다.
② 제일 바깥의 전자 궤도에 들어 있는 전자의 수가 같다.
③ 핵의 양하전의 크기가 같다.
④ 원자 번호를 8a+b라는 일반식으로 나타낼 수 있다.

해설 같은 족에 속하는 원소들의 화학적 성질이 비슷한 점 : 제일 바깥의 전자 궤도에 들어 있는 전자의 수가 같다.

09 0°C의 얼음 20g을 100°C의 수증기로 만드는 데 필요한 열량은? (단, 융해열은 80cal/g, 기화열은 539cal/g이다.)

① 3,600cal
② 11,600cal
③ 12,380cal
④ 14,380cal

해설 $Q = Q_1 + Q_2 + Q_3$에서
$Q_1 = Gr = 20 \times 80 = 1,600$
$Q_2 = Gc\Delta t = 20 \times 1 \times (100-0) = 2,000$
$Q_3 = Gr = 20 \times 539 = 10,780$
∴ $Q = 1,600 + 2,000 + 10,780 = 14,380$cal

10 어떤 용액의 pH를 측정하였더니 4였다. 이 용액을 1,000배 희석시킨 용액의 pH를 옳게 나타 낸 것은?

① pH=3
② pH=4
③ pH=5
④ 6<pH<7

해설 pH 4=10^{-4}에서 1,000배 희석했을 때 [H$^+$]는 $10^{-4} \times 10^{-3} = 10^{-7}$
이론적으로 pH=7이다.
하지만 산성 용액으로 pH=7을 넘을 수 없기 때문에
∴ 6<pH<7

11 다음 중 물이 산으로 작용하는 반응은?

① $3Fe + 4H_2O \rightarrow Fe_3O_4 + 4H_2$
② $NH_4^+ + H_2O \rightleftarrows NH_3 + H_3O^+$
③ $HCOOH + H_2O \rightarrow HCOO^- + H_3O^+$
④ $CH_3COO^- + H_2O \rightarrow CH_3COOH + OH^-$

해설 금속과 치환할 수 있는 수소 화합물을 산이라 하며 물에 녹아서 H$^+$(H$_3$O$^+$)을 내는 물질이다.

학설	산(acid)	염기(base)
아레니우스설	수용액에서 H$^+$(H$_3$O$^+$)을 내는 것	수용액에서 OH$^-$를 내는 것
브뢴스테드설	H$^+$을 줄 수 있는 것	H$^+$을 받을 수 있는 것
루이스설	비공유 전자쌍을 받는 것	비공유 전자쌍을 제공하는 것

① $\underline{3Fe} + \underline{4H_2O} \rightarrow \underline{Fe_3O_4} + \underline{4H_2}$ (루이스설)
　　산　　염기　　염기　　산
② $\underline{NH_4^+} + \underline{H_2O} \rightleftarrows \underline{NH_3} + \underline{H_3O^+}$ (브뢴스테드설)
　　산　　염기　　염기　　산
③ $\underline{HCOOH} + \underline{H_2O} \rightarrow \underline{HCOO^-} + \underline{H_3O^+}$ (브뢴스테드설)
　　산　　　염기　　염기　　산
④ $\underline{CH_3COO^-} + \underline{H_2O} \rightarrow \underline{CH_3COOH} + \underline{OH^-}$ (브뢴스테드설)
　　염기　　　산　　　염기　　　산

12 Ca^{2+} 이온의 전자 배치를 옳게 나타낸 것은?

① $1s^2 2s^2 2p^6 3s^2 3p^6 3d^2$
② $1s^2 2s^2 2p^6 3s^2 3p^6 4s^2$
③ $1s^2 2s^2 2p^6 3s^2 3p^6 4s^2 3d^2$
④ $1s^2 2s^2 2p^6 3s^2 3p^6$

해설 Ca^{2+} 이온의 전자 배치 : $1s^2 2s^2 2p^6 3s^2 3p^6$

13 콜로이드 용액 중 소수 콜로이드는?

① 녹말
② 아교
③ 단백질
④ 수산화철

해설 콜로이드의 종류
㉠ 소수 콜로이드 : 먹물, Fe(OH)$_3$, Al(OH)$_3$ 등
㉡ 친수 콜로이드 : 녹말, 단백질, 비누, 한천, 젤라틴 등
㉢ 보호 콜로이드 : 아교, 아라비아 고무 등

정답 08 ② 09 ④ 10 ④ 11 ④ 12 ④ 13 ④

14 다음 화합물 중 펩티드 결합이 들어 있는 것은?

① 폴리염화비닐
② 유지
③ 탄수화물
④ 단백질

해설 단백질 : 아미노산의 탈수 축합 반응에 의해 펩티드 결합(−CO−NH−)으로 된 고분자 물질이다. 또한 펩티드 결합을 갖는 물질을 폴리아미드라 한다.

15 0°C, 1기압에서 1g의 수소가 들어 있는 용기에 산소 32g을 넣었을 때 용기의 총 내부 압력은? (단, 온도는 일정하다.)

① 1기압
② 2기압
③ 3기압
④ 4기압

해설 이상 기체 방정식 $PV=nRT$에서 용기의 체적 V와 기체 상수 R, 절대 온도 T 모두 일정하므로, 압력과 몰수의 관계식($P \propto n$)이다. 처음에 수소 1g(0.5mol)만 들어있을 때는 1기압 × V = 0.5mol × R × T인데 산소 32g(1mol)을 넣으면 x기압 × V = (0.5+1mol) × R × T가 되므로 몰수가 총 3배 증가(0.5mol → 1.5mol)되었으므로 압력도 3배 증가해야 한다.
∴ 3기압

16 축중합 반응에 의하여 나일론−66을 제조할 때 사용되는 주원료는?

① 아디프산과 헥사메틸렌디아민
② 이소프렌과 아세트산
③ 염화비닐과 폴리에틸렌
④ 멜라민과 클로로벤젠

해설 축합(Condensation) : 유기 화합물의 2분자 또는 그 이상의 분자가 반응하여 간단한 분자가 제거되면서 새로운 화합물을 만드는 반응

$$m\begin{matrix}H\\|\\H-N\\\end{matrix}-(CH_2)_6-\begin{matrix}H\\|\\N\\\end{matrix}\boxed{H+nHO}-\begin{matrix}O\\||\\C\\\end{matrix}-(CH_2)_4-\begin{matrix}O\\||\\C\\\end{matrix}-\boxed{OH} \xrightarrow{축합중합}$$
헥사메틸렌디아민 아디프산

$$\left(-\begin{matrix}H\\|\\N\\\end{matrix}-(CH_2)_6-\boxed{\begin{matrix}H\ O\\|\ ||\\N-C\\\end{matrix}}-(CH_2)_4-\begin{matrix}O\\||\\C\\\end{matrix}-\right)_n + \boxed{(2n-1)H_2O}$$
6,6−나일론 : 아미드(펩티드) 결합

17 0.001N − HCl의 pH는?

① 2
② 3
③ 4
④ 5

해설 $pH=-\log[H^+]=-\log[10^{-3}]=3$

18 ns^2np^5의 전자 구조를 가지지 않는 것은?

① F(원자 번호 9)
② Cl(원자 번호 17)
③ Se(원자 번호 34)
④ I(원자 번호 53)

해설 Se(셀렌)은 원자 번호가 34이므로 $4ns^2np^4$의 전자 구조를 갖는다.

19 표준 상태를 기준으로 수소 2.24L가 염소와 완전히 반응했다면 생성된 염화수소의 부피는 몇 L인가?

① 2.24
② 4.48
③ 22.4
④ 44.8

해설 기체 반응의 법칙 : 화학 반응을 하는 물질이 기체일 때 반응 물질의 부피와 생성되는 물질의 부피는 간단한 정수비가 성립된다.

$$\underset{2.24L}{H_2} + \underset{2.24L}{Cl_2} \rightarrow \underset{2 \times 2.24L}{2HCl}$$

20 다음 화학 반응에서 밑줄 친 원소가 산화된 것은?

① $H_2+\underline{Cl_2} \rightarrow 2HCl$
② $2\underline{Zn}+O_2 \rightarrow 2ZnO$
③ $2KBr+\underline{Cl_2} \rightarrow 2KCl+Br_2$
④ $2\underline{Ag}^++Cu \rightarrow 2Ag+Cu^{++}$

해설 산화 : 산화수가 증가하는 반응(전자를 잃음)
환원 : 산화수가 감소하는 반응(전자를 얻음)

① $\underset{0}{H_2}+\underset{0}{Cl_2} \rightarrow 2\underset{+1}{H}\underset{-1}{Cl}$
: Cl의 산화수가 0에서 −1로 감소(환원)

② $2\underset{0}{Zn}+\underset{0}{O_2} \rightarrow 2\underset{+2}{Zn}\underset{-2}{O}$
: Zn의 산화수가 0에서 +2로 증가(산화)

③ $2\underset{+1}{K}\underset{-1}{Br}+\underset{0}{Cl_2} \rightarrow 2\underset{+1}{K}\underset{-1}{Cl}+\underset{0}{Br_2}$
: Cl의 산화수가 0에서 −1로 감소(환원)

정답 14 ④ 15 ③ 16 ① 17 ② 18 ③ 19 ② 20 ②

④ $2Ag^+ + Cu \rightarrow 2Ag + Cu^{++}$
   $\quad +1 \quad\; 0 \quad\;\; 0 \quad\; +2$

: Ag의 산화수가 +1에서 0으로 감소(환원)

제2과목 화재예방과 소화방법

21 다음 위험물을 보관하는 창고에 화재가 발생하였을 때 물을 사용하여 소화하면 위험성이 증가하는 것은?

① 질산암모늄 ② 탄화칼슘
③ 과염소산나트륨 ④ 셀룰로이드

해설 $CaC_2 + 2H_2O \rightarrow Ca(OH)_2 + C_2H_2$

22 위험물안전관리법령상 이동식 불활성 가스 소화 설비의 호스 접속구는 모든 방호 대상물에 대하여 당해 방호 대상물의 각 부분으로부터 하나의 호스 접속구까지의 수평 거리가 몇 m 이하가 되도록 설치하여야 하는가?

① 5 ② 10
③ 15 ④ 20

해설 이동식 불활성 가스 소화 설비의 호스 접속구는 모든 방호 대상물에 대하여 당해 방호 대상물의 각 부분으로부터 하나의 호스 접속구까지의 수평 거리는 15m 이하가 되어야 한다.

23 화재 예방을 위하여 이황화탄소는 액면 자체 위에 물을 채워주는데 그 이유로 가장 타당한 것은?

① 공기와 접촉하면 발생하는 불쾌한 냄새를 방지하기 위하여
② 발화점을 낮추기 위하여
③ 불순물을 물에 용해시키기 위하여
④ 가연성 증기의 발생을 방지하기 위하여

해설 이황화탄소를 액면 자체 위에 물을 채워주는 이유는 가연성 증기의 발생을 방지하기 위함이다.

24 액체 상태의 물이 1기압, 100℃ 수증기로 변하면 체적이 약 몇 배 증가하는가?

① 530~540 ② 900~1,100
③ 1,600~1,700 ④ 2,300~2,400

해설 액체 상태의 물이 1기압, 100℃ 수증기로 변하면 체적은 1,600~1,700배로 증가한다.

25 연소 및 소화에 대한 설명으로 틀린 것은?

① 공기 중의 산소 농도가 0%까지 떨어져야만 연소가 중단되는 것은 아니다.
② 질식 소화, 냉각 소화 등은 물리적 소화에 해당한다.
③ 연소의 연쇄 반응을 차단하는 것은 화학적 소화에 해당한다.
④ 가연 물질에 상관없이 온도, 압력이 동일하면 한계 산소량은 일정한 값을 가진다.

해설 ④ 가연 물질에 따라 온도, 압력이 동일하여도 한계 산소량은 다르다.

26 분말 소화 약제의 소화 효과로서 가장 거리가 먼 것은?

① 질식 효과 ② 냉각 효과
③ 제거 효과 ④ 방사열 차단 효과

해설 분말 소화 약제의 소화 효과
㉠ 질식 효과
㉡ 냉각 효과
㉢ 방사열 차단 효과

27 제2류 위험물의 화재에 일반적인 특징으로 옳은 것은?

① 연소 속도가 빠르다.
② 산소를 함유하고 있어 질식 소화는 효과가 없다.
③ 화재 시 자신이 환원되고 다른 물질을 산화시킨다.
④ 연소열이 거의 없어 초기 화재 시 발견이 어렵다.

해설 제2류 위험물의 화재에 대한 일반적인 특징 : 연소 속도가 빠르다.

정답 21 ② 22 ③ 23 ④ 24 ③ 25 ④ 26 ③ 27 ①

28 제1종 분말 소화 약제가 1차 열분해되어 표준상태를 기준으로 $2m^3$의 탄산 가스가 생성되었다. 몇 kg의 탄산수소나트륨이 사용되었는가? (단, 나트륨의 원자량은 23이다.)

① 15
② 18.75
③ 56.25
④ 75

해설
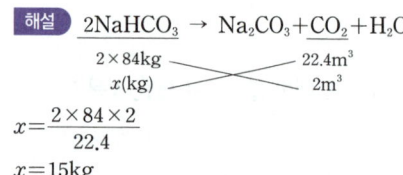

$x = \dfrac{2 \times 84 \times 2}{22.4}$
$x = 15 kg$

29 수성막 포 소화 약제에 대한 설명으로 옳은 것은?

① 물보다 가벼운 유류의 화재에는 사용할 수 없다.
② 계면활성제를 사용하지 않고 수성의 막을 이용한다.
③ 내열성이 뛰어나고 고온의 화재일수록 효과적이다.
④ 일반적으로 불소계 계면활성제를 사용한다.

해설 수성막 포 소화 약제 : 불소계 계면활성제

30 위험물안전관리법령상 방호 대상물의 표면적이 $70m^2$인 경우 물분무 소화 설비의 방사 구역은 몇 m^2로 하여야 하는가?

① 35
② 70
③ 150
④ 300

해설 방호 대상물의 표면적이 $70m^2$인 경우 물분무 소화 설비의 방사 구역은 $70m^2$로 하여야 한다.

31 위험물안전관리법령상 인화성 고체와 질산에 공통적으로 적응성이 있는 소화 설비는?

① 불활성 가스 소화 설비
② 할로젠 화합물 소화 설비
③ 탄산수소염류 분말 소화 설비
④ 포 소화 설비

해설 소화 설비의 적응성

소화 설비의 구분		건축물·그 밖의 공작물	전기 설비	제1류 위험물		제2류 위험물			제3류 위험물		제4류 위험물	제5류 위험물	제6류 위험물
				알칼리 금속 과산화물 등	그 밖의 것	철분·금속분·마그네슘 등	인화성 고체	그 밖의 것	금수성 물품	그 밖의 것			
옥내 소화전 설비 또는 옥외 소화전 설비		○			○		○	○		○		○	○
물분무등 소화 설비	스프링클러 설비	○			○		○	○		○	△	○	○
	물분무 소화 설비	○	○		○		○	○		○	○	○	○
	포 소화 설비	○			○		○	○		○	○	○	○
	불활성 가스 소화 설비		○					○			○		
	할로젠 화합물 소화 설비		○					○			○		
	분말 소화 설비	인산염류 등	○	○		○		○	○			○		○
		탄산수소염류 등		○	○		○	○		○		○		
		그 밖의 것			○		○			○				
대형·소형 수동식 소화기	봉상수(棒狀水) 소화기	○			○		○	○		○		○	○
	무상수(霧狀水) 소화기	○	○		○		○	○		○		○	○
	봉상 강화액 소화기	○			○		○	○		○		○	○
	무상 강화액 소화기	○	○		○		○	○		○	○	○	○
	포 소화기	○			○		○	○		○	○	○	○
	이산화탄소 소화기		○					○			○		△
	할론 소화기		○					○			○		
	분말 소화기	인산염류 소화기	○	○		○		○	○			○		○
		탄산수소염류 소화기		○	○		○	○		○		○		
		그 밖의 것			○		○			○				
기타	물통 또는 수조	○			○		○	○		○		○	○
	건조사			○	○	○	○	○	○	○	○	○	○
	팽창 질석 또는 팽창 진주암			○	○	○	○	○	○	○	○	○	○

[비고] "○" 표시는 당해 소방 대상물 및 위험물에 대하여 소화 설비가 적응성이 있음을 표시하고, "△" 표시는 제4류 위험물을 저장 또는 취급하는 장소의 살수 기준 면적에 따라 스프링클러 설비의 살수 밀도가 표에서 정하는 기준 이상인 경우에는 당해 스프링클러 설비가 제4류 위험물에 대하여 적응성이 있음을, 제6류 위험물을 저장 또는 취급하는 장소로서 폭발의 위험이 없는 장소에 한하여 이산화탄소 소화기가 제6류 위험물에 대하여 적응성이 있음을 각각 표시한다.

정답 28 ① 29 ④ 30 ② 31 ④

32 위험물안전관리법령상 옥내 소화전 설비의 기준에서 옥내 소화전의 개폐 밸브 및 호스 접속구의 바닥면으로부터 설치 높이 기준으로 옳은 것은?

① 1.2m 이하
② 1.2m 이상
③ 1.5m 이하
④ 1.5m 이상

해설 옥내 소화전의 개폐 밸브 및 호스 접속구의 설치 높이 : 바닥면으로부터 1.5m 이하

33 위험물안전관리법령상 톨루엔의 화재에 적응성이 있는 소화 방법은?

① 무상수(霧狀水) 소화기에 의한 소화
② 무상 강화액 소화기에 의한 소화
③ 봉상수(棒狀水) 소화기에 의한 소화
④ 봉상 강화액 소화기에 의한 소화

해설 31번 해설 참조

34 다음 중 증발 잠열이 가장 큰 것은?

① 아세톤
② 사염화탄소
③ 이산화탄소
④ 물

해설 여러 가지 물질의 증발 잠열

물질명	증발 잠열(cal/g)
아세톤	6.23
사염화탄소	46.6
이산화탄소	56.12
물	539

35 위험물안전관리법령에 따른 불활성 가스 소화 설비의 저장 용기 설치 기준으로 틀린 것은?

① 방호 구역 외의 장소에 설치할 것
② 저장 용기에는 안전 장치(용기 밸브에 설치되어 있는 것은 제외)를 설치할 것
③ 저장 용기의 외면에 소화 약제의 종류와 양, 제조년도 및 제조자를 표시할 것
④ 온도가 섭씨 40도 이하이고 온도 변화가 적은 장소에 설치할 것

해설 ② 저장 용기에는 안전 장치(용기 밸브에 설치되어 있는 것은 포함)를 설치할 것

36 다음 [보기]의 물질 중 위험물안전관리법령상 제1류 위험물에 해당하는 것의 지정 수량을 모두 합산한 것은?

- 퍼옥소이황산염류
- 아이오딘산
- 과염소산
- 차아염소산염류

① 350kg
② 400kg
③ 650kg
④ 1,350kg

해설 ㉠ 퍼옥소이황산염류(제1류 위험물, 300kg)
㉡ 아이오딘산(제6류 위험물, 300kg)
㉢ 과염소산(제6류 위험물, 300kg)
㉣ 차아염소산염류(제1류 위험물, 50kg)

37 이산화탄소를 이용한 질식 소화에 있어서 아세톤의 한계 산소 농도(vol%)에 가장 가까운 값은?

① 15
② 18
③ 21
④ 25

해설 CO_2를 이용한 질식 소화에서 아세톤의 한계 산소 농도 : 15vol%

38 소화기에 'B-2'라고 표시되어 있었다. 이 표시의 의미를 가장 옳게 나타낸 것은?

① 일반 화재에 대한 능력 단위 2단위에 적용되는 소화기
② 일반 화재에 대한 무게 단위 2단위에 적용되는 소화기
③ 유류 화재에 대한 능력 단위 2단위에 적용되는 소화기
④ 유류 화재에 대한 무게 단위 2단위에 적용되는 소화기

해설 소화기의 B-2 표시
유류 화재에 대한 능력 단위 2단위에 적용되는 소화기

정답 32 ③ 33 ② 34 ④ 35 ② 36 ① 37 ① 38 ③

39 이산화탄소 소화기의 장·단점에 대한 설명으로 틀린 것은?

① 밀폐된 공간에서 사용 시 질식으로 인명 피해가 발생할 수 있다.
② 전도성이어서 전류가 통하는 장소에서의 사용은 위험하다.
③ 자체의 압력으로 방출할 수가 있다.
④ 소화 후 소화 약제에 의한 오손이 없다.

해설 ② 전기 절연성이 우수하여 전기 화재에 효과적이다.

40 위험물안전관리법령상 제4류 위험물의 위험 등급에 대한 설명으로 옳은 것은?

① 특수 인화물은 위험 등급 I, 알코올류는 위험 등급 II이다.
② 특수 인화물과 제1석유류는 위험 등급 I이다.
③ 특수 인화물은 위험 등급 I, 그 이외에는 위험 등급 II이다.
④ 제2석유류는 위험 등급 II이다.

해설 위험물의 위험 등급

구분	위험 등급 I	위험 등급 II	위험 등급 III
제1류 위험물	아염소산염류, 염소산염류, 과염소산염류, 무기과산화물, 그 밖에 지정 수량이 50kg인 위험물	브로민산염류, 질산염류, 아이오딘산염류, 그 밖에 지정 수량이 300kg인 위험물	
제2류 위험물		황화인, 적린, 황, 그 밖에 지정 수량이 100kg인 위험물	
제3류 위험물	칼륨, 나트륨, 알킬알루미늄, 알킬리튬, 황린, 그 밖에 지정 수량이 10k 또는 20kg인 위험물	알칼리 금속(칼륨 및 나트륨을 제외), 알칼리토 금속, 유기 금속 화합물(알킬알루미늄 및 알킬리튬을 제외), 그 밖에 지정 수량이 50kg인 위험물	위험 등급 I, 위험 등급 II, 외의 것
제4류 위험물	특수 인화물	제1석유류, 알코올류	
제5류 위험물	지정 수량이 제1종 : 10kg인 위험물	지정 수량이 제2종 : 100kg인 위험물	
제6류 위험물	모두		

제3과목 위험물의 성질과 취급

41 위험물안전관리법령에 따른 위험물 제조소의 안전 거리 기준으로 틀린 것은?

① 주택으로부터 10m 이상
② 학교로부터 30m 이상
③ 유형 문화재와 기념물 중 지정 문화재로부터는 30m 이상
④ 병원으로부터 30m 이상

해설 ③ 유형 문화재와 기념물 중 지정 문화재로부터는 50m 이상

42 위험물안전관리법령상 제1류 위험물 중 알칼리금속의 과산화물의 운반 용기 외부에 표시하여야 하는 주의 사항을 모두 나타낸 것은?

① "화기 엄금", "충격 주의" 및 "가연물 접촉 주의"
② "화기·충격 주의", "물기 엄금" 및 "가연물 접촉 주의"
③ "화기 주의" 및 "물기 엄금"
④ "화기 엄금" 및 "물기 엄금"

해설 위험물 운반 용기의 주의 사항

위험물		주의 사항
제1류 위험물	알칼리 금속의 과산화물	・화기·충격 주의 ・물기 엄금 ・가연물 접촉 주의
	기타	・화기·충격 주의 ・가연물 접촉 주의
제2류 위험물	철분, 금속분, 마그네슘	・화기 주의 ・물기 엄금
	인화성 고체	화기 엄금
	기타	화기 주의
제3류 위험물	자연 발화성 물질	・화기 엄금 ・공기 접촉 엄금
	금수성 물질	물기 엄금
제4류 위험물		화기 엄금
제5류 위험물		・화기 엄금 ・충격 주의
제6류 위험물		가연물 접촉 주의

정답 39 ② 40 ① 41 ③ 42 ②

43 위험물안전관리법령상 위험물의 운반 용기 외부에 표시해야 할 사항이 아닌 것은? (단, 용기의 용적은 10L이며 원칙적인 경우에 한한다.)

① 위험물의 화학명
② 위험물의 지정 수량
③ 위험물의 품명
④ 위험물의 수량

해설 위험물 운반 용기 외부에 표시해야 할 사항
㉠ 위험물의 품명, 위험 등급, 화학명 및 수용성(수용성 표시는 제4류 위험물로서 수용성인 것에 한한다.)
㉡ 위험물의 수량
㉢ 수납 위험물의 주의 사항

44 과염소산과 과산화수소의 공통된 성질이 아닌 것은?

① 비중이 1보다 크다.
② 물에 녹지 않는다.
③ 산화제이다.
④ 산소를 포함한다.

해설 ② 물에 녹기 쉽다.

45 위험물안전관리법령에서는 위험물을 제조 외의 목적으로 취급하기 위한 장소와 그에 따른 취급소의 구분을 4가지로 정하고 있다. 다음 중 법령에서 정한 취급소의 구분에 해당되지 않는 것은?

① 주유 취급소
② 특수 취급소
③ 일반 취급소
④ 이송 취급소

해설 ② 판매 취급소

46 물과 접촉되었을 때 연소 범위의 하한값이 2.5vol%인 가연성 가스가 발생하는 것은?

① 금속 나트륨
② 인화칼슘
③ 과산화칼륨
④ 탄화칼슘

해설 $CaC_2 + 2H_2O \rightarrow Ca(OH)_2 + C_2H_2$
∴ 이때 발생한 C_2H_2의 연소 범위가 2.5~81%이다.

47 삼황화인과 오황화인의 공통 연소 생성물을 모두 나타낸 것은?

① H_2S, SO_2
② P_2O_5, H_2S
③ SO_2, P_2O_5
④ H_2S, SO_2, P_2O_5

해설 삼황화인과 오황화인의 연소 생성물은 모두 유독하다.
$P_4S_3 + 8O_2 \rightarrow 2P_2O_5 \uparrow + 3SO_2$
$2P_2S_5 + 15O_2 \rightarrow 2P_2O_5 + 10SO_2$
∴ 공통 연소 생성물 : P_2O_5, SO_2

48 위험물의 적재 방법에 관한 기준으로 틀린 것은?

① 위험물은 규정에 의한 바에 따라 재해를 발생시킬 우려가 있는 품품과 함께 적재하지 아니하여야 한다.
② 적재하는 위험물의 성질에 따라 일광의 직사 또는 빗물의 침투를 방지하기 위하여 유효하게 피복하는 등 규정에서 정하는 기준에 따른 조치를 하여야 한다.
③ 증기 발생·폭발에 대비하여 운반 용기의 수납구를 옆 또는 아래로 향하게 하여야 한다.
④ 위험물을 수납한 운반 용기가 전도·낙하 또는 파손되지 아니하도록 적재하여야 한다.

해설 ③ 증기 발생·폭발에 대비하여 운반 용기의 수납구를 위로 향하게 하여야 한다.

49 이동 저장 탱크로부터 위험물을 저장 또는 취급하는 탱크에 인화점이 몇 ℃ 미만인 위험물을 주입할 때에는 이동 탱크 저장소의 원동기를 정지시켜야 하는가?

① 21
② 40
③ 71
④ 200

해설 이동 탱크 저장소의 원동기 정지 : 인화점이 40℃ 미만인 위험물 주입 시

정답 43 ② 44 ② 45 ② 46 ④ 47 ③ 48 ③ 49 ②

50 적재 시 일광의 직사를 피하기 위하여 차광성이 있는 피복으로 가려야 하는 것은?

① 메탄올 ② 과산화수소
③ 철분   ④ 가솔린

해설 ① 메탄올 : 제4류 위험물 중 알코올류
② 과산화수소 : 제6류 위험물
③ 철분 : 제2류 위험물
④ 가솔린 : 제4류 위험물 중 제1석유류

차광성이 있는 피복 조치

유 별	적용 대상
제1류 위험물	전부
제3류 위험물	자연 발화성 물품
제4류 위험물	특수 인화물
제5류 위험물	전부
제6류 위험물	

51 위험물의 취급 중 소비에 관한 기준으로 틀린 것은?

① 열처리 작업은 위험물이 위험한 온도에 이르지 아니하도록 실시하여야 한다.
② 담금질 작업은 위험물이 위험한 온도에 이르지 아니하도록 하여 실시하여야 한다.
③ 분사 도장 작업은 방화상 유효한 격벽 등으로 구획한 안전한 장소에서 하여야 한다.
④ 버너를 사용하는 경우에는 버너의 역화를 유지하고 위험물이 넘치지 아니하도록 하여야 한다.

해설 ④ 버너를 사용하는 경우에는 버너의 역화를 방지하고 위험물이 넘치지 아니하도록 하여야 한다.

52 산화제와 혼합되어 연소할 때 자외선을 많이 포함하는 불꽃을 내는 것은?

① 셀룰로이드
② 나이트로셀룰로오스
③ 마그네슘분
④ 글리세린

해설 마그네슘분의 설명이다.

53 제3류 위험물 중 금수성 물질의 위험물 제조소에 설치하는 주의 사항 게시판의 색상 및 표시 내용으로 옳은 것은?

① 청색 바탕 – 백색 문자, "물기 엄금"
② 청색 바탕 – 백색 문자, "물기 주의"
③ 백색 바탕 – 청색 문자, "물기 엄금"
④ 백색 바탕 – 청색 문자, "물기 주의"

해설 제조소의 게시판 주의 사항

위험물		주의 사항
제1류 위험물	알칼리 금속의 과산화물	물기 엄금
	기타	별도의 표시를 하지 않는다.
제2류 위험물	인화성 고체	화기 엄금
	기타	화기 주의
제3류 위험물	자연 발화성 물질	화기 엄금
	금수성 물질	물기 엄금
제4류 위험물		화기 엄금
제5류 위험물		
제6류 위험물		별도의 표시를 하지 않는다.

※ 물기 엄금 : 청색 바탕에 백색 문자

54 위험물안전관리법령에서 정의한 철분의 정의로 옳은 것은?

① "철분"이라 함은 철의 분말로서 53마이크로미터의 표준체를 통과하는 것이 50중량퍼센트 미만인 것은 제외한다.
② "철분"이라 함은 철의 분말로서 50마이크로미터의 표준체를 통과하는 것이 53중량퍼센트 미만인 것은 제외한다.
③ "철분"이라 함은 철의 분말로서 53마이크로미터의 표준체를 통과하는 것이 50부피퍼센트 미만인 것은 제외한다.
④ "철분"이라 함은 철의 분말로서 50마이크로미터의 표준체를 통과하는 것이 53부피퍼센트 미만인 것은 제외한다.

해설 철분의 정의 : 철의 분말로서 53마이크로미터의 표준체를 통과하는 것이 50중량퍼센트 미만인 것은 제외한다.

정답 50 ② 51 ④ 52 ③ 53 ① 54 ①

55 지정 수량에 따른 제4류 위험물 옥외 탱크 저장소 주위의 보유 공지 너비의 기준으로 틀린 것은?

① 지정 수량의 500배 이하 — 3m 이상
② 지정 수량의 500배 초과 1,000배 이하 — 5m 이상
③ 지정 수량의 1,000배 초과 2,000배 이하 — 9m 이상
④ 지정 수량의 2,000배 초과 3,000배 이하 — 15m 이상

해설 옥외 탱크 저장소의 보유 공지

저장 또는 취급하는 위험물의 최대 수량	공지의 너비
지정 수량의 500배 초과	3m 이상
지정 수량의 500배 초과 1,000배 이하	5m 이상
지정 수량의 1,000배 초과 2,000배 이하	9m 이상
지정 수량의 2,000배 초과 3,000배 이하	12m 이상
지정 수량의 3,000배 초과 4,000배 이하	15m 이상
지정 수량의 4,000배 초과	당해 탱크의 수평 단면의 최대 지름(횡형인 경우에는 긴 변)과 높이 중 큰 것과 같은 거리 이상. 다만, 30m 초과의 경우에는 30m 이상으로 할 수 있고, 15m 미만의 경우에는 15m 이상으로 하여야 한다.

56 다음 물질 중 인화점이 가장 낮은 것은?

① CS_2
② $C_2H_5OC_2H_5$
③ CH_3COCH_3
④ CH_3OH

해설 ① CS_2 : $-30℃$
② $C_2H_5OC_2H_5$: $-45℃$
③ CH_3COCH_3 : $-18℃$
④ CH_3OH : $11℃$

57 제조소 등의 관계인은 당해 제조소 등의 용도를 폐지한 때에는 행정안전부령이 정하는 바에 따라 제조소 등의 용도를 폐지한 날부터 며칠 이내에 시·도지사에게 신고하여야 하는가?

① 5일
② 7일
③ 14일
④ 21일

해설 ㉠ 제조소 등의 용도 폐지 : 14일 이내에 시·도지사에게 신고
㉡ 제조소 등의 승계 : 30일 이내에 시·도지사에게 신고

58 일반 취급소 1층에 옥내 소화전 6개, 2층에 옥내 소화전 5개, 3층에 옥내 소화전 5개를 설치하고자 한다. 위험물안전관리법령상 이 일반 취급소에 설치되는 옥내 소화전에 있어서 수원의 수량은 얼마 이상이어야 하는가?

① $13m^3$
② $15.6m^3$
③ $39m^3$
④ $46.8m^3$

해설 $Q = N \times 7.8m^3 = 5 \times 7.8 = 39m^3$
여기서, Q : 수원의 수량
N : 옥내 소화전 설비 설치 개수(설치 개수가 5개 이상인 경우는 5개의 옥내 소화전)

59 위험물안전관리법령상 시·도의 조례가 정하는 바에 따라, 관할 소방서장의 승인을 받아 지정 수량 이상의 위험물을 임시로 제조소 등이 아닌 장소에서 취급할 때 며칠 이내의 기간 동안 취급할 수 있는가?

① 7
② 30
③ 90
④ 180

해설 위험물 임시 저장 기간 : 90일 이내

정답 55 ④ 56 ② 57 ③ 58 ③ 59 ③

60 제4류 제2석유류 비수용성인 위험물 180,000 리터를 저장하는 옥외 저장소의 경우 설치하여야 하는 소화 설비의 기준과 소화기 개수를 설명한 것이다. ( ) 안에 들어갈 숫자의 합은?

> - 해당 옥외 저장소는 소화 난이도 등급 II에 해당하며 소화 설비의 기준은 방사 능력 범위 내에 공작물 및 위험물이 포함되도록 대형 수동식 소화기를 설치하고 당해 위험물의 소요 단위의 ( )에 해당하는 능력 단위의 소형 수동식 소화기를 설치하여야 한다.
> - 해당 옥외 저장소의 경우 대형 수동식 소화기와 설치하고자 하는 소형 수동식 소화기의 능력 단위가 2라고 가정할 때 비치하여야 하는 소형 수동식 소화기의 최소 개수는 ( )개이다.

① 2.2
② 4.5
③ 9
④ 10

해설 ㉠ 소화 난이도 등급 II의 제조소 등에 설치하여야 하는 소화 설비

제조소 등의 구분	소화 설비
제조소	방사 능력 범위 내에 당해 건축물, 그 밖의 인공 구조물 및 위험물이 포함되도록 대형 수동식 소화기를 설치하고, 당해 위험물의 소요 단위의 1/5 이상에 해당하는 능력 단위의 소형 수동식 소화기 등을 설치할 것
옥내 저장소	″
옥외 저장소	″
주유 취급소	″
판매 취급소	″
일반 취급소	″
옥외 탱크 저장소	대형 수동식 소화기 및 소형 수동식 소화기 등을 각각 1개 이상 설치할 것
옥내 탱크 저장소	″

㉡ 1소요 단위 : 지정 수량의 10배
- 제4류 제2석유류 비수용성의 지정 수량을 1,000L
- 따라서 1소요 단위는 10,000L, 18,000L는 18소요 단위 즉 18소요 단위의 $\frac{1}{5}$ 이상에 해당하는 능력 단위의 소형 수동식 소화기 등을 설치한다. 즉 3.6 능력 단위 이상이 필요하다.

소형 수동식 소화기의 능력 단위가 2라고 하였으므로 $\frac{3.6}{2}$ =1.8개의 소화기가 필요한데, 절상하여 2개가 된다.

여기서 ㉠과 ㉡을 더하면 $\frac{1}{5}$, 따라서 0.2+2=2.2

정답 60 ①

위험물 산업기사 (2017. 3. 5 시행)

제1과목 일반화학

01 모두 염기성 산화물로만 나타낸 것은?
① CaO, Na_2O
② K_2O, SO_2
③ CO_2, SO_3
④ Al_2O_3, P_2O_5

해설 산화물의 종류
㉠ 염기성 산화물 : 물에 녹아 염기가 되거나 산과 반응하여 염과 물을 만드는 금속 산화물(대부분 산화수가 +2가 이하)
  예 CaO, MgO, Na_2O, CuO 등
㉡ 산성 산화물 : 물에 녹아 산이 되거나 염기와 반응할 때 염과 물을 만드는 비금속 산화물(대부분 산화수가 +3가 이상)
  예 CO_2, SiO_2, NO_2, SO_3, P_2O_5 등
㉢ 양쪽성 산화물 : 양쪽성 원소의 산화물로서 산, 염기와 모두 반응하여 염과 물을 만드는 양쪽성 산화물
  예 Al_2O_3, ZnO, SnO, PbO 등

02 다음 이원자 분자 중 결합 에너지 값이 가장 큰 것은?
① H_2
② N_2
③ O_2
④ F_2

해설 결합 에너지 : 입자들의 결합을 끊을 수 있을 정도의 에너지이며, 기체 상태의 원자 1몰의 공유 결합을 끊어서 구성 입자(원자 또는 이온)로 만드는 데 필요한 에너지로 결합 에너지는 결합이 강할수록, 극성이 클수록, 단일 결합보다는 다중 결합일수록 증가한다.
① H-H(단일 결합), ② N≡N(삼중 결합)
③ O=O(이중 결합), ④ F-F(단일 결합)

03 액체 공기에서 질소 등을 분리하여 산소를 얻는 방법은 다음 중 어떤 성질을 이용한 것인가?
① 용해도
② 비등점
③ 색상
④ 압축률

해설 액화 분류법 : 액체의 비등점의 차를 이용하여 분리하는 방법
예 공기를 액화시켜 질소(b.p. -196℃), 아르곤(b.p. -186℃), 산소(b.p. -183℃) 등으로 분리하는 방법

04 CH_4 16g 중에는 C가 몇 mol 포함되었는가?
① 1
② 4
③ 16
④ 22.4

해설 CH_4의 분자량 = 12 + 1×4 = 16g/mol
CH_4 16g에 해당하는 몰수는 $\frac{16g}{16g/mol} = 1mol$
∴ C는 1mol이 포함됨

05 황산구리 결정 $CuSO_4 \cdot 5H_2O$ 25g을 100g의 물에 녹였을 때 몇 wt% 농도의 황산구리($CuSO_4$) 수용액이 되는가? (단, $CuSO_4$ 분자량은 160이다.)
① 1.28%
② 1.60%
③ 12.8%
④ 16.0%

해설 $CuSO_4 \cdot 5H_2O$ 분자량 = 160 + 5×18 = 250g/mol
$CuSO_4 \cdot 5H_2O$ 25g은 $\frac{25}{250}$ mol = 0.1mol이므로 여기에 포함된 $CuSO_4$는 0.1몰이다.
$CuSO_4$ 0.1몰은 160g/mol × 0.1몰 = 16g
∴ $\frac{16}{125} \times 100 = 12.8\%$

06 $KMnO_4$에서 Mn의 산화수는 얼마인가?
① +3
② +5
③ +7
④ +9

해설 $KMnO_4 \rightarrow (+1) + Mn + (-2) \times 4 = 0$
∴ Mn의 산화수 = +7

정답 01 ① 02 ② 03 ② 04 ① 05 ③ 06 ③

07
pH가 2인 용액은 pH가 4인 용액과 비교하면 수소 이온 농도가 몇 배인 용액이 되는가?

① 100배
② 2배
③ 10^{-1}배
④ 10^{-2}배

해설 $pH = -\log[H^+]$
$pH\ 2 = -\log[H^+] \rightarrow [H^+] = 10^{-2}$
$pH\ 4 = -\log[H^+] \rightarrow [H^+] = 10^{-4}$
∴ pH 2는 pH 4와 비교하였을 때 수소 이온 농도가 100배 차이가 난다.

08
일정한 온도하에서 물질 A와 B가 반응을 할 때 A의 농도만 2배로 하면 반응 속도가 2배가 되고 B의 농도만 2배로 하면 반응 속도가 4배로 된다. 이 반응의 속도식은? (단, 반응 속도 상수는 k이다.)

① $v = k[A][B]^2$
② $v = k[A]^2[B]$
③ $v = k[A][B]^{0.5}$
④ $v = k[A][B]$

해설 $v = k[A]^n[B]^m$
A의 농도를 2배로 해 주었을 때 반응 속도가 2배 증가하였으므로 $n = 1$
B의 농도를 2배로 해 주었을 때 반응 속도가 2^2배(4배) 증가하였으므로 $m = 2$
∴ $v = k[A][B]^2$

09
다음 화합물 수용액 농도가 모두 0.5M일 때 끓는점이 가장 높은 것은?

① $C_6H_{12}O_6$(포도당)
② $C_{12}H_{22}O_{11}$(설탕)
③ $CaCl_2$(염화칼슘)
④ NaCl(염화나트륨)

해설 $C_6H_{12}O_6$(포도당)과 $C_{12}H_{22}O_{11}$(설탕)은 공유 결합물질로 분자간의 인력이 약하여 융점과 비등점이 낮다.
$CaCl_2$(염화칼슘)과 NaCl(염화나트륨)은 이온 결합 물질로 융점이나 비등점이 높다.
$CaCl_2$의 끓는점은 1,935℃, NaCl의 끓는점은 1,465℃이다.

10
$CH_3COOH \rightarrow CH_3COO^- + H^+$의 반응식에서 전리 평형 상수 K는 다음과 같다. K값을 변화시키기 위한 조건으로 옳은 것은?

$$K = \frac{[CH_3COO^-][H^+]}{[CH_3COOH]}$$

① 온도를 변화시킨다.
② 압력을 변화시킨다.
③ 농도를 변화시킨다.
④ 촉매 양을 변화시킨다.

해설 평형 상수(K) : 화학 평형 상태에서 반응 물질의 농도의 곱과 생성 물질의 농도의 곱의 비는 일정하며, 이 일정한 값을 평형 상수라 한다. 평형 상수는 각 물질의 농도와 관계없이 반응의 종류와 온도에 의해서만 결정된다.

11
염화철(Ⅲ)($FeCl_3$) 수용액과 반응하여 정색 반응을 일으키지 않는 것은?

① OH (페놀)
② CH_2OH (벤질알코올)
③ CH_3 OH (크레졸)
④ COOH OH (살리실산)

해설 페놀류 검출법 : 벤젠핵에 수산기(-OH)가 붙어 있는 페놀류의 수용액에 $FeCl_3$ 수용액을 가하면 청자색이나 적자색을 띤다.

 에는 페놀이 포함되어 있지 않다.

12
C-C-C-C를 부탄이라고 한다면 C=C-C-C의 명명은? (단, C와 결합된 원소는 H이다.)

① 1-부텐
② 2-부텐
③ 1, 2-부텐
④ 3, 4-부텐

해설 $\underset{1}{C}=\underset{2}{C}-\underset{3}{C}-\underset{4}{C}$에서 이중 결합이 1번과 2번 사이에 있다.
화학식의 명명은 숫자가 작은 것으로 한다.
따라서 1-부텐이 된다.

정답 07 ① 08 ① 09 ③ 10 ① 11 ② 12 ①

13 포화 탄화수소에 해당하는 것은?

① 톨루엔   ② 에틸렌
③ 프로판   ④ 아세틸렌

해설 포화 탄화수소 : 다중 결합이 없는 탄화수소로 Alkane 계열이 있다.
① 톨루엔(○) : 방향족 탄화수소
② 에틸렌(C=C) : 불포화 탄화수소
③ 프로판(∧) : 포화 탄화수소
④ 아세틸렌(C≡C) : 불포화 탄화수소

14 비누화 값이 작은 지방에 대한 설명으로 옳은 것은?

① 분자량이 작으며, 저급 지방산의 에스테르이다.
② 분자량이 작으며, 고급 지방산의 에스테르이다.
③ 분자량이 크며, 저급 지방산의 에스테르이다.
④ 분자량이 크며, 고급 지방산의 에스테르이다.

해설 비누화 값이란 유지 1g을 비누화시키는 데 필요한 염기(NaOH, KOH)의 양을 말한다.
비누화 값은 분자량이 작은 물질의 경우 크고, 반대로 분자량이 크고 고급 지방산일 경우 작다.

15 p오비탈에 대한 설명 중 옳은 것은?

① 원자핵에서 가장 가까운 오비탈이다.
② s오비탈보다는 약간 높은 모든 에너지 준위에서 발견된다.
③ X, Y의 2방향을 축으로 한 원형 오비탈이다.
④ 오비탈의 수는 3개, 들어갈 수 있는 최대 전자수는 6개이다.

해설 ① 원자의 전자 배열 순서는 $1s<2s<2p<3s<3p\cdots$ 순으로 채워지며 원자핵에서 가장 가까운 오비탈은 s오비탈이다.

②
— 4s
— 3p
— 3s
— 2p
— 2s
— 1s
〈오비탈의 에너지 준위〉

③ p오비탈은 X, Y, Z의 3방향을 축으로 한 아령 모양이다.

④ X, Y, Z의 p오비탈은 X, Y, Z 3개이며, 각각 2개의 전자가 들어갈 수 있다. 따라서 총 6개의 전자가 채워질 수 있다.

16 기체 A 5g은 27℃, 380mmHg에서 부피가 6,000mL이다. 이 기체의 분자량(g/mol)은 약 얼마인가? (단, 이상 기체로 가정한다.)

① 24   ② 41
③ 64   ④ 123

해설 $PV = \dfrac{W}{M}RT$

$M = \dfrac{WRT}{PV}$

$= \dfrac{5 \times 0.082 \times (273+27)}{\dfrac{380}{760} \times 6} = 41\text{g/mol}$

17 다음 중 완충 용액에 해당하는 것은?

① CH_3COONa와 CH_3COOH
② NH_4Cl와 HCl
③ CH_3COONa와 $NaOH$
④ $HCOONa$와 Na_2SO_4

해설 완충 용액이란 일반적으로 산이나 염기를 가해도 공통 이온 효과에 의해 그 용액의 수소 이온 농도(pH)가 크게 변하지 않는 용액을 말한다.
예) CH_3COONa와 CH_3COOH, CH_3COOH와 $Pb(CH_3COO)_2$, NH_4OH와 NH_4Cl

18 다음 분자 중 가장 무거운 분자의 질량은 가장 가벼운 분자의 몇 배인가? (단, Cl의 원자량은 35.5이다.)

H_2, Cl_2, CH_4, CO_2

① 4배   ② 22배
③ 30.5배   ④ 35.5배

해설 ㉠ H_2의 분자량 : 2
㉡ Cl_2의 분자량 : $35.5 \times 2 = 71$
㉢ CH_4의 분자량 : $12 + 1 \times 4 = 16$
㉣ CO_2의 분자량 : $12 + 16 \times 2 = 44$
∴ 가장 무거운 분자 : Cl_2, 가장 가벼운 분자 : H_2
즉, $\dfrac{71}{2} = 35.5$배

정답 13 ③ 14 ④ 15 ④ 16 ② 17 ① 18 ④

19 다음 물질의 수용액을 같은 전기량으로 전기 분해해서 금속을 석출한다고 가정할 때 석출되는 금속의 질량이 가장 많은 것은? (단, 괄호 안의 값은 석출되는 금속의 원자량이다.)

① $CuSO_4(Cu=64)$
② $NiSO_4(Ni=59)$
③ $AgNO_3(Ag=108)$
④ $Pb(NO_3)_2(Pb=207)$

해설 ① $Cu^{2+}+2e^- \to Cu(S)$
전자 2몰당 Cu(S) 1몰 석출
② $Ni^{2+}+2e^- \to Ni(S)$
전자 2몰당 Ni(S) 1몰 석출
③ $Ag^++e^- \to Ag(S)$
전자 1몰당 Ag(S) 1몰 석출
④ $Pb^{2+}+2e^- \to Pb(S)$
전자 2몰당 Pb(S) 1몰 석출
전자가 2몰 존재할 때,
- Cu(S) 1몰 석출, 즉 Cu(S) 64g 석출
- Ni(S) 1몰 석출, 즉 Ni(S) 59g 석출
- Ag(S) 2몰 석출, 즉 Ag(S) 108×2=216g 석출
- Pb(S) 1몰 석출, 즉 Pb(S) 207g 석출
∴ Ag(S)가 가장 많이 석출됨.

20 25℃에서 $Cd(OH)_2$염의 몰 용해도는 1.7×10^{-5} mol/L다. $Cd(OH)_2$염의 용해도곱 상수(K_{sp})를 구하면 약 얼마인가?

① 2.0×10^{-14}
② 2.2×10^{-12}
③ 2.4×10^{-10}
④ 2.6×10^{-8}

해설 $Cd(OH)_2 \rightleftarrows Cd^{2+}+2OH^-$
$K_{sp}=[Cd^{2+}][OH^-]^2$
$Cd(OH)_2$염의 몰 용해도가 1.7×10^{-5} mol/L이므로
$[Cd^{2+}]=1.7 \times 10^{-5}$
$[OH^-]=2 \times 1.7 \times 10^{-5}$이다. 이것을 위 식에 대입하면
$K_{sp}=(1.7 \times 10^{-5})(2 \times 1.7 \times 10^{-5})^2$
∴ $K_{sp} \fallingdotseq 2.0 \times 10^{-14}$

제2과목 화재예방과 소화방법

21 특정 옥외 탱크 저장소라 함은 옥외 탱크 저장소 중 저장 또는 취급하는 액체 위험물의 최대 수량이 얼마 이상인 것을 말하는가?

① 50만 리터 이상
② 100만 리터 이상
③ 150만 리터 이상
④ 200만 리터 이상

해설 특정 옥외 탱크 저장소 등
㉠ 특정 옥외 탱크 저장소 : 옥외 탱크 저장소 중 그 저장 또는 취급하는 액체 위험물의 최대 수량이 100만L 이상인 것
㉡ 준특정 옥외 탱크 저장소 : 옥외 탱크 저장소 중 저장·취급하는 액체 위험물의 최대 수량이 50만 L 이상 100만L 미만인 것

22 양초(파라핀)의 연소 형태는?

① 표면 연소
② 분해 연소
③ 자기 연소
④ 증발 연소

해설 고체의 연소 형태
① 표면(직접) 연소 : 목탄, 숯, 코크스, 금속분, Na 등
② 분해 연소 : 석탄, 목재, 종이, 플라스틱, 고무 등
③ 자기(내부) 연소 : 제5류 위험물
④ 증발 연소 : 양초(파라핀), 황, 나프탈렌, 왁스, 파라핀, 장뇌 등

23 다량의 비수용성 제4류 위험물의 화재 시 물로 소화하는 것이 적합하지 않은 이유는?

① 가연성 가스를 발생한다.
② 연소면을 확대한다.
③ 인화점이 내려간다.
④ 물이 열분해한다.

해설 물로 소화하면 연소면을 확대하기 때문에 적합하지 않다.

24 제4류 위험물을 취급하는 제조소에서 지정 수량의 몇 배 이상을 취급할 경우 자체 소방대를 설치하여야 하는가?

① 1,000배
② 2,000배
③ 3,000배
④ 4,000배

정답 19 ③ 20 ① 21 ② 22 ④ 23 ② 24 ③

해설 자체 소방대를 두어야 할 대상의 기준
㉠ 지정 수량의 3,000배 이상의 제4류 위험물을 저장, 취급하는 제조소 또는 일반 취급소
㉡ 옥외 탱크 저장소에 저장하는 제4류 위험물의 최대 수량이 지정 수량의 50만 배 이상인 사업소

25 위험물안전관리법령상 제2류 위험물인 철분에 적응성이 있는 소화 설비는?

① 포 소화 설비
② 탄산수소염류 분말 소화 설비
③ 할로젠 화합물 소화 설비
④ 스프링클러 설비

해설 소화 설비의 적응성

(표 생략)

기타	물통 또는 수조	○		○	○	○	○	○
	건조사		○	○	○	○	○	○
	팽창 질석 또는 팽창 진주암		○	○	○	○	○	○

26 위험물 제조소에 옥내 소화전이 가장 많이 설치된 층의 옥내 소화전 설비 설치 개수가 2개이다. 위험물안전관리법령의 옥내 소화전 설비 설치 기준에 의하면 수원의 수량은 얼마 이상이 되어야 하는가?

① $7.8m^3$ ② $15.6m^3$
③ $20.6m^3$ ④ $78m^3$

해설 옥내 소화전 수원의 양 $Q(m^3) = N \times 7.8m^3$
(N : 설치 개수가 5개 이상인 경우는 5개의 옥내 소화전)
∴ $Q(m^3) = 2 \times 7.8m^3 = 15.6m^3$

27 트라이에틸알루미늄이 습기와 반응할 때 발생되는 가스는?

① 수소   ② 아세틸렌
③ 에탄   ④ 메탄

해설 $(C_2H_5)_3Al + 3H_2O \rightarrow Al(OH)_3 + 3C_2H_6$

28 일반적으로 다량의 주수를 통한 소화가 가장 효과적인 화재는?

① A급 화재   ② B급 화재
③ C급 화재   ④ D급 화재

해설 ① A급 화재 : 다량의 주수를 통한 소화
② B급 화재 : 질식 소화(포, CO_2, 분말, 할론 등)
③ C급 화재 : 물분무 주수
④ D급 화재 : 건조사

29 프로판 $2m^3$가 완전 연소할 때 필요한 이론 공기량은 약 몇 m^3인가? (단, 공기 중 산소 농도는 21vol%이다.)

① 23.81   ② 35.72
③ 47.62   ④ 71.43

정답 25 ② 26 ② 27 ③ 28 ① 29 ③

해설 $C_3H_8 + 5O_2 \rightarrow 3CO_2 + 4H_2O$

$\begin{array}{cc} 1m^3 & 5m^3 \\ 2m^3 & x(m^3) \end{array}$

$x = \dfrac{2 \times 5}{1}, x = 10m^3$

$\therefore x = 10 \times \dfrac{100}{21} = 47.62m^3$

30 탄산수소칼륨 소화 약제가 열분해 반응 시 생성되는 물질이 아닌 것은?

① K_2CO_3
② CO_2
③ H_2O
④ KNO_3

해설 $2KHCO_3 \longrightarrow K_2CO_3 + CO_2 + H_2O$

31 포 소화 약제와 분말 소화 약제의 공통적인 주요 소화 효과는?

① 질식 효과
② 부촉매 효과
③ 제거 효과
④ 억제 효과

해설 포, 분말 소화 약제의 공통적인 주요 소화 효과 : 질식 효과

32 위험물안전관리법령상 지정 수량의 3천배 초과 4천배 이하의 위험물을 저장하는 옥외 탱크 저장소에 확보하여야 하는 보유 공지의 너비는 얼마인가?

① 6m 이상
② 9m 이상
③ 12m 이상
④ 15m 이상

해설 옥외 탱크 저장소의 보유 공지

저장 또는 취급하는 위험물의 최대 수량	공지의 너비
지정 수량의 500배 이하	3m 이상
지정 수량의 500배 초과 1,000배 이하	5m 이상
지정 수량의 1,000배 초과 2,000배 이하	9m 이상
지정 수량의 2,000배 초과 3,000배 이하	12m 이상
지정 수량의 3,000배 초과 4,000배 이하	15m 이상
지정 수량의 4,000배 초과	당해 탱크의 수평 단면의 최대 지름(횡형인 경우에는 긴 변)과 높이 중 큰 것과 같은 거리 이상. 다만, 30m 초과의 경우에는 30m 이상으로 할 수 있고, 15m 미만의 경우에는 15m 이상으로 하여야 한다.

33 과산화나트륨의 화재 시 적응성이 있는 소화설비로만 나열된 것은?

① 포 소화기, 건조사
② 건조사, 팽창 질석
③ 이산화탄소 소화기, 건조사, 팽창 질석
④ 포 소화기, 건조사, 팽창 질석

해설 25번 해설 참조

34 다음 중 소화 약제의 종류에 해당하지 않는 것은?

① CF_2BrCl
② $NaHCO_3$
③ NH_3BrO_3
④ CF_3Br

해설 ③ NH_3BrO_3 : 제1류 위험물 브롬산 염류

35 화재 예방 시 자연 발화를 방지하기 위한 일반적인 방법으로 옳지 않은 것은?

① 통풍을 방지한다.
② 저장실의 온도를 낮춘다.
③ 습도가 높은 장소를 피한다.
④ 열의 축적을 막는다.

해설 ① 통풍이 잘 되게 한다.

36 청정 소화 약제 중 IG-541의 구성 성분을 옳게 나타낸 것은?

① 헬륨, 네온, 아르곤
② 질소, 아르곤, 이산화탄소
③ 질소, 이산화탄소, 헬륨
④ 헬륨, 네온, 이산화탄소

정답 30 ④ 31 ① 32 ④ 33 ② 34 ③ 35 ① 36 ②

해설 불활성 가스 청정 소화 약제

소화 약제	상품명	화학식
IG-541	Inergen	$N_2 : 52\%, Ar : 40\%, CO_2 : 8\%$

37 분말 소화 약제의 분해 반응식이다. ( ) 안에 알맞은 것은?

$$2NaHCO_3 \rightarrow (\quad) + CO_2 + H_2O$$

① $2NaCO$ ② $2NaCO_2$
③ Na_2CO_3 ④ Na_2CO_4

해설 제1종 분말 소화 약제 분해식
$2NaHCO_3 \rightarrow Na_2CO_3 + CO_2 + H_2O$

38 다음 소화 설비 중 능력 단위가 1.0인 것은 어느 것인가?

① 삽 1개를 포함한 마른 모래 50L
② 삽 1개를 포함한 마른 모래 150L
③ 삽 1개를 포함한 팽창 질석 100L
④ 삽 1개를 포함한 팽창 질석 160L

해설 능력 단위
㉠ 마른 모래(50L, 삽 1개 포함) : 0.5단위
㉡ 팽창 질석 또는 팽창 진주암(160L, 삽 1개 포함) : 1단위
㉢ 소화 전용 물통(8L) : 0.3단위
㉣ 수조
 · 190L(8L 소화 전용 물통 6개 포함) : 2.5단위
 · 80L(8L 소화 전용 물통 3개 포함) : 1.5단위

39 제2류 위험물의 일반적인 특징에 대한 설명으로 가장 옳은 것은?

① 비교적 낮은 온도에서 연소하기 쉬운 물질이다.
② 위험물 자체 내에 산소를 갖고 있다.
③ 연소 속도가 느리지만 지속적으로 연소한다.
④ 대부분 물보다 가볍고 물에 잘 녹는다.

해설 ② 위험물 자체 내에 산소를 갖고 있지 않다.
③ 연소 속도가 매우 빠르다.
④ 대부분 물보다 무겁고 물에 잘 녹지 않는다.

40 폐쇄형 스프링클러 헤드 부착 장소의 평상시의 최고 주위 온도가 39℃ 이상 64℃ 미만일 때 표시 온도의 범위로 옳은 것은?

① 58℃ 이상 79℃ 미만
② 79℃ 이상 121℃ 미만
③ 121℃ 이상 162℃ 미만
④ 162℃ 이상

해설 스프링클러 헤드 부착 장소의 평상시 최고 주위 온도와 표시 온도(℃)

부착 장소의 최고 주위 온도(℃)	표시 온도 (℃)
28 미만	58 미만
28 이상 39 미만	58 이상 79 미만
39 이상 64 미만	79 이상 121 미만
64 이상 106 미만	121 이상 162 미만
106 이상	162 이상

제3과목 위험물의 성질과 취급

41 옥외 저장소에서 저장할 수 없는 위험물은? (단, 시·도 조례에서 별도로 정하는 위험물 또는 국제해상위험물규칙에 적합한 용기에 수납된 위험물은 제외한다.)

① 과산화수소 ② 아세톤
③ 에탄올 ④ 황

해설 옥외 저장소에 저장할 수 있는 위험물
㉠ 제2류 위험물 중 황, 인화성 고체(인화점이 0℃ 이상인 것에 한함)
㉡ 제4류 위험물 중 알코올류, 제1석유류(인화점이 0℃ 이상인 것에 한함), 제2석유류, 제3석유류, 제4석유류, 동·식물유류
㉢ 제6류 위험물

정답 37 ③ 38 ④ 39 ① 40 ② 41 ②

42 탄화칼슘에 대한 설명으로 틀린 것은?

① 화재 시 이산화탄소 소화기가 적응성이 있다.
② 비중은 약 2.2로 물보다 무겁다.
③ 질소 중에서 고온으로 가열하면 $CaCN_2$가 얻어진다.
④ 물과 반응하면 아세틸렌 가스가 발생한다.

해설 ① 화재 시 건조사가 적응성이 있다.

43 옥외 탱크 저장소에서 취급하는 위험물의 최대 수량에 따른 보유 공지 너비가 틀린 것은? (단, 원칙적인 경우에 한한다.)

① 지정 수량 500배 이하 – 3m 이상
② 지정 수량 500배 초과 1,000배 이하 – 5m 이상
③ 지정 수량 1,000배 초과 2,000배 이하 – 9m 이상
④ 지정 수량 2,000배 초과 3,000배 이하 – 15m 이상

해설 32번 해설 참조

44 다음 그림과 같은 타원형 탱크의 내용적은 약 몇 m^3인가?

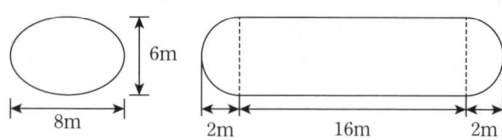

① 453
② 553
③ 653
④ 753

해설 $V = \dfrac{\pi ab}{4}\left(l + \dfrac{l_1 + l_2}{3}\right)$

$= \dfrac{\pi \times 8 \times 6}{4} \times \left(16 + \dfrac{2+2}{3}\right)$

$= 653 m^3$

45 동·식물유류에 대한 설명으로 틀린 것은?

① 아이오딘화 값이 작을수록 자연 발화의 위험성이 높아진다.
② 아이오딘화 값이 130 이상인 것은 건성유이다.
③ 건성유에는 아마인유, 들기름 등이 있다.
④ 인화점이 물의 비점보다 낮은 것도 있다.

해설 ① 아이오딘화 값이 클수록 자연 발화의 위험성이 높아진다.

46 과산화수소의 저장 방법으로 옳은 것은?

① 분해를 막기 위해 하이드라진을 넣고 완전히 밀전하여 보관한다.
② 분해를 막기 위해 하이드라진을 넣고 가스가 빠지는 구조로 마개를 하여 보관한다.
③ 분해를 막기 위해 요산을 넣고 완전히 밀전하여 보관한다.
④ 분해를 막기 위해 요산을 넣고 가스가 빠지는 구조로 마개를 하여 보관한다.

해설 과산화수소의 저장 방법 : 분해를 막기 위해 요산을 넣고 가스가 빠지는 구조로 마개를 하여 보관한다.

47 염소산칼륨에 대한 설명으로 옳은 것은?

① 강한 산화제이며, 열분해하여 염소를 발생한다.
② 폭약의 원료로 사용된다.
③ 점성이 있는 액체이다.
④ 녹는점이 700℃ 이상이다.

해설 ① 강한 산화제이며, 열분해하여 산소를 발생한다.
 $2KClO_3 \longrightarrow 2KCl + 3O_2$
③ 무색, 무취의 결정 또는 분말이다.
④ 녹는점이 368.4℃ 이상이다.

48 위험물 제조소 등의 안전 거리의 단축 기준과 관련해서 $H \leq pD^2 + a$인 경우 방화상 유효한 담의 높이는 2m 이상으로 한다. 다음 중 a에 해당되는 것은?

① 인근 건축물의 높이(m)
② 제조소 등의 외벽의 높이(m)
③ 제조소 등과 공작물과의 거리(m)
④ 제조소 등과 방화상 유효한 담과의 거리(m)

해설 방화상 유효한 담의 높이(h)
$H \leq pD^2 + a$인 경우
여기서, D : 제조소 등과 인근 건축물 또는 공작물과의 거리(m)
 H : 인근 건축물 또는 공작물의 높이(m)
 a : 제조소 등의 외벽의 높이(m)

정답 42 ① 43 ④ 44 ③ 45 ① 46 ④ 47 ② 48 ②

h : 방화상 유효한 담의 높이(m)
p : 상수

49 다음 물질 중 지정 수량이 400L인 것은?

① 폼산메틸　　② 벤젠
③ 톨루엔　　　④ 벤즈알데하이드

해설　① 폼산메틸 : 제1석유류(수용성 액체), 400L
② 벤젠 : 제1석유류(비수용성 액체), 200L
③ 톨루엔 : 제1석유류(비수용성 액체), 200L
④ 벤즈알데하이드 : 제2석유류(비수용성 액체), 1,000L

50 벤젠에 진한 질산과 진한 황산의 혼산을 반응시켜 얻어지는 화합물은?

① 피크린산　　② 아닐린
③ TNT　　　　④ 나이트로벤젠

해설　⌬-H + HONO$_2$ $\xrightarrow{H_2SO_4}$ ⌬-NO$_2$ + H$_2$O

51 셀룰로이드의 자연 발화 형태를 가장 옳게 나타낸 것은?

① 잠열에 의한 발화
② 미생물에 의한 발화
③ 분해열에 의한 발화
④ 흡착열에 의한 발화

해설　자연 발화 형태
㉠ 분해열에 의한 발화
　예　셀룰로이드, 나이트로셀룰로오스(질화면) 등
㉡ 산화열에 의한 발화
　예　건성유, 원면, 석탄 등
㉢ 중합열에 의한 발화
　예　시안화수소(HCN), 산화에틸렌(C$_2$H$_4$O) 등
㉣ 흡착열에 의한 발화
　예　활성탄, 목탄 분말 등
㉤ 미생물에 의한 발화
　예　퇴비, 퇴적물, 먼지 등

52 다음과 같은 물질이 서로 혼합되었을 때 발화 또는 폭발의 위험성이 가장 높은 것은?

① 벤조일퍼옥사이드와 질산
② 이황화탄소와 증류수
③ 금속 나트륨과 석유
④ 금속 칼륨과 유동성 파라핀

해설　서로 혼합되어 있을 때 발화 또는 폭발의 위험성이 가장 높은 것 : 벤조일퍼옥사이드와 질산

53 다음 중 조해성이 있는 황화인만 모두 선택하여 나열한 것은?

$P_4S_3,\ P_2S_5,\ P_4S_7$

① $P_4S_3,\ P_2S_5$　　② $P_4S_3,\ P_4S_7$
③ $P_2S_5,\ P_4S_7$　　④ $P_4S_3,\ P_2S_5,\ P_4S_7$

해설　$P_2S_5,\ P_4S_7$: 조해성이 있다.

54 위험물안전관리법령상 위험 등급 I의 위험물이 아닌 것은?

① 염소산염류　　② 황화인
③ 알킬리튬　　　④ 과산화수소

해설　위험물의 위험 등급

구분	위험 등급 I	위험 등급 II	위험 등급 III
제1류 위험물	아염소산염류, 염소산염류, 과염소산염류, 무기과산화물, 그 밖에 지정 수량이 50kg인 위험물	브로민산염류, 질산염류, 아이오딘산염류, 그 밖에 지정 수량이 300kg인 위험물	위험 등급 I, 위험 등급 II, 외의 것
제2류 위험물		황화인, 적린, 황, 그 밖에 지정 수량이 100kg인 위험물	
제3류 위험물	칼륨, 나트륨, 알킬알루미늄, 알킬리튬, 황린, 그 밖에 지정 수량이 10k 또는 20kg인 위험물	알칼리 금속(칼륨 및 나트륨을 제외), 알칼리토 금속, 유기 금속 화합물(알킬알루미늄 및 알킬리튬을 제외), 그 밖에 지정 수량이 50kg인 위험물	

정답　49 ①　50 ④　51 ③　52 ①　53 ③　54 ②

제4류 위험물	특수 인화물	제1석유류, 알코올류
제5류 위험물	지정 수량이 제1종 : 10kg인 위험물	지정 수량이 제2종 : 100kg인 위험물
제6류 위험물	모두	

55 가솔린 저장량이 2,000L일 때 소화 설비 설치를 위한 소요 단위는?

① 1 ② 2
③ 3 ④ 4

해설 소요 단위 $= \dfrac{\text{저장량}}{\text{지정 수량} \times 10\text{배}}$

∴ $\dfrac{2{,}000\text{L}}{200\text{L} \times 10} = 1$

56 위험물안전관리법령상 은, 수은, 동, 마그네슘 및 이의 합금으로 된 용기를 사용하여서는 안 되는 물질은?

① 이황화탄소
② 아세트알데하이드
③ 아세톤
④ 디에틸에테르

해설 금속 사용 제한 조치 기준 : 아세트알데하이드 또는 산화프로필렌의 옥외 탱크 저장소에는 은, 수은, 동, 마그네슘 및 이의 합금으로 된 용기를 사용하여서는 안 된다.

57 다음 중 금속 칼륨의 일반적인 성질로 옳지 않은 것은?

① 은백색의 연한 금속이다.
② 알코올 속에 저장한다.
③ 물과 반응하여 수소 가스를 발생한다.
④ 물보다 가볍다.

해설 ② 석유(등유) 속에 저장한다.

58 다음 중 물과 접촉했을 때 위험성이 가장 큰 것은?

① 금속 칼륨 ② 황린
③ 과산화벤조일 ④ 디에틸에테르

해설 금속 칼륨은 물과 격렬히 반응하여 발열하고 수소를 발생한다.

$2K + 2H_2O \rightarrow 2KOH + H_2$

59 질산암모늄에 관한 설명 중 틀린 것은?

① 상온에서 고체이다.
② 폭약의 제조 원료로 사용할 수 있다.
③ 흡습성과 조해성이 있다.
④ 물과 반응하여 발열하고 다량의 가스를 발생한다.

해설 ④ 물과 반응하여 흡열하고 온도가 내려간다.

60 산화프로필렌 300L, 메탄올 400L, 벤젠 200L를 저장하고 있는 경우 각각 지정 수량 배수의 총합은 얼마인가?

① 4 ② 6
③ 8 ④ 10

해설 $\dfrac{300}{50} + \dfrac{400}{400} + \dfrac{200}{200} = 8$배

정답 55 ① 56 ② 57 ② 58 ① 59 ④ 60 ③

위험물 산업기사 (2017. 5. 7 시행)

제1과목 일반화학

01 산성 산화물에 해당하는 것은?

① CaO　　② Na_2O
③ CO_2　　④ MgO

해설 산화물의 종류
㉠ 산성 산화물 : 물에 녹아 산이 되거나 염기와 반응할 때 염과 물을 만드는 비금속 산화물(대부분 산화수가 +3가 이상)
　예 CO_2, SiO_2, NO_2, SO_3, P_2O_5 등
㉡ 염기성 산화물 : 물에 녹아 염기가 되거나 산과 반응하여 염과 물을 만드는 금속 산화물(대부분 산화수 +2가 이하)
　예 CaO, Na_2O, MgO, CuO 등
㉢ 양쪽성 산화물 : 양쪽성 원소(Al, Zn, Sn, Pb 등)의 산화물로서 산, 염기와 모두 반응하여 염과 물을 만드는 양쪽성 산화물

02 다음 화합물의 0.1mol 수용액 중에서 가장 약한 산성을 나타내는 것은?

① H_2SO_4
② HCl
③ CH_3COOH
④ HNO_3

해설 ㉠ 강산 : HCl, HNO_3, H_2SO_4
㉡ 약산 : CH_3COOH

03 다음 반응식에서 브뢴스테드의 산·염기 개념으로 볼 때 산에 해당하는 것은?

$$H_2O + NH_3 \rightleftarrows OH^- + NH_4^+$$

① NH_3와 NH_4^+
② NH_3와 OH^-
③ H_2O와 OH^-
④ H_2O와 NH_4^+

해설

학설	산(acid)	염기(base)
브뢴스테드설	H^+을 줄 수 있는 것	H^+을 받을 수 있는 것

$$\underset{산}{H_2O} + \underset{염기}{NH_3} \rightleftarrows \underset{염기}{OH^-} + \underset{산}{NH_4^+}$$

04 같은 몰 농도에서 비전해질 용액은 전해질 용액보다 비등점 상승도의 변화 추이가 어떠한가?

① 크다.
② 작다.
③ 같다.
④ 전해질 여부와 무관하다.

해설 같은 몰 농도에서 비전해질 용액은 전해질 용액보다 비등점 상승도의 변화 추이가 작다.

05 다음 화학 반응식 중 실제로 반응이 오른쪽으로 진행되는 것은?

① $2KI + F_2 \rightarrow 2KF + I_2$
② $2KBr + I_2 \rightarrow 2KI + Br_2$
③ $2KF + Br_2 \rightarrow 2KBr + F_2$
④ $2KCl + Br_2 \rightarrow 2KBr + Cl_2$

해설 할로겐 원소의 활성도 순서 : $F_2 > Cl_2 > Br_2 > I_2$

06 나일론(Nylon 6, 6)에는 다음 어느 결합이 들어 있는가?

① —S—S—
② —O—
③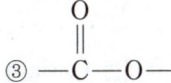
④
$$\begin{matrix} & O & H \\ & \| & | \\ -&C-&N- \end{matrix}$$

해설 나일론은 펩티드 결합(—NH—CO—)을 하고 있다.

정답 01 ③　02 ③　03 ④　04 ②　05 ①　06 ④

07 0.1N KMnO$_4$ 용액 500mL를 만들려면 KMnO$_4$ 몇 g이 필요한가? (단, 원자량은 K : 39, Mn : 55, O : 16이다.)

① 15.8g   ② 7.9g
③ 1.58g   ④ 0.89g

해설 1N 농도는 용액 1L 속에 녹아 있는 용질의 g당량수

N 농도 = $\dfrac{\text{용질의 당량수}}{\text{용액 1L}}$ = $\dfrac{\frac{g}{D}}{\frac{V}{1,000}}$

$0.1 = \dfrac{\frac{g}{158}}{\frac{500}{1,000}}$ ∴ $g = 7.9g$

08 황산구리 수용액을 Pt 전극을 써서 전기 분해하여 음극에서 63.5g의 구리를 얻고자 한다. 10A의 전류를 약 몇 시간 흐르게 하여야 하는가? (단, 구리의 원자량은 63.5이다.)

① 2.36   ② 5.36
③ 8.16   ④ 9.16

해설 $p = nF = I \cdot t$이므로

$2 \times \dfrac{63.5}{63.5}\text{mole}^- \cdot 96,500\text{C/mole}^- = 10\text{A} \cdot x(\text{s})$

∴ $x = 19,300\text{s} \times \dfrac{1\text{hr}}{3,600\text{s}} = 5.36\text{hr}$

09 물 2.5L 중에 어떤 불순물이 10mg 함유되어 있다면 약 몇 ppm으로 나타낼 수 있는가?

① 0.4   ② 1
③ 4   ④ 40

해설 1ppm = 1mg/L

ppm(mg/L) = $\dfrac{10\text{mg}}{2.5\text{L}}$ = 4mg/L = 4ppm

10 표준 상태에서 기체 A 1L의 무게는 1.964g이다. A의 분자량은?

① 44   ② 16
③ 4   ④ 2

해설 $PV = \dfrac{W}{M}RT$, $M = \dfrac{WRT}{PV}$

$M = \dfrac{1.964 \times 0.082 \times (273+0)}{1 \times 1} = 44$

∴ $M = 44$

11 C$_3$H$_8$ 22.0g을 완전 연소시켰을 때 필요한 공기의 부피는 약 얼마인가? (단, 0℃, 1기압 기준이며, 공기 중의 산소량은 21%이다.)

① 56L   ② 112L
③ 224L   ④ 267L

해설 C$_3$H$_8$ + 5O$_2$ → 3CO$_2$ + 4H$_2$O

44g   5 × 22.4L
22g x(L)

$x = \dfrac{22 \times 5 \times 22.4}{44}$, $x = 56$L

∴ 공기의 부피 = 산소의 부피 × $\dfrac{100}{21}$

= $56 \times \dfrac{100}{21}$

= 267L

12 화약 제조에 사용되는 물질인 질산칼륨에서 N의 산화수는 얼마인가?

① +1   ② +3
③ +5   ④ +7

해설 KNO$_3$에서 K : +1, O : −2가

$+1 + x + (-2 \times 3) = 0$

∴ $x = 5$

13 이온 결합 물질의 일반적인 성질에 관한 설명 중 틀린 것은?

① 녹는점이 비교적 높다.
② 단단하며 부스러지기 쉽다.
③ 고체와 액체 상태에서 모두 도체이다.
④ 물과 같은 극성 용매에 용해되기 쉽다.

해설 ③ 액체 상태에서만 도체이다.

정답 07 ② 08 ② 09 ③ 10 ① 11 ④ 12 ③ 13 ③

14 전형 원소 내에서 원소의 화학적 성질이 비슷한 것은?

① 원소의 족이 같은 경우
② 원소의 주기가 같은 경우
③ 원자 번호가 비슷한 경우
④ 원자의 전자수가 같은 경우

해설 전형 원소 내에서 원소의 화학적 성질이 비슷한 것은 원소의 족이 같은 경우이다.

15 볼타 전지에 관한 설명으로 틀린 것은?

① 이온화 경향이 큰 쪽의 물질이 (−)극이다.
② (+)극에서는 방전 시 산화 반응이 일어난다.
③ 전자는 도선을 따라 (−)극에서 (+)극으로 이동한다.
④ 전류의 방향은 전자의 이동 방향과 반대이다.

해설 ② (+)극에서는 방전 시 환원 반응이 일어난다.

16 탄소와 모래를 전기로에 넣어서 가열하면 연마제로 쓰이는 물질이 생성된다. 이에 해당하는 것은?

① 카보런덤   ② 카바이드
③ 카본블랙   ④ 규소

해설 ㉠ 탄화규소(SiC : 카보런덤) : 코크스(탄소 성분)와 규사(모래)를 전기로 속에서 1,800~1,900°C로 가열하여 만든다.
㉡ 카본블랙 : 천연가스, 석유 등을 불완전 연소 또는 열분해하여 얻는 탄소(C)가루이다.

17 어떤 금속 1.0g을 묽은 황산에 넣었더니 표준상태에서 560mL의 수소가 발생하였다. 이 금속의 원자가는 얼마인가? (단, 금속의 원자량은 40으로 가정한다.)

① 1가   ② 2가
③ 3가   ④ 4가

해설 $M + H_2SO_4 \rightarrow MSO_4 + H_2$

금속 1g : 560mL 수소 발생
x(g) : 11,200mL

$x = \dfrac{1 \times 11,200}{560}$, $x = 20$g(금속의 당량)

∴ 원자가 = $\dfrac{원자량}{당량} = \dfrac{40}{20} = 2$가

18 불꽃 반응 시 보라색을 나타내는 금속은?

① Li   ② K
③ Na   ④ Ba

해설 ① Li : 빨강   ② K : 보라
③ Na : 노랑   ④ Ba : 황록색

19 다음 화학식의 IUPAC 명명법에 따른 올바른 명명법은?

$$CH_3-CH_2-CH-CH_2-CH_3$$
$$|$$
$$CH_3$$

① 3−메틸펜탄
② 2, 3, 5−트리메틸헥산
③ 이소부탄
④ 1, 4−헥산

해설
$$\overset{1}{CH_3}-\overset{2}{CH_2}-\overset{3}{CH}-\overset{4}{CH_2}-\overset{5}{CH_3}$$
$$|$$
$$CH_3$$

왼쪽부터 번호를 붙인다. 메틸기가 3번에 1개, 직선상의 탄소 수는 5개(펜탄)이므로 이 물질의 명칭은 3-메틸펜탄이다.

20 주기율표에서 원소를 차례대로 나열할 때 기준이 되는 것은?

① 원자의 부피
② 원자핵의 양성자수
③ 원자가 전자수
④ 원자 반지름의 크기

해설 주기율표에서 원소를 차례대로 나열할 때 기준이 되는 것 : 원자핵의 양성자수

정답 14 ① 15 ② 16 ① 17 ② 18 ② 19 ① 20 ②

제2과목 화재예방과 소화방법

21 포 소화 약제의 혼합 방식 중 포원액을 송수관에 압입하기 위하여 포원액용 펌프를 별도로 설치하여 혼합하는 방식은?

① 라인 프로포셔너 방식
② 프레져 프로포셔너 방식
③ 펌프 프로포셔너 방식
④ 프레져 사이드 프로포셔너 방식

해설
① 라인 프로포셔너 방식 : 펌프와 발포기 중간에 설치된 벤투리관의 벤투리 작용에 의해 포 소화 약제를 흡입하여 혼합하는 방식
② 프레져 프로포셔너 방식 : 펌프와 발포기 중간에 설치된 벤투리관의 벤투리 작용과 펌프 가압수의 포 소화 약제 저장탱크에 대한 압력에 의하여 포 소화 약제를 흡입 혼합하는 방식
③ 펌프 프로포셔너 방식 : 펌프의 토출관과 흡입관 사이의 배관 도중에 설치한 흡입기에 펌프에서 토출된 물의 일부를 보내고 농도 조절 밸브에서 조정된 포 소화 약제의 필요량을 포 소화 약제 탱크에서 펌프 흡입측으로 보내어 이를 혼합하는 방식

22 자연 발화가 일어나는 물질과 대표적인 에너지원의 관계로 옳지 않은 것은?

① 셀룰로이드 - 흡착열에 의한 발열
② 활성탄 - 흡착열에 의한 발열
③ 퇴비 - 미생물에 의한 발열
④ 먼지 - 미생물에 의한 발열

해설 자연 발화의 형태
㉠ 분해열에 의한 발열 : 셀룰로이드류, 나이트로셀룰로오스(질화면) 등
㉡ 산화에 의한 발열 : 건성유, 원면 등
㉢ 중합에 의한 발열 : 시안화수소(HCN), 산화에틸렌(C_2H_4O) 등
㉣ 흡착에 의한 발열 : 활성탄, 목탄 분말 등
㉤ 미생물에 의한 발열 : 퇴비, 먼지, 퇴적물 등

23 할로겐 화합물 소화 약제의 조건으로 옳은 것은?

① 비점이 높을 것
② 기화되기 쉬울 것
③ 공기보다 가벼울 것
④ 연소성이 좋을 것

해설 할로겐 화합물 소화 약제의 조건
㉠ 비점이 낮을 것
㉡ 기화되기 쉽고, 증발 잠열이 클 것
㉢ 공기보다 무겁고 불연성일 것
㉣ 연소성이 없을 것
㉤ 기화 후 잔유물을 남기지 않을 것
㉥ 전기 절연성이 우수할 것

24 소화기와 주된 소화 효과가 옳게 짝지어진 것은?

① 포 소화기 - 제거 소화
② 할로겐 화합물 소화기 - 냉각 소화
③ 탄산 가스 소화기 - 억제 소화
④ 분말 소화기 - 질식 소화

해설
① 포 소화기 - 질식 소화
② 할로겐 화합물 소화기 - 질식 소화
③ 탄산 가스 소화기 - 질식 소화

25 위험물안전관리법령상 물분무 등 소화 설비에 포함되지 않는 것은?

① 포 소화 설비
② 분말 소화 설비
③ 스프링클러 설비
④ 불활성 가스 소화 설비

해설 물분무 등 소화 설비
㉠ 물분무 소화 설비
㉡ 미분무 소화 설비
㉢ 포 소화 설비
㉣ 이산화탄소 소화 설비
㉤ 할론 소화 설비
㉥ 할로겐 화합물 및 불활성 기체 소화 설비
㉦ 분말 소화 설비
㉧ 강화액 소화 설비
㉨ 고체 에어로졸 소화 설비

정답 21 ④ 22 ① 23 ② 24 ④ 25 ③

26 위험물에 화재가 발생하였을 경우 물과의 반응으로 인해 주수 소화가 적당하지 않은 것은?

① CH_3ONO_2 ② $KClO_3$
③ Li_2O_2 ④ P

해설 ③ Li_2O_2는 물과 심하게 반응하여 발열하고 산소를 방출한다.
$2Li_2O_2 + 2H_2O \rightarrow 4LiOH + O_2$
Li_2O_2 소화 약제 – 건조사

27 과염소산 1몰을 모두 기체로 변환하였을 때 질량은 1기압, 50℃를 기준으로 몇 g인가? (단, Cl의 원자량은 35.5이다.)

① 5.4 ② 22.4
③ 100.5 ④ 224

해설 $HClO_4 = 1 + 35.5 + 64 = 100.5g$

28 다음에서 설명하는 소화 약제에 해당하는 것은 어느 것인가?

- 무색, 무취이며, 비전도성이다.
- 증기 상태의 비중은 약 1.5이다.
- 임계 온도는 약 31℃이다.

① 탄산수소나트륨 ② 이산화탄소
③ 할론 1301 ④ 황산알루미늄

해설 이산화탄소 소화 약제에 대한 설명이다.

29 자연 발화에 영향을 주는 인자로 가장 거리가 먼 것은?

① 수분 ② 증발열
③ 발열량 ④ 열전도율

해설 자연 발화에 영향을 주는 인자
㉠ 수분 ㉡ 발열량 ㉢ 열전도율
㉣ 열의 축적 ㉤ 퇴적 방법 ㉥ 공기의 유동 상태
㉦ 촉매 물질

30 위험물안전관리법령상 소화 설비의 적응성에서 이산화탄소 소화기가 적응성이 있는 것은?

① 제1류 위험물 ② 제3류 위험물
③ 제4류 위험물 ④ 제5류 위험물

해설 소화 설비의 적응성

소화 설비의 구분		건축물·그 밖의 공작물	전기 설비	제1류 위험물		제2류 위험물			제3류 위험물		제4류 위험물	제5류 위험물	제6류 위험물
				알칼리 금속 과산화물 등	그 밖의 것	철분·금속분·마그네슘 등	인화성 고체	그 밖의 것	금수성 물품	그 밖의 것			
옥내 소화전 설비 또는 옥외 소화전 설비		O			O		O	O		O		O	O
스프링클러 설비		O			O		O	O		O	△	O	O
물분무등 소화 설비	물분무 소화 설비	O	O		O		O	O		O	O	O	O
	포 소화 설비	O			O		O	O		O	O	O	O
	불활성 가스 소화 설비		O				O				O		
	할로젠 화합물 소화 설비		O				O				O		
	분말 소화 설비	인산염류 등	O	O		O		O	O			O		O
		탄산수소염류 등		O	O		O	O		O		O		
		그 밖의 것			O		O			O				
대형·소형 수동식 소화기	봉상수(棒狀水) 소화기	O			O		O	O		O		O	O
	무상수(霧狀水) 소화기	O	O		O		O	O		O		O	O
	봉상 강화액 소화기	O			O		O	O		O		O	O
	무상 강화액 소화기	O	O		O		O	O		O	O	O	O
	포 소화기	O			O		O	O		O	O	O	O
	이산화탄소 소화기		O				O				O		△
	할론 소화기		O				O				O		
	분말 소화기	인산염류 소화기	O	O		O		O	O			O		O
		탄산수소염류 소화기		O	O		O	O		O		O		
		그 밖의 것			O		O	O		O				
기타	물통 또는 수조	O			O		O	O		O		O	O
	건조사			O	O	O	O	O	O	O	O	O	O
	팽창 질석 또는 팽창 진주암			O	O	O	O	O	O	O	O	O	O

31 경보 설비는 지정 수량 몇 배 이상의 위험물을 저장, 취급하는 제조소 등에 설치하는가?

① 2 ② 4 ③ 8 ④ 10

정답 26 ③ 27 ③ 28 ② 29 ② 30 ③ 31 ④

[해설] 경보 설비 : 지정 수량 10배 이상의 위험물을 저장, 취급하는 제조소 등에 설치한다.

32 탄화칼슘 60,000kg을 소요 단위로 산정하면?

① 10단위 ② 20단위
③ 30단위 ④ 40단위

[해설] 소요 단위 = $\dfrac{\text{저장량}}{\text{지정 수량} \times 10\text{배}}$
$= \dfrac{60,000}{300 \times 10\text{배}} = 20\text{단위}$

33 고체의 일반적인 연소 형태에 속하지 않는 것은?

① 표면 연소 ② 확산 연소
③ 자기 연소 ④ 증발 연소

[해설] 연소의 형태
㉠ 기체의 연소 : 발염 연소, 확산 연소
㉡ 액체의 연소 : 증발 연소
㉢ 고체의 연소 : 표면 연소, 분해 연소, 증발 연소, 자기 연소

34 주된 연소 형태가 표면 연소인 것은?

① 황 ② 종이
③ 금속분 ④ 니트로셀룰로오스

[해설] ① 황 : 증발 연소
② 종이 : 분해 연소
③ 금속분 : 표면 연소
④ 니트로셀룰로오스 : 자기(내부) 연소

35 위험물의 화재 위험에 대한 설명으로 옳은 것은?

① 인화점이 높을수록 위험하다.
② 착화점이 높을수록 위험하다.
③ 착화 에너지가 작을수록 위험하다.
④ 연소열이 작을수록 위험하다.

[해설] ① 인화점이 낮을수록 위험하다.
② 착화점이 낮을수록 위험하다.
④ 연소열이 클수록 위험하다.

36 외벽이 내화 구조인 위험물 저장소 건축물의 연면적이 1,500m²인 경우 소요 단위는?

① 6 ② 10
③ 13 ④ 14

[해설] 저장소 건축물의 경우
㉠ 외벽이 내화 구조로 된 것으로 연면적이 150m²
㉡ 외벽이 내화 구조가 아닌 것으로 연면적이 75m²

∴ 소요 단위 = $\dfrac{1,500\text{m}^2}{150\text{m}^2} = 10$

37 중유의 주된 연소 형태는?

① 표면 연소 ② 분해 연소
③ 증발 연소 ④ 자기 연소

[해설] 중유 : 분해 연소

38 제5류 위험물의 화재 시 일반적인 조치 사항으로 알맞은 것은?

① 분말 소화 약제를 이용한 질식 소화가 효과적이다.
② 할로겐 화합물 소화 약제를 이용한 냉각 소화가 효과적이다.
③ 이산화탄소를 이용한 질식 소화가 효과적이다.
④ 다량의 주수에 의한 냉각 소화가 효과적이다.

[해설] 제5류 위험물 화재 시 일반적인 조치 사항 : 다량의 주수에 의한 냉각 소화가 효과적이다.

39 Halon 1301에 해당하는 화학식은?

① CH_3Br ② CF_3Br
③ CBr_3F ④ CH_3Cl

[해설] Halon 번호
첫째 : 탄소수, 둘째 : 불소수, 셋째 : 염소수, 넷째 : 브롬수
∴ Halon 1301 - CF_3Br

정답 32 ② 33 ② 34 ③ 35 ③ 36 ② 37 ② 38 ④ 39 ②

40 다음 중 소화 약제의 열분해 반응식으로 옳은 것은?

① $NH_4H_2PO_4 \longrightarrow HPO_3+NH_3+H_2O$
② $2KNO_3 \longrightarrow 2KNO_2+O_2$
③ $KClO_4 \longrightarrow KCl+2O_2$
④ $2CaHCO_3 \longrightarrow 2CaO+H_2CO_3$

해설 ② 제1류 위험물 중 질산칼륨의 열분해 반응식
③ 제1류 위험물 중 과염소산칼륨의 열분해 반응식
④ 탄산수소칼슘의 열분해 반응식

제3과목 위험물의 성질과 취급

41 금속 칼륨 20kg, 금속 나트륨 40kg, 탄화칼슘 600kg 각각의 지정 수량 배수의 총합은 얼마인가?

① 2   ② 4
③ 6   ④ 8

해설 $\dfrac{20kg}{10kg}+\dfrac{40kg}{10kg}+\dfrac{600kg}{300kg}=2+4+2=8$배

42 다음 중 C_5H_5N에 대한 설명으로 틀린 것은?

① 순수한 것은 무색이고 악취가 나는 액체이다.
② 상온에서 인화의 위험이 있다.
③ 물에 녹는다.
④ 강한 산성을 나타낸다.

해설 ④ 약알칼리성을 나타낸다.

43 물에 녹지 않고 물보다 무거우므로 안전한 저장을 위해 물속에 저장하는 것은?

① 디에틸에테르   ② 아세트알데히드
③ 산화프로필렌   ④ 이황화탄소

해설 이황화탄소에 대한 설명이다.

44 알루미늄의 연소 생성물을 옳게 나타낸 것은?

① Al_2O_3 ② $Al(OH)_3$
③ Al_2O_3, H_2O ④ $Al(OH)_3, H_2O$

해설 $4Al+3O_2 \rightarrow 2Al_2O_3$

45 다음 물질을 적셔서 얻은 헝겊을 대량으로 쌓아 두었을 경우 자연 발화의 위험성이 가장 큰 것은?

① 아마인유   ② 땅콩기름
③ 야자유   ④ 올리브유

해설 자연 발화의 위험성이 가장 큰 것은 건성유이다.
① 아마인유 : 건성유   ② 땅콩기름 : 불건성유
③ 야자유 : 불건성유   ④ 올리브유 : 불건성유

46 염소산나트륨이 열분해하였을 때 발생하는 기체는?

① 나트륨   ② 염화수소
③ 염소   ④ 산소

해설 $2NaClO_3 \longrightarrow 2NaCl+3O_2$

47 트라이나이트로페놀의 성질에 대한 설명 중 틀린 것은?

① 폭발에 대비하여 철, 구리로 만든 용기에 저장한다.
② 휘황색을 띤 침상 결정이다.
③ 비중이 약 1.8로 물보다 무겁다.
④ 단독으로는 테트릴보다 충격, 마찰에 둔감한 편이다.

해설 ① 금속과 반응하여 수소 가스를 발생하고 Fe, Pb, Cu, Al 등의 금속분과 화합하여 예민한 금속염을 만들어 본래의 피크르산보다 폭발 강도가 예민하여 건조한 것은 폭발 위험이 있다.

48 충격 마찰에 예민하고 폭발 위력이 큰 물질로 뇌관의 첨장약으로 사용되는 것은?

① 나이트로글리콜   ② 나이트로셀룰로오스
③ 테트릴   ④ 질산메틸

정답 40 ① 41 ④ 42 ④ 43 ④ 44 ① 45 ① 46 ④ 47 ① 48 ③

해설 테트릴에 대한 설명이다.

49 [그림]과 같은 위험물을 저장하는 탱크의 내용적은 약 몇 m³인가? (단, r은 10m, L은 25m이다.)

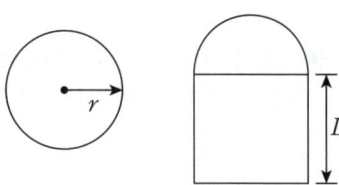

① 3,612
② 4,754
③ 5,812
④ 7,854

해설 $V = \pi r^2 L = \pi \times (10m)^2 \times 25m = 7,854 m^3$

50 다음은 위험물안전관리법령상 제조소 등에서의 위험물의 저장 및 취급에 관한 기준 중 저장 기준의 일부이다. ( ) 안에 알맞은 것은?

> 옥내 저장소에 있어서 위험물은 규정에 의한 바에 따라 용기에 수납하여 저장하여야 한다. 다만, ( )과 별도의 규정에 의한 위험물에 있어서는 그러하지 아니하다.

① 동·식물유류
② 덩어리 상태의 황
③ 고체 상태의 알코올
④ 고화된 제4석유류

해설 옥내 저장소에 있어서 위험물은 규정에 의한 바에 따라 용기에 수납하여 저장하여야 한다. 다만, 덩어리 상태의 유황과 별도의 규정에 의한 위험물에 있어서는 그러하지 아니하다.

51 메틸에틸케톤의 저장 또는 취급 시 유의할 점으로 가장 거리가 먼 것은?

① 통풍을 잘 시킬 것
② 찬 곳에 저장할 것
③ 직사일광을 피할 것
④ 저장 용기에는 증기 배출을 위해 구멍을 설치할 것

해설 ④ 저장 용기에는 증기의 누설 및 액체의 누출 방지를 위해 완전히 밀폐한다.

52 과산화수소의 성질 또는 취급 방법에 관한 설명 중 틀린 것은?

① 햇빛에 의하여 분해한다.
② 인산, 요산 등의 분해 방지 안정제를 넣는다.
③ 공기와의 접촉은 위험하므로 저장 용기는 밀전(密栓)하여야 한다.
④ 에탄올에 녹는다.

해설 ③ 용기는 밀전하지 말고, 구멍이 뚫린 마개를 사용한다.

53 위험물안전관리법령상 유별을 달리하는 위험물의 혼재 기준에서 제6류 위험물과 혼재할 수 있는 위험물의 유별에 해당하는 것은? (단, 지정 수량의 1/10을 초과하는 경우이다.)

① 제1류
② 제2류
③ 제3류
④ 제4류

해설 유별을 달리하는 위험물의 혼재 기준

구 분	제1류	제2류	제3류	제4류	제5류	제6류
제1류		×	×	×	×	○
제2류	×		×	○	○	×
제3류	×	×		○	×	×
제4류	×	○	○		○	×
제5류	×	○	×	○		×
제6류	○	×	×	×	×	

54 금속 나트륨에 대한 설명으로 옳은 것은?

① 청색 불꽃을 내며 연소한다.
② 경도가 높은 중금속에 해당한다.
③ 녹는점이 100℃보다 낮다.
④ 25% 이상의 알코올 수용액에 저장한다.

해설 ③ 녹는점은 97.8℃이다.

정답 49 ④ 50 ② 51 ④ 52 ③ 53 ① 54 ③

55 염소산칼륨의 성질에 대한 설명 중 옳지 않은 것은?

① 비중은 약 2.3으로 물보다 무겁다.
② 강산과의 접촉은 위험하다.
③ 열분해하면 산소와 염화칼륨이 생성된다.
④ 냉수에도 매우 잘 녹는다.

> 해설 ④ 냉수에는 녹기 어렵다.

56 마그네슘 리본에 불을 붙여 이산화탄소 기체 속에 넣었을 때 일어나는 현상은?

① 즉시 소화된다.
② 연소를 지속하며 유독성의 기체를 발생한다.
③ 연소를 지속하며 수소 기체를 발생한다.
④ 산소를 발생하며 서서히 소화된다.

> 해설 ② $2Mg + CO_2 \rightarrow 2MgO + 2C$
> $Mg + CO_2 \rightarrow 2MgO + CO$
> 이때 분해된 C는 흑연을 내면서 연소하고, CO는 맹독성, 가연성 가스이다.

57 자기 반응성 물질의 일반적인 성질로 옳지 않은 것은?

① 강산류와의 접촉은 위험하다.
② 연소 속도가 대단히 빨라서 폭발성이 있다.
③ 물질 자체가 산소를 함유하고 있어 내부 연소를 일으키기 쉽다.
④ 물과 격렬하게 반응하여 폭발성 가스를 발생한다.

> 해설 ④ 대부분 물에 잘 녹지 않으며 물과의 직접적인 반응 위험성은 적다.

58 다음 중 에틸알코올의 인화점(℃)에 가장 가까운 것은?

① -4℃   ② 3℃
③ 13℃   ④ 27℃

> 해설
>
> | 위험물 종류 | 인화점 |
> |---|---|
> | 에틸알코올 | 13℃ |

59 자연 발화를 방지하는 방법으로 가장 거리가 먼 것은?

① 통풍이 잘 되게 할 것
② 열의 축적을 용이하지 않게 할 것
③ 저장실의 온도를 낮게 할 것
④ 습도를 높게 할 것

> 해설 ④ 습도를 낮게 한다.

60 다음 중 일반적인 연소의 형태가 나머지 셋과 다른 하나는?

① 나프탈렌   ② 코크스
③ 양초   ④ 황

> 해설 고체의 연소
> ㉠ 표면(자기) 연소 : 코크스, 숯, 목탄, 나트륨, 금속분(아연분) 등
> ㉡ 분해 연소 : 목재, 석탄, 종이, 플라스틱 등
> ㉢ 증발 연소 : 나프탈렌, 양초, 황, 장뇌, 고급 알코올 등
> ㉣ 내부(자기) 연소 : 질산에스테르류, 나이트로셀룰로오스 등

정답 55 ④ 56 ② 57 ④ 58 ③ 59 ④ 60 ②

위험물 산업기사 (2017. 9. 23 시행)

제1과목 일반화학

01 밑줄 친 원소의 산화수가 +5인 것은?

① H₃<u>P</u>O₄   ② K<u>Mn</u>O₄
③ K₂<u>Cr</u>₂O₇   ④ K₃[<u>Fe</u>(CN)₆]

해설 ① H₃PO₄
H의 산화수 : +1, 산소의 산화수 : -2
$(+1)\times 3 + x + (-2)\times 4 = 0$
∴ $x = +5$

② KMnO₄
K의 산화수 : +1, 산소의 산화수 : -2
$(+1)\times 1 + x + (-2)\times 4 = 0$
∴ $x = +7$

③ K₂Cr₂O₇
K의 산화수 : +1, 산소의 산화수 : -2
$(+1)\times 2 + 2x + (-2)\times 7 = 0$
∴ $x = +6$

④ K₃[Fe(CN)₆]
K의 산화수 : +1, CN의 산화수 : -1
$(+1)\times 3 + x + (-1)\times 6 = 0$
∴ $x = 3$

02 탄소와 수소로 되어 있는 유기 화합물을 연소 시켜 CO₂ 44g, H₂O 27g을 얻었다. 이 유기 화합물의 탄소와 수소 몰비율(C : H)은 얼마인가?

① 1 : 3   ② 1 : 4
③ 3 : 1   ④ 4 : 1

해설 $C_xH_y + AO_2 \rightarrow BCO_2 + CH_2O$
CO₂의 몰수 = $\frac{44g}{(12+32)g/mol} = \frac{44}{44} = 1mol$
H₂O의 몰수 = $\frac{27g}{18g/mol} = 1.5mol$
∴ $B = 1, C = 1.5$
$C_xH_y + 1.75O_2 \rightarrow CO_2 + 1.5H_2O$
∴ $x = 1, y = 3$ → 몰비율(C : H = 1 : 3)

03 미지 농도의 염산용액 100mL를 중화하는 데 0.2N NaOH 용액 250mL가 소모되었다. 이 염산의 농도는 몇 N인가?

① 0.05
② 0.2
③ 0.25
④ 0.5

해설 노르말 농도 : 용액 1L에 녹아있는 용질의 g당량수
N = g당량수/용액(L)(g당량수 = 분자량/당량수)
0.2(N) × 0.25(L) = 0.05g
∴ $\frac{0.05g}{0.1L} = 0.5N$

04 탄소수가 5개인 포화 탄화수소 펜탄의 구조 이성질체 수는 몇 개인가?

① 2개
② 3개
③ 4개
④ 5개

해설 펜탄(C_5H_{12})의 이성질체
㉠ n-펜탄 : C-C-C-C
㉡ iso-펜탄 : C-C-C-C
                          |
                          C
㉢ neo-펜탄 : C-C-C
                     |
                     C
                     |
                     C

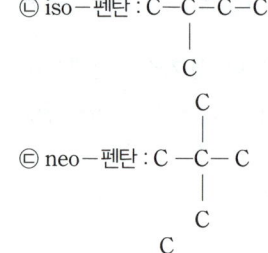

※ · C-C-C-C는 n-펜탄이다(끝까지는 회전이 가능함).
· C-C-C-C와 C-C-C-C는
     | |
     C   C
iso-펜탄으로 같은 구조이다.

정답 01 ① 02 ① 03 ④ 04 ②

05 25°C의 포화 용액 90g 속에 어떤 물질이 30g 녹아 있다. 이 온도에서 이 물질의 용해도는?

① 30
② 33
③ 50
④ 63

해설 조건 : 온도가 일정

용해도 = $\dfrac{\text{용질의 g수}}{\text{용매의 g수}} \times 100 = \dfrac{30}{90-30} \times 100 = 50$

06 다음 물질 중 산성이 가장 센 물질은?

① 아세트산
② 벤젠술폰산
③ 페놀
④ 벤조산

해설 ① 아세트산―약산
② 벤젠술폰산―강산
③ 페놀―약산
④ 벤조산―약산

07 다음 중 침전을 형성하는 조건은?

① 이온곱 > 용해도곱
② 이온곱 = 용해도곱
③ 이온곱 < 용해도곱
④ 이온곱 + 용해도곱 = 1

해설 침전을 형성하는 조건
이온곱이 용해도곱보다 클 때, 이온곱과 용해도곱이 같아질 때까지 침전이 된다.
∴ 이온곱 > 용해도곱일 때 침전이 일어남.

08 어떤 기체가 탄소 원자 1개당 2개의 수소 원자를 함유하고 0°C, 1기압에서 밀도가 1.25g/L일 때 이 기체에 해당하는 것은?

① CH_2
② C_2H_4
③ C_3H_6
④ C_4H_8

해설 C_xH_{2x} 분자량 = 기체의 밀도(g/L) × 22.4L
= 1.25 × 22.4 = 28
∴ 분자량이 28인 C_2H_4
① CH_2의 분자량 : 14, ③ C_3H_6의 분자량 : 42
④ C_4H_8의 분자량 : 56

09 집기병 속에 물에 적신 빨간 꽃잎을 넣고 어떤 기체를 채웠더니 얼마 후 꽃잎이 탈색되었다. 이와 같이 색을 탈색(표백)시키는 성질을 가진 기체는?

① He
② CO_2
③ N_2
④ Cl_2

해설 염소(Cl_2)의 성질
㉠ 상수도의 살균, 면직물의 표백 작용을 한다.
㉡ 황록색의 자극성 기체로 산화성이 있고, 물에 녹아 염소수가 된다.
㉢ KI 전분지와 작용하여 염소 검출에 이용된다.

10 방사선에서 γ선과 비교한 α선에 대한 설명 중 틀린 것은?

① γ선보다 투과력이 강하다.
② γ선보다 형광 작용이 강하다.
③ γ선보다 감광 작용이 강하다.
④ γ선보다 전리 작용이 강하다.

해설 ① γ선보다 투과력이 약하다($\gamma > \beta > \alpha$).

11 탄산 음료수의 병마개를 열면 거품이 솟아오르는 이유를 가장 올바르게 설명한 것은?

① 수증기가 생성되기 때문이다.
② 이산화탄소가 분해되기 때문이다.
③ 용기 내부 압력이 줄어들어 기체의 용해도가 감소하기 때문이다.
④ 온도가 내려가게 되어 기체가 생성물의 반응이 진행되기 때문이다.

해설 기체의 용해도는 온도 상승에 의해 감소하기 때문에 접촉면에 기포가 생긴다.

12 다음 중 산소와 같은 족의 원소가 아닌 것은 어느 것인가?

① S
② Se
③ Te
④ Bi

해설 ① 산소족 원소 : O, S, Se, Te, Po
② 질소족 원소 : N, P, As, Sb, Bi

정답 05 ③ 06 ② 07 ① 08 ② 09 ④ 10 ① 11 ③ 12 ④

13 다음과 같은 순서로 커지는 성질이 아닌 것은 어느 것인가?

$$F_2 < Cl_2 < Br_2 < I_2$$

① 구성 원자의 전기 음성도
② 녹는점
③ 끓는점
④ 구성 원자의 반지름

해설 전기 음성도 : 원자가 전자를 잡아당기는 능력을 상대적인 값으로 나타낸 수치로 일반적으로 비금속성이 강할수록 증가한다.
(증가) F > O > N > Cl > Br > C
       4.10 3.50 3.07 2.83 2.74 2.50

14 금속의 특징에 대한 설명 중 틀린 것은 어느 것인가?

① 고체 금속은 연성과 전성이 있다.
② 고체 상태에서 결정 구조를 형성한다.
③ 반도체, 절연체에 비하여 전기 전도도가 크다.
④ 상온에서 모두 고체이다.

해설 ④ Hg(수은)의 경우 상온에서 액체 상태이다.

15 어떤 주어진 양의 기체의 부피가 21℃, 1.4atm에서 250mL이다. 온도가 49℃로 상승되었을 때의 부피가 300mL라고 하면 이때의 압력은 약 얼마인가?

① 1.35atm
② 1.23atm
③ 1.21atm
④ 1.16atm

해설 $PV = nRT$
$T_1 = 294K$, $P_1 = 1.4atm$, $V_1 = 0.25L$
$1.4 \times 0.25 = n \times 0.082 \times 294$
∴ $n ≒ 0.014mol$
$T_2 = 322K$, $P_2 = x$, $V_2 = 0.3L$
$x \times 0.3 = 0.014 \times 0.082 \times 322$
∴ $x ≒ 1.23atm$

16 공기 중에 포함되어 있는 질소와 산소의 부피비는 0.79 : 0.21이므로 질소와 산소의 분자수의 비도 0.79 : 0.21이다. 이와 관계있는 법칙은?

① 아보가드로의 법칙   ② 일정 성분비의 법칙
③ 배수 비례의 법칙   ④ 질량 보존의 법칙

해설 ① 아보가드로의 법칙 : 온도와 압력이 같으면 모든 기체는 같은 부피 속에 같은 수의 분자가 들어 있다.
② 일정 성분비의 법칙 : 같은 종류의 화합물에서 성분 원소의 무게의 비는 항상 일정하다.
③ 배수 비례의 법칙 : 두 가지의 원소가 두 가지 이상의 화합물을 만들 때 한가지 원소의 일정량과 화합하는 다른 원소의 무게비에는 간단한 정수비가 성립된다.
④ 질량 보존의 법칙 : 화학 변화에서 물질의 무게의 총합은 생성된 물질의 무게의 총합과 같다.

17 다음 중 두 물질을 섞었을 때 용해성이 가장 낮은 것은?

① C_6H_6과 H_2O ② $NaCl$과 H_2O
③ C_2H_5OH과 H_2O ④ C_2H_5OH과 CH_3OH

해설 ① C_6H_6 무극성-H_2O 극성
② $NaCl$ 극성-H_2O 극성
③ C_2H_5OH 극성-H_2O 극성
④ C_2H_5OH 극성-CH_3OH 극성

18 다음 물질 1g을 각각 1kg의 물에 녹였을 때 빙점 강하가 가장 큰 것은?

① CH_3OH ② C_2H_5OH
③ $C_3H_5(OH)_3$ ④ $C_6H_{12}O_6$

해설 라울의 법칙 : 묽은 용액에서의 비등점 상승이나 빙점 강하는 용질의 몰랄 농도(m)에 비례한다.
$\triangle T_b = m \times K_b$
① CH_3OH의 $m = \frac{1}{32} \times \frac{1}{1,000} = 3.125 \times 10^{-5}$
② C_2H_5OH의 $m = \frac{1}{46} \times \frac{1}{1,000} = 2.173 \times 10^{-5}$
③ $C_3H_5(OH)_3$의 $m = \frac{1}{92} \times \frac{1}{1,000} = 1.47 \times 10^{-5}$
④ $C_6H_{12}O_6$의 $m = \frac{1}{180} \times \frac{1}{1,000} = 0.556 \times 10^{-5}$

정답 13 ① 14 ④ 15 ② 16 ① 17 ① 18 ①

19 $[OH^-]=1\times10^{-5}$ mol/L인 용액의 pH와 액성으로 옳은 것은?

① pH=5, 산성   ② pH=5, 알칼리성
③ pH=9, 산성   ④ pH=9, 알칼리성

해설 pH+pOH=14
pH=-log[H$^+$], pOH=-log[OH$^-$]
pH+5=14
∴ pH=9
pH=7은 중성, pH가 7 미만이면 산성, 초과이면 알칼리성이다.

20 원자 번호 11이고, 중성자수가 12인 나트륨의 질량수는?

① 11   ② 12
③ 23   ④ 24

해설 질량수=원자 번호+중성자수
∴ 11+12=23

제2과목 화재예방과 소화방법

21 불활성 가스 소화 약제 중 IG-541의 구성 성분이 아닌 것은?

① N$_2$ ② Ar
③ He   ④ CO$_2$

해설 IG-541 구성 성분 : N$_2$(52%), Ar(40%), CO$_2$(8%)

22 위험물안전관리법령에서 정한 물분무 소화 설비의 설치 기준에서 물분무 소화 설비의 방사 구역은 몇 m^2 이상으로 하여야 하는가? (단, 방호 대상물의 표면적이 150m^2 이상인 경우이다.)

① 75   ② 100
③ 150   ④ 350

해설 물분무 소화 설비

구 분	기 준
방사 구역	150m^2 이상
방사 압력	350kPa 이상
수원의 수량	20L/min·m^2×30min 이상

23 이산화탄소 소화기는 어떤 현상에 의해서 온도가 내려가 드라이아이스를 생성하는가?

① 줄-톰슨 효과   ② 사이펀
③ 표면 장력   ④ 모세관

해설 줄-톰슨 효과 : 기체 또는 액체가 가는 관을 통과할 때 온도가 급강하하여 고체로 되는 현상

24 Halon 1301, Halon 1211, Halon 2402 중 상온·상압에서 액체 상태인 Halon 소화 약제로만 나열한 것은?

① Halon 1211
② Halon 2402
③ Halon 1301, Halon 1211
④ Halon 2402, Halon 1211

해설 할로겐 화합물 소화 약제의 상온에서의 상태

Halon 명칭	Halon 1301	Halon 1211	Halon 2402	Halon 1011	Halon 1040
상온에서의 상태	기체	기체	액체	액체	액체

25 연소 형태가 나머지 셋과 다른 하나는?

① 목탄   ② 메탄올
③ 파라핀 ④ 황

해설 ① 목탄 : 표면(직접) 연소
② 메탄올, ③ 파라핀, ④ 황 : 증발 연소

26 연소 시 온도에 따른 불꽃의 색상이 잘못된 것은?

① 적색 : 약 850℃   ② 황적색 : 약 1,100℃
③ 휘적색 : 약 1,200℃ ④ 백적색 : 약 1,300℃

해설 ③ 휘적색 : 950℃

27 스프링클러 설비의 장점이 아닌 것은?

① 소화 약제가 물이므로 소화 약제의 비용이 절감된다.
② 초기 시공비가 매우 적게 든다.
③ 화재 시 사람의 조작 없이 작동이 가능하다.
④ 초기 화재의 진화에 효과적이다.

해설 스프링클러 설비의 장·단점

장 점	단 점
· 초기 화재의 진화에 효과 적이다. · 소화 약제가 물이므로 소화 약제의 비용이 절감된다. · 화재 시 사람의 조작 없이 작동이 가능하다. · 오동작, 오보가 없다. (감지부가 기계적) · 조작이 간편하고 안전하다.	· 초기 시공비가 매우 많이 든다. · 다른 설비와 비교했을 때 시공이 복잡하다. · 물로 인한 피해가 크다.

28 능력 단위가 1단위의 팽창 질석(삽 1개 포함)은 용량이 몇 L인가?

① 160 ② 130
③ 90   ④ 60

해설

간이 소화 용구		능력 단위
마른 모래	삽을 상비한 50L 이상의 것 1포	0.5단위
팽창 질석 또는 팽창 진주암	삽을 상비한 160L 이상의 것 1포	1단위

29 표준 상태에서 벤젠 2mol이 완전 연소하는 데 필요한 이론 공기 요구량은 몇 L인가? (단, 공기 중 산소는 21vol%이다.)

① 168   ② 336
③ 1,600 ④ 3,200

해설 $2C_6H_6 + 15O_2 \rightarrow 12CO_2 + 6H_2O$
2mol 15×22.4L
여기서, 15×22.4=336L
즉, $336L \times \frac{100}{21} = 1,600L$

30 물통 또는 수조를 이용한 소화가 공통적으로 적응성이 있는 위험물은 제 몇 류 위험물인가?

① 제2류 위험물
② 제3류 위험물
③ 제4류 위험물
④ 제5류 위험물

해설 소화 설비의 적응성

소화 설비의 구분		건축물·그 밖의 공작물	전기설비	제1류 위험물		제2류 위험물			제3류 위험물		제4류 위험물	제5류 위험물	제6류 위험물
				알칼리 금속 과산화물 등	그 밖의 것	철분·금속분·마그네슘 등	인화성 고체	그 밖의 것	금수성 물품	그 밖의 것			
옥내 소화전 설비 또는 옥외 소화전 설비		O			O		O	O		O		O	O
스프링클러 설비		O			O		O	O		O	△	O	O
물분무등 소화 설비	물분무 소화 설비	O	O		O		O	O		O	O	O	O
	포 소화 설비	O			O		O	O		O	O	O	O
	불활성 가스 소화 설비		O				O				O		
	할로젠 화합물 소화 설비		O				O				O		
	분말 소화 설비	인산염류 등	O	O		O		O	O			O		O
		탄산수소염류 등		O	O		O	O		O		O		
		그 밖의 것			O			O		O				
대형·소형 수동식 소화기	봉상수(棒狀水) 소화기	O			O		O	O		O		O	O
	무상수(霧狀水) 소화기	O	O		O		O	O		O		O	O
	봉상 강화액 소화기	O			O		O	O		O		O	O
	무상 강화액 소화기	O	O		O		O	O		O	O	O	O
	포 소화기	O			O		O	O		O	O	O	O
	이산화탄소 소화기		O				O				O	△	
	할론 소화기		O				O				O		
	분말 소화기	인산염류 소화기	O	O		O		O	O			O		O
		탄산수소염류 소화기		O	O		O	O		O		O		
		그 밖의 것			O			O		O				
기타	물통 또는 수조	O			O		O	O		O		O	O
	건조사			O	O	O	O	O	O	O	O	O	O
	팽창 질석 또는 팽창 진주암			O	O	O	O	O	O	O	O	O	O

31 할로젠 화합물 중 CH_3I에 해당하는 할론 번호는?

① 1031   ② 1301
③ 13001   ④ 10001

정답 27 ② 28 ① 29 ③ 30 ④ 31 ④

해설 ㉠ Halon 번호
첫째—탄소수, 둘째—불소수, 셋째—염소수,
넷째—브롬수, 다섯째—요오드수
㉡ Halon 10001 — CH₃I

32 제3종 분말 소화 약제에 대한 설명으로 틀린 것은?
① A급을 제외한 모든 화재에 적응성이 있다.
② 주성분은 NH₄H₂PO₄의 분자식으로 표현된다.
③ 제1인산암모늄이 주성분이다.
④ 담홍색(또는 황색)으로 착색되어 있다.

해설 ① A, B, C급 화재에 적응성이 있다.

33 위험물을 저장하기 위해 제작한 이동 저장 탱크의 내용적이 20,000L인 경우 위험물 허가를 위해 산정할 수 있는 이 탱크의 최대 용량은 지정 수량의 몇 배인가? (단, 저장하는 위험물은 비수용성 제2석유류이며, 비중은 0.8, 차량의 최대 적재량은 15톤이다.)
① 21배 ② 18.75배
③ 12배 ④ 9.375배

해설 비수용성 제2석유류의 지정 수량은 1,000L이며, 차량의 최대 적재량은 15ton(15,000kg)이다.
여기서, $\frac{15,000kg}{0.8kg/L} = 18,750L$
즉 $\frac{18,750L}{1,000L} = 18.75$배

34 위험물안전관리법령상 전역 방출 방식 또는 국소 방출 방식의 분말 소화 설비의 기준에서 가압식의 분말 소화 설비에는 얼마 이하의 압력으로 조정할 수 있는 압력 조정기를 설치하여야 하는가?
① 2.0MPa
② 2.5MPa
③ 3.0MPa
④ 5MPa

해설 전역 방출 방식 또는 국소 방출 방식의 분말 소화 설비의 기준 : 가압식의 분말 소화 설비에는 2.5MPa 이하의 압력으로 조정할 수 있는 압력 조정기를 설치하여야 한다.

35 다음 중 점화원이 될 수 없는 것은?
① 전기 스파크 ② 증발 잠열
③ 마찰열 ④ 분해열

해설 점화원이 될 수 없는 것 : 증발 잠열

36 그림과 같은 타원형 위험물 탱크의 내용적은 약 얼마인가? (단, 단위는 m이다.)

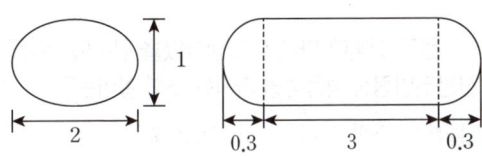

① 5.03m³ ② 7.52m³
③ 9.03m³ ④ 19.05m³

해설 $V = \frac{\pi ab}{4}\left(l + \frac{l_1 + l_2}{3}\right)$
$= \frac{\pi \times 2 \times 1}{4} \times \left(3 + \frac{0.3 + 0.3}{3}\right)$
$= 5.03m^3$

37 대통령령이 정하는 제조소 등의 관계인은 그 제조소 등에 대하여 연 몇 회 이상 정기 점검을 실시해야 하는가? (단, 특정 옥외 탱크 저장소의 정기 점검은 제외한다.)
① 1 ② 2
③ 3 ④ 4

해설 제조소 등 정기 점검 : 연 1회 이상

38 위험물의 화재 발생 시 적응성이 있는 소화 설비의 연결로 틀린 것은?
① 마그네슘 — 포 소화기
② 황린 — 포 소화기
③ 인화성 고체 — 이산화탄소 소화기
④ 등유 — 이산화탄소 소화기

해설 30번 해설 참조

정답 32 ① 33 ② 34 ② 35 ② 36 ① 37 ① 38 ①

39 위험물안전관리법령상 전역 방출 방식의 분말 소화 설비에서 분사 헤드의 방사 압력은 몇 MPa 이상이어야 하는가?

① 0.1　② 0.5　③ 1　④ 3

해설 전역 방출 방식의 분말 소화 설비 분사 헤드 : 방사 압력은 0.1MPa 이상

40 전기 설비에 화재가 발생하였을 경우에 위험물 안전관리법령상 적응성을 가지는 소화 설비는?

① 물분무 소화 설비　② 포 소화기
③ 봉상 강화액 소화기　④ 건조사

해설 30번 해설 참조

제3과목 위험물의 성질과 취급

41 황의 연소 생성물과 그 특성을 옳게 나타낸 것은?

① SO_2, 유독 가스　② SO_2, 청정 가스
③ H_2S, 유독 가스　④ H_2S, 청정 가스

해설 $S+O_2 \rightarrow \underset{\text{유독 가스}}{SO_2}$

42 위험물안전관리법령에 의한 위험물 제조소의 설치 기준으로 옳지 않은 것은?

① 위험물을 취급하는 기계·기구, 그 밖의 설비는 위험물이 새거나 넘치거나 비산하는 것을 방지할 수 있는 구조로 하여야 한다.
② 위험물을 가열하거나 냉각하는 설비 또는 위험물의 취급에 수반하여 온도 변화가 생기는 설비에는 온도 측정 장치를 설치하여야 한다.
③ 위험물을 취급함에 있어서 정전기가 발생할 우려가 있는 설비에는 정전기를 유효하게 제거할 수 있는 설비를 설치하여야 한다.
④ 위험물을 취급하는 동관을 지하에 설치하는 경우에는 지진·풍압·지반 침하 및 온도 변화에 안전한 구조의 지지물에 설치하여야 한다.

해설 ④ 배관을 지상에 설치하는 경우에는 지진, 풍압, 지반 침하 및 온도 변화에 안전한 구조의 지지물에 설치하되, 지면에 닿지 아니하도록 하고 배관의 외면에 부식 방지를 위한 포장을 하여야 한다.

43 다음 중 위험물안전관리법령상 제2석유류에 해당되는 것은?

① 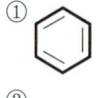　②

③ 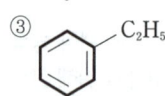　④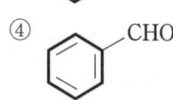

해설 ① 벤젠 : 제1석유류　② 헥산 : 제1석유류
③ 에틸벤젠 : 제1석유류　④ 벤즈알데히드 : 제2석유류

44 다음 위험물 중 가연성 액체를 옳게 나타낸 것은?

HNO_3, $HClO_4$, H_2O_2

① $HClO_4$, HNO_3
② HNO_3, H_2O_2
③ HNO_3, $HClO_4$, H_2O_2
④ 모두 가연성이 아님

해설 ④ 불연성 물질로서 강산화제

45 다음 중 산화프로필렌에 대한 설명으로 틀린 것은?

① 무색의 휘발성 액체이고, 물에 녹는다.
② 인화점이 상온 이하이므로 가연성 증기 발생을 억제하여 보관해야 한다.
③ 은, 마그네슘 등의 금속과 반응하여 폭발성 혼합물을 생성한다.
④ 증기압이 낮고 연소 범위가 좁아서 위험성이 높다.

해설 ④ 증기압이 높고 연소 범위가 넓어서 위험성이 높다.

정답 39 ①　40 ①　41 ①　42 ④　43 ④　44 ④　45 ④

46 다음 중 황린과 적린의 공통점으로 옳은 것은 어느 것인가?

① 독성
② 발화점
③ 연소 생성물
④ CS₂에 대한 용해성

해설

성질 \ 종류	황린	적린
독성	있다	없다
발화점	34℃	260℃
연소 생성물	P₂O₅	P₂O₅
CS₂에 대한 용해성	용해	불용

47 질산나트륨을 저장하고 있는 옥내 저장소(내화구조의 격벽으로 완전히 구획된 실이 2 이상 있는 경우에는 동일한 실)에 함께 저장하는 것이 법적으로 허용되는 것은? (단, 위험물을 유별로 정리하여 서로 1m 이상의 간격을 두는 경우이다.)

① 적린
② 인화성 고체
③ 동·식물유류
④ 과염소산

해설 상호 1m 이상의 간격을 유지하는 경우에도 동일한 옥내 저장소에 저장할 수 있는 것
㉠ 제1류 위험물(알칼리 금속과산화물 제외)+제5류 위험물
㉡ 제1류 위험물+제6류 위험물
㉢ 제1류 위험물+자연 발화성 물품(황린)
㉣ 제2류 위험물(인화성 고체)+제4류 위험물
㉤ 제3류 위험물(알킬알루미늄 등)+제4류 위험물(알킬알루미늄, 알킬리튬을 함유한 것)
㉥ 제4류 위험물(유기 과산화물)+제5류 위험물(유기 과화물)
∴ 제1류 위험물(질산나트륨)+제6류 위험물(과염소산)

48 위험물안전관리법령상 옥외 탱크 저장소의 위치·구조 및 설비의 기준에서 간막이 둑을 설치할 경우, 그 용량의 기준으로 옳은 것은?

① 간막이 둑 안에 설치된 탱크 용량의 110% 이상일 것
② 간막이 둑 안에 설치된 탱크의 용량 이상일 것
③ 간막이 둑 안에 설치된 탱크 용량의 10% 이상일 것
④ 간막이 둑 안에 설치된 탱크의 칸막이 둑 높이 이상 부분의 용량 이상일 것

해설 옥외 탱크 저장소의 위치, 구조 및 설비의 기준 : 간막이 둑 안에 설치된 탱크 용량의 10% 이상일 것

49 위험물을 저장 또는 취급하는 탱크의 용량 산정 방법에 관한 설명으로 옳은 것은?

① 탱크의 내용적에서 공간 용적을 뺀 용적으로 한다.
② 탱크의 공간 용적에서 내용적을 뺀 용적으로 한다.
③ 탱크의 공간 용적에 내용적을 더한 용적으로 한다.
④ 탱크의 볼록하거나 오목한 부분을 뺀 용적으로 한다.

해설 탱크의 용량=탱크의 내용적-탱크의 공간 용적

50 위험물안전관리법령상의 지정 수량이 나머지 셋과 다른 하나는?

① 질산에스터류
② 나이트로소 화합물
③ 디아조 화합물
④ 하이드라진 유도체

해설 제5류 위험물의 품명과 지정 수량

성질	품명	지정 수량	위험 등급
자기 반응성 물질	1. 유기 과산화물 2. 질산에스터류 3. 나이트로 화합물 4. 나이트로소 화합물 5. 아조 화합물 6. 다이아조 화합물 7. 하이드라진 유도체 8. 하이드록실아민 9. 하이드록실아민염류 10. 그 밖에 행정안전부령이 정하는 것 11. 제1호부터 제10호까지의 어느 하나에 해당하는 위험물을 하나 이상 함유한 것	제1종 : 10kg 제2종 : 100kg	제1종 : Ⅰ 제2종 : Ⅱ

정답 46 ③ 47 ④ 48 ③ 49 ① 50 ①

51 금속 칼륨의 일반적인 성질에 대한 설명으로 틀린 것은?

① 칼로 자를 수 있는 무른 금속이다.
② 에탄올과 반응하여 조연성 기체(산소)를 발생한다.
③ 물과 반응하여 가연성 기체를 발생한다.
④ 물보다 가벼운 은백색의 금속이다.

해설 ② 에탄올과 반응하여 수소 가스를 발생한다.
$2K + 2C_2H_5OH \rightarrow 2C_2H_5OK + H_2$

52 위험물을 지정 수량이 큰 것부터 작은 순서로 옳게 나열한 것은?

① 나이트로 화합물 > 브로민산염류 > 하이드록실아민
② 나이트로 화합물 > 하이드록실아민 > 브로민산염류
③ 브로민산염류 > 하이드록실아민 > 나이트로 화합물
④ 브로민산염류 > 나이트로 화합물 > 하이드록실아민

해설 ④ 브로민산염류(300kg) > 나이트로 화합물(200kg) > 하이드록실아민(100kg)

53 다음에서 설명하는 위험물을 옳게 나타낸 것은?

- 지정 수량은 2,000L이다.
- 로켓의 연료, 플라스틱 발포제 등으로 사용된다.
- 암모니아와 비슷한 냄새가 나고, 녹는점은 약 2°C이다.

① N_2H_4 ② $C_6H_5CH=CH_2$
③ NH_4ClO_4 ④ C_6H_5Br

해설 하이드라진(N_2H_4)에 대한 설명이다.

54 다음 중 물과 반응하여 산소와 열을 발생하는 것은?

① 염소산칼륨 ② 과산화나트륨
③ 금속나트륨 ④ 과산화벤조일

해설 ① 물에는 잘 녹는다.
② $Na_2O_2 + H_2O \rightarrow 2NaOH + \frac{1}{2}O_2$
③ $2Na + 2H_2O \rightarrow 2NaOH + H_2$
④ 물에는 잘 녹지 않는다.

55 동·식물유류에 대한 설명 중 틀린 것은?

① 아이오딘가가 클수록 자연 발화의 위험이 크다.
② 아마인유는 불건성유이므로 자연 발화의 위험이 낮다.
③ 동·식물유류는 제4류 위험물에 속한다.
④ 요오드가가 130 이상인 것이 건성유이므로 저장할 때 주의한다.

해설 ② 아마인유는 건성유이므로 자연 발화의 위험이 높다.

56 다음 표의 빈칸(㉠, ㉡)에 알맞은 품명은?

품 명	지정 수량
㉠	100 킬로그램
㉡	1,000 킬로그램

① ㉠ : 철분, ㉡ : 인화성 고체
② ㉠ : 적린, ㉡ : 인화성 고체
③ ㉠ : 철분, ㉡ : 마그네슘
④ ㉠ : 적린, ㉡ : 마그네슘

해설 제2류 위험물의 품명과 지정 수량

성 질	품 명	지정 수량	위험 등급
가연성 고체	1. 황화인	100kg	II
	2. 적린	100kg	
	3. 황	100kg	
	4. 철분	500kg	III
	5. 금속분	500kg	
	6. 마그네슘	500kg	
	7. 그 밖에 행정안전부령이 정하는 것 8. 제1호부터 제7호까지의 어느 하나에 해당하는 위험물을 하나 이상 함유한 것	100kg 또는 500kg	II, III
	9. 인화성 고체	1,000kg	III

정답 51 ② 52 ④ 53 ① 54 ② 55 ② 56 ②

57 다음 위험물 중 인화점이 가장 높은 것은?

① 메탄올   ② 휘발유
③ 아세트산메틸   ④ 메틸에틸케톤

해설 ① 11℃
② -20~-43℃
③ -10℃
④ -1℃

58 다음 ㉠~㉢ 물질 중 위험물안전관리법상 제6류 위험물에 해당하는 것은 모두 몇 개인가?

㉠ 비중 1.49인 질산
㉡ 비중 1.7인 과염소산
㉢ 물 60g + 과산화수소 40g 혼합 수용액

① 1개   ② 2개
③ 3개   ④ 없음

해설 위험물에 해당하는 것
㉠ 질산 : 비중이 1.49 이상인 것
㉡ 과염소산 : 비중이 1.7 이상인 것
㉢ 과산화수소 : 수용액의 농도가 36wt% 이상인 것
예) $\frac{40g}{60g+40g} \times 100 = 40wt\%$

59 지정 수량 이상의 위험물을 차량으로 운반하는 경우 차량에 설치하는 표지의 색상에 관한 내용으로 옳은 것은?

① 흑색 바탕에 청색의 도료로 "위험물"이라고 표기할 것
② 흑색 바탕에 황색의 반사 도료로 "위험물"이라고 표기할 것
③ 적색 바탕에 흰색의 반사 도료로 "위험물"이라고 표기할 것
④ 적색 바탕에 흑색의 도료로 "위험물"이라고 표기할 것

해설 위험물을 차량으로 운반하는 경우 차량에 설치하는 표지 : 흑색 바탕에 황색의 반사 도료로 "위험물"이라고 표기

60 제1류 위험물의 과염소산염류에 속하는 것은?

① $KClO_3$ ② $NaClO_4$
③ $HClO_4$ ④ $NaClO_2$

해설 과염소산염류
㉠ 과염소산칼륨($KClO_4$)
㉡ 과염소산나트륨($NaClO_4$)
㉢ 과염소산암모늄(NH_4ClO_4)
㉣ 과염소산마그네슘[$Mg(ClO_4)_2$]

정답 57 ① 58 ③ 59 ② 60 ②

위험물 산업기사 (2018. 3. 4 시행)

제1과목 일반화학

01 다음 중 CH_3COOH와 C_2H_5OH의 혼합물에 소량의 진한 황산을 가하여 가열하였을 때 주로 생성되는 물질은?

① 아세트산에틸 ② 메탄산에틸
③ 글리세롤 ④ 디에틸에테르

해설 $CH_3COOH + C_2H_{25}OH \xrightarrow[\text{탈수 축합}]{c-H_2SO_4} CH_3COOC_2H_5 + H_2O$

02 다음 중 비극성 분자는 어느 것인가?

① HF ② H_2O
③ NH_3 ④ CH_4

해설 ㉠ 비극성 분자 : 대칭 구조로 이루어진 분자
(예 CH_4)
㉡ 극성 분자 : 비대칭 구조로 이루어진 분자
(예 HF, H_2O, NH_3)

03 다음 중 전리도가 가장 커지는 경우는?

① 농도와 온도가 일정할 때
② 농도가 진하고 온도가 높을수록
③ 농도가 묽고 온도가 높을수록
④ 농도가 진하고 온도가 낮을수록

해설 전리도가 가장 커지는 경우 : 농도가 묽고 온도가 높을수록

04 산소의 산화수가 가장 큰 것은?

① O_2 ② $KClO_4$
③ H_2SO_4 ④ H_2O_2

해설 ① O_2 : 0 ② $KClO_4$: −2가
③ H_2SO_4 : −2가 ④ H_2O_2 : −1

05 어떤 기체의 확산 속도가 $SO_2(g)$의 2배이다. 이 기체의 분자량은 얼마인가? (단, 원자량은 S=32, O=16이다.)

① 8 ② 16
③ 32 ④ 64

해설 그레이엄의 확산 속도 법칙
$$\frac{u_A}{u_B} = \sqrt{\frac{M_B}{M_A}}$$
여기서, u_A, u_B : 기체의 확산 속도
M_A, M_B와 : 분자량
$$\frac{2SO_2}{SO_2} = \sqrt{\frac{64\text{g/mol}}{M_A}}$$
$$\therefore M_A = \frac{64\text{g/mol}}{2^2} = 16\text{g/mol}$$

06 다음 중 결합력이 큰 것부터 작은 순서로 나열한 것은?

① 공유 결합>수소 결합>반 데르 발스 결합
② 수소 결합>공유 결합>반 데르 발스 결합
③ 반 데르 발스 결합>수소 결합>공유 결합
④ 수소 결합>반 데르 발스 결합>공유 결합

해설 결합력의 세기 : 공유 결합(그물 구조체)>이온 결합>금속 결합>수소 결합>반 데르 발스 결합

07 반투막을 이용해서 콜로이드 입자를 전해질이나 작은 분자로부터 분리 정제하는 것을 무엇이라 하는가?

① 틴들 현상 ② 브라운 운동
③ 투석 ④ 전기 영동

해설 ① 틴들 현상 : 콜로이드 입자의 산란성에 의해 빛의 진로가 보이는 현상
② 브라운 운동 : 콜로이드 입자가 용매 분자의 불균일한 충돌을 받아서 불규칙한 운동을 하는 현상
④ 전기 영동 : 콜로이드 용액에 (+), (−)의 전극을 넣고 직류 전압을 걸어 주면 콜로이드 입자가 어느 한쪽 극으로 이동하는 현상

정답 01 ① 02 ④ 03 ③ 04 ① 05 ② 06 ① 07 ③

08 다음 중 배수 비례의 법칙이 성립하는 화합물을 나열한 것은?

① CH_4, CCl_4
② SO_2, SO_3
③ H_2O, H_2S
④ NH_3, BH_3

해설 배수 비례의 법칙 : 두 가지 원소가 두 가지 이상의 화합물을 만들 때, 한 가지 원소의 일정량과 화합하는 다른 원소의 무게비에는 간단한 정수비가 성립된다.

09 다음 중 양쪽성 산화물에 해당하는 것은?

① NO_2
② Al_2O_3
③ MgO
④ Na_2O

해설 ① NO_2 : 산성 산화물
② Al_2O_3 : 양쪽성 산화물
③ MgO : 염기성 산화물
④ Na_2O : 염기성 산화물

10 지시약으로 사용되는 페놀프탈레인 용액은 산성에서 어떤 색을 띠는가?

① 적색
② 청색
③ 무색
④ 황색

해설 페놀프탈레인 용액은 산성에서 무색이다.

11 1기압에서 2L의 부피를 차지하는 어떤 이상 기체를 온도의 변화 없이 압력을 4기압으로 하면 부피는 얼마가 되겠는가?

① 8L
② 2L
③ 1L
④ 0.5L

해설 $PV=P'V'$, $1\times2=4\times V'$, $V'=\dfrac{1\times2}{4}$
∴ $V'=0.5L$

12 다음 중 방향족 화합물이 아닌 것은?

① 톨루엔
② 아세톤
③ 크레졸
④ 아닐린

해설 ② 아세톤은 지방족 탄화수소의 유도체 중 케톤류이다.

13 어떤 금속(M) 8g을 연소시키니 11.2g의 산화물이 얻어졌다. 이 금속의 원자량이 140이라면 이 산화물의 화학식은?

① M_2O_3
② MO
③ MO_2
④ M_2O_7

해설 ㉠ M : 8g, 140g/mol → 0.057mol
㉡ O : 11.2g−8g=3.2g, 16g/mol → 0.2mol
∴ $MO_{3.5}\times2=M_2O_7$이다.

14 다음 중 밑줄 친 원자의 산화수 값이 나머지 셋과 다른 하나는?

① $\underline{Cr}_2O_7^{2-}$
② $H_3\underline{P}O_4$
③ $H\underline{N}O_3$
④ $H\underline{Cl}O_3$

해설 ① $Cr_2O_7^{2-}$: $2x+(-2)\times7=-2$, $2x=12$
∴ $x=6$
② H_3PO_4 : $(+1)\times3+P+(-2)\times4=0$ ∴ $P=5$
③ HNO_3 : $(+1)\times1+N+(-2)\times3=0$ ∴ $N=5$
④ $HClO_3$: $(+1)\times1+Cl+(-2)\times3=0$ ∴ $Cl=5$

15 Rn은 α, 선 및 β선을 2번씩 방출하고 다음과 같이 변했다. 마지막 Po의 원자 번호는 얼마인가? (단, Rn의 원자 번호는 86, 원자량은 222이다.)

$$Rn \xrightarrow{\alpha} Po \xrightarrow{\alpha} Pb \xrightarrow{\beta} Bi \xrightarrow{\beta} Po$$

① 78
② 81
③ 84
④ 87

해설 ㉠ α 붕괴 : 원자 번호 2 감소, 질량수 4 감소
㉡ β 붕괴 : 원자 번호 1 증가

16 에탄올 20.0g과 물 40.0g을 함유한 용액에서 에탄올의 몰분율은 약 얼마인가?

① 0.090
② 0.164
③ 0.444
④ 0.896

해설 에탄올 : $\dfrac{20g}{46g}=0.43mol$

정답 08 ② 09 ② 10 ③ 11 ④ 12 ② 13 ④ 14 ① 15 ③ 16 ②

물 : $\frac{40g}{18g}=2.22mol$

∴ 에탄올의 몰분율 $=\frac{0.43}{0.43+2.22}=0.162$

17 구리를 석출하기 위해 $CuSO_4$ 용액에 0.5F의 전기량을 흘렸을 때 약 몇 g의 구리가 석출되겠는가? (단, 원자량은 Cu=64, S=32, O=16이다.)

① 16 ② 32
③ 64 ④ 128

해설 1F=Cu 0.5mol 석출, 0.5F이므로 Cu 0.25mol 석출 ∴ 64×0.25=16g

18 불순물로 식염을 포함하고 있는 NaOH 3.2g을 물에 녹여 100mL로 한 다음 그 중 50mL를 중화하는데 1N의 염산이 20mL 필요했다. 이 NaOH의 농도(순도)는 약 몇 wt%인가?

① 10 ② 20
③ 33 ④ 50

해설 중화 반응에서,
$NaOH + HCl \rightarrow NaCl + H_2O + Q(cal)$
40g : 36.5g으로 반응(당량 : 당량)

문제에서,
NaCl + NaOH = 3.2g/100mL = 1.6g/50mL
 (식염)

1N의 HCl 20mL는
$\frac{36.5g}{1L} \times 0.02 = 0.73g/20mL$이므로

HCl 0.73g과 반응하는 NaOH는
40g : 36.5g = x : 0.73g
$x = \frac{40 \times 0.73}{36.5} = 0.8g$

결국, NaCl+NaOH에서
   (식염)
50mL 중의 NaOH=NaCl=0.8g
100mL 중의 NaOH=NaCl=1.6g

∴ NaOH의 농도(wt%)=$\frac{1.6}{1.6+1.6}\times100=50wt\%$

19 다음 중 아르곤(Ar)과 같은 전자수를 갖는 양이온과 음이온으로 이루어진 화합물은?

① NaCl
② MgO
③ KF
④ CaS

해설 아르곤(Ar)의 전자수 : 18개
① NaCl=11-1=10과 17+1=18
② MgO=12-2=10과 8+2=10
③ KF=19-1=18과 9+1=10
④ CaS=20-2=18과 16+2=18

20 다음 물질 중 비점이 약 197℃인 무색 액체이고, 약간 단맛이 있으며 부동액의 원료로 사용하는 것은?

① CH_3CHCl_2
② CH_3COCH_3
③ $(CH_3)_2CO$
④ $C_2H_4(OH)_2$

해설 부동액(antifreezing solution) : 내연 기관의 냉각용으로서 물에 염류를 혼합하여 물의 비등점을 높게, 응고점은 낮게 한 수용액 염류로 에틸렌글리콜을 널리 이용한다. 냉각액은 비등점이 높을수록 대기와의 온도차를 크게 취하기 때문에 냉각기는 소형으로도 가능하다. 응고점이 낮으면, 한랭 시 동결의 걱정이 없다.

제2과목 화재예방과 소화방법

21 칼륨, 나트륨, 탄화칼슘의 공통점으로 옳은 것은?

① 연소 생성물이 동일하다.
② 화재 시 대량의 물로 소화한다.
③ 물과 반응하면 가연성 가스를 발생한다.
④ 위험물안전관리법령에서 정한 지정 수량이 같다.

해설 $2K+2H_2O \rightarrow 2KOH+\underline{H_2}$
$2K+2H_2O \rightarrow 2NaOH+\underline{H_2}$
$CaC_2+2H_2O \rightarrow Ca(OH)_2+\underline{C_2H_2}$
∴ 물과 반응하면 가연성 가스를 발생한다.

정답 17 ① 18 ④ 19 ④ 20 ④ 21 ③

22 CO_2에 대한 설명으로 옳지 않은 것은?

① 무색, 무취의 기체로서 공기보다 무겁다.
② 물에 용해 시 약알칼리성을 나타낸다.
③ 농도에 따라서는 질식을 유발할 위험성이 있다.
④ 상온에서도 압력을 가해 액화시킬 수 있다.

해설 ② 물에 약간 녹아 약산성(H_2CO_3)이 된다.

23 위험물안전관리법령상 옥내 소화전 설비의 설치 기준에 따르면 수원의 수량은 옥내 소화전이 가장 많이 설치된 층의 옥내 소화전 설치 개수(설치 개수가 5개 이상인 경우는 5개)에 몇 m^3를 곱한 양 이상이 되도록 설치하여야 하는가?

① 2.3　　　　　② 2.6
③ 7.8　　　　　④ 13.5

해설 옥내 소화전 설비 수원의 양(Q) : 옥내 소화전 설비의 설치 개수(N : 설치 개수가 5개 이상인 경우는 5개의 옥내 소화전)에 7.8m^3를 곱한 양 이상

24 공기 포 발포 배율을 측정하기 위해 중량 340g, 용량 1,800mL의 포 수집 용기에 가득히 포를 채취하여 측정한 용기의 무게가 540g이었다면 발포 배율은? (단, 포 수용액의 비중은 1로 가정한다.)

① 3배　　　　　③ 7배
② 5배　　　　　④ 9배

해설 발포 배율(팽창비)
$= \dfrac{\text{내용적(용량)}}{\text{전체 중량} - \text{빈 시료 용기의 중량}} = \dfrac{1,800}{540 - 340} = 9$배

25 수소의 공기 중 연소 범위에 가장 가까운 값을 나타내는 것은?

① 2.5~82.0vol%　　② 5.3~13.9vol%
③ 4.0~74.5vol%　　④ 12.5~55.0vol%

해설

가스	연소 범위 (vol%)
수소	4.0~74.5

26 가연성 고체 위험물의 화재에 대한 설명으로 틀린 것은?

① 적린과 황은 물에 의한 냉각 소화를 한다.
② 금속분, 철분, 마그네슘이 연소하고 있을 때에는 주수해서는 안 된다.
③ 금속분, 철분, 마그네슘, 황화인은 마른 모래, 팽창 질석 등으로 소화를 한다.
④ 금속분, 철분, 마그네슘의 연소 시에는 수소와 유독 가스가 발생하므로 충분한 안전 거리를 확보해야 한다.

해설 ④ 금속분, 철분, 마그네슘이 연소하고 있을 때 주수하면 급격히 발생한 수증기의 압력이나 분해에 의해 발생한 수소에 의해 폭발의 위험이 있으며 연소 중인 금속의 비산을 가져와 오히려 화재 면적을 확대시킬 수 있으므로 절대 주수해서는 안 된다.

27 인화성 액체의 화재 분류로 옳은 것은?

① A급 화재　　　② B급 화재
③ C급 화재　　　④ D급 화재

해설 화재의 구분

화재별 급수	가연 물질의 종류
A급 화재	목재, 종이, 섬유류 등 일반 가연물
B급 화재	유류(가연성·인화성 액체 포함)
C급 화재	전기
D급 화재	금속

28 할로겐 화합물 청정 소화 약제 중 HFC-23의 화학식은?

① CF_3I　　　　② CHF_3
③ $CF_3CH_2CF_3$　　④ C_4F_{10}

해설 할로겐 화합물 청정 소화 약제

종류	화학식
FIC-1311	CF_3I
HFC-23	CHF_3
HFC-236fa	$CF_3CH_2CF_3$
FC-3-1-10	C_4F_{10}

정답 22 ②　23 ③　24 ④　25 ③　26 ④　27 ②　28 ②

29 보통의 포 소화 약제보다 알코올형 포 소화 약제가 더 큰 소화 효과를 볼 수 있는 대상 물질은?

① 경유 ② 메틸알코올
③ 등유 ④ 가솔린

해설 알코올형 포 소화 약제 : 수용성 화재(예 메틸알코올)

30 위험물안전관리법령상 전역 방출 방식 또는 국소 방출 방식의 불활성 가스 소화 설비 저장 용기의 설치 기준으로 틀린 것은?

① 온도가 40℃ 이하이고 온도 변화가 적은 장소에 설치할 것
② 저장 용기의 외면에 소화 약제의 종류와 양, 제조년도 및 제조자를 표시할 것
③ 직사 일광 및 빗물이 침투할 우려가 적은 장소에 설치할 것
④ 방호 구역 내의 장소에 설치할 것

해설 ④ 방호 구역 외의 장소에 설치할 것

31 물리적 소화에 의한 소화 효과(소화 방법)에 속하지 않는 것은?

① 제거 효과 ② 질식 효과
③ 냉각 효과 ④ 억제 효과

해설 ④ 억제 효과 : 화학 소화

32 위험물안전관리법령상 간이 소화 용구(기타 소화 설비)인 팽창 질석은 삽을 상비한 경우 몇 L가 능력 단위 1.0인가?

① 70L ② 100L
③ 130L ④ 160L

해설

간이 소화 용구		능력 단위
마른 모래	삽을 상비한 50L 이상의 것 1포	0.5단위
팽창 질석 또는 팽창 진주암	삽을 상비한 160L 이상의 것 1포	1단위

33 위험물안전관리법령상 위험물 저장소 건축물의 외벽이 내화 구조인 것은 연면적 얼마를 1소요 단위로 하는가?

① 50m² ② 75m² ③ 100m² ④ 150m²

해설 저장소 건축물의 경우
㉠ 외벽이 내화 구조로 된 것으로 연면적이 150m²
㉡ 외벽이 내화 구조가 아닌 것으로 연면적이 75m²

34 위험물안전관리법령상 제3류 위험물 중 금수성 물질에 적응성이 있는 소화기는?

① 할로 소화 설비 ② 인산염류 분말 소화기
③ 이산화탄소 소화기 ④ 탄산수소염류 분말 소화기

해설 소화 설비의 적응성

소화 설비의 구분		대상물 구분									
		건축물·그밖의 공작물	전기 설비	제1류 위험물		제2류 위험물			제3류 위험물		제4류 위험물	제5류 위험물	제6류 위험물
				알칼리 금속 과산화물 등	그 밖의 것	철분·금속분·마그네슘 등	인화성 고체	그 밖의 것	금수성 물품	그 밖의 것			
옥내 소화전 설비 또는 옥외 소화전 설비		○			○		○	○		○		○	○
스프링클러 설비		○			○		○	○		○	△	○	○
물분무등소화설비	물분무 소화 설비	○	○		○		○	○		○	○	○	○
	포 소화 설비	○			○		○	○		○	○	○	○
	불활성 가스 소화 설비		○					○			○		
	할로겐 화합물 소화 설비		○					○			○		
	분말 소화 설비	인산염류 등	○	○		○		○	○			○		○
		탄산수소염류 등		○	○		○	○		○		○		
		그 밖의 것			○		○			○				
대형·소형 수동식 소화기	봉상수(棒狀水) 소화기	○			○		○	○		○		○	○
	무상수(霧狀水) 소화기	○	○		○		○	○		○		○	○
	봉상 강화액 소화기	○			○		○	○		○		○	○
	무상 강화액 소화기	○	○		○		○	○		○	○	○	○
	포 소화기	○			○		○	○		○	○	○	○
	이산화탄소 소화기		○					○			○		△
	할로 소화 설비		○					○			○		
	분말 소화기	인산염류 소화기	○	○		○		○	○			○		○
		탄산수소염류 소화기		○	○		○	○		○		○		
		그 밖의 것			○		○			○				
기타	물통 또는 수조	○			○			○		○			
	건조사			○	○	○	○	○	○	○	○	○	○
	팽창 질석 또는 팽창 진주암			○	○	○	○	○	○	○	○	○	○

정답 29 ② 30 ④ 31 ④ 32 ④ 33 ④ 34 ④

35 위험물안전관리법령상 소화 설비의 구분에서 물분무 등 소화 설비에 속하는 것은?

① 포 소화 설비　　② 옥내 소화전 설비
③ 스프링클러 설비　④ 옥외 소화전 설비

해설　물분무 등 소화 설비
㉠ 물분무 소화 설비
㉡ 미분무 소화 설비
㉢ 포 소화 설비
㉣ 이산화탄소 소화 설비
㉤ 할론 소화 설비
㉥ 할로겐 화합물 및 불활성 기체 소화 설비
㉦ 분말 소화 설비
㉧ 강화 액소화 설비
㉨ 고체 에어로졸 소화 설비

36 연소의 3요소 중 하나에 해당하는 역할이 나머지 셋과 다른 위험물은?

① 과산화수소　② 과산화나트륨
③ 질산칼륨　　④ 황린

해설　㉠ 지연(조연)물 : 과산화수소, 과산화나트륨, 질산칼륨
㉡ 가연물 : 황린

37 질식 효과를 위해 포의 성질로서 갖추어야 할 조건으로 가장 거리가 먼 것은?

① 기화성이 좋을 것
② 부착성이 좋을 것
③ 유동성이 좋을 것
④ 바람 등에 견디고 응집성과 안정성이 있을 것

해설　① 열에 대한 센 막을 가질 것

38 마그네슘 분말이 이산화탄소 소화 약제와 반응하여 생성될 수 있는 유독 기체의 분자량은?

① 28　　② 32
③ 40　　④ 44

해설　$Mg + CO_2 \rightarrow MgO + \underset{\text{유독 기체}}{CO}$
∴ CO 분자량 = 12 + 16 = 28

39 물이 일반적인 소화 약제로 사용될 수 있는 특징에 대한 설명 중 틀린 것은?

① 증발 잠열이 크기 때문에 냉각시키는 데 효과적이다.
② 물을 사용한 봉상수소화기는 A급, B급 및 C급 화재의 진압에 적응성이 뛰어나다.
③ 비교적 쉽게 구해서 이용이 가능하다.
④ 펌프, 호스 등을 이용하여 이송이 비교적 용이하다.

해설　② 물을 사용한 봉상수 소화기는 A급 화재의 진압에 적응성이 뛰어나다.

40 과산화칼륨이 다음과 같이 반응하였을 때 공통적으로 포함된 물질(기체)의 종류가 나머지 셋과 다른 하나는?

① 가열하여 열분해하였을 때
② 물(H_2O)과 반응하였을 때
③ 염산(HCl)과 반응하였을 때
④ 이산화탄소(CO_2)와 반응하였을 때

해설
① $2K_2O_2 \rightarrow 2K_2O + \underline{O_2}$
② $2K_2O_2 + 2H_2O \rightarrow 4KOH + \underline{O_2}$
③ $K_2O_2 + 2HCl \rightarrow 2KCl + \underline{H_2O_2}$
④ $2K_2O_2 + 2CO_2 \rightarrow 2K_2CO_3 + \underline{O_2}$

제3과목　위험물의 성질과 취급

41 다음 제4류 위험물 중 연소 범위가 가장 넓은 것은?

① 아세트알데하이드　② 산화프로필렌
③ 휘발유　　　　　　④ 아세톤

해설

위험물	연소 범위
아세트알데하이드	4.1 ~ 57%
산화프로필렌	2.5 ~ 38.5%
휘발유	1.4 ~ 7.6%
아세톤	2.5 ~ 12.8%

정답　35 ①　36 ④　37 ①　38 ①　39 ②　40 ③　41 ①

42 다음 위험물 중 보호액으로 물을 사용하는 것은?

① 황린 ② 적린
③ 루비듐 ④ 오황화인

해설

위험물	보호액
CS_2, 황린	물속
K, Na, 적린	석유

43 이황화탄소를 물속에 저장하는 이유로 가장 타당한 것은?

① 공기와 접촉하면 즉시 폭발하므로
② 가연성 증기의 발생을 방지하므로
③ 온도의 상승을 방지하므로
④ 불순물을 물에 용해시키므로

해설 이황화탄소를 물속에 저장하는 이유 : 가연성 증기의 발생을 방지하므로

44 다음 중 황린의 연소 생성물은?

① 삼황화인 ② 인화수소
③ 오산화인 ④ 오황화인

해설 $P_4 + 5O_2 \rightarrow 2P_2O_5$

45 다음 중 과산화벤조일에 대한 설명으로 틀린 것은?

① 벤조일퍼옥사이드라고도 한다.
② 상온에서 고체이다.
③ 산소를 포함하지 않는 환원성 물질이다.
④ 희석제를 첨가하여 폭발성을 낮출 수 있다.

해설 ③ 산소를 포함하고 있는 자기 반응성 물질이다.

46 질산염류의 일반적인 성질에 대한 설명으로 옳은 것은?

① 무색 액체이다.
② 물에 잘 녹는다.
③ 물에 녹을 때 흡열 반응을 나타내는 물질은 없다.
④ 과염소산염류보다 충격, 가열에 불안정하여 위험성이 크다.

해설 ① 무색 고체이다.
③ 물에 녹을 때 질산암모늄은 흡열 반응을 나타낸다.
④ 과염소산염류보다 충격, 가열에 안정하여 위험성이 작다.

47 금속칼륨의 보호액으로 적당하지 않은 것은?

① 유동 파라핀
② 등유
③ 경유
④ 에탄올

해설

위험물	보호액
K	유동 파라핀, 등유, 경유

48 제조소에서 위험물을 취급함에 있어서 정전기를 유효하게 제거할 수 있는 방법으로 가장 거리가 먼 것은?

① 접지에 의한 방법
② 공기 중의 상대 습도를 70% 이상으로 하는 방법
③ 공기를 이온화하는 방법
④ 부도체 재료를 사용하는 방법

해설 ④ 대전 방지제를 사용한다.

49 다음 위험물안전관리법령에서 정한 지정 수량이 가장 작은 것은?

① 염소산염류 ② 브로민산염류
③ 나이트로 화합물 ④ 금속의 인화물

해설

위험물	지정 수량
염소산염류	50kg
브로민산염류	300kg
나이트로 화합물	200kg
금속의 인화물	300kg

정답 42 ① 43 ② 44 ③ 45 ③ 46 ② 47 ④ 48 ④ 49 ①

50 다음 중 아이오딘값이 가장 작은 것은?

① 아마인유   ② 들기름
③ 정어리기름   ④ 야자유

해설

위험물	아이오딘값
아마인유	168~190
들기름	192~208
정어리기름	154~196
야자유	7~16

51 위험물안전관리법령상 옥내 저장소의 안전 거리를 두지 않을 수 있는 경우는?

① 지정 수량 20배 이상의 동·식물유류
② 지정 수량 20배 미만의 특수 인화물류
③ 지정 수량 20배 미만의 제4석유류
④ 지정 수량 20배 이상의 제5류 위험물

해설 옥내 저장소의 안전 거리를 두지 않을 수 있는 경우
㉠ 지정 수량 20배 미만의 제4석유류와 동·식물유류 저장·취급 장소
㉡ 제6류 위험물 저장·취급 장소

52 다음 중 발화점이 가장 높은 것은?

① 등유   ② 벤젠
③ 디에틸에테르   ④ 휘발유

해설

위험물	발화점
등유	254 ℃
벤젠	498 ℃
디에틸에테르	180 ℃
휘발유	300 ℃

53 인화칼슘이 물과 반응하였을 때 발생하는 기체는?

① 수소   ② 산소
③ 포스핀   ④ 포스겐

해설 $Ca_3P_2 + 6H_2O \rightarrow 3Ca(OH)_2 + 2PH_3$

54 위험물안전관리법령에 따른 질산에 대한 설명으로 틀린 것은?

① 지정 수량은 300kg이다.
② 위험 등급은 I이다.
③ 농도가 36wt% 이상인 것에 한하여 위험물로 간주된다.
④ 운반 시 제1류 위험물과 혼재할 수 있다.

해설 ③ 비중 1.49(약 89.6wt%) 이상인 것을 위험물로 본다.

55 휘발유의 일반적인 성질에 대한 설명으로 틀린 것은?

① 인화점은 0℃ 보다 낮다.
② 액체 비중은 1보다 작다.
③ 증기 비중은 1보다 작다.
④ 연소 범위는 약 1.4~7.6%이다.

해설 ③ 증기 비중은 3~4이다.

56 다음 위험물의 지정 수량 배수의 총합은?

- 휘발유 : 2,000L
- 경유 : 4,000L
- 등유 : 40,000L

① 18   ② 32
③ 46   ④ 54

해설
$\dfrac{2,000}{200} + \dfrac{4,000}{1,000} + \dfrac{40,000}{1,000} = 10 + 4 + 40 = 54$배

57 위험물안전관리법령상 위험물의 지정 수량이 틀리게 짝지어진 것은?

① 황화인 − 50kg   ② 적린 − 100kg
③ 철분 − 500kg   ④ 금속분 − 500kg

해설 ① 황화인 − 100kg

정답 50 ④ 51 ③ 52 ② 53 ③ 54 ③ 55 ③ 56 ④ 57 ①

58 휘발유를 저장하던 이동 저장 탱크에 탱크의 상부로부터 등유나 경유를 주입할 때 액표면이 주입관의 선단을 넘는 높이가 될 때까지 그 주입관 내의 유속을 몇 m/s 이하로 하여야 하는가?

① 1　　　　　　② 2
③ 3　　　　　　④ 5

해설 등유나 경유 주입 시 액표면이 주입관의 선단을 넘는 높이가 될 때까지 그 주입관의 유속 : 1m/s 이하

59 취급하는 장치가 구리나 마그네슘으로 되어 있을 때 반응을 일으켜서 폭발성의 아세틸라이트를 생성하는 물질은?

① 이황화탄소
② 아이소프로필알코올
③ 산화프로필렌
④ 아세톤

해설 산화프로필렌 또는 아세트알데하이드를 취급하는 장치가 구리나 마그네슘으로 되어 있을 때 반응을 일으켜서 폭발성의 아세틸라이트를 생성한다.

60 과산화수소 용액의 분해를 방지하기 위한 방법으로 가장 거리가 먼 것은?

① 햇빛을 차단한다.
② 암모니아를 가한다.
③ 인산을 가한다.
④ 요산을 가한다.

해설 ② 약산성으로 만든다.

정답　58 ①　59 ③　60 ②

위험물 산업기사 (2018. 4. 28 시행)

제1과목 일반화학

01 A는 B이온과 반응하나 C이온과는 반응하지 않고, D는 C이온과 반응한다고 할 때 A, B, C, D 의 환원력 세기를 큰 것부터 차례대로 나타낸 것은? (단, A, B, C, D는 모두 금속이다.)

① A>B>D>C
② D>C>A>B
③ C>D>B>A
④ B>A>C>D

해설 A>B, C>A, D>C ∴ D>C>A>B이다.

02 1패럿(Farad)의 전기량으로 물을 전기 분해하였을 때 생성되는 기체 중 산소 기체는 0℃, 1기압에서 몇 L인가?

① 5.6
② 11.2
③ 22.4
④ 44.8

해설 $H_2O \xrightarrow[1F]{전기분해}$
$\begin{cases} (+)극 : O_2 \to 1g당량\ 생성 : 8g : 5.6L \\ (-)극 : H_2 \to 1g당량\ 생성 : 1g : 11.2L \end{cases}$

03 메탄에 직접 염소를 작용시켜 클로로포름을 만드는 반응을 무엇이라 하는가?

① 환원 반응
② 부가 반응
③ 치환 반응
④ 탈수소 반응

해설 $CH_4 + 3Cl_2 \xrightarrow{치환} CHCl_3 + 3HCl$

04 다음 물질 중 감광성이 가장 큰 것은?

① HgO
② CuO
③ $NaNO_3$
④ AgCl

해설 감광성 : 필름이나 인화지 등에 칠한 감광제가 색에 대해 얼마만큼 반응하느냐 하는 감광역을 말한다(예 AgCl).

05 다음 중 산성 산화물에 해당하는 것은?

① BaO
② CO_2
③ CaO
④ MgO

해설 · 산성 산화물 : 물에 녹아 산이 되거나 염기와 반응할 때 염과 물을 만드는 비금속 산화물(대부분 산화 수가 +3가 이상)
예 $CO_2, SiO_2, NO_2, SO_3, P_2O_5$ 등
· 염기성 산화물 : 물에 녹아 염기가 되거나 산과 반응하여 염과 물을 만드는 금속 산화물(대부분 산화수가 +2가 이하)
예 $CaO, MgO, BaO, Na_2O, CuO$ 등

06 배수 비례의 법칙을 적용 가능한 화합물을 옳게 나열한 것은?

① CO, CO_2
② HNO_3, HNO_2
③ H_2SO_4, H_2SO_3
④ O_2, O_3

해설 배수 비례의 법칙 : 두 가지의 원소가 두 가지 이상의 화합물을 만들 때 한 가지 원소의 일정량과 화합하는 다른 원소의 무게비에는 간단한 정수비가 성립된다.

07 엿당을 포도당으로 변화시키는 데 필요한 효소는?

① 말타아제
② 아밀라아제
③ 치마아제
④ 리파아제

해설 $\underset{맥아당(엿당)}{C_{12}H_{22}O_{11}} + H_2O \xrightarrow{말타아제} \underset{포도당}{2C_6H_{12}O_6}$

08 다음 중 가수 분해가 되지 않는 염은?

① NaCl
② NH_4Cl
③ CH_3COONa
④ CH_3COONH_4

해설 강산과 강염기로 생성된 염은 가수 분해되지 않는다.
$\underset{강산}{HCl} + \underset{강염기}{NaOH} \to \underset{염}{NaCl} + H_2O$

정답 01 ② 02 ① 03 ③ 04 ④ 05 ② 06 ① 07 ① 08 ①

09 다음의 반응 중 평형 상태가 압력의 영향을 받지 않는 것은?

① $N_2 + O_2 \leftrightarrow 2NO$
② $NH_3 + HCl \leftrightarrow NH_4Cl$
③ $2CO + O_2 \leftrightarrow 2CO_2$
④ $2NO_2 \leftrightarrow N_2O_4$

해설 반응물과 생성물의 몰수, 즉 분자수가 같은 것은 압력의 영향을 받지 않는다.

10 공업적으로 에틸렌을 $PdCl_2$ 촉매하에 산화 시킬 때 주로 생성되는 물질은?

① CH_3OCH_3
② CH_3CHO
③ $HCOOH$
④ C_3H_7OH

해설 CH_3CHO 제법
㉠ 에틸렌과 산소를 $PdCl_2$ 또는 $CuCl_2$의 촉매하에서 반응시켜 만든다.
㉡ 에탄올을 백금 촉매하에 산화시켜 얻어진다.
㉢ $HgSO_4$ 촉매하에서 아세틸렌에 물을 첨가시켜 얻는다.
$C_2H_4 + H_2O \xrightarrow{HgSO_4} CH_3CHO$

11 다음과 같은 전자 배치를 갖는 원자 A와 B에 대한 설명으로 옳은 것은?

- A : $1s^2 2s^2 2p^6 3s^2$
- B : $1s^2 2s^2 2p^6 3s^1 3p^1$

① A와 B는 다른 종류의 원자이다.
② A는 홑원자이고, B는 이원자 상태인 것을 알 수 있다.
③ A와 B는 동위 원소로서 전자배열이 다르다.
④ A에서 B로 변할 때 에너지를 흡수한다.

해설 A와 B는 같은 원소이며 Mg에 해당된다. $3s^2$에 있는 두 개의 전자 중 하나의 전자가 에너지를 받아 $3p$의 껍질로 이동한 것이므로 A에서 B로 변할 때 에너지를 흡수한다.

12 $1N - NaOH$ 100mL 수용액으로 10wt% 수용액을 만들려고 할 때의 방법으로 다음 중 가장 적합한 것은?

① 36mL의 증류수 혼합
② 40mL의 증류수 혼합
③ 60mL의 수분 증발
④ 64mL의 수분 증발

해설 NaOH 1mol=1NaOH 1N이 된다.
$1N - NaOH$ 100mL에는 $0.1mol \left(\frac{1mol}{1L} \times 0.1L \right)$의 NaOH가 들어있다.
NaOH의 분자량=40g/mol이므로
100mL NaOH 수용액 안에는 4g의 NaOH가 존재한다.
그러므로 $\frac{4g}{x(g)} \times 100 = 10wt\%$, $x=40g$이다.
이는 용액을 뜻하므로 40g-4g=36g의 물이 존재하면 10wt%의 수용액이 된다.
즉, $l_물 = 1g/mL$를 기준으로 계산하면
100mL-36mL=64mL
즉, 64mL의 수분이 증발한다.

13 다음 반응식에 관한 사항 중 옳은 것은?

$$SO_2 + 2H_2S \rightarrow 2H_2O + 3S$$

① SO_2는 산화제로 작용
② H_2S는 산화제로 작용
③ SO_2는 촉매로 작용
④ H_2S는 촉매로 작용

해설 · 환원력이 강한 H_2S와 반응하면 산화제로 작용한다.
$S^{4+}O_2 + 2H_2S \rightarrow 2H_2O + 3S^0$
└─ 환원(산화제로 작용) ─┘
· 환원제로 작용한 것
$S^{4+}O_2 + 2H_2O + Cl_2 \rightarrow H_2S^{6+}O_4 + 2HCl$
└─ 산화(환원제로 작용) ─┘

14 주기율표에서 3주기 원소들의 일반적인 물리·화학적 성질 중 오른쪽으로 갈수록 감소하는 성질들로만 이루어진 것은?

① 비금속성, 전자 흡수성, 이온화 에너지
② 금속성, 전자 방출성, 원자반지름
③ 비금속성, 이온화 에너지, 전자 친화도
④ 전자 친화도, 전자 흡수성, 원자반지름

해설 3주기 원소들은 오른쪽으로 갈수록 금속성, 전자 방출성, 원자반지름이 감소한다.

15 30wt%인 진한 HCl의 비중은 1.1이다. 진한 HCl의 몰농도는 얼마인가? (단, HCl의 화학식량은 36.5이다.)

① 7.21 ② 9.04 ③ 11.36 ④ 13.08

해설 몰농도=1,000 × 비중 × % ÷ 용질의 분자량

∴ $1,000 \times 1.1 \times \frac{30}{100} \div 36.5 = 9.04$

16 방사성 원소에서 방출되는 방사선 중 전기장의 영향을 받지 않아 휘어지지 않는 선은?

① α선 ② β선
③ γ선 ④ α, β, γ선

해설 방사선의 종류와 작용
㉠ α선 : 전기장을 작용하면 (−)쪽으로 구부러지므로 그 자신은 (+)전기를 가진 입자의 흐름임을 알게 된다.
㉡ β선 : 전기장을 작용하면 (+)쪽으로 구부러지므로 그 자신은 (−)전기를 가진 입자의 흐름임을 알게 된다. 즉 전자의 흐름이다.
㉢ γ선 : 전기장의 영향을 받지 않아 휘어지지 않는 선이며, 광선이나 X선과 같은 일종의 전자파이다.

17 다음 중 산성염으로만 나열된 것은 어느 것인가?

① $NaHSO_4$, $Ca(HCO_3)_2$
② $Ca(OH)Cl$, $Cu(OH)Cl$
③ $NaCl$, $Cu(OH)Cl$
④ $Ca(OH)Cl$, $CaCl_2$

해설 산성염 : 염 속에 수소 원자(H)가 들어 있는 염
예 $NaHCO_3$, $NaHSO_4$, $Ca(HCO_3)_2$

18 어떤 기체의 확산 속도는 SO_2의 2배이다. 이 기체의 분자량은 얼마인가? (단, SO_2의 분자량은 64이다.)

① 4 ② 8
③ 16 ④ 32

해설 그레이엄의 확산 속도 법칙

$$\frac{u_A}{u_B} = \sqrt{\frac{M_B}{M_A}}$$

여기서, u_A, u_B : 기체의 확산 속도
M_A, M_B와 : 분자량

$\frac{2SO_2}{SO_2} = \sqrt{\frac{64g/mol}{M_A}}$ ∴ $M_A = \frac{64g/mol}{2^2} = 16g/mol$

19 다음 중 물의 끓는점을 높이기 위한 방법으로 가장 타당한 것은?

① 순수한 물을 끓인다.
② 물을 저으면서 끓인다.
③ 감압하에 끓인다.
④ 밀폐된 그릇에서 끓인다.

해설 • 물의 끓는점을 높이기 위한 방법 : 밀폐된 그릇에서 끓인다.
• 물의 끓는점을 낮출 수 있는 방법 : 외부 압력을 낮추어 준다.

20 한 분자 내에 배위 결합과 이온 결합을 동시에 가지고 있는 것은?

① NH_4Cl ② C_6H_6
③ CH_3OH ④ $NaCl$

해설 NH_4Cl은 한 분자 내에 공유, 배위, 이온 결합을 동시에 한다.
㉠ 공유 결합 : $N + 3H \rightarrow NH_3$
㉡ 배위 결합 : $NH_3 + H^+ \rightarrow NH_4^+$
㉢ 이온 결합 : $NH_4 + Cl^- \rightarrow NH_4Cl$

정답 14 ② 15 ② 16 ③ 17 ① 18 ③ 19 ④ 20 ①

제2과목 화재예방과 소화방법

21 어떤 가연물의 착화 에너지가 24cal일 때, 이것을 일에너지의 단위로 환산하면 약 몇 Joule인가?

① 24 ② 42 ③ 84 ④ 100

해설 1cal=4.186J
∴ 24cal×4.186J=100Joule

22 위험물 제조소 등에 옥내 소화전 설비를 압력 수조를 이용한 가압 송수 장치로 설치하는 경우 압력 수조의 최소 압력은 몇 MPa인가? (단, 소방용 호스의 마찰 손실 수두압은 3.2MPa이고, 배관의 마찰 손실 수두압은 2.2MPa이며, 낙차의 환산 수두압은 1.79MPa 이다.)

① 5.4 ② 3.99 ③ 7.19 ④ 7.54

해설 $P = p_1 + p_2 + p_3 + 0.35\text{MPa}$
$= 3.2 + 2.2 + 1.79 + 0.35$
$= 7.54\text{MPa}$

23 디에틸에테르 2,000L와 아세톤 4,000L를 옥내 저장소에 저장하고 있다면 총 소요 단위는 얼마인가?

① 5 ② 6 ③ 50 ④ 60

해설 소요 단위 = $\dfrac{\text{저장량}}{\text{지정 수량}\times 10\text{배}} + \dfrac{\text{저장량}}{\text{지정 수량}\times 10\text{배}}$
$= \dfrac{2,000}{50\times 10} + \dfrac{4,000}{400\times 10}$
$= 4 + 1$
$= 5$단위

24 연소 이론에 대한 설명으로 가장 거리가 먼 것은?

① 착화 온도가 낮을수록 위험성이 크다.
② 인화점이 낮을수록 위험성이 크다.
③ 인화점이 낮은 물질은 착화점도 낮다.
④ 폭발 한계가 넓을수록 위험성이 크다.

해설 ③ 인화점이 낮다고 해서 발화점이 낮지는 않다.

25 분말 소화 약제의 착색 색상으로 옳은 것은?

① $NH_4H_2PO_4$: 담홍색
② $NH_4H_2PO_4$: 백색
③ $KHCO_3$: 담홍색
④ $KHCO_3$: 백색

해설 분말 소화 약제

종별	소화약제 주성분	적응 화재	색상
제1종	$NaHCO_3$	B, C	백색
제2종	$KHCO_3$	B, C	보라색(담회색)
제3종	$NH_4H_2PO_4$	A, B, C	담홍색(핑크색)
제4종	$KHCO_3+(NH_2)_2CO$	B, C	회색(회백색)

26 불활성 가스 소화 설비에 의한 소화 적응성이 없는 것은?

① $C_3H_5(ONO_2)_3$ ② $C_6H_4(CH_3)_2$
③ CH_3COCH_3 ④ $C_2H_5OC_2H_5$

해설 $C_3H_5(ONO_2)_3$ 소화 적응성 : 옥내 소화전 설비 또는 옥외 소화전 설비, 스프링클러 설비, 물분무 소화 설비, 포 소화 설비

27 위험물안전관리법령상 염소산염류에 대해 적응성이 있는 소화 설비는?

① 탄산수소염류 분말 소화 설비
② 포 소화 설비
③ 불활성 가스 소화 설비
④ 할로겐 화합물 소화 설비

해설 소화 설비의 적응성

소화 설비의 구분	건축물·그 밖의 공작물	전기 설비	제1류 위험물 알칼리 금속 과산화물 등	제1류 위험물 그 밖의 것	제2류 위험물 철분·금속분·마그네슘 등	제2류 위험물 인화성 고체	제2류 위험물 그 밖의 것	제3류 위험물 금수성 물품	제3류 위험물 그 밖의 것	제4류 위험물	제5류 위험물	제6류 위험물
옥내 소화전 설비 또는 옥외 소화전 설비	○			○		○	○		○		○	○
스프링클러 설비	○			○		○	○		○	△	○	○

정답 21 ④ 22 ④ 23 ① 24 ③ 25 ① 26 ① 27 ②

물분무등 소화설비	물분무 소화 설비	○	○		○		○	○	○
	포 소화 설비		○		○		○	○	○
	불활성 가스 소화 설비				○		○		○
	할론 소화 설비				○		○		○
	분말소화설비 인산염류 등	○	○		○		○	○	○
	탄산수소염류 등		○	○		○		○	○
	그 밖의 것		○	○		○			
대형·소형수동식소화기	봉상수(棒狀水) 소화기	○		○		○	○	○	○
	무상수(霧狀水) 소화기	○		○		○	○	○	○
	봉상 강화액 소화기	○		○		○	○	○	○
	무상 강화액 소화기	○	○	○	○	○	○	○	○
	포 소화기	○	○	○		○	○	○	○
	이산화탄소 소화기		○		○		○		△
	할론 소화 설비		○		○		○		○
	분말소화기 인산염류 소화기	○	○		○		○	○	○
	탄산수소염류 소화기		○	○		○		○	○
	그 밖의 것			○		○			
기타	물통 또는 수조	○		○		○	○	○	○
	건조사		○	○	○	○	○	○	○
	팽창 질석 또는 팽창 진주암		○	○	○	○	○	○	○

28 벤젠에 관한 일반적 성질로 틀린 것은?

① 무색투명한 휘발성 액체로 증기는 마취성과 독성이 있다.
② 불을 붙이면 그을음을 많이 내고 연소한다.
③ 겨울철에는 응고하여 인화의 위험이 없지만, 상온에서는 액체 상태로 인화의 위험이 높다.
④ 진한 황산과 질산으로 니트로화 시키면 니트로벤젠이 된다.

해설 ③ 융점이 5.5℃이고, 인화점이 −11.1℃이기 때문에 겨울철에는 응고된 상태에서도 연소할 가능성이 있다.

29 다음은 위험물안전관리법령상 위험물 제조소 등에 설치하는 옥내 소화전 설비의 설치 표시 기준 중 일부이다. ( )에 알맞은 수치를 차례대로 옳게 나타낸 것은?

> 옥내 소화전함의 상부의 벽면에 적색의 표시등을 설치하되, 당해 표시등의 부착면과 ( ) 이상의 각도가 되는 방향으로 ( ) 떨어진 곳에서 용이하게 식별이 가능하도록 할 것

① 5°, 5m ② 5°, 10m
③ 15°, 5m ④ 15°, 10m

해설 옥내 소화전 설치 표시 기준 : 옥내 소화전함의 상부의 벽면에 적색의 표시등을 설치하되 당해 표시등의 부착면과 15° 이상의 각도가 되는 방향으로 10m 떨어진 곳에서 용이하게 식별이 가능하도록 할 것

30 벤조일퍼옥사이드의 화재 예방상 주의 사항에 대한 설명 중 틀린 것은?

① 열, 충격 및 마찰에 의해 폭발할 수 있으므로 주의한다.
② 진한 질산, 진한 황산과의 접촉을 피한다.
③ 비활성의 희석제를 첨가하면 폭발성을 낮출 수 있다.
④ 수분과 접촉하면 폭발의 위험이 있으므로 주의한다.

해설 ④ 물, 불활성 용매 등의 희석제를 혼합하면 폭발성이 줄어든다. 따라서 저장, 취급 중 희석제의 증발을 막아야 한다.

31 전역 방출 방식의 할로겐화물 소화 설비의 분사 헤드에서 Halon 1211을 방사하는 경우의 방사 압력은 얼마 이상으로 하여야 하는가?

① 0.1MPa ② 0.2MPa
③ 0.5MPa ④ 0.9MPa

해설 전역 방출 방식 할로겐화물 소화 설비의 분사 헤드 방사 압력

할로겐화물 소화 설비	분사 헤드 방사 압력
Halon 2402	0.1MPa 이상
Halon 1211	0.2MPa 이상
Halon 1301	0.9MPa 이상

32 이산화탄소 소화 약제의 소화 작용을 옳게 나열한 것은?

① 질식 소화, 부촉매 소화
② 부촉매 소화, 제거 소화
③ 부촉매 소화, 냉각 소화
④ 질식 소화, 냉각 소화

해설 CO_2 소화 약제의 소화 작용 : 질식 소화, 냉각 소화

정답 28 ③ 29 ④ 30 ④ 31 ② 32 ④

33 금속 나트륨의 연소 시 소화 방법으로 가장 적절한 것은?

① 팽창 질석을 사용하여 소화한다.
② 분무상의 물을 뿌려 소화한다.
③ 이산화탄소를 방사하여 소화한다.
④ 물로 적신 헝겊으로 피복하여 소화한다.

해설 27번 해설 참조

34 다음 중 이산화탄소 소화기에 대한 설명으로 옳은 것은?

① C급 화재에는 적응성이 없다.
② 다량의 물질이 연소하는 A급 화재에 가장 효과적이다.
③ 밀폐되지 않은 공간에서 사용할 때 가장 소화 효과가 좋다.
④ 방출용 동력이 별도로 필요치 않다.

해설 ① C급 화재에는 적응성이 있다.
② 다량의 물질이 연소하는 B급, C급 화재에 가장 효과적이다.
③ 밀폐된 공간에서 사용할 때 가장 소화 효과가 좋다.

35 위험물안전관리법령상 제5류 위험물에 적응성 있는 소화 설비는?

① 분말을 방사하는 대형 소화기
② CO_2를 방사하는 소형 소화기
③ 할로겐 화합물을 방사하는 대형 소화기
④ 스프링클러 설비

해설 27번 해설 참조

36 자연 발화의 원인으로 가장 거리가 먼 것은?

① 기화열에 의한 발열 ② 산화열에 의한 발열
③ 분해열에 의한 발열 ④ 흡착열에 의한 발열

해설 자연 발화의 원인
㉠ ②, ③, ④
㉡ 중합열에 의한 발화
㉢ 미생물에 의한 발화

37 10°C의 물 2g을 100°C의 수증기로 만드는 데 필요한 열량은?

① 180cal   ② 340cal
③ 719cal   ④ 1,258cal

해설 $Q_1 = Gc\triangle t = 2 \times 1 \times (100-10) = 180$cal
$Q_2 = Gr = 2 \times 539 = 1,078$cal
∴ $Q = Q_1 + Q_2 = 180 + 1,078 = 1,258$cal

38 과산화나트륨 저장 장소에서 화재가 발생하였다. 과산화나트륨을 고려하였을 때 다음 중 가장 적합한 소화 약제는?

① 포 소화 약제   ② 할로겐 화합물
③ 건조사   ④ 물

해설 27번 해설 참조

39 위험물안전관리법령상 마른 모래(삽 1개 포함) 50L의 능력 단위는?

① 0.3   ② 0.5
③ 1.0   ④ 1.5

해설 기타 소화 설비의 능력 단위

소화 설비	용량	능력 단위
소화 전용(專用) 물통	8L	0.3
수조(소화 전용 물통 3개 포함)	80L	1.5
수조(소화 전용 물통 6개 포함)	190L	2.5
마른 모래(삽 1개 포함)	50L	0.5
팽창 질석 또는 팽창 진주암 (삽 1개 포함)	160L	1.0

40 불활성 가스 소화 약제 중 IG-541의 구성 성분이 아닌 것은?

① N_2 ② Ar
③ Ne   ④ CO_2

해설

소화 약제	화학식
불활성 가스 소화 약제	N_2 52%, Ar 40%, CO_2 8%

정답 33 ① 34 ④ 35 ④ 36 ① 37 ④ 38 ③ 39 ② 40 ③

제3과목 위험물의 성질과 취급

41 위험물안전관리법령상 위험물의 운반에 관한 기준에 따르면 위험물은 규정에 의한 운반 용기에 법령에서 정한 기준에 따라 수납하여 적재하여야 한다. 다음 중 적용 예외의 경우에 해당하는 것은? (단, 지정 수량의 2배인 경우이며, 위험물을 동일 구내에 있는 제조소 등의 상호간에 운반하기 위하여 적재하는 경우는 제외한다.)

① 덩어리 상태의 유황을 운반하기 위하여 적재하는 경우
② 금속분을 운반하기 위하여 적재하는 경우
③ 삼산화크롬을 운반하기 위하여 적재하는 경우
④ 염소산나트륨을 운반하기 위하여 적재하는 경우

해설 운반 용기 적재 및 운반 방법의 중요 기준에서 적용 예외의 경우
㉠ 덩어리 상태의 유황을 운반하기 위하여 적재하는 경우
㉡ 위험물을 동일 구역에 있는 제조소 등의 상호간에 운반하기 위하여 적재하는 경우

42 제4류 위험물인 동·식물유류의 취급 방법이 잘못된 것은?

① 액체의 누설을 방지하여야 한다.
② 화기 접촉에 의한 인화에 주의하여야 한다.
③ 아마인유는 섬유 등에 흡수되어 있으면 매우 안정하므로 취급하기 편리하다.
④ 가열할 때 증기는 인화되지 않도록 조치하여야 한다.

해설 ③ 아마인유는 산화 발열량이 커서 섬유 등 다공성 가연물에 스며 배면 공기와 잘 반응, 축열하기 쉬운 상태가 되면 산화가 계속되어 재차 고온이 되어 자연 발화한다.

43 다음 중 메탄올의 연소 범위에 가장 가까운 것은?

① 약 1.4~5.6vol% ② 약 7.3~36vol%
③ 약 20.3~66vol% ④ 약 42.0~77vol%

해설

위험물	연소범위 (vol%)
메탄올	7.3~36

44 금속 과산화물을 묽은 산에 반응시켜 생성되는 물질로서 석유와 벤젠에 불용성이고, 표백 작용과 살균 작용을 하는 것은?

① 과산화나트륨
② 과산화수소
③ 과산화벤조일
④ 과산화칼륨

해설 과산화수소의 설명이다.

45 연소 범위가 약 2.5~38.5vol%로 구리, 은, 마그네슘과 접촉 시 아세틸라이드를 생성하는 물질은?

① 아세트알데하이드
② 알킬알루미늄
③ 산화프로필렌
④ 콜로디온

해설 산화프로필렌의 설명이다.

46 제5류 위험물 제조소에 설치하는 표지 및 주의 사항을 표시한 게시판의 바탕 색상을 각각 옳게 나타낸 것은?

① 표지 : 백색, 주의 사항을 표시한 게시판 : 백색
② 표지 : 백색, 주의 사항을 표시한 게시판 : 적색
③ 표지 : 적색, 주의 사항을 표시한 게시판 : 백색
④ 표지 : 적색, 주의 사항을 표시한 게시판 : 적색

해설 제5류 위험물(화기 엄금) 게시판의 바탕 색상 : 표지(백색), 주의 사항을 표시한 게시판(적색)

47 최대 아세톤 150톤을 옥외 탱크 저장소에 저장할 경우 보유 공지의 너비는 몇 m 이상으로 하여야 하는가? (단, 아세톤의 비중은 0.79이다.)

① 3   ② 5   ③ 9   ④ 12

해설 아세톤 150ton = 150,000kg
여기서, 0.7kg/L × 150,000kg = 118,500L
∴ $\frac{118,500L}{400L} = 296.25$배
즉 다음 도표의 지정 수량 500배 이하이므로 3m 이상이다.

정답 41 ① 42 ③ 43 ② 44 ② 45 ③ 46 ② 47 ①

보유 공지

저장 또는 취급하는 위험물의 최대 수량	공지의 너비
지정 수량의 500배 이하	3m 이상
지정 수량의 500배 초과 1,000배 이하	5m 이상
지정 수량의 1,000배 초과 2,000배 이하	9m 이상
지정 수량의 2,000배 초과 3,000배 이하	12m 이상
지정 수량의 3,000배 초과 4,000배 이하	15m 이상
지정 수량의 4,000배 초과	당해 탱크의 수평 단면의 최대 지름(횡형인 경우에는 긴 변)과 높이 중 큰 것과 같은 거리 이상. 다만, 30m 초과의 경우에는 30m 이상으로 할 수 있고, 15m 미만의 경우에는 15m 이상으로 하여야 한다.

48 위험물이 물과 접촉하였을 때 발생하는 기체를 옳게 연결한 것은?

① 인화칼슘 − 포스핀
② 과산화칼륨 − 아세틸렌
③ 나트륨 − 산소
④ 탄화칼슘 − 수소

[해설] ① $Ca_3P_2 + 6H_2O \rightarrow 3Ca(OH)_2 + 2PH_3$
② $2K_2O_2 + 2H_2O \rightarrow 2KOH + O_2$
③ $2Na + 2H_2O \rightarrow 2NaOH + H_2$
④ $CaC_2 + 2H_2O \rightarrow Ca(OH)_2 + C_2H_2$

49 다음 위험물 중 물에 가장 잘 녹는 것은?

① 적린   ② 황
③ 벤젠   ④ 아세톤

[해설] ④ 아세톤은 물과 에테르, 알코올에 잘 녹는다.

50 다음 위험물 중 가열 시 분해 온도가 가장 낮은 물질은?

① $KClO_3$ ② Na_2O_2
③ NH_4ClO_4 ④ KNO_3

[해설] ① 400℃, ② 600℃, ③ 130℃, ④ 400℃

51 제5류 위험물 중 나이트로 화합물에서 나이트로기(nitro group)를 옳게 나타낸 것은?

① −NO   ② −NO_2
③ −NO_3 ④ −NON_3

[해설] 나이트로기 : −NO_2

52 위험물안전관리법령에 따른 위험물 저장 기준으로 틀린 것은?

① 이동 탱크 저장소에는 설치 허가증과 운송 허가증을 비치하여야 한다.
② 지하 저장 탱크의 주된 밸브는 위험물을 넣거나 빼낼 때 외에는 폐쇄하여야 한다.
③ 아세트알데하이드를 저장하는 이동 저장 탱크에는 탱크 안에 불활성 가스를 봉입하여야 한다.
④ 옥외 저장 탱크 주위에 설치된 방유제의 내부에 물이나 유류가 괴었을 경우에는 즉시 배출하여야 한다.

[해설] ① 이동 탱크 저장소에는 완공 검사필증과 정기 점검 기록을 비치한다.

53 다음 2가지 물질을 혼합하였을 때 그로 인한 발화 또는 폭발의 위험성이 가장 낮은 것은?

① 아염소산나트륨과 티오황산나트륨
② 질산과 이황화탄소
③ 아세트산과 과산화나트륨
④ 나트륨과 등유

[해설] 나트륨과 등유를 혼합하면 위험성이 낮아진다.

54 다음 중 황린이 자연 발화하기 쉬운 가장 큰 이유는?

① 끓는점이 낮고, 증기의 비중이 작기 때문에
② 산소와 결합력이 강하고, 착화 온도가 낮기 때문에
③ 녹는점이 낮고, 상온에서 액체로 되어 있기 때문에
④ 인화점이 낮고, 가연성 물질이기 때문에

[해설] 황린이 자연 발화하기 쉬운 가장 큰 이유 : 산소와 결합력이 강하고, 착화 온도가 낮기 때문에

정답 48 ① 49 ④ 50 ③ 51 ② 52 ① 53 ④ 54 ②

55 위험물의 저장 및 취급에 대한 설명으로 틀린 것은?

① H_2O_2 : 직사광선을 차단하고 찬 곳에 저장한다.
② MgO_2 : 습기의 존재하에서 산소를 발생하므로 특히 방습에 주의한다.
③ $NaNO_3$: 조해성이 있으므로 습기에 주의한다.
④ K_2O_2 : 물과 반응하지 않으므로 물속에 저장한다.

해설 ④ K_2O_2 : 물기 엄금, 가열 금지, 화기 엄금, 용기는 차고 건조하며 환기가 잘 되는 곳에 저장한다.

56 위험물안전관리법령상 제5류 위험물 중 질산에스테르류에 해당하는 것은?

① 나이트로벤젠
② 나이트로셀룰로오스
③ 트라이나이트로페놀
④ 트라이나이트로톨루엔

해설 ① 제4류 위험물 중 제3석유류
③, ④ 제5류 위험물 중 나이트로 화합물

57 옥내 저장소에서 위험물 용기를 겹쳐 쌓는 경우에 있어서 제4류 위험물 중 제3석유류만을 수납하는 용기를 겹쳐 쌓을 수 있는 높이는 최대 몇 m인가?

① 3
② 4
③ 5
④ 6

해설 옥내 저장소
㉠ 기계에 의하여 하역하는 구조로 된 용기만을 겹쳐 쌓는 경우 : 6m
㉡ 제4류 위험물 중 제3석유류, 제4석유류 및 동·식물유류를 수납하는 용기만을 겹쳐 쌓는 경우 : 4m
㉢ 그 밖의 경우 : 3m

58 연면적 1,000m²이고 외벽이 내화 구조인 위험물 취급소의 소화 설비 소요 단위는 얼마인가?

① 5
② 10
③ 20
④ 100

해설 제조소 또는 취급소용 건축물의 경우(외벽이 내화 구조로 된 것 : 100m²)

$$\frac{1,000m^2}{100m^2} = 10단위$$

59 물에 대한 용해도가 가장 낮은 물질은?

① $NaClO_3$
② $NaClO_4$
③ $KClO_4$
④ NH_4ClO_4

해설 ① 용해도=77g/100g 물
② 용해도=170g/100g 물
③ 용해도=1.8g/100g 물
④ 용해도=10.9g/100g 물

60 위험물안전관리법령상 다음의 ( ) 안에 알맞은 수치는?

이동 저장 탱크로부터 위험물을 저장 또는 취급하는 탱크에 인화점이 ( )℃ 미만인 위험물을 주입할 때에는 이동 탱크 저장소의 원동기를 정지시킬 것

① 40
② 50
③ 60
④ 70

해설 인화점이 40℃ 미만의 위험물 주입 시는 당해 이동 저장 탱크의 원동기를 정지시켜야 한다.

정답 55 ④ 56 ② 57 ② 58 ② 59 ③ 60 ①

위험물 산업기사 (2018. 9. 15 시행)

제1과목 일반화학

01 물 450g에 NaOH 80g이 녹아있는 용액에서 NaOH의 몰분율은? (단, Na의 원자량은 23이다.)

① 0.074
② 0.178
③ 0.200
④ 0.450

해설 A성분의 몰분율 = $\dfrac{\text{A성분의 몰수}}{\text{전체 성분의 총 몰수}}$

$= \dfrac{n_A}{n_T} = \dfrac{n_A}{n_A + n_B}$

여기서, $n_T = n_A + n_B$

$\text{mol}_{H_2O} = \dfrac{450g}{18g/mol} = 25\text{mol}$

$\text{mol}_{NaOH} = \dfrac{80g}{40g/mol} = 2\text{mol}$

∴ NaOH 몰분율 = $\dfrac{2\text{mol}}{25\text{mol} + 2\text{mol}} = 0.074$

02 다음 할로겐족 분자 중 수소와의 반응성이 가장 높은 것은?

① Br_2
② F_2
③ Cl_2
④ I_2

해설 원자 번호가 작을수록 반응성은 커진다.
반응성의 크기 : $F_2 > Cl_2 > Br_2 > I_2$

03 1몰의 질소와 3몰의 수소를 촉매와 같이 용기 속에 밀폐하고 일정한 온도로 유지하였더니 반응 물질의 50%가 암모니아로 변하였다. 이때의 압력은 최초 압력의 몇 배가 되는가? (단, 용기의 부피는 변하지 않는다.)

① 0.5
② 0.75
③ 1.25
④ 변하지 않는다.

해설
	N_2	+	$3H_2$	→	$2NH_3$
반응 전	1mol		3mol		→ 총 4mol
50% 반응 후	0.5mol		1.5mol	1mol	→ 총 3mol

몰비 = 부피비 = 압력비

즉, $\dfrac{50\% \text{ 반응 후 압력}}{\text{최초 압력}} = \dfrac{3\text{mol}}{4\text{mol}} = 0.75$

04 다음 pH 값에서 알칼리성이 가장 큰 것은?

① pH = 1
② pH = 6
③ pH = 8
④ pH = 13

해설 pH 7 초과부터 pH 14까지가 알칼리성이다. 이때 알칼리성이 큰 것은 PH의 숫자가 클수록 큰 것이다.

05 다음 화합물 가운데 환원성이 없는 것은?

① 젖당
② 과당
③ 설탕
④ 엿당

해설 이당류에서 설탕과 다당류는 환원성이 없다.

06 주기율표에서 제2주기에 있는 원소 성질 중 왼쪽에서 오른쪽으로 갈수록 감소하는 것은?

① 원자핵의 하전량
② 원자가 전자의 수
③ 원자 반지름
④ 전자껍질의 수

해설 같은 주기에서 원자 번호가 증가함에 따라 핵의 하전량이 커지므로 전자를 강하게 잡아당겨 원자반지름이 감소한다.

07 95wt% 황산의 비중은 1.84이다. 이 황산의 몰 농도는 약 얼마인가?

① 8.9
② 9.4
③ 17.8
④ 18.8

해설 $1,000 \times 1.84 \times \dfrac{95}{100} \div 98 = 17.8M$

정답 01 ① 02 ② 03 ② 04 ④ 05 ③ 06 ③ 07 ③

08 우유의 pH는 25℃에서 6.4이다. 우유 속의 수소 이온 농도는?

① 1.98×10^{-7}M
② 2.98×10^{-7}M
③ 3.98×10^{-7}M
④ 4.98×10^{-7}M

해설 pH＝$-\log 10[H^+]$
여기서, $[H^+]$: 몰농도
$[H^+] = 10^{-pH} = 10^{-6.4} = 3.98 \times 10^{-7}$M

09 20개의 양성자와 20개의 중성자를 가지고 있는 것은?

① Zr   ② Ca
③ Ne   ④ Zn

해설 양성자＝원자 번호, 중성자＝질량수－원자 번호
예 $^{40}_{20}$Ca

10 벤젠의 유도체인 TNT의 구조식을 옳게 나타낸 것은?

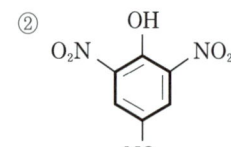

해설 TNT 구조식

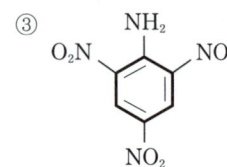

11 다음 물질 중 동소체의 관계가 아닌 것은?

① 흑연과 다이아몬드 ② 산소와 오존
③ 수소와 중수소   ④ 황린과 적린

해설 동소체 : 같은 원소로 되어 있으나 성질이 다른 단체

12 헥산(C_6H_{14})의 구조 이성질체의 수는 몇 개인가?

① 3개   ② 4개
③ 5개   ④ 9개

해설 구조 이성질체
(1) 사슬 이성질체 : 탄소 골격이 달라서 생기는 이성질체

분자식	CH_4	C_2H_6	C_3H_8	C_4H_{10}	C_5H_{12}	C_6H_{14}
이성질체	1	1	1	2	3	5

(2) 헥산의 구조 이성질체(H 생략)

㉠ C-C-C-C-C-C

㉡ 　　　 C
　　　　 |
    C-C-C-C-C

㉢ C-C-C-C-C
　　　 |
　　　 C

㉣ C-C-C-C
　　 |
　　 C
　　 |
　　 C

㉤ C-C-C-C
　 | |
　 C C

13 다음과 같은 반응에서 평형을 왼쪽으로 이동시킬 수 있는 조건은?

$$A_2(g) + 2B_2(g) \rightleftarrows 2AB_2(g) + 열$$

① 압력 감소, 온도 감소
② 압력 증가, 온도 증가
③ 압력 감소, 온도 증가
④ 압력 증가, 온도 감소

해설 발열 반응 : 온도를 낮추고, 압력을 높인다.

14 이상 기체 상수 R값이 0.082라면 그 단위로 옳은 것은?

① $\dfrac{atm \cdot mol}{L \cdot K}$ ② $\dfrac{mmHg \cdot mol}{L \cdot K}$

③ $\dfrac{atm \cdot L}{mol \cdot K}$ ④ $\dfrac{mmHg \cdot L}{mol \cdot K}$

해설 $R = \dfrac{PV}{T} = \dfrac{1 \times 22.4}{273} = 0.082 \left(\dfrac{L \cdot 기압}{mol \cdot K} \right)$

정답 08 ③ 09 ② 10 ① 11 ③ 12 ③ 13 ④ 14 ③

15 $K_2Cr_2O_7$에서 Cr의 산화수를 구하면?

① +2　　　　② +4
③ +6　　　　④ +8

해설 $K_2Cr_2O_7 : (+1\times2)+2Cr+(-2\times7)=0$
$2Cr=12$
$\therefore Cr=+6$

16 NaOH 1g이 물에 녹아 메스플라스크에서 250mL의 눈금을 나타낼 때 NaOH 수용액의 농도는 얼마인가?

① 0.1N　　　　② 0.3N
③ 0.5N　　　　④ 0.7N

해설 $N = \dfrac{용질의\ 무게}{용질의\ 분자량} \times \dfrac{1,000}{용액의\ 부피(mL)}$

$\therefore \dfrac{1}{40} \times \dfrac{1,000}{250} = 0.1N$

17 방사능 붕괴의 형태 중 $^{226}_{88}Ra$이 α붕괴할 때 생기는 원소는?

① $^{222}_{86}Rn$　　　　② $^{232}_{90}Th$
③ $^{231}_{91}Pa$　　　　④ $^{238}_{92}U$

해설 α붕괴 : 원자 번호 2 감소, 질량 4 감소한다.
$^{226}_{88}Ra \xrightarrow{\alpha붕괴} {}^{222}_{86}Rn + {}^{4}_{2}He$

18 pH=9인 수산화나트륨 용액 100mL 속에는 나트륨 이온이 몇 개 들어 있는가? (단, 아보가드로수는 6.02×10^{23}이다.)

① 6.02×10^9개　　　　② 6.02×10^{17}개
③ 6.02×10^{18}개　　　　④ 6.02×10^{21}개

해설 $pH=-\log_{10}[H^+]$이므로 $[H^+]=10^{-9}M$
$K_w=[H^+][OH^-]=1.0\times10^{-14}$이므로 $[OH^-]=10^{-5}M$이 된다.
NaOH는 Na^+와 OH^-의 비가 1 : 1 이므로 Na^+의 개수는 OH^-의 개수와 같다.
즉, 용액 100mL 내 OH^-이온 수를 구하면
$10^{-5}mol/1,000mL \times 100mL \times \dfrac{60.2\times10^{23}}{1mol}$
$=6.02\times10^{17}$개

19 다음 반응식에서 산화된 성분은?

$$MnO_2+4HCl \rightarrow MnCl_2+2H_2O+Cl_2$$

① Mn　　　　② O
③ H　　　　④ Cl

해설 $MnO_2+4HCl \rightarrow MnCl_2+2H_2O+Cl_2$
(1) 반응물 산화수
　　MnO_2에서 Mn=+4, O=-2
　　HCl에서 H=+1, Cl=-1
(2) 생성물 산화수
　　$MnCl_2$에서 Mn=+2, Cl=-1
　　H_2O에서 H=+1, O=-2
　　Cl_2에서 Cl=0
즉, Mn은 +4 → +2(환원, 산화수 감소)
Cl은 -1 → 0(산화, 산화수 증가)
・ 산화 반응 : $2Cl^- \rightarrow Cl_2+2e^-$
・ 환원 반응 : $MnO_2+4H^++2e^- \rightarrow Mn^{2+}+2H_2O$

20 다음 중 기하 이성질체가 존재하는 것은 어느 것인가?

① C_5H_{12}
② $CH_3CH=CHCH_3$
③ C_3H_7Cl
④ $CH\equiv CH$

해설 기하 이성질체 : 두 탄소 원자가 2중 결합으로 연결될 때 탄소에 결합된 원자나 원자단의 위치가 다름으로 인하여 생기는 이성질체로서 cis형과 trans형으로 구분한다.
예) $CH_3CH=CHCH_3$(2-부텐)의 경우

<cis-2-부텐>　　<trans-2-부텐>

정답 15 ③　16 ①　17 ①　18 ②　19 ④　20 ②

제2과목 화재예방과 소화방법

21 위험물안전관리법령상 소화 설비의 적응성에서 제6류 위험물에 적응성이 있는 소화 설비는 어느 것인가?

① 옥외 소화전 설비
② 불활성 가스 소화 설비
③ 할로겐 화합물 소화 설비
④ 분말 소화 설비(탄산수소염류)

해설 소화 설비의 적응성

소화 설비의 구분		건축물·그 밖의 공작물	전기 설비	제1류 위험물		제2류 위험물			제3류 위험물		제4류 위험물	제5류 위험물	제6류 위험물
				알칼리 금속 과산화물 등	그 밖의 것	철분·금속분·마그네슘 등	인화성 고체	그 밖의 것	금수성 물품	그 밖의 것			
옥내 소화전 설비 또는 옥외 소화전 설비		O			O		O	O		O		O	O
스프링클러 설비		O			O		O	O		O	△	O	O
물분무 등 소화 설비	물분무 소화 설비	O	O		O		O	O		O	O	O	O
	포 소화 설비	O			O		O	O		O	O	O	O
	불활성 가스 소화 설비		O					O			O		
	할로겐 화합물 소화 설비		O					O			O		
	분말 소화 설비	인산염류 등	O	O		O		O	O			O		O
		탄산수소염류 등		O	O		O	O		O		O		
		그 밖의 것			O		O			O				
대형·소형 수동식 소화기	봉상수(棒狀水) 소화기	O			O		O	O		O		O	O
	무상수(霧狀水) 소화기	O	O		O		O	O		O		O	O
	봉상 강화액 소화기	O			O		O	O		O		O	O
	무상 강화액 소화기	O	O		O		O	O		O	O	O	O
	포 소화기	O			O		O	O		O	O	O	O
	이산화탄소 소화기		O					O			O		△
	할론 소화 설비		O					O			O		
	분말 소화기	인산염류 소화기	O	O		O		O	O			O		O
		탄산수소염류 소화기		O	O		O	O		O		O		
		그 밖의 것			O		O			O				
기타	물통 또는 수조	O			O		O	O		O		O	O
	건조사			O	O	O	O	O	O	O	O	O	O
	팽창 질석 또는 팽창 진주암			O	O	O	O	O	O	O	O	O	O

22 다음 중 포 소화 설비의 가압 송수 장치에서 압력수조의 압력 산출 시 필요 없는 것은 어느 것인가?

① 낙차의 환산 수두압
② 배관의 마찰 손실 수두압
③ 노즐선의 마찰 손실 수두압
④ 소방용 호스의 마찰 손실 수두압

해설 압력 수조를 이용한 가압 송수 장치
$P = P_1 + P_2 + P_3 + P_4$
여기서, P : 필요한 압력(MPa)
 P_1 : 방출구의 설계 압력 또는 노즐 선단의 방사 압력(MPa)
 P_2 : 배관의 마찰 손실 수두압(MPa)
 P_3 : 낙차의 환산 수두압(MPa)
 P_4 : 소방용 호스의 마찰 손실 수두압(MPa)

23 가연물에 대한 일반적인 설명으로 옳지 않은 것은?

① 주기율표에서 0족의 원소는 가연물이 될 수 없다.
② 활성화 에너지가 작을수록 가연물이 되기 쉽다.
③ 산화 반응이 완결된 산화물은 가연물이 아니다.
④ 질소는 비활성 기체이므로 질소의 산화물은 존재하지 않는다.

해설 ④ 질소는 불연성 기체이며 질소 산화물이 생성된다.

24 메탄올에 대한 설명으로 틀린 것은?

① 무색투명한 액체이다.
② 완전 연소하면 CO_2와 H_2O가 생성된다.
③ 비중값이 물보다 작다.
④ 산화하면 포름산을 거쳐 최종적으로 포름알 데히드가 된다.

해설 ④ 산화하면 포름알데하이드를 거쳐 최종적으로 포름산이 된다.

25 물을 소화 약제로 사용하는 이유는?

① 물은 가연물과 화학적으로 결합하기 때문에
② 물은 분해되어 질식성 가스를 방출하므로
③ 물은 기화열이 커서 냉각 능력이 크기 때문에
④ 물은 산화성이 강하기 때문에

정답 21 ① 22 ③ 23 ④ 24 ④ 25 ③

해설 물을 소화제로 사용하는 이유는 기화열이 커서 냉각 능력이 크기 때문이다.

26 위험물안전관리법령에서 정한 다음의 소화 설비 중 능력 단위가 가장 큰 것은?

① 팽창 진주암 160L(삽 1개 포함)
② 수조 80L(소화 전용 물통 3개 포함)
③ 마른 모래 50L(삽 1개 포함)
④ 팽창 질석 160L(삽 1개 포함)

해설 ① 팽창 진주암 160L(삽 1개 포함) : 1단위
② 수조 80L(소화 전용 물통 3개 포함) : 1.5단위
③ 마른 모래 50L(삽 1개 포함) : 0.5단위
④ 팽창 질석 160L(삽 1개 포함) : 1단위

27 "Halon 1301"에서 각 숫자가 나타내는 것을 틀리게 표시한 것은?

① 첫째자리 숫자 "1" — 탄소의 수
② 둘째자리 숫자 "3" — 불소의 수
③ 셋째자리 숫자 "0" — 요오드의 수
④ 넷째자리 숫자 "1" — 브롬의 수

해설 ③ 셋째자리 숫자 "0" — 염소의 수

28 고체 가연물의 일반적인 연소 형태에 해당하지 않는 것은?

① 등심 연소   ② 증발 연소
③ 분해 연소   ④ 표면 연소

해설 ① 등심 연소 : 액체 가연물의 연소 형태

29 금속분의 화재 시 주수 소화를 할 수 없는 이유는?

① 산소가 발생하기 때문에
② 수소가 발생하기 때문에
③ 질소가 발생하기 때문에
④ 이산화탄소가 발생하기 때문에

해설 금속분 화재 시 주수 소화를 할 수 없는 이유는 수소가 발생하기 때문이다.

30 다음 중 제6류 위험물의 안전한 저장·취급을 위해 주의할 사항으로 가장 타당한 것은?

① 가연물과 접촉시키지 않는다.
② 0℃ 이하에서 보관한다.
③ 공기와의 접촉을 피한다.
④ 분해 방지를 위해 금속분을 첨가하여 저장한다.

해설 제6류 위험물의 안전한 저장·취급을 위해 주의할 사항 : 가연물과 접촉시키지 않는다.

31 제1종 분말 소화 약제의 소화 효과에 대한 설명으로 가장 거리가 먼 것은?

① 열분해 시 발생하는 이산화탄소와 수증기에 의한 질식 효과
② 열분해 시 흡열 반응에 의한 냉각 효과
③ H^+이온에 의한 부촉매 효과
④ 분말 운무에 의한 열방사의 차단 효과

해설 ③ 부촉매 효과 : 화학적으로 활성을 가진 물질이 가연 물질의 연속적인 연소의 연쇄 반응을 더 이상 진행하지 않도록 억제·차단 또는 방해하여 소화시키는 역할을 하므로 부촉매 소화 작용을 일명 화학 소화 작용이라 한다. 제1종 분말 소화 약제는 탄산수소나트륨($NaHCO_3$)으로부터 유리되어 나온 나트륨 이온(Na^+)이 가연 물질 내부에 함유되어 있는 화염의 연락 물질인 활성화된 수산 이온(OH^-)과 반응하여 더 이상 연쇄 반응이 진행되지 않도록 함으로써 화재가 소화되도록 한다.

32 표준 관입 시험 및 평판 재하 시험을 실시하여야 하는 특정 옥외 저장 탱크의 지반의 범위는 기초의 외측이 지표면과 접하는 선의 범위 내에 있는 지반으로서 지표면으로부터 깊이 몇 m까지로 하는가?

① 10   ② 15
③ 20   ④ 25

해설 표준 관입 시험 및 평판 재하 시험을 실시하여야 하는 특정 옥외 저장 탱크의 지반의 범위 : 기초의 외측이 지표면과 접하는 선의 범위 내에 있는 지반으로서 지표면으로부터 깊이 15m까지로 한다.

정답 26 ② 27 ③ 28 ① 29 ② 30 ① 31 ③ 32 ②

33 주된 소화 효과가 산소 공급원의 차단에 의한 소화가 아닌 것은?

① 포 소화기
② 건조사
③ CO_2 소화기
④ Halon 1211 소화기

해설 ④ Halon 1211 소화기의 주된 소화 효과 : 부촉매 효과

34 위험물안전관리법령상 제2류 위험물 중 철분의 화재에 적응성이 있는 소화 설비는?

① 물분무 소화 설비
② 포 소화 설비
③ 탄산수소염류 분말 소화 설비
④ 할로겐 화합물 소화 설비

해설 21번 해설 참조

35 위험물 제조소 등에 설치하는 이동식 불활성 가스 소화 설비의 소화 약제 양은 하나의 노즐마다 몇 kg 이상으로 하여야 하는가?

① 30
② 50
③ 60
④ 90

해설 위험물 제조소 등에 설치하는 이동식 불활성 가스 소화 설비의 소화 약제 등은 하나의 노즐마다 90kg 이상으로 하여야 한다.

36 위험물안전관리법령상 옥외 소화전 설비의 옥외 소화전이 3개 설치되었을 경우 수원의 수량은 몇 m^3 이상이 되어야 하는가?

① 7
② 20.4
③ 40.5
④ 100

해설 $Q(m^3) = N \times 13.5 m^3$
∴ $3 \times 13.5 = 40.5 m^3$
여기서, Q : 수원의 수량
N : 옥외 소화전 설비 설치 개수(설치 개수가 4개 이상인 경우는 4개의 옥외 소화전)

37 알코올 화재 시 보통의 포 소화 약제는 알코올형 포 소화 약제에 비하여 소화 효과가 낮다. 그 이유로서 가장 타당한 것은 어느 것인가?

① 소화 약제와 섞이지 않아서 연소면을 확대하기 때문에
② 알코올은 포와 반응하여 가연성 가스를 발생하기 때문에
③ 알코올이 연료로 사용되어 불꽃의 온도가 올라가기 때문에
④ 수용성 알코올로 인해 포가 파괴되기 때문에

해설 알코올 화재 시 보통의 포 소화 약제는 알코올형 포소화 약제에 비하여 소화 효과가 낮은데 그 이유는 수용성 알코올로 인해 포가 파괴되기 때문이다.

38 위험물의 취급을 주된 작업 내용으로 하는 다음의 장소에 스프링클러 설비를 설치할 경우 확보하여야 하는 1분당 방사 밀도는 몇 L/m^2 이상이어야 하는가? (단, 내화 구조의 바닥 및 벽에 의하여 2개의 실로 구획되고, 각 실의 바닥 면적은 500m^2 이다.)

- 취급하는 위험물 : 제4류 제3석유류
- 위험물을 취급하는 장소의 바닥면적 : 1,000m^2

① 8.1
② 12.2
③ 13.9
④ 16.3

해설 제4류 위험물을 저장·취급하는 장소의 살수 기준 면적에 따른 스프링클러 설비의 살수 밀도

살수 기준 면적 (m^2)		279 미만	279 이상 372 미만	372 이상 465 미만	465 이상
방사 밀도 (L/m^2)	인화점 38℃ 미만	16.3 이상	15.5 이상	13.9 이상	12.2 이상
	인화점 38℃ 이상	12.2 이상	11.8 이상	9.8 이상	8.1 이상
비고					살수 기준 면적은 내화 구조의 벽 및 바닥으로 구획된 하나의 실의 바닥 면적을 말하고, 하나의 실의 바닥 면적이 465m^2 이상인 경우의 살수 기준 면적은 465m^2로 한다. 다만, 위험물의 취급을 주된 작업 내용으로 하지 아니하고 소량의 위험물을 취급하는 설비 또는 부분이 넓게 분산되어 있는 경우에는 방사 밀도는 8.2L/m^2·분 이상, 살수 기준 면적은 279m^2 이상으로 할 수 있다.

정답 33 ④ 34 ③ 35 ④ 36 ③ 37 ④ 38 ①

∴ 살수 기준 면적은 1,000m²이므로 465m² 이상이고 제4류 제3석유류(인화점 70℃ 이상 200℃ 미만)이므로 인화점 38℃ 이상에 해당하므로 방사 밀도는 8.1L/m²·분 이상이다.

39 열의 전달에 있어서 열전달 면적과 열전도도가 각각 2배로 증가한다면, 다른 조건이 일정한 경우 전도에 의해 전달되는 열의 양은 몇 배가 되는가?

① 0.5배　　② 1배
③ 2배　　　④ 4배

해설 푸리에의 법칙

$$\frac{g}{A} = -k\frac{dT}{dx}$$

여기서, g : 열량
　　　　A : 단위 면적
　　　　k : 물질의 고유 상수(열전도도)
　　　　dT : 온도 변화
　　　　dx : 거리 변화

이때 열전달 면적과 열전도도가 각각 2배로 증가하면

$$\frac{g}{2A} = -2k\frac{dT}{dx}$$

$$g = -4k\frac{dT}{dx} \cdot A$$

g는 4배로 증가한다.

40 다음 중 소화 약제가 아닌 것은?

① CF_3Br　　② $NaHCO_3$
③ C_4F_{10}　　④ N_2H_4

해설 ④ N_2H_4 : 제4류 위험물 중 제2석유류

제3과목 위험물의 성질과 취급

41 위험물안전관리법령상 과산화수소가 제6류 위험물에 해당하는 농도 기준으로 옳은 것은?

① 36wt% 이상　　② 36vol% 이상
③ 1.49wt% 이상　　④ 1.49vol% 이상

해설 과산화수소가 제6류 위험물에 해당하는 농도 : 36wt% 이상

42 나이트로소 화합물의 성질에 관한 설명으로 옳은 것은?

① −NO기를 가진 화합물이다.
② 나이트로기를 3개 이하로 가진 화합물이다.
③ −NO_2기를 가진 화합물이다.
④ −N=N−기를 가진 화합물이다.

해설 나이트로소 화합물 : −NO기를 가진 화합물

43 동·식물유의 일반적인 성질로 옳은 것은?

① 자연 발화의 위험은 없지만 점화원에 의해 쉽게 인화한다.
② 대부분 비중값이 물보다 크다.
③ 인화점이 100℃보다 높은 물질이 많다.
④ 요오드값이 50 이하인 건성유는 자연 발화의 위험이 높다.

해설 ③ 인화점이 대체로 220~250℃ 미만이다.

44 운반할 때 빗물의 침투를 방지하기 위하여 방수성이 있는 피복으로 덮어야 하는 위험물은?

① TNT
② 이황화탄소
③ 과염소산
④ 마그네슘

해설 방수성이 있는 피복 조치

유 별	적용 대상
제1류 위험물	알칼리 금속의 과산화물
제2류 위험물	· 철분 · 금속분 · 마그네슘
제3류 위험물	금수성 물품

정답 39 ④　40 ④　41 ①　42 ①　43 ③　44 ④

45 연소 생성물로 이산화황이 생성되지 않는 것은?

① 황린
② 삼황화인
③ 오황화인
④ 황

해설 ① $P_4+5O_2 \rightarrow 2P_2O_5$
② $P_4S_3+8O_2 \rightarrow 2P_2O_5+3SO_2$
③ $2P_2S_5+15O_2 \rightarrow 2P_2O_5+10SO_2$
④ $S+O_2 \rightarrow SO_2$

46 다음 중 인화점이 가장 낮은 것은?

① 실린더유
② 가솔린
③ 벤젠
④ 메틸알코올

해설 ① 250℃
② −20~−43℃
③ −11.1℃
④ 11℃

47 적린의 성상에 관한 설명 중 옳은 것은?

① 물과 반응하여 고열을 발생한다.
② 공기 중에 방치하면 자연 발화한다.
③ 강산화제와 혼합하면 마찰·충격에 의해서 발화할 위험이 있다.
④ 이황화탄소, 암모니아 등에 매우 잘 녹는다.

해설 ① 물에 녹지 않는다.
② 공기 중에서 연소하면 유독성이 심한 백색 연기의 오산화인(P_2O_5)이 생성된다.
④ 이황화탄소, 암모니아 등에는 녹지 않는다.

48 위험물 지하 탱크 저장소의 탱크 전용실 설치 기준으로 틀린 것은?

① 철근콘크리트 구조의 벽은 두께 0.3m 이상으로 한다.
② 지하 저장 탱크와 탱크 전용실의 안쪽과의 사이는 50cm 이상의 간격을 유지한다.
③ 철근콘크리트 구조의 바닥은 두께 0.3m 이상으로 한다.
④ 벽, 바닥 등에 적정한 방수 조치를 강구한다.

해설 ② 지하 저장 탱크와 탱크 전용실의 안쪽과의 사이는 0.1m 이상의 간격을 유지한다.

49 제1류 위험물에 관한 설명으로 틀린 것은?

① 조해성이 있는 물질이 있다.
② 물보다 비중이 큰 물질이 많다.
③ 대부분 산소를 포함하는 무기 화합물이다.
④ 분해하여 방출된 산소에 의해 자체 연소한다.

해설 ④ 분해하여 방출된 산소에 의해 가연성 물질과 연소한다.

50 제4석유류를 저장하는 옥내 탱크 저장소의 기준으로 옳은 것은? (단, 단층 건축물에 탱크 전용실을 설치하는 경우이다.)

① 옥내 저장 탱크의 용량은 지정 수량의 40배 이하일 것
② 탱크 전용실은 벽, 기둥, 바닥, 보를 내화 구조로 할 것
③ 탱크 전용실에는 창을 설치하지 아니할 것
④ 탱크 전용실에 펌프 설비를 설치하는 경우에는 그 주위에 0.2m 이상의 높이로 턱을 설치할 것

해설 ② 탱크 전용실의 벽, 기둥, 바닥은 내화 구조로 하고, 보는 불연 재료로 한다.
③ 탱크 전용실에는 창을 설치한다.
④ 탱크 전용실에 펌프 설비를 설치하는 경우에는 그 주위에 불연 재료로 된 턱을 0.2m 이상의 높이로 설치한다.

51 탄화칼슘이 물과 반응했을 때 반응식을 옳게 나타낸 것은?

① 탄화칼슘+물 → 수산화칼슘+수소
② 탄화칼슘+물 → 수산화칼슘+아세틸렌
③ 탄화칼슘+물 → 칼슘+수소
④ 탄화칼슘+물 → 칼슘+아세틸렌

해설 $CaC_2+2H_2O \rightarrow Ca(OH)_2+C_2H_2$

정답 45 ① 46 ② 47 ③ 48 ② 49 ④ 50 ① 51 ②

52 위험물안전관리법령에 따른 제4류 위험물 중 제1석유류에 해당하지 않는 것은?

① 등유 ② 벤젠
③ 메틸에틸케톤 ④ 톨루엔

해설 ① 등유 : 제4류 위험물 중 제2석유류

53 다음 중 물과 반응하여 산소를 발생하는 것은?

① $KClO_3$ ② Na_2O_2
③ $KClO_4$ ④ CaC_2

해설 ① $KClO_3$: 찬물에 녹기 어렵고 온수에 잘 녹는다.
② $Na_2O_2 + H_2O \rightarrow 2NaOH + 0.5O_2$
③ $KClO_4$: 물에 녹기 어렵다.
④ $CaC_2 + 2H_2O \rightarrow Ca(OH)_2 + C_2H_2$

54 다음 중 벤젠에 대한 설명으로 틀린 것은?

① 물보다 비중값이 작지만, 증기 비중값은 공기보다 크다.
② 공명 구조를 가지고 있는 포화탄화수소이다.
③ 연소 시 검은 연기가 심하게 발생한다.
④ 겨울철에 응고된 고체 상태에서도 인화의 위험이 있다.

해설 ② 벤젠 고리를 가진 방향족 탄화수소이다.

55 다음 물질 중 증기 비중이 가장 작은 것은 어느 것인가?

① 이황화탄소 ② 아세톤
③ 아세트알데하이드 ④ 디에틸에테르

해설 ① 2.64 ② 2.0
③ 1.5 ④ 2.6

56 인화칼슘이 물 또는 염산과 반응하였을 때 공통적으로 생성되는 물질은?

① $CaCl_2$ ② $Ca(OH)_2$
③ PH_3 ④ H_2

해설 · $Ca_3P_2 + 6H_2O \rightarrow 3Ca(OH)_2 + 2PH_3$
· $Ca_3P_2 + 6HCl \rightarrow 3CaCl_2 + 2PH_3$

57 질산나트륨 90kg, 황 70kg, 클로로벤젠 2,000L 각각의 지정 수량의 배수의 총합은?

① 2 ② 3
③ 4 ④ 5

해설 $\frac{90}{300} + \frac{70}{100} + \frac{2,000}{1,000} = 3$배

58 외부의 산소 공급이 없어도 연소하는 물질이 아닌 것은?

① 알루미늄의 탄화물 ② 과산화벤조일
③ 유기 과산화물 ④ 질산에스테르

해설 ① 알루미늄의 탄화물 : 금수성 물질

59 위험물 제조소의 배출 설비의 배출 능력은 1시간당 배출 장소 용적의 몇 배 이상인 것으로 해야 하는가? (단, 전역 방식의 경우는 제외한다.)

① 5 ② 10
③ 15 ④ 20

해설 배출 능력은 1시간당 배출 장소 용적의 20배 이상인 것으로 하여야 한다.(다만, 전역 방식의 경우에는 바닥 면적 1m²당 18m³ 이상으로 할 수 있다.)

60 위험물안전관리법령에서 정한 위험물의 지정 수량으로 틀린 것은?

① 적린 : 100kg
② 황화인 : 100kg
③ 마그네슘 : 100kg
④ 금속분 : 500kg

해설 ③ 마그네슘 : 500kg

위험물 산업기사 (2019. 3. 3 시행)

제1과목 일반화학

01 할로겐화수소의 결합 에너지 크기를 비교하였을 때 옳게 표시된 것은?

① HI > HBr > HCl > HF
② HBr > HI > HF > HCl
③ HF > HCl > HBr > HI
④ HCl > HBr > HF > HI

해설 강산은 쉽게 H^+을 내놓으므로 결합 에너지가 작다. 따라서 약산인 HF의 결합 에너지가 가장 크다.

02 다음 중 반응이 정반응으로 진행되는 것은?

① $Pb^{2+} + Zn \rightarrow Zn^{2+} + Pb$
② $I_2 + 2Cl^- \rightarrow 2I^- + Cl_2$
③ $2Fe^{3+} + 3Cu \rightarrow 3Cu^{2+} + 2Fe$
④ $Mg^{2+} + Zn \rightarrow Zn^{2+} + Mg$

해설
• 금속의 이온화 경향 : K > Ca > Na > Mg > Al > Zn > Fe > Ni > Sn > Pb > H > Cu > Hg > Ag > Pt > Au
• 전기 음성도 : F > O > N > Cl > Br > C > S > I > H > P

03 메틸알코올과 에틸알코올이 각각 다른 시험관에 들어있다. 이 두 가지를 구별할 수 있는 실험 방법은?

① 금속 나트륨을 넣어본다.
② 환원시켜 생성물을 비교하여 본다.
③ KOH와 I_2의 혼합 용액을 넣고 가열하여 본다.
④ 산화시켜 나온 물질에 은거울 반응시켜 본다.

해설
• 메틸알코올 검출법 : $CH_3OH + CuO \rightarrow Cu\downarrow + H_2O + HCHO$
• 에틸알코올 검출법 : $C_2H_5OH + KOH(NaOH) + I_2 \rightarrow \underset{\text{요오드포름}}{CHI_3}$(노란색 침전)

04 다음 중 수용액의 pH가 가장 작은 것은?

① 0.01N HCl
② 0.1N HCl
③ 0.01N CH_3COOH
④ 0.1N NaOH

해설 ① 2 ② 1 ③ 2 ④ 14

05 다음 중 동소체 관계가 아닌 것은?

① 적린과 황린
② 산소와 오존
③ 물과 과산화수소
④ 다이아몬드와 흑연

해설 동소체 : 같은 원소로 되어 있으나 성질과 모양이 다른 단체

06 질산칼륨 수용액 속에 소량의 염화나트륨이 불순물로 포함되어 있다. 용해도 차이를 이용하여 이 불순물을 제거하는 방법으로 가장 적당한 것은?

① 증류
② 막분리
③ 재결정
④ 전기 분해

해설 고체 혼합물의 분리에서 재결정은 용해도의 차를 이용하여 분리 정제한다.

07 다음 반응식은 산화-환원 반응이다. 산화된 원자와 환원된 원자를 순서대로 옳게 표현한 것은?

$$3Cu + 8HNO_3 \rightarrow 3Cu(NO_3)_2 + 2NO + 4H_2O$$

① Cu, N
② N, H
③ O, Cu
④ N, Cu

해설 $3\underset{0}{Cu} + 8H\underset{1\ 5-6}{NO_3} \rightarrow 3Cu(\underset{2-2}{NO_3})_2 + 2\underset{2-2}{NO} + 4H_2\underset{2-2}{O}$

여기서, Cu(0 → 8) : 산화
N(5 → 2) : 환원

정답 01 ③ 02 ① 03 ③ 04 ② 05 ③ 06 ③ 07 ①

08 물이 브뢴스테드산으로 작용한 것은?

① $HCl+H_2O \rightleftarrows H_3O^++Cl^-$
② $HCOOH+H_2O \rightleftarrows HCOO^-+H_3O^+$
③ $NH_3+H_2O \rightleftarrows NH_4^++OH^-$
④ $3Fe+4H_2O \rightleftarrows Fe_3O_4+4H_2$

해설 H^+을 주는 물질을 산, H^+을 받는 물질을 염기라 한다.
$NH_3 + H_2O \rightleftarrows NH_4^+ + OH^-$
 염기   산   산   염기

09 분자식이 같으면서도 구조가 다른 유기 화합물을 무엇이라고 하는가?

① 이성질체 ② 동소체
③ 동위 원소 ④ 방향족 화합물

해설 이성질체의 설명이다.

10 27°C에서 부피가 2L인 고무풍선 속의 수소 기체 압력이 1.23atm이다. 이 풍선 속에 몇 mol의 수소 기체가 들어 있는가? (단, 이상 기체라고 가정한다.)

① 0.01 ② 0.05
③ 0.10 ④ 0.25

해설 $PV=nRT, n=\dfrac{PV}{RT}=\dfrac{1.23\times 2}{0.082\times(273+27)}$
$=0.10mol$

11 20°C에서 600mL의 부피를 차지하고 있는 기체를 압력의 변화 없이 온도를 40°C로 변화시키면 부피는 얼마로 변하겠는가?

① 300mL ② 641mL
③ 836mL ④ 1,200mL

해설 샤를의 법칙 : $\dfrac{V}{T}=\dfrac{V_1}{T_1}, \dfrac{600}{20+273}=\dfrac{V_1}{273+40}$
$V_1=\dfrac{600\times(273+40)}{(20+273)}, V_1=641mL$

12 수산화칼슘에 염소 가스를 흡수시켜 만드는 물질은?

① 표백분 ② 수소화칼슘
③ 염화수소 ④ 과산화칼슘

해설 $Ca(OH)_2+Cl_2 \rightarrow \underset{\text{표백분}}{CaOCl_2 \cdot H_2O}$

13 다음 중 불균일 혼합물은 어느 것인가?

① 공기 ② 소금물
③ 화강암 ④ 사이다

해설 혼합물
㉠ 균일 혼합물 : 혼합물 중 그 성분이 고르게 되어 있는 것
  예 소금물, 설탕물, 공기, 사이다 등
㉡ 불균일 혼합물 : 혼합물 중 그 성분이 고르지 못한 것
  예 우유, 찰흙, 흙탕물, 화강암 등

14 물 500g중에 설탕($C_{12}H_{22}O_{11}$) 171g이 녹아 있는 설탕물의 몰랄 농도(m)는?

① 2.0 ② 1.5
③ 1.0 ④ 0.5

해설 몰랄 농도 $= \dfrac{\text{용질의 무게}(W)}{\text{용질의 분자량}(M)} \times \dfrac{1,000}{\text{용매의 무게}(g)}$
$= \dfrac{171g}{(12\times 12+22+16\times 11)g} \times \dfrac{1,000}{500}$
$=1$

15 기체 상태의 염화수소는 어떤 화학 결합으로 이루어진 화합물인가?

① 극성 공유 결합 ② 이온 결합
③ 비극성 공유 결합 ④ 배위 공유 결합

해설 극성 공유 결합 : 전기 음성도가 다른 두 원자(또는 원자단) 사이에 결합이 이루어질 때 형성된다.
예 HF, HCl, NH_3, CH_3COOH, CH_3COCH_3 등

16 다음 반응식을 이용하여 구한 $SO_2(g)$의 몰 생성열은?

$S(s)+1.5O_2(g) \rightarrow SO_3(g), \Delta H^0=-94.5kcal$
$2SO_2(g)+O_2(g) \rightarrow 2SO_3(g), \Delta H^0=-47kcal$

① $-71kcal$ ② $-47.5kcal$
③ $71kcal$ ④ $47.5kcal$

정답 08 ③ 09 ① 10 ③ 11 ② 12 ① 13 ③ 14 ① 15 ① 16 ①

해설 S(s)+1.5O₂(g) → SO₃ $\Delta H^0 = -94.5$kcal
2SO₂(g)+O₂(g) → 2SO₃ $\Delta H^0 = -47$kcal
−2S(s)+3O₂(g) → 2SO₃ $\Delta H^0 = -189$kcal
─────────────────────────────
2SO₂(g) → 2S+2O₂ $\Delta H^0 = 142$kcal
∴ S+O₂ → SO₂ $\Delta H^0 = -71$kcal

17 다음 물질 중 벤젠 고리를 함유하고 있는 것은?

① 아세틸렌　　② 아세톤
③ 메탄　　　　④ 아닐린

해설
① H−C≡C−H
② H−C−C−H (with H,H 위, O,H 아래)
③ H−C−H (with H 위, H 아래)
④ NH₂ - (벤젠 고리)

18 용매 분자들이 반투막을 통해서 순수한 용매나 묽은 용액으로부터 좀 더 농도가 높은 용액쪽으로 이동하는 알짜 이동을 무엇이라 하는가?

① 총괄 이동
② 등방성
③ 국부 이동
④ 삼투

해설 삼투의 설명이다.

19 다음은 원소의 원자 번호와 원소 기호를 표시한 것이다. 전이 원소만으로 나열된 것은?

① ₂₀Ca, ₂₁Sc, ₂₂Ti
② ₂₁Sc, ₂₂Ti, ₂₉Cu
③ ₂₆Fe, ₃₀Zn, ₃₈Sr
④ ₂₁Sc, ₂₂Ti, ₃₈Sr

해설 ・알칼리 토금속 : ₂₀Ca, ₃₈Sr
・전이 원소 : ₂₁Sc, ₂₂Ti, ₂₆Fe, ₂₉Cu
・금속 원소 : ₃₀Zn

20 20%의 소금물을 전기 분해하여 수산화나트륨 1몰을 얻는 데는 1A의 전류를 몇 시간 통해야 하는가?

① 13.4　　② 26.8
③ 53.6　　④ 104.2

해설 $F = 96485.3383$C/mol
$Q = I \cdot t$
여기서, Q의 단위 : C
      I의 단위 : A
      t의 단위 : s
수산화나트륨 1mol을 전기 분해하기 위해서는 전자 1mol이 필요하다. 즉, 96,485C의 전하를 얻기 위해서는 1A의 전류를 96,485s의 시간만큼 흘려주어야 한다. 96,485초는 약 26.8시간이다.

제2과목   화재예방과 소화 방법

21 인화알루미늄의 화재 시 주수 소화를 하면 발생하는 가연성 기체는?

① 아세틸렌
② 메탄
③ 포스겐
④ 포스핀

해설 $AlP + 3H_2O \rightarrow Al(OH)_3 + PH_3$

22 위험물 제조소 등에 설치하는 포 소화 설비의 기준에 따르면 포 헤드 방식의 포 헤드는 방호 대상물의 표면적 1m²당 방사량이 몇 L/min 이상의 비율로 계산한 양의 포 수용액을 표준 방사량으로 방사할 수 있도록 설치하여야 하는가?

① 3.5　　② 4
③ 6.5　　④ 9

해설 표준 방사량 : 방호 대상물 표면적 1m²당 방사량이 6.5L/min 이상의 비율로 계산한 양의 포 수용액은 표준 방사량으로 방사할 수 있도록 설치한다.

정답   17 ④   18 ④   19 ②   20 ②   21 ④   22 ③

23 일반적으로 고급 알코올 황산 에스테르염을 기포제로 사용하며 냄새가 없는 황색의 액체로서 밀폐 또는 준밀폐 구조물의 화재 시 고팽창 포로 사용하여 화재를 진압할 수 있는 포 소화 약제는?

① 단백 포 소화 약제
② 합성 계면활성제 포 소화 약제
③ 알코올형 포 소화 약제
④ 수성막 포 소화 약제

해설 합성 계면활성제 포 소화 약제의 설명이다.

24 위험물 제조소 등의 스프링클러 설비의 기준에 있어 개방형 스프링클러 헤드는 스프링클러 헤드의 반사판으로부터 하방 및 수평 방향으로 각각 몇 m의 공간을 보유하여야 하는가?

① 하방 0.3m, 수평 방향 0.45m
② 하방 0.3m, 수평 방향 0.3m
③ 하방 0.45m, 수평 방향 0.45m
④ 하방 0.45m, 수평 방향 0.3m

해설 개방향 스프링클러 헤드 : 스프링클러 헤드의 반사판으로부터 하방으로 0.45m, 수평 방향으로 0.3m 공간을 보유한다.

25 제1종 분말 소화 약제가 1차 열분해되어 표준 상태를 기준으로 $2m^3$의 탄산 가스가 생성되었다. 몇 kg의 탄산수소나트륨이 사용되었는가? (단, 나트륨의 원자량은 23이다.)

① 15
② 18.75
③ 56.25
④ 75

해설 $2NaHCO_3 \rightarrow Na_2CO_3 + CO_2 + H_2O$

$$\begin{matrix} 22.4m^3 & & 44kg \\ 2m^3 & & x\,(kg) \end{matrix}$$

$x = \dfrac{2 \times 44}{22.4}$, $x = 3.93kg$

∴ $168kg : 44kg = x : 3.93kg$
   $x = 15kg$

26 위험물안전관리법령상 정전기를 유효하게 제거하기 위해서는 공기 중의 상대 습도는 몇 % 이상 되게 하여야 하는가?

① 40%   ② 50%
③ 60%   ④ 70%

해설 정전기를 유효하게 제거할 수 있는 방법
㉠ 접지에 의한 방법
㉡ 상대 습도를 70% 이상 높이는 방법
㉢ 공기를 이온화하는 방법

27 이산화탄소 소화 설비의 소화 약제 방출 방식 중 전역 방출 방식 소화 설비에 대한 설명으로 옳은 것은?

① 발화 위험 및 연소 위험이 적고 광대한 실내에서 특정 장치나 기계만을 방호하는 방식
② 일정 방호 구역 전체에 방출하는 경우 해당 부분의 구획을 밀폐하여 불연성 가스를 방출하는 방식
③ 일반적으로 개방되어 있는 대상물에 대하여 설치하는 방식
④ 사람이 용이하게 소화 활동을 할 수 있는 장소에서는 호스를 연장하여 소화 활동을 행하는 방식

해설 CO_2 소화 설비의 소화 약제 방출 방식 중 전역 방출 방식 소화 설비 : 일정 방호 구역 전체에 방출하는 경우 해당 부분의 구획을 밀폐하여 불연성 가스를 방출하는 방식

28 가연성 가스의 폭발 범위에 대한 일반적인 설명으로 틀린 것은?

① 가스의 온도가 높아지면 폭발 범위는 넓어진다.
② 폭발 한계 농도 이하에서 폭발성 혼합 가스를 생성한다.
③ 공기 중에서보다 산소 중에서 폭발 범위가 넓어진다.
④ 가스압이 높아지면 하한값은 크게 변하지 않으나 상한값은 높아진다.

해설 ② 폭발 한계 농도 내에서만 폭발성 혼합 가스를 생성한다.

정답 23 ② 24 ④ 25 ① 26 ④ 27 ② 28 ②

29 소화 약제로서 물이 갖는 특성에 대한 설명으로 옳지 않은 것은?

① 유화 효과(emulsification effect)도 기대할 수 있다.
② 증발 잠열이 커서 기화 시 다량의 열을 제거한다.
③ 기화 팽창률이 커서 질식 효과가 있다.
④ 용융 잠열이 커서 주수 시 냉각 효과가 뛰어나다.

해설 ④ 주된 소화 효과가 냉각 소화이다.

30 제1류 위험물 중 알칼리 금속 과산화물의 화재에 적응성이 있는 소화 약제는?

① 인산염류 분말
② 이산화탄소
③ 탄산수소염류 분말
④ 할로겐 화합물 소화 설비

해설 소화 설비의 적응성

소화 설비의 구분		건축물·그 밖의 공작물	전기 설비	제1류 위험물		제2류 위험물			제3류 위험물		제4류 위험물	제5류 위험물	제6류 위험물
				알칼리 금속 과산화물 등	그 밖의 것	철분·금속분·마그네슘 등	인화성 고체	그 밖의 것	금수성 물품	그 밖의 것			
옥내 소화전 설비 또는 옥외 소화전 설비		○			○		○	○		○		○	○
스프링클러 설비		○			○		○	○		○	△	○	○
물분무등소화설비	물분무 소화 설비	○	○		○		○	○		○	○	○	○
	포 소화 설비	○			○		○	○		○	○	○	○
	불활성 가스 소화 설비		○					○			○		
	할로겐 화합물 소화 설비		○					○			○		
	분말 소화 설비	인산염류 등	○	○		○		○	○			○		○
		탄산수소염류 등		○	○		○	○		○		○		
		그 밖의 것			○		○			○				
대형·소형 수동식 소화기	봉상수(棒狀水) 소화기	○			○		○	○		○		○	○
	무상수(霧狀水) 소화기	○	○		○		○	○		○		○	○
	봉상 강화액 소화기	○			○		○	○		○		○	○
	무상 강화액 소화기	○	○		○		○	○		○	○	○	○
	포 소화기	○			○		○	○		○	○	○	○
	이산화탄소 소화기		○					○			○		△
	할론 소화기		○					○			○		
	분말 소화기	인산염류 소화기	○	○		○		○	○			○		○
		탄산수소염류 소화기		○	○		○	○		○		○		
		그 밖의 것			○		○			○				
기타	물통 또는 수조	○			○		○	○		○		○	○
	건조사			○	○	○	○	○	○	○	○	○	○
	팽창 질석 또는 팽창 진주암			○	○	○	○	○	○	○	○	○	○

31 클로로벤젠 300,000L의 소요 단위는 얼마인가?

① 20   ② 30   ③ 200   ④ 300

해설 소요 단위 = $\dfrac{저장량}{지정 수량 \times 10배}$
= $\dfrac{300,000}{1,000 \times 10}$
= 30

32 알루미늄분의 연소 시 주수 소화하면 위험한 이유를 옳게 설명한 것은?

① 물에 녹아 산이 된다.
② 물과 반응하여 유독 가스가 발생한다.
③ 물과 반응하여 수소 가스가 발생한다.
④ 물과 반응하여 산소 가스가 발생한다.

해설 $2Al + 6H_2O \rightarrow 2Al(OH)_3 + 3H_2$

33 할로겐 화합물 소화 약제가 전기 화재에 사용 될 수 있는 이유에 대한 다음 설명 중 가장 적합한 것은?

① 전기적으로 부도체이다.
② 액체의 유동성이 좋다.
③ 탄산 가스와 반응하여 포스겐 가스를 만든다.
④ 증기의 비중이 공기보다 작다.

해설 할로겐 화합물 소화 약제가 전기 화재에 사용될 수 있는 이유 : 전기적으로 부도체이다.

34 가연성 물질이 공기 중에서 연소할 때의 연소형태에 대한 설명으로 틀린 것은?

① 공기와 접촉하는 표면에서 연소가 일어나는 것을 표면 연소라 한다.
② 황의 연소는 표면 연소이다.
③ 산소 공급원을 가진 물질 자체가 연소하는 것을 자기 연소라 한다.
④ TNT의 연소는 자기 연소이다.

정답 29 ④ 30 ③ 31 ② 32 ③ 33 ① 34 ②

해설 ② 황의 연소는 증발 연소이다.

35 전기 불꽃 에너지 공식에서 (   )에 알맞은 것은? (단, Q는 전기량, V는 방전 전압, C는 전기 용량을 나타낸다.)

$$E = \frac{1}{2}(\quad) = \frac{1}{2}(\quad)$$

① QV, CV
② QC, CV
③ QV, CV^2
④ QC, QV^2

해설 전기 불꽃 에너지 공식
$E = \frac{1}{2}QV = \frac{1}{2}CV^2$
여기서, Q : 전기량, V : 방전 전압, C : 전기 용량

36 강화액 소화 약제의 소화력을 향상시키기 위하여 첨가하는 물질로 옳은 것은?

① 탄산칼륨
② 질소
③ 사염화탄소
④ 아세틸렌

해설 강화액 소화 약제 : 소화력을 향상시키기 위하여 탄산 칼륨(K_2CO_3)을 첨가한다.

37 다음 A~D 중 분말 소화 약제로만 나타낸 것은?

- A. 탄산수소나트륨
- B. 탄산수소칼륨
- C. 황산구리
- D. 제1인산암모늄

① A, B, C, D
② A, D
③ A, B, C
④ A, B, D

해설 분말 소화 약제

종별	소화 약제 주성분	적응 화재
제1종	$NaHCO_3$	B·C
제2종	$KHCO_3$	B·C
제3종	$NH_4H_2PO_4$	A·B·C
제4종	$KHCO_3 + (NH_2)_2CO$	B·C

38 벤젠과 톨루엔의 공통점이 아닌 것은?

① 물에 녹지 않는다.
② 냄새가 없다.
③ 휘발성 액체이다.
④ 증기는 공기보다 무겁다.

해설 · 벤젠 : 독특한 냄새를 가진 휘발성이 강한 액체
· 톨루엔 : 독특한 향기를 가진 무색 투명한 액체

39 제6류 위험물인 질산에 대한 설명으로 틀린 것은?

① 강산이다.
② 물과 접촉 시 발열한다.
③ 불연성 물질이다.
④ 열분해 시 수소를 발생한다.

해설 ④ 열분해 시 산소를 발생한다.

40 적린과 오황화인의 공통 연소 생성물은?

① SO_2
② H_2S
③ P_2O_5
④ H_3PO_4

해설 적린 : $4P + 5O_2 \rightarrow 2P_2O_5$
오황화인 : $2P_2S_5 + 15O_2 - 2P_2O_5 + 10SO_2$
∴ 공통 연소생성물 : P_2O_5

제3과목 위험물의 성질과 취급

41 제1류 위험물 중 무기 과산화물 150kg, 질산 염류 300kg, 중크롬산염류 3,000kg을 저장하고 있다. 각각 지정 수량의 배수의 총합은 얼마인가?

① 5
② 6
③ 7
④ 8

해설 $\frac{150kg}{50kg} + \frac{300kg}{300kg} + \frac{3,000kg}{1,000kg} = 3 + 1 + 3 = 7$배

정답 35 ③ 36 ① 37 ④ 38 ② 39 ④ 40 ③ 41 ③

42 유기 과산화물에 대한 설명으로 틀린 것은?

① 소화 방법으로는 질식 소화가 가장 효과적이다.
② 벤조일퍼옥사이드, 메틸에틸케톤퍼옥사이드 등이 있다.
③ 저장 시 고온체나 화기의 접근을 피한다.
④ 지정 수량은 10kg이다.

해설 ① 다량의 물에 의한 주수소화가 효과적이다.

43 동·식물유류에 대한 설명으로 틀린 것은?

① 건성유는 자연 발화의 위험성이 높다.
② 불포화도가 높을수록 아이오딘가가 크며 산화되기 쉽다.
③ 아이오딘값이 130 이하인 것이 건성유이다.
④ 1기압에서 인화점이 섭씨 250도 미만이다.

해설 ③ 아이오딘값이 130 이상인 것이 건성유이다.

44 다음 중 연소 범위가 가장 넓은 위험물은?

① 휘발유   ② 톨루엔
③ 에틸알코올   ④ 디에틸에테르

해설

위험물	연소 범위(%)
휘발유	1.4~7.6
톨루엔	1.4~6.7
에틸알코올	4.3~19
디에틸에테르	1.9~48

45 위험물안전관리법령에 근거한 위험물 운반 및 수납 시 주의 사항에 대한 설명 중 틀린 것은?

① 위험물을 수납하는 용기는 위험물이 누설되지 않게 밀봉시켜야 한다.
② 온도 변화로 가스가 발생해 운반 용기 안의 압력이 상승할 우려가 있는 경우(발생한 가스가 위험성이 있는 경우 제외)에는 가스 배출구가 설치된 운반 용기에 수납할 수 있다.
③ 액체 위험물은 운반 용기 내용적의 98% 이하의 수납률로 수납하되 55℃의 온도에서 누설되지 아니하도록 충분한 공간 용적을 유지하도록 하여야 한다.
④ 고체 위험물은 운반 용기 내용적의 98% 이하의 수납률로 수납하여야 한다.

해설 ④ 고체 위험물은 운반 용기 내용적의 95% 이하의 수납률로 수납하여야 한다.

46 다음은 위험물안전관리법령에서 정한 아세트알데하이드 등을 취급하는 제조소의 특례에 관한 내용이다. ( ) 안에 해당하지 않는 물질은?

> 아세트알데하이드 등을 취급하는 설비는 ( )·( )·( )·마그네슘 또는 이들을 성분으로 하는 합금으로 만들지 아니할 것

① Ag   ② Hg
③ Cu   ④ Fe

해설 아세트알데하이드 등을 취급하는 설비 : Cu, Hg, Ag, Mg 또는 이들을 성분으로 하는 합금으로 만들지 아니할 것

47 위험물안전관리법령상 시·도의 조례가 정하는 바에 따르면 관할 소방서장의 승인을 받아 지정 수량 이상의 위험물을 임시로 제조소 등이 아닌 장소에서 취급할 때 며칠 이내의 기간 동안 취급할 수 있는가?

① 7일   ② 30일
③ 90일   ④ 180일

해설 지정 수량 이상의 위험물을 임시로 제조소 등이 아닌 장소에서 취급하는 경우 : 관할 소방서장에게 승인 후 90일 이내

48 제2류 위험물과 제5류 위험물의 공통적인 성질은?

① 가연성 물질이다.   ② 강한 산화제이다.
③ 액체 물질이다.   ④ 산소를 함유한다.

해설 제2류 위험물과 제5류 위험물의 공통 성질 : 가연성 물질

정답 42 ① 43 ③ 44 ④ 45 ④ 46 ④ 47 ③ 48 ①

49 메틸에틸케톤의 취급 방법에 대한 설명으로 틀린 것은?

① 쉽게 연소하므로 화기 접근을 금한다.
② 직사 광선을 피하고 통풍이 잘되는 곳에 저장한다.
③ 탈지 작용이 있으므로 피부에 접촉하지 않도록 주의한다.
④ 유리 용기를 피하고 수지, 섬유소 등의 재질로 된 용기에 저장한다.

해설 ④ 용기는 갈색병을 사용한다.

50 과산화나트륨이 물과 반응할 때의 변화를 가장 옳게 설명한 것은?

① 산화나트륨과 수소를 발생한다.
② 물을 흡수하여 탄산나트륨이 된다.
③ 산소를 방출하며, 수산화나트륨이 된다.
④ 서서히 물에 녹아 과산화나트륨의 안정한 수용액이 된다.

해설 ③ $Na_2O_2 + H_2O \rightarrow 2NaOH + \frac{1}{2}O_2$

51 오황화인에 관한 설명으로 옳은 것은?

① 물과 반응하면 불연성 기체가 발생된다.
② 담황색 결정으로서 흡습성과 조해성이 있다.
③ P_2S_5로 표현되며, 물에 녹지 않는다.
④ 공기 중 상온에서 쉽게 자연 발화한다.

해설 ① 물과 반응하면 황화수소 기체가 발생된다.
③ 물이나 알칼리와 반응하면 분해하여 유독성 가스인 황화수소와 인산으로 된다.
④ 공기 중 142℃에서 자연 발화한다.

52 위험물안전관리법령에서 정한 위험물의 운반에 관한 설명으로 옳은 것은?

① 위험물을 화물차량으로 운반하면 특별히 규제 받지 않는다.
② 승용차량으로 위험물을 운반할 경우에만 운반의 규제를 받는다.
③ 지정 수량 이상의 위험물을 운반할 경우에만 운반의 규제를 받는다.
④ 위험물을 운반할 경우 그 양의 다소를 불문하고 운반의 규제를 받는다.

해설 ① 위험물을 화물차량으로 운반하면 규제를 받는다.
② 차량으로 위험물을 운반할 경우 운반의 규제를 받는다.
③ 지정 수량 이상 또는 미만의 위험물을 운반할 경우 운반의 규제를 받는다.

53 다음 물질 중 인화점이 가장 낮은 것은?

① 톨루엔　② 아세톤
③ 벤젠　④ 디에틸에테르

해설 ① 4.5℃
② -18℃
③ -11.1℃
④ -45℃

54 황린에 대한 설명으로 틀린 것은?

① 백색 또는 담황색의 고체이며, 증기는 독성이 있다.
② 물에는 녹지 않고, 이황화탄소에는 녹는다.
③ 공기 중에서 산화되어 오산화인이 된다.
④ 녹는점이 적린과 비슷하다.

해설

위험물 종류	녹는점
황린	44℃
적린	596℃

55 위험물 제조소의 배출 설비 기준 중 국소 방식의 경우 배출 능력은 1시간당 배출 장소 용적의 몇 배 이상으로 해야 하는가?

① 10배　② 20배
③ 30배　④ 40배

해설 국소 방식의 경우 배출 능력은 1시간당 배출 장소 용적의 20배 이상으로 한다.

정답 49 ④ 50 ③ 51 ② 52 ④ 53 ④ 54 ④ 55 ②

56 인화칼슘이 물과 반응하여 발생하는 기체는?

① 포스겐 ② 포스핀
③ 메탄 ④ 이산화황

해설) $Ca_3P_2 + 6H_2O \rightarrow 3Ca(OH)_2 + 2PH_3$

57 물과 접촉하였을 때 에탄이 발생되는 물질은?

① CaC_2
② $(C_2H_5)_3Al$
③ $C_6H_3(NO_2)_3$
④ $C_2H_5ONO_2$

해설) $(C_2H_5)_3Al + 3H_2O \rightarrow Al(OH)_3 + 3C_2H_6$

58 아염소산나트륨이 완전 열분해하였을 때 발생하는 기체는?

① 산소 ② 염화수소
③ 수소 ④ 포스겐

해설) $3NaClO_2 \rightarrow 2NaClO_3 + NaCl$
$NaClO_3 \rightarrow NaClO + O_2$

59 묽은 질산에 녹고, 비중이 약 2.7인 은백색 금속은?

① 아연분 ② 마그네슘분
③ 안티몬분 ④ 알루미늄분

해설) 알루미늄분의 설명이다.

60 제6류 위험물의 취급 방법에 대한 설명 중 옳지 않은 것은?

① 가연성 물질과의 접촉을 피한다.
② 지정 수량의 $\frac{1}{10}$을 초과할 경우 제2류 위험물과의 혼재를 금한다.
③ 피부와 접촉하지 않도록 주의한다.
④ 위험물 제조소에는 "화기 엄금" 및 "물기 엄금" 주의 사항을 표시한 게시판을 반드시 설치하여야 한다.

해설) ④ 위험물 제조소에서는 주의 사항을 표시한 게시판을 별도의 표시를 하지 않는다.

정답 56 ② 57 ② 58 ① 59 ④ 60 ④

위험물 산업기사 (2019. 4. 27 시행)

제1과목 일반화학

01 자철광 제조법으로 빨갛게 달군 철에 수증기를 통할 때의 반응식으로 옳은 것은?

① $3Fe+4H_2O \rightarrow Fe_3O_4+4H_2$
② $2Fe+3H_2O \rightarrow Fe_2O_3+3H_2$
③ $Fe+H_2O \rightarrow FeO+H_2$
④ $Fe+2H_2O \rightarrow FeO_2+2H_2$

해설 자철광 제조법 : $3Fe+4H_2O \rightarrow Fe_3O_4+4H_2$

02 화학 반응 속도를 증가시키는 방법으로 옳지 않은 것은?

① 온도를 높인다.
② 부촉매를 가한다.
③ 반응물 농도를 높게 한다.
④ 반응물 표면적을 크게 한다.

해설 ② 부촉매 : 반응 속도를 느리게 한다.

03 비금속 원소와 금속 원소 사이의 결합은 일반적으로 어떤 결합에 해당되는가?

① 공유 결합
② 금속 결합
③ 비금속 결합
④ 이온 결합

해설 이온 결합에 대한 설명이다.

04 네슬러 시약에 의하여 적갈색으로 검출되는 물질은 어느 것인가?

① 질산 이온
② 암모늄 이온
③ 아황산 이온
④ 일산화탄소

해설 NH_3, NH_4^++네슬러 시약 → 황갈색이 적갈색으로 변색

05 불꽃 반응 결과 노란색을 나타내는 미지의 시료를 녹인 용액에 $AgNO_3$ 용액을 넣으니 백색 침전이 생겼다. 이 시료의 성분은?

① Na_2SO_4
② $CaCl_2$
③ $NaCl$
④ KCl

해설 알칼리 금속은 불꽃 반응에서 Na은 노란색을 나타낸다.
$AgNO_3+NaCl \rightarrow AgCl\downarrow +NaNO_3$
  　　　　　　　　백색 침전

06 다음 화합물 중에서 밑줄친 원소의 산화수가 서로 다른 것은?

① $\underline{C}Cl_4$
② $Ba\underline{O}_2$
③ $\underline{S}O_2$
④ $\underline{O}H^-$

해설
① $x+(-1)\times 4=0$ ∴ $x=4$
② $x+(-2)\times 2=0$ ∴ $x=4$
③ $x+(-2)\times 2=0$ ∴ $x=4$
④ $x+(+1)=-1$ ∴ $x=-2$

07 먹물에 아교나 젤라틴을 약간 풀어주면 탄소입자가 쉽게 침전되지 않는다. 이때 가해준 아교는 무슨 콜로이드로 작용하는가?

① 서스펜션
② 소수
③ 복합
④ 보호

해설 보호 콜로이드 : 먹물 속의 아교나 젤라틴, 잉크 속의 아라비아 고무 등

08 황의 산화수가 나머지 셋과 다른 하나는?

① $Ag_2\underline{S}$
② $H_2\underline{S}O_4$
③ $\underline{S}O_4^{2-}$
④ $Fe_2(\underline{S}O_4)_3$

해설
① $(+1)\times 2+x=0$ ∴ $x=-2$
② $(+1)\times 2+x+(-2)\times 4=0$ ∴ $x=+6$
③ $x+(-2)\times 4=-2$ ∴ $x=+6$
④ $\{x+(-2\times 4)\}\times 3+(+3)\times 2=0$ ∴ $x=+6$

정답 01 ① 02 ② 03 ④ 04 ② 05 ③ 06 ④ 07 ④ 08 ①

09 황산구리 용액에 10A의 전류를 1시간 통하면 구리(원자량=63.54)를 몇 g 석출하겠는가?

① 7.2g
② 11.85g
③ 23.7g
④ 31.77g

해설 1A=1C/s, 10A=10C/s
1시간은 3,600초
∴ 10A의 전류가 1시간 흐르면 36,000C이다.
여기서, Cu의 원자량은 64g/mol이며, [2g당량(Cu^{2+})]이다.
$2 \times 1F : 64 = 36,000 : x$(단, 1F=96,485)
∴ $x = \dfrac{(64 \times 36,000)}{(96,485 \times 2)} = 11.9g$

10 H_2O가 H_2S보다 끓는점이 높은 이유는?

① 이온 결합을 하고 있기 때문에
② 수소 결합을 하고 있기 때문에
③ 공유 결합을 하고 있기 때문에
④ 분자량이 적기 때문에

해설 수소 결합 : 물(H_2O)의 비등점이 100℃, 산소(O) 원자 대신에 같은 족의 황(S) 원자를 바꾼 황화수소(H_2S)는 분자량이 큼에도 불구하고 비등점이 -61℃이다.

11 황이 산소와 결합하여 SO_2를 만들 때에 대한 설명으로 옳은 것은?

① 황은 환원된다.
② 황은 산화된다.
③ 불가능한 반응이다.
④ 산소는 산화되었다.

해설
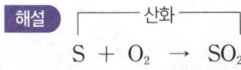

12 순수한 옥살산($C_2H_2O_4 \cdot 2H_2O$) 결정 6.3g을 물에 녹여서 500mL의 용액을 만들었다. 이 용액의 농도는 몇 M인가?

① 0.1
② 0.2
③ 0.3
④ 0.4

해설 ($C_2H_2O_4 \cdot 2H_2O$)=126g/mol
$\dfrac{1mol}{126g} \Big| \dfrac{6.3g}{0.5L} = 0.1m/L = 0.1M$

13 실제 기체는 어떤 상태일 때 이상 기체 방정식에 잘 맞는가?

① 온도가 높고 압력이 높을 때
② 온도가 낮고 압력이 낮을 때
③ 온도가 높고 압력이 낮을 때
④ 온도가 낮고 압력이 높을 때

해설 이상 기체는 기체 분자간의 인력을 무시하고, 기체 자신의 체적도 무시한 상태의 기체로서, 온도가 높고 압력이 낮을 경우에 잘 적용된다.

14 다음 물질 중 이온 결합을 하고 있는 것은?

① 얼음
② 흑연
③ 다이아몬드
④ 염화나트륨

해설 ① 수소 결합, ②, ③ 공유 결합

15 다음 반응 속도식에서 2차 반응인 것은?

① $v=k[A]^{\frac{1}{2}}[B]^{\frac{1}{2}}$
② $v=k[A][B]$
③ $v=k[A][B]^2$
④ $v=k[A]^2[B]^2$

해설 · 1차 반응 : $V=k[A]$
· 2차 반응 : $V=k[A]^2$ 또는 $V=k[A][B]$

16 산(acid)의 성질을 설명한 것 중 틀린 것은?

① 수용액 속에서 H^+를 내는 화합물이다.
② pH 값이 작을수록 강산이다.
③ 금속과 반응하여 수소를 발생하는 것이 많다.
④ 붉은색 리트머스 종이를 푸르게 변화시킨다.

해설 ④ 푸른 리트머스 종이를 붉게 변화시킨다.

17 다음 화학 반응 중 H_2O가 염기로 작용한 것은?

① $CH_3COOH+H_2O \rightarrow CH_3COO^-+H_3O^+$
② $NH_3+H_2O \rightarrow NH_4^++OH^-$
③ $CO_3^{-2}+2H_2O \rightarrow H_2CO_3+2OH^-$
④ $Na_2O+H_2O \rightarrow 2NaOH$

해설 ① $H_2O \rightarrow H_3O^+$: 수소를 얻음(염기로 작용)
② $H_2O \rightarrow OH^-$: 수소를 잃음(산으로 작용)
③ $2H_2O \rightarrow 2OH^-$: 수소를 잃음(산으로 작용)
④ $H_2O \rightarrow 2NaOH$: 수소를 잃음(산으로 작용)

정답 09 ② 10 ② 11 ② 12 ① 13 ③ 14 ④ 15 ② 16 ④ 17 ①

18 AgCl의 용해도는 0.0016g/L이다. 이 AgCl의 용해도곱(solubility product)은 약 얼마인가? (단, 원자량은 각각 Ag 108, Cl 35.5이다.)

① 1.24×10^{-10}
② 2.24×10^{-10}
③ 1.12×10^{-5}
④ 4×10^{-4}

해설 $AgCl(s) \rightleftarrows Ag^+ + Cl^-$에서 $K_{sp} = [Ag^+][Cl^-]$이다.

$[AgCl] = \dfrac{0.0016g}{1L} \times \dfrac{1mol}{143.5g}$

$\qquad = 1.11 \times 10^{-5} M$

$K_{sp} = (1.11 \times 10^{-5})^2$

$\qquad = 1.24 \times 10^{-10}$

19 NH_4Cl에서 배위 결합을 하고 있는 부분을 옳게 설명한 것은?

① NH_3의 $N-H$ 결합
② NH_3와 H^+과의 결합
③ NH_4^+과 Cl^-과의 결합
④ H^+과 Cl^-과의 결합

해설 배위 결합 : $NH_3 + H^+ \rightarrow NH_4^+$

20 0.1M 아세트산 용액의 해리도를 구하면 약 얼마인가? (단, 아세트산의 해리 상수는 1.8×10^{-5}이다.)

① 1.8×10^{-5} ② 1.8×10^{-2}
③ 1.3×10^{-5} ④ 1.3×10^{-2}

해설 $CH_3COOH \rightarrow H^+ + CH_3COO^-$

$\qquad\quad 0.1$
$\underline{)\quad -x \qquad +x \qquad +x\quad}$
$\qquad 0.1-x \quad +x \qquad +x$

$K_a = \dfrac{[H^+][CH_3COO^-]}{[CH_3COOH]}, 1.8 \times 10^{-5} = \dfrac{x^2}{(0.1-x)}$

$x^2 = 1.8 \times 10^{-5}(0.1-x)$
$x^2 + 1.8 \times 10^{-5}x - 0.1 \times 1.8 \times 10^{-5} = 0$
$x = (-0.9 \times 10^{-5})$
$\quad \pm \sqrt{(-0.9 \times 10^{-5})^2 - (0.1 \times 1.8 \times 10^{-5})}$
$\therefore x = 1.3 \times 10^{-2}$

제2과목 화재예방과 소화 방법

21 다음 중 화재 시 다량의 물에 의한 냉각 소화가 가장 효과적인 것은?

① 금속의 수소화물
② 알칼리 금속 과산화물
③ 유기 과산화물
④ 금속분

해설 유기 과산화물 소화 방법 : 다량의 물에 의한 냉각 소화

22 위험물안전관리법령상 소화 설비의 설치 기준에서 제조소 등에 전기 설비(전기 배선, 조명 기구 등은 제외)가 설치된 경우에는 해당 장소의 면적 몇 m^2마다 소형 수동식 소화기를 1개 이상 설치하여야 하는가?

① 50   ② 75
③ 100   ④ 150

해설 제조소 등에 설치된 전기 설비 : $100m^2$마다 소형 수동식 소화기를 1개 이상 설치한다.

23 불활성 가스 소화 약제 중 IG-55의 구성 성분을 모두 나타낸 것은?

① 질소
② 이산화탄소
③ 질소와 아르곤
④ 질소, 아르곤, 이산화탄소

해설 IG-55의 구성 성분 : $N_2(50\%)$, $Ar(50\%)$

24 수성막 포 소화 약제를 수용성 알코올 화재 시 사용하면 소화 효과가 떨어지는 가장 큰 이유는?

① 유독 가스가 발생하므로
② 화염의 온도가 높으므로
③ 알코올은 포와 반응하여 가연성 가스를 발생하므로
④ 알코올이 포 속의 물을 탈취하여 포가 파괴되므로

정답 18 ① 19 ② 20 ④ 21 ③ 22 ③ 23 ③ 24 ④

해설 수성막 포 소화 약제를 수용성 알코올 화재 시 사용하면 소화 효과가 떨어지는 이유 : 알코올이 포 속의 물을 탈취하여 포가 파괴되므로

25 탄소 1mol이 완전연소하는 데 필요한 최소 이론 공기량은 약 몇 L인가? (단, 0℃, 1기압 기준이며, 공기 중 산소의 농도는 21vol%이다.)

① 10.7 ② 22.4
③ 107   ④ 224

해설 완전 연소 : $C+O_2 \rightarrow CO_2$

∴ 최소 이론 공기량 = $\frac{22.4L}{0.21}$ = 107L

26 다음은 제4류 위험물에 해당하는 물품의 소화 방법을 설명한 것이다. 소화 효과가 가장 떨어지는 것은?

① 산화프로필렌 : 알코올형 포로 질식 소화한다.
② 아세톤 : 수성막 포를 이용하여 질식 소화한다.
③ 이황화탄소 : 탱크 또는 용기 내부에서 연소하고 있는 경우에는 물을 사용하여 질식 소화한다.
④ 디에틸에테르 : 이산화탄소 소화 설비를 이용하여 질식 소화한다.

해설 ② 아세톤 : CO_2를 이용하여 질식 소화한다.

27 위험물안전관리법령상 옥내 소화전 설비의 비상 전원은 자가 발전 설비 또는 축전지 설비로 옥내 소화전 설비를 유효하게 몇 분 이상 작동할 수 있어야 하는가?

① 10분   ② 20분
③ 45분   ④ 60분

해설 옥내 소화전 설비의 비상 전원 : 자가 발전 설비 또는 축전지 설비로 45분 이상 작동할 수 있어야 한다.

28 다음 중 위험물안전관리법령상 위험물과 적응성 있는 소화 설비가 잘못 짝지어진 것은 어느 것인가?

① K − 탄산수소염류 분말 소화 설비
② $C_2H_5OC_2H_5$ − 불활성 가스 소화 설비
③ Na − 건조사
④ CaC_2 − 물통

해설 소화 설비의 적응성

(표 생략)

29 ABC급 화재에 적응성이 있으며 열분해되어 부착성이 좋은 메타인산을 만드는 분말 소화 약제는 어느 것인가?

① 제1종   ② 제2종
③ 제3종   ④ 제4종

해설 제3종 분말 소화 약제
$NH_4H_2PO_4 \rightarrow \underset{질식}{HPO_3} + NH_3 + \underset{냉각}{H_2O}$

정답 25 ③ 26 ② 27 ③ 28 ④ 29 ③

30 자연 발화가 일어날 수 있는 조건으로 가장 옳은 것은?

① 주위의 온도가 낮을 것
② 표면적이 작을 것
③ 열전도율이 작을 것
④ 발열량이 작을 것

> 해설 ① 주위의 온도가 높을 것
> ② 표면적이 넓을 것
> ④ 발열량이 많을 것

31 인산염 등을 주성분으로 한 분말 소화 약제의 착색은?

① 백색 ② 담홍색
③ 검은색 ④ 회색

> 해설 분말 소화 약제의 종류
>
> | 종별 | 소화약제 주성분 | 적응 화재 | 색상 |
> |---|---|---|---|
> | 제1종 | $NaHCO_3$ | B, C | 백색 |
> | 제2종 | $KHCO_3$ | B, C | 보라색(담회색) |
> | 제3종 | $NH_4H_2PO_4$ | A, B, C | 담홍색(핑크색) |
> | 제4종 | $KHCO_3+(NH_2)_2CO$ | B, C | 회색(회백색) |

32 위험물 제조소 등에 설치하는 포 소화 설비에 있어서 포 헤드 방식의 포 헤드는 방호 대상물의 표면적(m^2) 얼마당 1개 이상의 헤드를 설치하여야 하는가?

① 3 ② 6
③ 9 ④ 12

> 해설 포 소화 설비 : 포 헤드 방식의 포 헤드는 방호 대상물의 표면적 $9m^2$당 1개 이상의 헤드를 설치한다.

33 위험물안전관리법령상 이동 저장 탱크(압력 탱크)에 대해 실시하는 수압 시험은 용접부에 대한 어떤 시험으로 대신할 수 있는가?

① 비파괴 시험과 기밀 시험
② 비파괴 시험과 충수 시험
③ 충수 시험과 기밀 시험
④ 방폭 시험과 충수 시험

> 해설 이동 저장 탱크 수압 시험
> ㉠ 압력 탱크 : 최대 상용 압력의 1.5배의 압력으로 각각 10분간의 수압 시험을 실시하여 새거나 변형되지 아니할 것. 이 경우 수압 시험을 용접부에 대한 비파괴 시험과 기밀 시험으로 대신할 수 있다.
> ㉡ 압력 탱크 외의 탱크 : (최대 상용 압력의 46.7kPa 이상인 탱크를 말한다) 외의 탱크는 70kPa의 압력으로 10분간 수압 시험을 실시하여 새거나 변형되지 아니할 것

34 다음 [보기]에서 열거한 위험물의 지정 수량을 모두 합산한 값은?

> [보기] 과아이오딘산, 과아이오딘산염류, 과염소산, 과염소산염류

① 450kg
② 500kg
③ 950kg
④ 1,200kg

> 해설 (과아이오딘산)300kg+(과아이오딘산염류)300kg+(과염소산)300kg+(과염소산염류)50kg=950kg

35 위험물안전관리법령상 옥내 소화전 설비의 기준으로 옳지 않은 것은?

① 소화전함은 화재 발생 시 화재 등에 의한 피해의 우려가 많은 장소에 설치하여야 한다.
② 호스 접속구는 바닥으로부터 1.5m 이하의 높이에 설치한다.
③ 가압 송수 장치의 시동을 알리는 표시등은 적색으로 한다.
④ 별도의 정해진 조건을 충족하는 경우는 가압 송수 장치의 시동 표시등을 설치하지 않을 수 있다.

> 해설 ① 소화전함은 불연 재료로 제작하고 점검에 편리하며 화재 발생 시 연기가 충만할 우려가 없는 장소 중 접근이 가능하고 화재 등에 의한 피해를 받을 우려가 적은 장소에 설치한다.

정답 30 ③ 31 ② 32 ③ 33 ① 34 ③ 35 ①

36 정전기를 유효하게 제거할 수 있는 설비를 설치하고자 할 때 위험물안전관리법령에서 정한 정전기 제거 방법의 기준으로 옳은 것은?

① 공기 중의 상대 습도를 70% 이상으로 하는 방법
② 공기 중의 상대 습도를 70% 미만으로 하는 방법
③ 공기 중의 절대 습도를 70% 이상으로 하는 방법
④ 공기 중의 절대 습도를 70% 미만으로 하는 방법

해설 정전기 제거 방법 : 공기 중의 상대 습도를 70% 이상으로 하는 방법

37 피리딘 20,000리터에 대한 소화 설비의 소요 단위는?

① 5단위　② 10단위
③ 15단위　④ 100단위

해설 소요 단위 = $\dfrac{\text{저장량}}{\text{지정 수량} \times 10\text{배}}$

$= \dfrac{20,000\text{L}}{400 \times 10\text{배}}$

$= 5$ 단위

38 다음 각 위험물의 저장소에서 화재가 발생하였을 때 물을 사용하여 소화할 수 있는 물질은?

① K_2O_2　② CaC_2
③ Al_4C_3　④ P_4

해설 ①, ②, ③ : 건조사

39 위험물 제조소에 옥내 소화전 설비를 3개 설치하였다. 수원의 양은 몇 m³ 이상이어야 하는가?

① 7.8m^3
② 9.9m^3
③ 10.4m^3
④ 23.4m^3

해설 $Q = N \times 7.8\text{m}^3 = 3 \times 7.8\text{m}^3 = 23.4\text{m}^3$
여기서, Q : 수원의 수량
N : 옥내 소화전 설비 설치 개수(설치 개수가 5개 이상인 경우는 5개의 옥내 소화전)

40 위험물안전관리법령상 제6류 위험물에 적응성이 있는 소화 설비는?

① 옥내 소화전 설비
② 불활성 가스 소화 설비
③ 할로겐 화합물 소화 설비
④ 탄산수소염류 분말 소화 설비

해설 28번 해설 참조

제3과목 위험물의 성질과 취급

41 제5류 위험물 중 상온(25℃)에서 동일한 물리적 상태(고체, 액체, 기체)로 존재하는 것으로만 나열된 것은?

① 나이트로글리세린, 나이트로셀룰로오스
② 질산메틸, 나이트로글리세린
③ 트라이나이트로톨루엔, 질산메틸
④ 나이트로글리콜, 트라이나이트로톨루엔

해설

위험물	물리적 상태
나이트로글리세린, 질산메틸, 나이트로글리콜	액체
나이트로셀룰로오스, 트라이나이트로톨루엔	고체

42 위험물안전관리법령상 주유 취급소에서의 위험물 취급 기준에 따르면 자동차 등에 인화점 몇 ℃ 미만의 위험물을 주유할 때에는 자동차 등의 원동기를 정지시켜야 하는가? (단, 원칙적인 경우에 한한다.)

① 21
② 25
③ 40
④ 80

해설 자동차 등에 인화점 40℃ 미만의 위험물을 주유할 때에는 자동차 등의 원동기를 정지시켜야 한다.

정답 36 ①　37 ①　38 ④　39 ④　40 ①　41 ②　42 ③

43 고체 위험물은 운반 용기 내용적의 몇 % 이하의 수납률로 수납하여야 하는가?

① 90　　② 95
③ 98　　④ 99

해설 운반 용기의 수납률

위험물	수납률
알킬알루미늄 등	90% 이하 (50°C에서 5% 이상 공간 용적 유지)
고체 위험물	95% 이하
액체 위험물	98% 이하 (55°C에서 누설되지 않을 것)

44 연소 시에는 푸른 불꽃을 내며, 산화제와 혼합되어 있을 때 가열이나 충격 등에 의하여 폭발할 수 있으며 흑색 화약의 원료로 사용되는 물질은?

① 적린
② 마그네슘
③ 황
④ 아연분

해설 황의 설명이다.

45 과산화수소의 성질에 대한 설명 중 틀린 것은?

① 에테르에 녹지 않으며, 벤젠에 녹는다.
② 산화제이지만 환원제로서 작용하는 경우도 있다.
③ 물보다 무겁다.
④ 분해 방지 안정제로 인산, 요산 등을 사용할 수 있다.

해설 ① 에테르에 녹으나, 벤젠에는 녹지 않는다.

46 염소산칼륨이 고온에서 완전 열분해할 때 주로 생성되는 물질은?

① 칼륨과 물 및 산소
② 염화칼륨과 산소
③ 이염화칼륨과 수소
④ 칼륨과 물

해설 $2KClO_3 \longrightarrow 2KCl + 3O_2 \uparrow$

47 황린이 연소할 때 발생하는 가스와 수산화 나트륨 수용액과 반응하였을 때 발생하는 가스를 차례대로 나타낸 것은?

① 오산화인, 인화수소　② 인화수소, 오산화인
③ 황화수소, 수소　　　④ 수소, 황화수소

해설 ㉠ $P_4 + 5O_2 \rightarrow 2P_2O_5 \uparrow$
㉡ $P_4 + 3NaOH + H_2O \rightarrow PH_3 \uparrow + 3NaH_2PO_2$

48 P_4S_7에 고온의 물을 가하면 분해된다. 이때 주로 발생하는 유독 물질의 명칭은?

① 아황산　　② 황화수소
③ 인화수소　④ 오산화인

해설 칠황화인(P_4S_7) : 고온의 물에는 급격히 분해하여 황화수소를 발생한다.

49 다음 중 자연 발화의 위험성이 제일 높은 것은?

① 야자유　　② 올리브유
③ 아마인유　④ 피마자유

해설 ①, ②, ④ : 불건성유
③ : 건성유(자연 발화의 위험성이 높다.)

50 아세톤과 아세트알데하이드에 대한 설명으로 옳은 것은?

① 증기비중은 아세톤이 아세트알데하이드보다 작다.
② 위험물안전관리법령상 품명은 서로 다르지만 지정 수량은 같다.
③ 인화점과 발화점 모두 아세트알데하이드가 아세톤보다 낮다.
④ 아세톤의 비중은 물보다 작지만, 아세트알데하이드는 물보다 크다.

해설 ① 증기 비중은 아세톤(2)이 아세트알데하이드(1.5)보다 크다.
② 위험물안전관리법령상 품명 및 지정 수량이 다르다.
④ 아세톤(0.79)의 비중은 물(1)보다 작고, 아세트알데하이드(0.783)도 물보다 작다.

정답 43 ②　44 ③　45 ①　46 ②　47 ①　48 ②　49 ③　50 ③

51 위험물안전관리법령상 위험물의 운반에 관한 기준에서 적재하는 위험물의 성질에 따라 직사 일광으로부터 보호하기 위하여 차광성 있는 피복으로 가려야 하는 위험물은?

① S
② Mg
③ C_6H_6
④ $HClO_4$

해설 차광성이 있는 피복 조치

유 별	적용대상
제1류 위험물	전부
제3류 위험물	자연 발화성 물품
제4류 위험물	특수 인화물
제5류 위험물	전부
제6류 위험물	

① S, ② Mg : 제2류 위험물
③ C_6H_6 : 제4류 위험물 중 제1석유류
④ $HClO_4$: 제6류 위험물

52 위험물안전관리법령상 지정 수량의 10배를 초과하는 위험물을 취급하는 제조소에 확보하여야 하는 보유 공지의 너비의 기준은?

① 1m 이상
② 3m 이상
③ 5m 이상
④ 7m 이상

해설 보유 공지

취급하는 위험물의 최대 수량	공지의 너비
지정 수량 10배 이하	3m 이상
지정 수량 10배 초과	5m 이상

53 제4류 위험물의 일반적인 성질에 대한 설명 중 가장 거리가 먼 것은?

① 인화되기 쉽다.
② 인화점, 발화점이 낮은 것은 위험하다.
③ 증기는 대부분 공기보다 가볍다.
④ 액체 비중은 대체로 물보다 가볍고 물에 녹기 어려운 것이 많다.

해설 ③ 증기는 공기보다 무겁다.

54 다음 중 과산화칼륨에 대한 설명으로 옳지 않은 것은?

① 염산과 반응하여 과산화수소를 생성한다.
② 탄산 가스와 반응하여 산소를 생성한다.
③ 물과 반응하여 수소를 생성한다.
④ 물과의 접촉을 피하고 밀전하여 저장한다.

해설 ③ 물과 반응하여 산소를 생성한다.
$2K_2O_2 + 2H_2O \rightarrow 4KOH + O_2$

55 다음 중 특수 인화물이 아닌 것은?

① CS_2
② $C_2H_5OC_2H_5$
③ CH_3CHO
④ HCN

해설 ④ HCN : 제1석유류

56 위험물을 저장 또는 취급하는 탱크의 용량은?

① 탱크의 내용적에서 공간 용적을 뺀 용적으로 한다.
② 탱크의 내용적으로 한다.
③ 탱크의 공간 용적으로 한다.
④ 탱크의 내용적에 공간 용적을 더한 용적으로 한다.

해설 위험물 탱크의 용량 : 탱크의 내용적에서 공간 용적을 뺀 용적으로 한다.

57 위험물안전관리법령상 $C_6H_2(NO_2)_3OH$의 품명에 해당하는 것은?

① 유기 과산화물
② 질산에스테르류
③ 나이트로 화합물
④ 아조 화합물

해설

품명	품목
나이트로 화합물	$C_6H_2(NO_2)_3OH$

정답 51 ④ 52 ③ 53 ③ 54 ③ 55 ④ 56 ① 57 ③

58 다음과 같은 성질을 갖는 위험물로 예상할 수 있는 것은?

- 지정 수량 : 400L
- 증기 비중 : 2.07
- 인화점 : 12℃
- 녹는점 : −89.5℃

① 메탄올 ② 벤젠
③ 아이소프로필 알코올 ④ 휘발유

해설 아이소프로필 알코올의 설명이다.

59 $C_2H_5OC_2H_5$의 성질 중 틀린 것은?

① 전기 양도체이다.
② 물에는 잘 녹지 않는다.
③ 유동성의 액체로 휘발성이 크다.
④ 공기 중 장시간 방치 시 폭발성 과산화물을 생성할 수 있다.

해설 ① 전기의 불량 도체이다.

60 금속 칼륨에 관한 설명 중 틀린 것은?

① 연해서 칼로 자를 수가 있다.
② 물속에 넣을 때 서서히 녹아 탄산칼륨이 된다.
③ 공기 중에서 빠르게 산화하여 피막을 형성하고 광택을 잃는다.
④ 등유, 경유 등의 보호액 속에 저장한다.

해설 ② 물과 반응하여 수소 가스를 발생하고 발화한다.
$2K + 2H_2O \rightarrow 2KOH + H_2$

정답 58 ③ 59 ① 60 ②

위험물 산업기사 (2019. 9. 21 시행)

제1과목 일반화학

01 n그램(g)의 금속을 묽은 염산에 완전히 녹였더니 m몰의 수소가 발생하였다. 이 금속의 원자가를 2가로 하면 이 금속의 원자량은?

① $\dfrac{n}{m}$ ② $\dfrac{2n}{m}$ ③ $\dfrac{n}{2m}$ ④ $\dfrac{2m}{n}$

해설 ㉠ 금속과 수소의 관계에 의해 당량을 구한다.
금속의 당량은 수소 $1g\left(\dfrac{1}{2}몰\right)$에 대응되는 값이므로

$\left.\begin{array}{l} n(g) : m몰 \\ x : \dfrac{1}{2}몰 \end{array}\right)$ $x(금속당량) = \dfrac{n}{m} \times \dfrac{1}{2} = \dfrac{n}{2m}$

㉡ 원자가가 2이므로 다음 식에 의해 원자량을 구한다.
원자량=당량×원자가=$\dfrac{n}{2m} \times 2 = \dfrac{n}{m}$

02 질산나트륨의 물 100g에 대한 용해도는 80℃에서 148g, 20℃에서 88g이다. 80℃의 포화 용액 100g을 70g으로 농축시켜서 20℃로 냉각시키면, 약 몇 g의 질산나트륨이 석출되는가?

① 29.4 ② 40.3
③ 50.6 ④ 59.7

해설 ㉠ 80℃에서 248g의 포화 용액에는 148g의 질산나트륨이 녹아 있다. 100g의 포화 용액에는 248 : 148 = 100 : x, x = 59.68g
㉡ 70g으로 농축하면 물만 30g 증발하여 물 10.32g, 질산나트륨 59.68g의 상태가 된다. 그러므로 20℃로 냉각시키면 100 : 88 = 10.32 : x, x = 9.082g
80℃에서 석출되는 59.68g에서 20℃에서 석출되는 9.082g을 제외하면 석출된 질산나트륨의 양(g)을 구할 수 있다.
59.68 − 9.082 = 50.68g

03 다음과 같은 경향성을 나타내지 않는 것은 어느 것인가?

$$Li < Na < K$$

① 원자 번호 ② 원자 반지름
③ 제1차 이온화 에너지 ④ 전자수

해설 제1차 에너지는 원자 번호가 커질수록 대체로 작아지는 경향을 보인다.

04 금속은 열, 전기를 잘 전도한다. 이와 같은 물리적 특성을 갖는 가장 큰 이유는?

① 금속의 원자 반지름이 크다.
② 자유 전자를 가지고 있다.
③ 비중이 대단히 크다.
④ 이온화 에너지가 매우 크다.

해설 금속은 자유 전자에 의해 열, 전기의 전도성이 크다.

05 어떤 원자핵에서 양성자의 수가 3이고, 중성자의 수가 2일 때 질량수는 얼마인가?

① 1 ② 3
③ 5 ④ 7

해설 질량수=양성자수+중성자수=3+2=5

06 프로판 1kg을 완전 연소시키기 위해서는 표준상태의 산소 약 몇 m³가 필요한가?

① 2.55 ② 5
③ 7.55 ④ 10

해설 $C_3H_8 + 5O_2 \rightarrow 3CO_2 + 4H_2O$
44kg ─── $5 \times 22.4m^3$
1kg ─── $x(m^3)$
$x = \dfrac{1 \times 5 \times 22.4}{44} = 2.55m^3$

정답 01 ① 02 ③ 03 ③ 04 ② 05 ③ 06 ①

07 상온에서 1L의 순수한 물에는 H^+과 OH^-가 각각 몇 g 존재하는가? (단, H의 원자량은 1.008×10^{-7} g/mol이다.)

① 1.008×10^{-7}, 17.008×10^{-7}
② $1,000 \times \dfrac{1}{18}$, $1,000 \times \dfrac{17}{18}$
③ 18.016×10^{-7}, 18.016×10^{-7}
④ 1.008×10^{-14}, 17.008×10^{-14}

해설 $H_2O \rightarrow H^+ + OH^-$
여기서, $H^+ : 1.008 \times 10^{-7}$ g/mol
　　　　$OH^- : 17.008 \times 10^{-7}$ g/mol
H^+, OH^-의 수소 이온 농도 지수는 동일하다. 단, 순수한 물에서다.

08 다음의 염을 물에 녹일 때 염기성을 띠는 것은?

① Na_2CO_3
② $NaCl$
③ NH_4Cl
④ $(NH_4)_2SO_4$

해설 약산과 강염기로 된 염 : 가수 분해, 염기성
예) $H_2CO_3 + 2NaOH \rightarrow Na_2CO_3 + 2H_2O$

09 콜로이드 용액을 친수 콜로이드와 소수 콜로이드로 구분할 때 소수 콜로이드에 해당하는 것은?

① 녹말　　　　② 아교
③ 단백질　　　④ 수산화철(III)

해설 ①, ③ : 친수 콜로이드
② : 보호 콜로이드
④ : 소수 콜로이드

10 기하 이성질체 때문에 극성 분자와 비극성 분자를 가질 수 있는 것은?

① C_2H_4　　　　② C_2H_3Cl
③ $C_2H_2Cl_2$　　　④ C_2HCl_3

해설 기하 이성질체 : 두 탄소 원자가 이중 결합으로 연결될 때 탄소에 결합된 원자나 원자단의 위치가 다름으로 인하여 생기는 이성질체이다.

11 메탄에 염소를 작용시켜 클로로포름을 만드는 반응을 무엇이라 하는가?

① 중화 반응　　② 부가 반응
③ 치환 반응　　④ 환원 반응

해설 $CH_4 + Cl_2 \rightarrow CH_3Cl$ 계속 반응되어 CCl_4가 된다. 이 반응은 치환 반응이다.

12 제3주기에서 음이온이 되기 쉬운 경향성은? (단, 0족(18족) 기체는 제외한다.)

① 금속성이 큰 것
② 원자의 반지름이 큰 것
③ 최외각 전자수가 많은 것
④ 염기성 산화물을 만들기 쉬운 것

해설 제3주기에서 음이온이 되기 쉬운 경향성 : 최외각 전자수가 많은 것

13 황산구리(II) 수용액을 전기 분해할 때 63.5g의 구리를 석출시키는 데 필요한 전기량은 몇 F 인가? (단, Cu의 원자량은 63.5이다.)

① 0.635F　　　② 1F
③ 2F　　　　　④ 63.5F

해설 1F = 1g당량 석출
Cu의 g당량 $= \dfrac{원자량}{원자가} = \dfrac{63.5g}{2} = 31.75g$
∴ $1F : x(F) = 31.75g : 63.5g$
∴ $\dfrac{1 \times 63.5g}{31.75} = 2F$

14 수성 가스(water gas)의 주성분을 옳게 나타낸 것은?

① CO_2, CH_4　　　② CO, H_2
③ CO_2, H_2, O_2　④ H_2, H_2O

해설 수성 가스(water gas) : 100℃ 이상으로 적열한 코크스에 수증기를 통하면 코크스에서 환원되어 얻어지는 가스이며, 발열량은 2,800kcal/Nm³ 정도이다.
$C + H_2O \rightarrow \underset{수성 가스}{CO + H_2}$

정답 07 ① 08 ① 09 ④ 10 ③ 11 ③ 12 ③ 13 ③ 14 ②

15 다음은 열역학 제 몇 법칙에 대한 내용인가?

> 0K(절대영도)에서 물질의 엔트로피는 0이다.

① 열역학 제0법칙 ② 열역학 제1법칙
③ 열역학 제2법칙 ④ 열역학 제3법칙

해설 열역학 제3법칙 : 어떤 계를 절대영도(0K)에 이르게 할 수 없다는 법칙

16 다음과 같은 구조를 가진 전지를 무엇이라 하는가?

> $(-)Zn \parallel H_2SO_4 \parallel Cu(+)$

① 볼타 전지 ② 다니엘 전지
③ 건전지   ④ 납축전지

해설 ① 볼타 전지 : $(-)Zn \parallel H_2SO_4 \parallel Cu(+)$
② 다니엘 전지 : $(-)Zn \mid ZnSO_4 \parallel CuSO_4 \mid Cu(+)$
③ 건전지 : $(-)Zn \mid NH_4Cl$ 포화 용액 $\mid MnO_2, C(+)$
④ 납축전지 : $(-)Pb \mid H_2SO_4 \mid PbO_2(+)$

17 다음 중 20℃에서의 NaCl 포화 용액을 잘 설명한 것은? (단, 20℃에서 NaCl의 용해도는 36이다.)

① 용액 100g 중에 NaCl이 36g 녹아 있을 때
② 용액 100g 중에 NaCl이 136g 녹아 있을 때
③ 용액 136g 중에 NaCl이 36g 녹아 있을 때
④ 용액 136g 중에 NaCl이 136g 녹아 있을 때

해설 용해도 : 일정한 온도에서 용매 100g에 녹일 수 있는 용질의 최대 g수

$\therefore \frac{36g}{100g} \times 100 = 36$

18 다음 중 $KMnO_4$에서 Mn의 산화수는?

① +1 ② +3
③ +5 ④ +7

해설 $KMnO_4 \rightarrow (+1) + Mn + (-2) \times 4 = 0$
$\therefore$ Mn의 산화수 = +7

19 다음 중 배수 비례의 법칙이 성립하지 않는 것은?

① H_2O와 H_2O_2
② SO_2와 SO_3
③ N_2O와 NO
④ O_2와 O_3

해설 배수 비례의 법칙 : 두 가지의 원소가 두 가지 이상의 화합물을 만들 때 한 가지 원소의 일정량과 화합하는 다른 원소의 무게비에는 간단한 정수비가 성립된다.

20 $[H^+] = 2 \times 10^{-6}M$인 용액의 pH는 약 얼마인가?

① 5.7 ② 4.7
③ 3.7 ④ 2.7

해설 $pH = -\log[H^+] = -\log(2 \times 10^{-6}) = 5.699$
$= 5.7$

제2과목 화재예방과 소화 방법

21 다음 중 자연 발화가 잘 일어나는 조건이 아닌 것은?

① 주위 습도가 높을 것
② 열전도율이 클 것
③ 주위 온도가 높을 것
④ 표면적이 넓을 것

해설 ② 열전도율이 작을 것

22 제조소 건축물로 외벽이 내화 구조인 것의 1소요 단위는 연면적이 몇 m²인가?

① 50
② 100
③ 150
④ 1,000

해설 1소요 단위(제조소 또는 취급소용 건축물의 경우)
① 외벽이 내화 구조로 된 것의 연면적 : 100m²
② 외벽이 내화 구조가 아닌 것으로 된 것의 연면적 : 50m²

정답 15 ④ 16 ① 17 ③ 18 ④ 19 ③ 20 ① 21 ② 22 ②

23 제2종별 분말 소화 약제에 대한 설명으로 틀린 것은?

① 제1종은 탄산수소나트륨을 주성분으로 한 분말
② 제2종은 탄산수소나트륨과 탄산칼슘을 주성분으로 한 분말
③ 제3종은 제일인산암모늄을 주성분으로 한 분말
④ 제4종은 탄산수소칼륨과 요소와의 반응물을 주성분으로 한 분말

해설 분말 소화 약제

종별	소화약제 주성분	적응 화재	색상
제1종	$NaHCO_3$	B, C	백색
제2종	$KHCO_3$	B, C	보라색(담회색)
제3종	$NH_4H_2PO_4$	A, B, C	담홍색(핑크색)
제4종	$KHCO_3+(NH_2)_2CO$	B, C	회색(회백색)

24 위험물 제조소 등에 펌프를 이용한 가압 송수 장치를 사용하는 옥내 소화전을 설치하는 경우 펌프의 전양정은 몇 m인가? (단, 소방용 호스의 마찰 손실 수두는 6m, 배관의 마찰 손실 수두는 1.7m, 낙차는 32m이다.)

① 56.7 ② 74.7 ③ 64.7 ④ 39.87

해설 $H=h_1+h_2+h_3+35m$
$=6m+1.7m+32m+35m=74.7m$

25 자체 소방대에 두어야 하는 화학 소방 자동차 중 포 수용액을 방사하는 화학 소방 자동차는 전체 법정 화학 소방 자동차 대수의 얼마 이상으로 하여야 하는가?

① 1/3 ② 2/3 ③ 1/5 ④ 2/5

해설 포 수용액을 방사하는 화학 소방 자동차의 대수는 화학 소방 자동차 대수의 $\frac{2}{3}$ 이상

26 제1인산암모늄 분말 소화 약제의 색상과 적응 화재를 옳게 나타낸 것은?

① 백색, B·C급   ② 담홍색, B·C급
③ 백색, A·B·C급 ④ 담홍색, A·B·C급

해설 23번 해설 참조

27 과산화수소 보관 장소에 화재가 발생하였을 때 소화 방법으로 틀린 것은?

① 마른 모래로 소화한다.
② 환원성 물질을 사용하여 중화 소화한다.
③ 연소의 상황에 따라 분무 주수도 효과가 있다.
④ 다량의 물을 사용하여 소화할 수 있다.

해설 과산화수소의 소화 방법 : 다량의 물, 분무 주수, 마른 모래

28 할로겐 화합물 소화 약제의 구비 조건과 거리가 먼 것은?

① 전기절연성이 우수할 것
② 공기보다 가벼울 것
③ 증발 잔유물이 없을 것
④ 인화성이 없을 것

해설 ② 공기보다 무겁고 불연성일 것

29 강화액 소화기에 대한 설명으로 옳은 것은?

① 물의 유동성을 강화하기 위해 유화제를 첨가한 소화기이다.
② 물의 표면 장력을 강화하기 위해 탄소를 첨가한 소화기이다.
③ 산·알칼리 액을 주성분으로 하는 소화기이다.
④ 물의 소화 효과를 높이기 위해 염류를 첨가한 소화기이다.

해설 강화액 소화기 : 물의 소화 효과를 높이기 위해 염류를 첨가한 소화기

30 불활성 가스 소화 약제 중 IG-541의 구성 성분이 아닌 것은?

① 질소   ② 브롬
③ 아르곤   ④ 이산화탄소

정답 23 ② 24 ② 25 ② 26 ④ 27 ② 28 ② 29 ④ 30 ②

[해설] IG-541의 구성 성분 : N_2 52%, Ar 40%, CO_2 80%

31 연소의 주된 형태가 표면 연소에 해당하는 것은?
① 석탄 ② 목탄 ③ 목재 ④ 황

[해설] ①, ③ : 분해 연소
④ : 증발 연소

32 마그네슘 분말의 화재 시 이산화탄소 소화 약제는 소화 적응성이 없다. 그 이유로 가장 적합한 것은?
① 분해 반응에 의하여 산소가 발생하기 때문이다.
② 가연성의 일산화탄소 또는 탄소가 생성되기 때문이다.
③ 분해 반응에 의하여 수소가 발생하고 이 수소는 공기 중의 산소와 폭명 반응을 하기 때문이다.
④ 가연성의 아세틸렌 가스가 발생하기 때문이다.

[해설] Mg 분말 화재 시 CO_2 소화 약제가 소화 적응성이 없는 이유 : $2Mg+CO_2 \rightarrow 2MgO+C$, $Mg+CO_2 \rightarrow MgO+CO$

33 분말 소화 약제 중 열분해 시 부착성이 있는 유리상의 메타인산이 생성되는 것은?
① Na_3PO_4 ② $(NH_4)_3PO_4$
③ $NaHCO_3$ ④ $NH_4H_2PO_4$

[해설] $NH_4H_2PO_4 \rightarrow HPO_3+NH_3+H_2O$
　　　　　　　　　유리 상의
　　　　　　　　　메타인산 생성

34 제3류 위험물의 소화 방법에 대한 설명으로 옳지 않은 것은?
① 제3류 위험물은 모두 물에 의한 소화가 불가능하다.
② 팽창 질석은 제3류 위험물에 적응성이 있다.
③ K, Na의 화재 시에는 물을 사용할 수 없다.
④ 할로겐 화합물 소화 설비는 제3류 위험물에 적응성이 없다.

[해설] ① 제3류 위험물은 그 밖의 것은 물에 의한 소화가 가능하다.

35 이산화탄소 소화기 사용 중 소화기 방출구에서 생길 수 있는 물질은?
① 포스겐 ② 일산화탄소
③ 드라이아이스 ④ 수소 가스

[해설] CO_2 소화기의 방출구에 생길 수 있는 물질 : 드라이아이스

36 위험물 제조소에 옥내 소화전을 각 층에 8개씩 설치하도록 할 때 수원의 최소 수량은 얼마인가?
① $13m^3$ ② $20.8m^3$
③ $39m^3$ ④ $62.4m^3$

[해설] $Q = N \times 7.8m^3 = 5 \times 7.8 = 39m^3$
여기서, Q : 수원의 수량
　　　　N : 옥내 소화전 설비의 설치 개수(설치 개수가 5개 이상인 경우는 5개의 옥내 소화전)

37 위험물안전관리법령상 위험물 저장·취급 시 화재 또는 재난을 방지하기 위하여 자체 소방대를 두어야 하는 경우가 아닌 것은?
① 지정 수량의 3천배 이상의 제4류 위험물을 저장·취급하는 제조소
② 지정 수량의 3천배 이상의 제4류 위험물을 저장·취급하는 일반 취급소
③ 지정 수량의 2천배의 제4류 위험물을 취급하는 일반 취급소와 지정 수량의 1천배의 제4류 위험물을 취급하는 제조소가 동일한 사업소에 있는 경우
④ 지정 수량의 3천배 이상의 제4류 위험물을 저장·취급하는 옥외 탱크 저장소

[해설] 자체 소방대를 두어야 할 대상의 기준
㉠ 지정 수량의 3,000배 이상의 제4류 위험물을 저장·취급하는 제조소 또는 일반 취급소
㉡ 옥외 탱크 저장소에 저장하는 제4류 위험물의 최대수량이 지정 수량의 50만배 이상인 사업소

정답 31 ② 32 ② 33 ④ 34 ① 35 ③ 36 ③ 37 ④

38 위험물안전관리법령상 옥내 소화전 설비에 관한 기준에 대해 다음 (   )에 알맞은 수치를 옳게 나열한 것은?

> 옥내 소화전 설비는 각 층을 기준으로 하여 당해 층의 모든 옥내 소화전(설치 개수가 5개 이상인 경우는 5개의 옥내 소화전)을 동시에 사용할 경우에 각 노즐 선단의 방수 압력이 (ⓐ)kPa 이상이고, 방수량이 1분당 (ⓑ)L 이상의 성능이 되도록 할 것

① ⓐ 350, ⓑ 260
② ⓐ 450, ⓑ 260
③ ⓐ 350, ⓑ 450
④ ⓐ 450, ⓑ 450

해설 옥내 소화전의 노즐 선단의 성능 기준 : 방수압 350kPa 이상, 방수량 260L/min 이상

39 제1류 위험물 중 알칼리 금속의 과산화물을 저장 또는 취급하는 위험물 제조소에 표시하여야 하는 주의 사항은?

① 화기 엄금
② 물기 엄금
③ 화기 주의
④ 물기 주의

해설 제조소의 게시판 주의 사항

위험물		주의 사항
제1류 위험물	알칼리 금속의 과산화물	물기 엄금
	기타	별도의 표시를 하지 않는다.
제2류 위험물	인화성 고체	화기 엄금
	기타	화기 주의
제3류 위험물	자연 발화성 물질	화기 엄금
	금수성 물질	물기 엄금
제4류 위험물		화기 엄금
제5류 위험물		
제6류 위험물		별도의 표시를 하지 않는다.

40 경보 설비를 설치하여야 하는 장소에 해당되지 않는 것은?

① 지정 수량 100배 이상의 제3류 위험물을 저장·취급하는 옥내 저장소
② 옥내 주유 취급소
③ 연면적 500m² 이고 취급하는 위험물의 지정 수량이 100배인 제조소
④ 지정 수량 10배 이상의 제4류 위험물을 저장·취급하는 이동 탱크 저장소

해설 지정 수량 10배 이상의 위험물을 제조, 저장, 취급하는 제조소 등에는 경보 설비를 설치하여야 한다.

제3과목 위험물의 성질과 취급

41 다음 중 물과 접촉하면 위험한 물질로만 나열된 것은?

① CH_3CHO, CaC_2, $NaClO_4$
② K_2O_2, $K_2Cr_2O_7$, CH_3CHO
③ K_2O_2, Na, CaC_2
④ Na, $K_2Cr_2O_7$, $NaClO_4$

해설
· $2K_2O_2 + 2H_2O \rightarrow 4KOH + O_2$
· $2Na + 2H_2O \rightarrow 2NaOH + H_2$
· $CaC_2 + 2H_2O \rightarrow Ca(OH)_2 + C_2H_2$

42 위험물안전관리법령상 지정 수량의 각각 10배를 운반할 때 혼재할 수 있는 위험물은?

① 과산화나트륨과 과염소산
② 과망가니즈산칼륨과 적린
③ 질산과 알코올
④ 과산화수소와 아세톤

해설 유별을 달리하는 위험물의 혼재 기준

구 분	제1류	제2류	제3류	제4류	제5류	제6류
제1류		×	×	×	×	○
제2류	×		×	○	○	×
제3류	×	×		○	×	×

정답 38 ① 39 ② 40 ④ 41 ③ 42 ①

제4류	×	○	○		○	×
제5류	×	○	×	○		×
제6류	○	×	×	×	×	

① 과산화나트륨 : 제1류 위험물, 과염소산 : 제6류 위험물
② 과망가니즈산칼륨 : 제1류 위험물, 적린 : 제2류 위험물
③ 질산 : 제6류 위험물, 알코올 : 제4류 위험물
④ 과산화수소 : 제6류 위험물, 아세톤 : 제4류 위험물

43 다음 중 위험물의 저장 또는 취급에 관한 기술상의 기준과 관련하여 시·도의 조례에 의해 규제를 받는 경우는?

① 등유 2,000L를 저장하는 경우
② 중유 3,000L를 저장하는 경우
③ 윤활유 5,000L를 저장하는 경우
④ 휘발유 400L를 저장하는 경우

해설 지정 수량 미만의 위험물인 경우 : 시·도의 조례
① $\frac{2,000L}{1,000L}=2$배
② $\frac{3,000L}{2,000L}=1.5$배
③ $\frac{5,000L}{6,000L}=0.83$배
④ $\frac{400L}{200L}=2$배

44 위험물 제조소 등의 안전 거리의 단축 기준과 관련해서 $H \leq pD^2+a$인 경우 방화상 유효한 담의 높이는 2m 이상으로 한다. 다음 중 a에 해당되는 것은?

① 인근 건축물의 높이(m)
② 제조소 등의 외벽의 높이(m)
③ 제조소 등과 공작물과의 거리(m)
④ 제조소 등과 방화상 유효한 담과의 거리(m)

해설 방화상 유효한 담의 높이(h)
$H \leq pD^2+a$인 경우
여기서, D : 제조소 등과 인근 건축물 또는 공작물과의 거리(m)
H : 인근 건축물 또는 공작물의 높이(m)
a : 제조소 등의 외벽의 높이(m)
h : 방화상 유효한 담의 높이(m)
p : 상수

45 위험물 제조소는 문화재보호법에 의한 유형 문화재로부터 몇 m 이상의 안전 거리를 두어야 하는가?

① 20m
② 30m
③ 40m
④ 50m

해설 유형 문화재로부터는 50m 이상

46 황화인에 대한 설명으로 잘못된 것은?

① 고체이다.
② 가연성 물질이다.
③ P_4S_3, P_2S_5 등의 물질이 있다.
④ 물질에 따른 지정 수량은 50kg, 100kg 등이 있다.

해설 ④ 황화인의 지정 수량은 100kg이다.

47 아세트알데하이드의 저장 시 주의할 사항으로 틀린 것은?

① 구리나 마그네슘 합금 용기에 저장한다.
② 화기를 가까이 하지 않는다.
③ 용기의 파손에 유의한다.
④ 찬 곳에 저장한다.

해설 ① 구리, 마그네슘, 은, 수은 및 그 합금 용기에 저장하지 못한다.

48 질산과 과염소산의 공통 성질로 옳은 것은?

① 강한 산화력과 환원력이 있다.
② 물과 접촉하면 반응이 없으므로 화재 시 주수 소화가 가능하다.
③ 가연성이 없으며 가연물 연소 시에 소화를 돕는다.
④ 모두 산소를 함유하고 있다.

해설 ① 강한 산화력이 있다.
② 물과 접촉하면 발열하므로 다량의 물에 의한 분무 주수, 다량의 물로 희석 소화한다.
③ 불연성이지만 다른 물질의 연소를 돕는 조연성 물질이다.

정답 43 ③ 44 ② 45 ④ 46 ④ 47 ① 48 ④

49 가솔린에 대한 설명 중 틀린 것은?

① 비중은 물보다 작다.
② 공기 비중은 공기보다 크다.
③ 전기에 대한 도체이므로 정전기 발생으로 인한 화재를 방지해야 한다.
④ 물에는 녹지 않지만 유기 용제에 녹고 유지 등을 녹인다.

해설 ③ 전기에 대한 불량 도체로서 정전기 발생으로 인한 화재를 방지해야 한다.

50 위험물을 적재·운반할 때 방수성 덮개를 하지 않아도 되는 것은?

① 알칼리 금속의 과산화물
② 마그네슘
③ 나이트로 화합물
④ 탄화칼슘

해설 방수성이 있는 피복 조치

유 별	적용 대상
제1류 위험물	· 알칼리 금속의 과산화물
제2류 위험물	· 철분 · 금속분 · 마그네슘
제3류 위험물	· 금수성 물품(탄화칼슘)

51 질산암모늄이 가열 분해하여 폭발하였을 때 발생하는 물질이 아닌 것은?

① 질소   ② 물
③ 산소   ④ 수소

해설 $2NH_4NO_3 \rightarrow 2N_2 + 4H_2O + O_2$

52 다음 중 과망가니즈산칼륨과 혼촉하였을 때 위험성이 가장 낮은 물질은?

① 물   ② 디에틸에테르
③ 글리세린   ④ 염산

해설 혼촉 발화 : 일반적으로 두 가지 이상 물질의 혼촉에 의해 위험한 상태가 생기는 것을 말하지만, 혼촉 발화가 모두 발화 위험을 일으키는 것은 아니며 유해 위험도 포함된다.
② $KMnO_4 + (C_2H_5)_2O$: 최대 위험 비율=8wt%
③ $KMnO_4 + CH_2OHCHOHCH_2OH$: 최대 위험 비율=15wt%
④ $KMnO_4 + HCl$: 최대 위험 비율=63wt%

53 오황화인이 물과 작용해서 발생하는 기체는?

① 이황화탄소   ② 황화수소
③ 포스겐 가스   ④ 인화수소

해설 $P_2S_5 + 8H_2O \rightarrow 5H_2S + 2H_3PO_4$

54 제5류 위험물에 해당하지 않는 것은?

① 나이트로셀룰로오스
② 나이트로글리세린
③ 나이트로벤젠
④ 질산메틸

해설 ③ 제4류 위험물 중 제3석유류

55 질산칼륨에 대한 설명 중 틀린 것은?

① 무색의 결정 또는 백색 분말이다.
② 비중은 약 0.81, 녹는점은 약 200℃이다.
③ 가열하면 열분해하여 산소를 방출한다.
④ 흑색 화약의 원료로 사용된다.

해설 ② 비중은 2.1, 녹는점은 339℃이다.

56 가연성 물질이며 산소를 다량 함유하고 있기 때문에 자기 연소가 가능한 물질은?

① $C_6H_2CH_3(NO_2)_3$
② $CH_3COC_2H_5$
③ $NaClO_4$
④ HNO_3

해설 ① 자기 연소(내부 연소)
② 증발 연소
③, ④ : 불연성

정답 49 ③ 50 ③ 51 ④ 52 ① 53 ② 54 ③ 55 ② 56 ①

57 어떤 공장에서 아세톤과 메탄올을 18L 용기에 각각 10개, 등유를 200L 드럼으로 3드럼을 저장하고 있다면 각각의 지정 수량 배수의 총합은 얼마인가?

① 1.3
② 1.5
③ 2.3
④ 2.5

해설
㉠ 아세톤 $= \dfrac{18L \times 10}{400L} = 0.45$배

㉡ 메탄올 $= \dfrac{18L \times 10}{400L} = 0.45$배

㉢ 등유 $= \dfrac{200L \times 3}{1,000L} = 0.6$배

∴ $0.45 + 0.45 + 0.6 = 1.5$배

58 위험물안전관리법령상 제4류 위험물 중 1기압에서 인화점이 21℃인 물질은 제 몇 석유류에 해당하는가?

① 제1석유류
② 제2석유류
③ 제3석유류
④ 제4석유류

해설 석유류의 구분 기준 : 인화점
㉠ 제1석유류 : 1기압에서 인화점이 21℃ 미만인 것
㉡ 제2석유류 : 1기압에서 인화점이 21℃ 이상 70℃ 미만인 것
㉢ 제3석유류 : 1기압에서 인화점이 70℃ 이상 200℃ 미만인 것
㉣ 제4석유류 : 1기압에서 인화점이 200℃ 이상 250℃ 미만인 것

59 다음 중 증기 비중이 가장 큰 물질은?

① C_6H_6
② CH_3OH
③ $CH_3COC_2H_5$
④ $C_3H_5(OH)_3$

해설 ① 2.8
② 1.1
③ 2.5
④ 3.1

60 다음 중 금속 칼륨의 성질에 대한 설명으로 옳은 것은?

① 중금속류에 속한다.
② 이온화 경향이 큰 금속이다.
③ 물속에 보관한다.
④ 고광택을 내므로 장식용으로 많이 쓰인다.

해설 ① 무른 경금속
③ 등유, 경유, 유동 파라핀, 벤젠 속에 보관한다.
④ 은백색의 광택이 있고, 감속제 등에 쓰인다.

위험물 산업기사 (2020. 6. 14 시행)

제1과목 일반화학

01 구리줄을 불에 달구어 약 50℃ 정도의 메탄올에 담그면 자극성 냄새가 나는 기체가 발생한다. 이 기체는 무엇인가?

① 포름알데히드
② 아세트알데히드
③ 프로판
④ 메틸에테르

해설 $CH_3OH + \frac{1}{2}O_2 \rightarrow \underline{HCHO} + H_2O$
        자극성 냄새

02 다음과 같은 기체가 일정한 온도에서 반응을 하고 있다. 평형에서 기체 A, B, C가 각각 1몰, 2몰, 4몰이라면 평형 상수 K의 값은?

$$A + 3B \rightarrow 2C + 열$$

① 0.5
② 2
③ 3
④ 4

해설 $K = \frac{[C]}{[A][B]} = \frac{4^2}{1 \times 2^3} = \frac{16}{8} = 2$

03 "기체의 확산 속도는 기체의 밀도(또는 분자량)의 제곱근에 반비례한다."라는 법칙과 연관성이 있는 것은?

① 미지의 기체 분자량을 측정에 이용할 수 있는 법칙이다.
② 보일-샤를이 정립한 법칙이다.
③ 기체 상수값을 구할 수 있는 법칙이다.
④ 이 법칙은 기체 상태 방정식으로 표현된다.

해설 Graham의 법칙
미지의 기체 분자량의 측정에 이용된다.

04 다음 중 파장이 가장 짧으면서 투과력이 가장 강한 것은?

① α-선
② β-선
③ γ-선
④ X-선

해설 파장이 가장 짧고 투과력이 가장 강한 것 : γ-선

05 98% H_2SO_4 50g에서 H_2SO_4에 포함된 산소 원자수는?

① 3×10^{23}개
② 6×10^{23}개
③ 9×10^{23}개
④ 1.2×10^{24}개

해설 아보가드로수 : 0℃, 1기압에서 기체의 종류와 관계없이 1몰의 부피는 22.4L, 분자수는 6.02×10^{23}개이다.
98% 황산의 구성은 2%의 H_2O와 98%의 H_2SO_4이다.
$0.02 \times (2+16) + 0.98 \times (2+32+64) = 96.4$
이 중 산소는 $0.02 \times 16 + 0.98 \times 64 = 63.04$의 비율이다. 이 황산 50g에는 $96.4 : 50 = 63.04 : x$, $x = 32.6971$g의 산소가 들어있다.
몰수는 $32.6971 : y$몰 $= 32 : 1$몰, $y = 1.0218$몰
따라서, $1.0218 \times 6.02 \times 10^{23}$개의 분자
$1.0218 \times 6.02 \times 10^{23} \times 2$개의 원자가 된다.
$= 1.2302 \times 10^{24}$의 원자

06 질소와 수소로 암모니아를 합성하는 반응의 화학 반응식은 다음과 같다. 암모니아의 생성률을 높이기 위한 조건은?

$$N_2 + 3H_2 \rightarrow 2NH_3 + 22.1kcal$$

① 온도와 압력을 낮춘다.
② 온도는 낮추고, 압력은 높인다.
③ 온도를 높이고, 압력은 낮춘다.
④ 온도와 압력을 높인다.

해설 발열 반응 : 온도를 낮추고, 압력을 높인다.

정답 01 ① 02 ② 03 ① 04 ③ 05 ④ 06 ②

07 다음 그래프는 어떤 고체 물질의 온도에 따른 용해도 곡선이다. 이 물질의 포화 용액을 80℃에서 0℃로 내렸더니 20g의 용질이 석출되었다. 80℃에서 이 포화 용액의 질량은 몇 g인가?

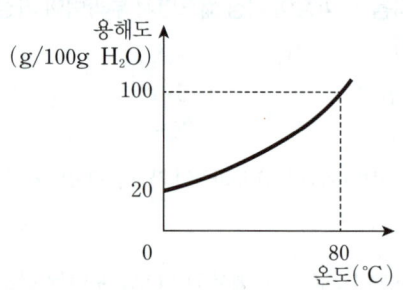

① 50g ② 75g
③ 100g ④ 150g

해설 용매 100g에 0℃에서는 용질 20g이 용해되고 80℃에서는 용질 100g이 용해된다. 각 지점의 용액, 용매, 용질을 표기하면,

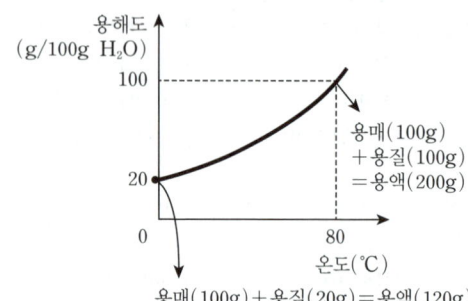

따라서, 용질 80g이 석출되어야 한다. 그런데 용질이 20g 석출되었다는 것은 애초에 용액이 200g의 $\frac{1}{4}$인 50g이라는 것을 말한다.

08 1패러데이(Faraday)의 전기량으로 물을 전기분해하였을 때 생성되는 수소 기체는 0℃, 1기압에서 얼마의 부피를 갖는가?

① 5.6L ② 11.2L
③ 22.4L ④ 44.8L

해설 $H_2O \xrightarrow[1F]{전기\ 분해} \begin{cases} (+)극 : O_2 \rightarrow 1g당량\ 생성 : 8g,\ 5.6L \\ (-)극 : H_2 \rightarrow 1g당량\ 생성 : 1g,\ 11.2L \end{cases}$

09 물 200g에 A물질 2.9g을 녹인 용액의 어는점은? (단, 물의 어는점 내림 상수는 1.86℃·kg/mol이고, A물질의 분자량은 58이다.)

① -0.017℃ ② -0.465℃
③ -0.932℃ ④ -1.871℃

해설 $\triangle T_f = \frac{2.9}{58} \times \frac{1,000}{200} \times 1.86 = -0.465$℃

10 다음 물질 중에서 염기성인 것은?

① $C_6H_5NH_2$ ② $C_6H_5NO_2$
③ C_6H_5OH ④ C_6H_5COOH

해설 염기 : H^+을 받아들일 수 있는 물질

11 다음은 표준 수소 전극과 짝지어 얻은 반쪽 반응 표준환원전위값이다. 이들 반쪽 전지를 짝지었을 때 얻어지는 전지의 표준 전위차 $E°$는?

$Cu^{2+} + 2e^- \rightarrow Cu \quad E° = +0.34V$
$Ni^{2+} + 2e^- \rightarrow Ni \quad E° = -0.23V$

① $+0.11V$ ② $-0.11V$
③ $+0.57V$ ④ $-0.57V$

해설 반쪽 반응에서 표준환원전위값이 (+)이면 음극(환원 반응), (−)이면 양극(산화 반응)
따라서, Cu는 음극으로 환원 반응
Ni은 양극으로 산화 반응
기전력 = 환원 표준환원전위값 − 산화 표준환원전위값
$= (+)0.34V - (-)0.23V$
$= (+)0.57V$

12 0.01N CH_3COOH의 전리도가 0.01이라고 하면 pH는 얼마인가?

① 2 ② 4
③ 6 ④ 8

해설 $CH_3COOH \rightarrow CH_3COO^- + H^+$에서
H^+의 농도 $= 0.01 \times 0.01 = 0.0001 = 10^{-4}$
$\therefore pH = -\log[10^{-4}] = 4$

정답 07 ① 08 ② 09 ② 10 ① 11 ③ 12 ②

13 액체나 기체 안에서 미소 입자가 불규칙적으로 계속 움직이는 것을 무엇이라 하는가?

① 틴들 현상   ② 다이알리시스
③ 브라운 운동   ④ 전기 영동

해설 브라운 운동의 설명이다.

14 ns^2np^5의 전자 구조를 가지지 않는 것은?

① F(원자 번호 9)   ② Cl(원자 번호 17)
③ Se(원자 번호 34) ④ I(원자 번호 53)

해설 Se(셀렌)은 원자 번호가 34이므로 $4ns^2np^4$의 전자 구조를 갖는다.

15 pH가 2인 용액은 pH가 4인 용액과 비교하면 수소 이온 농도가 몇 배인 용액이 되는가?

① 100배   ② 2배
③ 10^{-1}배   ④ 10^{-2}배

해설 pH 2의 $H^+ = 10^{-2}$, pH 4의 $H^+ = 10^{-4}$ 이므로 $\frac{10^{-2}}{10^{-4}} = 100$배

16 다음의 반응에서 환원제로 쓰인 것은?

$$MnO_2 + 4HCl \rightarrow MnCl_2 + 2H_2O + Cl_2$$

① Cl_2 ② $MnCl_2$
③ HCl   ④ MnO_2

해설 환원제란 다른 물질을 환원시키는 성질이 강한 물질이다. 즉, 자신은 산화되기 쉬운 물질이다.

산화	환원
산소와 결합	산소를 잃음
수소를 잃음	수소와 결합
전자를 잃음	전자를 얻음
산화수 증가	산화수 감소

$MnO_2 + 4HCl \rightarrow MnCl_2 + 2H_2O + Cl_2$
산화수 +4 -4 +1 -1   +2 -1   0
         산화수 감소   산화수 증가

17 중성 원자가 무엇을 잃으면 양이온으로 되는가?

① 중성자   ② 핵전하
③ 양성자   ④ 전자

해설 중성 원자가 전자를 잃으면 양이온이 된다.

18 2차 알코올을 산화시켜서 얻어지며, 환원성이 없는 물질은?

① CH_3COCH_3
② $C_2H_5OC_2H_5$
③ CH_3OH
④ CH_3OCH_3

해설 $2CH_3-\underset{\underset{OH}{|}}{CH}-CH_3 + O_2$
$\rightarrow 2CH_3-CO-CH_3 + 2H_2O$ (아세톤)

제2차 알코올 $\underset{환원}{\overset{산화}{\rightleftharpoons}}$ 케톤

19 디에틸에테르는 에탄올과 진한 황산의 혼합물을 가열하여 제조할 수 있는데 이것을 무슨 반응이라고 하는가?

① 중합 반응   ② 축합 반응
③ 산화 반응   ④ 에스테르화 반응

해설 축합 반응의 설명이다.

20 다음의 금속 원소를 반응성이 큰 순서부터 나열한 것은?

$$Na, Li, Cs, K, Rb$$

① Cs > Rb > K > Na > Li
② Li > Na > K > Rb > Cs
③ K > Na > Rb > Cs > Li
④ Na > K > Rb > Cs > Li

해설 금속 원소에서 반응성이 큰 순서는 원자량이 클수록 반응성이 크다.

정답 13 ③ 14 ③ 15 ① 16 ③ 17 ④ 18 ① 19 ② 20 ①

제2과목 화재예방과 소화방법

21 1기압, 100°C에서 물 36g이 모두 기화되었다. 생성된 기체는 약 몇 L인가?

① 11.2L ② 22.4L
③ 44.8L ④ 61.2L

해설 $PV = \dfrac{W}{M}RT$

$V = \dfrac{WRT}{PM}$
$= \dfrac{36 \times 0.082 \times (273+100)}{1 \times 18}$
$= 61.2L$

22 위험물안전관리법령상 분말 소화 설비의 기준에서 가압용 또는 축압용 가스로 사용하도록 지정한 것은 어느 것인가?

① 산소 또는 수소 ② 수소 또는 질소
③ 질소 또는 이산화탄소 ④ 이산화탄소 또는 산소

해설 분말 소화 설비의 가압용 또는 축압용 가스 : 질소 또는 이산화탄소

23 다음 중 소화 효과에 대한 설명으로 옳지 않은 것은 어느 것인가?

① 산소 공급원 차단에 의한 소화는 제거 효과이다.
② 가연 물질의 온도를 떨어뜨려서 소화하는 것은 냉각 효과이다.
③ 촛불을 입으로 바람을 불어 끄는 것은 제거 효과이다.
④ 물에 의한 소화는 냉각 효과이다.

해설 ① 산소 공급원 차단에 의한 소화는 질식 효과이다.

24 위험물안전관리법령에 따른 옥내 소화전 설비의 기준에서 펌프를 이용한 가압 송수 장치의 경우 펌프의 전양정 H는 소정의 산식에 의한 수치 이상이어야 한다. 전양정 H를 구하는 식으로 옳은 것은? (단, h_1은 소방용 호스의 마찰 손실 수두, h_2는 배관의 마찰 손실 수두, h_3는 낙차이며, h_1, h_2, h_3의 단위는 모두 m이다.)

① $H = h_1 + h_2 + h_3$
② $H = h_1 + h_2 + h_3 + 0.35m$
③ $H = h_1 + h_2 + h_3 + 35m$
④ $H = h_1 + h_2 + 0.35m$

해설 옥내 소화전 설비의 펌프를 이용한 가압 송수 장치에서 펌프의 전양정(H)식 : $H = h_1 + h_2 + h_3 + 35m$

25 다음 중 이산화탄소의 특성에 관한 내용으로 틀린 것은?

① 전기의 전도성이 있다.
② 냉각 및 압축에 의하여 액화될 수 있다.
③ 공기보다 약 1.52배 무겁다.
④ 일반적으로 무색, 무취의 기체이다.

해설 ① 전기의 전도성이 없다.

26 다음 물질의 화재 시 내알코올포를 쓰지 못하는 것은?

① 아세트알데하이드
② 알킬리튬
③ 아세톤
④ 에탄올

해설 내알코올포 : 수용성 위험물에 적합하다.
예 아세트알데하이드, 아세톤, 에탄올 등

27 스프링클러 설비에 관한 설명으로 옳지 않은 것은?

① 초기 화재 진화에 효과가 있다.
② 살수 밀도와 무관하게 제4류 위험물에는 적응성이 없다.
③ 제1류 위험물 중 알칼리 금속 과산화물에는 적응성이 없다.
④ 제5류 위험물에는 적응성이 있다.

해설 ② 살수 밀도가 표에서 정하는 기준 이상의 경우에는 제4류 위험물에 적응성이 있다.

정답 21 ④ 22 ③ 23 ① 24 ③ 25 ① 26 ② 27 ②

28 위험물 제조소에서 옥내 소화전이 1층에 4개, 2층에 6개가 설치되어 있을 때 수원의 수량은 몇 L 이상이 되도록 설치하여야 하는가?

① 13,000
② 15,600
③ 39,000
④ 46,800

해설 옥내 소화전 수원의 양(L)
소화전 최대 설치 개수(최대 5개)
∴ $Q(L) = 5 \times 7,800L = 39,000L$

29 다음 중 고체 가연물로서 증발 연소를 하는 것은?

① 숯
② 나무
③ 나프탈렌
④ 나이트로셀룰로오스

해설 ① 표면(직접) 연소
② 분해 연소
④ 내부(자기) 연소

30 위험물안전관리법령상 제조소 등에서의 위험물의 저장 및 취급에 관한 기준에 따르면 보냉 장치가 있는 이동 저장 탱크에 저장하는 디에틸에터의 온도는 얼마 이하로 유지하여야 하는가?

① 비점
② 인화점
③ 40℃
④ 30℃

해설 보냉 장치의 유무에 따른 이동 저장 탱크
㉠ 보냉 장치가 있는 디에틸에터, 아세트알데하이드 등 온도 : 비점 이하
㉡ 보냉 장치가 없는 디에틸에터, 아세트알데하이드 등 온도 : 40℃ 이하

31 Halon 1301에 대한 설명 중 틀린 것은?

① 비점은 상온보다 낮다.
② 액체 비중은 물보다 크다.
③ 기체 비중은 공기보다 크다.
④ 100℃에서도 압력을 가해 액화시켜 저장할 수 있다.

해설 ④ 100℃에서도 압력을 가해 액화시켜 저장할 수 없다.

32 일반적으로 다량의 주수를 통한 소화가 가장 효과적인 화재는?

① A급 화재
② B급 화재
③ C급 화재
④ D급 화재

해설 다량의 주수를 통한 소화 효과 : A급 화재

33 다음 중 인화점이 70℃ 이상인 제4류 위험물을 저장·취급하는 소화 난이도 등급 I의 옥외 탱크 저장소(지중 탱크 또는 해상 탱크 외의 것)에 설치하는 소화 설비는?

① 스프링클러 소화 설비
② 물분무 소화 설비
③ 간이 소화 설비
④ 분말 소화 설비

해설 소화 난이도 등급 I에 대한 제조소 등의 소화 설비

제조소 등의 구분		소화 설비
제조소 및 일반 취급소		옥내 소화전 설비, 옥외 소화전 설비, 스프링클러 설비 또는 물분무 등 소화 설비(화재 발생 시 연기가 충만할 우려가 있는 장소에는 스프링클러 설비 또는 이동식 외의 물분무 등 소화 설비에 한한다)
주유 취급소		스프링클러 설비(건축물에 한정한다), 소형 수동식 소화기 등(능력 단위의 수치가 건축물 그 밖의 공작물 및 위험물의 소요단위의 수치에 이르도록 설치할 것
옥내 저장소	처마 높이가 6m 이상인 단층 건물 또는 다른 용도의 부분이 있는 건축물에 설치한 옥내 저장소	스프링클러 설비 또는 이동식 외의 물분무 등 소화 설비
	그 밖의 것	옥외 소화전 설비, 스프링클러 설비, 이동식 외의 물분무 등 소화 설비 또는 이동식 포 소화 설비(포 소화전을 옥외에 설치하는 것에 한한다)

옥외 탱크 저장소	지중 탱크 또는 해상 탱크 외의 것	황만을 저장 취급하는 것	물분무 소화 설비
		인화점 70℃ 이상의 제4류 위험물만을 저장 취급하는 것	물분무 소화 설비 또는 고정식 포 소화 설비
		그 밖의 것	고정식 포 소화 설비(포 소화 설비가 적응성이 없는 경우에는 분말 소화 설비)
	지중 탱크		고정식 포 소화 설비, 이동식 이외의 불활성 가스 소화 설비 또는 이동식 이외의 할로겐 화합물 소화 설비
	해상 탱크		고정식 포 소화 설비, 물분무 소화 설비, 이동식 이외의 불활성 가스 소화 설비 또는 이동식 이외의 할로겐 화합물 소화 설비
옥내 탱크 저장소	황만을 저장 취급하는 것		물분무 소화 설비
	인화점 70℃ 이상의 제4류 위험물만을 저장 취급하는 것		물분무 소화 설비, 고정식 포 소화 설비, 이동식 이외의 불활성 가스 소화 설비, 이동식 이외의 할로겐 화합물 소화 설비 또는 이동식 이외의 분말 소화 설비
	그 밖의 것		고정식 포 소화 설비, 이동식 이외의 불활성 가스 소화 설비, 이동식 이외의 할로겐 화합물 소화 설비 또는 이동식 이외의 분말 소화 설비
옥외 저장소 및 이송 취급소			옥내 소화전 설비, 옥외 소화전 설비, 스프링클러 설비 또는 물분무 등 소화 설비(화재 발생 시 연기가 충만할 우려가 있는 장소에는 스프링클러 설비 또는 이동식 이외의 물분무 등 소화 설비에 한한다)
암반 탱크 저장소	황만을 저장 취급하는 것		물분무 소화 설비
	인화점 70℃ 이상의 제4류 위험물만을 저장 취급하는 것		물분무 소화 설비 또는 고정식 포 소화 설비
	그 밖의 것		고정식 포 소화 설비(포 소화 설비가 적응성이 없는 경우에는 분말 소화 설비)

34 다음 중 점화원이 될 수 없는 것은?

① 기화열 ② 산화열
③ 정전기 불꽃 ④ 마찰열

해설 점화원 역할을 할 수 없는 것 : 기화열, 온도, 압력, 중화열

35 표준 상태에서 프로판 $2m^3$가 완전 연소할 때 필요한 이론 공기량은 약 몇 m^3인가? (단, 공기 중 산소 농도는 21vol%이다.)

① 23.81 ② 35.72
③ 47.62 ④ 71.43

해설 $C_3H_8 + 5O_2 \rightarrow 3CO_2 + 4H_2O$

$1m^3$: $5m^3$
$2m^3$: xm^3

$x = \frac{2 \times 5}{1} = 10m^3$

공기량 = 산소량 × $\frac{100}{21}$ = 10 × $\frac{100}{21}$ = 47.62m^3

36 분말 소화 약제인 제1인산암모늄(인산이수소암모늄)의 열분해 반응을 통해 생성되는 물질로 부착성 막을 만들어 공기를 차단시키는 역할을 하는 것은?

① HPO_3 ② PH_3
③ NH_3 ④ P_2O_3

해설 $NH_4H_2PO_4 \longrightarrow \underline{HPO_3} + NH_3 + H_2O$
공기 차단

37 Na_2O_2와 반응하여 제6류 위험물을 생성하는 것은?

① 아세트산 ② 물
③ 이산화탄소 ④ 일산화탄소

해설 $Na_2O_2 + 2CH_3COOH \rightarrow 2CH_3COONa + \underline{H_2O_2}$
제6류 위험물

38 묽은 질산이 칼슘과 반응하였을 때 발생하는 기체는 어느 것인가?

① 산소 ② 질소
③ 수소 ④ 수산화칼슘

해설 $2HNO_3 + 2Ca \rightarrow 2CaNO_3 + H_2$

정답 34 ① 35 ③ 36 ① 37 ① 38 ③

39 다음 중 과산화수소의 화재 예방 방법으로 틀린 것은?

① 암모니아와의 접촉은 폭발의 위험이 있으므로 피한다.
② 완전히 밀전·밀봉하여 외부 공기와 차단한다.
③ 불투명 용기를 사용하여 직사 광선이 닿지 않게 한다.
④ 분해를 막기 위해 분해 방지 안정제를 사용한다.

해설 ② 용기는 밀전하지 말고, 구멍이 뚫린 마개를 사용한다.

40 소화기와 주된 소화 효과가 옳게 짝지어진 것은?

① 포 소화기 - 제거 소화
② 할로겐 화합물 소화기 - 냉각 소화
③ 탄산 가스 소화기 - 억제 소화
④ 분말 소화기 - 질식 소화

해설 ① 포 소화기 - 질식 소화
② 할로겐 화합물 소화기 - 부촉매 소화
③ 탄산 가스 소화기 - 질식 소화

제3과목 위험물의 성질과 취급

41 적린에 관한 설명으로 옳은 것은?

① 발화 방지를 위해 염소산칼륨과 함께 보관한다.
② 물과 격렬하게 반응하여 열이 발생한다.
③ 공기 중에 방치하면 자연 발화한다.
④ 산화제와 혼합한 경우 마찰·충격에 의해서 발화한다.

해설 ① 염소산칼륨과 함께 보관하면 마찰에 의해 착화된다.
② 물에는 녹지 않는다.
③ 발화성이 없다.

42 옥내 탱크 저장소에서 탱크 상호 간에는 얼마 이상의 간격을 두어야 하는가? (단, 탱크의 점검 및 보수에 지장이 없는 경우는 제외한다.)

① 0.5m ② 0.7m
③ 1.0m ④ 1.2m

해설 옥내 탱크 저장소의 탱크 상호 간격 : 0.5m 이상 간격

43 주유 취급소에서 고정 주유 설비는 도로 경계선과 몇 m 이상 거리를 유지하여야 하는가? (단, 고정 주유 설비의 중심선을 기점으로 한다.)

① 2 ② 4
③ 6 ④ 8

해설 고정 주유 설비 중심선을 기점으로
㉠ 도로 경계선 : 4m 이상
㉡ 부지 경계선·담 및 건축물의 벽 : 2m 이상
㉢ 개구부가 없는 벽 : 1m 이상
㉣ 고정 주유 설비와 고정 급유 설비 사이 : 4m 이상

44 인화칼슘의 성질에 대한 설명 중 틀린 것은?

① 적갈색의 괴상 고체이다.
② 물과 격렬하게 반응한다.
③ 연소하여 불연성의 포스핀 가스가 발생한다.
④ 상온의 건조한 공기 중에서는 비교적 안정하다.

해설 ③ 물 또는 산과 반응하여 유독하고, 가연성인 포스핀 가스가 발생한다.
$Ca_3P_2 + 6H_2O \rightarrow 3Ca(OH)_2 + 2PH_3$
$Ca_3P_2 + 6HCl \rightarrow 3CaCl_2 + 2PH_3$

45 칼륨과 나트륨의 공통 성질이 아닌 것은?

① 물보다 비중값이 작다.
② 수분과 반응하여 수소가 발생한다.
③ 광택이 있는 무른 금속이다.
④ 지정 수량이 50kg이다.

해설 ④ 지정 수량이 10kg이다.

정답 39 ② 40 ④ 41 ④ 42 ① 43 ② 44 ③ 45 ④

46 다음 중 제1류 위험물에 해당하는 것은?

① 염소산칼륨　　② 수산화칼륨
③ 수소화칼륨　　④ 아이오딘화칼륨

해설　② 화공 약품
③ 제3류 위험물
④ 화공 약품

47 제1류 위험물로서 조해성이 있으며 흑색 화약의 원료로 사용하는 것은?

① 염소산칼륨　　② 과염소산나트륨
③ 과망가니즈산암모늄　④ 질산칼륨

해설　질산칼륨의 설명이다.

48 짚, 헝겊 등을 다음의 물질로 적셔서 대량으로 쌓아 두었을 경우 자연 발화의 위험성이 제일 높은 것은?

① 동유　　② 야자유
③ 올리브유　　④ 피마자유

해설　① 건성유(동유)가 자연 발화 위험성이 가장 높다.

49 4몰의 나이트로글리세린이 고온에서 열분해·폭발하여 이산화탄소, 수증기, 질소, 산소의 4가지 가스를 생성할 때 발생하는 가스의 총 몰수는?

① 28　　② 29
③ 30　　④ 31

해설
$4C_3H_5(ONO_2)_3 \longrightarrow 12CO_2 + 10H_2O + 6N_2 + O_2$
∴ $12+10+6+1=29$몰

50 물과 반응하였을 때 발생하는 가연성 가스의 종류가 나머지 셋과 다른 하나는?

① 탄화리튬(Li_2C_2)
② 탄화마그네슘(MgC_2)
③ 탄화칼슘(CaC_2)
④ 탄화알루미늄(Al_4C_3)

해설　① $Li_2C_2 + 2H_2O \rightarrow 2LiOH + C_2H_2$
② $MgC_2 + 2H_2O \rightarrow Mg(OH)_2 + C_2H_2$
③ $CaC_2 + 2H_2O \rightarrow Ca(OH)_2 + C_2H_2$
④ $Al_4C_3 + 12H_2O \rightarrow 4Al(OH)_3 + 3CH_4$

51 트라이나이트로페놀의 성질에 대한 설명 중 틀린 것은?

① 폭발에 대비하여 철, 구리로 만든 용기에 저장한다.
② 휘황색을 띤 침상 결정이다.
③ 비중이 약 1.8로 물보다 무겁다.
④ 단독으로는 테트릴보다 충격, 마찰에 둔감한 편이다.

해설　① 중금속(Fe, Cu, Pb 등)과 화합하여 예민한 금속염을 만든다.

52 제4류 위험물 중 제1석유류를 저장, 취급하는 장소에서 정전기를 방지하기 위한 방법으로 볼 수 없는 것은?

① 가급적 습도를 낮춘다.
② 주위 공기를 이온화시킨다.
③ 위험물 저장, 취급 설비를 접지시킨다.
④ 사용 기구 등은 도전성 재료를 사용한다.

해설　① 가급적 습도를 높인다.

53 위험물안전관리법령상 위험물의 취급 중 소비에 관한 기준에 해당하지 않는 것은?

① 분사 도장 작업은 방화상 유효한 격벽 등으로 구획한 안전한 장소에서 실시할 것
② 버너를 사용하는 경우에는 버너의 역화를 방지할 것
③ 반드시 규격 용기를 사용할 것
④ 열처리 작업은 위험물이 위험한 온도에 이르지 아니하도록 실시할 것

해설　③ 염색 또는 세척의 작업은 가연성 증기의 환기를 잘 하여 실시하는 한편, 폐액을 함부로 방치하지 말고 안전하게 처리할 것

정답　46 ①　47 ④　48 ①　49 ②　50 ④　51 ①　52 ①　53 ③

54 제4류 위험물 중 제1석유류란 1기압에서 인화점이 몇 ℃인 것을 말하는가?

① 21℃ 미만
② 21℃ 이상
③ 70℃ 미만
④ 70℃ 이상

해설 제1석유류 : 1기압에서 인화점이 21℃ 미만인 것

55 위험물을 저장 또는 취급하는 탱크의 용량 산정 방법에 관한 설명으로 옳은 것은?

① 탱크의 내용적에서 공간 용적을 뺀 용적으로 한다.
② 탱크의 공간 용적에서 내용적을 뺀 용적으로 한다.
③ 탱크의 공간 용적에 내용적을 더한 용적으로 한다.
④ 탱크의 볼록하거나 오목한 부분을 뺀 용적으로 한다.

해설 탱크 용량 산정 방법 : 탱크의 내용적에서 공간 용적을 뺀 용적

56 주유 취급소의 표지 및 게시판의 기준에서 "위험물 주유 취급소" 표지와 "주유 중 엔진 정지" 게시판의 바탕색을 차례대로 옳게 나타낸 것은?

① 백색, 백색
② 백색, 황색
③ 황색, 백색
④ 황색, 황색

해설 ㉠ 위험물 주유 취급소 표지 바탕색 : 백색
㉡ 주유 중 엔진 정지 게시판 바탕색 : 황색

57 제6류 위험물인 과산화수소의 농도에 따른 물리적 성질에 대한 설명으로 옳은 것은?

① 농도와 무관하게 밀도, 끓는점, 녹는점이 일정하다.
② 농도와 무관하게 밀도는 일정하나, 끓는점과 녹는점은 농도에 따라 달라진다.
③ 농도와 무관하게 끓는점, 녹는점은 일정하나, 밀도는 농도에 따라 달라진다.
④ 농도에 따라 밀도, 끓는점, 녹는점이 달라진다.

해설 ④ 과산화수소의 농도에 따라 밀도, 끓는점, 녹는점이 달라진다.

58 삼황화인과 오황화인의 공통 연소 생성물을 모두 나타낸 것은?

① H_2S, SO_2
② P_2O_5, H_2S
③ SO_2, P_2O_5
④ H_2S, SO_2, P_2O_5

해설
· $P_4S_3 + 8O_2 \rightarrow 2P_2O_5 + 3SO_2$
· $2P_2S_5 + 15O_2 \rightarrow 2P_2O_5 + 10SO_2$

59 디에틸에테르 중의 과산화물을 검출할 때 그 검출 시약과 정색 반응의 색이 옳게 짝지어진 것은?

① 아이오딘화칼륨 용액 - 적색
② 아이오딘화칼륨 용액 - 황색
③ 브로민화칼륨 용액 - 무색
④ 브로민화칼륨 용액 - 청색

해설 디에틸에테르 중의 과산화물 검출
㉠ 검출 시약 : 아이오딘화칼륨 용액
㉡ 정색 반응 : 황색

60 다음 중 3개의 이성질체가 존재하는 물질은?

① 아세톤
② 톨루엔
③ 벤젠
④ 자일렌(크실렌)

해설 자일렌(크실렌)의 3가지 이성질체

구분	o-자일렌 (크실렌)	m-자일렌 (크실렌)	p-자일렌 (크실렌)
구조식	CH_3, CH_3	CH_3, CH_3	CH_3, CH_3

정답 54 ① 55 ① 56 ② 57 ④ 58 ③ 59 ② 60 ④

위험물 산업기사 (2020. 8. 23 시행)

제1과목 일반화학

01 액체 0.2g을 기화시켰더니 그 증기의 부피가 97℃, 740mmHg에서 80mL였다. 이 액체의 분자량에 가장 가까운 값은?

① 40　　② 46
③ 78　　④ 121

해설　$PV = \dfrac{W}{M}RT$, $M = \dfrac{WRT}{PV}$

∴ $\dfrac{0.2 \times 0.082 \times (273+97)}{740/760 \times 0.08} = 75.85$

02 원자량이 56인 금속 M 1.12g을 산화시켜 실험식이 M_xO_y인 산화물 1.60g을 얻었다. x, y는 각각 얼마인가?

① $x=1$, $y=2$　　② $x=2$, $y=3$
③ $x=3$, $y=2$　　④ $x=2$, $y=1$

해설　M의 몰수 : $\dfrac{1.12}{56} = 0.02$몰
반응한 산소의 몰수 : 먼저 산소의 질량이 1.60g−1.12g =0.48g, 산소의 원자량이 16이므로 $\dfrac{0.48}{16}=0.03$몰, 0.02 : 0.03=2 : 3, 따라서 $x=2, y=3$

03 백금 전극을 사용하여 물을 전기 분해할 때 (+)극에서 5.6L의 기체가 발생하는 동안 (−)극에서 발생하는 기체의 부피는?

① 2.8L　　② 5.6L
③ 11.2L　　④ 22.4L

해설

전해액	전극	(−)극	(+)극
물	pt	H_2 1g(11.2L)	O_2 8g(5.6L)

04 방사성 원소인 U(우라늄)이 다음과 같이 변화되었을 때의 붕괴 유형은?

$$^{238}_{92}U \rightarrow ^{234}_{90}Th + ^{4}_{2}He$$

① α붕괴　　② β붕괴
③ γ붕괴　　④ R붕괴

해설　α붕괴 : 원자 번호가 2 감소되며, 질량수는 4 감소한다.(붕괴 원인은 He 원자핵의 방출)

05 다음 중 방향족 탄화수소가 아닌 것은?

① 에틸렌　　② 톨루엔
③ 아닐린　　④ 안트라센

해설　에틸렌계 탄화수소 : 에틸렌

06 전자 배치가 $1s^2 2s^2 2p^6 3s^2 3p^5$인 원자의 M껍질에는 몇 개의 전자가 들어 있는가?

① 2　　② 4
③ 7　　④ 17

해설　염소의 전자 배열

주전자 껍질	K전극	L껍질	M껍질
부전자 껍질	$1s^2$	$2s^2, 2p^6$	$3s^2, 3p^5$

∴ M껍질 : 7개의 전자

07 황산 수용액 400mL 속에 순황산이 98g 녹아 있다면 이 용액의 농도는 몇 N인가?

① 3　　② 4
③ 5　　④ 6

해설　N농도 = $\dfrac{\text{용질의 무게(W)}}{\text{용질의 1g당량}} \times \dfrac{1,000}{\text{용질의 부피(mL)}}$

$= \dfrac{98}{49} \times \dfrac{1,000}{400} = 5N$

정답　01 ③　02 ②　03 ③　04 ①　05 ①　06 ③　07 ③

08 다음 [보기]의 벤젠 유도체 가운데 벤젠의 치환 반응으로부터 직접 유도할 수 없는 것은?

[보기] ⓐ $-Cl$ ⓑ $-OH$ ⓒ $-SO_3H$

① ⓐ
② ⓑ
③ ⓒ
④ ⓐ, ⓑ, ⓒ

해설 페놀의 유도체 : $-OH$

09 다음 각 화합물 1mol이 완전 연소할 때 3mol의 산소를 필요로 하는 것은?

① CH_3-CH_3
② $CH_2=CH_2$
③ C_6H_6
④ $CH\equiv CH$

해설 $CH_2=CH_2 + 3O_2 \rightarrow 2CO_2 + 2H_2O$

10 원자 번호가 7인 질소와 같은 족에 해당되는 원소의 원자 번호는?

① 15
② 16
③ 17
④ 18

해설 같은 족의 원소들은 화학적 성질이 비슷하다.
예) $^{14}_{7}N, ^{30}_{15}P, ^{75}_{33}As, \cdots$

11 1패러데이(Faraday)의 전기량으로 물을 전기 분해하였을 때 생성되는 기체 중 산소 기체는 0℃, 1기압에서 몇 L인가?

① 5.6
② 11.2
③ 22.4
④ 44.8

해설 $H_2O \xrightarrow[1F]{전기 분해} \begin{cases} (+)극 : O_2 \rightarrow 1g당량\ 생성 : 8g, 5.6L \\ (-)극 : H_2 \rightarrow 1g당량\ 생성 : 1g, 11.2L \end{cases}$

12 다음 화합물 중에서 가장 작은 결합각을 가지는 것은?

① BF_3
② NH_3
③ H_2
④ $BeCl_2$

해설 결합각과 화합물

결합각	120°	90~93°	180°	180°
화합물	BF_3	NH_3	H_2	$BeCl_2$

13 지방이 글리세린과 지방산으로 되는 것과 관련이 깊은 반응은?

① 에스테르화
② 가수 분해
③ 산화
④ 아미노화

해설 가수 분해의 설명이다.

14 $[OH^-]=1\times 10^{-5}$mol/L인 용액의 pH와 액성으로 옳은 것은?

① pH=5, 산성
② pH=5, 알칼리성
③ pH=9, 산성
④ pH=9, 알칼리성

해설 $[OH^-]=10^{-5}$이므로 $[H^+]=10^{-9}$
$pH=-\log[H^+]=9$ ∴ pH>7이므로 알칼리성

15 다음에서 설명하는 법칙은 무엇인가?

일정한 온도에서 비휘발성이며, 비전해질인 용질이 녹은 묽은 용액의 증기 압력 내림은 일정량의 용매에 녹아 있는 용질의 몰수에 비례한다.

① 헨리의 법칙
② 라울의 법칙
③ 아보가드로의 법칙
④ 보일-샤를의 법칙

해설 라울의 법칙의 설명이다.

16 질량수 52인 크롬의 중성자수와 전자수는 각각 몇 개인가? (단, 크롬의 원자 번호는 24이다.)

① 중성자수 24, 전자수 24
② 중성자수 24, 전자수 52
③ 중성자수 28, 전자수 24
④ 중성자수 52, 전자수 24

해설 ㉠ 중성자수=질량수-원자 번호   ∴ 52-24=28
㉡ 원자 번호=양성자수=전자수   ∴ 24

정답 08 ② 09 ② 10 ① 11 ① 12 ② 13 ② 14 ④ 15 ② 16 ③

17 다음 중 물이 산으로 작용하는 반응은?

① $NH_4^+ + H_2O \rightarrow NH_3 + H_3O^+$
② $HCOOH + H_2O \rightarrow HCOO^- + H_3O^+$
③ $CH_3COO^- + H_2O \rightarrow CH_3COOH + OH^-$
④ $HCl + H_2O \rightarrow H_3O^+ + Cl^-$

해설

학설	산(acid)	염기(base)
브뢴스테드설	H^+을 줄 수 있는 것	H^+을 받을 수 있는 것

① $NH_4^+ + H_2O \rightarrow NH_3 + H_3O^+$
　　산　　염기
② $HCOOH + H_2O \rightarrow HCOO^- + H_3O^+$
　　산　　염기
③ $CH_3COO^- + H_2O \rightarrow CH_3COOH + OH^-$
　　염기　　산
④ $HCl + H_2O \rightarrow H_3O^+ + Cl^-$
　　산　　염기

18 일정한 온도하에서 물질 A와 B가 반응을 할 때 A의 농도만 2배로 하면 반응 속도가 2배가 되고 B의 농도만 2배로 하면 반응 속도가 4배로 된다. 이 경우 반응 속도식은? (단, 반응 속도 상수는 k이다.)

① $v = k[A][B]^2$
② $v = k[A]^2[B]$
③ $v = k[A][B]^{0.5}$
④ $v = k[A][B]$

해설 반응 차수는 0 또는 1 또는 2(3 이상은 극히 드물다.)

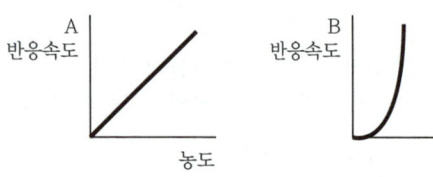

물질 A는 1차 그래프, 물질 B는 2차 그래프가 된다. 따라서 A의 차수는 1, B의 차수는 2가 되고 $v = k[A]^1[B]^2 \rightarrow v = k[A][B]^2$, 단, 반응 차수가 0인 물질은 반응 속도식에 넣지 않는다.

19 다음 물질 1g을 1kg의 물에 녹였을 때 빙점 강하가 가장 큰 것은? [단, 빙점 강하 상수값(어는점 내림 상수)은 동일하다고 가정한다.]

① CH_3OH
② C_2H_5OH
③ $C_3H_5(OH)_3$
④ $C_6H_{12}O_6$

해설 각 물질의 질량이 똑같이 10g이므로, 몰수$\left(\dfrac{질량}{분자량}\right)$가 가장 큰 것이 빙점 강하가 제일 크며, 몰수가 가장 크기 위해서는 질량이 같으므로 분자량이 가장 작아야 한다. 따라서 CH_3OH이 분자량이 가장 작고, 몰수가 가장 크므로 빙점 강하가 제일 크다.

20 다음 밑줄 친 원소 중 산화수가 +5인 것은?

① $Na_2\underline{Cr}_2O_7$
② $K_2\underline{S}O_4$
③ $K\underline{N}O_3$
④ $\underline{Cr}O_3$

해설
① $(+1 \times 2) + 2x + (-2 \times 7)$　∴ $x = 6$
② $(+1 \times 2) + x + (-2 \times 4)$　∴ $x = 6$
③ $+1 + x + (-2 \times 3) = 0$　∴ $x = 5$
④ $x + (-2 \times 3) = 0$　∴ $x = 6$

제2과목　화재예방과 소화방법

21 위험물안전관리법령상 이동 탱크 저장소에 의한 위험물의 운송 시 위험물 운송자가 위험물 안전 카드를 휴대하지 않아도 되는 물질은?

① 휘발유
② 과산화수소
③ 경유
④ 벤조일퍼옥사이드

해설 위험물 안전 카드를 휴대하는 대상 위험물
㉠ 제1류 위험물
㉡ 제2류 위험물
㉢ 제3류 위험물
㉣ 제4류 위험물(특수 인화물, 제1석유류)
㉤ 제5류 위험물
㉥ 제6류 위험물

22 분말 소화 약제인 탄산수소나트륨 10kg이 1기압, 270℃에서 방사되었을 때 발생하는 이산화탄소의 양은 약 몇 m³인가?

① 2.65
② 3.65
③ 18.22
④ 36.44

정답 17 ③　18 ①　19 ①　20 ③　21 ③　22 ①

해설 $PV = \frac{W}{M}RT$ 이므로

$\therefore V = \frac{WRT}{PM} = \frac{10 \times 0.082 \times (273+270)}{1 \times 168} = 2.65\text{m}^3$

23 다음 중 주된 연소 형태가 분해 연소인 것은 어느 것인가?

① 금속분
② 황
③ 목재
④ 피크르산

해설 ① 금속분 : 표면 연소
② 황 : 증발 연소
④ 피크린산(피크르산) : 자기(내부) 연소

24 포 소화 약제의 종류에 해당되지 않는 것은?

① 단백 포 소화 약제
② 합성 계면활성제 포 소화 약제
③ 수성막 포 소화 약제
④ 액표면 포 소화 약제

해설 포 소화 약제의 종류
㉠ ①, ②, ③
㉡ 불화단백 포 소화 약제
㉢ 알코올형(내알코올) 포 소화 약제

25 전역 방출 방식의 할로겐화합물 소화 설비 중 할론 1301을 방사하는 분사 헤드의 방사 압력은 얼마 이상이어야 하는가?

① 0.1MPa
② 0.2MPa
③ 0.5MPa
④ 0.9MPa

해설 할로겐화합물 소화 설비 중 전역 방출 방식 분사 헤드의 방사 압력
㉠ 할론 2402 : 0.1MPa 이상
㉡ 할론 1211 : 0.2MPa 이상
㉢ 할론 1301 : 0.9MPa 이상

26 드라이아이스 1kg이 완전히 기화하면 약 몇 몰의 이산화탄소가 되겠는가?

① 22.7
② 51.3
③ 230.1
④ 515.0

해설 1kg=1,000g이므로
∴ 1,000g÷44g=22.7mol

27 위험물안전관리법령상 전역 방출 방식 또는 국소 방출 방식의 분말 소화 설비의 기준에서 가압식의 분말 소화 설비에는 얼마 이하의 압력으로 조정할 수 있는 압력 조정기를 설치하여야 하는가?

① 2.0MPa
② 2.5MPa
③ 3.0MPa
④ 5MPa

해설 가압식의 분말 소화 설비 압력 조정기 : 2.5MPa 이하

28 다음 위험물의 저장 창고에서 화재가 발생하였을 때 주수에 의한 냉각 소화가 적절치 않은 위험물은?

① $NaClO_3$
② Na_2O_2
③ $NaNO_3$
④ $NaBrO_3$

해설 ② Na_2O_2 : 건조사, 소다회 (Na_2CO_3), 암분 등

29 이산화탄소가 불연성인 이유를 옳게 설명한 것은?

① 산소와의 반응이 느리기 때문이다.
② 산소와 반응하지 않기 때문이다.
③ 착화되어도 곧 불이 꺼지기 때문이다.
④ 산화 반응이 일어나도 열 발생이 없기 때문이다.

해설 CO_2가 불연성인 이유 : 산소와 반응하지 않기 때문에

30 특수 인화물이 소화 설비 기준 적용상 1소요 단위가 되기 위한 용량은?

① 50L
② 100L
③ 250L
④ 500L

해설 소요 단위(1단위)
위험물의 경우 : 지정 수량 10배
∴ 50L×10=500L

정답 23 ③ 24 ④ 25 ④ 26 ① 27 ② 28 ② 29 ② 30 ④

31 이산화탄소 소화기의 장·단점에 대한 설명으로 틀린 것은?

① 밀폐된 공간에서 사용 시 질식으로 인명 피해가 발생할 수 있다.
② 전도성이어서 전류가 통하는 장소에서의 사용은 위험하다.
③ 자체의 압력으로 방출할 수가 있다.
④ 소화 후 소화 약제에 의한 오손이 없다.

해설 ② 전기 절연성이 우수하여 전기 화재에 효과적이다.

32 다음 중 질산의 위험성에 대한 설명으로 옳은 것은 어느 것인가?

① 화재에 대한 직·간접적인 위험성은 없으나 인체에 묻으면 화상을 입는다.
② 공기 중에서 스스로 자연 발화하므로 공기에 노출되지 않도록 한다.
③ 인화점 이상에서 가연성 증기를 발생하여 점화원이 있으면 폭발한다.
④ 유기 물질과 혼합하면 발화의 위험성이 있다.

해설 ① 화재에 대한 직·간접적인 위험성이 있고 인체에 묻으면 화상을 입는다.
② 공기 중에서 자연 발화하지 않는다.
③ 불연성이지만 다른 물질의 연소를 돕는 조연성 물질이다.

33 분말 소화기에 사용되는 소화 약제의 주성분이 아닌 것은?

① $NH_4H_2PO_4$
② Na_2SO_4
③ $NaHCO_3$
④ $KHCO_3$

해설 분말 소화 약제

종별	소화 약제 주성분	적응 화재
제1종	$NaHCO_3$	B·C
제2종	$KHCO_3$	B·C
제3종	$NH_4H_2PO_4$	A·B·C
제4종	$KHCO_3 + (NH_2)_2CO$	B·C

34 마그네슘 분말이 이산화탄소 소화 약제와 반응하여 생성될 수 있는 유독 기체의 분자량은?

① 26 ② 28
③ 32 ④ 44

해설 $Mg + CO_2 \rightarrow MgO + CO$
CO : 12+16=28

35 위험물안전관리법령상 알칼리 금속 과산화물의 화재에 적응성이 없는 소화 설비는 다음 중 어느 것인가?

① 건조사
② 물통
③ 탄산수소염류 분말 소화 설비
④ 팽창 질석

해설

소화 설비의 구분			대상물 구분								
			건축물·그 밖의 공작물	전기 설비	제1류 위험물		제2류 위험물			제3류 위험물		제4류 위험물	제5류 위험물	제6류 위험물
					알칼리 금속 과산화물 등	그 밖의 것	철분·금속분·마그네슘 등	인화성 고체	그 밖의 것	금수성 물품	그 밖의 것			
옥내 소화전 설비 또는 옥외 소화전 설비			○			○		○	○		○		○	○
	스프링클러 설비		○			○		○	○		○	△	○	○
물분무 등 소화 설비	물분무 소화 설비		○	○		○		○	○		○	○	○	○
	포 소화 설비		○			○		○	○		○	○	○	○
	불활성 가스 소화 설비			○					○			○		
	할로겐 화합물 소화 설비			○					○			○		
	분말 소화 설비	인산염류 등	○	○		○		○	○			○		○
		탄산수소염류 등		○	○		○		○		○	○		
		그 밖의 것			○		○				○			
대형·소형 수동식 소화기	봉상수(棒狀水) 소화기		○			○		○	○		○		○	○
	무상수(無狀水) 소화기		○	○		○		○	○		○		○	○
	봉상 강화액 소화기		○			○		○	○		○		○	○
	무상 강화액 소화기		○	○		○		○	○		○	○	○	○
	포 소화기		○			○		○	○		○	○	○	○
	이산화탄소 소화기			○					○			○		△
	할론 소화 설비			○					○			○		
	분말 소화기	인산염류 소화기	○	○		○		○	○			○		○
		탄산수소염류 소화기		○	○		○		○		○	○		
		그 밖의 것			○		○				○			
기타	물통 또는 수조		○			○		○	○		○		○	○
	건조사				○	○	○	○	○	○	○	○	○	○
	팽창 질석 또는 팽창 진주암				○	○	○	○	○	○	○	○	○	○

정답 31 ② 32 ④ 33 ② 34 ② 35 ②

36 위험물 제조소의 환기 설비 설치 기준으로 옳지 않은 것은?

① 환기구는 지붕 위 또는 지상 2m 이상의 높이에 설치할 것
② 급기구는 바닥 면적 150m²마다 1개 이상으로 할 것
③ 환기는 자연 배기 방식으로 할 것
④ 급기구는 높은 곳에 설치하고, 인화 방지망을 설치할 것

해설 ④ 급기구는 낮은 곳에 설치하고, 인화 방지망을 설치한다.

37 위험물 제조소 등에 설치하는 옥외 소화전 설비에 있어서 옥외 소화전함은 옥외 소화전으로부터 보행거리 몇 m 이하의 장소에 설치하는가?

① 2　　　② 3
③ 5　　　④ 10

해설 옥외 소화전함 : 옥외 소화전으로부터 보행 거리 5m 이하의 장소에 설치한다.

38 다음 중 화재의 종류가 옳게 연결된 것은 어느 것인가?

① A급 화재 - 유류 화재
② B급 화재 - 섬유 화재
③ C급 화재 - 전기 화재
④ D급 화재 - 플라스틱 화재

해설 화재의 종류

화재별 급수	가연 물질의 종류
A급 화재	목재, 종이, 섬유류 등 일반 가연물
B급 화재	유류(플라스틱 포함)
C급 화재	전기
D급 화재	금속

39 수성막 포 소화 약제에 대한 설명으로 옳은 것은?

① 물보다 비중이 작은 유류의 화재에는 사용할 수 없다.
② 계면활성제를 사용하지 않고 수성의 막을 이용한다.
③ 내열성이 뛰어나고 고온의 화재일수록 효과적이다.
④ 일반적으로 불소계 계면활성제를 사용한다.

해설 ① 물보다 비중이 작은 유류의 화재에 사용할 수 있다.
② 불소계통의 합성 계면활성제가 함유되어 있다.
③ 추운 지방에서도 사용이 가능한 초내한용으로서 유동점이 -22.5℃이며 사용 온도 범위는 -20~-30℃이다.

40 다음 중 발화점에 대한 설명으로 가장 옳은 것은?

① 외부에서 점화했을 때 발화하는 최저 온도
② 외부에서 점화했을 때 발화하는 최고 온도
③ 외부에서 점화하지 않더라도 발화하는 최저 온도
④ 외부에서 점화하지 않더라도 발화하는 최고 온도

해설 발화점 : 외부에서 점화하지 않더라도 발화하는 최저 온도

제3과목 위험물의 성질과 취급

41 황린이 자연 발화하기 쉬운 이유에 대한 설명으로 가장 타당한 것은?

① 끓는점이 낮고, 증기압이 높기 때문에
② 인화점이 낮고, 조연성 물질이기 때문에
③ 조해성이 강하고, 공기 중의 수분에 의해 쉽게 분해되기 때문에
④ 산소와 친화력이 강하고, 발화 온도가 낮기 때문에

해설 황린이 자연 발화하기 쉬운 이유 : 산소와 친화력이 강하고 발화 온도가 낮기 때문에

정답 36 ④ 37 ③ 38 ③ 39 ④ 40 ③ 41 ④

42 [보기] 중 칼륨과 트라이에틸알루미늄의 공통 성질을 모두 나타낸 것은?

[보기]
ⓐ 고체이다.
ⓑ 물과 반응하여 수소를 발생한다.
ⓒ 위험물안전관리법령상 위험 등급이 I이다.

① ⓐ   ② ⓑ   ③ ⓒ   ④ ⓑ, ⓒ

해설 물질의 특성

칼륨	트라이에틸알루미늄
고체이다	액체이다
$2K + 2H_2O \rightarrow 2KOH + H_2$	$(C_2H_5)_3Al + 3H_2O$ $\rightarrow Al(OH)_3 + 3C_2H_6$
위험 등급 I	위험 등급 I

43 탄화칼슘은 물과 반응하면 어떤 기체가 발생하는가?

① 과산화수소   ② 일산화탄소
③ 아세틸렌   ④ 에틸렌

해설 $CaC_2 + 2H_2O \rightarrow Ca(OH)_2 + C_2H_2$

44 다음 중 물이 접촉되었을 때 위험성(반응성)이 가장 작은 것은?

① Na_2O_2 ② Na
③ MgO_2 ④ S

해설 ① $Na_2O_2 + H_2O \rightarrow 2NaOH + \frac{1}{2}O_2$
② $2Na + 2H_2O \rightarrow 2NaOH + H_2$
③ $MgO_2 + H_2O \rightarrow Mg(OH)_2 + \frac{1}{2}O_2$
④ 황은 물과 접촉했을 때 녹지 않는다.

45 위험물안전관리법령상 제6류 위험물에 해당하는 물질로서 햇빛에 의해 갈색의 연기를 내며 분해할 위험이 있으므로 갈색병에 보관해야 하는 것은?

① 질산   ② 황산
③ 염산   ④ 과산화수소

해설 질산의 설명이다.

46 디에틸에테르를 저장, 취급할 때의 주의 사항에 대한 설명으로 틀린 것은?

① 장시간 공기와 접촉하고 있으면 과산화물이 생성되어 폭발의 위험이 생긴다.
② 연소 범위는 가솔린보다 좁지만 인화점과 착화온도가 낮으므로 주의하여야 한다.
③ 정전기 발생에 주의하여 취급해야 한다.
④ 화재 시 CO_2 소화 설비가 적응성이 있다.

해설 물질과 연소 범위

물질	연소 범위(%)
디에틸에테르	1.9~48
가솔린	1.4~7.6

47 다음 위험물 중 인화점이 약 −37℃인 물질로서 구리, 은, 마그네슘 등의 금속과 접촉하면 폭발성 물질인 아세틸라이드를 생성하는 것은?

① CH_3CHOCH_2 ② $C_2H_5OC_2H_5$
③ CS_2 ④ C_6H_6

해설 산화프로필렌(CH_3CHOCH_2)의 설명이다.

48 다음 그림과 같은 위험물 탱크에 대한 내용적 계산 방법으로 옳은 것은?

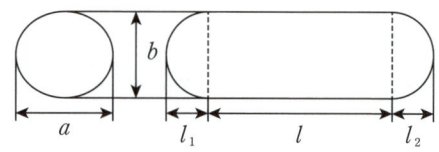

① $\frac{\pi ab}{3}\left(l + \frac{l_1 + l_2}{3}\right)$
② $\frac{\pi ab}{4}\left(l + \frac{l_1 + l_2}{3}\right)$
③ $\frac{\pi ab}{4}\left(l + \frac{l_1 + l_2}{4}\right)$
④ $\frac{\pi ab}{3}\left(l + \frac{l_1 + l_2}{4}\right)$

정답 42 ③ 43 ③ 44 ④ 45 ① 46 ② 47 ① 48 ②

해설 타원형 탱크의 내용적 양쪽이 볼록한 것
$$\frac{\pi ab}{4}\left(l+\frac{l_1+l_2}{3}\right)$$

49 온도 및 습도가 높은 장소에서 취급할 때 자연 발화의 위험이 가장 큰 물질은?

① 아닐린
② 황화인
③ 질산나트륨
④ 셀룰로이드

해설 셀룰로이드의 설명이다.

50 위험물안전관리법령상 위험물의 취급 기준 중 소비에 관한 기준으로 틀린 것은?

① 열처리 작업은 위험물이 위험한 온도에 이르지 아니하도록 하여 실시하여야 한다.
② 담금질 작업은 위험물이 위험한 온도에 이르지 아니하도록 하여 실시하여야 한다.
③ 분사 도장 작업은 방화상 유효한 격벽 등으로 구획한 안전한 장소에서 하여야 한다.
④ 버너를 사용하는 경우에는 버너의 역화를 유지하고 위험물이 넘치지 아니하도록 하여야 한다.

해설 ④ 버너를 사용하는 경우에는 버너의 역화를 방지하고 위험물이 넘치지 아니하도록 하여야 한다.

51 제4류 위험물을 저장하는 이동 탱크 저장소의 탱크 용량이 19,000L일 때 탱크의 칸막이는 최소 몇 개를 설치해야 하는가?

① 2
② 3
③ 4
④ 5

해설 이동 탱크 저장소는 그 내부에 4,000L 이하마다 칸막이를 설치한다.

1개	2개	3개	4개	
4,000L	4,000L	4,000L	4,000L	3,000L

용량이 19,000L이므로 칸막이는 최소 4개를 설치할 수 있다.

52 저장·수송할 때 타격 및 마찰에 의한 폭발을 막기 위해 물이나 알코올로 습면시켜 취급하는 위험물은?

① 나이트로셀룰로오스
② 과산화벤조일
③ 글리세린
④ 에틸렌글리콜

해설 나이트로셀룰로오스의 설명이다.

53 위험물안전관리법령상 제4류 위험물 옥외 저장 탱크의 대기 밸브 부착 통기관은 몇 kPa 이하의 압력 차이로 작동할 수 있어야 하는가?

① 2
② 3
③ 4
④ 5

해설 옥외 저장 탱크의 통기 장치
1. 밸브 없는 통기관
   ㉠ 직경 : 30mm 이상
   ㉡ 끝부분 : 45° 이상
   ㉢ 인화 방지 장치 : 가는 눈의 구리망 사용
2. 대기 밸브 부착 통기관
   ㉠ 작동 압력 차이 : 5kPa 이하
   ㉡ 인화 방지 장치 : 가는 눈의 구리망 사용

54 위험물안전관리법령상 위험물 제조소의 위험물을 취급하는 건축물의 구성 부분 중 반드시 내화 구조로 하여야 하는 것은?

① 연소의 우려가 있는 기둥
② 바닥
③ 연소의 우려가 있는 외벽
④ 계단

해설 위험물을 취급하는 건축물의 기준
㉠ 불연 재료로 하여야 하는 것 : 벽, 연소의 우려가 있는 기둥, 바닥, 보, 서까래, 계단
㉡ 내화 구조로 하여야 하는 것 : 연소의 우려가 있는 외벽

정답 49 ④ 50 ④ 51 ③ 52 ① 53 ④ 54 ③

55 물보다 무겁고, 물에 녹지 않아 저장 시 가연성 증기 발생을 억제하기 위해 수조 속의 위험물 탱크에 저장하는 물질은?

① 디에틸에테르 ② 에탄올
③ 이황화탄소 ④ 아세트알데하이드

해설 이황화탄소의 설명이다.

56 다음 중 금속 나트륨의 일반적인 성질로 옳지 않은 것은?

① 은백색의 연한 금속이다.
② 알코올 속에 저장한다.
③ 물과 반응하여 수소 가스를 발생한다.
④ 물보다 비중이 작다.

해설 ② 석유(등유), 경유, 유동 파라핀 속에 저장한다.

57 과염소산칼륨과 적린을 혼합하는 것이 위험한 이유로 가장 타당한 것은?

① 마찰열이 발생하여 과염소산칼륨이 자연 발화할 수 있기 때문에
② 과염소산칼륨이 연소하면서 생성된 연소열이 적린을 연소시킬 수 있기 때문에
③ 산화제인 과염소산칼륨과 가연물인 적린이 혼합하면 가열, 충격 등에 의해 연소·폭발할 수 있기 때문에
④ 혼합하면 용해되어 액상 위험물이 되기 때문에

해설 과염소산칼륨과 적린을 혼합한 것이 위험한 이유 : 산화제인 과염소산칼륨과 가연물인 적린이 혼합하면 가열, 충격 등에 의해 연소·폭발할 수 있기 때문에

58 다음 위험물 중에서 인화점이 가장 낮은 것은?

① $C_6H_5CH_3$ ② $C_6H_5CHCH_2$
③ CH_3OH ④ CH_3CHO

해설 ① 4.5℃
② 32℃
③ 11℃
④ −37.7℃

59 1기압 27℃에서 아세톤 58g을 완전히 기화 시키면 부피는 약 몇 L가 되는가?

① 22.4 ② 24.6
③ 27.4 ④ 58.0

해설 $PV = \frac{W}{M}RT, V = \frac{WRT}{PM}$

∴ $\frac{58 \times 0.082 \times (273+27)}{1 \times 58} = 24.6L$

60 염소산칼륨에 대한 설명 중 틀린 것은?

① 촉매 없이 가열하면 약 400℃에서 분해한다.
② 열분해하여 산소를 방출한다.
③ 불연성 물질이다.
④ 물, 알코올, 에테르에 잘 녹는다.

해설 ④ 온수에 잘 녹고, 냉수, 에테르에는 녹지 않으며, 알코올에는 약간 녹는다.

정답 55 ③ 56 ② 57 ③ 58 ④ 59 ② 60 ④

위험물 산업기사 (2020. 9. 20 시행)

제1과목 일반화학

01 $H^+ = 2 \times 10^{-6}$M인 용액의 pH는 약 얼마인가?

① 5.7 ② 4.7
③ 3.7 ④ 2.7

해설 $pH = -\log[H^+] = -\log(2 \times 10^{-6}) = 5.699 ≒ 5.7$

02 730mmHg, 100℃에서 257mL 부피의 용기 속에 어떤 기체가 채워져 있으며, 그 무게는 1.671g 이다. 이 물질의 분자량은 약 얼마인가?

① 28 ② 56
③ 207 ④ 257

해설 $PV = \dfrac{W}{M}RT$이므로

$\therefore M = \dfrac{WRT}{PV}$

$= \dfrac{1.671g \times (0.082 \text{atm} \cdot \text{L/K} \cdot \text{mol}) \times (100+273)K}{(730/760) \text{atm} \times 0.257L}$

$= 207.04 ≒ 207$

03 암모니아 분자의 구조는?

① 평면 ② 선형
③ 피라밋 ④ 사각형

해설 암모니아 분자의 구조(피라밋, p^3형) : 질소 원자는 그 궤도 함수가 $1s^2 2s^2 2p^3$로서, 2p 궤도 3개에 쌍을 이루지 않은 전자가 3개여서 3개의 H원자의 $1s^1$과 공유 결합하여 Ne형의 전자 배열이 된다. 이 경우 3개의 H는 N원자를 중심으로 이론상 90_9이지만 실제는 107_5의 각도를 유지하며, 그 모형이 피라밋이다.

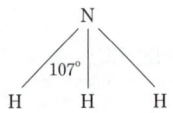

04 어떤 기체의 확산 속도는 SO_2의 2배이다. 이 기체의 분자량은 얼마인가?

① 8 ② 16
③ 32 ④ 64

해설 그레이엄의 확산 속도 법칙

$\dfrac{u_A}{u_B} = \sqrt{\dfrac{M_B}{M_A}}$

여기서, u_A, u_B : 기체의 확산 속도
M_A, M_B와 : 분자량

$\dfrac{2SO_2}{SO_2} = \sqrt{\dfrac{64g/mol}{M_A}}$

$\therefore M_A = \dfrac{64g/mol}{2^2} = 16g/mol$

05 밀도가 2g/mL인 고체의 비중은 얼마인가?

① 0.002 ② 2
③ 20 ④ 200

해설 고체의 비중$= \dfrac{\rho_s(\text{물질의 밀도})}{\rho_w(\text{물의 밀도})}$

$= \dfrac{2g/mL}{1g/mL}$

$= 2$

06 방사성 원소에서 방출되는 방사선 중 전기장의 영향을 받지 않아 휘어지지 않는 선은?

① α선 ② β선
③ γ선 ④ α, β, γ선

해설 방사선의 종류와 작용

㉠ α선 : 전기장을 작용하면 (−)쪽으로 구부러지므로 그 자신은 (+)전기를 가진 입자의 흐름임을 알게 된다.

㉡ β선 : 전기장을 작용하면 (+)쪽으로 구부러지므로 그 자신은 (−)전기를 가진 입자의 흐름임을 알게 된다. 즉 전자의 흐름이다.

㉢ γ선 : 전기장의 영향을 받지 않아 휘어지지 않는 선이며, 광선이나 X선과 같은 일종의 전자파이다.

정답 01 ① 02 ③ 03 ③ 04 ② 05 ② 06 ③

07 다음 중 전자의 수가 같은 것으로 나열된 것은?

① Ne, Cl⁻   ② Mg^{2+}, O^{2-}
③ F, Ne   ④ Na, Cl⁻

해설 ① Ne : 10, Cl⁻ : 17 + 1
② Mg^{2+} : 12 − 2, O^{2-} : 8 + 2
③ F : 9, Ne : 10
④ Na : 11, Cl⁻ : 17 + 1

08 분자식이 같으면서도 구조가 다른 유기 화합물을 무엇이라고 하는가?

① 이성질체   ② 동소체
③ 동위 원소   ④ 방향족 화합물

해설 ② 동소체 : 같은 원소로 되어 있으나 성질과 모양이 다른 단체이다.
③ 동위 원소 : 양성자수는 같으나 질량수가 다른 원소, 즉 중성자수가 다른 원소이다.
④ 방향족 화합물 : 벤젠 고리나 나프탈렌 고리를 가진 탄화수소를 방향족 탄화수소라 하며, 지방족 탄화수소는 대부분 석유를 분별 증류하여 얻지만, 방향족 탄화수소는 석탄을 건류할 때 생기는 콜타르를 분별 증류하여 얻는다.

09 다음은 열역학 제 몇 법칙에 대한 내용인가?

> 0K(절대영도)에서 물질의 엔트로피는 0이다.

① 열역학 제0법칙   ② 열역학 제1법칙
③ 열역학 제2법칙   ④ 열역학 제3법칙

해설 ① 열역학 제0법칙 : 열의 평형 법칙
② 열역학 제1법칙 : 에너지는 결코 생성될 수도, 없어질 수도 없고 단지 형태의 이변이라는 에너지의 보존 법칙
③ 열역학 제2법칙 : 일을 열로 바꾸는 것은 용이하나, 열을 일로 바꾸는 것은 제한을 받는다는 법칙

10 원자 번호 19, 질량수 39인 칼륨 원자의 중성자 수는 얼마인가?

① 19   ② 20
③ 39   ④ 58

해설 원자 번호=양성자수=전자수
원자량=양성자+중성자수
$39 = 19 + x$ ∴ $x = 20$

11 물분자들 사이에 작용하는 수소 결합에 의해 나타나는 현상과 가장 관계가 없는 것은?

① 물의 기화열이 크다.
② 물의 끓는점이 높다.
③ 무색 투명한 액체이다.
④ 얼음이 물 위에 뜬다.

해설 1. 수소 결합
  물분자의 수소 원자는 다른 물분자의 산소 원자의 고립 전자쌍과 약한 결합을 이루는 것이다.
2. 수소 결합에 의해 나타나는 현상
  ㉠ 물의 기화열이 크다.
  ㉡ 물의 끓는점이 높다.
  ㉢ 얼음이 물 위에 뜬다.

12 A는 B이온과 반응하지만 C이온과는 반응하지 않고, D는 C이온과 반응한다고 할 때 A, B, C, D의 환원력 세기를 큰 것부터 차례대로 나타낸 것은? (단, A, B, C, D는 모두 금속이다.)

① A>B>D>C   ② D>C>A>B
③ C>D>B>A   ④ B>A>C>D

해설 A>B, C>A, D>C
∴ D>C>A>B

13 공유 결정(원자 결정)으로 되어 있어 녹는점이 매우 높은 것은?

① 얼음   ② 수정
③ 소금   ④ 나프탈렌

해설 그물 구조를 이루고 있는 공유 결정(원자 결정)은 녹는점이 높고, 단단하다.
예 수정(SiO_2), 다이아몬드(C)

정답 07 ② 08 ① 09 ④ 10 ② 11 ③ 12 ② 13 ②

14 어떤 기체가 탄소 원자 1개당 2개의 수소 원자를 함유하고, 0℃, 1기압에서 밀도가 1.25g/L일 때 이 기체에 해당하는 것은?

① CH_2
② C_2H_4
③ C_3H_6
④ C_4H_8

해설 밀도(g/L) = $\frac{분자량(g)}{22.4(L)}$

① $CH_2 = \frac{12+2g}{22.4L} = 0.625g/L$

② $C_2H_4 = \frac{24+4g}{22.4L} = 1.25g/L$

③ $C_3H_6 = \frac{36+6g}{22.4L} = 1.875g/L$

④ $C_4H_8 = \frac{48+8g}{22.4L} = 2.5g/L$

15 평면 구조를 가진 $C_2H_2Cl_2$의 이성질체의 수는?

① 1개
② 2개
③ 3개
④ 4개

해설 $C_2H_2Cl_2$의 이성질체는 3가지이다.

cis형 / trans형 / 구조 이성질체

16 염소는 2가지 동위 원소로 구성되어 있는데 원자량이 35인 염소가 75% 존재하고, 37인 염소는 25% 존재한다고 가정할 때, 이 염소의 평균 원자량은 얼마인가?

① 34.5
② 35.5
③ 36.5
④ 37.5

해설 평균 원자량 = $35 \times 0.75 + 37 \times 0.25 = 35.5$

17 가열하면 부드러워져 소성을 나타내고, 식히면 경화하는 수지는?

① 페놀수지
② 멜라민수지
③ 요소수지
④ 폴리염화비닐수지

해설 ㉠ 열가소성 수지 : 가열하면 부드러워져 소성을 나타내고, 식히면 경화하는 수지
  예 폴리염화비닐수지(PVC), 폴리에틸렌, 폴리스티렌, 아크릴수지, 규소수지(실리콘수지)
㉡ 열경화성 수지 : 축중합에 의한 중합체로 한번 성형되어 경화된 후에는 재차 용융하지 않는 수지
  예 페놀수지(phenol resin), 멜라민수지(melamin resine), 요소수지(urea resine)

18 옥텟 규칙(octet rule)에 따르면 게르마늄이 반응할 때, 다음 중 어떤 원소의 전자수와 같아지려고 하는가?

① Kr
② Si
③ Sn
④ As

해설 옥텟 규칙(octet rule) : 모든 원자들은 주기율표 0족에 있는 비활성 기체(Ne, Ar, Kr, Xe 등)와 같이 최외각 전자 8개를 가져서 안정되려는 경향(단, He은 2개의 가전자를 가지고 있으며 안정하다.)

19 공유 결합과 배위 결합에 의하여 이루어진 것은 어느 것인가?

① NH_3
② $Cu(OH)_2$
③ K_2CO_3
④ $[NH_4]^+$

해설 공유·배위 결합을 모두 가지는 화합물 : $[NH_4]^+$

예 $N + 3H \xrightarrow{공유} NH_3, NH_3 + H^+ \xrightarrow{배위} [NH_4]^+$

20 Be의 원자핵에 α 입자를 충격하였더니 중성자 n이 방출되었다. 다음 반응식을 완결하기 위하여 ( ) 속에 알맞은 것은?

$$Be + {}^4_2He \rightarrow (\quad) + {}^1_0n$$

① Be
② B
③ C
④ N

해설 ${}^9_4Be + {}^4_2He \rightarrow ({}^{12}_6C) + {}^1_0n$

제2과목　화재예방과 소화방법

21 위험물안전관리법령상 제1류 위험물에 속하지 않는 것은?

① 염소산염류
② 무기 과산화물
③ 유기 과산화물
④ 다이크로뮴산염류

해설　③ 유기 과산화물 : 제5류 위험물

22 위험물안전관리법령상 디에틸에테르 화재 발생 시 적응성이 없는 소화기는?

① 이산화탄소 소화기
② 포 소화기
③ 봉상 강화액 소화기
④ 할로겐 화합물 소화기

해설　소화 설비의 적응성

소화 설비의 구분		대상물 구분								
		건축물·그 밖의 공작물	전기 설비	제1류 위험물		제2류 위험물			제3류 위험물		제4류 위험물	제5류 위험물	제6류 위험물
				알칼리 금속 과산화물 등	그 밖의 것	철분·금속분·마그네슘 등	인화성 고체	그 밖의 것	금수성 물품	그 밖의 것			
옥내 소화전 설비 또는 옥외 소화전 설비		○			○		○	○		○		○	○
스프링클러 설비		○			○		○	○		○	△	○	○
물분무등 소화 설비	물분무 소화 설비	○	○		○		○	○		○	○	○	○
	포 소화 설비	○			○		○	○		○	○	○	○
	불활성 가스 소화 설비		○				○				○		
	할로겐 화합물 소화 설비		○				○				○		
	분말 소화 설비	인산염류 등	○	○		○		○	○			○		○
		탄산수소염류 등		○	○		○	○		○		○		
		그 밖의 것			○			○		○				
대형·소형 수동식 소화기	봉상수(棒狀水) 소화기	○			○		○	○		○		○	○
	무상수(無狀水) 소화기	○	○		○		○	○		○		○	○
	봉상 강화액 소화기	○			○		○	○		○		○	○
	무상 강화액 소화기	○	○		○		○	○		○	○	○	○
	포 소화기	○			○		○	○		○	○	○	○
	이산화탄소 소화기		○				○				○		△
	할로 소화 설비		○				○				○		
	분말 소화기	인산염류 소화기	○	○		○		○	○			○		○
		탄산수소염류 소화기		○	○		○	○		○		○		
		그 밖의 것			○			○		○				

기타	물통 또는 수조	○		○		○	○		○		○	○
	건조사			○	○	○	○	○	○	○	○	○
	팽창 질석 또는 팽창 진주암			○	○	○	○	○	○	○	○	○

23 고정 지붕 구조 위험물 옥외 탱크 저장소의 탱크 안에 설치하는 고정포 방출구가 아닌 것은?

① 특형 방출구
② Ⅰ형 방출구
③ Ⅱ형 방출구
④ 표면하 주입식 방출구

해설　고정 지붕 구조 위험물 옥외 탱크 저장소의 탱크 안에 설치하는 고정포 방출구의 종류
㉠ Ⅰ형 방출구　㉡ Ⅱ형 방출구　㉢ 표면하 주입식 방출구

24 공기 중 산소는 부피 백분율과 질량 백분율로 각각 약 몇 %인가?

① 79, 21
② 21, 23
③ 23, 21
④ 21, 79

해설　산소는 공기 중에 21%(용량) 또는 23%(중량) 존재하고 있으므로 공급되는 공기 중의 산소의 양에 따라 화재가 확대 또는 축소되기도 하므로 가연 물질의 연소 또는 화재에 미치는 산소의 역할은 크다.

25 가연성의 증기 또는 미분이 체류할 우려가 있는 건축물에는 배출 설비를 하여야 하는데 배출 능력은 1시간당 배출 장소 용적의 몇 배 이상인 것으로 하여야 하는가? (단, 국소 방식의 경우 이다.)

① 5배
② 10배
③ 15배
④ 20배

해설　배출 설비 : 배출 능력은 1시간당 배출 장소 용적의 20배 이상인 것으로 하여야 한다. 다만, 전역 방식의 경우에는 바닥 면적 1m²당 18m³ 이상으로 할 수 있다.

26 고체의 일반적인 연소 형태에 속하지 않는 것은?

① 표면 연소
② 확산 연소
③ 자기 연소
④ 증발 연소

정답　21 ③　22 ③　23 ①　24 ②　25 ④　26 ②

해설 연소의 형태
① 기체의 연소 : 발염 연소, 확산 연소
② 액체의 연소 : 증발 연소
③ 고체의 연소 : 표면(직접) 연소, 분해 연소, 증발 연소, 내부(자기) 연소

27 고온체의 색깔과 온도 관계에서 다음 중 가장 낮은 온도의 색깔은?

① 적색 ② 암적색
③ 휘적색 ④ 백적색

해설 1. 발광에 따른 온도 구분
  ㉠ 적열 상태 : 500℃ 부근
  ㉡ 백열 상태 : 1,000℃ 이상
2. 고온체의 색깔과 온도의 관계
  ㉠ 암적색 : 700℃   ㉡ 적색 : 850℃
  ㉢ 휘적색 : 950℃   ㉣ 황적색 : 1,100℃
  ㉤ 백적색 : 1,300℃ ㉥ 휘백색 : 1,500℃

28 제1종 분말 소화 약제가 1차 열분해되어 표준상태를 기준으로 $10m^3$의 탄산 가스가 생성되었다. 몇 kg의 탄산수소나트륨이 사용되었는가? (단, 나트륨의 원자량은 23이다.)

① 18.75 ② 37
③ 56.25 ④ 75

해설 $2NaHCO_3 \rightarrow Na_2CO_3 + CO_2 + H_2O$

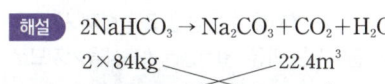

$$\therefore x = \frac{2 \times 84 \times 10}{22.4} = 75kg$$

29 제3종 분말 소화 약제의 표시 색상은?

① 백색 ② 담홍색
③ 검은색 ④ 회색

해설 분말 소화 약제

종별	소화약제 주성분	적응 화재	색상
제1종	$NaHCO_3$	B, C	백색
제2종	$KHCO_3$	B, C	보라색(담회색)
제3종	$NH_4H_2PO_4$	A, B, C	담홍색(핑크색)
제4종	$KHCO_3+(NH_2)_2CO$	B, C	회색(회백색)

30 위험물안전관리법령에 따라 폐쇄형 스프링클러 헤드를 설치하는 장소의 평상시 최고 주위 온도가 28℃ 이상 39℃ 미만일 경우 헤드의 표시 온도는?

① 52℃ 이상 76℃ 미만 ② 52℃ 이상 79℃ 미만
③ 58℃ 이상 76℃ 미만 ④ 58℃ 이상 79℃ 미만

해설 스프링클러 헤드 부착 장소의 평상시 최고 주위 온도와 표시 온도(℃)

부착 장소의 최고 주위 온도(℃)	표시 온도(℃)
28 미만	58 미만
28 이상 39 미만	58 이상 79 미만
39 이상 64 미만	79 이상 121 미만
64 이상 106 미만	121 이상 162 미만
106 이상	162 이상

31 전기 설비에 화재가 발생하였을 경우에 위험물안전관리법령상 적응성을 가지는 소화 설비는?

① 이산화탄소 소화기 ② 포 소화기
③ 봉상 강화액 소화기 ④ 마른 모래

해설 22번 해설 참조

32 다음 중 산소와 화합하지 않는 원소는?

① 황 ② 질소
③ 인 ④ 헬륨

해설 ④ 헬륨 : 비활성 기체이므로 산소와 화합하지 않는다.

33 질소 함유량 약 11%의 나이트로셀룰로오스를 장뇌와 알코올에 녹여 교질 상태로 만든 것을 무엇이라고 하는가?

① 셀룰로이드 ② 펜트리트
③ TNT ④ 나이트로글리콜

정답 27 ② 28 ④ 29 ② 30 ④ 31 ① 32 ④ 33 ①

해설 셀룰로이드 제법 : 일종의 인조 플라스틱으로 질화도가 낮은 나이트로셀룰로오스(질소 함유량 10.5~11.5%)에 장뇌와 알코올을 녹여 교질 상태로 만든다. 보통 나이트로셀룰로오스 40~45%, 장뇌 15~20%, 알코올 40% 비율로 배합하여 24시간 반죽하여 섞어 만든다.

34 위험물 제조소 등에 설치하는 포 소화 설비에 있어서 포 헤드 방식의 포 헤드는 방호 대상물의 표면적(m²) 얼마당 1개 이상의 헤드를 설치하여야 하는가?

① 3　　② 6　　③ 9　　④ 12

해설 포 헤드 : 특정 소방 대상물의 천장 또는 반자에 설치하되, 바닥 면적 9m²/1개 이상으로 하여 해당 방호 대상물의 화재를 유효하게 소화할 수 있도록 한다.

35 위험물안전관리법령상 지정 수량의 몇 배 이상의 제4류 위험물을 취급하는 제조소에는 자체 소방대를 두어야 하는가?

① 1,000배　　② 2,000배
③ 3,000배　　④ 5,000배

해설 자체 소방대를 두어야 하는 설치 대상
㉠ 지정 수량의 3천배 이상의 제4류 위험물을 저장·취급하는 제조소
㉡ 지정 수량의 3천배 이상의 제4류 위험물을 저장·취급하는 일반 취급소

36 옥내 저장소 내부에 체류하는 가연성 증기를 지붕 위로 방출시키는 배출 설비를 하여야 하는 위험물은?

① 과염소산　　② 과망가니즈산칼륨
③ 피리딘　　　④ 과산화나트륨

해설 배출 설비는 인화성 액체 위험물(피리딘)에서 가연성 증기가 발생하므로 지붕 위로 방출시켜야 한다.

37 다음 위험물 중 자연 발화 위험성이 가장 낮은 것은?

① 알킬리튬　　② 알킬알루미늄
③ 칼륨　　　　④ 황

해설 ①, ②, ③ : 자연 발화성 및 금수성 물질
④ : 가연성 고체

38 위험물안전관리법령에서 정한 다음의 소화 설비 중 능력 단위가 가장 큰 것은?

① 팽창 진주암 160L(삽 1개 포함)
② 수조 80L(소화 전용 물통 3개 포함)
③ 마른 모래 50L(삽 1개 포함)
④ 팽창 질석 160L(삽 1개 포함)

해설 능력 단위 : 소방 기구의 소화 능력을 나타내는 수치, 즉 소요 단위에 대응하는 소화 설비 소화 능력의 기준 단위
㉠ 마른 모래(50L, 삽 1개 포함) : 0.5단위
㉡ 팽창 질석 또는 팽창 진주암(160L, 삽 1개 포함) : 1단위
㉢ 소화 전용 물통(8L) : 0.3단위
㉣ 수조
　· 190L(8L 소화 전용 물통 6개 포함) : 2.5단위
　· 80L(8L 소화 전용 물통 3개 포함) : 1.5단위

39 수성막 포 소화 약제를 수용성 알코올 화재 시 사용하면 소화 효과가 떨어지는 가장 큰 이유는?

① 유독 가스가 발생하므로
② 화염의 온도가 높으므로
③ 알코올은 포와 반응하여 가연성 가스를 발생
④ 알코올은 소포성을 가지므로

해설 수성막 포 소화 약제를 수용성 알코올 화재 시 사용하면 소화 효과가 떨어지는 이유 : 알코올은 소포성을 가지므로

40 위험물안전관리법령상 제6류 위험물을 저장 또는 취급하는 제조소 등에 적응성이 없는 소화 설비는?

① 팽창 질석　　② 할로겐 화합물 소화기
③ 포 소화기　　④ 인산염류 분말 소화기

해설 22번 해설 참조

정답　34 ③　35 ③　36 ③　37 ④　38 ②　39 ④　40 ②

제3과목 위험물의 성질과 취급

41 제5류 위험물 중 나이트로 화합물에서 나이트로기 (nitro group)를 옳게 나타낸 것은?

① $-NO$ ② $-NO_2$
③ $-NO_3$ ④ $-NON_3$

해설 나이트로 화합물이란 유기 화합물의 알킬기(C_nH_{2n+1}) 또는 페닐기(◯−) 등의 탄소 원자에 나이트로기($-NO_2$)가 직접 결합(나이트로화 반응)하고 있는 화합물을 말하며, 위험물안전관리법상 나이트로기가 2개 이상 결합하고 있는 것이다.

42 다음 중 인화점이 가장 낮은 것은?

① $C_6H_5NH_2$ ② $C_6H_5NO_2$
③ C_5H_5N ④ $C_6H_5CH_3$

해설 ① 70℃ ② 88℃
③ 20℃ ④ 4.5℃

43 다음과 같이 위험물을 저장할 경우 각각의 지정 수량 배수의 총합은 얼마인가?

- 클로로벤젠 : 1,000L
- 동·식물유류 : 5,000L
- 제4석유류 : 12,000L

① 2.5 ② 3.0
③ 3.5 ④ 4.0

해설 $\frac{1,000}{1,000}+\frac{5,000}{10,000}+\frac{12,000}{6,000}=3.5$배

44 지정 수량 이상의 위험물을 차량으로 운반할 때 게시판의 색상에 대한 설명으로 옳은 것은 어느 것인가?

① 흑색 바탕에 청색의 도료로 "위험물"이라고 게시한다.
② 흑색 바탕에 황색의 반사 도료로 "위험물"이라고 게시한다.
③ 적색 바탕에 흰색의 반사 도료로 "위험물"이라고 게시한다.
④ 적색 바탕에 흑색의 도료로 "위험물"이라고 게시한다.

해설 지정 수량 이상의 위험물을 차량으로 운반 시 게시판의 색상 : 흑색 바탕에 황색의 반사 도료로 "위험물"이라고 게시한다.

45 [보기]의 물질이 K_2O_2와 반응하였을 때 주로 생성되는 가스의 종류가 같은 것으로만 나열된 것은?

[보기] 물, 이산화탄소, 아세트산, 염산

① 물, 이산화탄소
② 물, 이산화탄소, 염산
③ 물, 아세트산
④ 이산화탄소, 아세트산, 염산

해설 ㉠ $2K_2O_2+2H_2O \rightarrow 4KOH+O_2\uparrow$
㉡ $2K_2O_2+2CO_2 \rightarrow 2K_2CO_3+O_2\uparrow$
㉢ $K_2O_2+2CH_3COOH \rightarrow 2CH_3COOK+H_2O_2\uparrow$
㉣ $K_2O_2+2HCl \rightarrow 2KCl+H_2O_2\uparrow$

46 다음 중 물에 가장 잘 녹는 것은?

① CH_3CHO
② $C_2H_5OC_2H_5$
③ P_4
④ $C_2H_5ONO_2$

해설 ① 물, 에탄올, 에테르에 잘 녹는다.
② 물에 잘 녹지 않는다.
③ 물에 녹지 않는다.
④ 물에 잘 녹지 않지만 에틸알코올, 에테르에 녹는다.

47 동·식물유류에 대한 설명으로 틀린 것은?

① 건성유는 자연 발화의 위험성이 높다.
② 불포화도가 높을수록 아이오딘가 크며, 산화되기 쉽다.
③ 아이오딘값이 130 이하인 것이 건성유이다.
④ 1기압에서 인화점이 섭씨 250도 미만이다.

해설 ③ 아이오딘값이 130 이상인 것이 건성유이다.

정답 41 ② 42 ④ 43 ③ 44 ② 45 ① 46 ① 47 ③

48 다음 각 위험물을 저장할 때 사용하는 보호액으로 틀린 것은?

① 나이트로셀룰로오스 — 알코올
② 이황화탄소 — 알코올
③ 금속 칼륨 — 등유
④ 황린 — 물

해설   ② 이황화탄소 — 물

49 적린이 공기 중에서 연소할 때 생성되는 물질은?

① P_2O ② PO_2
③ PO_3 ④ P_2O_5

해설 $4P + 5O_2 \rightarrow 2P_2O_5$

50 제조소에서 위험물을 취급함에 있어서 정전기를 유효하게 제거할 수 있는 방법으로 가장 거리가 먼 것은?

① 접지에 의한 방법
② 상대 습도를 70% 이상 높이는 방법
③ 공기를 이온화하는 방법
④ 부도체 재료를 사용하는 방법

해설   ④ 전기의 도체를 사용한다.

51 위험물안전관리법령상 위험물의 운반에 관한 기준에 따라 차광성이 있는 피복으로 가리는 조치를 하여야 하는 위험물에 해당하지 않는 것은?

① 특수 인화물   ② 제1석유류
③ 제1류 위험물 ④ 제6류 위험물

해설   차광성이 있는 피복 조치

유별	적용 대상
제1류 위험물	전부
제3류 위험물	자연 발화성 물품
제4류 위험물	특수 인화물
제5류 위험물	전부
제6류 위험물	

52 안전한 저장을 위해 첨가하는 물질로 옳은 것은?

① 과망가니즈산나트륨에 목탄을 첨가
② 질산나트륨에 유황을 첨가
③ 금속 칼륨에 등유를 첨가
④ 다이크로뮴산칼륨에 수산화칼슘을 첨가

해설

위험물	보호액
K, Na, 적린	등유(석유)
황린, CS_2	물속(수조)

53 황린의 연소 생성물은?

① 삼황화인   ② 인화수소
③ 오산화인   ④ 오황화인

해설 $P_4 + 5O_2 \rightarrow 2P_2O_5 + 2 \times 370.8 \text{kcal}$

54 다음 중 피크린산의 각 특성 온도 중 가장 낮은 것은?

① 인화점   ② 발화점
③ 녹는점   ④ 끓는점

해설   ① 인화점 : 150℃   ② 발화점 : 300℃
③ 녹는점 : 122.5℃   ④ 끓는점 : 255℃

55 디에틸에테르의 성상에 해당하는 것은?

① 청색 액체   ② 무미, 무취 액체
③ 휘발성 액체   ④ 불연성 액체

해설   디에틸에테르 : 무색 투명한 휘발성 액체로 자극성, 마취 작용이 있다.

56 위험물안전관리법령에서 정한 위험물의 운반에 관한 설명으로 옳은 것은?

① 위험물을 화물 차량으로 운반하면 특별히 규제 받지 않는다.
② 승용차량으로 위험물을 운반할 경우에만 운반의 규제를 받는다.

정답   48 ② 49 ④ 50 ④ 51 ② 52 ③ 53 ③ 54 ③ 55 ③ 56 ④

③ 지정 수량 이상의 위험물을 운반할 경우에만 운반의 규제를 받는다.
④ 위험물을 운반할 경우 그 양의 다소를 불문하고 운반의 규제를 받는다.

해설 위험물의 운반 : 위험물을 운반할 경우 그 양의 다소를 불문하고 운반의 규제를 받는다.

57 위험물안전관리법령상 어떤 위험물을 저장 또는 취급하는 이동 탱크 저장소가 불활성 기체를 봉입할 수 있는 구조를 하여야 하는가?

① 아세톤 ② 벤젠
③ 과염소산 ④ 산화프로필렌

해설 이동 탱크 저장소에 불활성 기체를 봉입하는 구조로 하여야 하는 것 : 산화프로필렌

58 위험물안전관리법령에서 정하는 제조소와의 안전 거리 기준이 다음 중 가장 큰 것은?

① 「고압가스안전관리법」의 규정에 의하여 허가를 받거나 신고를 하여야 하는 고압가스 저장 시설
② 사용 전압이 35,000V를 초과하는 특고압 가공 전선
③ 병원, 학교, 극장
④ 「문화재보호법」의 규정에 의한 유형 문화재

해설 ① 20m 이상
② 5m 이상
③ 30m 이상
④ 50m 이상

59 나이트로셀룰로오스의 안전한 저장 및 운반에 대한 설명으로 옳은 것은?

① 습도가 높으면 위험하므로 건조한 상태로 취급한다.
② 아닐린과 혼합한다.
③ 산을 첨가하여 중화시킨다.
④ 알코올 수용액으로 습면시킨다.

해설 ① 습도가 높으면 안전하므로 즉시 습한 상태를 유지시킨다.
② 아닐린과 혼합하면 자연 발화의 위험이 있다.
③ 산을 첨가하면 직사광선과 습기의 영향에 따라 분해하여 자연 발화하고, 폭발 위험이 증가한다.

60 휘발유를 저장하던 이동 저장 탱크에 탱크의 상부로부터 등유나 경유를 주입할 때 액표면이 주입관의 선단을 넘는 높이가 될 때까지 그 주입관 내의 유속을 몇 m/s 이하로 하여야 하는가?

① 1 ② 2
③ 3 ④ 5

해설 이동 저장 탱크
㉠ 휘발유 저장 → 등유, 경유 주입 : 1m/s 이하
㉡ 등유, 경유 저장 → 휘발유 주입 : 1m/s 이하

정답 57 ④ 58 ④ 59 ④ 60 ①

위험물 산업기사 (2021. 3. 2 시행)

제1과목 일반화학

01 다음 중 전자 배치가 다른 것은?

① Ar ② F⁻
③ Na⁺ ④ Ne

해설 원자 번호=양성자수=전자수
① 18, ② 9+1=10, ③ 11-1=10, ④ 10

02 $CuCl_2$의 용액에 5A 전류를 1시간 동안 흐르게 하면 몇 g의 구리가 석출되는가? (단, Cu의 원자량은 63.54이며, 전자 1개의 전하량은 1.602×10^{-19}C이다.)

① 3.17 ② 4.83
③ 5.93 ④ 6.35

해설 $Q = I \cdot t = 5[A] \times 3,600[s] = 18,000[C]$
여기서, Q : 전하량[C]
I : 전류[A]
t : 시간[s]
$Cu^{2+} + 2e^- \rightarrow Cu$
Cu 1몰(63.54g)이 석출되는데 약 $2 \times 96,500(2e^-)$[C]의 전하량이 필요하므로, 18,000[C]의 전하량으로 석출되는 구리의 양을 x라고 하면
$2 \times 96,500[C] : 63.54g = 18,000[C] : x$
$\therefore x = 5.93g$

03 다음 중 반응이 정반응으로 진행되는 것은?

① $Pb^{2+} + Zn \rightarrow Zn^{2+} + Pb$
② $I_2 + 2Cl^- \rightarrow 2I^- + Cl_2$
③ $2Fe^{3+} + 3Cu \rightarrow 3Cu^{2+} + 2Fe$
④ $Mg^{2+} + Zn \rightarrow Zn^{2+} + Mg$

해설 ㉠ 금속의 이온화 경향 : K>Ca>Na>Mg>Al>Zn>Fe>Ni>Sn>Pb>H>Cu>Hg>Ag>Pt>Au
㉡ 전기 음성도 : F>O>N>Cl>Br>C>S>I>H>P

04 볼타 전지의 기전력은 약 1.3V인데, 전류가 흐르기 시작하면 곧 0.4V로 된다. 이러한 현상을 무엇이라고 하는가?

① 감극 ② 소극
③ 분극 ④ 충전

해설 ① 감극(depolarization) : 전지가 전류를 흘리면 분극 현상을 일으킨다. 이 작용을 제거하는 것이 감극이며, 산화제로 양극에 발생하는 수소를 산화하여 수소 이온의 발생을 방지함
② 소극 : (+)극에 발생한 수소를 산화시켜 없애는 작용
③ 분극 : 볼타 전지의 기전력은 약 1.3V인데, 전류가 흐르기 시작하면 곧 0.4V로 되는 것
④ 충전 : 전지에 외부로부터 전기 에너지를 공급하여 전지 내에서 이것을 화학 에너지로 축적하는 것

05 유기 화합물을 질량 분석한 결과 C 84%, H 16%의 결과를 얻었다. 다음 중 이 물질에 해당하는 실험식은?

① C_5H_{12} ② C_2H_2
③ C_7H_8 ④ C_7H_{16}

해설 C_xH_y
$x = \frac{84}{12} = 7, y = \frac{16}{1} = 16$
$\therefore C_xH_y = C_7H_{16}$

06 수성 가스(water gas)의 주성분을 옳게 나타낸 것은?

① CO_2, CH_4 ② CO, H_2
③ CO_2, H_2, O_2 ④ H_2, H_2O

해설 수성 가스(water gas)
100℃ 이상으로 적열한 코크스에 수증기를 통하면 코크스에서 환원되어 얻어지는 가스이며, 발열량은 2,800 kcal/Nm³ 정도이다.
$C + H_2O \rightarrow \underbrace{CO + H_2}_{\text{수성 가스}}$

정답 01 ① 02 ③ 03 ① 04 ③ 05 ④ 06 ②

07 다음 중 물이 산으로 작용하는 반응은?

① $NH_4^+ + H_2O \rightarrow NH_3 + H_3O^+$
② $HCOOH + H_2O \rightarrow HCOO^- + H_3O^+$
③ $CH_3COO^- + H_2O \rightarrow CH_3COOH + OH^-$
④ $HCl + H_2O \rightarrow H_3O^+ + Cl^-$

해설

학설	산(acid)	염기(base)
브뢴스테드설	H^+을 줄 수 있는 것	H^+을 받을 수 있는 것

① $\underset{산}{NH_4^+} + \underset{염기}{H_2O} \rightarrow NH_3 + H_3O^+$
② $\underset{산}{HCOOH} + \underset{염기}{H_2O} \rightarrow HCOO^- + H_3O^+$
③ $\underset{염기}{CH_3COO^-} + \underset{산}{H_2O} \rightarrow CH_3COOH + OH^-$
④ $\underset{산}{HCl} + \underset{염기}{H_2O} \rightarrow H_3O^+ + Cl^-$

08 다음 물질 중 sp^3 혼성 궤도 함수와 가장 관계가 있는 것은?

① CH_4 ② $BeCl_2$
③ BF_3 ④ HF

해설 ① sp^3 결합, ② sp 결합, ③ sp^2 결합, ④ p 결합

09 다음 중 전리도가 가장 커지는 경우는?

① 농도와 온도가 일정할 때
② 농도가 진하고, 온도가 높을수록
③ 농도가 묽고, 온도가 높을수록
④ 농도가 진하고, 온도가 낮을수록

해설 ㉠ 전리도(이온화도) : 전해질 수용액에서 용해된 전해질의 몰수에 대한 이온화된 전해질의 몰수의 비

전리도(이온화도 α)
$= \dfrac{\text{이온화된 전해질의 몰수}}{\text{전해질의 전체 몰수}} \ (0 < \alpha < 1)$

㉡ 전리도는 농도가 묽고, 온도가 높을수록 커진다.

10 어떤 용액의 $[OH^-] = 2 \times 10^{-5}M$이었다. 이 용액의 pH는 얼마인가?

① 11.3 ② 10.3
③ 9.3   ④ 8.3

해설 $pOH = -\log[OH^-] = -\log(2 \times 10^{-5}) = 4.7$
∴ $pH = 14 - pOH = 14 - 4.7 = 9.3$

11 염화칼슘의 화학식량은 얼마인가? (단, 염소의 원자량은 35.5, 칼슘의 원자량은 40, 황의 원자량은 32, 요오드의 원자량은 127이다.)

① 111 ② 121
③ 131 ④ 141

해설 염화칼슘($CaCl_2$)의 화학식량 :
$40 + 35.5 \times 2 = 111$

12 BF_3는 무극성 분자이고, NH_3는 극성 분자이다. 이 사실과 가장 관계가 있는 것은?

① 비공유 전자쌍은 BF_3에는 있고, NH_3에는 없다.
② BF_3는 공유 결합 물질이고, NH_3는 수소 결합 물질이다.
③ BF_3는 평면 정삼각형이고, NH_3는 피라미드형 구조이다.
④ BF_3는 sp^3 혼성 오비탈을 하고 있고, NH_3는 sp^2 혼성 오비탈을 하고 있다.

해설 ㉠ 플루오르화붕소(BF_3)는 중심 원자인 붕소에 정삼각형의 세 꼭짓점에 플루오르가 결합한 형태를 지니고 있다. 그러므로 전자의 쏠림에 의한 전기력들이 서로 상쇄가 되어 전체적으로 무극성 분자가 된다.
㉡ 암모니아(NH_3)의 N은 5개의 전자가 있으며, 이 중 3개는 공유하고 2개는 비공유 전자쌍이 된다. 총 비공유 전자쌍 1개, 공유 전자쌍 3개의 배열에서 볼 수 있는 원자의 구조를 보면 삼각피라미드 형태가 되므로 극성 분자이다.

13 찬물을 컵에 담아서 더운 방에 놓아두었을 때 유리와 물의 접촉면에 기포가 생기는 이유로 가장 옳은 것은?

① 물의 증기 압력이 높아지기 때문에
② 접촉면에서 수증기가 발생하기 때문에
③ 방 안의 이산화탄소가 녹아 들어가기 때문에
④ 온도가 올라갈수록 기체의 용해도가 감소하기 때문에

정답 07 ③ 08 ① 09 ③ 10 ③ 11 ① 12 ③ 13 ④

해설 기체의 용해도 : 온도가 올라감에 따라 줄어드나 압력을 올리면 용해도가 커진다.
예 찬물을 컵에 담아서 더운 방에 놓아두었을 때 유리와 물의 접촉면에 기포가 생기는 이유

14 물 500g 중에 설탕($C_{12}H_{22}O_{11}$) 171g이 녹아 있는 설탕물의 몰랄 농도는?

① 2.0 ② 1.5
③ 1.0 ④ 0.5

해설 몰랄 농도 = $\frac{용질의 무게(W)(g)}{용질의 분자량(M)(g)} \times \frac{1,000}{용매의 무게(g)}$

$= \frac{171g}{(12 \times 12 + 22 + 16 \times 11)g} \times \frac{1,000}{500}$

$= 1$

15 11g의 프로판이 연소하면 몇 g의 물이 생기는가?

① 4   ② 4.5
③ 9   ④ 18

해설 $C_3H_8 + 5O_2 \rightarrow 3CO_2 + 4H_2O$

44g ─── $4 \times 18g$
11g ─── $x(g)$

$\therefore x = \frac{11 \times 4 \times 18}{44} = 18g$

16 다음 중 나타내는 수의 크기가 다른 하나는?

① 질소 7g 중의 원자수
② 수소 1g 중의 원자수
③ 염소 71g 중의 분자수
④ 물 18g 중의 분자수

해설 ① $\frac{7}{14} = 0.5$, ② $\frac{1}{1} = 1$, ③ $\frac{71}{71} = 1$, ④ $\frac{18}{18} = 1$

17 96wt% H_2SO_4(A)와 60wt% H_2SO_4(B)를 혼합하여 80wt% H_2SO_4 100kg을 만들려고 한다. 각각 몇 kg씩 혼합하여야 하는가?

① A : 30,   B : 70
② A : 44.4, B : 55.6
③ A : 55.6, B : 44.4
④ A : 70,   B : 30

해설 A+B=100
0.96A+0.6B=80
0.96A+0.6(100−A)=80
0.96A+60−0.6A=80
0.36A=20
∴ A=55.6
∴ B=100−55.6=44.4

18 같은 질량의 산소 기체와 메탄 기체가 있다. 두 물질이 가지고 있는 원자수의 비는?

① 5 : 1 ② 2 : 1
③ 1 : 1 ④ 1 : 5

해설 산소(O_2) 1몰 : 32g
메탄(CH_4) 1몰 : 16g
같은 질량일 때 몰비는 O_2 : $2CH_4$이므로 원자수의 비는
O_2 : $2CH_4 = 6.02 \times 10^{23} \times 2 : 2 \times 6.02 \times 10^{23} \times 5$
$= 1 : 5$

19 다음 산화수에 대한 설명 중 틀린 것은?

① 화학 결합이나 반응에서 산화, 환원을 나타내는 척도이다.
② 자유 원소 상태의 원자의 산화수는 0이다.
③ 이온 결합 화합물에서 각 원자의 산화수는 이온 전하의 크기와 관계없다.
④ 화합물에서 각 원자의 산화수는 총합이 0이다.

해설 ③ 이온 결합 화합물에서 각 원자의 산화수는 그 이온의 전하와 같다.

20 다음 물질 중 감광성이 가장 큰 것은 무엇인가?

① HgO   ② CuO
③ $NaNO_3$ ④ AgCl

해설 감광성
필름이나 인화지 등에 칠한 감광제가 색에 대해 얼마만큼 반응하느냐 하는 감광역을 말한다. 예 AgCl

정답 14 ③ 15 ④ 16 ① 17 ③ 18 ④ 19 ③ 20 ④

제2과목 화재예방과 소화방법

21 위험물안전관리법령에 의거하여 개방형 스프링클러 헤드를 이용하는 스프링클러 설비에 설치하는 수동식 개방 밸브를 개방 조작하는 데 필요한 힘은 몇 kg 이하가 되도록 설치하여야 하는가?

① 5 ② 10
③ 15 ④ 20

해설
㉠ 개방형 스프링클러 헤드 : 감열체 없이 방수구가 항상 열려 있는 스프링클러 헤드를 말한다.
㉡ 개방형 스프링클러 헤드를 이용하는 스프링클러 설비에 설치하는 수동식 개방 밸브를 개방 조작하는 데 필요한 힘은 15kg 이하가 되도록 설치한다.

22 드라이아이스 1kg이 완전히 기화하면 약 몇 몰의 이산화탄소가 되겠는가?

① 22.7 ② 51.3
③ 230.1 ④ 515.0

해설 CO_2 1몰은 44g이므로
드라이아이스 1kg은 $\dfrac{1,000g}{44g}$ = 22.7몰이다.

23 위험물안전관리법령상 분말 소화 설비의 기준에서 가압용 또는 축압용 가스로 사용하도록 지정한 것은?

① 헬륨 ② 질소
③ 일산화탄소 ④ 아르곤

해설 분말 소화 설비에서 가압용 또는 축압용으로 사용하는 가스 : 질소(N_2)

24 다음은 위험물안전관리법령에서 정한 제조소 등에서 위험물의 저장 및 취급에 관한 기준 중 위험물의 유별 저장·취급 공통 기준의 일부이다. (   ) 안에 알맞은 위험물 유별은?

(   ) 위험물은 가연물과 접촉·혼합이나 분해를 촉진하는 물품과의 접근 또는 과열을 피하여야 한다.

① 제2류 ② 제3류
③ 제5류 ④ 제6류

해설 제6류 위험물
가연물과의 접촉·혼합이나 분해를 촉진하는 물품과의 접근 또는 과열을 피하여야 한다.

25 가연물의 주된 연소 형태에 대한 설명으로 옳지 않은 것은?

① 황의 연소 형태는 증발 연소이다.
② 목재의 연소 형태는 분해 연소이다.
③ 에테르의 연소 형태는 표면 연소이다.
④ 숯의 연소 형태는 표면 연소이다.

해설 ③ 에테르의 연소 형태는 증발 연소이다.

26 위험물 제조소 등에 설치하는 전역 방출 방식의 불활성 가스 소화 설비 분사 헤드의 방사 압력은 고압식의 경우 몇 MPa 이상이어야 하는가?

① 1.05 ② 1.7
③ 2.1 ④ 2.6

해설 전역 방출 방식의 불활성 가스 소화 설비의 분사 헤드의 방사 압력

고압식	저압식
2.1MPa 이상	1.05MPa 이상

27 특정 옥외 탱크 저장소라 함은 저장 또는 취급하는 액체 위험물의 최대 수량이 얼마 이상의 것을 말하는가?

① 50만 리터 이상 ② 100만 리터 이상
③ 150만 리터 이상 ④ 200만 리터 이상

해설
㉠ 특정 옥외 탱크 저장소 : 옥외 탱크 저장소 중 저장·취급하는 액체 위험물의 최대 수량이 100만 L 이상인 것
㉡ 준특정 옥외 탱크 저장소 : 옥외 탱크 저장소 중 저장·취급하는 액체 위험물의 최대 수량이 50만 L 이상 100만 L 미만인 것

정답 21 ③ 22 ① 23 ② 24 ④ 25 ③ 26 ③ 27 ②

28 다음 [보기] 중 상온에서의 상태(기체, 액체, 고체)가 동일한 것을 모두 나열한 것은?

[보기] Halon 1301, Halon 1211, Halon 2402

① Halon 1301, Halon 2402
② Halon 1211, Halon 2402
③ Halon 1301, Halon 1211
④ Halon 1301, Halon 1211, Halon 2402

해설 할로겐 화합물 소화 약제의 상온에서의 상태

Halon 명칭	Halon 1301	Halon 1211	Halon 2402	Halon 1011	Halon 1040
상온에서의 상태	기체	기체	액체	액체	액체

29 분말 소화기의 각 종별 소화 약제 주성분이 옳게 연결된 것은?

① 제1종 소화 분말 : $KHCO_3$
② 제2종 소화 분말 : $NaHCO_3$
③ 제3종 소화 분말 : $NH_4H_2PO_4$
④ 제4종 소화 분말 : $NaHCO_3 + (NH_2)_2CO$

해설 분말 소화 약제

종별	소화 약제 주성분	적응 화재
제1종	$NaHCO_3$	B·C
제2종	$KHCO_3$	B·C
제3종	$NH_4H_2PO_4$	A·B·C
제4종	$KHCO_3 + (NH_2)_2CO$	B·C

30 정전기를 유효하게 제거할 수 있는 설비를 설치하고자 할 때 위험물안전관리법령에서 정한 정전기 제거 방법의 기준으로 옳은 것은?

① 공기 중의 상대 습도를 70% 이상으로 하는 방법
② 공기 중의 상대 습도를 70% 이하로 하는 방법
③ 공기 중의 절대 습도를 70% 이상으로 하는 방법
④ 공기 중의 절대 습도를 70% 이하로 하는 방법

해설 정전기 제거 방법
공기 중의 상대 습도를 70% 이상으로 하는 방법

31 다음 각각의 위험물의 화재 발생 시 위험물안전관리법령상 적응 가능한 소화 설비를 옳게 나타낸 것은?

① $C_6H_5NO_2$: 이산화탄소 소화기
② $(C_2H_5)_3Al$: 봉상수 소화기
③ $C_2H_5OC_2H_5$: 봉상수 소화기
④ $C_3H_5(ONO_2)_3$: 이산화탄소 소화기

해설 소화 설비의 적응성

소화 설비의 구분		건축물·그밖의 공작물	전기설비	제1류 위험물		제2류 위험물			제3류 위험물		제4류 위험물	제5류 위험물	제6류 위험물
				알칼리 금속 과산화물 등	그 밖의 것	철분·금속분·마그네슘 등	인화성 고체	그 밖의 것	금수성 물품	그 밖의 것			
옥내 소화전 설비 또는 옥외 소화전 설비		O			O		O	O		O		O	O
스프링클러 설비		O			O		O	O		O	△	O	O
물분무 등 소화 설비	물분무 소화 설비	O	O		O		O	O		O	O	O	O
	포 소화 설비	O			O		O	O		O	O	O	O
	불활성 가스 소화 설비		O				O				O		
	할로겐 화합물 소화 설비		O				O				O		
	분말 소화 설비	인산염류 등	O	O		O		O	O			O		O
		탄산수소염류 등		O	O		O	O		O		O		
		그 밖의 것			O			O		O				
대형·소형 수동식 소화기	봉상수(棒狀水) 소화기	O			O		O	O		O		O	O
	무상수(霧狀水) 소화기	O	O		O		O	O		O		O	O
	봉상 강화액 소화기	O			O		O	O		O		O	O
	무상 강화액 소화기	O	O		O		O	O		O	O	O	O
	포 소화기	O			O		O	O		O	O	O	O
	이산화탄소 소화기		O				O				O		△
	할로 소화기		O				O				O		
	분말 소화기	인산염류 소화기	O	O		O		O	O			O		O
		탄산수소염류 소화기		O	O		O	O		O		O		
		그 밖의 것			O			O		O				
기타	물통 또는 수조	O			O		O	O		O		O	O
	건조사			O	O	O	O	O	O	O	O	O	O
	팽창 질석 또는 팽창 진주암			O	O	O	O	O	O	O	O	O	O

32 중유의 주된 연소 형태는?

① 표면 연소   ② 분해 연소
③ 증발 연소   ④ 자기 연소

정답 28 ③ 29 ③ 30 ① 31 ① 32 ②

해설 ② 분해 연소 : 가연성 고체에 충분한 열이 공급되면 가열 분해에 의하여 발생된 가연성 가스(CO, H_2, CH_4 등)가 공기와 혼합되어 연소하는 형태이다.
예 중유, 목재, 석탄, 종이, 플라스틱 등

33 다음 중 분말 소화 약제의 주된 소화 작용에 가장 가까운 것은?

① 질식
② 냉각
③ 유화
④ 제거

해설 분말 소화 약제의 주된 소화 작용은 질식 효과이다.

34 알코올 화재 시 수성막 포 소화 약제는 효과가 없다. 그 이유로 가장 적당한 것은?

① 알코올이 수용성이어서 포를 소멸시키므로
② 알코올이 반응하여 가연성 가스를 발생하므로
③ 알코올 화재 시 불꽃의 온도가 매우 높으므로
④ 알코올이 포 소화 약제와 발열 반응을 하므로

해설 알코올 화재 시 수성막 포 소화 약제가 효과가 없는 이유 : 알코올이 수용성이어서 포를 소멸시키므로

35 위험물 제조소에서 취급하는 제4류 위험물의 최대 수량의 합이 지정 수량의 15만 배인 사업소에 두어야 할 자체 소방대의 화학 소방 자동차와 자체 소방대원의 수는 각각 얼마로 규정되어 있는가? (단, 상호 응원 협정을 체결한 경우는 제외한다.)

① 1대, 5인
② 2대, 10인
③ 3대, 15인
④ 4대, 20인

해설 제조소 및 일반 취급소의 자체 소방대의 기준

사업소의 구분	화학 소방 자동차	자체 소방 대원의 수
제조소 또는 일반 취급소에서 취급하는 제4류 위험물의 최대 수량의 합이 지정 수량의 12만 배 미만인 사업소	1대	5인
제조소 또는 일반 취급소에서 취급하는 제4류 위험물의 최대 수량의 합이 지정 수량의 12만 배 이상 24만 배 미만인 사업소	2대	10인
제조소 또는 일반 취급소에서 취급하는 제4류 위험물의 최대 수량이 지정 수량의 24만 배 이상, 48만 배 미만인 사업소	3대	15인
제조소 또는 일반 취급소에서 취급하는 제4류 위험물의 최대 수량이 지정 수량의 48만 배 이상인 사업소	4대	20인
옥외탱크저장소에 저장하는 제4류 위험물의 최대수량이 지정수량의 50만 배 이상인 사업소	2대	10인

36 트라이나이트로톨루엔에 대한 설명으로 틀린 것은?

① 햇빛을 받으면 다갈색으로 변한다.
② 벤젠, 아세톤 등에 잘 녹는다.
③ 건조사 또는 팽창 질석만 소화 설비로 사용할 수 있다.
④ 폭약의 원료로 사용될 수 있다.

해설 ③ 다량의 물로 냉각 소화한다.

37 경보 설비는 지정 수량 몇 배 이상의 위험물을 저장, 취급하는 제조소 등에 설치하는가?

① 2
② 4
③ 8
④ 10

해설 경보 설비 : 지정 수량 10배 이상의 위험물을 저장·취급하는 제조소 등에 설치한다.

38 다음은 위험물안전관리법령에 따른 할로겐화합물 소화 설비에 관한 기준이다. ( )에 알맞은 수치는?

축압식 저장 용기 등은 온도 20℃에서 할론 1301을 저장하는 것은 ( )MPa 또는 ( )MPa이 되도록 질소 가스로 가압할 것

① 0.1, 1.0
② 1.1, 2.5
③ 2.5, 1.0
④ 2.5, 4.2

해설 할로겐화합물 소화 약제의 저장 용기
축압식 저장 용기의 압력은 온도 20℃에서 할론 1211을 저장하는 것은 1.1MPa 또는 2.5MPa, 할론 1301을 저장하는 것은 2.5MPa 또는 4.2MPa이 되도록 질소 가스로 축압한다.

정답 33 ① 34 ① 35 ② 36 ③ 37 ④ 38 ④

39 표준 상태에서 적린 8mol이 완전 연소하여 오산화인을 만드는 데 필요한 이론 공기량은 약 몇 L인가? (단, 공기 중 산소는 21vol%이다.)

① 1066.7 ② 806.7
③ 224   ④ 22.4

해설 4P + 5O$_2$ → 2P$_2$O$_5$

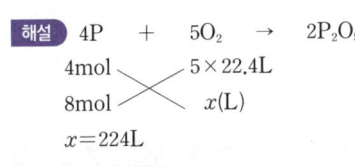

$x = 224L$

$\therefore 224L \times \dfrac{100}{21} = 1066.7L$

40 위험물 제조소 등에 설치하는 포 소화 설비의 기준에 따르면 포 헤드 방식의 포 헤드는 방호 대상물의 표면적 1m^{2}당의 방사량이 몇 L/min 이상의 비율로 계산한 양의 포 수용액을 표준 방사량으로 방사할 수 있도록 설치하여야 하는가?

① 3.5   ② 4
③ 6.5   ④ 9

해설 위험물 제조소 등에 설치하는 포 소화 설비의 기준 포 헤드 방식의 포 헤드는 방호 대상물의 표면적 1m^{2}당의 방사량이 6.5L/min 이상의 비율로 계산한 양의 포 수용액을 표준 방사량으로 방사할 수 있도록 설치한다.

제3과목 위험물의 성질과 취급

41 염소산나트륨의 성질에 속하지 않는 것은?

① 환원력이 강하다.
② 무색 결정이다.
③ 주수 소화가 가능하다.
④ 강산과 혼합하면 폭발할 수 있다.

해설 ① 산화력이 강하다.

42 다음은 위험물의 성질을 설명한 것이다. 위험물과 그 위험물의 성질을 모두 옳게 연결한 것은?

A. 건조 질소와 상온에서 반응한다.
B. 물과 작용하면 가연성 가스를 발생한다.
C. 물과 작용하면 수산화칼슘을 발생한다.
D. 비중이 1 이상이다.

① K−A, B, C   ② Ca$_3$P$_3$−B, C, D
③ Na−A, C, D   ④ CaC$_2$−A, B, D

해설 ① K
B. 물과 작용하면 가연성 가스를 발생한다.
$2K + 2H_2O \rightarrow 2KOH + H_2$
② Ca$_3$P$_2$
B. 물과 작용하면 가연성 가스를 발생한다.
C. 물과 작용하면 수산화칼슘을 발생한다.
$Ca_3P_2 + 6H_2O \rightarrow 3Ca(OH)_2 + 2PH_3$
D. 비중(2.5)이 1 이상이다.
③ Na
B. 물과 작용하면 가연성 가스를 발생한다.
$2Na + 2H_2O \rightarrow 2NaOH + H_2$
④ CaC$_2$
B. 물과 작용하면 가연성 가스를 발생한다.
$CaC_2 + 2H_2O \rightarrow Ca(OH)_2 + C_2H_2$
D. 비중(2.2)이 1 이상이다.

43 다음 중 C_5H_5N에 대한 설명으로 틀린 것은?

① 순수한 것은 무색이고, 악취가 나는 액체이다.
② 상온에서 인화의 위험이 있다.
③ 물에 녹는다.
④ 강한 산성을 나타낸다.

해설 ④ 약알칼리성을 나타낸다.

44 위험물안전관리법령상 제6류 위험물에 해당하는 물질로서 햇빛에 의해 갈색의 연기를 내며 분해할 위험이 있으므로 갈색병에 보관해야 하는 것은?

① 질산   ② 황산
③ 염산   ④ 과산화수소

해설 질산(HNO₃)
제6류 위험물에 해당하는 물질로서 햇빛에 의해 갈색의 연기를 내며, 분해할 위험이 있으므로 갈색병에 보관하는 것
$2HNO_3 \rightarrow \underline{2NO_2} + H_2O + O$
     갈색 연기

45 주유 취급소의 고정 주유 설비는 고정 주유 설비의 중심선을 기점으로 하여 도로 경계선까지 몇 m 이상 떨어져 있어야 하는가?

① 2 ② 3 ③ 4 ④ 5

해설 고정 주유 설비 중심선을 기점으로
㉠ 도로 경계선 : 4m 이상
㉡ 부지 경계선·담 및 건축물의 벽 : 2m 이상
㉢ 개구부가 없는 벽 : 1m 이상
㉣ 고정 주유 설비와 고정 급유 설비 사이 : 4m 이상

46 위험물안전관리법령에 따르면 보냉 장치가 없는 이동 저장 탱크에 저장하는 아세트알데하이드의 온도는 몇 ℃ 이하로 유지하여야 하는가?

① 30   ② 40
③ 50   ④ 60

해설 40℃ 이하
㉠ 압력 탱크의 디에틸에테르, 아세트알데하이드의 온도
㉡ 보냉 장치가 없는 디에틸에테르, 아세트알데하이드의 온도

47 위험물안전관리법령에 근거한 위험물 운반 및 수납 시 주의 사항에 대한 설명 중 틀린 것은?

① 위험물을 수납하는 용기는 위험물이 누출되지 않게 밀봉시켜야 한다.
② 온도 변화로 가스 발생 우려가 있는 것은 가스 배출구를 설치한 운반 용기에 수납할 수 있다.
③ 액체 위험물은 운반 용기 내용적의 98% 이하의 수납률로 수납하되 55℃의 온도에서 누설되지 아니하도록 충분한 공간 용적을 유지하도록 하여야 한다.
④ 고체 위험물은 운반 용기 내용적의 98% 이하의 수납률로 수납하여야 한다.

해설 운반 용기의 수납률

위험물	수납률
알킬알루미늄 등	90% 이하(50℃에서 5% 이상 공간 용적 유지)
고체 위험물	95% 이하
액체 위험물	98% 이하(55℃에서 누설되지 않는 것)

48 위험물안전관리법령상 제1류 위험물 중 알칼리 금속의 과산화물의 운반 용기 외부에 표시하여야 하는 주의 사항을 모두 옳게 나타낸 것은?

① "화기 엄금", "충격 주의" 및 "가연물 접촉 주의"
② "화기·충격 주의", "물기 엄금" 및 "가연물 접촉 주의"
③ "화기 주의" 및 "물기 엄금"
④ "화기 엄금" 및 "충격 주의"

해설 위험물 운반 용기의 주의 사항

위험물		주의 사항
제1류 위험물	알칼리 금속의 과산화물	·화기·충격 주의 ·물기 엄금 ·가연물 접촉 주의
	기타	·화기·충격 주의 ·가연물 접촉 주의
제2류 위험물	철분·금속분·마그네슘	·화기 주의 ·물기 엄금
	인화성 고체	화기 엄금
	기타	화기 주의
제3류 위험물	자연 발화성 물질	·화기 엄금 ·공기 접촉 엄금
	금수성 물질	물기 엄금
제4류 위험물		화기 엄금
제5류 위험물		·화기 엄금 ·충격 주의
제6류 위험물		가연물 접촉 주의

49 제4류 위험물을 저장하는 이동 탱크 저장소의 탱크 용량이 19,000L일 때 탱크의 칸막이는 최소 몇 개를 설치해야 하는가?

① 2   ② 3
③ 4   ④ 5

정답 45 ③ 46 ② 47 ④ 48 ② 49 ③

해설 이동 탱크 저장소는 그 내부에 4,000L 이하마다 칸막이를 설치한다.

1개	2개	3개	4개	
4,000L	4,000L	4,000L	4,000L	3,000L

용량이 19,000L이므로 칸막이는 최소 4개를 설치할 수 있다.

50 위험물안전관리법령에 따른 위험물 제조소의 안전 거리 기준으로 틀린 것은?

① 주택으로부터 10m 이상
② 학교, 병원, 극장으로부터는 30m 이상
③ 유형 문화재와 기념물 중 지정 문화재로부터는 70m 이상
④ 고압가스 등을 저장·취급하는 시설로부터는 20m 이상

해설 ③ 유형 문화재와 기념물 중 지정 문화재로부터는 50m 이상

51 다음 중 나트륨의 보호액으로 가장 적합한 것은?

① 메탄올 ② 수은
③ 물 ④ 유동 파라핀

해설

위험물	보호액
K, Na, 적린	등유(석유), 경유, 유동 파라핀
황린, CS_2	물속(수조)

52 인화석회가 물과 반응하여 생성하는 기체는?

① 포스핀 ② 아세틸렌
③ 이산화탄소 ④ 수산화칼슘

해설 $Ca_3P_2 + 6H_2O \rightarrow 3Ca(OH)_2 + 2PH_3$

53 다음 반응식 중에서 옳지 않은 것은?

① $CaO_2 + 2HCl \rightarrow CaCl_2 + H_2O_2$
② $CaH_2 + 2H_2O \rightarrow Ca(OH)_2 + 2H_2$
③ $Ca_3P_2 + 4H_2O \rightarrow Ca_3(OH)_2 + 2PH_3$
④ $CaC_2 + 2H_2O \rightarrow Ca(OH)_2 + C_2H_2$

해설 ③ $Ca_3P_2 + 6H_2O \rightarrow 3Ca(OH)_2 + 2PH_3$

54 위험물안전관리법령에 따른 위험물 제조소 건축물의 구조로 틀린 것은?

① 벽, 기둥, 서까래 및 계단은 난연 재료로 할 것
② 60분+ 방화문·60분 방화문 또는 30분 방화문
③ 출입구에는 갑종 또는 을종 방화문을 설치할 것
④ 창에 유리를 이용하는 경우에는 망입 유리로 할 것

해설 ① 벽, 기둥, 바닥, 보, 서까래 및 계단은 불연 재료로 한다.

55 다음 중 메탄올의 연소 범위에 가장 가까운 것은?

① 약 1.4~5.6% ② 약 7.3~36%
③ 약 20.3~66% ④ 약 42.0~77%

해설 메탄올의 연소 범위 : 7.3~36%

56 위험물안전관리법령에 따라 제4류 위험물 옥내 저장 탱크에 설치하는 밸브 없는 통기관의 설치 기준으로 가장 거리가 먼 것은?

① 통기관의 지름은 30mm 이상으로 한다.
② 통기관의 끝부분은 수평면에 대하여 아래로 45° 이상 구부려 설치한다.
③ 통기관은 가스가 체류되지 않도록 그 끝부분을 건축물의 출입구로부터 0.5m 이상 떨어진 곳에 설치하고 끝에 팬을 설치한다.
④ 가는 눈의 구리망 등으로 인화 방지 장치를 한다.

해설 ③ 통기관은 가스가 체류하지 않도록 그 선단을 건축물의 출입구로부터 1m 이상 떨어진 곳에 설치하고, 끝에 팬을 설치한다.

57 가열했을 때 분해하여 적갈색의 유독한 가스를 방출하는 것은?

① 과염소산 ② 질산
③ 과산화수소 ④ 적린

정답 50 ③ 51 ④ 52 ① 53 ③ 54 ① 55 ② 56 ③ 57 ②

해설 $2HNO_3 \rightarrow 2NO_2 + H_2O + O$
　　　적갈색의 유독한 가스

58 금속 칼륨의 성질로서 옳은 것은?

① 중금속류에 속한다.
② 화학적으로 이온화 경향이 큰 금속이다.
③ 물속에 보관한다.
④ 상온, 상압에서 액체 형태인 금속이다.

해설 ① 은백색의 광택이 있는 경금속에 속한다.
③ 석유(등유) 속에 보관한다.
④ 상온, 상압에서 고체 형태인 금속이다.

59 적린과 황린의 공통점이 아닌 것은?

① 화재 발생 시 물을 이용한 소화가 가능하다.
② 이황화탄소에 잘 녹는다.
③ 연소 시 P_2O_5의 흰 연기가 생긴다.
④ 구성 원소는 P이다.

해설 ㉠ 적린 : CS_2에 녹지 않는다.
㉡ 황린 : CS_2에 잘 녹는다.

60 트라이나이트로페놀의 성질에 대한 설명 중 틀린 것은?

① 폭발에 대비하여 철, 구리로 만든 용기에 저장한다.
② 휘황색을 띤 침상 결정이다.
③ 비중이 약 1.8로 물보다 무겁다.
④ 단독으로는 충격, 마찰에 둔감한 편이다.

해설 ① 제조 시 중금속과의 접촉을 피하며 철, 구리, 납으로 만든 용기에 저장하지 말아야 한다.

정답 58 ② 59 ② 60 ①

위험물 산업기사 (2021. 5. 9 시행)

제1과목 일반화학

01 $H_2S + I_2 \rightarrow 2HI + S$에서 I_2의 역할은?

① 산화제이다.
② 환원제이다.
③ 산화제이면서 환원제이다.
④ 촉매 역할을 한다.

해설 반응식에서 요오드(I_2)는 환원되었으므로 산화제 역할을 한다.
$I_2^0 \rightarrow 2HI^-$
  └ 환원 ┘

02 다음 중 3차 알코올에 해당하는 것은?

① $H-\overset{OH}{\underset{H}{C}}-\overset{H}{\underset{H}{C}}-\overset{H}{\underset{H}{C}}-H$

② $H-\overset{H}{\underset{H}{C}}-\overset{H}{\underset{H}{C}}-\overset{H}{\underset{H}{C}}-OH$

③ $H-\overset{H}{\underset{H}{C}}-\overset{H}{\underset{OH}{C}}-\overset{H}{\underset{H}{C}}-H$

④ $CH_3-\overset{CH_3}{\underset{OH}{C}}-CH_3$

해설 OH기가 결합된 탄소의 수에 따른 분류

㉠ 1차(제1급) 알코올($R-CH_2OH$) : OH기가 결합된 탄소가 다른 탄소 1개와 연결된 알코올

제1급 알코올 $\xrightarrow{산화}$ 알데히드 $\xrightarrow{산화}$ 카르복시산

예) $CH_3CH_2OH \xrightarrow{[O]} CH_3CHO \xrightarrow{[O]} CH_3COOH$

㉡ 2차(제2급) 알코올($R-\overset{R}{\underset{}{C}}HOH$) : OH기가 결합된 탄소가 다른 탄소 2개와 연결된 알코올

제2급 알코올 $\xrightarrow{산화}$ 케톤

예) $2CH_3-CH-CH_3 + O_2$
              $|$
             OH
    $\rightarrow 2CH_3-CO-CH_3 + 2H_2O$
               아세톤

㉢ 3차(제3급) 알코올($R-\overset{R}{\underset{R}{C}}-OH$) : OH기가 결합된 탄소가 다른 탄소 3개와 연결된 알코올

예) $(CH_3)_3C \cdot OH$ (트리메틸카르비놀)

03 이산화황이 산화제로 작용하는 화학 반응은?

① $SO_2 + H_2O \rightarrow H_2SO_4$
② $SO_2 + NaOH \rightarrow NaHSO_3$
③ $SO_2 + 2H_2S \rightarrow 3S + 2H_2O$
④ $SO_2 + Cl_2 + 2H_2O \rightarrow H_2SO_4 + 2HCl$

해설 ㉠ 환원력이 강한 H_2S와 반응하면 산화제로 작용한다.
$S^{4+}O_2 + 2H_2S \rightarrow 2H_2O + 3S^0$
  └── 환원(산화제로 작용) ──┘

㉡ 환원제로 작용한 것
$S^{4+}O_2 + 2H_2O + Cl_2 \rightarrow H_2S^{6+}O_4 + 2HCl$
  └── 산화(환원제로 작용) ──┘

04 구리선의 밀도가 7.81g/mL이고, 질량이 3.72g이다. 이 구리선의 부피는 얼마인가?

① 0.48   ② 2.09
③ 1.48   ④ 3.09

해설 밀도 = $\dfrac{질량}{부피}$ 이므로

∴ 부피 = $\dfrac{질량}{밀도}$ = $\dfrac{3.72g}{7.81g/mL}$ = 0.48mL

정답 01 ① 02 ④ 03 ③ 04 ①

05 원자 A가 이온 A^{2+}로 되었을 때 갖는 전자수와 원자 번호 n인 원자 B가 이온 B^{3-}으로 되었을 때 갖는 전자수가 같았다면 A의 원자 번호는?

① $n-1$ ② $n+2$
③ $n-3$ ④ $n+5$

해설 원자 번호 = 양성자수 = 전자수
A의 원자 번호를 x라고 하면
A^{2+}의 전자수 : $x-2$, B^{3-}의 전자수 : $n+3$,
A^{2+}의 전자수 = B^{3-}의 전자수
$x-2 = n+3$
∴ $x = n+5$

06 물 450g에 NaOH 80g이 녹아 있는 용액에서 NaOH의 몰분율은? (단, Na의 원자량은 23이다.)

① 0.074 ② 0.178
③ 0.200 ④ 0.450

해설 ㉠ H_2O 몰수 : $\frac{450}{18} = 25$mol
㉡ NaOH 몰수 : $\frac{80}{40} = 2$mol
㉢ NaOH의 몰분율 = $\frac{2}{25+2} = 0.074$

07 수소 1.2몰과 염소 2몰이 반응할 경우 생성되는 염화수소의 몰수는?

① 1.2 ② 2
③ 2.4 ④ 4.8

해설 $H_2 + Cl_2 \rightarrow 2HCl$
1.2몰 2몰 $2 \times 1.2 = 2.4$몰

08 중성 원자가 무엇을 잃으면 양이온으로 되는가?

① 중성자 ② 핵전하
③ 양성자 ④ 전자

해설 ㉠ 양이온 : 중성 원자가 전자를 잃으면 (+) 전기를 띤 양이온이 된다.
   예) $Na - e \rightarrow Na^+$
㉡ 음이온 : 중성 원자가 전자를 얻으면 (−) 전기를 띤 음이온이 된다.
   예) $Cl + e \rightarrow Cl^-$

09 결합력이 큰 것부터 작은 순서로 나열한 것은?

① 공유 결합 > 수소 결합 > 반 데르 발스 결합
② 수소 결합 > 공유 결합 > 반 데르 발스 결합
③ 반 데르 발스 결합 > 수소 결합 > 공유 결합
④ 수소 결합 > 반 데르 발스 결합 > 공유 결합

해설 결합력의 세기 : 공유 결합(그물 구조체) > 이온 결합 > 금속 결합 > 수소 결합 > 반 데르 발스 결합

10 KNO_3의 물에 대한 용해도는 70℃에서 130이며, 30℃에서 40이다. 70℃의 포화 용액 260g을 30℃로 냉각시킬 때 석출되는 KNO_3의 양은 약 얼마인가?

① 92g
② 101g
③ 130g
④ 153g

해설 용해도 : 용매 100g에 녹는 용질의 양
70℃에서 포화 용액 260g 속에 녹아 있는 용질(KNO_3)의 양을 x라고 하면
$230 : 130 = 260 : x$
$x = 147$g
용매(물) = 용액 − 용질 = 260 − 147 = 113g
30℃에서 물 113g에 녹을 수 있는 용질(KNO_3)의 양을 y라 하면
$100 : 40 = 113 : y$
$y = 45.2$
∴ 석출되는 KNO_3의 양 = $x - y$
= 147 − 45.2
≒ 101g

11 다음 중 헨리의 법칙으로 설명되는 것은?

① 극성이 큰 물질일수록 물에 잘 녹는다.
② 비눗물은 0℃보다 낮은 온도에서 언다.
③ 높은 산 위에서는 물이 100℃ 이하에서 끓는다.
④ 사이다의 병마개를 따면 거품이 난다.

해설 헨리의 법칙
액체 위의 압력이 줄어들어 용해도가 줄기 때문이다.
예) 사이다의 병마개를 따면 거품이 난다.

정답 05 ④ 06 ① 07 ③ 08 ④ 09 ① 10 ② 11 ④

12 집기병 속에 물에 적신 빨간 꽃잎을 넣고 어떤 기체를 채웠더니 얼마 후 꽃잎이 탈색되었다. 이와 같이 색을 탈색(표백)시키는 성질을 가진 기체는?

① He ② CO_2
③ N_2 ④ Cl_2

해설 염소(Cl_2)의 탈색(표백) 작용
염소(Cl_2)는 물속에 녹아 차아염소산(HClO)을 만들어 발생기 산소를 내므로 탈색(표백) 작용을 한다.
$Cl_2 + H_2O \rightarrow HCl + HClO$
$\therefore HClO \rightarrow HCl + [O]$
            발생기 산소

13 25℃의 포화 용액 90g 속에 어떤 물질이 30g 녹아 있다. 이 온도에서 이 물질의 용해도는 얼마인가?

① 30 ② 33
③ 50 ④ 63

해설 용해도 $= \dfrac{용질의 g수}{용매의 g수} \times 100$
$= \dfrac{30}{90-30} \times 100 = 50$

14 다음 밑줄 친 원소 중 산화수가 +5인 것은 어느 것인가?

① $Na_2\underline{Cr}_2O_7$ ② $K_2\underline{S}O_4$
③ K$\underline{N}$O$_3$ ④ $\underline{Cr}O_3$

해설 ① $(+1) \times 2 + 2 \times Cr + (-2) \times 7 = 0$
$\therefore Cr = +6$
② $(+1) \times 2 + S + (-2) \times 4 = 0$ $\therefore S = +6$
③ $(+1) + N + (-2) \times 3 = 0$ $\therefore N = +5$
④ $Cr + (-2) \times 3 = 0$ $\therefore Cr = +6$

15 볼타 전지에 관련된 내용으로 가장 거리가 먼 것은?

① 아연판과 구리판 ② 화학 전지
③ 진한 질산 용액 ④ 분극 현상

해설 볼타 전지
㉠ 구조 : $(-)Zn | H_2SO_4 | Cu(+)$

㉡ 화학 전지 : 화학 변화로 생긴 화학적 에너지를 전기적 에너지로 변화시키는 장치
㉢ 분극 현상 : (+)극에서 발생한 수소가 다시 전자를 방출하고, 수소 이온으로 되려는 성질 때문에 기전력이 약화되는 현상

16 C_nH_{2n+2}의 일반식을 갖는 탄화수소는?

① Alkyne ② Alkene
③ Alkane ④ Cycloalkane

해설 ① Alkyne : C_nH_{2n-2}
② Alkene : C_nH_{2n}
③ Alkane : C_nH_{2n+2}
④ Cycloalkane : C_nH_{2n}

17 다음 중 수용액에서 산성의 세기가 가장 큰 것은 어느 것인가?

① HF ② HCl
③ HBr ④ HI

해설 전기 음성도가 작을수록 결합력이 약해 H^+이 더 증가하므로 수용액에서 산성의 세기
HI > HBr > HCl > HF

18 이온화 에너지에 대한 설명으로 옳은 것은?

① 바닥 상태에 있는 원자로부터 전자를 제거하는 데 필요한 에너지이다.
② 들뜬 상태에서 전자를 하나 받아들일 때 흡수하는 에너지이다.
③ 일반적으로 주기율표에서 왼쪽으로 갈수록 증가한다.
④ 일반적으로 같은 족에서 아래로 갈수록 증가한다.

해설 ② 들뜬 상태에서 전자 1개를 제거하는 데 필요한 에너지이다.
③ 일반적으로 주기율표에서 0족으로 갈수록 증가한다.
④ 일반적으로 같은 족에서 원자 번호가 증가할수록 작아진다.

정답 12 ④ 13 ③ 14 ③ 15 ③ 16 ③ 17 ④ 18 ①

19 황산구리 수용액에 1.93A의 전류를 통할 때 매초 음극에서 석출되는 Cu의 원자수를 구하면 약 몇 개가 존재하는가?

① 3.12×10^{18}
② 4.02×10^{18}
③ 5.12×10^{18}
④ 6.02×10^{18}

해설 $CuSO_4 \quad Cu^{2+} + 2e^- \rightarrow Cu(s)$
1.93A 전류를 1초 동안 흘렸다고 하면
$Q=nF, Q=it$이므로 $n \times 96,500 = 1.93 \times 1$
∴ $n = 0.00002$mol
전자 2mol이 흐르면 Cu 1몰이 생성되므로
전자 0.00002mol이 흐르면 Cu 0.00001mol 생성
∴ $6.02 \times 10^{23} \times 0.00001 = 6.02 \times 10^{18}$개

20 비활성 기체 원자 Ar과 같은 전자 배치를 가지고 있는 것은?

① Na^+ ② Li^+
③ Al^{3+} ④ S^{2-}

해설 전자 배치가 같으려면 전자수(원자 번호=양성자수)가 같아야 한다. 그러므로 Ar=18이다.
① $Na^+ = 11-1 = 10$ ② $Li^+ = 3-1 = 2$
③ $Al^{3+} = 13-3 = 10$ ④ $S^{2-} = 16+2 = 18$

제2과목 화재예방과 소화방법

21 다음 중 제5류 위험물의 화재 시에 가장 적당한 소화 방법은?

① 질소 가스를 사용한다.
② 할로겐 화합물을 사용한다.
③ 탄산 가스를 사용한다.
④ 다량의 물을 사용한다.

해설 제5류 위험물 화재 시 소화 방법 : 다량의 물을 사용한다.

22 위험물안전관리법령상 옥외 소화전 설비에서 옥외 소화전함은 옥외 소화전으로부터 보행 거리 몇 m 이하의 장소에 설치하여야 하는가?

① 5m 이내
② 10m 이내
③ 20m 이내
④ 40m 이내

해설 옥외 소화전 설비에서 옥외 소화전함 : 옥외 소화전으로부터 보행 거리 5m 이하의 장소에 설치한다.

23 처마의 높이가 6m 이상인 단층 건물에 설치된 옥내 저장소의 소화 설비로 고려될 수 없는 것은?

① 고정식 포 소화 설비
② 옥내 소화전 설비
③ 고정식 불활성 가스 소화 설비
④ 고정식 분말 소화 설비

해설 소화 난이도 등급 I에 대한 제조소 등의 소화 설비

제조소 등의 구분		소화 설비
제조소 및 일반 취급소		옥내 소화전 설비, 옥외 소화전 설비, 스프링클러 설비 또는 물분무 등 소화 설비(화재 발생 시 연기가 충만할 우려가 있는 장소에는 스프링클러 설비 또는 이동식 외의 물분무 등 소화 설비에 한한다)
주유 취급소		스프링클러 설비(건축물에 한정한다), 소형 수동식 소화기 등(능력 단위의 수치가 건축물 그 밖의 공작물 및 위험물의 소요단위의 수치에 이르도록 설치할 것
옥내 저장소	처마 높이가 6m 이상인 단층 건물 또는 다른 용도의 부분이 있 는 건축물에 설치한 옥내 저장소	스프링클러 설비 또는 이동식 외의 물분무 등 소화 설비
	그 밖의 것	옥외 소화전 설비, 스프링클러 설비, 이동식 외의 물분무 등 소화 설비 또는 이동식 포 소화 설비(포 소화전을 옥외에 설치하는 것에 한한다)

정답 19 ④ 20 ④ 21 ④ 22 ① 23 ②

옥외 탱크 저장소	지중 탱크 또는 해상 탱크 외의 것	황만을 저장 취급하는 것	물분무 소화 설비
		인화점 70℃ 이상의 제4류 위험물만을 저장 취급하는 것	물분무 소화 설비 또는 고정식 포 소화 설비
		그 밖의 것	고정식 포 소화 설비(포 소화 설비가 적응성이 없는 경우에는 분말 소화 설비)
	지중 탱크		고정식 포 소화 설비, 이동식 이외의 불활성 가스 소화 설비 또는 이동식 이외의 할로겐 화합물 소화 설비
	해상 탱크		고정식 포 소화 설비, 물분무 소화 설비, 이동식 외의 불활성 가스 소화 설비 또는 이동식 이외의 할로겐 화합물 소화 설비
옥내 탱크 저장소	황만을 저장 취급하는 것		물분무 소화 설비
	인화점 70℃ 이상의 제4류 위험물만을 저장 취급하는 것		물분무 소화 설비, 고정식 포 소화 설비, 이동식 이외의 불활성 가스 소화 설비, 이동식 이외의 할로겐 화합물 소화 설비 또는 이동식 이외의 분말 소화 설비
	그 밖의 것		고정식 포 소화 설비, 이동식 이외의 불활성 가스 소화 설비, 이동식 이외의 할로겐 화합물 소화 설비 또는 이동식 이외의 분말 소화 설비
옥외 저장소 및 이송 취급소			옥내 소화전 설비, 옥외 소화전 설비, 스프링클러 설비 또는 물분무 등 소화 설비(화재 발생 시 연기가 충만할 우려가 있는 장소에는 스프링클러 설비 또는 이동식 이외의 물분무 등 소화 설비에 한한다)
암반 탱크 저장소	황만을 저장 취급하는 것		물분무 소화 설비
	인화점 70℃ 이상의 제4류 위험물만을 저장 취급하는 것		물분무 소화 설비 또는 고정식 포 소화 설비
	그 밖의 것		고정식 포 소화 설비(포 소화 설비가 적응성이 없는 경우에는 분말 소화 설비)

24 가연물이 되기 쉬운 조건으로 가장 거리가 먼 것은?

① 열전도율이 클수록
② 활성화 에너지가 작을수록
③ 화학적 친화력이 클수록
④ 산소와 접촉이 잘 될수록

해설 가연물이 되기 쉬운 조건
㉠ 산소와의 친화력이 클 것(화학적 활성이 강할 것)
㉡ 열전도율이 적을 것
㉢ 산소와의 접촉 면적이 클 것(표면적이 넓을 것)
㉣ 발열량(연소열)이 클 것
㉤ 활성화 에너지가 작을 것(발열 반응을 일으키는 물질)
㉥ 건조도가 좋을 것(수분의 함유가 적을 것)

25 제4류 위험물의 저장 및 취급 시 화재 예방 및 주의 사항에 대한 일반적인 설명으로 틀린 것은?

① 증기의 누출에 유의할 것
② 증기는 낮은 곳에 체류하기 쉬우므로 조심할 것
③ 전도성이 좋은 석유류는 정전기 발생에 유의할 것
④ 서늘하고 통풍이 양호한 곳에 저장할 것

해설 ③ 비전도성이 좋은 석유류는 정전기 발생에 유의할 것

26 펌프와 발포기의 중간에 설치된 벤투리관의 벤투리 작용과 펌프 가압수의 포 소화 약제 저장 탱크에 대한 압력에 의하여 포 소화 약제를 흡입·혼합하는 방식은?

① 프레셔 프로포셔너
② 펌프 프로포셔너
③ 프레셔 사이드 프로포셔너
④ 라인 프로포셔너

해설 포 소화 약제 혼합 장치의 종류
㉠ 펌프 혼합 방식(pump proportioner type) : 펌프의 토출관과 흡입관 사이의 배관 도중에 설치한 흡입기에 펌프에서 토출된 물의 일부를 보내고 농도 조절 밸브에서 조정된 포 소화 약제의 필요량을 포 소화 약제 탱크에서 펌프 흡입측으로 보내어 이를 혼합하는 방식
㉡ 차압 혼합 방식(pressure proportioner type) : 펌프와 발포기 중간에 설치된 벤투리관의 벤투리 작용과 펌프

정답 24 ① 25 ③ 26 ①

가압수의 포 소화 약제 저장 탱크에 대한 압력에 의하여 포 소화 약제를 흡입·혼합하는 방식
ⓒ 관로 혼합 방식(line propor tioner type) : 펌프와 발포기 중간에 설치된 벤투리관의 벤투리 작용에 의해 포 소화 약제를 흡입하여 혼합하는 방식
ⓔ 압입 혼합 방식(pre-ssure side proportioner type) : 포 원액을 송수관에 압입하기 위하여 포 원액용 펌프를 별도로 설치하여 혼합하는 방식

27 다음 중 C급 화재에 가장 적응성이 있는 소화 설비는?

① 봉상 강화액 소화기
② 포 소화기
③ 이산화탄소 소화기
④ 스프링클러 설비

해설 ① 봉상 강화액 소화기 : A급 화재
② 포 소화기 : A, B급 화재
③ 이산화탄소 소화기 : B, C급 화재
④ 스프링클러 설비 : A급 화재

28 제조소 또는 취급소의 건축물로 외벽이 내화 구조인 것은 연면적 몇 m²를 1소요 단위로 규정하는가?

① 100　　　　　② 200
③ 300　　　　　④ 400

해설 소요 단위(1단위)
1. 제조소 또는 취급소용 건축물의 경우
　ⓐ 외벽이 내화 구조로 된 것으로 연면적 100m²
　ⓑ 외벽이 내화 구조가 아닌 것으로 연면적 50m²
2. 저장소 건축물의 경우
　ⓐ 외벽이 내화 구조로 된 것으로 연면적 150m²
　ⓑ 외벽이 내화 구조가 아닌 것으로 연면적 75m²
3. 위험물의 경우 : 지정 수량 10배

29 주성분이 탄산수소나트륨인 소화 약제는 제 몇 종 분말 소화 약제인가?

① 제1종　　　　② 제2종
③ 제3종　　　　④ 제4종

해설 분말 소화 약제

종별	명칭	착색
제1종	중탄산나트륨($NaHCO_3$)	백색
제2종	탄산수소칼륨($KHCO_3$)	보라색
제3종	제1인산암모늄($NH_4H_2PO_4$)	담홍색(핑크색)
제4종	탄산수소칼륨+요소 [$KHCO_3+CO(NH_2)_2$]	회백색

30 위험물안전관리법령상 옥외 소화전 설비의 옥외 소화전이 3개 설치되었을 경우 수원의 수량은 몇 m³ 이상이 되어야 하는가?

① 7　　　　　　② 20.4
③ 40.5　　　　④ 100

해설 $Q(m^3) = N \times 13.5 m^3$
$= 3 \times 13.5 = 40.5 m^3$
여기서, Q : 수원의 수량
N : 옥외 소화전 설비 설치 개수(설치 개수가 4개 이상인 경우는 4개의 옥외 소화전)

31 다음 중 분말 소화 약제에 해당하는 착색으로 옳은 것은?

① 탄산수소칼륨 − 청색
② 제1인산암모늄 − 담홍색
③ 탄산수소칼륨 − 담홍색
④ 제1인산암모늄 − 청색

해설 29번 해설 참조

32 다음 중 이황화탄소의 액면 위에 물을 채워 두는 이유로 가장 적합한 것은?

① 자연 분해를 방지하기 위해
② 화재 발생 시 물로 소화를 하기 위해
③ 불순물을 물에 용해시키기 위해
④ 가연성 증기의 발생을 방지하기 위해

해설 이황화탄소의 액면 위에 물을 채워 두는 이유
가연성 증기의 발생을 방지하기 위해

정답 27 ③　28 ①　29 ①　30 ③　31 ②　32 ④

33 위험물안전관리법령상 질산나트륨에 대한 소화 설비의 적응성으로 옳은 것은?

① 건조사만 적응성이 있다.
② 이산화탄소 소화기는 적응성이 있다.
③ 포 소화기는 적응성이 없다.
④ 할로겐 화합물 소화기는 적응성이 없다.

해설 소화 설비의 적응성

소화 설비의 구분		건축물 · 그 밖의 공작물	전기 설비	제1류 위험물		제2류 위험물			제3류 위험물		제4류 위험물	제5류 위험물	제6류 위험물
				알칼리 금속 과산화물 등	그 밖의 것	철분 · 금속분 · 마그네슘 등	인화성 고체	그 밖의 것	금수성 물품	그 밖의 것			
옥내 소화전 설비 또는 옥외 소화전 설비		O			O		O	O		O		O	O
스프링클러 설비		O			O		O	O		O	△	O	O
물분무 등 소화 설비	물분무 소화 설비	O	O		O		O	O		O	O	O	O
	포 소화 설비	O			O		O	O		O	O	O	O
	불활성 가스 소화 설비		O					O			O		
	할로겐 화합물 소화 설비		O					O			O		
	분말 소화 설비	인산염류 등	O	O		O		O	O			O		O
		탄산수소염류 등		O	O		O	O		O		O		
		그 밖의 것			O		O			O				
대형 · 소형 수동식 소화기	봉상수(棒狀水) 소화기	O			O		O	O		O		O	O
	무상수(無狀水) 소화기	O	O		O		O	O		O		O	O
	봉상 강화액 소화기	O			O		O	O		O		O	O
	무상 강화액 소화기	O	O		O		O	O		O	O	O	O
	포 소화기	O			O		O	O		O	O	O	O
	이산화탄소 소화기		O					O			O		△
	할론 소화 설비		O					O			O		
	분말 소화기	인산염류 소화기	O	O		O		O	O			O		O
		탄산수소염류 소화기		O	O		O	O		O		O		
		그 밖의 것			O		O			O				
기타	물통 또는 수조	O			O		O	O		O			
	건조사			O	O	O	O	O	O	O	O	O	O
	팽창 질석 또는 팽창 진주암			O	O	O	O	O	O	O	O	O	O

34 C_6H_6 화재의 소화 약제로서 적합하지 않은 것은?

① 인산염류 분말　② 이산화탄소
③ 할로겐 화합물　④ 물(봉상수)

해설 33번 해설 참조

35 벼락으로부터 재해를 예방하기 위하여 위험물 안전관리법령상 피뢰 설비를 설치하여야 하는 위험물 제조소의 기준은? (단, 제6류 위험물을 취급하는 위험물 제조소는 제외한다.)

① 모든 위험물을 취급하는 제조소
② 지정 수량 5배 이상의 위험물을 취급하는 제조소
③ 지정 수량 10배 이상의 위험물을 취급하는 제조소
④ 지정 수량 20배 이상의 위험물을 취급하는 제조소

해설 피뢰 설비
지정 수량 10배 이상의 위험물을 취급하는 제조소

36 위험물안전관리법령에서 정한 제3류 위험물에 있어서 화재 예방법 및 화재 시 조치 방법에 대한 설명으로 틀린 것은?

① 칼륨과 나트륨은 금수성 물질로 물과 반응하여 가연성 기체를 발생한다.
② 알킬알루미늄은 알킬기의 탄소수에 따라 주수 시 발생하는 가연성 기체의 종류가 다르다.
③ 탄화칼슘은 물과 반응하여 폭발성의 아세틸렌 가스를 발생한다.
④ 황린은 물과 반응하여 유독성의 포스핀 가스를 발생한다.

해설 ④ 황린 : 저장 용기 중에는 물을 넣어 보관한다.

37 위험물안전관리법령상 옥외 소화전이 5개 설치된 제조소 등에서 옥외 소화전의 수원의 수량은 얼마 이상이어야 하는가?

① $14m^3$
② $35m^3$
③ $54m^3$
④ $78m^3$

해설 옥외 소화전 설비의 수원의 수량
옥외 소화전 설비의 설치 개수(설치 개수가 4개 이상인 경우는 4개의 옥외 소화전)에 $13.5m^3$를 곱한 양 이상
∴ $Q(m^3) = N \times 13.5m^3 = 4 \times 13.5m^3 = 54m^3$

정답 33 ④　34 ④　35 ③　36 ④　37 ③

38 준특정 옥외 탱크 저장소에서 저장 또는 취급하는 액체 위험물의 최대 수량 범위를 옳게 나타 낸 것은 어느 것인가?

① 50만L 미만
② 50만L 이상 100만L 미만
③ 100만L 이상 200만L 미만
④ 200만L 이상

해설 ㉠ 준특정 옥외 탱크 저장소 : 옥외 탱크 저장소 중 그 저장 또는 취급하는 액체 위험물의 최대 수량이 50만L 이상 100L 미만의 것
㉡ 특정 옥외 탱크 저장소 : 옥외 탱크 저장소 중 그 저장 또는 취급하는 액체 위험물의 최대 수량이 100만L 이상의 것

39 다음 중 가연물이 될 수 있는 것은?

① CS_2
② H_2O_2
③ CO_2
④ He

해설 ① 이황화탄소(CS_2)는 연소가 되므로 가연물이다.
$CS_2 + 3O_2 \rightarrow CO_2 + 2SO_2$
② H_2O_2 : 산화성 액체
③ CO_2 : 불연성 물질
④ He : 불연성 물질

40 위험물안전관리법령에서 정한 위험물의 유별 저장·취급의 공통 기준(중요 기준) 중 제5류 위험물에 해당하는 것은?

① 물이나 산과의 접촉을 피하고 인화성 고체에 있어서는 함부로 증기를 발생시키지 아니하여야 한다.
② 공기와의 접촉을 피하고, 물과의 접촉을 피하여야 한다.
③ 가연물과의 접촉·혼합이나 분해를 촉진하는 물품과의 접근 또는 과열을 피해야 한다.
④ 불티·불꽃·고온체와의 접근이나 과열·충격 또는 마찰을 피하여야 한다.

해설 위험물안전관리법령에서 정한 위험물의 유별 저장·취급의 공통 기준
1. 제1류 위험물
   ㉠ 가연물과의 접촉, 혼합, 분해를 촉진하는 물품과의 접근 또는 과열, 충격, 마찰 등을 피할 것
   ㉡ 알칼리 금속의 과산화물 및 이를 함유한 것은 물과의 접촉을 피할 것
2. 제2류 위험물
   ㉠ 산화제와의 접촉, 혼합이나 불티, 불꽃, 고온체와의 접근 또는 과열을 피할 것
   ㉡ 철분, 금속분, 마그네슘 및 이를 함유한 것에 있어서는 물이나 산과의 접촉을 피하고, 인화성 고체에 있어서는 함부로 증기를 발생시키지 아니할 것
3. 제3류 위험물
   ㉠ 자연 발화성 물질에 있어서는 불티, 불꽃 또는 고온체와의 접근, 과열 또는 공기와의 접촉을 피할 것
   ㉡ 금수성 물질에 있어서는 물과의 접촉을 피할 것
4. 제4류 위험물
   ㉠ 불티, 불꽃, 고온체와의 접근 또는 과열을 피할 것
   ㉡ 함부로 증기를 발생시키지 아니할 것
5. 제5류 위험물 : 불티, 불꽃, 고온체와의 접근이나 과열, 충격, 마찰을 피할 것
6. 제6류 위험물 : 가연물과의 접촉, 혼합이나 분해를 촉진하는 물품과 접근, 과열을 피할 것

제3과목 위험물의 성질과 취급

41 질산에 대한 설명으로 틀린 것은?

① 무색 또는 담황색의 액체이다.
② 유독성이 강한 산화성 물질이다.
③ 위험물안전관리법령상 비중이 1.49 이상인 것만 위험물로 규정한다.
④ 햇빛이 잘 드는 곳에서 투명한 유리병에 보관하여야 한다.

해설 ④ 햇빛이 차단되고, 통풍이 잘 되는 차고 어두운 곳에서 갈색 유리병에 보관해야 한다.

정답 38 ② 39 ① 40 ④ 41 ④

42 다음 중 물과 접촉하였을 때 위험성이 가장 높은 것은?

① S
② CH₃COOH
③ C₂H₅OH
④ K

해설 K(칼륨)
물과 격렬히 반응하여 발열하고 수소를 발생한다.
2K + 2H₂O → 2KOH + H₂ + 2×46.2kcal
여기서, H₂는 가연성 가스이고, KOH는 부식성이 매우 강한 물질이며 반응 시 소량의 증기로 변하여 눈, 목, 피부를 자극한다. 발생된 반응열은 K를 태우기도 하고 H₂와 공기 혼합물을 폭발시킬 수 있으므로 반응열과 나타난 현상은 매우 위험하다.

43 위험물안전관리법령상 위험물 제조소에 설치하는 "물기 엄금" 게시판의 색으로 옳은 것은?

① 청색 바탕 백색 글씨
② 백색 바탕 청색 글씨
③ 황색 바탕 청색 글씨
④ 청색 바탕 황색 글씨

해설 표시 방식
㉠ 화기 엄금, 화기 주의 : 적색 바탕에 백색 문자
㉡ 물기 엄금 : 청색 바탕에 백색 문자
㉢ 주유 취급소 : 청색 바탕에 백색 문자
㉣ 옥외 탱크 저장소 : 백색 바탕에 흑색 문자
㉤ 차량용 운반 용기 : 흑색 바탕에 황색 반사 도료

44 질산나트륨을 저장하고 있는 옥내 저장소(내화 구조의 격벽으로 완전히 구획된 실이 2 이상 있는 경우에는 동일한 실)에 함께 저장하는 것이 법적으로 허용되는 것은? (단, 위험물을 유별로 정리하여 서로 1m 이상의 간격을 두는 경우이다.)

① 적린
② 인화성 고체
③ 동·식물유류
④ 과염소산

해설 1. 옥내·외 저장소의 위험물 혼재 기준
㉠ 제1류 위험물(알칼리 금속 과산화물) 제외+제5류 위험물
㉡ 제1류 위험물+제6류 위험물
㉢ 제1류 위험물+자연 발화성 물품(황린)

㉣ 제2류 위험물(인화성 고체)+제4류 위험물
㉤ 제3류 위험물(알킬알루미늄 등)+제4류 위험물(알킬알루미늄, 알킬리튬 함유한 것)
㉥ 제4류 위험물(유기 과산화물)+제5류 위험물(유기 과산화물)

2. ㉠ 질산나트륨 : 제1류 위험물
  ㉡ 과염소산 : 제6류 위험물

45 그림과 같은 타원형 탱크의 내용적은 약 몇 m³인가?

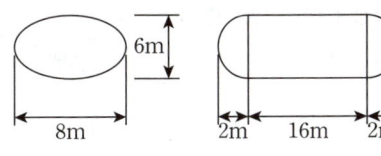

① 453
② 553
③ 653
④ 753

해설 $V = \dfrac{\pi ab}{4}\left(l + \dfrac{l_1+l_2}{3}\right)$

$= \dfrac{\pi \times 8 \times 6}{4} \times \left(16 + \dfrac{2+2}{3}\right)$

$= 653 m^3$

46 황이 연소할 때 발생하는 가스는?

① H₂S
② SO₂
③ CO₂
④ H₂O

해설 S + O₂ → SO₂

47 산화프로필렌 300L, 메탄올 400L, 벤젠 200L를 저장하고 있는 경우 각 지정 수량 배수의 총합은 얼마인가?

① 4
② 6
③ 8
④ 10

해설 $\dfrac{300}{50} + \dfrac{400}{400} + \dfrac{200}{200} = 6+1+1 = 8$배

정답 42 ④ 43 ① 44 ④ 45 ③ 46 ② 47 ③

48 다음 위험물의 저장 또는 취급에 관한 기술상의 기준과 관련하여 시 · 도의 조례에 의해 규제를 받는 경우는?

① 등유 2,000L를 저장하는 경우
② 중유 3,000L를 저장하는 경우
③ 윤활유 5,000L를 저장하는 경우
④ 휘발유 400L를 저장하는 경우

해설 1. 지정 수량 미만인 위험물의 저장·취급 : 기술상의 기준은 특별시, 광역시 및 도(시·도)의 조례로 정한다.
2. 조례 : 지방자치단체가 고유 사무와 위임 사무 등을 지방의 회의 결정에 의하여 제정하는 것

① $\frac{2{,}000}{1{,}000}=2$배 ② $\frac{3{,}000}{2{,}000}=1.5$배
③ $\frac{5{,}000}{6{,}000}=0.83$배 ④ $\frac{400}{200}=2$배

49 위험물안전관리법령상 제조소에서 위험물을 취급하는 건축물의 구조 중 내화 구조로 하여야 할 필요가 있는 것은?

① 연소의 우려가 있는 기둥
② 바닥
③ 연소의 우려가 있는 외벽
④ 계단

해설 1. 위험물을 취급하는 건축물의 기준
  ㉠ 불연 재료로 하여야 하는 것 : 벽, 연소의 우려가 있는 기둥, 바닥, 보, 서까래, 계단
  ㉡ 내화 구조로 하여야 하는 것 : 연소의 우려가 있는 외벽
2. 불연 재료 : 화재 시 불에 녹거나 열에 의해 빨갛게 되는 경우는 있어도 연소 현상은 일으키지 않는 재료
3. 내화 구조 : 화재에도 쉽게 연소하지 않고 건축물 내에서 화재가 발생하더라도 보통 방화 구역 내에서 진화되며 최종적으로 전소해도 수리하여 재사용할 수 있는 구조

50 염소산칼륨의 성질이 아닌 것은?

① 황산과 반응하여 이산화염소를 발생한다.
② 상온에서 고체이다.
③ 알코올보다는 글리세린에 더 잘 녹는다.
④ 환원력이 강하다.

해설 ④ 산화력이 강하다.

51 위험물의 저장 방법에 대한 설명 중 틀린 것은 어느 것인가?

① 황린은 산화제와 혼합되지 않게 저장한다.
② 황은 정전기가 축적되지 않도록 저장한다.
③ 적린은 인화성 물질로부터 격리 저장한다.
④ 마그네슘분은 분진을 방지하기 위해 약간의 수분을 포함시켜 저장한다.

해설 ④ 마그네슘은 산, 물 또는 습기와의 접촉을 피한다. 저장 용기는 밀폐 건조시키고 습기나 빗물이 침투되지 않도록 한다.

52 황화인에 대한 설명으로 틀린 것은?

① 고체이다.
② 가연성 물질이다.
③ P_4S_3, P_2S_5 등의 물질이 있다.
④ 물질에 따른 지정 수량은 50kg, 100kg, 300kg이다.

해설 ④ 물질에 따른 지정 수량은 100kg이다.

53 위험물안전관리법령상 제4류 위험물 옥외 저장 탱크의 대기 밸브 부착 통기관은 몇 kPa 이하의 압력 차이로 작동할 수 있어야 하는가?

① 2 ② 3
③ 4 ④ 5

해설 옥외 저장 탱크의 통기 장치
1. 밸브 없는 통기관
  ㉠ 직경 : 30mm 이상
  ㉡ 끝부분 : 45° 이상
  ㉢ 인화 방지 장치 : 가는 눈의 구리망 사용
2. 대기 밸브 부착 통기관
  ㉠ 작동 압력 차이 : 5kPa 이하
  ㉡ 인화 방지 장치 : 가는 눈의 구리망 사용

정답 48 ③ 49 ③ 50 ④ 51 ④ 52 ④ 53 ④

54 은백색의 광택이 있는 비중 약 2.7의 금속으로서 열, 전기의 전도성이 크며, 진한 질산에서는 부동태가 되며 묽은 질산에 잘 녹는 것은?

① Al ② Mg
③ Zn ④ Sb

해설 Al의 설명이다.

55 금속 나트륨이 물과 작용하면 위험한 이유로 옳은 것은?

① 물과 반응하여 과염소산을 생성하므로
② 물과 반응하여 염산을 생성하므로
③ 물과 반응하여 수소를 방출하므로
④ 물과 반응하여 산소를 방출하므로

해설 $2Na + 2H_2O \rightarrow 2NaOH + H_2$

56 위험물안전관리법령상 옥외 저장소에 저장할 수 없는 위험물은? (단, 국제해상위험물규칙에 적합한 용기에 수납된 위험물인 경우를 제외한다.)

① 질산에스테르류
② 질산
③ 제2석유류
④ 동·식물유류

해설 옥외 저장소에 저장할 수 있는 위험물
㉠ 제2류 위험물 중 유황 또는 인화성 고체(인화점 0°C 이상인 것에 한한다.)
㉡ 제4류 위험물 중 제1석유류(인화점 0°C 이상인 것에 한한다.), 알코올류, 제2석유류, 제3석유류, 제4석유류, 동·식물유류
㉢ 제6류 위험물

57 피크린산에 대한 설명으로 틀린 것은?

① 화재 발생 시 다량의 물로 주수 소화할 수 있다.
② 트라이나이트로페놀이라고도 한다.
③ 알코올, 아세톤에 녹는다.
④ 플라스틱과 반응하므로 철 또는 납의 금속용기에 저장해야 한다.

해설 제조 시 중금속과의 접촉을 피하며, 철, 구리, 납으로 만든 용기에 저장하지 말아야 한다.

58 무색, 무취 입방 정계 주상 결정으로 물, 알코올 등에 잘 녹고 산과 반응하여 폭발성을 지닌 이산화염소를 발생시키는 위험물로 살충제, 불꽃류의 원료로 사용되는 것은?

① 염소산나트륨 ② 과염소산칼륨
③ 과산화나트륨 ④ 과망가니즈산칼륨

해설 $2NaClO_3 + 2HCl \rightarrow 2NaCl + 2ClO_2 + H_2O_2$

59 위험물 지하 탱크 저장소의 탱크 전용실 설치 기준으로 틀린 것은?

① 철근 콘크리트 구조의 벽은 두께 0.3m 이상으로 한다.
② 지하 저장 탱크와 탱크 전용실의 안쪽과의 사이는 50cm 이상의 간격을 유지한다.
③ 철근 콘크리트 구조의 바닥은 두께 0.3m 이상으로 한다.
④ 벽, 바닥 등에 적정한 방수 조치를 강구한다.

해설 ② 지하 저장 탱크와 탱크 전용실의 안쪽과의 사이는 0.1m 이상의 간격을 유지한다.

60 [그림]과 같은 위험물을 저장하는 탱크의 내용적은 약 몇 m³인가? (단, r은 10m, L은 25m이다.)

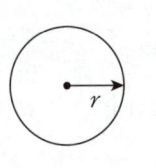 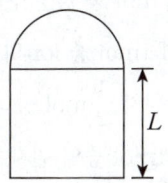

① 3,612 ② 4,712
③ 5,812 ④ 7,850

해설 $V = \pi r^2 L$
$= \pi \times 10^2 \times 25$
$= 7,850 m^3$

정답 54 ① 55 ③ 56 ① 57 ④ 58 ① 59 ② 60 ④

위험물 산업기사 (2021. 9. 5 시행)

제1과목 일반화학

01 다음 물질 중 수용액에서 약한 산성을 나타내며 염화제이철 수용액과 정색 반응을 하는 것은?

① 〈벤젠고리〉-NH_2
② 〈벤젠고리〉-OH
③ 〈벤젠고리〉-NO_2
④ 〈벤젠고리〉-Cl

해설 페놀(〈벤젠고리〉-OH) : 페놀성 −OH기 때문에 수용액에서 산성이며, $FeCl_3$와 반응하여 정색 반응을 한다.

02 어떤 물질이 산소 50wt%, 황 50wt%로 구성되어 있다. 이 물질의 실험식을 옳게 나타낸 것은?

① SO ② SO_2 ③ SO_3 ④ SO_4

해설 O와 S의 질량은 2배 차이가 난다.
산소 50wt%, 황 50wt%면 질량비가 똑같이 존재하므로 산소가 황의 2배이어야 한다.
∴ SO_2

03 수소 분자 1mol에 포함된 양성자수와 같은 것은?

① $\frac{1}{4}O_2$ mol 중 양성자수
② NaCl 1mol 중 ion의 총수
③ 수소 원자 $\frac{1}{2}$mol 중의 원자수
④ CO_2 1mol 중의 원자수

해설 양성자수=원자 번호
수소(H_2)분자 1mol의 양성자수 : 2개
① $\frac{1}{4}O_2$mol=$\frac{1}{2}$O=$\frac{1}{2}$×8=4개
② NaCl → Na^++Cl^-=2개
③ $\frac{1}{2}$H=$\frac{1}{2}$개
④ CO_2=C+2O=3개

04 비극성 분자에 해당하는 것은?

① CO ② CO_2
③ NH_3 ④ H_2O

해설 ㉠ 비극성 분자 : 분자 구조의 대칭성 때문에 극성을 나타내지 않는 분자. 또는 비극성 결합으로 이루어진 분자
 예) CO_2 등
㉡ 극성 분자 : 쌍극자 모멘트가 10 정도 이상인 분자
 예) CO, NH_3, H_2O 등

05 은거울 반응을 하는 화합물은?

① CH_3COCH_3
② CH_3OCH_3
③ HCHO
④ CH_3CH_2OH

해설 은거울 반응
$HCHO+Ag_2O \rightarrow HCOOH+2Ag$

06 CO_2 44g을 만들려면 C_3H_8 분자가 약 몇 개 완전 연소해야 하는가?

① 2.01×10^{23} ② 2.01×10^{22}
③ 6.02×10^{23} ④ 6.02×10^{22}

해설 $C_3H_8+5O_2 \rightarrow 3CO_2+4H_2O$

$\frac{44g\,CO_2}{} \times \frac{1mol\,CO_2}{44g\,CO_2} \times \frac{1mol\,C_3H_8}{3mol\,CO_2} \times \frac{6.02\times10^{23}개\,C_3H_8}{1mol\,C_3H_8}$
$=2.01\times10^{23}$개

07 공기의 평균 분자량은 약 29라고 한다. 이 평균 분자량을 계산하는 데 관계된 원소는?

① 산소, 수소 ② 탄소, 수소
③ 산소, 질소 ④ 질소, 탄소

정답 01 ② 02 ② 03 ② 04 ② 05 ③ 06 ① 07 ③

해설 공기

㉠ 산소 : 21%, ㉡ N_2 : 78%, ㉢ Ar : 1%

∴ $32 \times 0.21 + 28 \times 0.78 + 40 \times 0.01 = 29$

즉 공기의 평균 분자량과 관계되는 원소는 산소와 질소이다.

08 C_6H_{14}의 구조 이성질체는 몇 개가 존재하는가?

① 4　　② 5
③ 6　　④ 7

해설 C_6H_{14}의 구조 이성질체

㉠ -C-C-C-C-C-C-

㉡ -C-C-C-C-C-
　　　　-C-

㉢ -C-C-C-C-C-
　　　-C-

㉣ -C-C-C-C-C-
　　　　-C-

㉤ -C-C-C-C-
　　　-C-
　　　-C-

09 sp^3 혼성 오비탈을 가지고 있는 것은?

① BF_3　　② $BeCl_2$
③ C_2H_4　　④ CH_4

해설 분자 궤도 함수와 분자 모형

분자 궤도 함수	sp 결합	sp^2 결합	sp^3 결합
분자 모형	직선형	평면 정삼각형	정사면체형
결합각	180°	120°	109°28′
화합물	$BeCl_2$	BF_3 C_2H_4	CH_4

10 밑줄 친 원소의 산화수가 같은 것끼리 짝지어진 것은?

① $\underline{S}O_3$와 $\underline{Ba}O_2$
② $\underline{Ba}O_2$와 $K_2\underline{Cr}_2O_7$
③ $K_2\underline{Cr}_2O_7$와 $\underline{S}O_3$
④ H$\underline{N}O_3$와 $\underline{N}H_3$

해설
① · $\underline{S}O_3$: $S+(-2) \times 3 = 0$ ∴ $S = +6$
　· $\underline{Ba}O_2$: $Ba+(-2) \times 2 = 0$ ∴ $Ba = +4$
② · $\underline{Ba}O_2$: $Ba+(-2) \times 2 = 0$ ∴ $Ba = +4$
　· $K_2\underline{Cr}_2O_7$: $(+1 \times 2) + 2 \times Cr + (-2 \times 7) = 0$
　　$2Cr = 12$ ∴ $Cr = +6$
③ · $K_2\underline{Cr}_2O_7$: $(+1 \times 2) + 2 \times Cr + (-2 \times 7) = 0$
　　$2Cr = 12$ ∴ $Cr = +6$
　· $\underline{S}O_3$: $S+(-2) \times 3 = 0$ ∴ $S = +6$
④ · H$\underline{N}O_3$: $(+1) \times 1 + N + (-2) \times 3 = 0$ ∴ $N = +5$
　· $\underline{N}H_3$: $N+(+1) \times 3 = 0$ ∴ $N = -3$

11 다음은 에탄올의 연소 반응이다. 반응식의 계수 x, y, z를 순서대로 옳게 표시한 것은?

$$C_2H_5OH + xO_2 \rightarrow yH_2O + zCO_2$$

① 4, 4, 3　　② 4, 3, 2
③ 5, 4, 3　　④ 3, 3, 2

해설 $C_2H_5OH + xO_2 \rightarrow yH_2O + zCO_2$
양변에 각각의 원자수를 동일하게 계수를 맞춘다.
C : $2 = z$, H : $6 = 2y$, $y = 3$, O : $2x + 1 = y + 2z$
미지수의 값을 대입한다.
∴ $x = 3, y = 3, z = 2$

12 다음 중 수용액의 pH가 가장 작은 것은?

① 0.01N HCl　　② 0.1N HCl
③ 0.01N CH_3COOH　　④ 0.1N NaOH

해설 강산일수록 pH는 작아진다.
① : 강산, ② : 강산, ③ : 약산, ④ : 강염기이므로
③, ④는 제외된다.
① 0.01N HCl = pH = $-\log[H^+] = -\log[10^{-2}] = 2$
② 0.1N HCl = pH = $-\log[H^+] = -\log[10^{-1}] = 1$
따라서 수용액의 pH가 가장 작은 것은 ②이다.

정답 08 ②　09 ④　10 ③　11 ④　12 ②

13 1패러데이(Faraday)의 전기량으로 물을 전기분해하였을 때 생성되는 수소 기체는 0℃, 1기압에서 얼마의 부피를 갖는가?

① 5.6L ② 11.2L
③ 22.4L ④ 44.8L

해설
$H_2O \xrightarrow[1F]{전기 분해} \begin{cases} (+)극 : O_2 \to 1g당량 생성 : 8g, 5.6L \\ (-)극 : H_2 \to 1g당량 생성 : 1g, 11.2L \end{cases}$

14 방사선 중 감마선에 대한 설명으로 옳은 것은?

① 질량을 갖고, 음의 전하를 띰
② 질량을 갖고, 전하를 띠지 않음
③ 질량이 없고, 전하를 띠지 않음
④ 질량이 없고, 음의 전하를 띰

해설 감마선(γ) : 질량이 없고, 전하를 띠지 않음

15 휘발성 유기물 1.39g을 증발시켰더니 100℃, 760mmHg에서 420mL였다. 이 물질의 분자량은 약 몇 g/mol이인가?

① 53 ② 73
③ 101 ④ 150

해설 $PV = \dfrac{W}{M}RT$

$M = \dfrac{WRT}{PV} = \dfrac{1.39 \times 0.082 \times (100+273)}{1 \times 0.42}$
$\qquad = 101 g/mol$

16 활성화 에너지에 대한 설명으로 옳은 것은?

① 물질이 반응 전에 가지고 있는 에너지이다.
② 물질이 반응 후에 가지고 있는 에너지이다.
③ 물질이 반응 전과 후에 가지고 있는 에너지의 차이이다.
④ 물질이 반응을 일으키는 데 필요한 최소한의 에너지이다.

해설 활성화 에너지 : 물질이 반응을 일으키는 데 필요한 최소한의 에너지

17 어떤 금속의 원자가는 2이며, 그 산화물의 조성은 금속이 80wt%이다. 이 금속의 원자량은?

① 32 ② 48
③ 64 ④ 80

해설 산화물 중 금속의 함량이 80%이므로 산소(O_2)는 20%가 된다.
금속의 당량은 산소(O_2) 8g에 대응하는 값이 된다.
즉 $80 : 20 = x : 8$, $x = 80 \times \dfrac{8}{20} = 32$
원자량 = 당량 × 원자가 = 32 × 2 = 64

18 같은 주기에서 원자 번호가 증가할수록 감소하는 것은?

① 이온화 에너지 ② 원자 반지름
③ 비금속성 ④ 전기 음성도

해설 같은 주기에서 원자 번호가 증가할수록 원자 반지름이 감소한다.

19 Mg^{2+}의 전자수는 몇 개인가?

① 2 ② 10
③ 12 ④ 6×10^{23}

해설 $Mg^{2+} = 12 - 2 = 10$

20 다음 중 1차 이온화 에너지가 가장 작은 것은?

① Li ② O
③ Cs ④ Cl

해설 이온화 에너지는 0족으로 갈수록 증가하고 같은 족에서는 원자 번호가 증가할수록 작아진다. 따라서 1A족 원소 중 원자 번호가 가장 큰 Cs가 1차 이온화 에너지가 가장 작다.

정답 13 ② 14 ③ 15 ③ 16 ④ 17 ③ 18 ② 19 ② 20 ③

제2과목 화재예방과 소화방법

21 다음 중 가연성 물질이 아닌 것은?

① $C_2H_5OC_2H_5$
② $KClO_4$
③ $C_2H_4(OH)_2$
④ P_4

[해설] ② $KClO_4$: 산화성 고체

22 가연물의 구비 조건으로 옳지 않은 것은?

① 열전도율이 클 것
② 연소열량이 클 것
③ 화학적 활성이 강할 것
④ 활성화 에너지가 작을 것

[해설] ① 열전도율이 작을 것

23 물을 소화 약제로 사용하는 장점이 아닌 것은?

① 구하기가 쉽다.
② 취급이 간편하다.
③ 기화 잠열이 크다.
④ 피연소 물질에 대한 피해가 없다.

[해설] 물을 소화 약제로 사용하는 장점
㉠ 구하기가 쉽다.
㉡ 취급이 간편하다.
㉢ 기화 잠열이 크다.
㉣ 가격이 저렴하다.
㉤ 분무 시 적외선 등을 흡수하여 외부로부터의 열을 차단하는 효과가 있다.

24 다음 중 비열이 가장 큰 물질은?

① 물
② 구리
③ 나무
④ 철

[해설] 물질과 비열

물질명	비열(cal/g·℃)
물	1
구리	0.09
나무	0.4
철	0.11

25 이산화탄소 소화기에 관한 설명으로 옳지 않은 것은?

① 소화 작용은 질식 효과와 냉각 효과에 의한다.
② A급, B급 및 C급 화재 중 A급 화재에 가장 적응성이 있다.
③ 소화 약제 자체의 유독성은 적으나, 공기 중 산소 농도를 저하시켜 질식의 위험이 있다.
④ 소화 약제의 동결, 부패, 변질 우려가 적다.

[해설] ② B급, C급 화재 중 C급 화재에 가장 적응성이 있다.

26 위험물안전관리법령상 마른 모래(삽 1개 포함) 50L의 능력 단위는?

① 0.3
② 0.5
③ 1.0
④ 1.5

[해설] 능력 단위 : 소방 기구의 소화 능력을 나타내는 수치. 즉 소요 단위에 대응하는 소화 설비 소화 능력의 기준 단위
㉠ 마른 모래(50L, 삽 1개 포함) : 0.5단위
㉡ 팽창 질석 또는 팽창 진주암(160L, 삽 1개 포함) : 1단위
㉢ 소화 전용 물통(8L) : 0.3단위
㉣ 수조
 · 190L(8L 소화 전용 물통 6개 포함) : 2.5단위
 · 80L(8L 소화 전용 물통 3개 포함) : 1.5단위

27 소화 설비 설치 시 동·식물유류 400,000L에 대한 소요 단위는 몇 단위인가?

① 2
② 4
③ 20
④ 40

[해설] 소요 단위 $= \dfrac{\text{저장량}}{\text{지정 수량} \times 10\text{배}}$
$= \dfrac{400,000}{10,000 \times 10\text{배}} = 4$

정답 21 ② 22 ① 23 ④ 24 ① 25 ② 26 ② 27 ②

28 위험물안전관리법령상 가솔린의 화재 시 적응성이 없는 소화기는?

① 봉상 강화액 소화기　② 무상 강화액 소화기
③ 이산화탄소 소화기　④ 포 소화기

해설　소화 설비의 적응성

소화 설비의 구분		대상물 구분							
		건축물·그 밖의 공작물	전기 설비	제1류 위험물		제2류 위험물			제3류 위험물	제4류 위험물	제5류 위험물	제6류 위험물

(표 생략 — 상세 적응성 표)

29 소화 약제로서 물이 갖는 특성에 대한 설명으로 옳지 않은 것은?

① 유화 효과(emulsification effect)도 기대할 수 있다.
② 증발 잠열이 커서 기화 시 다량의 열을 제거한다.
③ 기화 팽창률이 커서 질식 효과가 있다.
④ 용융 잠열이 커서 주수 시 냉각 효과가 뛰어나다.

해설　④ 기화 잠열이 커서 주수 시 냉각 효과가 뛰어나다.

30 위험물 제조소에 옥내 소화전을 각 층에 8개씩 설치하도록 할 때 수원의 최소 수량은 얼마인가?

① 13m³　② 20.8m³
③ 39m³　④ 62.4m³

해설　옥내 소화전 수원의 양
$Q(m^3) = N \times 7.8m^3 = 5 \times 7.8m^3 = 39m^3$
(N : 옥내 소화전 설비의 설치 개수로 설치 개수가 5개 이상인 경우는 5개임)

31 분말 소화기에 사용되는 분말 소화 약제의 주성분이 아닌 것은?

① $NaHCO_3$　② $KHCO_3$
③ $NH_4H_2PO_4$　④ $NaOH$

해설　분말 소화 약제

종별	명칭	착색
제1종	중탄산나트륨($NaHCO_3$)	백색
제2종	탄산수소칼륨($KHCO_3$)	보라색
제3종	제1인산암모늄($NH_4H_2PO_4$)	담홍색(핑크색)
제4종	탄산수소칼륨+요소 [$KHCO_3+CO(NH_2)_2$]	회백색

32 일반적으로 고급 알코올 황산에스테르염을 기포제로 사용하며 냄새가 없는 황색의 액체로서 밀폐 또는 준밀폐 구조물의 화재 시 고팽창 포로 사용하여 화재를 진압할 수 있는 포 소화 약제는?

① 단백 포 소화 약제
② 합성 계면활성제 포 소화 약제
③ 알코올형 포 소화 약제
④ 수성막 포 소화 약제

해설　① 단백 포 소화 약제 : 동·식물성 단백질을 가수 분해한 것을 주원료로 하는 소화 약제
③ 알코올형 포 소화 약제 : 단백질의 가수 분해물이나 합성 계면활성제 중에 지방산 금속염이나 타 계통의 합성 계면활성제 또는 고분자 및 생성물 등을 첨가한 약제로서 수용성 용제의 소화에 사용
④ 수성막 포 소화 약제 : 일명 light water라 하며 소화 효과를 증대시키기 위하여 분말 소화 약제와 병용하여 사용

정답　28 ①　29 ④　30 ③　31 ④　32 ②

하며 합성 계면활성제를 주원료로 하는 포 소화 약제 중 기름 표면에서 수성막을 형성하는 소화 약제

33 위험물안전관리법령상 분말 소화 설비의 기준에서 가압용 또는 축압용 가스로 사용이 가능한 가스로만 이루어진 것은?

① 산소, 질소
② 이산화탄소, 산소
③ 산소, 아르곤
④ 질소, 이산화탄소

해설 분말 소화 설비의 기준에서 가압용 또는 축압용 가스로 사용이 가능한 가스: 질소, 이산화탄소

34 위험물 제조소 등에 "화기 주의"라고 표시한 게시판을 설치하는 경우 몇 류 위험물의 제조소인가?

① 제1류 위험물
② 제2류 위험물
③ 제4류 위험물
④ 제5류 위험물

해설 제조소의 게시판 주의 사항

위험물		주의 사항
제1류 위험물	알칼리 금속의 과산화물	물기 엄금
	기타	별도의 표시를 하지 않는다.
제2류 위험물	인화성 고체	화기 엄금
	기타	화기 주의
제3류 위험물	자연 발화성 물질	화기 엄금
	금수성 물질	물기 엄금
제4류 위험물		화기 엄금
제5류 위험물		
제6류 위험물		별도의 표시를 하지 않는다.

35 이산화탄소를 소화 약제로 사용하는 이유로서 옳은 것은?

① 산소와 결합하지 않기 때문에
② 산화 반응을 일으키나 발열량이 적기 때문에
③ 산소와 결합하나 흡열 반응을 일으키기 때문에
④ 산화 반응을 일으키나 환원 반응도 일으키기 때문에

해설 이산화탄소를 소화 약제로 사용하는 이유는 산소와 결합하지 않기 때문이다.

36 위험물안전관리법령상 위험물별 적응성이 있는 소화 설비가 옳게 연결되지 않은 것은?

① 제4류 및 제5류 위험물 – 할로겐 화합물 소화기
② 제4류 및 제6류 위험물 – 인산염류 분말 소화기
③ 제1류 알칼리 금속 과산화물 – 탄산수소염류 분말 소화기
④ 제2류 및 제3류 위험물 – 팽창 질석

해설 28번 해설 참조

37 할론 1301 소화 약제의 저장 용기에 저장하는 소화 약제의 양을 산출할 때는 「위험물의 종류에 대한 가스계 소화 약제의 계수」를 고려해야 한다. 위험물의 종류가 이황화탄소인 경우 할론 1301에 해당하는 계수 값은 얼마인가?

① 1.0
② 1.6
③ 2.2
④ 4.2

해설 소화 약제 계수

위험물의 종류	소화제 할로겐화물	
	1301	1211
아세톤	1.0	1.0
에탄올	1.0	1.2
휘발유	1.0	1.0
경유	1.0	1.0
원유	1.0	1.0
초산	1.1	1.1
디에틸에테르	1.2	1.0
톨루엔	1.0	1.0
이황화탄소	4.2	1.0
피리딘	1.1	1.1
벤젠	1.0	1.0

38 제4종 분말 소화 약제의 주성분으로 옳은 것은?

① 탄산수소칼륨과 요소의 반응 생성물
② 탄산수소칼륨과 인산염의 반응 생성물
③ 탄산수소나트륨과 요소의 반응 생성물
④ 탄산수소나트륨과 인산염의 반응 생성물

해설 31번 해설 참조

정답 33 ④ 34 ② 35 ① 36 ① 37 ④ 38 ①

39 다음은 위험물안전관리법령에서 정한 제조소 등에서의 위험물의 저장 및 취급에 관한 기준 중 위험물의 유별 저장·취급의 공통 기준에 관한 내용이다. ( ) 안에 알맞은 것은?

> ( )은 가연물과의 접촉·혼합이나 분해를 촉진하는 물품과의 접근 또는 과열을 피하여야 한다.

① 제2류 위험물 ② 제4류 위험물
③ 제5류 위험물 ④ 제6류 위험물

해설 위험물의 유별 저장·취급의 공통 기준
㉠ 제1류 위험물 : 가연물과의 접촉·혼합이나 분해를 촉진하는 물품과의 접근 또는 과열·충격·마찰 등을 피하는 한편, 알칼리 금속의 과산화물 및 이를 함유한 것에 있어서는 물과의 접촉을 피하여야 한다.
㉡ 제2류 위험물 : 산화제와의 접촉·혼합이나 불티·불꽃·고온체와의 접근 또는 과열을 피하는 한편, 철분·금속분·마그네슘 및 이를 함유한 것에 있어서는 물이나 산과의 접촉을 피하고 인화성 고체에 있어서는 함부로 증기를 발생시키지 아니하여야 한다.
㉢ 제3류 위험물 : 자연 발화성 물질에 있어서는 불티·불꽃 또는 고온체와의 접근·과열 또는 공기와의 접촉을 피하고, 금수성 물질에 있어서는 물과의 접촉을 피하여야 한다.
㉣ 제4류 위험물 : 불티·불꽃·고온체와의 접근 또는 과열을 피하고, 함부로 증기를 발생시키지 아니하여야 한다.
㉤ 제5류 위험물 : 불티·불꽃·고온체와의 접근이나 과열·충격 또는 마찰을 피하여야 한다.
㉥ 제6류 위험물 : 가연물과의 접촉·혼합이나 분해를 촉진하는 물품과의 접근 또는 과열을 피하여야 한다.

40 1기압, 100℃에서 물 36g이 모두 기화되었다. 생성된 기체는 약 몇 L인가?

① 11.2 ② 22.4
③ 44.8 ④ 61.2

해설 $PV = \dfrac{W}{M}RT$

$V = \dfrac{WRT}{PM}$

$= \dfrac{36 \times 0.082 \times (100+273)}{1 \times 18}$

$= 61.2 L$

제3과목 위험물의 성질과 취급

41 다음 그림은 제5류 위험물 중 유기 과산화물을 저장하는 옥내 저장소의 저장 창고를 개략적으로 보여주고 있다. 창과 바닥으로부터 높이(a)와 하나의 창의 면적(b)은 각각 얼마로 하여야 하는가? (단, 이 저장 창고 바닥 면적은 150m² 이내이다.)

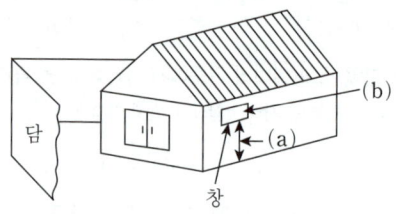

① (a) 2m 이상, (b) 0.6m² 이내
② (a) 3m 이상, (b) 0.4m² 이내
③ (a) 2m 이상, (b) 0.4m² 이내
④ (a) 3m 이상, (b) 0.6m² 이내

해설 제5류 위험물 중 유기 과산화물을 저장하는 옥내 저장소의 저장 창고에서 창과 바닥으로부터의 높이는 2m 이상, 하나의 창의 면적은 0.4m² 이내이다.

42 제조소에서 취급하는 위험물의 최대 수량이 지정 수량의 20배인 경우 보유 공지의 너비는 얼마인가?

① 3m 이상 ② 5m 이상
③ 10m 이상 ④ 20m 이상

해설 보유 공지

취급하는 위험물의 최대 수량	공지의 너비
지정 수량의 10배 이하	3m 이상
지정 수량의 10배 초과	5m 이상

43 옥내 저장소에서 안전 거리 기준이 적용되는 경우는?

① 지정 수량 20배 미만의 제4석유류를 저장하는 것
② 제2류 위험물 중 덩어리 상태의 황을 저장하는 것
③ 지정 수량 20배 미만의 동·식물유류를 저장하는 것
④ 제6류 위험물을 저장하는 것

정답 39 ④ 40 ④ 41 ③ 42 ② 43 ②

해설 **안전 거리 기준을 적용하지 않을 수 있는 조건**
㉠ 제4석유류 또는 동·식물유류의 위험물을 저장 또는 취급하는 옥내 저장소로 그 최대 수량의 20배 미만인 것
㉡ 제6류 위험물을 저장 또는 취급하는 옥내 저장소
㉢ 지정 수량의 20배(한 저장 창고의 바닥 면적이 150m² 이하인 경우에는 50배) 이하의 위험물을 저장 또는 취급하는 옥내 저장소로 다음의 기준에 적합한 것
  · 저장 창고의 벽·기둥·바닥·보 및 지붕이 내화 구조인 것
  · 저장 창고의 출입구에 수시로 열 수 있는 자동 폐쇄 방식의 갑종 방화문이 설치되어 있을 것
  · 저장 창고에 창을 설치하지 아니할 것

44 아염소산나트륨의 성상에 관한 설명 중 틀린 것은?

① 자신은 불연성이다.
② 열분해하면 산소를 방출한다.
③ 수용액 상태에서도 강력한 환원력을 가지고 있다.
④ 조해성이 있다.

해설 ③ 수용액 상태에서도 강력한 산화력을 가지고 있다.

45 위험물안전관리법령상 제1석유류에 속하지 않는 것은?

① CH_3COCH_3
② C_6H_6
③ $CH_3COC_2H_5$
④ CH_3COOH

해설 ④ CH_3COOH : 제2석유류

46 피리딘에 대한 설명 중 틀린 것은?

① 물보다 가벼운 액체이다.
② 인화점은 30°C보다 낮다.
③ 제1석유류이다.
④ 지정 수량이 200리터이다.

해설 ④ 지정 수량이 400리터이다.

47 $KClO_4$에 관한 설명으로 옳지 못한 것은?

① 순수한 것은 황색의 사방 정계 결정이다.
② 비중은 약 2.52이다.
③ 녹는점은 약 610°C이다.
④ 열분해하면 산소와 염화칼륨으로 분해된다.

해설 ① 무색, 무취의 결정 또는 백색의 분말

48 물과 반응하여 가연성 또는 유독성 가스를 발생하지 않는 것은?

① 탄화칼슘   ② 인화칼슘
③ 과염소산칼륨   ④ 금속 나트륨

해설 ① $CaC_2 + 2H_2O \rightarrow Ca(OH)_2 + C_2H_2$(가연성 가스)
② $Ca_3P_2 + 6H_2O \rightarrow 3Ca(OH)_2 + 2PH_3$(가연성 및 유독성 가스)
③ 과염소산칼륨($KClO_4$)은 물에 그다지 녹지 않는다.
④ $2Na + 2H_2O \rightarrow 2NaOH + H_2$(가연성 가스)

49 황화인의 성질에 해당되지 않는 것은?

① 공통적으로 유독한 연소 생성물이 발생한다.
② 종류에 따라 용해 성질이 다를 수 있다.
③ P_4S_3의 녹는점은 100°C보다 높다.
④ P_2S_5는 물보다 가볍다.

해설 ④ P_2S_5는 물보다 무겁다.(비중 2.09)

50 옥외 저장 탱크를 강철판으로 제작할 경우 두께 기준은 몇 mm 이상인가? (단, 특정 옥외 저장 탱크 및 준특정 옥외 저장 탱크는 제외한다.)

① 1.2   ② 2.2
③ 3.2   ④ 4.2

해설 옥외 저장 탱크의 강철판 두께 : 3.2mm 이상

정답 44 ③ 45 ④ 46 ④ 47 ① 48 ③ 49 ④ 50 ③

51 마그네슘의 위험성에 관한 설명으로 틀린 것은?

① 연소 시 양이 많은 경우 순간적으로 맹렬히 폭발할 수 있다.
② 가열하면 가연성 가스를 발생한다.
③ 산화제와의 혼합물은 위험성이 높다.
④ 공기 중의 습기와 반응하여 열이 축적되면 자연발화의 위험이 있다.

해설 ② $2Mg + O_2 \rightarrow 2MgO$

52 다음 ( ) 안에 알맞은 용어는?

> 지정 수량이라 함은 위험물의 종류별로 위험성을 고려하여 ( )이(가) 정하는 수량으로서 규정에 의한 제조소 등의 설치 허가 등에 있어서 최저의 기준이 되는 수량을 말한다.

① 대통령령
② 행정안전부령
③ 소방본부장
④ 시·도지사

해설 지정 수량이 적은 물품은 큰 물품보다는 같은 양, 같은 조건일 때 더 위험하다는 정도이며, 안전 관리는 모두 같아야 한다. 위험물로서의 취급 곤란도 예방, 진압상의 대책, 경제상의 부담 등이 대체적인 균형에 따라 전체를 조정하고 있다. 지정 수량을 초과했다 하여 갑자기 위험성이 생기는 것은 아니다.

53 제5류 위험물의 제조소에 설치하는 주의 사항 게시판에서 게시판의 바탕 및 문자의 색을 옳게 나타낸 것은?

① 청색 바탕에 백색 문자
② 백색 바탕에 청색 문자
③ 백색 바탕에 적색 문자
④ 적색 바탕에 백색 문자

해설 제조소의 게시판 주의 사항

위험물		주의사항
제1류 위험물	알칼리 금속의 과산화물	물기 엄금
	기타	별도의 표시를 하지 않는다.
제2류 위험물	인화성 고체	화기 엄금
	기타	화기 주의

제3류 위험물	자연 발화성 물질	화기 엄금
	금수성 물질	물기 엄금
제4류 위험물		화기 엄금
제5류 위험물		
제6류 위험물		별도의 표시를 하지 않는다.

※ 화기 엄금 : 적색 바탕에 백색 문자

54 황린을 물속에 저장할 때 인화수소의 발생을 방지하기 위한 물의 pH는 얼마 정도가 좋은가?

① 4　　② 5　　③ 7　　④ 9

해설 황린은 반드시 저장 용기 중에는 물을 넣어 보관한다. 저장 시 pH를 측정하여 산성을 나타내면 $Ca(OH)_2$를 넣어 약알칼리성(pH=9)이 유지되도록 한다. 경우에 따라서 불활성 가스를 봉입하기도 한다.

55 제1류 위험물 중 무기 과산화물 150kg, 질산염류 300kg, 다이크로뮴산염류 3,000kg을 저장하려고 한다. 각각 지정 수량의 배수의 총합은 얼마인가?

① 5　　② 6　　③ 7　　④ 8

해설 $\dfrac{150}{50} + \dfrac{300}{300} + \dfrac{3,000}{1,000} = 3+1+3 = 7$배

56 물보다 무겁고 비수용성인 위험물로 이루어진 것은?

① 이황화탄소, 나이트로벤젠, 크레오소트유
② 이황화탄소, 글리세린, 클로로벤젠
③ 에틸렌글리콜, 나이트로벤젠, 의산메틸
④ 초산메틸, 클로로벤젠, 크레오소트유

해설 ① 이황화탄소(비중 1.26, 비수용성), 나이트로벤젠(비중 1.2, 비수용성), 크레오소트유(비중 1.02~1.05, 비수용성)
② 이황화탄소(비중 1.26, 비수용성), 글리세린(비중 1.26, 수용성), 클로로벤젠(비중 1.11, 비수용성)
③ 에틸렌글리콜(비중 1.113, 수용성), 나이트로벤젠(비중 1.2, 비수용성), 의산메틸(비중 0.97, 수용성)
④ 초산메틸(비중 0.92, 수용성), 클로로벤젠(비중 1.11, 비수용성), 크레오소트유(비중 1.02~1.05, 비수용성)

정답 51 ②　52 ①　53 ④　54 ④　55 ③　56 ①

57 위험물안전관리법령상 1기압에서 제3석유류의 인화점 범위로 옳은 것은?

① 21℃ 이상 70℃ 미만
② 70℃ 이상 200℃ 미만
③ 200℃ 이상 300℃ 미만
④ 300℃ 이상 400℃ 미만

해설 석유류의 구분 기준 : 인화점
㉠ 제1석유류 : 1기압에서 인화점이 21℃ 미만인 것
㉡ 제2석유류 : 1기압에서 인화점이 21℃ 이상 70℃ 미만인 것
㉢ 제3석유류 : 1기압에서 인화점이 70℃ 이상 200℃ 미만인 것
㉣ 제4석유류 : 1기압에서 인화점이 200℃ 이상 250℃ 미만인 것

58 다음 물질 중 발화점이 가장 낮은 것은?

① CS_2
② C_6H_6
③ CH_3COCH_3
④ CH_3COOCH_3

해설 ① 100℃, ② 498℃, ③ 538℃, ④ 454℃

59 위험물안전관리법령에서 정한 품명이 나머지 셋과 다른 하나는?

① $(CH_3)_2CHCH_2OH$
② $CH_2OHCHOHCH_2OH$
③ CH_2OHCH_2OH
④ $C_6H_5NO_2$

해설 ㉠ 제2석유류 : 부틸알코올[$(CH_3)_2CHCH_2OH$]
㉡ 제3석유류 : 글리세린($CH_2OHCHOHCH_2OH$),
에틸렌글리콜(CH_2OHCH_2OH),
나이트로벤젠($C_6H_5NO_2$)

60 주거용 건축물과 위험물 제조소와의 안전거리를 단축할 수 있는 경우는?

① 제조소가 위험물의 화재 진압을 하는 소방서와 근거리에 있는 경우
② 취급하는 위험물의 최대 수량(지정 수량의 배수)이 10배 미만이고 기준에 의한 방화상 유효한 벽을 설치한 경우
③ 위험물을 취급하는 시설이 철근 콘크리트 벽일 경우
④ 취급하는 위험물이 단일 품목일 경우

해설 주거용 건축물과 위험물 제조소와의 안전 거리를 단축할 수 있는 경우 : 취급하는 위험물이 최대 수량(지정 수량의 배수)이 10배 미만이고 기준에 의한 방화상 유효한 벽을 설치한 경우

정답 57 ② 58 ① 59 ① 60 ②

위험물 산업기사 (2022. 3. 2 시행)

제1과목 일반화학

01 물 36g을 모두 증발시키면 수증기가 차지하는 부피는 표준 상태를 기준으로 몇 L인가?

① 11.2   ② 22.4
③ 33.6   ④ 44.8

해설 H_2O(1몰)=18g, H_2O(2몰)=36g이므로
∴ 수증기의 부피는 $2 \times 22.4L = 44.8L$

02 NaCl의 결정계는 다음 중 무엇에 해당되는가?

① 입방 정계(cubic)
② 정방 정계(tetragonal)
③ 육방 정계(hexagonal)
④ 단사 정계(monoclinic)

해설 ① 입방 정계 : 7정계의 하나로서 격자 정수 사이에 $a=b=c$, $\alpha=\beta=\gamma=90°$의 관계가 성립되며, 단위 격자는 입방체, 단위 격자의 대각선 방향으로 3회 회전축을 갖고 있고 a, b, c축 방향으로 2회 또는 4회 대칭축이 존재함. 이 정계의 공간 격자에는 단순 격자, 체심 격자, 면심 격자가 있음
   예 NaCl
② 정방 정계 : 전후·좌우에 직교하는 2개의 길이가 같은 수평축과 이것과 직교하는 길이가 다른 수직축을 가진 결정계
③ 육방 정계 : 한 평면상에서 서로 60°로 교차하는 같은 길이의 3개의 수평축과 이들과 직교하면서 길이가 다른 수직축을 가진 결정계
④ 단사 정계 : 길이가 다른 a, b, c의 세 결정축을 가지며, 그 중에 서로 직교하는 a, b의 두 축과 b축과는 직교하나 a축과는 비스듬히 교차하는 c축으로 표시되는 결정계

03 다음 화합물 중 2mol이 완전 연소될 때 6mol의 산소가 필요한 것은?

① CH_3-CH_3 ② $CH_2=CH_2$
③ $CH\equiv CH$ ④ C_6H_6

해설 완전 연소 반응식
① $2C_2H_6+7O_2 \rightarrow 4CO_2+6H_2O$
② $2C_2H_4+6O_2 \rightarrow 4CO_2+4H_2O$
③ $2C_2H_2+5O_2 \rightarrow 4CO_2+2H_2O$
④ $2C_6H_6+15O_2 \rightarrow 12CO_2+6H_2O$

04 벤젠에 수소 원자 한 개는 $-CH_3$기로, 또 다른 수소 원자 한 개는 $-OH$기로 치환되었다면 이성질체 수는 몇 개인가?

① 1   ② 2   ③ 3   ④ 4

해설 크레졸은 세 가지 이성질체를 갖는다.

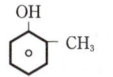

(ortho)   (meta)   (para)

05 알칼리 금속이 다른 금속 원소에 비해 반응성이 큰 이유와 밀접한 관련이 있는 것은?

① 밀도가 작기 때문이다.
② 물에 잘 녹기 때문이다.
③ 이온화 에너지가 작기 때문이다.
④ 녹는점과 끓는점이 비교적 낮기 때문이다.

해설 ㉠ 이온화 에너지 : 원자로부터 하나의 전자를 떼어내는 데 필요한 에너지이다.
㉡ 알칼리 금속은 이온화 에너지가 가장 작다. 따라서 양이온이 되기 쉬우므로 다른 금속 원소에 비해 반응성이 크다.

06 지시약으로 사용되는 페놀프탈레인 용액은 산성에서 어떤 색을 띠는가?

① 적색   ② 청색   ③ 무색   ④ 황색

해설 페놀프탈레인은 산성에서 무색이며, pH 8.3~10.0에서 붉은색으로 변한다.

정답 01 ④ 02 ① 03 ② 04 ③ 05 ③ 06 ③

07 다음 반응식 중 흡열 반응을 나타내는 것은?

① $CO + \frac{1}{2}O_2 \rightarrow CO_2 + 68\,kcal$
② $N_2 + O_2 \rightarrow 2NO,\ \Delta H = +42\,kcal$
③ $C + O_2 \rightarrow CO_2,\ \Delta H = -94\,kcal$
④ $H_2 + \frac{1}{2}O_2 \rightarrow H_2O - 58\,kcal$

해설 ㉠ 발열 반응 : 열을 방출하는 경우(ΔH가 음의 값)
㉡ 흡열 반응 : 열을 흡수하는 경우(ΔH가 양의 값)

08 탄소 3g이 산소 16g 중에서 완전 연소되었다면, 연소한 후 혼합 기체의 부피는 표준 상태에서 몇 L가 되는가?

① 5.6 ② 6.8
③ 11.2 ④ 22.4

해설 탄소 3g은 0.25mol이므로

$$C\ +\ O_2\ \rightarrow\ CO_2$$
0.25mol　0.25mol　0.25mol
(3g)　　(8g)　　(11g)
(5.6L)　(5.6L)　(5.6L)

연소 후 혼합 기체는 O_2 : 0.25 mol(0.5 mol $-$ 0.25 mol)와 CO_2 0.25 mol이므로, 혼합 기체의 부피는 $0.25 \times 22.4\,L + 0.25 \times 22.4\,L = 11.2\,L$이다.

09 아세틸렌 계열 탄화수소에 해당되는 것은?

① C_5H_8 ② C_6H_{12}
③ C_6H_8 ④ C_3H_2

해설 아세틸렌 계열 탄화수소 : C_nH_{2n-2}
∴ $C_5H_{10-2} = C_5H_8$

10 전극에서 유리되고 화학 물질의 무게가 전지를 통하여 사용된 전류의 양에 정비례하고, 또한 주어진 전류량에 의하여 생성된 물질의 무게는 그 물질의 당량에 비례한다는 화학 법칙은?

① 르 샤틀리에의 법칙
② 아보가드로의 법칙
③ 패러데이의 법칙
④ 보일-샤를의 법칙

해설 ① 르 샤틀리에의 법칙 : 화학 평형계의 평형은 정하는 변수(온도와 압력, 농도)의 하나에 변화가 가해졌을 때 계가 어떻게 반응하는가를 설명한 것. 즉 화학 평형에 있는 계는 평형을 정하는 인자의 하나가 변동하면 변화를 받게 되는데 그 변화는 생각하고 있는 인자를 역방향으로 변동시킨다는 법칙으로, 이 법칙은 열역학적으로 깁스 에너지가 최소의 조건에서 유도된다.
② 아보가드로의 법칙 : 같은 온도와 압력하에서 모든 기체는 같은 부피 속에 같은 수의 분자가 있다는 법칙이다.
④ 보일-샤를의 법칙 : 기체의 부피는 압력에 반비례하고, 절대 온도에 비례한다.

11 방사성 동위 원소의 반감기가 20일 때 40일이 지난 후 남은 원소의 분율은?

① 1/2 ② 1/3
③ 1/4 ④ 1/6

해설 $m = M\left(\frac{1}{2}\right)^{\frac{t}{T}}$

여기서, m : t 시간 후에 남은 질량
　　　M : 처음 질량
　　　t : 경과된 시간
　　　T : 반감기

∴ $m = M\left(\frac{1}{2}\right)^{\frac{40}{20}} = \frac{1}{4}M$

12 수소와 질소로 암모니아를 합성하는 반응의 화학 반응식은 다음과 같다. 암모니아의 생성률을 높이기 위한 조건은?

$$N_2 + 3H_2 \rightarrow 2NH_3 + 22.1\,kcal$$

① 온도와 압력을 낮춘다.
② 온도는 낮추고, 압력은 높인다.
③ 온도를 높이고, 압력은 낮춘다.
④ 온도와 압력을 높인다.

해설 발열 반응 : 온도를 낮추고, 압력을 높인다.

13 질소 2몰과 산소 3몰의 혼합 기체가 나타나는 전압력이 10기압일 때 질소의 분압은 얼마인가?

정답 07 ②　08 ③　09 ①　10 ③　11 ③　12 ②　13 ②

① 2기압 　　　　② 4기압
③ 8기압 　　　　④ 10기압

해설) 질소의 분압 = 전압력 × (질소의 몰수 / 전체 몰수)
$= 10 \times \dfrac{2}{2+3} = 4$

14 같은 온도에서 크기가 같은 4개의 용기에 다음과 같은 양의 기체를 채웠을 때 용기의 압력이 가장 큰 것은?

① 메탄 분자 1.5×10^{23}
② 산소 1g당량
③ 표준 상태에서 CO_2 16.8L
④ 수소 기체 1g

해설) $PV = nRT$에서 압력은 몰수에 비례
① $\dfrac{1.5 \times 10^{23}}{6.02 \times 10^{23}} = 0.25$몰
② 산소 1g당량 $= \dfrac{16g}{2} = 8g$, $\dfrac{8g}{32g} = 0.25$몰
③ $\dfrac{16.8L}{22.4L} = 0.75$몰
④ $\dfrac{1g}{2g} = 0.5$몰

15 포화 탄화수소에 해당하는 것은?

① 톨루엔 　　　　② 에틸렌
③ 프로판 　　　　④ 아세틸렌

해설) 포화 탄화수소 : C_nH_{2n+2}, $n=3$, ∴ C_3H_8

16 분자 운동 에너지와 분자 간의 인력에 의하여 물질의 상태 변화가 일어난다. 다음 그림에서 (a), (b)의 변화는?

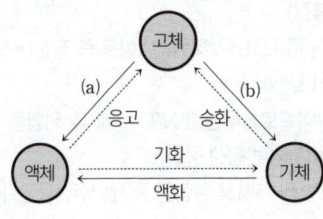

① (a) 융해, (b) 승화
② (a) 승화, (b) 융해
③ (a) 응고, (b) 승화
④ (a) 승화, (b) 응고

해설) 고체 —융해→ 액체, 고체 —승화→ 기체

17 8g의 메탄을 완전 연소시키는 데 필요한 산소 분자의 수는?

① 6.02×10^{23} 　　② 1.204×10^{23}
③ 6.02×10^{24} 　　④ 1.204×10^{24}

해설) 메탄의 완전 연소 반응식
$CH_4 + 2O_2 \rightarrow CO_2 + 2H_2O$
16g → 2몰의 산소
8g → 1몰의 산소
∴ 산소 분자 1몰의 산소 분자수 $= 6.02 \times 10^{23}$개

18 $KMnO_4$에서 Mn의 산화수는 얼마인가?

① +3 　　　　② +5
③ +7 　　　　④ +9

해설) $KMnO_4$: $(+1) + Mn + (-2) \times 4 = 0$
∴ Mn의 산화수 = +7

19 다음 핵화학 반응식에서 산소(O)의 원자 번호는 얼마인가?

$$^{14}_{7}N + ^{4}_{2}He(\alpha) \rightarrow O + ^{1}_{1}H$$

① 6 　　　　② 7
③ 8 　　　　④ 9

해설) $^{14}_{7}N + ^{4}_{2}He(\alpha) \rightarrow ^{17}_{8}O + ^{1}_{1}H$

20 분자량의 무게가 4배이면, 확산 속도는 몇 배인가?

① 0.5배 　　　② 1배
③ 2배 　　　　④ 4배

해설) $\dfrac{u_1}{u_2} = \sqrt{\dfrac{M_2}{M_1}} = \sqrt{\dfrac{1}{4}} = \dfrac{1}{2} = 0.5$

정답 14 ③ 15 ③ 16 ① 17 ① 18 ③ 19 ③ 20 ①

제2과목 화재예방과 소화방법

21 위험물안전관리법령상 위험물 제조소와의 안전거리 기준이 50m 이상이어야 하는 것은?

① 고압가스 취급 시설 ② 학교·병원
③ 유형 문화재 ④ 극장

해설 제조소의 안전 거리
① 20m 이상
② 30m 이상
③ 50m 이상
④ 30m 이상

22 프로판 $2m^3$이 완전 연소할 때 필요한 이론 공기량은 약 몇 m^3인가? (단, 공기 중 산소 농도는 21vol%이다.)

① 23.81 ② 35.72
③ 47.62 ④ 71.43

해설
$$C_3H_8 + 5O_2 \rightarrow 3CO_2 + 4H_2O$$
$$22.4m^3 \quad 5 \times 22.4m^3$$
$$2m^3 \quad x(m^3)$$

$x = \dfrac{5 \times 22.4 \times 2}{22.4} = 10m^3$

∴ 이론 공기량 = $\dfrac{산소량}{산소 농도} = \dfrac{10}{0.21} = 47.62m^3$

23 위험물안전관리법령상 포 소화 설비의 고정 포 방출구를 설치한 위험물 탱크에 부속하는 보조 포 소화전에서 3개의 노즐을 동시에 사용할 경우 각각의 노즐 선단에서의 분당 방사량은 몇 L/min 이상이어야 하는가?

① 80 ② 130
③ 230 ④ 400

해설 고정식 포 방출구 방식 보조 포 소화전은 3개(호스 접속구가 3개 미만인 경우에는 그 개수)의 노즐을 동시에 사용할 경우에 각각의 노즐 선단의 방사 압력이 0.35MPa 이상이고, 방사량이 400L/min 이상의 성능이 되도록 설치한다.

24 위험물 제조소 등에 설치하는 불활성 가스 소화 설비의 기준으로 틀린 것은?

① 저장 용기의 충전비는 고압식에 있어서는 1.5 이상 1.9 이하, 저압식에 있어서는 1.1 이상 1.4 이하로 한다.
② 저압식 저장 용기에는 2.3MPa 이상 및 1.9MPa 이하의 압력에서 작동하는 압력 경보 장치를 설치한다.
③ 저압식 저장 용기에는 용기 내부의 온도를 $-20°C$ 이상 $-18°C$ 이하로 유지할 수 있는 자동 냉동기를 설치한다.
④ 기동용 가스 용기는 20MPa 이상의 압력에 견딜 수 있는 것이어야 한다.

해설 ④ 기동용 가스 용기는 25MPa 이상의 압력에 견딜 수 있는 것이어야 한다.

25 위험물 제조소에서 화기 엄금 및 화기 주의를 표시하는 게시판의 바탕색과 문자색을 옳게 연결한 것은?

① 백색 바탕 – 청색 문자
② 청색 바탕 – 백색 문자
③ 적색 바탕 – 백색 문자
④ 백색 바탕 – 적색 문자

해설 표시 방식
㉠ 화기 엄금·화기 주의 : 적색 바탕에 백색 문자
㉡ 물기 엄금 : 청색 바탕에 백색 문자
㉢ 주유 취급소 : 황색 바탕에 흑색 문자
㉣ 옥외 탱크 저장소 : 백색 바탕에 흑색 문자
㉤ 차량용 운반 용기 : 흑색 바탕에 황색 반사 도료

26 제5류 위험물인 자기 반응성 물질에 포함되지 않는 것은?

① CH_3NO_2 ② $[C_6H_7O_2(ONO_2)_3]_n$
③ $C_6H_2CH_3(NO_2)_3$ ④ $C_6H_5NO_2$

해설 ① 질산메틸 : 제5류 위험물 중 질산에스테르류(자기 반응성 물질)
② 나이트로셀룰로오스 : 제5류 위험물 중 질산에스테르류(자기 반응성 물질)
③ 트라이나이트로톨루엔(TNT) : 제5류 위험물 중 나이트로 화합물(자기 반응성 물질)
④ 나이트로벤젠 : 제4류 위험물 중 제3석유류(인화성 액체)

정답 21 ③ 22 ③ 23 ④ 24 ④ 25 ③ 26 ④

27 위험물안전관리법상 물분무 소화 설비의 제어 밸브는 바닥으로부터 어느 위치에 설치하여야 하는가?

① 0.5m 이상 1.5m 이하
② 0.8m 이상 1.5m 이하
③ 1m 이상 1.5m 이하
④ 1.5m 이상

해설 물분무 소화 설비 제어 밸브 : 바닥으로부터 0.8m 이상 1.5m 이하

28 다음 물질의 화재 시 내알코올 포를 쓰지 못하는 것은?

① 아세트알데하이드
② 알킬리튬
③ 아세톤
④ 에탄올

해설 ㉠ 내알코올 포 : 물에 녹는 위험물에 적합
  예 아세트알데하이드, 아세톤, 에탄올
㉡ 건조사 : 물과 심하게 반응하는 위험물
  예 알킬리튬

29 할로겐 화합물인 Halon 1301의 분자식은?

① CH_3Br ② CCl_4
③ CF_2Br_2 ④ CF_3Br

해설 ㉠ Halon : 첫째 — 탄소수, 둘째 — 불소수, 셋째 — 염소수, 넷째 — 브롬수
㉡ Halon 1301 : CF_3Br

30 경유의 대규모 화재 발생 시 주수 소화가 부적당한 이유에 대한 설명으로 가장 옳은 것은?

① 경유가 연소할 때 물과 반응하여 수소 가스를 발생하여 연소를 돕기 때문에
② 주수 소화하면 경유의 연소열 때문에 분해하여 산소를 발생하고, 연소를 돕기 때문에
③ 경유는 물과 반응하여 유독 가스를 발생하므로
④ 경유는 물보다 가볍고, 또 물에 녹지 않기 때문에 화재가 널리 확대되므로

해설 경유의 대규모 화재 발생 시 주소 소화가 부적당한 이유
경유는 물보다 가볍고(비중 0.85), 또 물에 녹지 않기 때문에 화재가 널리 확대되므로

31 불활성 가스 소화 설비의 저압식 저장 용기에 설치하는 압력 경보 장치의 작동 압력은?

① 1.9MPa 이상의 압력 및 1.5MPa 이하의 압력
② 2.3MPa 이상의 압력 및 1.9MPa 이하의 압력
③ 3.75MPa 이상의 압력 및 2.3MPa 이하의 압력
④ 4.5MPa 이상의 압력 및 3.75MPa 이하의 압력

해설 불활성 가스 소화 설비의 저압식 저장 용기의 압력 경보 장치의 작동 압력 : 2.3MPa 이상의 압력 및 1.9MPa 이하의 압력

32 제조소 건축물로 외벽이 내화 구조인 것의 1소요 단위는 연면적이 몇 m^2인가?

① 50
② 100
③ 150
④ 1,000

해설 소요 단위(1단위)
제조소 또는 취급소용 건축물의 경우
㉠ 외벽이 내화 구조로 된 것으로 연면적 $100m^2$
㉡ 외벽이 내화 구조가 아닌 것으로 연면적 $50m^2$

33 다음 중 전기의 불량 도체로 정전기가 발생되기 쉽고, 폭발 범위가 가장 넓은 위험물은?

① 아세톤
② 톨루엔
③ 에틸알코올
④ 에틸에테르

해설 폭발 범위
① 2.6~12.8% ② 1.4~6.7%
③ 4.3~19% ④ 1.9~48%

정답 27 ② 28 ② 29 ④ 30 ④ 31 ② 32 ② 33 ④

34 위험물 제조소 등에 설치하는 옥내 소화전 설비의 설명 중 틀린 것은?

① 개폐 밸브 및 호스 접속구는 바닥으로부터 1.5m 이하에 설치
② 함의 표면에서 "소화전"이라고 표시할 것
③ 축전지 설비는 설치된 벽으로부터 0.2m 이상 이격할 것
④ 비상 전원의 용량은 45분 이상일 것

해설 ③ 축전지 설비는 설치된 실의 벽으로부터 0.1m 이상 이격할 것

35 분말 소화 약제인 탄산수소나트륨 10kg이 1기압, 270°C에서 방사되었을 때 발생하는 이산화탄소의 양은 약 몇 m³인가?

① 2.65
② 3.65
③ 18.22
④ 36.44

해설 $PV = \frac{W}{M}RT$ 이므로

$$\therefore V = \frac{WRT}{PM} = \frac{10 \times 0.082 \times (273+270)}{1 \times 168} = 2.65\text{m}^3$$

36 제3종 분말 소화 약제를 화재면에 방출 시 부착성이 좋은 막을 형성하여 연소에 필요한 산소의 유입을 차단하기 때문에 연소를 중단시킬 수 있다. 그러한 막을 구성하는 물질은?

① H_3PO_4
② PO_4
③ HPO_3
④ P_2O_5

해설 $NH_4H_2PO_4 \rightarrow HPO_3 + NH_3 + H_2O$
(메타인산)

메타인산(HPO_3)을 화재면에 방출 시 부착성이 좋은 막을 형성하여 연소에 필요한 산소의 유입을 차단하기 때문에 연소를 중단시킬 수 있다.

37 BLEVE 현상에 대한 설명으로 가장 옳은 것은?

① 기름 탱크에서의 수증기 폭발 현상
② 비등 상태의 액화 가스가 기화하여 팽창하고 폭발하는 현상
③ 화재 시 기름 속의 수분이 급격히 증발하여 기름 거품이 되고, 팽창해서 기름 탱크에서 밖으로 내뿜어져 나오는 현상
④ 원유, 중유 등 고점도의 기름 속에 수증기를 포함한 볼 형태의 물방울이 형성되어 탱크 밖으로 넘치는 현상

해설 BLEVE 현상 : 비등 상태의 액화 가스가 기화하여 팽창하고, 폭발하는 현상

38 피리딘 2,000리터에 대한 소화 설비의 소요 단위는?

① 5단위
② 10단위
③ 15단위
④ 100단위

해설 소요 단위 = $\frac{\text{저장량}}{\text{지정 수량} \times 10배} = \frac{2,000L}{400 \times 10배}$
= 5단위

39 위험물 이동 탱크 저장소 관계인은 해당 제조소 등에 대하여 연간 몇 회 이상 정기 점검을 실시하여야 하는가? (단, 구조 안전 점검 외의 정기 점검인 경우이다.)

① 1회
② 2회
③ 4회
④ 6회

해설 위험물 이동 탱크 저장소 관계인은 해당 제조소 등에 대하여 연간 1회 이상 정기 점검을 실시한다.

40 위험물 저장소 건축물의 외벽이 내화 구조인 것은 연면적 얼마를 1소요 단위로 하는가?

① 50m²
② 75m²
③ 100m²
④ 150m²

해설 저장소 건축물의 경우 소요 단위
㉠ 외벽이 내화 구조인 것으로 연면적 150m²
㉡ 외벽이 내화 구조가 아닌 것으로 연면적 75m²

정답 34 ③ 35 ① 36 ③ 37 ② 38 ① 39 ① 40 ④

제3과목 위험물의 성질과 취급

41 위험물안전관리법령상 지정 수량이 나머지 셋과 다른 하나는?

① 적린 ② 황화인
③ 황 ④ 마그네슘

해설 제2류 위험물의 품명과 지정 수량

성질	품명	지정 수량	위험 등급
가연성 고체	1. 황화인	100kg	II
	2. 적린	100kg	
	3. 황	100kg	
	4. 철분	500kg	III
	5. 금속분	500kg	
	6. 마그네슘	500kg	
	7. 그 밖에 행정안전부령이 정하는 것 8. 제1호에서 제7호까지의 어느 하나에 해당하는 위험물을 하나 이상 함유한 것	100kg 또는 500kg	II, III
	9. 인화성 고체	1,000kg	

42 다음 중 물과 반응할 때 위험성이 가장 큰 것은?

① 과산화나트륨
② 과산화바륨
③ 과산화수소
④ 과염소산나트륨

해설 ① ㉠ 상온에서 물과 접촉 시 격렬히 반응하여 부식성이 강한 수산화나트륨을 만들고, 물이 차고 다량인 경우는 H_2O_2를 만든다.
$Na_2O_2 + 2H_2O \rightarrow 2NaOH + H_2O_2$
㉡ 상온에서 적당한 물과 반응한 경우 O_2를 발생한다.
$2Na_2O_2 + 4H_2O \rightarrow 4NaOH + 2H_2O + O_2$
㉢ 온도가 높은 소량의 물과 반응한 경우 발열하고, O_2를 발생한다.
$2Na_2O_2 + 4H_2O \rightarrow 4NaOH + 2H_2O + O_2 + 69.8kcal$
② 물(온수)과 접촉하면 산소를 발생한다.
$2BaO_2 + 2H_2O \rightarrow 2Ba(OH)_2 + O_2$
③ 물과는 임의로 혼합하며, 수용액 상태는 비교적 안정하다.
④ 조해되기 쉽고, 물에 매우 잘 녹는다.

43 위험물안전관리법령에 따라 지정 수량 10배의 위험물을 운반할 때 혼재가 가능한 것은?

① 제1류 위험물과 제2류 위험물
② 제2류 위험물과 제3류 위험물
③ 제3류 위험물과 제5류 위험물
④ 제4류 위험물과 제5류 위험물

해설 유별을 달리하는 위험물의 혼재 기준

구분	제1류	제2류	제3류	제4류	제5류	제6류
제1류		×	×	×	×	○
제2류	×		×	○	○	×
제3류	×	×		○	×	×
제4류	×	○	○		○	×
제5류	×	○	×	○		×
제6류	○	×	×	×	×	

44 물과 접촉하였을 때 에탄이 발생되는 물질은?

① CaC_2 ② $(C_2H_5)_3Al$
③ $C_6H_3(NO_2)_3$ ④ $C_2H_5ONO_2$

해설 ① $CaC_2 + 2H_2O \rightarrow Ca(OH)_2 + C_2H_2 \uparrow + 27.8kcal$
② $(C_2H_5)_3Al + 3H_2O \rightarrow Al(OH)_3 + 3C_2H_6 \uparrow$
③ 물에 녹지 않는다.
④ 물에 녹지 않는다.

45 위험물의 저장법으로 옳지 않은 것은?

① 금속 나트륨은 석유 속에 저장한다.
② 황린은 물속에 저장한다.
③ 질화면은 물 또는 알코올에 적셔서 저장한다.
④ 알루미늄분은 분진 발생 방지를 위해 물에 적셔서 저장한다.

해설 ④ 알루미늄분은 찬물과의 반응은 매우 느리고 미미하지만, 뜨거운 물과는 격렬하게 반응하여 수소를 발생한다.
$2Al + 6H_2O \rightarrow 2Al(OH)_3 + 3H_2 \uparrow$
활성이 매우 커서 미세한 분말이나 미세한 조각이 대량으로 쌓여 있을 때 수분, 빗물의 접촉 또는 습기가 존재하면 자연 발화의 위험성이 있다.

정답 41 ④ 42 ① 43 ④ 44 ② 45 ④

46 위험물안전관리법령에 따른 위험물 저장 기준으로 틀린 것은?

① 이동 탱크 저장소에는 설치 허가증을 비치하여야 한다.
② 지하 저장 탱크의 주된 밸브는 위험물을 넣거나 빼낼 때 외에는 폐쇄하여야 한다.
③ 아세트알데히드를 저장하는 이동 저장 탱크에는 탱크 안에 불활성 가스를 봉입하여야 한다.
④ 옥외 저장 탱크 주위에 설치된 방유제의 내부에 물이나 유류가 괴었을 경우에는 즉시 배출하여야 한다.

해설 ① 이동 탱크 저장소에는 설치 허가증을 비치하지 않아도 된다.

47 위험물안전관리법령상 산화프로필렌을 취급하는 위험물 제조 설비의 재질로 사용이 금지된 금속이 아닌 것은?

① 금　　　　　② 은
③ 동　　　　　④ 마그네슘

해설 산화프로필렌, 아세트알데하이드를 취급하는 설비의 사용 금지 물질 : 수은(Hg), 은(Ag), 동(Cu), 마그네슘(Mg)

48 다음 중 독성이 있고, 제2석유류에 속하는 것은?

① CH_3CHO　　　　② C_6H_6
③ $C_6H_5CH=CH_2$　　④ $C_6H_5NH_2$

해설 ① 특수 인화물로서 무색이며, 고농도의 것은 자극성 냄새가 나고, 저농도의 것은 과일 같은 냄새가 난다.
② 제1석유류로 무색 투명하며, 독특한 냄새를 가진 휘발성이 강한 액체이다.
③ 제2석유류이며, 유독성 및 마취성이 있다.
④ 제3석유류이며, 무색 또는 담황색의 특이한 아민 같은 냄새가 있는 기름상의 액체이다.

49 아세톤에 관한 설명 중 틀린 것은?

① 무색의 액체로서 특이한 냄새를 가지고 있다.
② 가연성이며, 비중은 물보다 작다.
③ 화재 발생 시 이산화탄소나 포에 의한 소화가 가능하다.
④ 알코올, 에테르에 녹지 않는다.

해설 ④ 알코올, 에테르에 잘 녹는다.

50 탄화칼슘과 물이 반응하였을 때 생성되는 가스는?

① C_2H_2　　　　② C_2H_4
③ C_2H_6　　　　④ CH_4

해설 $CaC_2 + 2H_2O \rightarrow Ca(OH)_2 + C_2H_2$

51 벤젠의 일반적인 성질에 관한 사항 중 틀린 것은?

① 알코올, 에테르에 녹는다.
② 물에는 녹지 않는다.
③ 냄새는 없고, 색상은 갈색인 휘발성 액체이다.
④ 증기 비중은 약 2.8이다.

해설 ③ 독특한 냄새를 가지며, 무색 투명하고 휘발성이 강한 액체이다.

52 위험물안전관리법령에 의한 위험물 제조소의 설치 기준으로 옳지 않은 것은?

① 위험물을 취급하는 기계, 기구, 기타 설비에 새거나 넘치거나 비산하는 것을 방지할 수 있는 구조로 한다.
② 위험물을 가열하거나 냉각하는 설비 또는 위험물 취급에 따라 온도 변화가 생기는 설비에는 온도 측정 장치를 설치하여야 한다.
③ 정전기 발생을 유효하게 제거할 수 있는 설비를 설치한다.
④ 스테인리스관을 지하에 설치할 때는 지진, 풍압, 지반 침하, 온도 변화에 안전한 구조의 지지물을 설치한다.

정답 46 ① 47 ① 48 ③ 49 ④ 50 ① 51 ③ 52 ④

해설 ④ 유리 섬유 강화 플라스틱, 고밀도 폴리에틸렌, 폴리우레탄 등 배관을 지상에 설치하는 경우에는 지진, 풍압, 지반 침하 및 온도 변화에 안전한 구조의 지지물에 설치하되 지면에 닿지 아니하도록 하고, 배관의 외면에 부식 방지를 위한 도장을 한다.

53 과산화수소의 성질 및 취급 방법에 관한 설명 중 틀린 것은?

① 햇빛에 의하여 분해한다.
② 인산, 요산 등의 분해 방지 안정제를 넣는다.
③ 저장 용기는 공기가 통하지 않게 마개로 꼭 막아둔다.
④ 에탄올에 녹는다.

해설 ③ 용기는 밀전하지 말고, 구멍이 뚫린 마개를 사용한다.

54 제1류 위험물의 일반적인 성질이 아닌 것은?

① 불연성 물질이다.
② 유기 화합물이다.
③ 산화성 고체로서 강산화제이다.
④ 알칼리 금속의 과산화물은 물과 작용하여 발열한다.

해설 ② 모두 무기 화합물이다.

55 제4류 위험물 중 제1석유류에 속하는 것으로만 나열한 것은?

① 아세톤, 휘발유, 톨루엔, 시안화수소
② 이황화탄소, 디에틸에테르, 아세트알데하이드
③ 메탄올, 에탄올, 부탄올, 벤젠
④ 중유, 크레오소트유, 실린더유, 의산에틸

해설 ② 이황화탄소, 디에틸에테르, 아세트알데하이드 : 특수 인화물
③ 메탄올, 에탄올, 부탄올 : 알코올류, 벤젠 : 제1석유류
④ 중유, 크레오소트유 : 제3석유류, 실린더유 : 제4석 유류, 의산에틸 : 제2석유류

56 위험물안전관리법령상 제1석유류를 취급하는 위험물 제조소의 건축물의 지붕에 대한 설명으로 옳은 것은?

① 항상 불연 재료로 하여야 한다.
② 항상 내화 구조로 하여야 한다.
③ 가벼운 불연 재료가 원칙이지만, 예외적으로 내화 구조로 할 수 있는 경우가 있다.
④ 내화 구조가 원칙이지만, 예외적으로 가벼운 불연 재료로 할 수 있는 경우가 있다.

해설 ㉠ 위험물 건축물의 지붕은 폭발력이 위로 방출될 정도의 가벼운 불연 재료로 덮어야 한다.
㉡ 다만 예외적으로 내화 구조를 할 수 있는 경우가 있다.
· 제2류 위험물(분상·인화성 고체 제외)
· 제4류 위험물(제4석유류, 동·식물유류)
· 제6류 위험물

57 위험물안전관리법령에서 정한 이황화탄소의 옥외 탱크 저장 시설에 대한 기준으로 옳은 것은?

① 벽 및 바닥의 두께가 0.2m 이상이고, 누수가 되지 아니하는 철근 콘크리트의 수조에 넣어 보관하여야 한다.
② 벽 및 바닥의 두께가 0.2m 이상이고, 누수가 되지 아니하는 철근 콘크리트의 석유조에 넣어 보관하여야 한다.
③ 벽 및 바닥의 두께가 0.3m 이상이고, 누수가 되지 아니하는 철근 콘크리트의 수조에 넣어 보관하여야 한다.
④ 벽 및 바닥의 두께가 0.3m 이상이고, 누수가 되지 아니하는 철근 콘크리트의 석유조에 넣어 보관하여야 한다.

해설 이황화탄소 옥외 탱크 저장 시설에 대한 기준
벽 및 바닥의 두께가 0.2m 이상이고, 누수가 되지 아니하는 철근 콘크리트 수조에 보관한다.

정답 53 ③ 54 ② 55 ① 56 ③ 57 ①

58 위험물안전관리법령에 따라 지정 수량 10배의 위험물을 운반할 때 혼재가 가능한 것은?

① 제1류 위험물과 제2류 위험물
② 제2류 위험물과 제3류 위험물
③ 제3류 위험물과 제4류 위험물
④ 제5류 위험물과 제6류 위험물

해설 유별을 달리하는 위험물의 혼재 기준

구 분	제1류	제2류	제3류	제4류	제5류	제6류
제1류		×	×	×	×	○
제2류	×		×	○	○	×
제3류	×	×		○	×	×
제4류	×	○	○		○	×
제5류	×	○	×	○		×
제6류	○	×	×	×	×	

59 위험물안전관리법령에 따른 제1류 위험물 중 알칼리 금속의 과산화물 운반 용기에 반드시 표시하여야 할 주의 사항을 모두 옳게 나열한 것은?

① 화기·충격 주의, 물기 엄금, 가연물 접촉 주의
② 화기·충격 주의, 화기 엄금
③ 화기 엄금·물기 엄금
④ 화기·충격 엄금, ·가연물 접촉 주의

해설 위험물 운반 용기의 주의 사항

위험물		주의 사항
제1류 위험물	알칼리 금속의 과산화물	·화기·충격 주의 ·물기 엄금 ·가연물 접촉 주의
	기타	·화기·충격 주의 ·가연물 접촉 주의
제2류 위험물	철분·금속분·마그네슘	·화기 주의 ·물기 엄금
	인화성 고체	화기 엄금
	기타	화기 주의
제3류 위험물	자연 발화성 물질	·화기 엄금 ·공기 접촉 엄금
	금수성 물질	물기 엄금
제4류 위험물		화기 엄금
제5류 위험물		·화기 엄금 ·충격 주의
제6류 위험물		가연물 접촉 주의

60 A 업체에서 제조한 위험물을 B 업체로 운반할 때 규정에 의한 운반 용기에 수납하지 않아도 되는 위험물은? (단, 지정 수량의 2배 이상인 경우이다.)

① 덩어리 상태의 황
② 금속분
③ 삼산화크롬
④ 염소산나트륨

해설 운반 용기에 수납하지 않아도 되는 위험물 : 덩어리 상태의 황

정답 58 ③ 59 ① 60 ①

위험물 산업기사 (2022. 4. 17 시행)

제1과목 일반화학

01 어떤 물질 1g을 증발시켰더니 그 부피가 0℃, 4atm에서 329.2mL였다. 이 물질의 분자량은? (단, 증발한 기체는 이상 기체라 가정한다.)

① 17　　　　　② 23
③ 30　　　　　④ 60

해설 $PV = \dfrac{W}{M}RT$,

∴ $M = \dfrac{WRT}{PV} = \dfrac{1 \times 0.082 \times 273}{4 \times 329.2 \times 10^{-3}} = 17$

02 다음 중 단원자 분자에 해당하는 것은?

① 산소　　　　② 질소
③ 네온　　　　④ 염소

해설 분자의 종류
㉠ 단원자 분자 : 1개의 원자로 구성된 분자
　예 He, Ne, Ar 등 주로 불활성 기체
㉡ 이원자 분자 : 2개의 원자로 구성된 분자
　예 H_2, O_2, N_2, Cl_2 등

03 커플링(coupling) 반응 시 생성되는 작용기는?

① $-NH_2$
② $-CH_3$
③ $-COOH$
④ $-N=N-$

해설 커플링 반응
디아조늄에 페놀류나 방향족 아민을 작용시키면 아조기($-N=N-$)를 갖는 새로운 아조 화합물을 만든다.

파라히드록시아조벤젠(염료)

04 탄소수가 5개인 포화 탄화수소 펜탄의 구조 이성질체수는 몇 개인가?

① 2개　　　　② 3개
③ 4개　　　　④ 5개

해설 C_5H_{12}(펜탄) : 3개의 이성질체가 있다.
㉠ 노르말(n) — 펜탄
　　$CH_3-CH_2-CH_2-CH_2-CH_3$
㉡ 이소(iso) — 펜탄
　　$CH_3-CH_2-CH_2-CH_3$
　　　　　　　　　|
　　　　　　　　CH_3
㉢ 네오(neo) — 펜탄
　　　　CH_3
　　　　　|
　　CH_3-C-CH_3
　　　　　|
　　　　CH_3

05 다음의 화합물 중 화합물 내 질소 분율이 가장 높은 것은?

① $Ca(CN)_2$
② $NaNO_3$
③ $(NH_2)_2CO$
④ NH_4NO_3

해설 질소 분율

① $\dfrac{N_2}{Ca(CN)_2} \times 100, \dfrac{28}{40+(24+28)} \times 100$
　$= 30.43\%$

② $\dfrac{N_2}{NaNO_3} \times 100, \dfrac{14}{23+14+48} \times 100$
　$= 16.47\%$

③ $\dfrac{N_2}{(NH_2)_2CO} \times 100, \dfrac{28}{(28+4)+12+16} \times 100$
　$= 46.67\%$

④ $\dfrac{N_2}{NH_4NO_3} \times 100, \dfrac{28}{14+4+14+48} \times 100$
　$= 35\%$

정답 01 ①　02 ③　03 ④　04 ②　05 ③

06 중크롬산칼륨(다이크롬산칼륨)에서 크롬의 산화수는?

① 2　　② 4
③ 6　　④ 8

해설 $K_2Cr_2O_7$에서 크롬의 산화수를 x라고 하면
$2+2 \times x - 14 = 0$
$2x = 12$
∴ $x = 6$

07 다음 작용기 중에서 메틸(methyl)기에 해당하는 것은?

① $-C_2H_5$　　② $-COCH_3$
③ $-NH_2$　　④ $-CH_3$

해설 ① $-C_2H_5$: 에틸기
② $-COCH_3$: 아세틸기
③ $-NH_2$: 아미노기
④ $-CH_3$: 메틸기

08 수소 5g과 산소 24g의 연소 반응 결과 생성된 수증기는 0℃, 1기압에서 몇 L인가?

① 11.2　　② 16.8
③ 33.6　　④ 44.8

해설 수소 : $\frac{5}{2} = 2.5$몰
산소 : $\frac{24}{32} = 0.75$몰

$\underset{2.5몰}{H_2} + \underset{0.75몰}{\frac{1}{2}O_2} \rightarrow \underset{1.5몰}{H_2O}$

수소 2.5몰과 산소 0.75몰이 반응하여 1.5몰의 수증기가 생성되므로 수증기 1.5몰의 부피 = 22.4L × 1.5 = 33.6L이다.

09 벤젠을 약 300℃, 높은 압력에서 Ni 촉매로 수소와 반응시켰을 때 얻어지는 물질은?

① Cyclopentane　　② Cyclopropane
③ Cyclohexane　　④ Cyclooctane

해설 $C_6H_6 + 3H_2 \xrightarrow[300℃]{Ni} \underset{cyclohexane}{C_6H_{12}} + 49\text{kcal/mol}$

10 1기압의 수소 2L와 3기압의 산소 2L를 동일 온도에서 5L의 용기에 넣으면 전체 압력은 몇 기압이 되는가?

① $\frac{4}{5}$　　② $\frac{8}{5}$
③ $\frac{12}{5}$　　④ $\frac{16}{5}$

해설 전압 $P = \frac{P_1V_1 + P_2V_2}{V} = \frac{1 \times 2 + 3 \times 2}{5} = \frac{8}{5}$

11 폴리염화비닐의 단위체와 합성법이 옳게 나열된 것은?

① $CH_2=CHCl$, 첨가 중합
② $CH_2=CHCl$, 축합 중합
③ $CH_2=CHCN$, 첨가 중합
④ $CH_2=CHCN$, 축합 중합

해설
폴리염화비닐 단위체(첨가 중합) :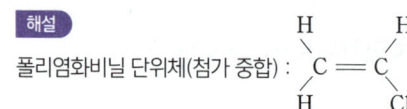

12 $CH_3-CHCl-CH_3$의 명명법으로 옳은 것은?

① 2 - chloropropane
② di - chloroethylene
③ di - methylmethane
④ di - methylethane

해설 $\underset{1}{CH_3} - \underset{2}{CHCl} - \underset{3}{CH_3}$

구조식에서 직선상의 탄소수가 3개이므로 propane이 되며 2번째 탄소에 chloro(-Cl)가 붙어 있으므로 2 - chloropropane이다.

13 질산은 용액에 담갔을 때 은(Ag)이 석출되지 않는 것은?

① 백금　　② 납
③ 구리　　④ 아연

해설 ㉠ 금속의 이온화 경향
K>Ca>Na>Mg>Al>Zn>Fe>Ni>Sn>Pb>[H]>Cu>Hg>Ag>Pt>Au

정답　06 ③　07 ④　08 ③　09 ③　10 ②　11 ①　12 ①　13 ①

ⓒ 백금(Pt)은 금속의 이온화 경향이 은(Ag)보다 작으므로 질산은 용액에 담갔을 때 은(Ag)이 석출되지 않는다.

14 암모니아성 질산은 용액과 반응하여 은거울을 만드는 것은?

① CH_3CH_2OH
② CH_3OCH_3
③ CH_3COCH_3
④ CH_3CHO

해설 은거울 반응(silver mirror reaction)
암모니아성 질산은 용액에 알데히드를 가하면 은이 환원되어 석출이 되므로 거울이 된다(알데히드의 검출법).
$CH_3CHO + Ag_2O \rightarrow CH_3COOH + 2Ag$

15 벤젠에 진한 질산과 진한 황산의 혼합물을 작용시킬 때 황산이 촉매와 탈수제 역할을 하여 얻어지는 화합물은?

① 니트로벤젠
② 클로로벤젠
③ 알킬벤젠
④ 벤젠술폰산

해설 니트로화 반응
$C_6H_6 + HNO_3 \xrightarrow{C-H_2SO_4} C_6H_5NO_2 + H_2O$

16 25℃에서 83% 해리된 0.1N HCl의 pH는 얼마인가?

① 1.08
② 1.52
③ 2.02
④ 2.25

해설 $[H^+]$ = 몰농도 × 전리도
= 0.1 × 0.83 = 0.083 mol/l
∴ pH = $-\log(0.083)$ = 1.08

17 프리델-크래프츠 반응에서 사용하는 촉매는?

① $HNO_3 + H_2SO_4$
② SO_3
③ Fe
④ $AlCl_3$

해설 알킬화(alkylnation, 일명: 프리델-크래프츠 반응): $C_6H_6 + CH_3Cl \xrightarrow{AlCl_3} C_6H_5CH_3 + HCl$

18 다음 중 이성질체로 짝지어진 것은?

① CH_3OH와 CH_4
② CH_4와 C_2H_8
③ CH_3OCH_3와 $CH_3CH_2OCH_2CH_3$
④ C_2H_5OH와 CH_3OCH_3

해설 이성질체
분자식은 같으나 시성식이나 구조식이 다른 물질

시성식	C_2H_5OH	CH_3OCH_3
분자식	C_2H_6O	C_2H_6O
구조식	H H │ │ H-C-C-O-H │ │ H H	H H │ │ H-C-O-C-H │ │ H H

19 다음의 변화 중 에너지가 가장 많이 필요한 경우는?

① 100℃의 물 1몰을 100℃의 수증기로 변화시킬 때
② 0℃의 얼음 1몰을 50℃의 물로 변화시킬 때
③ 0℃의 물 1몰을 100℃의 물로 변화시킬 때
④ 0℃의 얼음 10g을 100℃의 물로 변화시킬 때

해설
① $Q = Gr = 18g × 539cal/g$
  = 9,702cal
② $Q = Gr + Gc\Delta t = 18g × 80cal/g + 18g × 1 × (50-0)$
  = 2,340cal
③ $Q = Gc\Delta t = 18g × 1 × (100-0)$
  = 1,800cal
④ $Q = Gr + Gc\Delta t = 10g × 80cal/g + 10g × 1 × (100-0)$
  = 1,800cal

20 1기압에서 2L의 부피를 차지하는 어떤 이상 기체를 온도의 변화 없이 압력을 4기압으로 하면 부피는 얼마가 되겠는가?

① 2.0L ② 1.5L ③ 1.0L ④ 0.5L

해설 $PV = P_1V_1$에서
$1 × 2 = 4 × V_1$, ∴ $V_1 = \dfrac{1 × 2}{4} = 0.5L$

정답 14 ④ 15 ① 16 ① 17 ④ 18 ④ 19 ① 20 ④

제2과목　화재예방과 소화방법

21 불활성 가스 소화 설비의 소화 약제 방출 방식 중 전역 방출 방식 소화 설비에 대한 설명으로 옳은 것은?
① 발화 위험 및 연소 위험이 적고 광대한 실내에서 특정 장치나 기계만을 방호하는 방식
② 일정 방호 구역 전체에 방출하는 경우 해당 부분의 구획을 밀폐하여 불연성 가스를 방출하는 방식
③ 일반적으로 개방되어 있는 대상물에 대하여 설치하는 방식
④ 사람이 용이하게 소화 활동을 할 수 있는 장소에는 호스를 연장하여 소화 활동을 행하는 방식

해설 불활성 가스 소화 설비에서 전역 방출 방식 소화 설비 : 일정 방호 구역 전체에 방출하는 경우 해당 부분의 구획을 밀폐하여 불연성 가스를 방출하는 방식

22 위험물 제조소 등에 설치하는 옥내 소화전 설비가 설치된 건축물에 옥내 소화전이 1층에 5개, 2층에 6개가 설치되어 있다. 이때 수원의 수량은 몇 m^3 이상으로 하여야 하는가?
① 19　　　　② 29
③ 39　　　　④ 47

해설 $Q = N \times 7.8m^3 = 5 \times 7.8 = 39m^3$
여기서, Q : 수원의 수량
　　　　N : 옥내 소화전 설비 설치 개수(설치 개수가 5개 이상인 경우는 5개의 옥내 소화전)

23 인화성 액체의 화재를 나타내는 것은?
① A급 화재　　② B급 화재
③ C급 화재　　④ D급 화재

해설 화재의 구분

화재별 급수	가연 물질의 종류
A급 화재	목재, 종이, 섬유류 등 일반 가연물
B급 화재	유류(가연성·인화성 액체 포함)
C급 화재	전기
D급 화재	금속

24 폐쇄형 스프링클러 헤드는 설치 장소의 평상 시 최고 주위 온도에 따라서 결정된 표시 온도의 것을 사용해야 한다. 설치 장소의 최고 주위 온도가 28℃ 이상 39℃ 미만일 때, 표시 온도는?
① 58℃ 미만
② 58℃ 이상 79℃ 미만
③ 79℃ 이상 121℃ 미만
④ 121℃ 이상 162℃ 미만

해설 스프링클러 헤드 부착 장소의 평상시 최고 주위 온도와 표시 온도(℃)

부착 장소의 최고 주위 온도(℃)	표시 온도(℃)
28 미만	58 미만
28 이상 39 미만	58 이상 79 미만
39 이상 64 미만	79 이상 121 미만
64 이상 106 미만	121 이상 162 미만
106 이상	162 이상

25 위험물안전관리법령상 옥외 소화전 설비는 모든 옥외 소화전을 동시에 사용할 경우 각 노즐 선단의 방수 압력은 얼마 이상이 되어야 하는가?
① 100kPa　　② 170kPa
③ 350kPa　　④ 520kPa

해설 옥내 소화전 설비와 옥외 소화전 설비

구 분	옥내 소화전 설비	옥외 소화전 설비
수평 거리	25m 이하	40m 이하
방수량	260L/min 이상	450L/min 이상
방수 압력	350kPa 이상	350kPa 이상
수원의 수량	$Q \geqq 7.8N$ (N : 최대 5개)	$Q \geqq 13.5N$ (N : 최대 4개)

26 할로겐화합물 소화 설비 기준에서 할론 2402를 가압식 저장 용기에 저장하는 경우 충전비로 옳은 것은?
① 0.51 이상 0.67 미만　② 0.7 이상 1.4 미만
③ 0.9 이상 1.6 이하　　④ 0.67 이상 2.75 이하

해설 할로겐화합물 소화 설비 저장 용기의 충전비 : 할론 2402를 저장하는 것 중 가압식 저장 용기에 있어서는 0.51 이상 0.67 미만, 축압식 저장 용기에 있어서는 0.67 이상 2.75 이하로 한다.

정답　21 ②　22 ③　23 ②　24 ②　25 ③　26 ①

27 소화기가 유류 화재에 적응력이 있음을 표시하는 색은?

① 백색 ② 황색
③ 청색 ④ 흑색

해설 화재별 적응력 표시 색상

화재의 종류	적응력이 있음을 표시하는 색
일반 화재	백색
유류 화재	황색
전기 화재	청색
금속 화재	—

28 고체 연소에 대한 분류로 옳지 않은 것은?

① 혼합 연소
② 증발 연소
③ 분해 연소
④ 표면 연소

해설 연소의 형태
① 기체의 연소
  ㉠ 확산 연소 ㉡ 혼합 연소
② 액체의 연소 : 증발 연소
③ 고체의 연소
  ㉠ 표면(직접) 연소 ㉡ 분해 연소
  ㉢ 증발 연소 ㉣ 내부(자기) 연소

29 불연성 기체로서 비교적 액화가 용이하며, 안전하게 저장할 수 있고 전기 절연성이 좋아 C급 화재에 사용되기도 하는 기체는?

① N_2 ② CO_2
③ Ar ④ He

해설 CO_2의 설명이다.

30 탄소 1mol이 완전 연소하는 데 필요한 최소 이론 공기량은 약 몇 L인가? (단 0°C, 1기압 기준이며, 공기 중 산소의 농도는 21vol%이다.)

① 10.7 ② 22.4
③ 107 ④ 224

해설 완전 연소 : $C + O_2 \rightarrow CO_2$

∴ 최소 이론 공기량 $= \dfrac{22.4L}{0.21} = 107L$

31 보관 시 인산 등의 분해 방지 안정제를 첨가하는 제6류 위험물에 해당하는 것은?

① 황산 ② 과산화수소
③ 질산 ④ 염산

해설 과산화 수소는 보관 시 분해 방지 안정제(인산, 인산나트륨, 요산, 요소, 글리세린 등)를 첨가한다.

32 위험물안전관리법령상 위험물 저장·취급시 화재 또는 재난을 방지하기 위하여 자체소방대를 두어야 하는 경우가 아닌 것은?

① 지정 수량의 3천배 이상의 제4류 위험물을 저장·취급하는 제조소
② 지정 수량의 3천배 이상의 제4류 위험물을 저장·취급하는 일반 취급소
③ 지정 수량의 2천배의 제4류 위험물을 취급하는 일반 취급소와 지정 수량의 1천배의 제4류 위험물을 취급하는 제조소가 동일한 사업소에 있는 경우
④ 지정 수량의 3천배 이상의 제4류 위험물을 저장·취급하는 옥외 탱크 저장소

해설 자체 소방대를 두어야 할 대상의 기준
㉠ 지정 수량의 3천배 이상의 제4류 위험물을 저장·취급하는 제조소 또는 일반 취급소
㉡ 옥외 탱크 저장소에 저장하는 제4류 위험물의 최대 수량이 지정 수량의 50만 배 이상의 사업소

33 위험물안전관리법령상 옥내 소화전 설비의 비상 전원은 자가 발전 설비 또는 축전지 설비로 옥내 소화전 설비를 유효하게 몇 분 이상 작동할 수 있어야 하는가?

① 10분 ② 20분
③ 45분 ④ 60분

해설 옥내 소화전 설비의 비상 전원 : 45분 이상

정답 27 ② 28 ① 29 ② 30 ③ 31 ② 32 ④ 33 ③

34 위험물안전관리법령상 제1석유류를 저장하는 옥외 탱크 저장소 중 소화 난이도 등급 I에 해당하는 것은? (단, 지중 탱크 또는 해상 탱크가 아닌 경우이다.)

① 액표면적이 10m²인 것
② 액표면적이 20m²인 것
③ 지반면으로부터 탱크 옆판의 상단까지 높이가 4m인 것
④ 지반면으로부터 탱크 옆판의 상단까지 높이가 6m인 것

해설 소화 난이도 등급 I에 해당하는 제조소 등

구분	적용 대상
제조소 일반 취급소	· 연면적 1,000m² 이상인 것 · 지정 수량의 100배 이상인 것(고인화점 위험물만을 100℃ 미만의 온도에서 취급하는 것 및 제48조의 위험물을 취급하는 것은 제외) · 지반면으로부터 6m 이상의 높이에 위험물 취급 설비가 있는 것(고인화점 위험물만을 100℃ 미만의 온도에서 취급하는 것은 제외) · 일반 취급소로 사용되는 부분 외의 부분을 갖는 건축물에 설치된 것(내화 구조로 개구부 없이 구획된 것 및 고인화점 위험물만을 100℃ 미만의 온도에서 취급하는 것 및 별표 16 X의 2의 화학 실험의 일반 취급소는 제외)
주유 취급소	별표 13 V 제2호에 따른 면적의 합이 500m²를 초과하는 것
옥내 저장소	· 지정 수량의 150배 이상인 것(고인화점 위험물만을 저장하는 것 및 제48조의 위험물을 저장하는 것은 제외) · 연면적 150m²를 초과하는 것(150m² 이내마다 불연 재료로 개구부 없이 구획된 것 및 인화성 고체 외의 제2류 위험물 또는 인화점 70℃ 이상의 제4류 위험물만을 저장하는 것은 제외) · 처마 높이가 6m 이상인 단층 건물의 것 · 옥내 저장소로 사용되는 부분 외의 부분이 있는 건축물에 설치된 것(내화 구조로 개구부 없이 구획된 것 및 인화성 고체 외의 제2류 위험물 또는 인화점 70℃ 이상의 제4류 위험물만을 저장하는 것은 제외)
옥외 탱크 저장소	· 액표면적이 40m² 이상인 것(제6류 위험물을 저장하는 것 및 고인화점 위험물만을 100℃ 미만의 온도에서 저장하는 것은 제외) · 지반면으로부터 탱크 옆판의 상단까지 높이가 6m 이상인 것(제6류 위험물을 저장하는 것 및 고인화점 위험물만을 100℃ 미만의 온도에서 저장하는 것은 제외) · 지중 탱크 또는 해상 탱크로서 지정 수량의 100배 이상인 것(제6류 위험물을 저장하는 것 및 고인화점 위험물만을 100℃ 미만의 온도에서 저장하는 것은 제외) · 고체 위험물을 저장하는 것으로서 지정 수량의 100배 이상인 것
옥내 탱크 저장소	· 액표면적이 40m² 이상인 것(제6류 위험물을 저장하는 것 및 고인화점 위험물만을 100℃ 미만의 온도에서 저장하는 것은 제외) · 바닥면으로부터 탱크 옆판의 상단까지 높이가 6m 이상인 것(제6류 위험물을 저장하는 것 및 고인화점 위험물만을 100℃ 미만의 온도에서 저장하는 것은 제외) · 탱크 전용실이 단층 건물 외의 건축물에 있는 것으로 인화점 38℃ 이상 70℃ 미만의 위 험물을 지정 수량 5배 이상 저장하는 것(내화 구조로 개구부 없이 구획된 것은 제외한다)
옥외 저장소	· 덩어리 상태의 황 등을 저장하는 것으로서 경계 표시 내부의 면적(2 이상의 경계 표시가 있는 경우에는 각 경계 표시의 내부의 면적을 합한 면적)이 100m² 이상인 것 · 별표 11 III의 위험물을 저장하는 것으로서 지정 수량의 100배 이상인 것
암반 탱크 저장소	· 액표면적이 40m² 이상인 것(제6류 위험물을 저장하는 것 및 고인화점 위험물만을 100℃ 미만의 온도에서 저장하는 것은 제외) · 고체 위험물을 저장하는 것으로서 지정 수량의 100배 이상인 것
이송 취급소	모든 대상

35 제3종 분말 소화 약제의 제조 시 사용되는 실리콘 오일의 용도는?

① 경화제
② 발수제
③ 탈색제
④ 착색제

해설 1. 실리콘 오일(silicon oil)의 용도 : 발수제
2. 발수제 : 물을 튀기는 성질을 갖는 물질
3. 실리콘 오일의 수지화 과정

㉠ 제1단계 : 용제 + 실리콘 오일 + 촉매제

㉡ 제2단계 : 실리콘 오일 + 촉매제

㉢ 제3단계 : 실리콘 수지 + 피막(방습 가공막)

정답 34 ④ 35 ②

36 Halon 1301에 해당하는 할로겐 화합물의 분자식을 옳게 나타낸 것은?

① CBr_3F
② CF_3Br
③ CH_3Cl
④ CCl_3H

해설 할론의 명칭 순서
㉠ 첫째 : 탄소　　㉡ 둘째 : 불소
㉢ 셋째 : 염소　　㉣ 넷째 : 브롬
Halon 1301 − CF_3Br

37 화재 분류에 따른 표시 색상이 옳은 것은?

① 유류 화재 − 황색
② 유류 화재 − 백색
③ 전기 화재 − 황색
④ 전기 화재 − 백색

해설 화재의 구분

화재 분류	표시 색상
일반 화재	백색
유류 화재	황색
전기 화재	청색
금속 화재	−

38 제4류 위험물 중 비수용성 인화성 액체의 탱크 화재 시 물을 뿌려 소화하는 것은 적당하지 않다고 한다. 그 이유로서 가장 적당한 것은 어느 것인가?

① 인화점이 낮아진다.
② 가연성 가스가 발생한다.
③ 화재면(연소면)이 확대된다.
④ 발화점이 낮아진다.

해설 제4류 위험물 중 비수용성 인화성 액체의 탱크 화재 시 물을 뿌려 소화하면 화재면(연소면)이 확대된다.

39 클로로벤젠 300,000L의 소요 단위는 얼마인가?

① 20　　② 30　　③ 200　　④ 300

해설 소요 단위 = $\dfrac{저장량}{지정 수량 \times 10배}$
$= \dfrac{300,000}{1,000 \times 10} = 30$

40 표준 상태(0℃, 1atm)에서 2kg의 이산화탄소가 모두 기체 상태의 소화 약제로 방사될 경우 부피는 몇 m^3인가?

① 1.018　　② 10.18
③ 101.8　　④ 1,018

해설 $PV = \dfrac{W}{M}RT$, $V = \dfrac{WRT}{PM}$,
$\dfrac{2 \times 0.082 \times (273+0)}{1 \times 44} = 1.018 m^3$

제3과목 위험물의 성질과 취급

41 다음 물질 중 인화점이 가장 낮은 것은?

① 디에틸에테르
② 이황화탄소
③ 아세톤
④ 벤젠

해설
① −45℃
② −30℃
③ −18℃
④ −11.1℃

42 위험물 운반 용기 외부에 수납하는 위험물의 종류에 따라 표시하는 주의 사항으로 바르게 연결된 것은?

① 염소산칼륨 − 물기 주의
② 철분 − 물기 주의
③ 아세톤 − 화기 엄금
④ 질산 − 화기 엄금

해설 위험물 운반 용기의 주의 사항

위험물		주의 사항
제1류 위험물	알칼리 금속의 과산화물	・화기・충격 주의 ・물기 엄금 ・가연물 접촉 주의
	기타	・화기・충격 주의 ・가연물 접촉 주의

정답　36 ②　37 ①　38 ③　39 ②　40 ①　41 ①　42 ③

제2류 위험물	철분·금속분·마그네슘	· 화기 주의 · 물기 엄금
	인화성 고체	화기 엄금
	기타	화기 주의
제3류 위험물	자연 발화성 물질	· 화기 엄금 · 공기 접촉 엄금
	금수성 물질	물기 엄금
제4류 위험물		화기 엄금
제5류 위험물		· 화기 엄금 · 충격 주의
제6류 위험물		가연물 접촉 주의

㉠ 염소산칼륨(제1류 위험물 중 기타) : 화기·충격 주의 및 가연물 접촉 주의
㉡ 철분(제2류 위험물) : 화기 주의·물기 엄금
㉢ 아세톤(제4류 위험물) : 화기 엄금
㉣ 질산(제6류 위험물) : 가연물 접촉 주의

43 다음 중 3개의 이성질체가 존재하는 물질은?

① 아세톤　　　　② 톨루엔
③ 벤젠　　　　　④ 자일렌

해설 자일렌(크실렌)의 3가지 이성질체

명칭 구분	o-자일렌 (크실렌)	m-자일렌 (크실렌)	p-자일렌 (크실렌)
구조식			

44 위험물이 물과 반응하였을 때 발생하는 가연성 가스를 잘못 나타낸 것은?

① 금속 칼륨 - 수소
② 금속 나트륨 - 수소
③ 인화칼슘 - 포스겐
④ 탄화칼슘 - 아세틸렌

해설 ① $2K+2H_2O \to 2KOH+H_2$
② $2Na+2H_2O \to 2NaOH+H_2$
③ $Ca_3P_2+6H_2O \to 3Ca(OH)_2+2PH_3$
④ $CaC_2+2H_2O \to Ca(OH)_2+C_2H_2$

45 위험물안전관리법령상 이송 취급소 배관 등의 용접부는 비파괴 시험을 실시하여 합격하여야 한다. 이 경우 이송 기지 내의 지상에 설치되는 배관 등은 전체 용접부의 몇 % 이상 발췌하여 시험할 수 있는가?

① 10　　② 15　　③ 20　　④ 25

해설 이송 취급소의 비파괴 시험 : 전체 용접부의 20% 이상을 발췌하여 시험할 수 있다.

46 위험물을 저장 또는 취급하는 탱크의 용량은?

① 탱크의 내용적에서 공간 용적을 뺀 용적으로 한다.
② 탱크의 내용적으로 한다.
③ 탱크의 공간 용적으로 한다.
④ 탱크의 내용적에 공간 용적을 더한 용적으로 한다.

해설 탱크의 용량 = 탱크의 내용적 - 탱크의 공간 용적

47 황린을 밀폐 용기 속에서 260℃로 가열하여 얻은 물질을 연소시킬 때 주로 생성되는 물질은?

① P_2O_5　　　　② CO_2
③ PO_2　　　　④ CuO

해설 $P_4+5O_2 \to 2P_2O_5$

48 위험물안전관리법령에서 정의한 특수 인화물의 조건으로 옳은 것은?

① 1기압에서 발화점이 100℃ 이상인 것 또는 인화점이 영하 10℃ 이하이고, 비점이 40℃ 이하인 것
② 1기압에서 발화점이 100℃ 이하인 것 또는 인화점이 영하 20℃ 이하이고, 비점이 40℃ 이하인 것
③ 1기압에서 발화점이 200℃ 이하인 것 또는 인화점이 영하 10℃ 이하이고, 비점이 40℃ 이하인 것
④ 1기압에서 발화점이 200℃ 이상인 것 또는 인화점이 영하 20℃ 이하이고, 비점이 40℃ 이하인 것

정답　43 ④　44 ③　45 ③　46 ①　47 ①　48 ②

해설 특수 인화물의 조건 : 1기압에서 발화점이 100℃ 이하인 것 또는 인화점이 영하 20℃ 이하이고, 비점이 40℃ 이하인 것

49 질산암모늄에 관한 설명 중 틀린 것은?

① 상온에서 고체이다.
② 폭약의 제조 원료로 사용할 수 있다.
③ 흡습성과 조해성이 있다.
④ 물과 반응하여 발열하고, 다량의 가스를 발생한다.

해설 ④ 물과 반응하여 흡열 반응을 한다.

50 위험물안전관리법령에 따른 위험물 제조소와 관련한 내용으로 틀린 것은?

① 채광 설비는 불연 재료를 사용한다.
② 환기는 자연 배기 방식으로 한다.
③ 조명 설비의 전선은 내화·내열 전선으로 한다.
④ 조명 설비의 점멸 스위치는 출입구 안쪽 부분에 설치한다.

해설 ④ 조명 설비의 점멸 스위치는 출입구 바깥 부분에 설치한다. 다만, 스위치의 스파크로 인한 화재·폭발의 우려가 없는 경우에는 그러하지 아니하다.

51 취급하는 장치가 구리나 마그네슘으로 되어있을 때 반응을 일으켜서 폭발성의 아세틸라이드를 생성하는 물질은?

① 이황화탄소   ② 아이소프로필알코올
③ 산화프로필렌   ④ 아세톤

해설 산화프로필렌(CH_3CHCH_2)의 설명이다.
              $\underset{O}{\underbrace{\qquad}}$

52 다음 중 인화점이 20℃ 이상인 것은?

① CH_3COOCH_3 ② CH_3COCH_3
③ CH_3COOH ④ CH_3CHO

해설 ① −10℃   ② −18℃
③ 42.8℃   ④ −37.7℃

53 위험물안전관리법령상 옥내 저장 탱크의 상호 간에는 몇 m 이상의 간격을 유지하여야 하는가?

① 0.3   ② 0.5
③ 1.0   ④ 1.5

해설 옥내 저장 탱크의 상호 간에는 0.5m 이상의 간격을 유지하여야 한다.

54 다음 중 위험물안전관리법령상 지정 수량의 각각 10배를 운반 시 혼재할 수 있는 위험물은 어느 것인가?

① 과산화나트륨과 과염소산
② 과망가니즈산칼륨과 적린
③ 질산과 알코올
④ 과산화수소와 아세톤

해설 유별을 달리하는 위험물의 혼재 기준

구 분	제1류	제2류	제3류	제4류	제5류	제6류
제1류		×	×	×	×	○
제2류	×		×	○	○	×
제3류	×	×		○	×	×
제4류	×	○	○		○	×
제5류	×	○	×	○		×
제6류	○	×	×	×	×	

① 과산화나트륨 : 제1류 위험물, 과염소산 : 제6류 위험물
② 과망간산칼륨 : 제1류 위험물, 적린 : 제2류 위험물
③ 질산 : 제6류 위험물, 적린 : 제2류 위험물
④ 과산화수소 : 제6류 위험물, 아세톤 : 제4류 위험물

55 위험물안전관리법령에 따른 질산에 대한 설명으로 틀린 것은?

① 지정 수량은 300kg이다.
② 위험 등급은 Ⅰ이다.
③ 농도가 36중량퍼센트 이상인 것에 한하여 위험물로 간주된다.
④ 운반 시 제1류 위험물과 혼재할 수 있다.

해설 ③ 비중이 1.49 이상인 것을 위험물로 간주한다.

정답 49 ④ 50 ④ 51 ③ 52 ③ 53 ② 54 ① 55 ③

56 어떤 공장에서 아세톤과 메탄올을 18L 용기에 각각 10개, 등유를 200L 드럼으로 3드럼을 저장하고 있다면 각각의 지정 수량 배수의 총합은 얼마인가?

① 1.3
② 1.5
③ 2.3
④ 2.5

해설 ㉠ 아세톤 = $\dfrac{18L \times 10}{400L} = 0.45$배

㉡ 메탄올 = $\dfrac{18L \times 10}{400L} = 0.45$배

㉢ 등유 = $\dfrac{200L \times 3}{1,000L} = 0.6$배

∴ $0.45 + 0.45 + 0.6 = 1.5$배

57 위험물안전관리법령상 운반 시 적재하는 위험물에 차광성이 있는 피복으로 가리지 않아도 되는 것은?

① 제2류 위험물 중 철분
② 제4류 위험물 중 특수 인화물
③ 제5류 위험물
④ 제6류 위험물

해설 차광성이 있는 피복 조치

유 별	적용 대상
제1류 위험물	전부
제3류 위험물	자연 발화성 물품
제4류 위험물	특수 인화물
제5류 위험물	전부
제6류 위험물	

58 다음 물질 중 증기 비중이 가장 작은 것은?

① 이황화탄소
② 아세톤
③ 아세트알데하이드
④ 디에틸에테르

해설 ① 2.64, ② 2.0, ③ 1.5, ④ 2.6

59 위험물안전관리법령상 위험물 운반 용기의 외부에 표시하도록 규정한 사항이 아닌 것은?

① 위험물의 품명
② 위험물의 제조 번호
③ 위험물의 주의 사항
④ 위험물의 수량

해설 위험물 운반 용기의 외부에 표시하도록 규정한 사항
㉠ 위험물의 품명, 위험 등급, 화학명 및 수용성(수용성 표시는 제4류 위험물로서 수용성인 것에 한한다.)
㉡ 위험물의 수량
㉢ 위험물의 주의 사항

60 가연성 물질이며, 산소를 다량 함유하고 있기 때문에 자기 연소가 가능한 물질은?

① $C_6H_2CH_3(NO_2)_3$
② $CH_3COC_2H_5$
③ $NaClO_4$
④ HNO_3

해설 T.N.T$[C_6H_2CH_3(NO_2)_3]$의 설명이다.

정답 56 ② 57 ① 58 ③ 59 ② 60 ①

위험물 산업기사 (2022. 9. 14 시행)

제1과목 일반화학

01 아이소프로필알코올에 해당하는 것은?

① C_6H_5OH ② CH_3CHO
③ CH_3COOH ④ $(CH_3)_2CHOH$

해설 ① C_6H_5OH : 페놀
② CH_3CHO : 아세트알데하이드
③ CH_3COOH : 초산
④ $(CH_3)_2CHOH$: 이이소프로필알코올

02 NaOH 수용액 100mL를 중화하는 데 2.5N의 HCl 80mL가 소요되었다. NaOH 용액의 농도(N)는?

① 1 ② 2
③ 3 ④ 4

해설 $NV = N'V'$, $N \times 100 = 2.5 \times 80$
$N = \dfrac{2.5 \times 80}{100}$
$\therefore N = 2$

03 다음의 반응식에서 평형을 오른쪽으로 이동 시키기 위한 조건은?

$$N_2(g) + O_2(g) \rightarrow 2NO(g) - 43.2\text{kcal}$$

① 압력을 높인다. ② 온도를 높인다.
③ 압력을 낮춘다. ④ 온도를 낮춘다.

해설 $2NO(g) - 43.2\text{kcal}$(흡열 반응) : 온도를 높이고, 압력을 낮춘다.

04 방사능 붕괴의 형태 중 $^{226}_{88}Ra$이 α 붕괴할 때 생기는 원소는?

① $^{222}_{86}Rn$ ② $^{232}_{90}Th$
③ $^{231}_{91}Pa$ ④ $^{238}_{92}U$

해설 α 붕괴 : 원자 번호 2 감소, 질량수 4 감소
$^{226}_{88}Ra \xrightarrow{\alpha \text{ 붕괴}} {}^{222}_{86}Rn + {}^{4}_{2}He$

05 알루미늄 이온(Al^{3+}) 한 개에 대한 설명으로 틀린 것은?

① 질량수는 27이다. ② 양성자수는 13이다.
③ 중성자수는 13이다. ④ 전자수는 10이다.

해설 ③ 중성자수 = 질량수 - 양성자수
= 27 - 13 = 14

06 60°C에서 KNO_3의 포화 용액 100g을 10°C로 냉각시키면 몇 g의 KNO_3가 석출하는가? (단, 용해도는 60°C에서 100g KNO_3/100g H_2O, 10°C에서 20g KNO_3/100g H_2O이다.)

① 4 ② 40
③ 80 ④ 120

해설 석출되는 용질의 질량(x) = $(100+S_2) : (S_2-S_1)$
$= W : x$
$\therefore x = (S_2-S_1) \times \dfrac{W}{(100+S_2)}$
$= (100-20) \times \dfrac{100}{(100+100)} = 40g$

07 $CuSO_4$ 용액에 0.5F의 전기량을 흘렸을 때 약 몇 g의 구리가 석출되겠는가? (단, 원자량은 Cu 64, S 32, O 16이다.)

① 16 ② 32
③ 64 ④ 128

해설 1F : 1g당량 = 0.5F : x(g당량)
$x = 0.5$g당량
구리 mol = 2g당량이므로 0.5g당량은 0.25mol이다.
$\therefore 0.25 \times 64 = 16g$

정답 01 ④ 02 ② 03 ② 04 ① 05 ③ 06 ② 07 ①

08 이온 평형계에서 평형에 참여하는 이온과 같은 종류의 이온을 외부에서 넣어주면 그 이온의 농도를 감소시키는 방향으로 평형이 이동한다는 이론과 관계 있는 것은?

① 공통 이온 효과
② 가수 분해 효과
③ 물의 자체 이온화 현상
④ 이온 용액의 총괄성

해설 공통 이온 효과의 설명이다.

09 어떤 금속(M) 8g을 연소시키니 11.2g의 산화물이 얻어졌다. 이 금속의 원자량이 140이라면 이산화물의 화학식은?

① M_2O_3
② MO
③ MO_2
④ M_2O_7

해설 금속의 양과 원자량이 있으므로
$\frac{8g}{140g} = 0.05714 mol$
연소 후 산화물의 질량이 11.2g, 금속의 양이 8g이므로 반응에 참가한 산소의 양은 3.2g이다.
산소 $3.2g = \frac{3.2}{32} = 0.1 mol$, 산소 $16g = \frac{16}{32} = 0.5 mol$이다.
즉 반응 후 11.2g에는 금속(M) 0.05174mol과 산소(O) 0.5mol이 있다.
이것을 간단한 비로 나타내면
금속(M) : 산소(O) = 1 : 3.5
∴ $MO_{3.5} \times 2 = M_2O_7$

10 농도 단위에서 "N"의 의미를 가장 옳게 나타낸 것은?

① 용액 1L 속에 녹아 있는 용질의 몰수
② 용액 1L 속에 녹아 있는 용질의 g당량수
③ 용매 1,000g 속에 녹아 있는 용질의 몰수
④ 용매 1,000g 속에 녹아 있는 용질의 g당량수

해설 ② N 농도 : 용액 1L 속에 녹아 있는 용질의 g당량수

11 촉매하에 H_2O의 첨가 반응으로 에탄올을 만들 수 있는 물질은?

① CH_4
② C_2H_2
③ C_6H_6
④ C_2H_4

해설 에틸렌은 묽은 황산을 촉매로 하여 물을 부가 반응시키면 에탄올이 생성된다.

$$\underset{H}{\overset{H}{C}} = \underset{H}{\overset{H}{C}} + HOH \xrightarrow{H_2SO_4} H-\underset{H}{\overset{H}{C}}-\underset{H}{\overset{H}{C}}-OH$$

12 어떤 용기에 산소 16g과 수소 2g을 넣었을 때 산소와 수소의 압력의 비는?

① 1 : 2
② 1 : 1
③ 2 : 1
④ 4 : 1

해설 압력의 비는 몰비와 같으므로
산소 16g의 몰수 $= \frac{16}{32} = 0.5$
수소 2g의 몰수 $= \frac{2}{2} = 1$
∴ 0.5 : 1 = 1 : 2

13 다음 중 헨리의 법칙이 가장 잘 적용되는 기체는?

① 암모니아
② 염화수소
③ 이산화탄소
④ 플루오르화수소

해설 ㉠ 헨리의 법칙이 적용되는 기체 : H_2, N_2, O_2, CO_2 (물에 대한 용해도가 작다.)
㉡ 헨리의 법칙이 적용되지 않는 기체 : NH_3, HCl, HF, SO_2, H_2S(물에 대한 용해도가 크다.)

14 벤젠에 관한 설명으로 틀린 것은?

① 화학식은 C_6H_{12}이다.
② 알코올, 에테르에 잘 녹는다.
③ 물보다 가볍다.
④ 추운 겨울날씨에 응고될 수 있다.

해설 벤젠의 화학식은 C_6H_6이다.

정답 08 ① 09 ④ 10 ② 11 ④ 12 ① 13 ③ 14 ①

15 원자량이 56인 금속 M 1.12g을 산화시켜 실험식이 M_xO_y인 산화물 1.60g을 얻었다. x, y는 각각 얼마인가?

① $x=1, y=2$ ② $x=2, y=3$
③ $x=3, y=2$ ④ $x=2, y=1$

해설 $O_y = 1.6g - 1.12g = 0.48g$

$\dfrac{0.48g}{16g} = 0.03 mol$

$M_x = \dfrac{1.12g}{56g} = 0.02 mol$

$0.02 : 0.03 = 2 : 3$, 따라서 $x=2, y=3$

16 요소 6g을 물에 녹여 1,000L로 만든 용액의 27°C에서의 삼투압은 약 몇 atm인가? (단, 요소의 분자량은 60이다.)

① 1.26×10^{-1} ② 1.26×10^{-2}
③ 2.46×10^{-3} ④ 2.56×10^{-4}

해설 요소 6g : $\dfrac{6}{60} = 0.1 mol$

$PV = nRT$

$P = \dfrac{nRT}{V} = \dfrac{0.1 \times 0.082 \times (273+27)}{1,000} = 2.46 \times 10^{-3}$

17 산의 일반적 성질을 옳게 나타낸 것은?

① 쓴 맛이 있는 미끈거리는 액체로 리트머스 시험지를 푸르게 한다.
② 수용액에서 OH^- 이온을 내 놓는다.
③ 수소보다 이온화 경향이 큰 금속과 반응하여 수소를 발생한다.
④ 금속의 수산화물로서 비전해질이다.

해설 ① 염기의 성질 ② 염기의 성질
③ 산의 성질 ④ 산, 염기의 성질

18 아세트알데히드에 대한 시성식은?

① CH_3COOH ② CH_3COCH_3
③ CH_3CHO ④ CH_3COOCH_3

해설 아세트알데히드 시성식 : CH_3CHO

19 pH=12인 용액의 $[OH^-]$는 pH=9인 용액의 몇 배인가?

① 1/1,000 ② 1/100
③ 100 ④ 1,000

해설 pOH = 14 - pH
㉠ 14-12=2, $pOH = -\log[OH^-] = 2, [OH^-] = 10^{-2}$
㉡ 14-9=5, $pOH = -\log[OH^-] = 5, [OH^-] = 10^{-5}$
∴ ㉠÷㉡ = $10^{-2} \div 10^{-5} = 10^3 = 1,000$배

20 다음 물질 중 환원성이 없는 것은?

① 설탕 ② 엿당 ③ 젖당 ④ 포도당

해설 설탕은 환원성이 없다.

제2과목 화재예방과 소화방법

21 스프링클러 설비의 장점이 아닌 것은?

① 소화 약제가 물이므로 소화 약제의 비용이 절감된다.
② 초기 시공비가 적게 든다.
③ 화재 시 사람의 조작 없이 작동이 가능하다.
④ 초기 화재의 진화에 효과적이다.

해설 스프링클러 설비의 장·단점

장점	단점
· 소화 약제가 물이므로 소화 약제 비용이 절감된다. · 화재 시 사람의 조작 없이 작동이 가능하다. · 초기 화재의 진화에 효과적이다.	· 물로 인한 피해가 크다. · 초기 시공비가 많이 든다. · 시공이 다른 설비와 비교했을 때 복잡하다.

22 트라이에틸알루미늄의 소화 약제로서 다음 중 가장 적당한 것은?

① 마른 모래, 팽창 질석
② 물, 수성막 포
③ 할로겐화합물, 단백포
④ 이산화탄소, 강화액

정답 15 ② 16 ③ 17 ③ 18 ③ 19 ④ 20 ① 21 ② 22 ①

해설 소화 설비의 적응성

소화 설비의 구분		대상물 구분								
		건축물·그 밖의 공작물	전기 설비	제1류 위험물		제2류 위험물			제3류 위험물		제4류 위험물	제5류 위험물	제6류 위험물
				알칼리 금속 과산화물 등	그 밖의 것	철분·금속분·마그네슘 등	인화성 고체	그 밖의 것	금수성 물품	그 밖의 것			
옥내 소화전 설비 또는 옥외 소화전 설비		○			○		○	○		○		○	○
	스프링클러 설비	○			○		○	○		○	△	○	○
물분무등 소화 설비	물분무 소화 설비	○	○		○		○	○		○	○	○	○
	포 소화 설비	○			○		○	○		○	○	○	○
	불활성 가스 소화 설비		○					○			○		
	할로겐 화합물 소화 설비		○					○			○		
	분말 소화 설비	인산염류 등	○	○		○		○	○			○		○
		탄산수소염류 등		○	○		○	○		○		○		
		그 밖의 것			○		○			○				
대형·소형 수동식 소화기	봉상수(棒狀水) 소화기	○			○		○	○		○		○	○
	무상수(霧狀水) 소화기	○	○		○		○	○		○		○	○
	봉상 강화액 소화기	○			○		○	○		○		○	○
	무상 강화액 소화기	○	○		○		○	○		○	○	○	○
	포 소화기	○			○		○	○		○	○	○	○
	이산화탄소 소화기		○					○			○		△
	할로 소화 설비		○					○			○		
	분말 소화기	인산염류 소화기	○	○		○		○	○			○		○
		탄산수소염류 소화기		○	○		○	○		○		○		
		그 밖의 것			○		○			○				
기타	물통 또는 수조	○			○		○	○		○		○	○
	건조사			○	○	○	○	○	○	○	○	○	○
	팽창 질석 또는 팽창 진주암			○	○	○	○	○	○	○	○	○	○

23 위험물안전관리법령상 물분무 소화 설비가 적응성이 있는 대상물은?

① 알칼리 금속 과산화물
② 전기 설비
③ 마그네슘
④ 금속분

해설 22번 해설 참조

24 위험물안전관리법령상 제6류 위험물에 적응성이 있는 소화 설비는?

① 옥내 소화전 설비
② 불활성 가스 소화 설비
③ 할로겐 화합물 소화 설비
④ 탄산수소염류 분말 소화 설비

해설 23번 해설 참조

25 수소화나트륨 저장 창고에 화재가 발생하였을 때 주수 소화가 부적합한 이유로 옳은 것은?

① 발열 반응을 일으키고, 수소를 발생한다.
② 수화 반응을 일으키고, 수소를 발생한다.
③ 중화 반응을 일으키고, 수소를 발생한다.
④ 중합 반응을 일으키고, 수소를 발생한다.

해설 $NaH + H_2O \rightarrow NaOH + H_2$

26 위험물안전관리법령에서 정한 포 소화 설비의 기준에 따른 기동 장치에 대한 설명으로 옳은 것은?

① 자동식의 기동 장치만 설치하여야 한다.
② 수동식의 기동 장치만 설치하여야 한다.
③ 자동식의 기동 장치와 수동식의 기동 장치를 모두 설치하여야 한다.
④ 자동식의 기동 장치 또는 수동식의 기동 장치를 설치하여야 한다.

해설 포 소화 설비의 기준에 따른 기동 장치 : 자동식의 기동 장치 또는 수동식의 기동 장치를 설치하여야 한다.

27 소화 약제 또는 그 구성 성분으로 사용되지 않는 물질은?

① CF_2ClBr ② $CO(NH_2)_2$
③ NH_4NO_3 ④ K_2CO_3

해설 ① CF_2ClBr : 할로겐화합물 소화기
② $CO(NH_2)_2$: 제4종 분말 소화기 [$KHCO_3+CO(NH_2)_2$]의 구성 성분
③ NH_4NO_3 : 제1류 위험물 중 질산염류
④ K_2CO_3 : 강화액 소화기($H_2O+K_2CO_3$)의 구성 성분

정답 23 ② 24 ① 25 ① 26 ④ 27 ③

28 다음 중 화학적 에너지원이 아닌 것은?

① 연소열 ② 분해열
③ 마찰열 ④ 융해열

해설 화학적 에너지원
① 연소열
② 분해열
④ 융해열

29 할론 2402를 소화 약제로 사용하는 이동식 할로겐화합물 소화 설비는 20℃의 온도에서 하나의 노즐마다 분당 방사되는 소화 약제의 양(kg)을 얼마 이상으로 하여야 하는가?

① 5 ② 35 ③ 45 ④ 50

해설 이동식 할로겐화합물 소화 설비

소화 약제의 종류	소화 약제의 양	분당 방사량
할론 2402	50kg	45kg
할론 1211	45kg	40kg
할론 1301		35kg

30 위험물안전관리법령에 따르면 옥외 소화전의 개폐 밸브 및 호스 접속구는 지반면으로부터 몇 m 이하의 높이에 설치해야 하는가?

① 1.5 ② 2.5 ③ 3.5 ④ 4.5

해설 옥외 소화전의 개폐 밸브 및 호스 접속구는 지반면으로부터 1.5m 이하의 높이에 설치한다.

31 소화 설비의 설치 기준에 있어서 위험물 저장소의 건축물로서 외벽이 내화 구조로 된 것은 연면적 몇 m²를 1소요 단위로 하는가?

① 50 ② 75 ③ 100 ④ 150

해설 저장소 건축물의 경우
㉠ 외벽이 내화 구조로 된 것으로 연면적이 150m²
㉡ 외벽이 내화 구조가 아닌 것으로 연면적이 75m²

32 위험물안전관리법령상 자동 화재 탐지 설비를 반드시 설치하여야 할 대상에 해당되지 않는 것은?

① 옥내에서 지정 수량 200배의 제3류 위험물을 취급하는 제조소
② 옥내에서 지정 수량 200배의 제2류 위험물을 취급하는 일반 취급소
③ 지정 수량 200배의 제1류 위험물을 저장하는 옥내 저장소
④ 지정 수량 200배의 고인화점 위험물만을 저장하는 옥내 저장소

해설 제조소 등별로 설치하여야 하는 경보 설비의 종류

제조소 등의 구분	제조소 등의 규모, 저장 또는 취급하는 위험물의 종류 및 최대 수량 등	경보 설비
제조소 및 일반 취급소	· 연면적 500m² 이상인 것 · 옥내에서 지정 수량의 100배 이상을 취급하는 것(고인화점 위험물만을 100℃ 미만의 온도에서 취급하는 것을 제외한다.) · 일반 취급소로 사용되는 부분 외의 부분이 있는 건축물에 설치된 일반 취급소(일반 취급소와 일반 취급소 외의 부분이 내화 구조의 바닥 또는 벽으로 개구부 없이 구획된 것을 제외한다.)	자동화재 탐지설비
옥내 저장소	· 지정 수량의 100배 이상을 저장 또는 취급하는 것(고인화점 위험물만을 저장 또는 취급하는 것을 제외한다.) · 저장 창고의 연면적이 150m²를 초과하는 것[당해 저장 창고가 연면적 150m² 이내마다 불연 재료의 격벽으로 개구부 없이 완전히 구획된 것과 제2류 또는 제4류의 위험물(인화성 고체 및 인화점이 70℃ 미만인 제4류 위험물을 제외한다)만을 저장 또는 취급하는 것에 있어서는 저장 창고의 연면적이 500m² 이상의 것에 한한다.] · 처마 높이가 6m 이상인 단층 건물의 것 · 옥내 저장소로 사용되는 부분 외의 부분이 있는 건축물에 설치된 옥내 저장소[옥내 저장소와 옥내 저장소 외의 부분이 내화 구조의 바닥 또는 벽으로 개구부 없이 구획된 것과 제2류 또는 제4류의 위험물(인화성 고체 및 인화점이 70℃ 미만인 제4류 위험물을 제외한다.)만을 저장 또는 취급하는 것을 제외한다.]	

정답 28 ③ 29 ③ 30 ① 31 ④ 32 ④

옥내 탱크 저장소	단층 건물 외의 건축물에 설치된 옥내 탱크 저장소로서 소화 난이도 등급 I에 해당하는 것	
주유 취급소	옥내 주유 취급소	
옥외 탱크 저장소	특수 인화물, 제1석유류 및 알코올류를 저장 또는 취급하는 탱크의 용량이 1,000만 리터 이상인 것	자동 화재 탐지 설비, 자동 화재 속보 설비
제1호 내지 제5호의 자동 화재 탐지 설비 설치 대상에 해당하지 아니하는 제조소 등	지정 수량의 10배 이상을 저장 또는 취급하는 것	자동 화재 탐지 설비, 비상 경보 설비, 확성 장치 또는 비상 방송 설비 중 1종 이상

33 위험물안전관리법령상 정전기를 유효하게 제거하기 위해서는 공기 중의 상대 습도는 몇 % 이상 되게 하여야 하는가?

① 40% ② 50%
③ 60% ④ 70%

해설 정전기를 유효하게 제거하기 위해 공기 중의 상대습도를 70% 이상 되게 한다.

34 분말 소화 약제 중 열분해 시 부착성이 있는 유리상의 메타인산이 생성되는 것은?

① Na_3PO_4 ② $(NH_4)_3PO_4$
③ $NaHCO_3$ ④ $NH_4H_2PO_4$

해설 $NH_4H_2PO_4 \longrightarrow \underset{\text{유리상으로 융착}}{HPO_3} + NH_3 + H_2O$

35 화재 발생 시 물을 사용하여 소화할 수 있는 물질은?

① K_2O_2 ② CaC_2
③ Al_4C_3 ④ P_4

해설 ① 과산화칼륨(K_2O_2) : 건조사
② 탄화칼슘(CaC_2) : 건조사

③ 탄화알루미늄(Al_4C_3) : 건조사
④ 황린(P_4) : 다량의 물로 냉각 소화

36 위험물 제조소 등에 설치하는 옥외 소화전 설비에 있어서 옥외 소화전함은 옥외 소화전으로부터 보행 거리 몇 m 이하의 장소에 설치하는가?

① 2m ② 3m ③ 5m ④ 10m

해설 위험물 제조소 등에 설치하는 옥외 소화전 설비 : 옥외 소화전함은 옥외 소화전으로부터 보행 거리 5m 이하의 장소에 설치한다.

37 위험물 제조소 등에 설치하는 불활성 가스 소화 설비에 있어 저압식 저장 용기에 설치하는 압력 경보 장치의 작동 압력 기준은?

① 0.9MPa 이하 1.3MPa 이상
② 1.9MPa 이하 2.3MPa 이상
③ 0.9MPa 이하 2.3MPa 이상
④ 1.9MPa 이하 1.3MPa 이상

해설 불활성 가스 소화 설비의 저압식 저장 용기의 압력 경보 장치의 작동 압력 : 1.9MPa 이하 2.3MPa 이상

38 위험물 제조소 등의 옥내 소화전이 1층에 6개, 2층에 5개, 3층에 4개가 설치되었다. 이때 수원의 수량은 몇 m^3 이상이 되도록 설치하여야 하는가?

① 23.4 ② 31.8 ③ 39.0 ④ 46.8

해설 수원의 양 $Q(m^3) = N \times 7.8m^3$
(N : 설치 개수가 5개 이상인 경우는 5개의 옥내 소화전)
∴ $Q = 5 \times 7.8m^3 = 39m^3$

39 할로겐 화합물의 화학식과 Halon 번호가 옳게 연결된 것은?

① CH_2ClBr − Halon 1211
② CF_2ClBr − Halon 1040
③ $C_2F_4Br_2$ − Halon 2402
④ CF_3Br − Halon 1011

정답 33 ④ 34 ④ 35 ④ 36 ③ 37 ② 38 ③ 39 ③

해설 할론의 명칭 순서
- 첫째 : 탄소
- 둘째 : 불소
- 셋째 : 염소
- 넷째 : 브롬

① CH_2ClBr - Halon 1011
② CF_2ClBr - Halon 1211
③ $C_2F_4Br_2$ - Halon 2402
④ CF_3Br - Halon 1301

40 스프링클러 설비에 대한 설명 중 틀린 것은 어느 것인가?

① 초기 화재의 진압에 효과적이다.
② 조작이 쉽다.
③ 소화 약제가 물이므로 경제적이다.
④ 타 설비보다 시공이 비교적 간단하다.

해설 ④ 시공이 다른 설비와 비교했을 때 복잡하다.

제3과목 위험물의 성질과 취급

41 위험물안전관리법령에 따라 특정 옥외 저장 탱크를 원통형으로 설치하고자 한다. 지반면으로부터의 높이가 16m일 때 이 탱크가 받는 풍하중은 1m²당 얼마 이상으로 계산하여야 하는가? (단, 강풍을 받을 우려가 있는 장소에 설치하는 경우는 제외한다.)

① 0.7640kN
② 1.2348kN
③ 1.6464kN
④ 2.348kN

해설 특정 옥외 저장 탱크의 풍하중
$q = 0.588k\sqrt{h}$
여기서, q : 풍하중(kN/m²)
k : 풍력 계수(원통형 탱크의 경우는 0.7, 그 외의 탱크는 1.0)
h : 지반면으로부터의 높이(m)
$q = 0.588 \times 0.7\sqrt{16} = 1.646$kN

42 위험물안전관리법령상 위험물을 수납한 운반 용기의 외부에 표시하여야 할 사항이 아닌 것은?

① 위험 등급
② 위험물의 수량
③ 위험물의 품명
④ 안전관리자의 이름

해설 위험물을 수납한 운반 용기의 외부에 표시하여야 할 사항
㉠ 위험물의 품명, 위험 등급, 화학명 및 수용성(수용성 표시는 제4류 위험물로서 수용성인 것에 한한다)
㉡ 위험물의 수량
㉢ 수납하는 위험물에 따른 주의 사항

43 위험물 제조소의 표지의 크기 규격으로 옳은 것은?

① 0.2m × 0.4m
② 0.3m × 0.3m
③ 0.3m × 0.6m
④ 0.6m × 0.2m

해설 위험물 제조소의 표지
㉠ 한 변의 길이 0.3m 이상, 다른 한 변의 길이 0.6m 이상
㉡ 백색 바탕에 흑색 문자

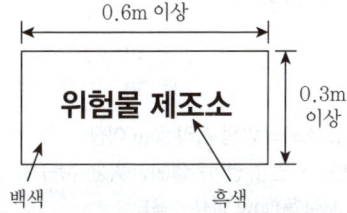

44 위험물 운반 시 유별을 달리하는 위험물의 혼재 기준에서 다음 중 혼재가 가능한 위험물은? (단, 각각 지정 수량 10배의 위험물로 가정한다.)

① 제1류와 제4류
② 제2류와 제3류
③ 제3류와 제4류
④ 제1류와 제5류

정답 40 ④ 41 ③ 42 ④ 43 ③ 44 ③

해설 유별을 달리하는 위험물의 혼재 기준

구분	제1류	제2류	제3류	제4류	제5류	제6류
제1류		×	×	×	×	○
제2류	×		×	○	○	×
제3류	×	×		○	×	×
제4류	×	○	○		○	×
제5류	×	○	×	○		×
제6류	○	×	×	×	×	

45 위험물을 저장 또는 취급하는 탱크의 용량 산정 방법에 관한 설명으로 옳은 것은?

① 탱크의 내용적에서 공간 용적을 뺀 용적으로 한다.
② 탱크의 공간 용적에서 내용적을 뺀 용적으로 한다.
③ 탱크의 공간 용적에서 내용적을 더한 용적으로 한다.
④ 탱크의 볼록하거나 오목한 부분을 뺀 내용적으로 한다.

해설 탱크의 용량=내용적-공간 용적

46 제3류 위험물을 취급하는 제조소와 3백명 이상의 인원을 수용하는 영화 상영관과의 안전 거리는 몇 m 이상이어야 하는가?

① 10   ② 20
③ 30   ④ 50

해설 제조소와의 안전 거리 30m 이상
㉠ 학교, 병원, 공연장, 영화관(300명 이상 수용)
㉡ 노유자 시설 등(20명 이상 수용)

47 과산화수소의 성질에 관한 설명으로 옳지 않은 것은?

① 농도에 따라 위험물에 해당하지 않는 것도 있다.
② 분해 방지를 위해 보관 시 안정제를 가할 수 있다.
③ 에테르에 녹지 않으며, 벤젠에 잘 녹는다.
④ 산화제이지만 환원제로서 작용하는 경우도 있다.

해설 ③ 에테르에는 녹지만 벤젠에는 녹지 않는다.

48 과산화벤조일에 대한 설명으로 틀린 것은?

① 벤조일퍼옥사이드라고도 한다.
② 상온에서 고체이다.
③ 산소를 포함하지 않는 환원성 물질이다.
④ 희석제를 첨가하여 폭발성을 낮출 수 있다.

해설 ③ 산소를 포함하고 있는 폭발성이 강한 강산화제이다.

49 다음 중 일반적으로 자연 발화의 위험성이 가장 낮은 장소는?

① 온도 및 습도가 높은 장소
② 습도 및 온도가 낮은 장소
③ 습도는 높고, 온도는 낮은 장소
④ 습도는 낮고, 온도는 높은 장소

해설 자연 발화의 위험성이 가장 낮은 장소 : 습도 및 온도가 낮은 장소

50 위험물안전관리법령상 취급소에 해당하지 않는 것은?

① 주유 취급소   ② 옥내 취급소
③ 이송 취급소   ④ 판매 취급소

해설 위험물 취급소의 구분
㉠ 주유 취급소   ㉡ 이송 취급소
㉢ 판매 취급소   ㉣ 일반 취급소

51 위험물안전관리법령에서 정한 제1류 위험물이 아닌 것은?

① 질산메틸   ② 질산나트륨
③ 질산칼륨   ④ 질산암모늄

해설 ① 질산메틸 : 제5류 위험물

52 위험물안전관리법령상 간이 탱크 저장소의 위치·구조 및 설비의 기준에서 간이 저장 탱크 1개의 용량은 몇 L 이하이어야 하는가?

① 300   ② 600
③ 1,000   ④ 1,200

정답 45 ① 46 ③ 47 ③ 48 ③ 49 ② 50 ② 51 ① 52 ②

해설 간이 저장 탱크의 용량 : 600L 이하

53 다음 중 물과 반응하여 산소를 발생하는 것은?
① $KClO_3$ ② Na_2O_2
③ $KClO_4$ ④ CaC_2

해설 ① 온수에는 잘 녹으며, 냉수에는 녹지 않는다.
② $2Na_2O + 2H_2O \rightarrow 4NaOH + O_2$
③ 물에는 약간 녹는다.
④ $CaC_2 + 2H_2O \rightarrow Ca(OH)_2 + C_2H_2$

54 염소산칼륨에 관한 설명 중 옳지 않은 것은?
① 강산화제로 가열에 의해 분해하여 산소를 방출한다.
② 무색의 결정 또는 분말이다.
③ 온수 및 글리세린에 녹지 않는다.
④ 인체에 유독하다.

해설 ③ 온수 및 글리세린에는 잘 녹는다.

55 물과 반응하였을 때 발생하는 가연성 가스의 종류가 나머지 셋과 다른 하나는?
① 탄화리튬(Li_2C_2)   ② 탄화마그네슘(MgC_2)
③ 탄화칼슘(CaC_2)   ④ 탄화알루미늄(Al_4C_3)

해설 ① $Li_2C_2 + 2H_2O \rightarrow 2LiOH + C_2H_2$
② $MgC_2 + 2H_2O \rightarrow Mg(OH)_2 + C_2H_2$
③ $CaC_2 + 2H_2O \rightarrow Ca(OH)_2 + C_2H_2$
④ $Al_4C_3 + 12H_2O \rightarrow 4Al(OH)_3 + 3CH_4$

56 다음 중 저장하는 위험물의 종류 및 수량을 기준으로 옥내 저장소에서 안전 거리를 두지 않을 수 있는 경우는?
① 지정 수량 20배 이상의 동·식물유류
② 지정 수량 20배 미만의 특수 인화물
③ 지정 수량 20배 미만의 제4석유류
④ 지정 수량 20배 이상의 제5류 위험물

해설 옥내 저장소에서 안전 거리를 두지 않을 수 있는 경우
㉠ 제6류 위험물
㉡ 지정 수량 20배 미만의 제4석유류
㉢ 지정 수량 20배 미만의 동·식물유류

57 위험물 옥내 저장소의 피뢰 설비는 지정 수량의 최소 몇 배 이상인 저장 창고에 설치하도록 하고 있는가? (단, 제6류 위험물의 저장 창고를 제외한다.)
① 10   ② 15
③ 20   ④ 30

해설 옥내 저장소의 피뢰 설비 : 지정 수량의 10배 이상인 저장 창고에 설치한다(단, 제6류 위험물의 저장 창고는 제외).

58 염소산나트륨의 위험성에 대한 설명 중 틀린 것은?
① 조해성이 강하므로 저장 용기는 밀전한다.
② 산과 반응하여 이산화염소를 발생한다.
③ 황, 목탄, 유기물 등과 혼합한 것은 위험하다.
④ 유리 용기를 부식시키므로 철제 용기에 저장한다.

해설 ④ 철을 부식시키므로 철제 용기에 저장하지 말아야 한다.

59 염소산칼륨이 고온에서 열분해할 때 생성되는 물질을 옳게 나타낸 것은?
① 물, 산소
② 염화칼륨, 산소
③ 이염화칼륨, 수소
④ 칼륨, 물

해설 $2KClO_3 \longrightarrow 2KCl + 3O_2$

60 아밀알코올에 대한 설명으로 틀린 것은?
① 8가지 이성체가 있다.
② 청색이고 무취의 액체이다.
③ 분자량은 약 88.15이다.
④ 포화지방족 알코올이다.

해설 ② 불쾌한 냄새가 나는 무색의 투명한 액체이다.

정답 53 ② 54 ③ 55 ④ 56 ③ 57 ① 58 ④ 59 ② 60 ②

위험물 산업기사 (2023. 3. 4 시행)

제1과목 일반화학

01 물질의 삼태 변화에서 꼭 수반되는 것은?

① 원자량 ② 에너지
③ 원자 구조 ④ 분자량

해설 물질의 삼태 변화에서 꼭 수반되는 것은 에너지의 변화이다.

02 텅스텐의 비열은 약 0.035cal/g이다. 텅스텐의 근사한 원자량은? (단, 원자열 용량은 6.3이다.)

① 60 ② 120
③ 180 ④ 240

해설 $\frac{6.3}{0.035} = 180$

03 보일의 법칙을 설명한 것은?

① 일정한 온도에서 기체의 부피는 그 압력에 비례한다.
② 일정한 온도에서 기체의 부피는 그 압력에 반비례한다.
③ 일정한 압력에서 기체의 부피는 그 온도에 비례한다.
④ 일정한 압력에서 기체의 부피는 그 온도에 반비례한다.

해설 보일의 법칙
$PV = P_1 V_1$

04 열의 평형과 관계되는 법칙은?

① 열역학 제0법칙 ② 열역학 제1법칙
③ 열역학 제2법칙 ④ 열역학 제3법칙

해설 열의 평형과 관계되는 법칙은 열역학 제0법칙

05 40℃에서 어떤 물질은 그 포화 용액 84g 속에 24g 녹아 있다. 이 온도에서 이 물질의 용해도는?

① 30 ② 40
③ 50 ④ 60

해설 용해도 $= \frac{24}{84-24} \times 100 = 40$

06 다음 중 원자핵을 구성하는 물질이 아닌 것은?

① 전자 ② 양성자
③ 중간자 ④ 중성자

해설 원자핵은 양성자 및 중성자를 연결하는 중간자로 구성되어 있다.

07 주기율표에서 원소의 배열 순서를 결정하는 것은?

① 원자핵의 양성자수
② 원자핵의 중성자수
③ 원자의 산화수
④ 원자핵의 질량수

해설 현재 사용되고 있는 주기율표는 모즐리가 만든 것으로서, 원자 번호 순으로 배열된 주기표를 사용하고 있다(원자 번호=양성자수=전자수).

08 알칼리 금속에 속하는 원소와 할로겐족에 속하는 원소가 결합하여 화합물을 생성하였다. 이 화합물의 화학 결합은? (단, 수소는 제외한다.)

① 이온 결합 ② 공유 결합
③ 금속 결합 ④ 배위 결합

해설 예 NaCl, KCl

정답 01 ② 02 ③ 03 ② 04 ① 05 ② 06 ① 07 ① 08 ①

09 다음 중 온도와 압력을 함께 낮게 할 때 평형이 오른쪽으로 이동하는 것은?

① $2H_2(g)+O_2(g) \longrightarrow 2H_2O(g)+58.7kcal$
② $2CO_2(g) \longrightarrow 2CO(g)+O_2(g)-134.4kcal$
③ $2CH_3OH(g)+3O_2(g)$
　　$\longrightarrow 2CO_2(g)+4H_2O(g)+156.8kcal$
④ $H_2S(g) \longrightarrow H_2(g)+S(g)-4.5kcal$

해설 발열 반응이며, 몰수가 증가한다.

10 표준 전극 전위(E^o)가 다음과 같을 때 가장 강한 환원제는?

① $F_2 = +2.87V$
② $MnO_4^- = +1.51V$
③ $Cr_2O_7^{2-} = +1.33V$
④ $NO_3^- = +0.96V$

해설 표준 전위 전극이 클수록 강한 산화제이다.

11 상온에서 액체인 금속은?

① Pb　② Hg　③ Ag　④ Br

해설 금속은 상온에서 고체이다. Hg(수은)만이 유일한 액체이며, 비금속 중에서는 Br_2(브롬)만이 유일한 액체이다.

12 불꽃 반응 시 보라색을 나타내는 금속은?

① Li　② K　③ Na　④ Ba

해설 ① Li : 빨강　② K : 보라　③ Na : 노랑　④ Ba : 황록색

13 테르밋이 되는 주성분은?

① Mg과 Al_2O_3　② Al과 Fe_2O_3
③ Zn과 Fe_2O_3　④ Cr과 Al_2O_3

해설 테르밋(Thermit)법
Al 가루와 Fe_2O_3 가루의 혼합물을 발화시키면 3,000℃ 이상의 열을 내므로 레일의 용접 등에 사용한다.
$2Al+Fe_2O_3 \longrightarrow Al_2O_3 + 2Fe$

14 다음 물질 중 상온에서 액체이며, 독성이 강한 것은?

① F_2　② Cl_2　③ CO　④ Br_2

해설 브롬(Br_2)은 적갈색의 독성을 지닌 액체이다.

15 다음 암모니아(NH_3)에 대한 설명 중 맞지 않는 것은?

① HCl과 반응하면 흰 연기를 낸다.
② NH_4^+이온은 네슬러 시약에 의해 검출된다.
③ 물에 불용성 물질이다.
④ 요소 비료의 원료이다.

해설 ① $NH_3+HCl \longrightarrow NH_4Cl$(흰 연기)
② NH_4^+이온은 네슬러 시약에 의해 적갈색으로 변한다.
③ NH_3는 물에 잘 용해된다.
④ $2NH_3+CO_2 \longrightarrow (NH_2)_2CO$(요소)

16 탄소 화합물(유기물)의 특성을 설명한 것이다. 틀린 것은?

① 유기 용매에 녹는 것이 많다.
② 공유 결합을 하며, 녹는점이 매우 높다.
③ 유기물은 연소하여 CO_2와 H_2O이 생성된다.
④ 구성 원소는 대부분 C, H, O로 되어 있으며, 약간의 N, P, S 등의 원소로 구성되어 있다.

해설 녹는점이 높지 않다.

17 분자식이 같고, 구조식이 다른 화합물을 서로 무엇이라 하는가?

① 동소체　② 이성질체
③ 동위 원소　④ 동족렬

해설 ② 이성질체 : 분자식이 같고, 구조식이 다른 화합물

18 메탄에 직접 염소를 작용시켜 클로로포름을 만드는 반응을 무엇이라 하는가?

① 환원　② 치환
③ 탈수　④ 탈수소

정답 09 ③　10 ④　11 ②　12 ②　13 ②　14 ④　15 ③　16 ②　17 ②　18 ②

해설 $CH_4 \xrightarrow{\text{치환 반응}(Cl_2)} CHCl_3$

19 다음 중 방향족 화합물은?

① CH_4 ② C_2H_4 ③ C_3H_8 ④ C_6H_6

해설 ① 메탄(포화 탄화수소)
② 에틸렌(불포화 탄화수소)
③ 프로판(포화 탄화수소)
④ 벤젠 (방향족 고리 화합물)

20 포도당의 분자식은?

① $C_6H_{12}O_6$ ② $C_{12}H_{22}O_{11}$
③ $(C_6H_{10}O_5)_n$ ④ $C_{12}H_{20}O_{10}$

해설 포도당은 단당류이다.

제2과목 화재예방과 소화방법

21 산화제와 환원제를 연소의 4요소와 연관지어 연결한 것으로 옳은 것은?

① 산화제 – 산소 공급원, 환원제 – 가연물
② 산화제 – 가연물, 환원제 – 산소 공급원
③ 산화제 – 연쇄 반응, 환원제 – 점화원
④ 산화제 – 점화원, 환원제 – 가연물

해설 연소의 4요소
㉠ 산화제 – 산소 공급원
㉡ 환원제 – 가연물
㉢ 점화원
㉣ 순조로운 연쇄 반응

22 공기 중 산소는 부피 백분율과 질량 백분율로 각각 약 몇 %인가?

① 79, 21 ② 21, 23
③ 23, 21 ④ 21, 79

해설 산소는 공기 중에 21%(용량) 또는 23%(중량) 존재하고 있으므로 공급되는 공기 중의 산소의 양에 따라 화재가 확대 또는 축소되기도 하므로 가연 물질의 연소 또는 화재에 미치는 산소의 역할은 크다.

23 연소할 때 자기 연소를 일으키지 않는 것은?

① $C_2H_5ONO_2$ ② $[C_6H_7O_2(ONO_2)_3]_n$
③ CH_3ONO_2 ④ $C_6H_5NO_2$

해설 ④ 증발 연소

24 촛불의 연소 형태는?

① 분해 연소 ② 표면 연소
③ 내부 연소 ④ 증발 연소

해설 촛불의 연소는 고체 가연물의 연소 형태 중 증발 연소이다.

25 연소 이론에 대한 설명으로 가장 거리가 먼 것은?

① 발화점이 낮을수록 위험성이 크다.
② 인화점이 낮을수록 위험성이 크다.
③ 인화점이 낮은 물질은 발화점도 낮다.
④ 폭발 한계가 넓을수록 위험성이 크다.

해설 인화점이 낮다고 해서 발화점이 낮지는 않다.

26 수소의 공기 중 연소 범위에 가장 가까운 값을 나타내는 것은?

① 2.5~82.0vol%
② 5.3~13.9vol%
③ 4.0~74.5vol%
④ 12.5~55.0vol%

해설

가스	연소 범위(vol%)
수소	4.0~74.5

27 위험물안전관리법령상 제2류 위험물 중 지정 수량이 500kg인 물질에 의한 화재는?

① A급 화재 ② B급 화재
③ C급 화재 ④ D급 화재

해설 D급(금속) 화재 : 제2류 위험물 중 지정 수량이 500kg인 물질(금속분), 제3류 위험물 등

28 포 소화 약제 중 A제의 주성분으로 틀린 것은?

① 중조
② 카세인
③ 황산알루미늄
④ 소다회

해설 화학포의 구성 성분
㉠ A제 : $NaHCO_3$(중조, 탄산수소나트륨, 중탄산나트륨)+ 기포 안정제(단백질 분해물, 계면활성제, 사포닌, 소다회를 혼합시킨 것)
㉡ B제 : 황산알루미늄$[Al_2(SO_4)_3]$

29 단백포 소화 약제 제조 공정에서 부동제로 사용하는 것은?

① 에틸렌글리콜 ② 물
③ 가수 분해 단백질 ④ 황산제1철

해설 조정 공정
단백포 소화 약제의 제조 공정 중 마지막 단계로서, 소화용 이외의 이·화학적 성능을 향상시키기 위해서 방부제·부동제 등을 첨가한다. 이 경우 방부제로는 트리클로로페놀, 펜타클로로페놀 등의 수용성 염류 등이 사용되며, 부동제로는 에틸렌글리콜, 프로필렌글라이콜 등이 사용된다.

30 분말 소화기의 각 종별 소화 약제 주성분이 옳게 연결된 것은?

① 제1종 소화 분말: $KHCO_3$
② 제2종 소화 분말 : $NaHCO_3$
③ 제3종 소화 분말 : $NH_4H_2PO_4$
④ 제4종 소화 분말 : $NaHCO_3+(NH_2)_2CO$

해설 분말 소화 약제의 종류

종별	소화 약제 주성분
제1종	$NaHCO_3$
제2종	$KHCO_3$
제3종	$NH_4H_2PO_4$
제4종	$KHCO_3+(NH_2)_2CO$

31 소화 효과 중 부촉매 효과를 기대할 수 있는 소화 약제는?

① 물 소화 약제 ② 포 소화 약제
③ 분말 소화 약제 ④ 이산화탄소 소화 약제

해설 제3종 분말 소화 약제의 부촉매 효과 : 제1인산암모늄($NH_4H_2PO_4$)으로부터 유리되어 나온 활성화된 암모늄 이온(NH_4^+)이 가연 물질 내부에 함유되어 있는 활성화된 수산 이온(OH^-)과 반응하여 연속적인 연소의 연쇄 반응을 억제·방해 또는 차단시킴으로써 화재를 소화한다.

32 할로겐 화합물 중 CH_3I에 해당하는 할론 번호는?

① 1031 ② 1301
③ 13001 ④ 10001

해설 ㉠ Halon 번호
첫째 – 탄소수, 둘째 – 불소수, 셋째 – 염소수, 넷째 – 브롬수, 다섯째 – 요오드수
㉡ Halon 10001 – CH_3I

33 할로겐 화합물 청정 소화 약제 중 HFC−23의 화학식은?

① CF_3I ② CHF_3
③ $CF_3CH_2CF_3$ ④ C_4F_{10}

해설 할로겐 화합물 청정 소화 약제

종류	화학식
FIC-1311	CF_3I
HFC-23	CHF_3
HFC-236fa	$CF_3CH_2CF_3$
FC-3-1-10	C_4F_{10}

정답 27 ④ 28 ③ 29 ① 30 ③ 31 ③ 32 ④ 33 ②

34 위험물을 제조소에서 옥내 소화전이 1층에 4개, 2층에 6개가 설치되어 있을 때 수원의 수량은 몇 L 이상이 되도록 설치하여야 하는가?

① 13,000 ② 15,600
③ 39,000 ④ 46,800

해설 수원의 양 $Q(\text{L})=N\times 7{,}800\text{L}$
$=5\times 7{,}800\text{L}=39{,}000\text{L}$
(N : 설치 개수가 5개 이상인 경우는 5개의 옥내 소화전)

35 위험물안전관리법령상 물분무 소화 설비의 제어 밸브는 바닥으로부터 어느 위치에 설치하여야 하는가?

① 0.5m 이상 1.5m 이하
② 0.8m 이상 1.5m 이하
③ 1m 이상 1.5m 이하
④ 1.5m 이상

해설 물분무 소화 설비 제어 밸브 : 바닥으로부터 0.8m 이상 1.5m 이하

36 펌프의 공동 현상(cavitation)을 방지하기 위한 방법이 아닌 것은?

① 흡입 양정을 될 수 있는 한 작게 한다.
② 흡입관의 구경을 펌프의 구경보다 작게 한다.
③ 흡입 배관의 구부림을 적게 한다.
④ 흡입 배관에는 스톱 밸브보다 슬루스 밸브를 사용한다.

해설 관 지름이 작아지면 유속이 증가하며, 속도 손실 수두가 증가하는 공동 현상(cavitation)이 발생한다.

37 위험물안전관리법령상 위험물 제조소 등에서 전기 설비가 있는 곳에 적응하는 소화 설비는?

① 옥내 소화전 설비
② 스프링클러 설비
③ 포 소화 설비
④ 할로겐 화합물 소화 설비

해설 소화 설비의 적응성

소화 설비의 구분	건축물·그 밖의 공작물	전기 설비	제1류 위험물: 알칼리 금속 과산화물 등	제1류 위험물: 그 밖의 것	제2류 위험물: 철분·금속분·마그네슘 등	제2류 위험물: 인화성 고체	제2류 위험물: 그 밖의 것	제3류 위험물: 금수성 물품	제3류 위험물: 그 밖의 것	제4류 위험물	제5류 위험물	제6류 위험물
옥내 소화전 설비 또는 옥외 소화전 설비	○			○		○	○		○		○	○
스프링클러 설비	○			○		○	○		○	△	○	○
물분무 등 소화 설비: 물분무 소화 설비	○	○		○		○	○		○	○	○	○
물분무 등 소화 설비: 포 소화 설비	○			○		○	○		○	○	○	○
물분무 등 소화 설비: 불활성 가스 소화 설비		○				○				○		
물분무 등 소화 설비: 할로겐 화합물 소화 설비		○				○				○		
물분무 등 소화 설비: 분말 소화 설비: 인산염류 등	○	○		○		○	○			○		○
물분무 등 소화 설비: 분말 소화 설비: 탄산수소염류 등		○	○		○	○		○		○		
물분무 등 소화 설비: 분말 소화 설비: 그 밖의 것			○		○			○				
대형·소형 수동식 소화기: 봉상수(棒狀水) 소화기	○			○		○	○		○		○	○
대형·소형 수동식 소화기: 무상수(無狀水) 소화기	○	○		○		○	○		○		○	○
대형·소형 수동식 소화기: 봉상 강화액 소화기	○			○		○	○		○		○	○
대형·소형 수동식 소화기: 무상 강화액 소화기	○	○		○		○	○		○	○	○	○
대형·소형 수동식 소화기: 포 소화기	○			○		○	○		○	○	○	○
대형·소형 수동식 소화기: 이산화탄소 소화기		○				○				○		△
대형·소형 수동식 소화기: 할론 소화 설비		○				○				○		
대형·소형 수동식 소화기: 분말 소화기: 인산염류 소화기	○	○		○		○	○			○		○
대형·소형 수동식 소화기: 분말 소화기: 탄산수소염류 소화기		○	○		○	○		○		○		
대형·소형 수동식 소화기: 분말 소화기: 그 밖의 것			○		○			○				
기타: 물통 또는 수조	○			○		○	○		○		○	○
기타: 건조사			○	○	○	○	○	○	○	○	○	○
기타: 팽창 질석 또는 팽창 진주암			○	○	○	○	○	○	○	○	○	○

38 위험물 제조소 등에 설치하여야 하는 자동 화재 탐지 설비의 설치 기준에 대한 설명 중 틀린 것은?

① 자동 화재 탐지 설비의 경계 구역은 건축물, 그 밖의 공작물의 2 이상의 층에 걸치도록 할 것
② 하나의 경계 구역에서 그 한 변의 길이는 50m(광전식 분리형 감지기를 설치할 경우에는 100m) 이하로 할 것
③ 자동 화재 탐지 설비의 감지기는 지붕 또는 벽의 옥내에 면한 부분에 유효하게 화재의 발생을 감지할 수 있도록 설치할 것
④ 자동 화재 탐지 설비에는 비상 전원을 설치할 것

해설 ① 자동 화재 탐지 설비의 경계 구역은 건축물, 그 밖의 공작물의 2 이상의 층에 걸치지 아니하도록 할 것

정답 34 ③ 35 ② 36 ② 37 ④ 38 ①

39 통로 유도등은 바로 밑으로부터 0.5m 떨어진 바닥에서 측정하였을 때 조도는 얼마 이상이어야 하는가?

① 0.2Lux 이상   ② 0.5Lux 이상
③ 1Lux 이상   ④ 2Lux 이상

해설 ㉠ 통로 유도등의 조명도는 1Lux 이상
㉡ 객석 유도등의 조명도는 0.2Lux 이상

40 아염소산염류 500kg과 질산염류 3,000kg을 함께 저장하는 경우 위험물의 소요 단위는?

① 2   ② 4   ③ 6   ④ 8

해설 소요 단위 $= \dfrac{\text{저장량}}{\text{지정 수량} \times 10\text{배}}$

$= \dfrac{500}{50 \times 10} + \dfrac{3,000}{300 \times 10} = 2$

제3과목 위험물의 성질과 취급

41 제1류 위험물의 일반적인 성질이 아닌 것은?

① 불연성 물질이다.
② 유기 화합물이다.
③ 산화성 고체로서 강산화제이다.
④ 알칼리 금속의 과산화물은 물과 작용하여 발열한다.

해설 ② 모두 무기 화합물이다.

42 일반적으로 다음에서 설명하는 성질을 가지고 있는 위험물은?

- 불안정한 고체 화합물로서, 분해가 용이하여 산소를 방출한다.
- 물과 격렬하게 반응하여 발열한다.

① 무기 과산화물   ② 과망가니즈산염류
③ 과염소산염류   ④ 다이크로뮴산염류

해설 무기 과산화물의 설명이다.

43 위험물안전관리법령상 제2류 위험물의 위험 등급에 대한 설명으로 옳은 것은?

① 제2류 위험물은 위험 등급 I에 해당되는 품명이 없다.
② 제2류 위험물 중 위험 등급 III에 해당되는 품명은 지정 수량이 500kg인 품명만 해당된다.
③ 제2류 위험물 중 황화인, 적린, 황 등 지정 수량이 100kg인 품명은 위험 등급 I에 해당한다.
④ 제2류 위험물 중 지정 수량이 1,000kg인 인화성 고체는 위험 등급 II에 해당한다.

해설 제2류 위험물의 품명과 지정 수량

성질	품명	지정 수량	위험 등급
가연성 고체	1. 황화인	100kg	II
	2. 적린	100kg	
	3. 황	100kg	
	4. 철분	500kg	III
	5. 금속분	500kg	
	6. 마그네슘	500kg	
	7. 그 밖에 행정안전부령이 정하는 것 8. 제1호에서 제7호까지의 어느 하나에 해당하는 위험물을 하나 이상 함유한 것	100kg 또는 500kg	II, III
	9. 인화성 고체	1,000kg	

44 다음은 유황의 동소체를 나열한 것이다. 이들 중 이황화탄소(CS_2)에 녹는 것들로 바르게 짝지어 놓은 것은?

㉠ 사방황   ㉡ 단사황
㉢ 고무상황

① ㉠, ㉡   ② ㉠, ㉢
③ ㉡, ㉢   ④ ㉠, ㉡, ㉢

해설 고무상황은 CS_2에 녹지 않는다.

정답 39 ③   40 ①   41 ②   42 ①   43 ①   44 ①

45 제3류 위험물의 공통적인 성질을 설명한 것 중 옳은 것은? (단, 황린은 제외)

① 모두 무기 화합물이다.
② 저장액으로 석유류를 이용한다.
③ 햇빛에 노출되는 순간 발화된다.
④ 물과 반응 시 발열 또는 발화된다.

해설 제3류 위험물의 공통적 성질은 물과 반응 시 발열 또는 발화하고, 가연성 가스의 발생 위험이 있어야 한다.

46 나트륨(Na)을 잘못 취급해 표면이 회백색으로 변했다. 이 나트륨 표면에 생성된 물질의 분자식을 올바르게 표시한 것은?

① Na_2O
② $NaCl$
③ $NaNO_3$
④ $NaOH$

해설 $4Na + O_2 \longrightarrow 2Na_2O$

47 다음 물질 중 공기보다 증기 비중이 낮은 것은?

① 이황화탄소(CS_2)
② 시안화수소(HCN)
③ 아세트알데하이드(CH_3CHO)
④ 에테르($C_2H_5OC_2H_5$)

해설 제4류 위험물의 증기는 공기보다 무겁다. 단, HCN은 $\frac{27}{29} = 0.98$이므로 예외이다.

48 물보다 무겁고, 물에 녹지 않아 저장 시 가연성 증기 발생을 억제하기 위해 콘크리트 수조 속의 위험물 탱크에 저장하는 물질은?

① 디에틸에테르
② 에탄올
③ 이황화탄소
④ 아세트알데하이드

해설 이황화탄소(CS_2)의 설명이다.

49 동·식물유류 중 넝마, 섬유류 등에 스며든 건성유가 자연 발화를 일으키는 이유는?

① 인화점이 상온보다 낮기 때문에
② 수분과 만나서 분해되기 때문에
③ 공기 중의 산소와 산화 중합하기 때문에
④ 공기 중의 수소와 반응하기 때문에

해설 건성유는 이중 결합이 많아 불포화도가 크므로 공기 중에서 산화 중합되어 자연 발화를 일으키기 쉬운 동·식물유류이다.

50 위험물안전관리법령은 위험물의 유별에 따른 저장·취급상의 유의 사항을 규정하고 있다. 이 규정에서 특히 과열, 충격, 마찰을 피하여야 할 류(類)에 속하는 위험물 품명을 나열한 것은?

① 하이드록실아민, 금속의 아지 화합물
② 금속의 산화물, 칼슘의 탄화물
③ 무기 금속 화합물, 인화성 고체
④ 무기 과산화물, 금속의 산화물

해설 제5류 위험물은 특히 과열, 충격, 마찰을 피하여야 할 위험물이다.
예 하이드록실아민, 금속의 아지 화합물

51 질화면을 강면약과 약면약으로 구분하는 기준은?

① 물질의 경화도
② 수산기의 수
③ 질산기의 수
④ 탄소 함유량

해설 질화면은 질산기의 수를 기준으로 강면약과 약면약으로 구분한다.

52 제6류 위험물을 저장하는 제조소 등에 적응성이 없는 소화 설비는?

① 옥외 소화전 설비
② 탄산수소염류 분말 소화 설비
③ 스프링클러 설비
④ 포 소화 설비

해설 37번 해설 참조

정답 45 ④ 46 ① 47 ② 48 ③ 49 ③ 50 ① 51 ③ 52 ②

53 과산화수소의 저장 방법으로 옳은 것은?

① 분해를 막기 위해 히드라진을 넣고 완전히 밀전하여 보관한다.
② 분해를 막기 위해 히드라진을 넣고 가스가 빠지는 구조로 마개를 하여 보관한다.
③ 분해를 막기 위해 요산을 넣고 완전히 밀전하여 보관한다.
④ 분해를 막기 위해 요산을 넣고 가스가 빠지는 구조로 마개를 하여 보관한다.

해설 과산화수소의 저장 방법 : 분해를 막기 위해 요산을 넣고 가스가 빠지는 구조로 마개를 하여 보관한다.

54 위험물안전관리법령에 근거하여 자체 소방대에 두어야 하는 제독차의 경우 가성소다 및 규조토를 각각 몇 kg 이상 비치하여야 하는가?

① 30 ② 50
③ 60 ④ 100

해설 제독차 : 가성소다 및 규조토를 각각 50kg 이상 비치할 것

55 옥내 저장 창고의 바닥을 물이 스며 나오거나 스며들지 아니하는 구조로 해야 하는 위험물은?

① 과염소산칼륨
② 나이트로셀룰로오스
③ 적린
④ 트라이에틸알루미늄

해설 방수성이 있는 피복 조치

유별	적용 대상
제1류 위험물	알칼리 금속의 과산화물
제2류 위험물	・철분 ・금속분 ・마그네슘
제3류 위험물	금수성 물품(트라이에틸알루미늄)

56 그림의 원통형 중으로 설치된 탱크에서 공간 용적을 내용적의 10%라고 하면 탱크 용량(허가 용량)은 약 얼마인가?

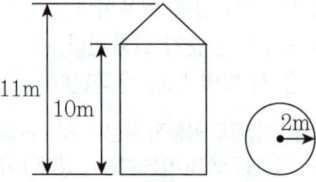

① 113.04 ② 124.34
③ 129.06 ④ 138.16

해설 탱크 용량(허가 용량) = 내용적 − 공간 용적
$= 0.9\pi r^2 l$
$= 0.9 \times \pi \times 2^2 \times 10$
$= 113.04 m^3$

57 위험물 제조소의 건축물 환기 설비 중 급기구의 크기로 옳은 것은?

① $200 cm^2$ ② $400 cm^2$
③ $600 cm^2$ ④ $800 cm^2$

해설 제조소 등의 환기 설비의 설치 기준
㉠ 환기는 자연 배기 방식으로 할 것
㉡ 환기구는 지붕 위 또는 지상 2m 높이에 회전식 고정 벤틸레이터 또는 루프팬 방식으로 할 것
㉢ 급기구는 바닥 면적 $150 m^2$ 마다 1개 이상으로 하되, 그 크기는 $800 cm^2$ 이상으로 할 것
㉣ 급기구는 낮은 곳에 설치하고, 가는 눈의 동망 등으로 인화 방지망을 설치할 것

58 제4류 위험물의 옥외 저장 탱크에 대기 밸브 부착 통기관을 설치할 때 몇 kPa 이하의 압력 차이로 작동하여야 하는가?

① 5kPa 이하 ② 10kPa 이하
③ 15kPa 이하 ④ 20kPa 이하

해설 옥외 저장 탱크의 통기 장치
1. 밸브 없는 통기관
㉠ 직경 : 30mm 이상
㉡ 끝부분 : 45° 이상

정답 53 ④ 54 ② 55 ④ 56 ① 57 ④ 58 ①

	ⓒ 인화 방지 장치 : 가는 눈의 구리망 사용
2. 대기 밸브 부착 통기관
	㉠ 작동 압력 차이 : 5kPa 이하
	㉡ 인화 방지 장치 : 가는 눈의 구리망 사용

59 위험물 간이 탱크 저장소의 간이 저장 탱크 수압 시험 기준으로 옳은 것은?

① 50kPa의 압력으로 7분간의 수압 시험
② 70kPa의 압력으로 10분간의 수압 시험
③ 50kPa의 압력으로 10분간의 수압 시험
④ 70kPa의 압력으로 7분간의 수압 시험

해설 간이 저장 탱크 수압 시험 기준

두께 3.2mm 이상의 강판으로 흠이 없도록 제작하여야 하며, 70kPa의 압력으로 10분간의 수압 시험을 실시하여 새거나 변형되지 않아야 한다.

60 위험물안전관리법령상 옥내 주유 취급소의 소화 난이도 등급은?

① I ② II
③ III ④ IV

해설 소화 난이도 등급 II에 해당하는 제조소 등

구분	적용 대상
제조소 일반 취급소	· 연면적 600m^2 이상 · 지정 수량 10배 이상
옥내 저장소	· 단층 건물 이외의 것 · 지정 수량 10배 이상 · 연면적 150m^2 초과
옥외 저장소	· 괴상의 황 등을 저장하는 것으로서 경계 표시 내부의 면적이 5~100m^2 미만 · 지정 수량 100배 이상
주유 취급소	옥내 주유 취급소
판매 취급소	제2종 판매 취급소

정답 59 ② 60 ②

위험물 산업기사 (2023. 5. 13 시행)

제1과목 일반화학

01 다음 중에서 분자가 가지는 Energy가 가장 큰 상태는?

① 기체 ② 액체
③ 고체 ④ 액체 및 고체

해설 분자가 가지는 에너지 크기
기체>액체>고체

02 다음 중 단원자 분자에 해당하는 것은?

① 산소 ② 질소
③ 네온 ④ 염소

해설 분자의 종류
㉠ 단원자 분자 : 1개의 원자로 구성된 분자
  예 He, Ne, Ar 등 주로 불활성 기체
㉡ 이원자 분자 : 2개의 원자로 구성된 분자
  예 H_2, O_2, N_2, Cl_2 등

03 1기압에서 100L를 차지하고 있는 용기를 내용적 5L의 용기에 넣으면 압력은 몇 기압이 되겠는가? (단, 온도는 일정하다.)

① 10 ② 20
③ 30 ④ 40

해설 보일의 법칙 : $PV=P_1V_1$, $1\times100=P_1\times5$
$P_1=\dfrac{1\times100}{5}$, $P_1=20$

04 에너지는 결코 생성될 수도 없어질 수도 없고 단지 형태의 이변이라는 에너지의 보존 법칙은?

① 열역학 제1법칙 ② 열역학 제2법칙
③ 열역학 제3법칙 ④ 열역학 제4법칙

해설 열역학 제1법칙을 에너지 불변의 법칙이라고도 한다.

05 80℃와 40℃에서 물에 대한 용해도가 각각 50, 30인 물질이 있다. 80℃의 이 포화 용액 75g을 40℃로 냉각시키면 몇 g의 물질이 석출되겠는가?

① 25 ② 20
③ 15 ④ 10

해설 ㉠ 80℃에서의 용해도가 50이다.
80℃에서 용매 100g에 녹을 수 있는 용질의 최대량은 50g이다.
∴ 80℃의 포화 용액 75g은 용매 50g과 용질 25g이다.
㉡ 40℃에서의 용해도가 30이다.
40℃에서 용매 100g에 녹을 수 있는 용질의 최대량은 30g이다.
∴ 40℃에서 용매 50g에는 15g의 용질이 녹아 있다.
→ 따라서 80℃에서 40℃로 냉각시키면 $(25-15)g=10g$이 석출된다.

06 원자를 이루고 있는 전자의 발견자는?

① 러더퍼드 ② 채드윅
③ 돌턴 ④ 톰슨

해설 러더퍼드는 양성자 발견, 채드윅은 중성자 발견, 돌턴은 원자설 주장, 톰슨은 전자 발견

07 주기율표를 보면 같은 족이 아래로 갈수록 점차 증가하는 성질이 있는데, 이에 해당되지 않는 것은?

① 원자 번호 ② 원자량
③ 가전자의 수 ④ 오비탈의 총수

해설 주기율표를 보면 같은 족이 아래로 갈수록 가전자의 수는 같다.

정답 01 ① 02 ③ 03 ② 04 ① 05 ④ 06 ④ 07 ③

08 비금속 원소와 금속 원소 사이의 결합은 일반적으로 어떤 결합에 해당되는가?

① 공유 결합   ② 금속 결합
③ 비금속 결합   ④ 이온 결합

해설) 이온 결합에 대한 설명이다.

09 다음 반응 중 평형 상태가 압력의 영향을 받지 않는 것은?

① $2NO_2 \rightleftarrows N_2O_4$
② $2CO+O_2 \rightleftarrows 2CO_2$
③ $N_2+O_2 \rightleftarrows 2NO$
④ $NH_3+HCl \rightleftarrows NH_4Cl$

해설) 반응물과 생성물의 몰수, 즉 분자수가 같은 것은 압력의 영향을 받지 않는다.

10 다음 물질 중 환원제로 이용되는 물질인 것은?

① H_2SO_4 ② HNO_3
③ $KMnO_4$ ④ SO_2

해설) 환원제란 다른 물질을 환원시켜 주는 물질로서 자기 자신은 산화된다.

11 다음 합금 중 니켈(Ni)이 들어 있는 것은?

① 양은   ② 놋쇠
③ 땜납   ④ 활자금

해설) ① 양은(Cu+Ni+Zn), ② 놋쇠(Cu+Zn), ③ 땜납(Pb+Sn), ④ 활자금(Al+Cu+Mn+Mg)

12 가성소다(NaOH)를 전해법으로 만들 때 격막법이나 수은법을 사용하는 데 격막을 사용하는 이유는 무엇을 막기 위해서인가?

① NaOH, Cl_2
② NaOH, H_2
③ H_2, Cl_2
④ NaCl, NaClO

해설) NaOH의 제조법 중 소금물의 전해법
$2NaCl+2H_2O \longrightarrow 2NaOH+H_2+Cl_2$
이때 양극에서 발생한 Cl_2와 음극에서 생성된 NaOH가 반응하여 NaCl과 NaClO를 만든다.
$2NaOH+Cl_2 \longrightarrow NaCl+NaClO+H_2O$
따라서, 이런 반응을 막기 위해서 석면으로 된 격막을 사용하는 격막법이나 수은법을 사용한다.

13 자철광 제조법으로 빨갛게 달군 철에 수증기를 통할 때의 반응식으로 옳은 것은?

① $3Fe+4H_2O \longrightarrow Fe_3O_4+4H_2$
② $2Fe+3H_2O \longrightarrow Fe_2O_3+3H_2$
③ $Fe+H_2O \longrightarrow FeO+H_2$
④ $Fe+2H_2O \longrightarrow FeO_2+2H_2$

해설) 자철광 제조법 : $3Fe+4H_2O \rightarrow Fe_3O_4+4H_2$

14 비활성 기체의 설명으로 적당하지 않은 것은?

① 단원자 분자이다.
② 화합물을 잘 만든다.
③ 대부분 최외각 전자는 8개이다.
④ 저압에서 방전되면 색을 나타낸다.

해설) 비활성 기체는 안정하여 화합물을 만들지 않는다.

15 CO_2와 CO의 성질에 대하여 틀리게 설명한 것은?

① CO_2는 불연성 기체이며, CO는 가연성 기체로 파란 불꽃을 내며 탄다.
② 모두 무색 기체로서 CO_2는 독성이 없고, CO는 독성이 있다.
③ CO_2와 CO는 모두 석회수와 반응하여 흰색 침전이 생긴다.
④ CO_2는 환원력이 없고, CO는 환원력이 있다.

해설) ㉠ CO_2는 석회수와 반응한다[$CO_2+Ca(OH)_2 \longrightarrow CaCO_3+H_2O$].
㉡ CO는 독성이 있고 환원 작용이 있으나 석회수[$Ca(OH)_2$]와는 반응하지 않는다.

정답   08 ④   09 ③   10 ④   11 ①   12 ④   13 ①   14 ②   15 ③

16 다음의 질소 비료 중 질소 함량이 가장 많은 것은?

① $(NH_4)_2SO_4$ ② NH_4NO_3
③ NH_4Cl ④ $(NH_2)_2CO$

해설 ① $\dfrac{N_2}{(NH_4)_2SO_4} \times 100 = \dfrac{28}{132} \times 100 = 21.2\%$

② $\dfrac{N_2}{NH_4NO_3} \times 100 = \dfrac{28}{80} \times 100 = 35\%$

③ $\dfrac{N}{NH_4Cl} \times 100 = \dfrac{14}{53.5} \times 100 = 26.1\%$

④ $\dfrac{N_2}{(NH_2)_2CO} \times 100 = \dfrac{28}{60} \times 100 = 46.7\%$

17 다음 화합물들 가운데 기하학적 이성질체를 가지고 있는 것은?

① $CH_2=CH_2$
② $CH_3-CH_2-CH_2-OH$
③ $\begin{array}{c} CH_3 \\ \\ CH_3 \end{array} C=C \begin{array}{c} CH_3 \\ \\ CH_3 \end{array}$
④ $CH_3-CH=CH-CH_3$

해설 기하학적 이성질체 : 두 탄소 원자가 이중 결합으로 연결될 때 탄소에 결합된 원자나 원자단의 위치가 다름으로 인하여 생기는 이성질체로 cis형과 $trans$형이 있다.

예 2-부텐($CH_3-CH=CH-CH_3$)

$\underset{cis\text{-}2\text{-}부텐}{\overset{HH}{\underset{H_3CCH_3}{C=C}}}$ $\underset{trans\text{-}2\text{-}부텐}{\overset{HCH_3}{\underset{H_3CH}{C=C}}}$

18 다음 중 지방족 화합물이 아닌 것은?

① CH_4 ② C_2H_4
③ C_2H_2 ④ C_6H_6

해설 ① CH_4 : 메탄(알칸계, 파라핀계)
② C_2H_4 : 에틸렌(올레핀계, 알켄계)
③ C_2H_2 : 아세틸렌(알킨계) — 지방족 탄화수소
④ C_6H_6 : 벤젠 — 방향족 탄화수소

19 다음 중 방향족 화합물이 아닌 것은?

① 톨루엔 ② 아세톤
③ 페놀 ④ 아닐린

해설 ① 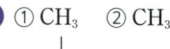 ② CH_3COCH_3 ③   ④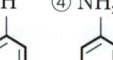

20 녹말을 염산과 더불어 가수 분해할 때 마지막으로 생성되는 물질은?

① $C_{12}H_{22}O_{11}$ ② $C_6H_{10}O_6$
③ $(C_6H_{10}O_5)_n$ ④ $C_6H_{12}O_6$

해설 녹말(전분 : Starch)은 염산과 가수 분해하여 최종 포도당($C_6H_{12}O_6$)을 생성한다.

제2과목 화재예방과 소화방법

21 다음 중 연소할 수 있는 조건을 갖춘 것은?

① 아세톤+수소+성냥불
② 알코올+수소+산소
③ 가솔린+공기+수소
④ 성냥불+황+산소

해설 연소의 3요소
가연물(황), 산소 공급원(산소), 점화원(성냥불)

22 연소가 잘 일어나지 못하는 이유는?

① 산소와 화학적 친화력이 클 것
② 산소와 접촉 면적이 클 것
③ 열전도율이 클 것
④ 발열량이 클 것

해설 가연물이 되기 쉬운 조건
㉠ 산소와의 친화력이 클 것(화학적 활성이 강할 것)
㉡ 열전도율이 작을 것
㉢ 산소와의 접촉 면적이 클 것

정답 16 ④ 17 ④ 18 ④ 19 ② 20 ④ 21 ④ 22 ③

ⓔ 발열량(연소열)이 클 것
ⓕ 활성화 에너지가 작을 것(발열 반응을 일으키는 물질)
ⓖ 건조도가 좋을 것(수분의 함유가 적을 것)

23 일반적인 석유난로의 연소 형태로, 점도가 높고 비휘발성인 액체를 안개상으로 분사하여 액체의 표면적을 넓혀 연소시키는 방법은?

① 액적 연소   ② 증발 연소
③ 분해 연소   ④ 표면 연소

해설 액적(분무) 연소의 설명이다.

24 가연성 액체로부터 발생한 증기가 액체 표면에서 연소 범위의 하한에 도달할 수 있는 최저 온도를 무엇이라 하는가?

① 비점   ② 인화점
③ 발화점   ④ 연소점

해설 인화점의 정의이다.

25 아세톤의 위험도를 구하면 얼마인가? (단, 아세톤의 연소 범위는 2~13vol%이다.)

① 0.846   ② 1.23
③ 5.5   ④ 7.5

해설 $H = \dfrac{U-L}{L} = \dfrac{13-2}{2} = 5.5$

여기서, H : 위험도
U : 연소 범위의 상한치
L : 연소 범위의 하한치

26 폭발 시 연소파의 전파 속도 범위에 가장 가까운 것은?

① 0.1~10m/s
② 100~1,000m/s
③ 2,000~3,500m/s
④ 5,000~10,000m/s

해설 폭발 시 연소파의 전파 속도 범위는 0.1~10m/s이다.

27 열의 이동 원리 중 복사에 관한 예로 적당하지 않은 것은?

① 그늘이 시원한 이유
② 더러운 눈이 빨리 녹는 현상
③ 보온병 내부를 거울벽으로 만드는 것
④ 해풍과 육풍이 일어나는 원리

해설 대류
액체와 기체를 가열하면 가열된 물질은 가벼워져 위로 올라가고, 차가운 물질은 아래로 내려오면서 전체의 온도가 올라가게 된다. 이와 같은 물질이 이동하면서 열이 이동하는 것

28 화학포 소화 약제의 주성분은?

① 탄산수소나트륨과 황산알루미늄
② 탄산나트륨과 황산알루미늄
③ 탄산나트륨과 황산나트륨
④ 탄산수소나트륨과 황산나트륨

해설 화학포 소화 약제의 주성분
① A제 : 탄산수소나트륨($NaHCO_3$)
② B제 : 황산알루미늄[$Al_2(SO_4)_3$]

29 수성막포 소화 약제를 수용성 알코올 화재 시 사용하면 소화 효과가 떨어지는 가장 큰 이유는?

① 유독 가스가 발생하므로
② 화염의 온도가 높으므로
③ 알코올은 포와 반응하여 가연성 가스를 발생하므로
④ 알코올은 소포성을 가지므로

해설 수성막포 소화 약제를 수용성 알코올 화재 시 사용하면 소화 효과가 떨어지는 이유 : 알코올은 소포성을 가지므로

30 제1종 분말 소화 약제의 적응 화재 급수는?

① A급   ② B, C급
③ A, B급   ④ A, B, C급

정답 23 ① 24 ② 25 ③ 26 ① 27 ④ 28 ① 29 ④ 30 ②

해설 분말 소화 약제

종 별	분자식	적응 화재
제1종	중탄산나트륨($NaHCO_3$)	B, C
제2종	중탄산칼륨($KHCO_3$)	B, C
제3종	제1인산암모늄($NH_4H_2PO_4$)	A, B, C
제4종	중탄산칼륨+요소[$KHCO_3+(NH_2)_2CO$]	B, C

31 분말 소화 약제인 인산암모늄을 사용하였을 때 열분해되어 부착성인 막을 만들어 공기를 차단시키는 것은?

① HPO_3 ② PH_3
③ NH_3 ④ P_2O_3

해설 $NH_4H_2PO_4 \longrightarrow HPO_3+NH_3+H_2O$

32 Halon 1011에 함유되지 않은 원소는?

① H   ② Cl   ③ Br   ④ F

해설 ㉠ Halon 번호
첫째 – 탄소수, 둘째 – 불소수, 셋째 – 염소수,
넷째 – 브롬수
㉡ Halon 1011 – CH_2ClBr

33 질소와 아르곤과 이산화탄소의 용량비가 52 : 40 : 8인 혼합물 소화 약제에 해당하는 것은?

① IG-541   ② HCFC BLEND A
③ HFC-125   ④ HFC-23

해설 불활성 가스 청정 소화 약제

소화 약제	상품명	화학식
IG-541	Inergen	$N_2:52\%, Ar:40\%, CO_2:8\%$
HCFC BLEND A	NAFS-III	· HCFC-22($CHClF_2$): 82% · HCFC-123($CHCl_2CF_3$): 4.75% · HCFC-124($CHClFCF_3$): 9.5% · $C_{10}H_6$: 3.75%
HFC-125	FE-25	CHF_2CF_3
HFC-23	FE-13	CHF_3

34 옥내 소화전의 법정 방수량과 방수 압력은?

① 100L/min 이상, 170kPa 이상
② 260L/min 이상, 350kPa 이상
③ 350L/min 이상, 250kPa 이상
④ 80L/min 이상, 100kPa 이상

해설 ㉠ 옥내 소화전 노즐 선단의 성능 기준
방수압 350kPa 이상, 방수량 260L/min 이상
㉡ 옥외 소화전 노즐 선단의 성능 기준
방수압 350kPa 이상, 방수량 450L/min 이상
㉢ 스프링클러 헤드의 성능 기준
방수압 100kPa 이상, 방수량 80L/min 이상

35 고정식 포 소화 설비의 포 방출구의 형태 중 고정 지붕 구조의 위험물 탱크에 적합하지 않은 것은?

① 특형   ② Ⅱ형
③ Ⅲ형   ④ Ⅳ형

해설 포 방출구

탱크의 구조	포 방출구
고정 지붕 구조	· I형 방출구 · II형 방출구 · III형 방출구 · IV형 방출구
부상 덮개 부착 고정 지붕 구조	II형 방출구
부상 지붕 구조	특형 방출구

36 3%의 포 원액을 사용하여 500 : 1의 발포 배율로 할 때 고팽창 포 1,700L에는 몇 L의 물이 포함되어 있는가?

① 1.3   ② 2.3   ③ 3.3   ④ 4.3

해설 발포 배율(팽창비)

$= \dfrac{\text{방출된 포의 체적(L)}}{\text{방출 전 포 수용액의 체적(L)}}$ 에서

방출 전 포 수용액의 체적 $= \dfrac{\text{방출된 포의 체적(L)}}{\text{발포 배율(팽창비)}}$

$= \dfrac{1,700}{500} = 3.4L$

포 수용액=포 원액+물에서, 포 원액이 3%이므로 물은 97%($w-3=97\%$)가 된다.
즉, 물=3.4L×0.97=3.298≒3.3L

정답 31 ① 32 ④ 33 ① 34 ② 35 ① 36 ③

37 할로겐 화합물 소화 설비의 작동 경로가 바르게 된 것은?

① 화재 발생 – 기동 장치 – 수신반 – 감지기 동작 – 선택 밸브 – 할로겐 화합물 방출
② 화재 발생 – 수신반 – 감지기 동작 – 기동 장치 – 선택 밸브 – 할로겐 화합물 방출
③ 화재 발생 – 감지기 동작 – 수신반 – 선택 밸브 – 기동 장치 – 할로겐 화합물 방출
④ 화재 발생 – 감지기 동작 – 수신반 – 기동 장치 – 선택 밸브 – 할로겐 화합물 방출

해설 할로겐 화합물 소화 설비의 작동 경로
화재 발생 – 감지기 동작 – 수신반 – 기동 장치 – 선택 밸브 – 할로겐 화합물 방출

38 자동 화재 탐지 설비 중 발신기의 누름 스위치의 설치 위치는?

① 0.3~1.9m 이하
② 0.5~1.7m 이하
③ 0.8~1.5m 이하
④ 1.0~1.3m 이하

해설 자동 화재 탐지 설비의 발신기 누름 스위치는 바닥으로부터 높이 0.8~1.5m 이하의 위치에 설치하여야 한다.

39 소화 용수 설비가 아닌 것은?

① 상수도 소화 용수 설비
② 저수조 설비
③ 하수도 소화 용수 설비
④ 소화 수조 설비

해설 소화 용수 설비 : 화재를 진압하는 데 필요한 물을 공급하거나 저장하는 설비
㉠ 상수도 용수 설비
㉡ 소화 수조 · 저수조 그 밖의 소화 용수 설비

40 탄화칼슘 60,000kg으로 소화 설비의 설치 소요 단위는 몇 단위인가?

① 10
② 20
③ 30
④ 40

해설 소요 단위 = $\dfrac{저장량}{지정 수량 \times 10배}$ = $\dfrac{60,000}{300 \times 10}$ = 20

제3과목 위험물의 성질과 취급

41 다음 위험물에 해당되는 것은?

- 대부분 무색의 결정, 백색 분말이다.
- 물과 작용하여 열과 산소를 발생시키는 것도 있다.
- 가열 등에 의해 산소를 발생한다.

① 제1류 위험물
② 제2류 위험물
③ 제3류 위험물
④ 제5류 위험물

해설 제1류 위험물에 대한 설명이다.

42 분자량이 약 110인 무기 과산화물로 물과 접촉하여 발열하는 것은?

① 과산화마그네슘
② 과산화벤젠
③ 과산화칼슘
④ 과산화칼륨

해설 과산화칼륨의 설명이다.

43 위험물안전관리법령에서 정한 위험물의 지정 수량으로 틀린 것은?

① 적린 : 100g
② 황화인 : 100kg
③ 마그네슘 : 100kg
④ 금속분 : 500kg

해설 ③ 마그네슘 : 500kg

44 황에 대한 설명으로 옳지 않은 것은?

① 연소 시 황색 불꽃을 보이며, 유독한 이황화탄소를 발생한다.
② 미세한 분말 상태에서 부유하면 분진 폭발의 위험이 있다.
③ 마찰에 의해 정전기가 발생할 우려가 있다.
④ 고온에서 용융된 유황은 수소와 반응한다.

해설 ① 연소 시 푸른 불꽃을 보이며, 유독한 이산화황을 발생한다.

정답 37 ④ 38 ③ 39 ③ 40 ② 41 ① 42 ④ 43 ③ 44 ①

45 제3류 위험물의 성질로서 적합한 것은?

① 산화력이 강하다.
② 물과 반응하여 화학적으로 활성화된다.
③ 전부 보호액 중에 보관해야 된다.
④ 전부 단체 금속이다.

해설 제3류 위험물은 자연 발화성 물질 및 금수성 물질이다.

46 금속 나트륨 화재에 적응하는 소화 약제는?

① 팽창 질석, 마른 모래
② 할로겐 화합물 소화 설비
③ 분말 소화 약제
④ 이산화탄소

해설 소화 설비의 적응성

소화 설비의 구분		대상물 구분							
		건축물·그 밖의 공작물	전기 설비	제1류 위험물		제2류 위험물			제3류 위험물		제4류 위험물	제5류 위험물	제6류 위험물
				알칼리 금속 과산화물 등	그 밖의 것	철분·금속분·마그네슘 등	인화성 고체	그 밖의 것	금수성 물품	그 밖의 것			
옥내 소화전 설비 또는 옥외 소화전 설비		○			○		○	○		○		○	○
스프링클러 설비		○			○		○	○		○	△	○	○
물분무등소화설비	물분무 소화 설비	○	○		○		○	○		○	○	○	○
	포 소화 설비	○			○		○	○		○	○	○	○
	불활성 가스 소화 설비		○					○			○		
	할로겐 화합물 소화 설비		○					○			○		
	분말 소화 설비	인산염류 등	○	○		○		○	○			○		○
		탄산수소염류 등		○	○		○	○		○		○		
		그 밖의 것			○		○			○				
대형·소형 수동식 소화기	봉상수(棒狀水) 소화기	○			○		○	○		○		○	○
	무상수(霧狀水) 소화기	○	○		○		○	○		○		○	○
	봉상 강화액 소화기	○			○		○	○		○		○	○
	무상 강화액 소화기	○	○		○		○	○		○	○	○	○
	포 소화기	○			○		○	○		○	○	○	○
	이산화탄소 소화기		○					○			○		△
	할론 소화 설비		○					○			○		
	분말소화기	인산염류 소화기	○	○		○		○	○			○		○
		탄산수소염류 소화기		○	○		○	○		○		○		
		그 밖의 것			○		○			○				
기타	물통 또는 수조	○			○		○	○		○		○	○
	건조사			○	○	○	○	○	○	○	○	○	○
	팽창 질석 또는 팽창 진주암			○	○	○	○	○	○	○	○	○	○

47 화재발생 시 소화 방법으로 공기를 차단하는 것이 효과가 있으며, 연소 물질을 제거하거나 액체를 인화점 이하로 냉각시켜 소화할 수도 있는 위험물은?

① 제1류 위험물
② 제4류 위험물
③ 제5류 위험물
④ 제6류 위험물

해설 제4류 위험물 소화 방법 : 질식 효과, 제거 효과, 냉각 효과

48 1몰의 이황화탄소와 고온의 물이 반응하여 생성되는 유독한 기체 물질의 부피는 표준 상태에서 얼마인가?

① 22.4L
② 44.8L
③ 67.2L
④ 134.4L

해설 $CS_2 + 2H_2O \longrightarrow CO_2 + 2H_2S$
　　　　　　　　　　　　　　　유독한 기체 물질
즉, $2 \times 22.4L = 44.8L$

49 다음 중 아이오딘가가 가장 큰 것은?

① 땅콩기름
② 해바라기기름
③ 면실유
④ 아마인유

해설 ① 82~109
② 113~146
③ 88~121
④ 222

50 제5류 위험물인 자기 반응성 물질에 포함되지 않는 것은?

① CH_3ONO_2
② $[C_6H_7O_2(ONO_2)_3]_n$
③ $C_6H_2CH_3(NO_2)_3$
④ $C_6H_5NO_2$

해설 ① 질산메틸 : 제5류 위험물 중 질산에스테르류(자기 반응성 물질)
② 나이트로셀룰로오스 : 제5류 위험물 중 질산에스테르류(자기 반응성 물질)
③ 트라이나이트로톨루엔(TNT) : 제5류 위험물 중 니트로화합물(자기 반응성 물질)
④ 나이트로벤젠 : 제4류 위험물 중 제3석유류(인화성 액체)

정답 45 ② 46 ① 47 ② 48 ② 49 ④ 50 ④

51 나이트로셀룰로오스 중 강질화면의 질화도는?

① 6.77% ② 10.18%
③ 10.5% ④ 12.76%

해설) 나이트로셀룰로오스(질화면)는 질화도에 따라, 강질화면은 12.76% 이상, 약질화면은 10.8~12.76%이다. 즉 질화도란 나이트로셀룰로오스 중 질소의 농도이다.

52 제6류 위험물의 화재 예방 및 진압 대책으로 옳은 것은?

① 과산화수소는 화재 시 주수 소화를 절대 금한다.
② 질산은 소량의 화재 시 다량의 물로 희석한다.
③ 과염소산은 폭발 방지를 위해 철제 용기에 저장한다.
④ 제6류 위험물의 화재에는 건조사만 사용하여 진압할 수 있다.

해설) ① 과산화수소 화재 시 다량의 물로 주수 소화함으로써 희석, 연소 확대를 방지한다.
③ 과염소산은 밀폐 용기에 넣어 저장하고, 통풍이 잘 되는 냉암소에 보관한다.
④ 제6류 위험물의 화재 시 마른 모래나 건조 분말로 질식 소화하거나 다량의 물로 희석 및 연소 확대를 방지한다.

53 위험물안전관리법상 위험물 분류 기준이 되는 질산의 비중은 얼마 이상인가?

① 1.49 ② 1.24
③ 1.14 ④ 1.04

해설) 질산의 비중은 1.49이다.

54 다음 중 소방 신호에 해당하지 않는 것은?

① 경계 신호
② 발화 신호
③ 대피 신호
④ 훈련 신호

해설) 소방 신호
㉠ 경계 신호, ㉡ 발화 신호, ㉢ 해제 신호, ㉣ 훈련 신호

55 위험물안전관리법령상 위험물의 운반에 관한 기준에 따라 차광성이 있는 피복으로 가리는 조치를 하여야 하는 위험물에 해당하지 않는 것은?

① 특수 인화물
② 제1석유류
③ 제1류 위험물
④ 제6류 위험물

해설) 차광성이 있는 피복 조치

유별	적용 대상
제1류 위험물	전부
제3류 위험물	자연 발화성 물품
제4류 위험물	특수 인화물
제5류 위험물	전부
제6류 위험물	

56 그림과 같은 위험물을 저장하는 탱크의 내용적은 약 몇 m³인가? (단, r은 10m, L은 25m이다.)

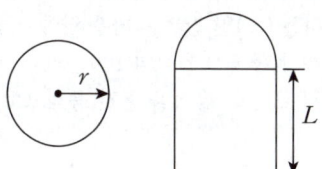

① 3,612 ② 4,754
③ 5,812 ④ 7,854

해설) $V = \pi r^2 l = \pi \times (10m)^2 \times 25m = 7,854 m^3$

57 가연성의 증기 또는 미분이 체류할 우려가 있는 건축물에는 배출 설비를 하여야 하는데 배출 능력은 1시간당 배출 장소 용적의 몇 배 이상인 것으로 하여야 하는가? (단, 국소 방식의 경우이다.)

① 5배 ② 10배
③ 15배 ④ 20배

해설) 배출 설비
배출 능력은 1시간당 배출 장소 용적의 20배 이상인 것으로 하여야 한다. 다만, 전역 방식의 경우에는 바닥 면적 1m²당 18m³ 이상으로 할 수 있다.

정답 51 ④ 52 ② 53 ① 54 ③ 55 ② 56 ④ 57 ④

58 제4류 위험물의 옥외 저장 탱크에 설치하는 밸브 없는 통기관은 직경이 얼마 이상인 것으로 설치해야 되는가? (단, 압력 탱크는 제외한다.)

① 10mm ② 20mm
③ 30mm ④ 40mm

해설 옥외 저장 탱크의 통기 장치
1. 밸브 없는 통기관
   ㉠ 직경 : 30mm 이상
   ㉡ 끝부분 : 45° 이상
   ㉢ 인화 방지 장치 : 가는 눈의 구리망 사용
2. 대기 밸브 부착 통기관
   ㉠ 작동 압력 차이 : 5kPa
   ㉡ 인화 방지 장치 : 가는 눈의 구리망 사용

59 다음 ( ) 안에 알맞은 수치를 차례대로 옳게 나열한 것은?

> 위험물 암반 탱크의 공간 용적은 해당 탱크 내에 용출하는 ( )일 간의 지하수 양에 상당하는 용적과 해당 탱크 내용적의 100분의 ( )의 용적 중에서 보다 큰 용적을 공간 용적으로 한다.

① 1, 1
② 7, 1
③ 1, 5
④ 7, 5

해설 위험물 암반 탱크의 공간 용적은 해당 탱크 내에 용출하는 7일 간의 지하수 양에 상당하는 용적과 해당 탱크 내용적의 100분의 1의 용적 중에서 보다 큰 용적을 공간 용적으로 한다.

60 제6류 위험물의 화재에 적응성이 없는 소화 설비는?

① 옥내 소화전 설비
② 스프링클러 설비
③ 포 소화 설비
④ 불활성 가스 소화 설비

해설 소화 설비의 적응성

소화 설비의 구분		대상물 구분								
		건축물·그 밖의 공작물	전기설비	제1류 위험물		제2류 위험물			제3류 위험물		제4류 위험물	제5류 위험물	제6류 위험물
				알칼리 금속 과산화물 등	그 밖의 것	철분·금속분·마그네슘 등	인화성 고체	그 밖의 것	금수성 물품	그 밖의 것			
옥내 소화전 설비 또는 옥외 소화전 설비		O			O		O	O		O		O	O
스프링클러 설비		O			O		O	O		O	△	O	O
물분무등소화설비	물분무 소화 설비	O	O		O		O	O		O	O	O	O
	포 소화 설비	O			O		O	O		O	O	O	O
	불활성 가스 소화 설비		O				O				O		
	할로겐 화합물 소화 설비		O				O				O		
	분말 소화 설비	인산염류 등	O	O		O		O	O			O		O
		탄산수소염류 등		O	O		O	O		O		O		
		그 밖의 것			O		O			O				

위험물 산업기사 (2023. 9. 2 시행)

제1과목 일반화학

01 다음 중 화학 변화가 일어날 때 관계되는 사항은?

① 원자량 ② 원자 구조
③ 물질의 성질 ④ 운동 에너지

해설 화학 변화란 물질의 성질이 변화가 일어나는 것이다.

02 염화칼슘의 화학식 양은? (단, 염소의 원자량은 35.5, 칼슘의 원자량은 40, 황의 원자량은 32, 요오드의 원자량은 127이다.)

① 111 ② 121
③ 131 ④ 141

해설 염화칼슘($CaCl_2$)의 화학식 양 : $40+35.5 \times 2 = 111$

03 게이지 압력이 7atm일 때, 4L로 압축 충전되어 있는 공기를 온도를 바꾸지 않고 게이지 압력 1atm으로 하면 몇 L의 체적을 차지하는가?

① 10L ② 16L
③ 20L ④ 28L

해설 보일의 법칙 : $PV=P_1V_1$, $(7+1) \times 4 = (1+1) \times V_1$
$V_1 = \frac{(7+1) \times 4}{(1+1)} = \frac{32}{2} = 16$

04 다음 중 에너지 보존의 법칙 또는 에너지 방정식의 정의식은? (단, Q : 열량, Δv : 내부 에너지 변화량, A : 일의 열당량, W : 일)

① $Q=\Delta v+AW$ ② $Q=\Delta v-AW$
③ $Q=\Delta v \times AW$ ④ $Q=AW/\Delta v$

해설 에너지 보존의 법칙(열역학 제1법칙)은 열은 일에너지로 일에너지는 열로 상호 쉽게 바뀔 수 있다.

05 다음 중 용해도의 정의로 옳은 것은?

① 용매 1L에 녹는 용질의 몰수
② 용매 1,000g에 녹는 용질의 몰수
③ 용매 100g 중에 녹아 있는 용질의 g수
④ 용매 100g 중에 녹아 있는 용질의 g당량수

해설 용해도
용매 100g 중에 녹아 있는 용질의 g수

06 원자의 질량수는?

① 양성자수+전자수
② 중성자수+원자량
③ 양성자수+중성자수
④ 전자수+원자 번호

해설 ㉠ 원자 번호=양성자수=전자수
㉡ 질량수=양성자수(전자수)+중성자수

07 주기율표의 알칼리족에서는 위에서 아래로 갈수록 점차 증가하는 성질이 있는데, 옳지 않은 것은?

① 원자 번호 ② 원자 반지름
③ 가전자의 수 ④ 금속성

해설 같은 족의 최외각 전자수는 같으므로 성질이 비슷하다.

08 융해점이 가장 높다고 생각되는 화합물은?

① $LiCl$ ② $BeCl_2$
③ CCl_4 ④ NCl_3

해설 용융점이 가장 높은 것은 이온성이 큰 이온 화합물이다.

정답 01 ③ 02 ① 03 ② 04 ① 05 ③ 06 ③ 07 ③ 08 ②

09 다음의 반응 화합물 중 가장 안정한 화합물의 반응식은?

① $H_2+F_2 \longrightarrow 2HF+128kcal$
② $H_2+Cl_2 \longrightarrow 2HCl+44kcal$
③ $H_2+Br_2 \longrightarrow 2HBr+25kcal$
④ $H_2+I_2 \longrightarrow 2HI+2.5kcal$

해설 방출되는 반응열이 클수록 생성 물질이 안정하다.

10 A는 B 이온과 반응하나 C 이온과는 반응하지 않고 D는 C 이온과 반응한다고 할 때 A, B, C, D 이온의 환원력의 세기는?

① B>A>C>D
② D>C>A>B
③ B>D>A>C
④ C>A>D>B

해설 A>B, C>A, D>C ∴ D>C>A>B이다.

11 알칼리 금속에 대한 설명으로 틀린 것은?

① 공기 중에서 쉽게 산화되어 금속 광택을 잃는다.
② 원자 가전자가 1개이므로 +1가의 양이온이 되기 쉽다.
③ 할로겐 원소와 직접 반응하여 할로겐 화합물을 만든다.
④ 원자 번호가 증가함에 따라 금속 결합력이 강해지므로 융점과 끓는점이 높아진다.

해설 결합이 약해져서 융점과 끓는점이 낮아진다.

12 솔베이법에서 탄산나트륨(Na_2CO_3)을 만들 때 부산물로 얻어지는 조해성이 있는 물질은 무엇인가?

① NaOH
② $(NH_4)_2CO$
③ $CaCl_2$
④ Na_2CO_3

해설 솔베이법(암모니아 소다법)의 주 생성물은 Na_2CO_3(탄산나트륨)이며, 부산물로 얻어지는 것은 염화칼슘($CaCl_2$)이다.

13 독성이 강한 물질로서 약 0.1%의 용액을 소독약으로 사용하며 "승홍"이라고 불리는 것의 화학식은?

① $HgCl_2$
② Hg_2Cl_2
③ HgCl
④ AgCl

해설 ㉠ $HgCl_2$: 승홍 ㉡ Hg_2Cl_2 : 감홍

14 수성 가스(water gas)의 주성분을 옳게 나타낸 것은?

① CO_2, CH_4
② CO, H_2
③ CO_2, H_2, O_2
④ H_2, H_2O

해설 $C+H_2O \longrightarrow \underset{\text{수성 가스}}{CO+H_2}$

15 탄소와 모래를 전기로에 넣어서 가열하면 연마제로 쓰이는 물질이 생긴다. 다음 중 어느 것인가?

① 카보런덤
② 카바이드
③ 카본 블랙
④ 규소

해설
㉠ 탄화규소(SiC : 카보런덤) : 코크스(탄소 성분)와 규사(모래)를 전기로 속에서 1,800~1,900℃로 가열하여 만든다.
㉡ 카본 블랙 : 천연가스, 석유 등을 불완전 연소 또는 열분해하여 얻는 탄소(C) 가루이다.

16 유기 화합물 간의 반응이 무기 화합물 간의 반응에 비해 일반적으로 더디게 일어나는 이유는 유기 화합물이 대체로 어떤 화합물이기 때문인가?

① 공유 결합
② 분자량이 큰 화합물
③ 이온 결합
④ 끓는점이 높은 화합물

해설 유기 화합물은 공유 결합을 하고 있어 비전해질의 성질을 띠며, 반응 속도도 대체로 느리다. 그에 반해 무기 화합물은 이온 결합을 하고 있어 반응 속도가 빠르다.

17 펜탄(C_5H_{12}) 이성질체의 수는 몇 개인가?

① 2개
② 3개
③ 4개
④ 5개

해설 이성질체란 분자를 구성하는 원소의 수는 같으나 원자의 배열이나 구조가 달라 물리적, 화학적 성질이 다르게 되는 관계가 있는 화합물 즉, 분자식은 같으나 구조식과 시성식이 다른 물질이다.

$n-$ pentane

$iso-$ pentane

$neo-$ pentane

18 사슬 모양의 탄화수소 분자식이 $C_{16}H_{28}$인 물질 1분자 속에 이중 결합이 몇 개 있을 수 있는가?

① 1개 ② 2개
③ 3개 ④ 4개

해설 알칸족 탄화수소(C_nH_{2n+2})는 단일 결합으로 이중 결합이 없다. 이중 결합은 수소 원자(H)가 2개 감소됨에 따라 1개가 생기므로 알칸족 탄화수소에서 감소된 수소(H)의 수에 의해 계산한다.

$C_{16}H_{34}(C_nH_{2n+2}) \longrightarrow C_{16}H_{28}$

감소된 수소수 $= 34 - 28 = 6$

이중 결합수 $= \dfrac{6}{2} = 3$개

19 벤젠의 구조에 관한 설명 중 틀린 것은?

① C-C 결합의 길이는 모두 같다.
② 한 탄소 원자가 다른 두 탄소 원자와 형성하는 결합각은 120°이다.
③ 6개의 C-C 결합 중 3개는 단일 결합이며, 나머지 3개는 2중 결합이다.
④ 같은 탄소수를 가진 사슬 모양의 포화 탄화수소보다 8개의 수소가 부족하다.

해설 벤젠의 구조는 고리 모양으로 된 공명 혼성체로 되어 있다(원자 간의 거리는 1.39Å).

20 다음 반응식은 어떤 과정을 나타낸 것인가?

$$C_6H_{12}C_6 \xrightarrow{\text{치마제}} 2C_2H_5OH + 2CO_2$$

① 에스테르화   ② 가수 분해
③ 축합   ④ 발효

해설 알코올 발효
포도당(glucose)은 물에 녹으면 단맛이 있는 흰색 고체로 효소 치마제(zymase)와 반응하여 알코올을 만든다.

제2과목 화재예방과 소화방법

21 가연물에 대한 일반적인 설명으로 옳지 않은 것은?

① 주기율표에서 0족의 원소는 가연물이 될 수 없다.
② 활성화 에너지가 작을수록 가연물이 되기 쉽다.
③ 산화 반응이 완결된 산화물은 가연물이 아니다.
④ 질소는 비활성 기체이므로 질소의 산화물은 존재하지 않는다.

해설 ④ 질소는 불연성 기체이며 질소 산화물이 생성된다.

22 가연물이 고체일 때 덩어리보다 가루가 불타기 쉬운 이유는?

① 발화점이 낮기 때문에
② 발열량이 크기 때문에
③ 공기와의 접촉 면적이 크기 때문에
④ 열전도율이 크기 때문에

해설 석탄을 미분탄으로 하면 괴상일 때보다 산소와의 접촉 면적이 커지므로 연소하기 쉽다.

정답 18 ③ 19 ③ 20 ④ 21 ④ 22 ③

23 중유의 주된 연소 형태는?

① 표면 연소   ② 분해 연소
③ 증발 연소   ④ 자기 연소

해설 ② 분해 연소 : 점도가 높고 비휘발성인 가연성 액체의 연소로, 열분해에 의하여 발생된 분해 가스의 연소 형태
　예 중유, 제4석유류 등

24 다음 중 "인화점 50℃"의 의미를 가장 옳게 설명한 것은?

① 주변의 온도가 50℃ 이상이 되면 자발적으로 점화원 없이 발화한다.
② 액체의 온도가 50℃ 이상이 되면 가연성 증기를 발생하여 점화원에 의해 인화한다.
③ 액체를 50℃ 이상으로 가열하면 발화한다.
④ 주변의 온도가 50℃일 경우 액체가 발화한다.

해설 인화점 50℃란 액체의 온도가 50℃ 이상이 되면 가연성 증기를 발생하여 점화원에 의해 인화하는 것을 말한다.

25 가연물이 스스로 산화되어 산화열이 축적됨으로써 발열, 발화하는 현상은?

① 연소 폭발   ② 혼합 발화
③ 자연 발화   ④ 준자연 발화

해설 자연 발화의 설명이다.

26 폭굉 유도 거리(DID)가 짧아지는 요건에 해당되지 않는 것은?

① 정상 연소 속도가 큰 혼합 가스일 경우
② 관 속에 방해물이 없거나 관경이 큰 경우
③ 압력이 높을 경우
④ 점화원의 에너지가 클 경우

해설 ② 관 속에 방해물이 없거나 관 지름이 가늘수록

27 다음 중 화학적 소화에 해당하는 것은?

① 냉각 소화   ② 질식 소화
③ 제거 소화   ④ 억제 소화

해설 화학적 소화 방법 : 억제 소화

28 탄산수소나트륨과 황산알루미늄으로 만든 소화기를 사용했을 경우 생성되는 것이 아닌 것은?

① 일산화탄소   ② 이산화탄소
③ 수산화알루미늄   ④ 황산나트륨

해설 $6NaHCO_3 + Al_2(SO_4)_3 + 18H_2O$
$\longrightarrow 3Na_2SO_4 + 2Al(OH)_3 + 6CO_2 + 18H_2O$

29 물과 친화력이 있는 수용성 용매의 화재에 보통의 포 소화 약제를 사용하면 포가 파괴되기 때문에 소화 효과를 잃게 된다. 이와 같은 단점을 보완한 소화 약제로 가연성인 수용성 용매의 화재에 유효한 효과를 가지고 있는 것은?

① 알코올형 포 소화 약제
② 단백포 소화 약제
③ 합성 계면활성제 포 소화 약제
④ 수성막포 소화 약제

해설 수용성 유류 화재, 가연성 액체 화재 시 내알코올형(알코올형) 포 소화 약제를 사용한다.

30 B, C 화재에 효과가 있는 드라이케미컬의 주성분은?

① 인산염류   ② 할로겐화물
③ 탄산수소나트륨   ④ 수산화알루미늄

해설 ③ 제1종 분말 : $NaHCO_3$(B, C급 화재)

31 $NH_4H_2PO_4$가 열분해하여 생성되는 물질 중 암모니아와 수증기의 부피 비율은?

① 1:1   ② 1:2
③ 2:1   ④ 3:2

해설 인산암모늄($NH_4H_2PO_4$)의 열분해 반응

$NH_4H_2PO_4 \longrightarrow HPO_3 + NH_3 + H_2O$
　　　　　　　메타인산　암모니아　수증기
　　　　　　　　　　　　　1　　　　　1

정답 23 ② 24 ② 25 ③ 26 ② 27 ④ 28 ① 29 ① 30 ③ 31 ①

32 할로겐 화합물 소화기에서 사용되는 할론의 명칭과 화학식을 옳게 짝지은 것은?

① $CBr_2F_2 - 1202$
② $C_2Br_2F_2 - 2422$
③ $CBrClF_2 - 1102$
④ $C_2Br_2F_4 - 1242$

해설 할론의 명칭 순서
㉠ 첫째 - 탄소
㉡ 둘째 - 불소
㉢ 셋째 - 염소
㉣ 넷째 - 브롬

33 간이 소화제인 마른 모래의 보관법으로 옳지 않은 것은?

① 가연물이 함유되어 있지 않을 것
② 부속 기구로 삽, 양동이를 비치할 것
③ 포대 또는 반절 드럼에 넣어 보관할 것
④ 충분한 습기를 함유할 것

해설 ④ 습기가 생기지 않도록 항상 건조한 곳에 둔다.

34 압력 수조를 이용한 옥내 소화전 설비의 가압 송수 장치에서 압력 수조의 최소 압력(MPa)은? (단, 소방용 호스의 마찰 손실 수두압은 3MPa, 배관의 마찰 손실 수두압은 1MPa, 낙차의 환산 수두압은 1.35MPa이다.)

① 5.35
② 5.70
③ 6.00
④ 6.35

해설 $P = P_1 + P_2 + P_3 + 0.35 \text{MPa}$
      $= 3 + 1 + 1.35 + 0.35 = 5.70 \text{MPa}$

35 위험물 제조소 등에 설치하는 포 소화 설비에 있어서 포 헤드 방식의 포 헤드는 방호 대상물의 표면적(m^2) 얼마당 1개 이상의 헤드를 설치하여야 하는가?

① 3
② 6
③ 9
④ 12

해설 포 헤드 : 특정 소방 대상물의 천장 또는 반자에 설치하되, 바닥 면적 $9m^2$/1개 이상으로 하여 해당 방호 대상물의 화재를 유효하게 소화할 수 있도록 한다.

36 포 소화 설비의 가압 송수 장치에서 압력 수조의 압력 산출 시 필요 없는 것은?

① 낙차의 환산 수두압
② 배관의 마찰 손실 수두압
③ 노즐선의 마찰 손실 수두압
④ 소방용 호스의 마찰 손실 수두압

해설 압력 수조를 이용한 가압 송수 장치
$P = P_1 + P_2 + P_3 + P_4$
여기서, P : 필요한 압력(MPa)
　　　　P_1 : 방출구의 설계 압력 또는 노즐 선단의 방사 압력(MPa)
　　　　P_2 : 배관의 마찰 손실 수두압(MPa)
　　　　P_3 : 낙차의 환산 수두압(MPa)
　　　　P_4 : 소방용 호스의 마찰 손실 수두압(MPa)

37 할로겐 화합물의 소화제에서 할론 2402의 화학식은?

① CF_2Br_2
② ClF_2Br
③ CF_3Br
④ $C_2F_4Br_2$

해설 순서가 CFClBr이므로 할론 2402는 $C_2F_4Br_2$이다.

38 인명 구조 기구에 해당되지 않는 것은?

① 안전모
② 공기 호흡기
③ 방열복
④ 인공 소생기

해설 인명 구조 기구
방열복, 방화복(안전모, 보호 장갑 및 안전화 포함), 공기 호흡기, 인공 소생기

39 소화 활동 설비가 아닌 것은?

① 제연 설비
② 연소 방지 설비
③ 소화 용수 설비
④ 비상 콘센트 설비

해설 소화 활동 설비 : 화재를 진압하거나 인명 구조 활동을 위하여 사용하는 설비
㉠ 제연(배연) 설비
㉡ 연결 송수관 설비
㉢ 연결 살수 설비

정답 32 ① 33 ④ 34 ② 35 ③ 36 ③ 37 ④ 38 ① 39 ③

ㄹ 비상 콘센트 설비
ㅁ 무선 통신 보조 설비
ㅂ 연소 방지 설비

40 알코올류 20,000L의 소화 설비설치 시 소요 단위는?

① 5
② 10
③ 15
④ 20

해설 소요 단위 = $\dfrac{저장량}{지정 수량 \times 10배} = \dfrac{20,000}{400 \times 10} = 5$

제3과목 위험물의 성질과 취급

41 제1류 위험물과 제6류 위험물의 공통 성상은?

① 금수성
② 가연성
③ 산화성
④ 자기 반응성

해설 ㉠ 제1류 위험물 : 산화성 고체
ㄴ 제6류 위험물 : 산화성 액체

42 제1류 위험물 중의 과산화칼륨을 다음과 같이 반응시켰을 때 공통적으로 발생되는 기체는?

- 물과 반응을 시켰다.
- 가열하였다.
- 탄산 가스와 반응시켰다.

① 수소
② 이산화탄소
③ 산소
④ 이산화황

해설 ㉠ $2K_2O_2 + 2H_2O \longrightarrow 4KOH + O_2$
ㄴ $2K_2O_2 \longrightarrow 2K_2O + O_2$
ㄷ $2K_2O_2 + 2CO_2 \longrightarrow 2K_2CO_3 + O_2$

43 제2류 위험물의 일반적인 특징에 대한 설명으로 가장 옳은 것은?

① 비교적 낮은 온도에서 연소하기 쉬운 물질이다.
② 위험물 자체 내에 산소를 갖고 있다.
③ 연소 속도가 느리지만 지속적으로 연소한다.
④ 대부분 물보다 가볍고 물에 잘 녹는다.

해설 ② 위험물 자체 내에 산소를 갖고 있지 않다.
③ 연소 속도가 매우 빠르다.
④ 대부분 물보다 무겁고 물에 잘 녹지 않는다.

44 황이 연소할 때 발생하는 가스는?

① H_2S
② SO_2
③ CO_2
④ H_2O

해설 $S + O_2 \longrightarrow SO_2$

45 제3류 위험물에 물을 가했을 때 일어나는 반응은?

① 흡열 반응
② 산화 반응
③ 발열 반응
④ 연쇄 반응

해설 제3류 위험물은 자연 발화성 물질 또는 금수성 물질로서, 물과 접촉하면 가연성 가스가 발생하거나 많은 열을 내는 물질을 말한다(발열 반응).

46 물과 접촉하였을 때 에탄이 발생되는 물질은?

① CaC_2
② $(C_2H_5)_3Al$
③ $C_6H_3(NO_2)_3$
④ $C_2H_5ONO_2$

해설 ① $CaC_2 + 2H_2O \longrightarrow Ca(OH)_2 + C_2H_2$
② $(C_2H_5)_3Al + 3H_2O \longrightarrow Al(OH)_3 + 3C_2H_6$
③ 물에 녹지 않는다.
④ 물에 녹지 않는다.

47 제4류 위험물의 물에 대한 성질과 화재 위험이 직접 관계가 있는 것은?

① 수용성과 인화성
② 비중과 인화점
③ 비중과 발화점
④ 비중과 화재 확대

정답 40 ① 41 ③ 42 ③ 43 ① 44 ② 45 ③ 46 ② 47 ④

해설 제4류 위험물은 대부분 물보다 가볍고, 물에 녹지 않으므로 소화 시 주수하면 화재 확대 위험성이 커진다.

48 다음 중 고무의 용제로 사용되며, 연소할 때 매우 유독한 기체를 생성하는 휘발성 액체는?

① 톨루엔 ② 아세톤
③ 이황화탄소 ④ 클로로포름

해설 $CS_2 + 3O_2 \longrightarrow CO_2 + 2SO_2$
                                              유독한 기체

49 짚, 헝겊 등을 다음의 물질로 적셔서 대량으로 쌓아 두었을 경우 자연 발화의 위험성이 제일 높은 것은?

① 동유 ② 야자유
③ 올리브유 ④ 피마자유

해설 ① 건성유(동유)가 자연 발화 위험성이 가장 높다.
②, ③, ④는 불건성유이다.

50 제5류 위험물의 위험성에 대한 설명으로 옳지 않은 것은?

① 가연성 물질이다.
② 대부분 외부의 산소 없이도 연소하며, 연소 속도가 빠르다.
③ 물에 잘 녹지 않으며, 물과의 반응 위험성이 크다.
④ 가열, 충격, 타격 등에 민감하며, 강산화제 또는 강산류와 접촉 시 위험하다.

해설 ③ 대부분 물에 잘 녹지 않으며, 물과의 직접적인 반응 위험성은 작다.

51 나이트로셀룰로오스의 안전한 저장 및 운반에 대한 설명으로 옳은 것은?

① 습도가 높으면 위험하므로 건조한 상태로 취급한다.
② 아닐린과 혼합한다.
③ 산을 첨가하여 중화시킨다.
④ 알코올 수용액으로 습면시킨다.

해설 ① 습도가 높으면 안전하므로 즉시 습한 상태를 유지시킨다.
② 아닐린과 혼합하면 자연 발화의 위험이 있다.
③ 산을 첨가하면 직사광선과 습기의 영향에 따라 분해하여 자연 발화하고, 폭발 위험이 증가한다.

52 다음에 설명하는 위험물에 해당하는 것은?

- 지정 수량은 300kg이다.
- 산화성 액체 위험물이다.
- 가열하면 분해하여 유독성 가스를 발생한다.
- 증기 비중은 약 3.5이다.

① 브로민산칼륨 ② 클로로벤젠
③ 질산 ④ 과염소산

해설 과염소산($HClO_4$)의 설명이다.

53 제6류 위험물인 질산에 대한 설명으로 틀린 것은?

① 강산이다.
② 물과 접촉 시 발열한다.
③ 불연성 물질이다.
④ 열분해 시 수소를 발생한다.

해설 ④ 열분해 시 산소를 발생한다.

54 위험물안전관리법령상의 규제에 관한 설명 중 틀린 것은?

① 지정 수량 미만의 위험물의 저장 · 취급 및 운반은 시 · 도 조례에 의하여 규제한다.
② 항공기에 의한 위험물의 저장 · 취급 및 운반은 위험물안전관리법의 규제 대상이 아니다.
③ 궤도에 의한 위험물의 저장 · 취급 및 운반은 위험물안전관리법의 규제 대상이 아니다.
④ 선박법의 선박에 의한 위험물의 저장 · 취급 및 운반은 위험물안전관리법의 규제 대상이 아니다.

해설 ① 지정 수량 미만의 위험물의 저장·취급 및 운반은 특별시·광역시 및 도의 조례로 행한다.

정답 48 ③ 49 ① 50 ③ 51 ④ 52 ④ 53 ④ 54 ①

55 위험물안전관리법령에서 정하는 위험 등급 I에 해당하지 않는 것은?

① 제3류 위험물 중 지정 수량이 10kg인 위험물
② 제4류 위험물 중 특수 인화물
③ 제1류 위험물 중 무기 과산화물
④ 제5류 위험물 중 지정 수량이 100kg인 위험물

해설

구분	위험등급 I	위험등급 II	위험등급 III
제1류 위험물	아염소산염류, 염소산염류, 과염소산염류, 무기과산화물, 그 밖에 지정 수량이 50kg인 위험물	브로민산염류, 질산염류, 아이오딘산염류, 그 밖에 지정수량이 300kg인 위험물	
제2류 위험물		황화인, 적린, 황, 그 밖에 지정수량이 100kg인 위험물	
제3류 위험물	칼륨, 나트륨, 알킬알루미늄, 알킬리튬, 황린, 그 밖에 지정수량이 10kg 또는 20kg인 위험물	알칼리금속(칼륨 및 나트륨을 제외) 알칼리토금속, 유기금속화합물(알킬알루미늄 및 알킬리튬을 제외), 그 밖에 지정수량이 50kg인 위험물	위험등급 I, 위험등급 II 외의 것
제4류 위험물	특수인화물	제1석유류, 알코올류	
제5류 위험물	지정수량이 제1종 : 10kg인 위험물	지정수량이 제2종 : 100kg인 위험물	
제6류 위험물	모두		

56 혼합물인 위험물이 복수의 성상을 가지는 경우에 적용하는 품명에 관한 설명으로 틀린 것은?

① 산화성 고체의 성상 및 가연성 고체의 성상을 가지는 경우 : 산화성 고체의 품명
② 산화성 고체의 성상 및 자기 반응성 물질의 성상을 가지는 경우 : 자기 반응성 물질의 품명
③ 가연성 고체의 성상과 자연 발화성 물질의 성상 및 금수성 물질의 성상을 가지는 경우 : 자연 발화성 물질 및 금수성 물질의 품명
④ 인화성 고체의 성상 및 자기 반응성 물질의 성상을 가지는 경우 : 자기 반응성 물질의 품명

해설 혼합물인 위험물이 복수의 성상을 가지는 경우에 적용하는 품명
㉠ 1류와 2류와의 복합 성상일 때 : 2류
㉡ 1류와 5류와의 복합 성상일 때 : 5류
㉢ 2류와 3류와의 복합 성상일 때 : 3류
㉣ 3류와 4류와의 복합 성상일 때 : 3류
㉤ 4류와 5류와의 복합 성상일 때 : 5류

57 제조소에서 위험물을 취급함에 있어서 정전기를 유효하게 제거할 수 있는 방법으로 가장 거리가 먼 것은?

① 접지에 의한 방법
② 상대 습도를 70% 이상 높이는 방법
③ 공기를 이온화하는 방법
④ 부도체 재료를 사용하는 방법

해설 ④ 전기의 도체를 사용한다.

58 인화점이 21℃ 미만인 액체 위험물의 옥외 저장 탱크 주입구에 설치하는 "옥외 저장 탱크 주입구"라고 표시한 게시판의 바탕 및 문자색을 옳게 나타낸 것은?

① 백색 바탕 — 적색 문자
② 적색 바탕 — 백색 문자
③ 백색 바탕 — 흑색 문자
④ 흑색 바탕 — 백색 문자

해설 인화점이 21℃ 미만인 액체 위험물의 옥외 저장 탱크 주입구 게시판은 백색 바탕에 흑색 문자로 한다.

59 주유 취급소의 보유 공지 기준은?

① 너비 15m 이상, 길이 5m 이상
② 너비 15m 이상, 길이 6m 이상
③ 너비 10m 이상, 길이 6m 이상
④ 너비 10m 이상, 길이 8m 이상

해설 주유 취급소의 보유 공지 기준 : 너비 15m 이상, 길이 6m 이상의 콘크리트로 포장된 공지를 보유할 것

정답 55 ④ 56 ① 57 ④ 58 ③ 59 ②

60 인화점이 38℃ 이상인 제4류 위험물 취급을 주된 작업 내용으로 하는 장소에 스프링클러 설비를 설치할 경우 확보하여야 하는 1분당 방사 밀도는 몇 L/m² 이상이어야 하는가? (단, 살수 기준 면적은 250m² 이다.)

① 12.2　　② 13.9
③ 15.5　　④ 16.3

해설 제4류 위험물을 저장·취급하는 장소의 살수 기준 면적에 따른 스프링클러 설비의 살수 밀도

살수 기준 면적 (m²)	방사 밀도(L/m²)		비고
	인화점 38℃ 미만	인화점 38℃ 이상	
279 미만	16.3 이상	12.2 이상	살수 기준 면적은 내화 구조의 벽 및 바닥으로 구획된 하나의 실의 바닥 면적을 말하고, 하나의 실의 바닥 면적이 465m² 이상인 경우의 살수 기준 면적은 465m²로 한다. 다만, 위험물의 취급을 주된 작업 내용으로 하지 아니하고 소량의 위험물을 취급하는 설비 또는 부분이 넓게 분산되어 있는 경우에는 방사 밀도 8.2L/m²·분 이상, 살수 기준 면적은 279m² 이상으로 할 수 있다.
279~372 미만	15.5 이상	11.8 이상	
372~465 미만	13.9 이상	9.8 이상	
465 이상	12.2 이상	8.1 이상	

정답　60 ①

위험물 산업기사 (2024. 2. 15 시행)

제1과목 일반화학

01 다음 중 3차 알코올에 해당되는 것은?

①
```
    OH  H   H
    |   |   |
H - C - C - C - H
    |   |   |
    H   H   H
```

②
```
    H   H   H
    |   |   |
H - C - C - C - OH
    |   |   |
    H   H   H
```

③
```
    H   H   H
    |   |   |
H - C - C - C - H
    |   |   |
    H   OH  H
```

④
```
        CH₃
        |
CH₃ -  C  - CH₃
        |
        OH
```

해설 ① 1차(제1급) 알코올($R-CH_2OH$) : OH기가 결합된 탄소가 다른 탄소 1개와 연결된 알코올

② 2차(제2급) 알코올($R-CHOH$) : OH기가 결합된 탄소가
$$\begin{array}{c} R \\ | \end{array}$$
다른 탄소 2개와 연결된 알코올

③ 3차(제3급) 알코올($R-\underset{\underset{R}{|}}{\overset{\overset{R}{|}}{C}}-OH$) : OH기가 결합된 탄소가 다른 탄소 3개와 연결된 알코올

예) $CH_3-\underset{\underset{OH}{|}}{\overset{\overset{CH_3}{|}}{C}}-CH_3$: 트리메틸카르비놀(3차 알코올은 산화가 안된다.)

02 3N 황산 용액 200mL 중에는 몇 g의 H_2SO_4를 포함하고 있는가? (단, S의 원자량은 32이다)

① 29.4   ② 58.8
③ 98.0   ④ 117.6

해설 $1N-H_2SO_4$는 49g/L
$3N-H_2SO_4$는 147g/L
여기서, 147g : 1L
         xg : 0.2L
$\therefore x = \dfrac{147 \times 0.2}{1}$
$x = 29.4g$

03 다음 중 헨리의 법칙으로 설명되는 것은?

① 극성이 큰 물질일수록 물에 잘 녹는다.
② 비눗물은 0℃보다 낮은 온도에서 언다.
③ 높은 산 위에서는 물이 100℃ 이하에서 끓는다.
④ 사이다의 병마개를 따면 거품이 난다.

해설 헨리의 법칙
용해도가 작은 기체 또는 무극성 분자일 때 잘 적용이 된다. 사이다의 병마개를 따면 거품이 나는 것은 탄산음료수에 탄산가스가 압축되어 있다가 병마개를 따면 압축된 탄산가스가 분출되어 용기 내부 압력이 내려가면서 용해도가 줄어들기 때문이다.
예) N_2, CO_2, H_2, O_2 등 무극성 분자

04 물 200g에 A 물질 2.9g을 녹인 용액의 빙점은? (단, 물의 어는점 내림 상수는 1.86℃·kg/mol이고, A 물질의 분자량은 58이다.)

① $-0.465℃$
② $-0.932℃$
③ $-1.871℃$
④ $-2.453℃$

해설 $\triangle T_f = \dfrac{2.9}{58} \times \dfrac{1,000}{200} \times 1.86 = 0.465℃$

정답 01 ④ 02 ① 03 ④ 04 ①

05 화학 반응에서 발생 또는 흡수되는 열량은 그 반응 전의 물질의 종류와 상태 및 반응 후의 물질의 종류와 상태가 결정되면 그 도중의 경로에는 관계가 없다는 법칙은?

① 반트-호프의 법칙
② 르샤틀리에의 법칙
③ 아보가드로의 법칙
④ 헤스의 법칙

해설 헤스의 법칙(Hess's law)
총열량 불변의 법칙이라고도 한다.

06 $A+2B \rightarrow 3C+4D$와 같은 기초 반응에서 A, B의 농도를 각각 2배로 하면 반응 속도는 몇 배로 되겠는가?

① 2
② 4
③ 8
④ 16

해설 $A+2B \rightarrow 3C+4D$에서 A와 B의 농도를 각각 2배하면
$V=[A][B]^2 = 2 \times 2^2 = 8$배

07 탄화알루미늄에 물을 작용시켰을 때 생성되는 물질은?

① 메탄
② 수소
③ 산소
④ 부탄

해설 $Al_4C_3 + 12H_2O \rightarrow 4A(OH)_3 + 3CH_4$

08 어떤 반사능 물질의 반감기가 10년이라면 10g의 물질이 20년 후에는 몇 g이 남는가?

① 2.5
② 5.0
③ 7.5
④ 10.0

해설 $m = M \times \left(\frac{1}{2}\right)^{\frac{t}{T}} = 10 \times \left(\frac{1}{2}\right)^{\frac{20}{10}}$
$= 10 \times \frac{1}{4} = 2.5g$
여기서, m : t 시간 후에 남은 질량
M : 처음 질량
t : 경과된 시간
T : 반감기

09 벤젠의 유도체 TNT의 구조식을 옳게 나타낸 것은?

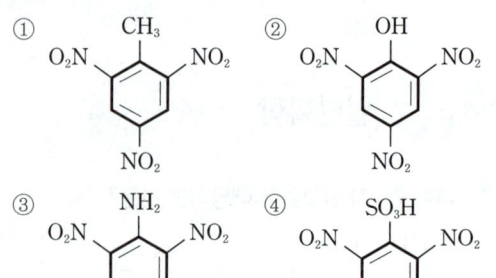

해설 구조식
분자 내의 원자의 결합상태를 원소기호와 결합선을 이용하여 표시한 식

10 방사성 원소에서 방출되는 방사선 중 전기장의 영향을 받지 않아 휘어지지 않는 선은?

① α선
② β선
③ γ선
④ α, β, γ선

해설 방사선의 종류와 작용
㉠ α선 : 전기장을 작용하면 (-)쪽으로 구부러지므로 그 자신은 (+)전기를 가진 입자의 흐름이다.
㉡ β선 : 전기장을 작용하면 (+)쪽으로 구부러지므로 그 자신은 (-)전기를 가진 입자의 흐름이다.
㉢ γ선 : 전기장의 영향을 받지 않아 휘어지지 않는 선으로 그 자신은 전기를 띤 알맹이가 아니며 광선이나 X선과 같은 일종의 전자파이다.

11 다음 산화 환원에 관한 설명 중 틀린 것은?

① 산화수가 감소하는 것은 산화이다.
② 산소와 화합하는 것은 산화이다.
③ 전자를 얻는 것은 환원이다.
④ 양성자를 잃는 것은 산화이다.

해설 ① 산화수가 감소하는 것은 환원이다.

정답 05 ④ 06 ③ 07 ① 08 ① 09 ① 10 ③ 11 ①

12 쌍극자 모멘트의 합이 0인 것으로만 나열된 것은?

① H_2O, CS_2
② NH_3, HCl
③ HF, H_2S
④ C_6H_6, CH_4

해설 대칭적인 CH_4는 알짜 쌍극자 값이 0이다. 각각의 C-H 결합 네개(정사면체의 네 꼭지를 향하고 있는)는 쌍극자 모멘트를 갖고 있지만 이들의 벡터 합은 0이다. H_2O처럼 쌍극자 모멘트가 0이 아닌 분자를 극성이라 하고 비록 극성 결합이 있다 할지라도 C_6H_6, CH_4처럼 알짜 쌍극자 모멘트가 없는 분자를 비극성이라고 한다 극성과 비극성 분자 사이에는 분자 간 힘이 다르므로, 이러한 사실은 물리적 및 화학적 성질에 매우 큰 영향을 미치게 된다.

13 커플링(coupling) 반응 생성물과 관계있는 것은?

① $-NH_2$
② $-CH_3$
③ $-COOH$
④ $-N=N-$

해설 커플링 반응
디아조늄에 페놀류나 방향족 아민을 작용시키면 아조기 ($-N=N-$)를 갖는 새로운 아조 화합물을 만든다.

14 다음 중 아르곤(Ar)과 같은 전자수를 갖는 이온들로 이루어진 것은?

① NaCl
② MgO
③ KF
④ CaS

해설 Ar : 18개, 전자수=원자번호=양성자수
㉮ NaCl=11-1과 17+1
㉯ MgO=12-2와 8+2
㉰ KF=19-1과 9+1
㉱ CaS=20-2와 16+2

15 96wt% H_2SO_4(A)와 60wt% H_2SO_4(B)를 혼합하여 80wt% H_2SO_4 100kg을 만들려고 한다. 각각 몇 kg씩 혼합하여야 하는가?

① A : 30, B : 70
② A : 44.4, B : 55.6
③ A : 55.6, B : 44.4
④ A : 70, B : 30

해설 혼합 공식

$$C_{mix} = \frac{C \cdot Q_2 + C_2 \cdot Q_1}{Q_1 + Q_2}$$

여기서, $Q_1 \to A$, $Q_2 \to B$로 본다.

$$C_{mix} = \frac{C_1 \cdot A + C_2 \cdot B}{(A+B)}$$

C_1=96wt%(H_2SO_4), C_2=60wt%(H_2SO_4),
C_{mix}=80wt%(혼합 H_2SO_4)
$A+B$=100kg이므로 $B=100-A$가 된다.

$$\therefore 80\% = \frac{96 \cdot A + 60(100-A)}{100}$$

양변에 ×100하면
$8,000 = 96A + 60(100-A)$
$\quad\quad = 96A + 6,000 - 60A$
$\quad\quad = 36A + 6,000$
$\therefore 36A = 8,000 - 6,000 = 2,000$
즉, $A = \frac{2,000}{36} = 55.556$kg이므로
Bkg$=100-A=100-55.556$kg$=44.44$kg

16 다음 물질 중 산성 산화물은?

① CaO
② Na_2O
③ CO_2
④ MgO

해설 (1) 산성 산화물
① 물에 녹아 산이 되거나 염기와 반응할 때 염과 물을 만드는 비금속 산화물
⊙ CO_2, SiO_2, NO_2, SO_3, P_2O_5 등
② 산성 산화물은 대부분이 산화수가 +3가 이상의 비금속 산화물이다.

(2) 염기성 산화물
① 물에 녹아 염기가 되거나 산과 반응하여 염과 물을 만드는 금속 산화물
⊙ CaO, HgO, BaO, Na_2O, CuO 등
② 염기성 산화물은 대부분이 산화수가 +2가 이하의 금속 산화물이다.

17 다음 화합물의 0.1mol 수용액 중에서 가장 약한 산성을 나타내는 것은?

① H_2SO_4
② HCl
③ CH_3COOH
④ HNO_3

정답 12 ④ 13 ④ 14 ③ 15 ③ 16 ③ 17 ③

해설 ㉠ 강산 : HCl, HNO₃, H₂SO₄ 등
㉡ 약산 : CH₃COOH, H₂S, H₂CO₃ 등

18 8g의 메탄을 완전 연소시키는 데 필요한 산소 분자의 수는?

① 6.02×10^{23} ② 1.204×10^{23}
③ 6.02×10^{24} ④ 1.204×10^{24}

해설 $CH_4 + 2O_2 \rightarrow CO_2 + 2H_2O$
    16g : 2×32g
    8g : xg

$x = \dfrac{8 \times 2 \times 32}{16}$, $x = 32$g

산소는 32g(1mole)이다. 그러므로 원자, 분자, 이온 각 1mole 속에는 원자, 분자, 이온이 각각 6.02×10^{23}개가 들어 있다. 이것을 아보가드로수라 한다.

19 산 염기 지시약인 페놀프탈레인의 PH 변색 범위는?

① 3.5~4.5 ② 3.5~6.5
③ 4.5~8.0 ④ 8.3~10.0

해설 ① 지시약 : 색의 변화로 용액의 액성을 나타내는 시약
②

성 질	지정 수량
메틸오렌지	3.2~4.4
메틸레드	4.2~6.3
리트머스	6.0~8.0
크레졸레드	7.0~8.8
페놀프탈레인	8.3~10.0

20 연실법 또는 접촉법을 사용하여 제조하는 물질로서 건조제로 사용될 수 있는 것은?

① CaO ② NaOH
③ H₂SO₄ ④ KOH

해설 제법
① 연실법 : 황이나 황화광을 연소시켜 이산화황을 얻고, 이를 정제한 다음 산화질소와 연실에서 농도가 묽은 황산을 제조하는 법

② 접촉법 : 백금(Pt), 오산화바나듐(V₂O₅), 산화철(Ⅲ) 등을 촉매로 사용하면서 삼산화황으로 산화시켜 농도가 진한 황산을 제조하는 법

제2과목 화재예방과 소화방법

21 펌프와 발포기의 중간에 설치된 벤투리관의 벤투리 작용과 펌프 가압수의 포 소화 약제 저장 탱크에 대한 압력에 의하여 포 소화 약제를 흡입·혼합하는 방식은?

① 라인 프로포셔너 방식
② 프레셔 프로포셔너 방식
③ 프레셔 사이드 프로포셔너 방식
④ 펌프 프로포셔너 방식

해설 포 소화 약제 혼합 장치의 종류
㉠ 라인 프로포셔너 방식(관로 혼합 방식) : 펌프와 발포기 중간에 설치된 벤투리관의 벤투리 작용에 의해 포 소화약제를 흡입하여 혼합하는 방식
㉡ 프레셔 프로포셔너 방식(차압 혼합 방식) : 펌프와 발포기의 중간에 설치된 벤투리관의 벤투리 작용과 펌프 가압수의 포 소화약제 저장탱크에 대한 압력에 의하여 포 소화약제를 흡입·혼합하는 방식
㉢ 프레셔 사이드 프로포셔너 방식(압입 혼합 방식) : 포 원액을 송수관에 압입하기 위하여 포 원액용 펌프를 별도로 설치하여 혼합하는 방식
㉣ 펌프 프로포셔너 방식(펌프 혼합 방식) : 펌프의 토출관과 흡입관 사이의 배관 도중에 설치한 흡입기에 펌프에서 토출된 물의 일부를 보내고 농도 조정 밸브에서 조정된 포 소화 약제의 필요량을 포 소화 약제 탱크에서 펌프 흡입측으로 보내어 이를 혼합하는 방식이다.

22 제3류 위험물에서 금수성 물질의 화재에 적응성이 있는 소화 약제는?

① 할로겐 화합물 소화 설비
② 이산화탄소
③ 탄산수소염류
④ 인산염류

정답 18 ① 19 ④ 20 ③ 21 ② 22 ③

해설 소화 설비의 적응성

소화 설비의 구분		건축물·그 밖의 공작물	전기 설비	제1류 위험물		제2류 위험물			제3류 위험물		제4류 위험물	제5류 위험물	제6류 위험물
				알칼리 금속 과산화물 등	그 밖의 것	철분·금속분·마그네슘 등	인화성 고체	그 밖의 것	금수성 물품	그 밖의 것			
옥내 소화전 설비 또는 옥외 소화전 설비		O			O		O	O		O		O	O
스프링클러 설비		O			O		O	O		O	△	O	O
물분무 등 소화 설비	물분무 소화 설비	O	O		O		O	O		O	O	O	O
	포 소화 설비	O			O		O	O		O	O	O	O
	불활성 가스 소화 설비		O				O				O		
	할로겐 화합물 소화 설비		O				O				O		
	분말 소화 설비	인산염류 등	O	O		O		O	O			O		O
		탄산수소염류 등		O	O		O	O		O		O		
		그 밖의 것			O			O		O				
대형·소형 수동식 소화기	봉상수(棒狀水) 소화기	O			O		O	O		O		O	O
	무상수(霧狀水) 소화기	O	O		O		O	O		O		O	O
	봉상 강화액 소화기	O			O		O	O		O		O	O
	무상 강화액 소화기	O	O		O		O	O		O	O	O	O
	포 소화기	O			O		O	O		O	O	O	O
	이산화탄소 소화기		O				O				O		△
	할론 소화 설비		O				O				O		
	분말 소화기	인산염류 소화기	O	O		O		O	O			O		O
		탄산수소염류 등		O	O		O	O		O		O		
		그 밖의 것			O			O		O				
기타	물통 또는 수조	O			O		O	O		O		O	O
	건조사			O	O	O	O	O	O	O	O	O	O
	팽창 질석 또는 팽창 진주암			O	O	O	O	O	O	O	O	O	O

23 화재의 종류 중 C급 화재에 속하는 것은?

① 일반 화재 ② 유류 화재
③ 전기 화재 ④ 금속 화재

해설 화재의 구분

화재별 급수	가연 물질의 종류
A급 화재	목재, 종이, 섬유류 등 일반 가연물
B급 화재	유류(가연성·인화성 액체 포함)
C급 화재	전기
D급 화재	금속

24 제5류 위험물의 화재시에 가장 적당한 소화 방법은?

① 인산염류를 사용한다.
② 할로겐 화합물을 사용한다.
③ 탄산가스를 사용한다.
④ 다량의 물을 사용한다.

해설 제5류 위험물 화재 시 가장 적당한 소화 방법 : 다량의 물을 사용한다.

25 산화프로필렌을 이동 저장탱크에 저장하고자 할 때 유의할 사항으로 틀린 것은?

① 항상 불활성 기체를 봉입하여 두어야 한다.
② 보냉 장치가 있는 것은 비점 이하의 온도로 유지하여야 한다.
③ 탱크의 재질은 마그네슘을 함유한 합금이어야 한다.
④ 보냉 장치가 없는 것은 40℃ 이하로 유지하여야 한다.

해설 ③ 탱크의 재질은 구리, 은, 수은, 마그네슘을 함유한 합금은 안 된다.

26 소요 단위에 대한 설명으로 옳은 것은?

① 소화 설비의 설치 대상이 되는 건축물 그 밖의 공작물의 규모 또는 위험물의 양의 기준 단위이다.
② 소화 설비 소화 능력의 기준 단위이다.
③ 저장소의 건축물은 외벽이 내화구조인 것은 연면적 75m²를 1소요 단위로 한다.
④ 지정수량 100배를 1소요 단위로 한다.

해설 제조소등에 설치되는 소화기구의 소요단위는 건축물, 공작물 및 위험물로 나누어 산출한다.

27 이동식 이산화탄소 소화 설비의 호스 접속구는 모든 방호 대상물에 대하여 당해 방호대상물의 각 부분으로부터 하나의 호스 접속구까지의 수평 거리가 몇 m이하가 되도록 설치하여야 하는가?

① 10 ② 15 ③ 20 ④ 30

정답 23 ③ 24 ④ 25 ③ 26 ① 27 ②

해설 이동식 이산화탄소 소화 설비의 호스 접속구까지의 수평 거리가 15m 이하가 되도록 설치한다.

28 포 소화 설비의 기준에서 포헤드 방식의 포헤드는 방호 대상물의 표면적 및 몇 m^2당 1개 이상의 헤드를 설치해야 하는가?

① 3
③ 9
③ 6
④ 12

해설 포헤드 방식의 포헤드는 방호 대상물의 표면적 $9m^2$당 1개 이상의 헤드를 설치해야 한다.

29 위험물 제조소 등에서 옥내 소화전이 가장 많이 설치된 층의 옥내 소화전 설치 개수가 6개일 때 수원의 수량은 몇 m^3 이상이 되어야 하는가?

① 7.8
③ 39
② 22
④ 46.8

해설 $Q = N \times 7.8m^3 = 5 \times 7.8m^3 = 39m^3$
여기서, Q : 수원의 수량
N : 옥내 소화전 설비 설치 개수(설치 개수가 5개 이상인 경우는 5개의 옥내 소화전)

30 소화기의 외부에 표시해야 하는 사항이 아닌 것은?

① 유효 기간과 폐기 날짜
② 적응 화재 표시
③ 소화 능력 단위
④ 취급상의 주의 사항

해설 소화기 외부 표시 사항
① 소화기의 명칭
② 적응 화재 표시
③ 사용 방법
④ 용기 합격 및 중량 표시
⑤ 취급상 주의 사항
⑥ 능력 단위
⑦ 재조연월일

31 다음 중 화재시 주수소화를 하면 위험성이 증가하는 것은?

① 염소산칼륨
② 과산화칼륨
③ 과염소산나트륨
④ 과산화수소

해설 무기 과산화물(과산화칼륨, 과산화나트륨)은 물과 급격히 발열 반응을 하므로 건조사에 의한 피복 소화를 실시한다. (단, 주수소화는 절대엄금)

32 아닐린 취급을 주된 작업 내용으로 하는 장소에 스프링클러 설비를 설치할 경우 확보하여야 하는 1분당 방사 밀도는 몇 L/m^2 이상이어야 하는가? (단, 살수 기준 면적은 $250m^2$이다.)

① 12.2
③ 15.5
② 13.9
④ 16.3

해설 아닐린($C_6H_5NH_2$)은 제3석유류이므로 인화점이 70℃이다.

살수 기준 면적 (m^2)	방사 밀도(L/m^2)		비고
	인화점 38℃ 미만	인화점 38℃ 이상	
279 미만	16.3 이상	12.2 이상	살수 기준 면적은 내화 구조의 벽 및 바닥으로 구획된 하나의 실의 바닥 면적을 말하고, 하나의 실의 바닥 면적이 $465m^2$ 이상인 경우의 살수 기준 면적은 $465m^2$로 한다. 다만, 위험물의 취급을 주된 작업 내용으로 하지 아니하고 소량의 위험물을 취급하는 설비 또는 부분이 넓게 분산되어 있는 경우에는 방사 밀도 $8.2L/m^2$분 이상, 살수 기준 면적은 $279m^2$ 이상으로 할 수 있다.
279 이상 372 미만	15.5 이상	11.8 이상	
372 이상 465 미만	13.9 이상	9.8 이상	
465 이상	12.2 이상	8.1 이상	

33 화재의 종류와 표시 색상의 연결이 옳은 것은?

① 금속 화재 - 청색
② 유류 화재 - 황색
③ 일반 화재 - 녹색
④ 전기 화재 - 백색

정답 28 ③ 29 ③ 30 ① 31 ② 32 ① 33 ②

해설 화재의 종류 및 표시 색상

급수	화재의 종류	표시 색상
A급	일반 화재	백색
B급	유류 화재	황색
C급	전기 화재	청색
D급	금속 화재	-
K급	주방 화재	-

34 소화 작용에 대한 설명으로 옳지 않은 것은?

① 연소에 필요한 산소의 공급원을 차단하는 것은 제거 작용이다.
② 온도를 떨어뜨려 연소 반응을 정지시키는 것은 냉각 작용이다.
③ 가스 화재시 주 밸브를 닫아서 소화하는 것은 제거 작용이다.
④ 물에 의해 온도를 낮추는 것은 냉각 작용이다.

해설 ① 연소에 필요한 산소의 공급원을 차단하는 것은 질식 작용이다.

35 분말 소화 약제와 함께 사용하여도 소포 현상이 일어나지 않고 트윈 에이전트 시스템에 사용되어 소화 효과를 높일 수 있는 포 소화 약제는?

① 단백포
② 불화단백포
③ 수성막포
④ 내알코올형포

해설 수성막포 소화 약제의 설명이다.

36 다음 산·알칼리 소화기의 화학 반응식에서 ( )에 들어갈 분자식은?

$$2NaHCO_3 + H_2SO_4 \rightarrow Na_2SO_4 + 2CO_2 + 2(\ )$$

① Na_2CO_3
② H_2O
③ H_2S
④ $NaCl$

해설 산·알칼리 소화기 화학 반응식
$2NaHCO_3 + H_2SO_4 \rightarrow Na_2SO_4 + 2CO_2 + 2H_2O$

37 위험물에 따라 적응성이 있는 소화 설비를 연결한 것은?

① $C_6H_5NO_2$ - 이산화탄소 소화기
② Ca_3P_2 - 물통(수조)
③ $C_2H_5OC_2H_5$ - 물통(수조)
④ $C_3H_5(ONO_2)_3$ - 이산화탄소 소화기

해설 22번 해설 참조

38 기체의 연소 형태에 해당하는 것은?

① 표면 연소
② 증발 연소
③ 분해 연소
④ 확산 연소

해설 (1) 기체 연소(발염 연소, 확산 연소) : 산소 아세틸렌 등
(2) 액체(증발) 연소 : 에테르, 가솔린, 석유, 알코올 등
(3) 고체 연소
  ① 표면(직접) 연소 : 목탄, 코크스, 금속분 등
  ② 분해 연소 : 목재, 석탄, 종이, 플라스틱 등
  ③ 증발 연소 : 황, 나프탈렌, 장뇌, 촛불 등
  ④ 내부(자기) 연소 : 질산에스테르류, 셀룰로이드류, 니트로 화합물, 히드라진 유도제, 제5류위험물 등

39 다음 중 자연 발화의 인자가 아닌 것은?

① 발열량
② 수분
③ 열의 축적
④ 증발 잠열

해설 자연 발화에 영향을 주는 인자
열의 축적, 열전도율, 퇴적 방법, 공기의 유동 상태, 발열량, 수분(건조 상태), 촉매 물질 등

40 다음 조건하에서 국소 방출 방식의 할로겐 화합물 소화 설비를 설치하는 경우 저장하여야 하는 소화 약제의 양은 몇 kg 이상이어야 하는가?

- 저장하는 위험물 : 휘발유
- 윗면이 개방된 용기에 저장함
- 방호 대상물의 표면적 : 40m³
- 소화 약제의 종류 : 할론1301

① 222
② 340
③ 467
④ 570

정답 34① 35③ 36② 37① 38④ 39④ 40②

해설 **할로겐화합물 소화 설비**
국소 방출 방식(면적식 화재) : 액체 위험물 상부를 개방한 용기에 저장하는 경우 등 화재시 연소면이 한면에 한정되고 위험물이 비산할 우려가 없는 경우

① 기본량

약제종별	1301	1211	2402
약재량(kg/m^2)	6.8	7.6	8.8

② 할증 계수

약제종별	1301	1211	2402
약재량(kg/m^2)	1.25	1.10	1.10

③ 위험물의 종류에 대한 소화 약제의 계수

위험물의 종류	이산화탄소	위험물의 종류	이산화탄소
아크릴로니트릴	1.2	다이에틸아민	1.0
아세트알데하이드	1.1	디에틸에테르	1.8
아세트니트릴	1.0	다이옥산	1.0
아세톤	1.0	중유(重油)	1.0
아닐린	1.1	윤활유	1.2
이소옥탄	1.0	테트라하이드로퓨란	1.6
이소프렌	1.0	등유	1.0
아이소프로필아민	1.0	트라이에틸아민	1.0
이소프로필에테르	1.0	톨루엔	1.0
이소헥산	1.0	나프타	1.0
이소헵탄	1.0	채종유	1.0
이소펜탄	1.0	이황화탄소	1.0
에탄올	1.2	비닐에틸에테르	1.0
에틸아민	1.0	피리딘	1.1
염화비닐	1.1	부탄올	3.0
옥탄	1.2	프로판올	1.2
휘발유	1.0	2-프로판올	1.1
폼산(개미산)에틸	1.0	프로필아민	1.1
폼산(개미산)프로필	1.0	헥산	1.0
폼산(개미산)메틸	1.0	헵탄	1.0
경유	1.0	벤젠	1.0
원유	1.0	펜탄	1.0
초산(아세트산)	1.1	메탄올	1.0
초산에틸	1.0	메틸에틸케톤	1.0
초산메틸	1.0	모노클로로벤젠	1.0
산화프로필렌	1.8	그 밖의 것	1.6
사이크로헥산	1.0		

Q(약제량, kg) = 방호 대상물의 표면적(m^2) × 기본량(kg/m^2) × 할증 계수 × 위험물의 종류에 대한 소화 약제의 계수
= 40m^2 × 6.8(kg/m^2) × 1.25 × 1.0
= 340kg

제3과목 위험물의 성질과 취급

41 위험물 운반 용기 외부에 표시하는 주의 사항을 모두 나타낸 것 중 틀린 것은?
① 질산나트륨 : 화기 · 충격 주의, 가연물 접촉 주의
② 마그네슘 : 화기 주의, 물기엄금
③ 황린 : 공기 노출 금지
④ 과염소산 : 가연물 접촉 주의

해설 ① 황린 : 화기엄금 및 공기접촉엄금
② 제3류 위험물 중 자연 발화성 물질에 있어서는 화기엄금 및 공기접촉엄금, 금수성 물질에 있어서는 물기엄금

42 인화칼슘이 물과 반응하면 어떤 가스가 발생하는가?
① 포스겐 ② 포스핀
③ 메탄 ④ 이산화황

해설 $Ca_3P_2 + 6H_2O \rightarrow 3Ca(OH)_2 + 2PH_3$

43 제3류 위험물 제조소와 3백명 이상의 인원을 수용하는 영화 상영관과의 안전 거리는 몇 m 이상이어야 하는가?
① 10 ② 20
③ 30 ④ 50

해설 위험물 제조소와 학교 · 병원 · 공연장 · 영화관(300명 이상 수용)과의 안전 거리는 30m 이상이다.

정답 41 ③ 42 ② 43 ③

44 규조토에 어떤 물질을 흡수시켜 다이너마이트를 제조하는가?

① 페놀 ② 나이트로글리세린
③ 질산에틸 ④ 장뇌

해설 규조토에 나이트로글리세린($C_3H_5(ONO_2)_3$)을 흡수시켜 다이너마이트를 제조한다.

45 등유에 관한 설명 중 틀린 것은?

① 물보다 가볍다.
② 가솔린보다 인화점이 높다.
③ 물에 용해되지 않는다.
④ 증기는 공기보다 가볍다.

해설 등유의 증기 비중은 4~5이므로 공기보다 무겁다.

46 질산나트륨 90kg, 황 20kg, 클로로벤젠 2,000L를 저장하고 있을 경우 각각 지정 수량의 배수의 총합은 얼마인가?

① 2 ② 2.5
③ 3 ④ 3.5

해설 $\frac{90}{300}+\frac{20}{100}+\frac{2,000}{1,000}=0.3+0.2+2=2.5$배

47 다음 중 인화점이 가장 낮은 것은?

① 초산메틸 ② 초산에틸
③ 무수초산 ④ 초산벤질

해설

위험물 종류	인화점
초산메틸	-10℃
초산에틸	-4.4℃
무수초산	53.9℃
초산벤질	102℃

48 다음 중 제1석유류에 해당하는 것은?

① 염화아세틸 ② 아크릴산
③ 클로로벤젠 ④ 아세트산

해설

위험물 종류	품명
염화아세틸	제1석유류
아크릴산	제2석유류
클로로벤젠	제2석유류
아세트산	제2석유류

49 칼륨에 관한 설명 중 틀린 것은?

① 보라색의 불꽃을 내며 연소한다.
② 물과 반응하여 수소를 발생한다.
③ 화재시 탄산가스 소화기가 가장 효과적이다.
④ 피부와 접촉하면 화상의 위험이 있다.

해설 칼륨(K) 화재시에는 건조사가 가장 효과적이다.

50 위험물안전관리법에서 규정한 운반 용기의 재질이 아닌 것은?

① 플라스틱 ② 도자기
③ 유리 ④ 짚

해설 위험물 운반 용기의 재질
강판, 알루미늄, 양철판, 유리, 금속관, 종이, 플라스틱, 섬유판, 고무류, 합성섬유, 삼, 짚, 나무

51 나이트로셀룰로오스의 저장 및 취급 방법으로 틀린 것은?

① 가열, 마찰을 피한다.
② 열원을 멀리하고 냉암소에 저장한다.
③ 알코올 용액으로 습면하여 운반한다.
④ 물과의 접촉을 피하기 위해 석유에 저장한다.

해설 ④ 물과 혼합할수록 위험성이 감소되므로 운반시는 물(20%), 용제 또는 알코올(30%)을 첨가·습윤시킨다. 건조상태에 이르면 즉시 습한상태를 유지시킨다.

52 다음 물질 중 증기 비중이 가장 작은 것은?

① 이황화탄소 ② 아세톤
③ 아세트알데하이드 ④ 에테르

정답 44 ② 45 ④ 46 ② 47 ① 48 ① 49 ③ 50 ② 51 ④ 52 ③

해설

위험물 종류	증기비중
이황화탄소	2.64
아세톤	2.0
아세트알데하이드	1.52
에테르	2.6

53 다음 ( ) 안에 알맞은 용어는?

> 지정 수량이라 함은 위험물의 종류별로 위험성을 고려하여 ( )이(가) 정하는 수량으로서 규정에 의한 제조소 등의 설치 허가 등에 있어서 최저의 기준이 되는 수량을 말한다.

① 대통령령　　　② 국무총리령
③ 시·도지사　　④ 소방방재청장

해설　지정 수량이 적은 물품은 큰 물품보다는 같은 양, 같은 조건일 때 더 위험하다는 정도이며, 안전관리는 모두 같다.

54 디에틸에테르 중의 과산화물을 검출할 때 그 검출 시약과 정색 반응의 색이 옳게 짝지어진 것은?

① 아이오딘화칼륨 용액 – 적색
② 아이오딘화칼륨 용액 – 황색
③ 브로민화칼륨 용액 – 무색
④ 브로민화칼륨 용액 – 청색

해설　① 에테르 중에 과산화물의 확인 방법으로 시료 10ml를 무색의 마개 달린 시험관에 취하고 새로 만든 요오드화칼륨 용액(10%) 1ml를 가한 후 1분간 계속 흔든다. 흰 종이를 배경으로 하여 정면에서 보았을 때 두 층에 색이 나타나면 과산화물이 생성된 증거로 본다.
② 아이오딘화칼륨 용액 – 황색

55 질산에틸의 성상에 관한 설명 중 틀린 것은?

① 향기를 갖는 무색의 액체이다.
② 휘발성 물질로 증기 비중은 공기보다 작다.
③ 물에는 녹지 않으나 에테르에 녹는다.
④ 비점 이상으로 가열하면 폭발의 위험이 있다.

해설　② 휘발하기 쉽고 증기는 낮은 곳에 체류하며 증기 비중은 3.1이다.

56 옥내 저장소에서 반드시 자동 화재 탐지 설비를 경보 설비로 설치하여야 하는 대상은 지정 수량 몇 배 이상을 저장 또는 취급하는 경우인가? (단, 지정 수량 배수와 관련한 조건만 고려하며, 고인화점 위험물만을 저장 또는 취급하는 경우는 제외한다.)

① 10　　　② 50
③ 100　　④ 200

해설

제조소 등의 구분	제조소 등의 규모, 저장 또는 취급하는 위험물의 종류 및 최대 수량 등	경보 설비
옥내 저장소	· 지정 수량의 100배 이상을 저장 또는 취급하는 것(고인화점 위험물만을 저장 또는 취급하는 것을 제외한다.) · 저장 창고의 연면적이 150m²를 초과하는 것[해당 저장 창고가 연면적 150m² 이내마다 불연 재료의 격벽으로 개구부 없이 완전히 구획된 것과 제2류 또는 제4류의 위험물(인화성 고체 및 인화점이 70℃ 미만인 제4류 위험물을 제외한다)만을 저장 또는 취급하는 것에 있어서는 저장 창고의 연면적이 500m² 이상의 것에 한한다.] · 처마 높이가 6m 이상인 단층 건물의 것 · 옥내 저장소로 사용되는 부분 외의 부분이 있는 건축물에 설치된 옥내 저장소[옥내 저장소와 옥내 저장소 외의 부분이 내화 구조의 바닥 또는 벽으로 개구부 없이 구획된 것과 제2류 또는 제4류의 위험물(인화성 고체 및 인화점이 70℃ 미만인 제4류 위험물을 제외한다.)만을 저장 또는 취급하는 것을 제외한다.]	자동화재 탐지설비

57 위험물안전관리법에서 구분한 취급소에 해당되지 않는 것은?

① 주유 취급소
② 옥내 취급소
③ 이송 취급소
④ 판매 취급소

정답　53 ①　54 ②　55 ②　56 ③　57 ②

해설 위험물안전관리법상 취급소의 구분
① 주유 취급소
② 판매 취급소
③ 이송 취급소
④ 일반 취급소

58 운반할 때 빗물의 침투를 방지하기 위하여 방수성이 있는 피복으로 덮어야 하는 위험물은?

① TNT
② 이황화탄소
③ 과염소산
④ 마그네슘

해설 방수성이 있는 피복 조치 위험물

유 별	적용 대상
제1류 위험물	알칼리 금속의 과산화물
제2류 위험물	・철분 ・금속분 ・마그네슘
제3류 위험물	금수성 물품

59 다음 중 제2류 위험물에 속하는 것은?

① 과산화수소
② 황화린
③ 글리세린
④ 나이트로셀룰로오스

해설 ① 과산화수소 : 제6류 위험물
② 황화린 : 제2류 위험물
③ 글리세린 : 제4류 위험물
④ 니트로셀룰로오스 : 제5류 위험물

60 제2류 위험물과 제5류 위험물의 공통적인 성질은?

① 가연성 물질이다.
② 강한 산화제이다.
③ 액체 물질이다.
④ 산소를 함유한다.

해설 ㉠ 제2류 위험물 : 가연성 고체, 제5류 위험물 : 자기 반응성 물질
㉡ 제2류 위험물과 제5류 위험물은 가연성 물질이다.

정답 58 ④ 59 ② 60 ①

위험물 산업기사 (2024. 5. 9 시행)

제1과목 일반화학

01 다음 중 요오드 값이 가장 큰 것은?

① 아마씨기름
② 올리브기름
③ 야자기름
④ 땅콩기름

해설 ① 건성유 : 168~190
② 불건성유 : 75~90
③ 불건성유 : 7~16
④ 불건성유 : 82~109

02 중성 원자가 무엇을 잃으면 양이온으로 되는가?

① 중성자
② 핵전하
③ 양성자
④ 전자

해설 중성 원자는 전자를 잃으면 양이온으로 된다.

03 다음에서 설명하는 법칙은 무엇인가?

> 일정한 온도에서 비휘발성이며, 비전해질인 용질이 녹는 묽은 용액의 증기 압력 내림은 일정량의 용매에 녹아 있는 용질의 몰수에 비례한다.

① 헨리의 법칙
② 라울의 법칙
③ 아보가드로의 법칙
④ 보일-샤를의 법칙

해설 라울의 법칙의 설명이다.

04 SiO_2의 특성에 대한 설명 중 틀린 것은?

① 수정, 석영, 모래의 주성분이다.
② 공유 결합은 없고 이온 결합을 하고 있다.
③ 3차원 그물 구조로 육각기둥 모양을 하고 있다.
④ 수산화나트륨과 작용시키면 물유리의 원료인 규산나트륨을 만든다.

해설 $SiO2$는 공유 결합을 하고 있다.

05 다음 반응식에 관한 설명 중 옳은 것은?

$$SO_2 + 2H_2S \rightarrow 2H_2O + 3S$$

① SO_2는 산화제로 작용
② H_2S는 산화제로 작용
③ SO_2는 촉매로 작용
④ H_2S는 촉매로 작용

해설
```
        ┌──── 환원 ────┐
      SO₂ + 2H₂S → 2H₂O + 3S
      (+4)   (-2)        (0)
              └──── 산화 ────┘
```
SO_2는 산화제이고 H_2S는 환원제이다.

06 할로겐 원소에 대한 설명 중 옳지 않은 것은?

① 요오드의 최외각 전자는 7개이다.
② 할로겐 원소 중 원자 반지름이 가장 작은 원소는 F이다.
③ 염화이온은 염화은의 흰색 침전 생성에 관여한다.
④ 브롬은 상온에서 적갈색 기체로 존재한다.

해설 ④ 브롬(Br_2)은 비금속 중 유일한 적갈색의 액체이다.

정답 01 ① 02 ④ 03 ② 04 ② 05 ① 06 ④

07 다음 중 디에틸에테르와 구조 이성질체의 관계에 있는 것은?

① CH_3COOH ② C_2H_5OH
③ CH_3CHO ④ CH_3OH

해설
1. 이성질체
   ㉠ 구조 이성질체 : 사슬 이성질체, 위치 이성질체
   ㉡ 입체 이성질체 : 기하 이성질체, 광학 이성질체
2. ㉠ 사슬 이성질체 : 탄소 골격이 다르므로 생기는 이성질체. 알칸계(메탄계) 탄화수소는 탄소수가 4 이상부터 이성질체가 존재한다.
   ㉡ 위치 이성질체 : 치환체나 이중 결합의 위치에 따라 생기는 이성질체
   예 $C_2H_5OC_2H_5$와 C_2H_5OH

08 1기압의 수소 2L와 3기압의 산소 2L를 동일 온도에서 5L의 용기에 넣으면 전체 압력은 몇 기압이 되는가?

① $\frac{4}{5}$ ② $\frac{8}{5}$
③ $\frac{12}{5}$ ④ $\frac{16}{5}$

해설 $PV = P_1V_1 + P_2V_2$
$P = \frac{P_1V_1 + P_2V_2}{V} = \frac{1 \times 2 + 3 \times 2}{5}$
$= \frac{8}{5}$ 기압

09 0.1N HCl 100mL 용액에 수산화나트륨 0.16g을 넣고 물을 첨가하여 1L로 만든 용액의 pH 값은 얼마인가? (단, Na의 원자량은 23이다.)

① 2.22 ② 2.79
③ 3.22 ④ 3.79

해설 $N = \frac{N_1V_1 - N_2V_2}{V_1 + V_2}$

여기서, HCl : N_1V_1
NaOH : N_2V_2

NaOH(eq/L) = $\frac{0.16g}{40g} \left| \frac{1eq}{0.9L} \right.$ = 0.00444

$N = \frac{0.1 \times 0.1L - 0.0044 \times 0.9L}{0.1 + 0.9} = 0.00604$

여기서, 0.00604N − HCl 1L
$HCl \rightleftarrows H^+ + Cl^-$
1mol   1mol

즉, $pH = -\log[H^+]$
$= -\log 0.00604$
$= 2.22$

10 다음 화합물 중 2mol이 완전 연소될 때 6mol의 산소가 필요한 것은?

① CH_3-CH_3 ② $CH_2=CH_2$
③ $CH\equiv CH$ ④ C_6H_6

해설 ① $2C_2H_6 + 7O_2 \rightarrow 4CO_2 + 6H_2O$
② $2C_2H_4 + 6O_2 \rightarrow 4CO_2 + 4H_2O$
③ $2C_2H_2 + 5O_2 \rightarrow 4CO_2 + 2H_2O$
④ $C_6H_6 + 7.5O_2 \rightarrow 6CO_2 + 3H_2O$

11 다음 중 완충 용액에 해당하는 것은?

① CH_3COONa와 CH_3COOH
② NH_4Cl과 HCl
③ CH_3COONa와 NaOH
④ $HCOONa$와 Na_2SO_4

해설 완충 용액 : 약산과 그 짝염기 또는 약염기의 그 짝산의 혼합물로 구성되어 있으며 산이 첨가된 염기와 반응하고 짝염기가 첨가된 산과 반응하기 때문에 pH의 변화가 작다.
예 $CH_3COOH + CH_3COONa$(약산+산의 염)
$NH_4OH + NH_4Cl$(약염기+약염기의 염)

12 다음과 같은 반응에서 평형을 왼쪽으로 이동시킬 수 있는 조건은?

$A_2(g) + 2B_2(g) \rightleftarrows 2AB_2(g) + 열$

① 압력 감소, 온도 감소
② 압력 증가, 온도 증가
③ 압력 감소, 온도 증가
④ 압력 증가, 온도 감소

정답 07 ② 08 ② 09 ① 10 ② 11 ① 12 ③

해설 $A_2(g) + 2B_2(g) \rightleftarrows 2AB_2(g) + 열$
오른쪽의 몰수가 작으므로 압력을 낮추거나 온도가 증가하면 반응이 왼쪽으로 진행된다.

13 20℃, 28wt% 황산용액의 농도는 몇 M인가? (단, S의 원자량은 32이고 20℃에서 28wt% 황산용액 1mL 무게는 1.202g이다.)

① 3.43　　② 3.97
③ 4.11　　④ 5.16

해설 $M = \dfrac{1.202g}{1mL} \bigg| \dfrac{1mol}{98g} \bigg| \dfrac{1,000mL}{1L} \bigg| \dfrac{28}{100} = 3.43M$

14 솔베이법으로 만들어진 물질이 아닌 것은?

① Na_2CO_3　　② NH_4Cl
③ $CaCl_2$　　④ H_2SO_4

해설 암모니아 소다법(solvay 법)의 이론
㉠ 암모니아 소다법은 우선 소금 수용액(함수)에 암모니아와 이산화탄소가스를 순서대로 흡수시켜 용해도가 작은 중조를 침전시킨다.
$NaCl + NH_3 + CO_2 + H_2O \rightarrow NaHCO_3 + NH_4Cl$
㉡ 중조를 침전 분리하고, 200℃ 정도에서 하소하여 제품 탄산소다를 얻는다.
$2NaHCO_3 \rightarrow Na_2CO_3 + CO_2 + H_2O$
㉢ 중조는 여과한 모액(NH_4Cl)에 석회유($Ca(OH)_2$) 용액을 첨가하고 증류하면 암모니아를 얻고 그 부산물로 $CaCl_2$를 얻는다(증류탑).

15 분자량이 120인 물질 12g을 물 500g에 녹였다. 이 용액의 몰랄 농도는 몇 m인가?

① 0.1　　② 0.2
③ 0.3　　④ 0.4

해설 m 농도
$= \dfrac{\text{용질의 무게}(W)(g)}{\text{용질의 분자량}(M)(g)} \times \dfrac{1,000}{\text{용매의 무게(g수)}}$
$= \dfrac{12}{120} \times \dfrac{1,000}{500} = 0.2m$

16 다음 중 염기성 $-NH_2$기를 가지고 있는 것은?

① 벤조산　　② 아닐린
③ 페놀　　④ 크레졸

해설 ① 벤조산 : C_6H_5COOH
② 아닐린 : $C_6H_5NH_2$
③ 페놀 : C_6H_5OH
④ 크레졸 : $C_6H_4(OH)CH_3$

17 각 원소의 1차 이온화 에너지가 큰 것부터 차례로 배열된 것은?

① $Cl > P > Li > K$
② $Cl > P > K > Li$
③ $K > Li > Cl > P$
④ $Li > K > Cl > P$

해설 1차 이온화 에너지 : 원자에서는 중성 원자에서 전자를 1개 꺼내는 경우이다.

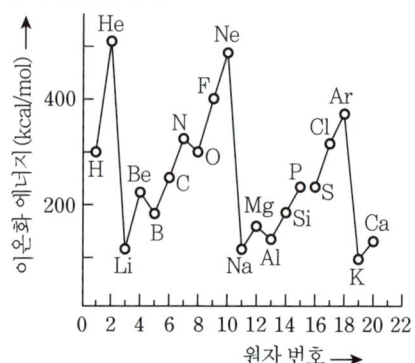

18 다음 금속을 질산은 용액에 담갔을 때 은(Ag)이 석출되지 않는 것은?

① 백금　　② 납
③ 구리　　④ 아연

해설 ㉠ 금속의 이온화 경향
$K > Ca > Na > Mg > Al > Zn > Fe > Ni > Sn > Pb > H > Cu > Hg > Ag > Pt > Au$
㉡ 백금은 은보다 이온화 경향이 작으므로 은이 석출되지 않는다.

정답 13 ①　14 ④　15 ②　16 ②　17 ①　18 ①

19 다음 중 준금속(metalloid) 원소로만 이루어진 것은?

① B와 Si ② Sn과 Ag
③ Mn과 Sb ④ Pb과 Cu

해설 준금속(metalloid) 원소는 붕소(B), 규소(Si), 게르마늄(Ge), 비소(As), 안티몬(Sb), 텔루륨(Te), 폴로늄(Po) 등이 있다.

20 유기 화합물을 질량 분석한 결과 C 84%, H 16%의 결과를 얻었다. 다음 중 이 물질에 해당하는 실험식은?

① C_5H ② C_2H_2
③ C_7H_8 ④ C_7H_{16}

해설 $C : H = \dfrac{84}{12} : \dfrac{16}{1} = 7 : 16$

∴ C_7H_{16}

제2과목 화재예방과 소화방법

21 공기 포 발포 배율을 측정하기 위해 중량 340g, 용량 1,800mL의 포 수집 용기에 가득히 포를 채취하여 측정한 용기의 무게가 540g이었다면 발포 배율은? (단, 포 수용액의 비중은 1로 가정한다.)

① 3배 ② 5배
③ 7배 ④ 9배

해설 발포 배율(팽창비)

$= \dfrac{\text{내용적(용량)}}{\text{전체 중량}-\text{빈 시료 용기의 중량}} = \dfrac{1,800}{540-340} = 9배$

22 공기 중의 상대 습도를 높여 정전기를 유효하게 제거할수 있는 설비를 설치하고자 한다. 공기 중의 상대 습도는 몇 % 이상 되게 하여야 하는가?

① 40% ② 50%
③ 60% ④ 70%

해설 실내의 경우 상대 습도를 70% 이상으로 한다.

23 제2류 위험물의 소화 방법에 대한 설명으로 틀린 것은?

① 적린과 황은 물에 의한 냉각 소화가 가능하다.
② 연소시 유독한 연소 생성물이 발생할 수 있으므로 주의하여야 한다.
③ 철분은 직접 주수가 위험하여 물분무 소화 설비가 적응성이 있다.
④ 마그네슘은 건조사에 의한 질식 소화가 가능하다.

해설 ③ 철분은 주수엄금, 건조사, 소금분말, 건조분말, 소석회로 질식 소화한다.

24 다음 중 C급 화재의 표시 색상은?

① 청색 ② 백색
③ 황색 ④ 무색

해설 화재의 종류 및 표시 색상

급수	화재의 종류	표시 색상
A급	일반 화재	백색
B급	유류 화재	황색
C급	전기 화재	청색
D급	금속 화재	—
K급	주방 화재	—

25 자연 발화의 방지 방법이 아닌 것은?

① 저장실의 온도를 낮출 것
② 습도가 높은 곳에 저장할 것
③ 통풍을 잘 시킬 것
④ 열이 축적되지 않게 할 것

해설 ② 습도가 높은 곳을 피한다.

26 소화 난이도 등급 Ⅰ에 해당하는 옥외 탱크 저장소 중 유황만을 저장 취급하는 것에 설치하여야 하는 소화 설비는? (단, 지중 탱크와 해상 탱크는 제외한다.)

① 스프링클러 소화 설비
② 이산화탄소 소화 설비
③ 분말 소화 설비
④ 물분무 소화 설비

정답 19 ① 20 ④ 21 ④ 22 ④ 23 ③ 24 ① 25 ② 26 ④

해설 소화 난이도 등급 Ⅰ의 제조소 등에 설치하여야 하는 소화 설비

제조소 등의 구분		소화 설비
옥외 탱크 저장소	지중 탱크 또는 해상 탱크 외의 것	황만을 저장·취급하는 것	물분무 소화 설비
		인화점 70℃ 이상의 제4류 위험물만을 저장 취급하는 것	물분무 소화 설비 또는 고정식 포 소화 설비
		그 밖의 것	고정식 포 소화 설비 (포 소화 설비가 적응성이 없는 경우에는 분말 소화 설비)
	지중 탱크		고정식 포 소화 설비, 이동식 외의 불활성 가스 소화 설비 또는 이동식 이외의 할로겐 화합물 소화 설비
	해상 탱크		고정식 포 소화 설비, 물분무 소화 설비, 이동식 외의 불활성 가스 소화 설비 또는 이동식 외의 할로겐 화합물 소화 설비

27 위험물안전관리법령상 가솔린의 화재 시 적응성이 없는 소화기는?

① 봉상 강화액 소화기 ② 무상 강화액 소화기
③ 이산화탄소 소화기 ④ 포 소화기

해설 소화 설비의 적응성

소화 설비의 구분		대상물 구분								
		건축물·그 밖의 공작물	전기 설비	제1류 위험물		제2류 위험물			제3류 위험물		제4류 위험물	제5류 위험물	제6류 위험물
				알칼리 금속 과산화물 등	그 밖의 것	철분·금속분·마그네슘 등	인화성 고체	그 밖의 것	금수성 물품	그 밖의 것			
옥내 소화전 설비 또는 옥외 소화전 설비		○			○		○	○		○		○	○
스프링클러 설비		○			○		○	○		○	△	○	○
물분무 등 소화 설비	물분무 소화 설비	○	○		○		○	○		○	○	○	○
	포 소화 설비	○			○		○	○		○	○	○	○
	불활성 가스 소화 설비		○					○			○		
	할로겐 화합물 소화 설비		○					○			○		
	분말 소화 설비	인산염류 등	○	○		○		○	○			○		○
		탄산수소염류 등		○	○		○	○		○		○		
		그 밖의 것			○		○			○				

소화 설비의 구분		대상물 구분								
		건축물·그 밖의 공작물	전기 설비	제1류 위험물		제2류 위험물			제3류 위험물		제4류 위험물	제5류 위험물	제6류 위험물
				알칼리 금속 과산화물 등	그 밖의 것	철분·금속분·마그네슘 등	인화성 고체	그 밖의 것	금수성 물품	그 밖의 것			
대형·소형 수동식 소화기	봉상수(棒狀水) 소화기	○			○		○	○		○		○	○
	무상수(霧狀水) 소화기	○	○		○		○	○		○		○	○
	봉상 강화액 소화기	○			○		○	○		○		○	○
	무상 강화액 소화기	○	○		○		○	○		○	○	○	○
	포 소화기	○			○		○	○		○	○	○	○
	이산화탄소 소화기		○					○			○		△
	할론 소화 설비		○					○			○		
	분말 소화기	인산염류 소화기	○	○		○		○	○			○		○
		탄산수소염류 소화기		○	○		○	○		○		○		
		그 밖의 것			○		○			○				
기타	물통 또는 수조	○			○		○	○		○		○	○
	건조사			○	○	○	○	○	○	○	○	○
	팽창 질석 또는 팽창 진주암			○	○	○	○	○	○	○	○	○

28 위험물과 적응성이 있는 소화 약제의 연결이 틀린 것은?

① K – 탄산수소염류 분말
② $C_2H_5OC_2H_5$ – CO_2
③ Na – 건조사
④ CaC_2 – H_2O

해설 27번 해설 참조

29 특정 옥외 탱크 저장소라 함은 저장 또는 취급하는 액체 위험물의 최대 수량이 몇 L 이상의 것을 말하는가?

① 50만 ② 100만
③ 150만 ④ 200만

해설 ㉠ 특정 옥외 탱크 저장소 : 옥외 탱크 저장소 중 그 저장 또는 취급하는 액체 위험물의 최대 수량이 100만 L 이상의 것

정답 27 ① 28 ④ 29 ②

ⓒ 준특정 옥외 탱크 저장소 : 옥외 탱크 저장소 중 그 저장 또는 취급하는 액체 위험물의 최대 수량이 50만 이상 100만 L 미만의 것

30 표준 상태에서 2kg의 이산화탄소가 모두 기체 상태의 소화 약제로 소화 약제로 방사될 경우 부피는 약 몇 L인가?

① 10.18
② 22.4
③ 224
④ 1,018

해설 CO_2의 분자량 : 44g
$44g : 22.4L = 2,000g : x$
$\therefore x = \dfrac{2,000 \times 22.4}{44}$
$x = 1,018L$

31 위험물안전관리법령상 지정 수량의 10배 이상의 위험물을 저장, 취급하는 제조소 등에 설치하여야 할 경보 설비 종류에 해당되지 않는 것은?

① 확성 장치
② 비상 방송 설비
③ 자동 화재 탐지 설비
④ 무선 통신 설비

해설 ④ 무선 통신 설비 : 소화 활동상 필요한 설비

32 탄산칼륨을 첨가한 것으로 물의 빙점을 낮추어 한냉지 또는 겨울철에 사용이 가능한 소화기는?

① 산·알칼리 소화기
② 할로겐화물 소화기
③ 분말 소화기
④ 강화액 소화기

해설 강화액 소화기의 설명이다.

33 분말 소화 약제의 종별 주성분을 옳게 연결한 것은?

① 1종 분말 약제 — $NaHCO_3$
② 2종 분말 약제 — $NaHCO_3$
③ 3종 분말 약제 — $KHCO_3$
④ 4종 분말 약제 — $NaHCO_3 + NH_4H_2PO_4$

해설 분말 소화 약제

종 별	명 칭	착 색
제1종	중탄산나트륨($NaHCO_3$)	백색
제2종	탄산수소칼륨($KHCO_3$)	보라색(담회색)
제3종	제1인산암모늄($NH_4H_2PO_4$)	담홍색(핑크색)
제4종	탄산수소칼륨 + 요소 [$KHCO_3 + (NH_2)_2CO$]	회백색

34 일반적으로 제4류 위험물 중 비수용성 액체의 화재시 물로 소화하는 것은 적당하지 않다. 그 이유를 가장 옳게 설명한 것은?

① 가연성 가스를 발생한다.
② 인화점이 낮아진다.
③ 화재면의 확대 위험성이 있다.
④ 물을 분해하여 수소가스를 발생한다.

해설 비수용성 액체란 물에 떠 있는 것이 많다는 것이다. 즉 기름 종류가 물에 뜨는 경우 그 두께는 얇고 광범위하게 퍼지므로 제4류 위험물 화재에서는 물을 뿌려 소화하려면 가연물이 수면 위에 떠 있어서 오히려 화재를 확대시킬 우려가 있다.

35 위험물 안전 관리자를 반드시 선임하여야 하는 시설이 아닌 것은?

① 옥내 저장소
② 옥외 탱크 저장소
③ 주유 취급소
④ 이동 탱크 저장소

해설 이동 탱크 저장소는 위험물 안전 관리자를 반드시 선임하여야 하는 시설이 아니다.

36 단층의 위험물 제조소에 옥내 소화전을 3개 설치하였을 때 수원의 수량은 몇 m^3 이상이어야 하는가?

① 7.8
② 9.9
③ 10.4
④ 23.4

해설 옥내 소화전 수원의 양
$Q(m^3) = N \times 7.8m^3$
$= 3 \times 7.8m^3 = 23.4m^3$
(N : 옥내 소화전 설비의 설치개수로 설치개수가 5개 이상인 경우는 5개임)

정답 30 ④ 31 ④ 32 ④ 33 ① 34 ③ 35 ④ 36 ④

37 이동식 분말 소화 설비에서 노즐 1개에서 매분당 방사하는 제1종 분말 소화 약제의 양은 몇 kg 이상으로 하여야 하는가?

① 18　　② 27　　③ 32　　④ 45

해설

소화 약제의 종별	소화 약제의 양
제1종 분말	45kg/min
제2종 분말 또는 제3종 분말	27kg/min
제4종 분말	18kg/min

38 Halon 1301 소화 약제의 특성에 관한 설명으로 옳지 않은 것은?

① 상온, 상압에서 기체로 존재한다.
② 비전도성이다.
③ 공기보다 가볍다.
④ 고압 용기 내에 액체로 보존한다.

해설 ③ 공기보다 무겁다.

39 분말 소화 약제 중 탄산수소나트륨의 표시색상은?

① 백색　　② 보라색
③ 담홍색　　④ 회백색

해설 33번 해설 참조

40 다음 소화 설비 중 능력 단위가 0.5인 것은?

① 삽 1개를 포함한 마른 모래 50L
② 삽 1개를 포함한 마른 모래 150L
③ 삽 1개를 포함한 팽창질석 100L
④ 삽 1개를 포함한 팽창질석 160L

해설 능력 단위 : 소방 기구의 소화 능력을 나타내는 수치. 즉 소요 단위에 대응하는 소화 설비 소화 능력의 기준 단위이다.
1. 마른 모래(50L, 삽 1개를 포함) : 0.5단위
2. 팽창질석 또는 팽창진주암(160L, 삽 1개 포함) : 1단위
3. 소화 전용 물통(8L) : 0.3단위
4. 수조
  ㉠ 190L(8L, 소화 전용 물통 6개 포함) : 2.5단위
  ㉡ 80L(8L, 소화 전용 물통 3개 포함) : 1.5단위

제3과목　위험물의 성질과 취급

41 지정 수량 10배의 위험물을 취급할 때 혼재가 가능한 것은?

① 제1류 위험물과 제2류 위험물
② 제2류 위험물과 제3류 위험물
③ 제3류 위험물과 제4류 위험물
④ 제5류 위험물과 제6류 위험물

해설 유별을 달리하는 위험물의 혼재 기준

구 분	제1류	제2류	제3류	제4류	제5류	제6류
제1류		×	×	×	×	○
제2류	×		×	○	○	×
제3류	×	×		○	×	×
제4류	×	○	○		○	×
제5류	×	○	×	○		×
제6류	○	×	×	×	×	

42 제4류 위험물의 일반적인 취급상 주의 사항으로 옳은 것은?

① 정전기가 축적되어 있으면 화재의 우려가 있으므로 정전기가 축적되지 않게 할 것
② 위험물이 유출하였을 때 액면이 확대되지 않게 흙 등으로 잘 조치한 후 자연 증발시킬 것
③ 물에 녹지 않는 위험물은 폐기할 경우 물을 섞어 하수구에 버릴 것
④ 증기의 배출은 지표로 향해서 할 것

해설
② 위험물이 유출하였을 때 확대되지 않는 구조로 하고 적당한 경사와 집유구를 설치 운영하며 방유제의 관리에 철저를 가한다.
③ 물에 녹지 않는 위험물을 폐기할 경우 소각은 안전한 장소에서 연소 또는 폭발에 의하여 타인에게 위해나 손해를 미칠 우려가 없는 방법으로 실시하는 한편, 감시원을 배치한다.
④ 증기의 배출은 대기 중에 누출된 경우 인화의 위험성이 크므로 누출 방지의 대책은 밀폐 용기를 사용하고 용도상 밀폐하기 곤란한 경우는 후드 등을 통하여 발산된 증기의 확산을 방지한다.

정답　37 ④　38 ③　39 ①　40 ①　41 ③　42 ①

43 이황화탄소를 물속에 저장하는 주된 이유는?

① 공기와 접촉하면 발화하기 때문에
② 화재 발생시 대응을 빠르게 하기 위하여
③ 가연성 증기의 발생을 방지하기 위하여
④ 불순물을 물에 용해하여 유출시키기 위하여

해설 이황화탄소(CS_2)를 물속에 저장하는 이유는 가연성 증기의 발생을 방지하기 위해서이다.

44 산화프로필렌 300L, 메탄올 400L, 벤젠 200L를 저장하고 있는 경우 각각 지정 수량배수의 총 합은 얼마인가?

① 4   ② 6
③ 8   ④ 10

해설 $\frac{300}{50} + \frac{400}{400} + \frac{200}{200} = 8$배

45 과산화수소에 대한 설명 중 틀린 것은?

① 이산화망간이 있으면 분해가 촉진된다.
② 농도가 높아질수록 위험성이 커진다.
③ 분해되면 산소를 방출한다.
④ 산소를 포함하고 있는 가연물이다.

해설 과산화수소(H_2O_2)는 O와 H로 이루어진 화합물로써 많은 과산화물의 출발점이다.

46 이동 탱크 저장소의 용량이 19,000L일 때 탱크의 칸막이는 최소 몇 개를 설치해야 하는가?

① 2   ② 3
③ 4   ④ 5

해설 이동 탱크 저장소는 그 내부에 4,000L 이하마다 칸막이를 설치한다.

1개	2개		3개		4개
4,000L	4,000L	4,000L	4,000L	4,000L	3,000L

용량이 19,000L이므로 칸막이는 최소 4개를 설치할 수 있다.

47 적재시 일광의 직사를 피하기 위하여 차광성이 있는 피복으로 가려야 하는 것은?

① 메탄올   ② 과산화수소
③ 철분   ④ 가솔린

해설 차광성이 있는 피복 조치

유별	적용대상
제1류 위험물	전부
제3류 위험물	자연 발화성 물품
제4류 위험물	특수 인화물
제5류 위험물	전부
제6류 위험물	

48 화재 발생시 물을 사용하면 위험성이 더 커지는 것은?

① 염소산칼륨   ② 질산나트륨
③ 과산화나트륨 ④ 브로민산칼륨

해설 과산화나트륨(Na_2O_2)은 화재 발생시 물을 사용하면 물과 접촉시 격렬히 반응하여 위험하다.

49 다음 중 인화점이 20℃ 이상인 것은?

① CH_3COOCH_3 ② CH_3COCH_3
③ CH_3COOH ④ CH_3CHO

해설 ① $-10℃$
② $-18℃$
③ $42.8℃$
④ $-37.7℃$

50 $C_2H_5ONO_2$와 $C_6H_2(NO_2)_3OH$의 공통 성질에 해당하는 것은?

① 품명이 나이트로화합물이다.
② 인화성과 폭발성이 있는 고체이다.
③ 무색 또는 담황색 액체로서 방향성이 있다.
④ 알코올에 녹는다.

해설
1. $C_2H_5ONO_2$(질산에틸)
   ㉠ 품명이 질산 에스테르류이다.

정답 43 ③ 44 ③ 45 ④ 46 ③ 47 ② 48 ③ 49 ③ 50 ④

ⓒ 비점 이상으로 가열하면 격렬하게 폭발한다.
ⓒ 무색 투명한 액체로서 인화점(-10℃)이 낮기 때문에 인화하기 쉽다.
ⓔ 물에는 녹지 않지만 유기 용제에는 잘 녹는다.

2. $C_6H_2(NO_2)_3OH$
 ⓐ 나이트로화합물이다.
 ⓑ 300℃ 이상으로 급격히 가열하면 폭발하고 건조상태에 있는 것은 위험성이 증대한다.
 ⓒ 순수한 것은 무색이지만 보통 공업용은 휘황색의 침상 결정이다.
 ⓓ 더운물, 알코올, 에테르, 아세톤, 벤젠 등에 녹는다.

51 금속칼륨의 보호액으로 가장 적당한 것은?
① 알코올 ② 경유
③ 아세트산 ④ 물

해설 금속칼륨(K)은 반드시 석유, 경유, 유동 파라핀 등의 보호액으로 넣은 내통에 밀봉하여 저장하고 외부로의 누출 방지를 위해 외통을 별도 설치한다. 경우에 따라 불활성 가스를 봉입하기도 한다.

52 질산칼륨의 성질에 대한 설명 중 틀린 것은?
① 물에 녹는다.
② 분자량은 약 101이다.
③ 열분해하면 산소를 방출한다.
④ 비중은 1보다 작다.

해설 ④ 비중은 2.1이다.

53 다음 제4류 위험물 중 연소 범위가 가장 넓은 것은?
① 아세트알데하이드
② 산화프로필렌
③ 휘발유
④ 아세톤

해설 ① 4.1~57%
② 2.1~38.5%
③ 1.4~7.6%
④ 2.6~12.8%

54 다음 ( ) 안에 알맞은 수치와 용어를 옳게 나열한 것은?

이황화탄소의 옥외 저장 탱크는 벽 및 바닥의 두께가 ( )m 이상이고, 누수가 되지 아니하는 철근콘크리트의 ( )에 넣어 보관되어야 한다.

① 0.2, 수조 ② 1.2, 수조
③ 1.2, 진공 탱크 ④ 0.2, 진공 탱크

해설 이황화탄소의 옥외 저장 탱크는 벽 및 바닥의 두께가 0.2m 이상이고 누수가 되지 아니하는 철근콘크리트의 수조에 넣어 보관한다.
이 경우 보유 공지, 통기관 및 자동 계량 장치는 생략할 수 있다.

55 다음과 같은 성질을 가진 물질은?

- 무색, 무취의 결정
- 비중 약 2.3, 녹는점 368℃
- 열분해하여 산소를 발생

① $KClO_3$ ② $NaClO_3$
③ $Zn(ClO_3)_2$ ④ K_2O_2

해설 염소산칼륨($KClO_3$)의 설명이다.

56 물과 반응하면 폭발적으로 반응하여 에탄을 생성하는 물질은?
① $(C_2H_5)_2O$ ② CS_2
③ CH_3CHO ④ $(C_2H_5)_3Al$

해설 $(C_2H_5)_3Al + 3H_2O \rightarrow Al(OH)_3 + 3C_2H_6$

57 초산메틸의 성질에 대한 설명으로 옳은 것은?
① 마취성이 있는 액체로 향기가 난다.
② 끓는점이 100℃ 이상이고 안전한 물질이다.
③ 불연성 액체이다.
④ 초록색의 액체로 물보다 무겁다.

정답 51 ② 52 ④ 53 ① 54 ① 55 ① 56 ④ 57 ①

해설 ② 끓는점이 60℃이고 휘발성 및 인화의 위험이 있다.
③ 향기가 나는 무색 휘발성의 액체로 마취성이 있다.
④ 비중은 0.92이다.

58 과산화벤조일에 대한 설명으로 틀린 것은?

① 발화점이 약 425℃로 상온에서 비교적 안전하다.
② 상온에서 고체이다.
③ 산소를 포함하는 산화성 물질이다.
④ 물을 혼합하면 폭발성이 줄어든다.

해설 ① 발화점이 125℃로 상온에서는 안정하지만 발화점이 낮아서 위험하며 가열, 충격, 마찰에 의해 분해하기 쉽고 폭발한다.

59 위험물 운반 용기 외부에 표시하는 주의 사항을 잘못 나타낸 것은?

① 적린 : 화기주의
② 탄화칼슘 : 물기엄금
③ 아세톤 : 화기엄금
④ 과산화수소 : 화기주의

해설 위험물 운반 용기의 주의 사항

위험물		주의 사항
제1류 위험물	알칼리 금속의 과산화물	·화기·충격 주의 ·물기 엄금 ·가연물 접촉 주의
	기타	·화기·충격 주의 ·가연물 접촉 주의
제2류 위험물	철분, 금속분, 마그네슘	·화기 주의 ·물기 엄금
	인화성 고체	화기 엄금
	기타(적린)	화기 주의
제3류 위험물	자연 발화성 물질	·화기 엄금 ·공기 접촉 엄금
	금수성 물질(탄화칼슘)	물기 엄금
제4류 위험물(아세톤)		화기 엄금
제5류 위험물		·화기 엄금 ·충격 주의
제6류 위험물(과산화수소)		가연물 접촉 주의

60 다음 각 물질의 저장 방법에 대한 설명 중 틀린 것은?

① 황린은 산화제와 혼합되지 않게 저장한다.
② 황은 정전기가 축적되지 않도록 저장한다.
③ 적린은 인화성 물질로부터 격리 저장한다.
④ 마그네슘분은 물에 적시어 저장한다.

해설 ④ 산, 물 또는 습기와의 접촉을 피한다. 저장용기는 밀폐 건조시키고 습기나 빗물이 침투되지 않도록 한다.

정답 58 ① 59 ④ 60 ④

위험물 산업기사 (2024. 7. 5 시행)

제1과목 일반화학

01 다음 물질 중 비전해질에 해당되는 것은?

① HCl
② HNO_3
③ C_2H_5OH
④ CH_3COOH

해설 ① 강산(전해질)
② 강산(전해질)
③ 비전해질
④ 약산(전해질)

02 미지 농도의 염산 용액 100mL를 중화하는데 0.2N NaOH 용액 250mL가 소모되었다. 이 염산의 농도는 몇 N인가?

① 0.05   ② 0.2
③ 0.25   ④ 0.5

해설 $100mL \times x = 250mL \times 0.2N$
즉, $x = 0.5N$

03 다음 각 화합물 1mol이 완전 연소할 때 3mol의 산소를 필요로 하는 것은?

① CH_3-CH_3
② $CH_2=CH_2$
③ C_6H_6
④ $CH\equiv CH$

해설 ① $2C_2H_6 + 7O_2 \rightarrow 4CO_2 + 6H_2O$
② $C_2H_4 + 3O_2 \rightarrow 2CO_2 + 2H_2O$
③ $2C_6H_6 + 15O_2 \rightarrow 12CO_2 + 6H_2O$
④ $2C_2H_2 + 5O_2 \rightarrow 4CO_2 + 2H_2O$

04 커플링(coupling) 반응시 생성되는 작용기는?

① $-NH_2$
② $-CH_3$
③ $-COOH$
④ $-N=N-$

해설 다이조늄 커플링 리액션

05 다음 중 어떤 조건하에서 실제 기체가 이상기체에 가깝게 거동하는가?

① 낮은 온도, 높은 압력
② 높은 온도, 낮은 압력
③ 낮은 온도, 낮은 압력
④ 높은 온도, 높은 압력

해설 이상 기체식의 정밀성은 기체의 밀도가 0에 가깝고(낮은 압력) 기체의 온도가 높아질수록 커진다. 밀도가 0에 가까워지면 분자의 운동시 기체 분자끼리 부딪히는 정도가 적어지고 분자 자신의 부피를 무시할 정도가 된다. 또 고온이 됨으로서 분자의 운동이 고속이 되어 분자 간의 힘이 무시할 정도가 된다.

정답 01 ③ 02 ④ 03 ② 04 ④ 05 ②

06 2, 3-demethyl-1, 3-butadiene의 화학 구조식을 옳게 나타낸 것은?

① $CH_2=C-CH=CH_2$
       $|$
       CH_3

② $CH_2=C \ - \ C=CH_2$
       $|$ $|$
       CH_3 CH_3

③ $CH_3-C=CH-CH_3$
          $|$
          CH_3

④ CH_3
   CH_3 $>CH-CH=CH_2$

해설 ① 2-methyl-1, 3-butadiene
② 2, 3-dimethyl-1, 3-butadiene
③ 2-methyl-2-butene
④ 3-methyl-1-butene

07 다음 물질의 상태와 관련된 용어의 설명 중 틀린 것은?

① 삼중점 : 기체, 액체, 고체의 3가지 상이 동시에 존재하는 점
② 임계 온도 : 물질이 액화될 수 있는 가장 높은 온도
③ 임계 압력 : 임계 온도에서 기체를 액화하는 데 가해야 할 최소한의 압력
④ 표준 상태 : 각 원소별로 이상적인 결정형태를 이루는 온도 및 압력

해설 STP(standard temperature and pressure) : 0℃, 1atm

08 방사능 붕괴의 행태 중 $^{226}_{88}Ra$이 α붕괴할 때 생기는 원소는?

① $^{222}_{86}Rn$ ② $^{232}_{90}Th$
③ $^{231}_{91}231Pa$ ④ $^{238}_{92}U$

해설 α붕괴 : 원자번호 2 감소, 질량수는 4 감소한다.

09 질산나트륨의 물 100g에 대한 용해도는 80℃에서 148g, 20℃에서 88g이다. 80℃의 포화 용액 100g을 70g으로 농축시켜서 20℃로 냉각시키면, 약 몇 g의 질산나트륨이 석출되는가?

① 29.4 ② 40.3
③ 50.6 ④ 59.7

해설 ㉠ 80℃의 포화 용액 100g에 용해되어 있는 질산나트륨의 질량(X)은

$$\frac{148g_{질산나트륨}}{(100g+148g)_{용액}} = \frac{X_{질산나트륨}}{100g_{용액}}$$
$\therefore X = 59.68g$

㉡ 포화 용액 100g을 70g으로 농축시켜 20℃로 냉각한 용액에 용해되어 있는 질산나트륨의 질량(Y)은

$$\frac{Y_{질산나트륨}}{(70g-59.68g)_{물}} = \frac{88g_{질산나트륨}}{100g_{물}}$$
$\therefore Y = 9.08$

㉢ 석출된 질산나트륨의 질량은
$\therefore X-Y = 50.6g$

10 1패러데이(Faraday)의 전기량으로 물을 전기 분해하였을 때 생성되는 기체 중 산소 기체는 0℃, 1기압에서 몇 L인가?

① 5.6 ② 11.2
③ 22.4 ④ 44.8

해설
$H_2O \xrightarrow{전기분해}_{1F} \begin{cases} (+)극 : O_2 \to 1g당량 \ 생성 : 8g : 5.6L \\ (-)극 : H_2 \to 1g당량 \ 생성 : 1g : 11.2L \end{cases}$

11 CH_4에서 탄소의 혼성 궤도 함수에 해당하는 것은?

① s ② sp
③ sp^2 ④ sp^3

해설 sp^3 : 혼성화된 한 개의 탄소 원자의 동일한 네 개 궤도 함수는 수소 원자의 1s 궤도 함수와 겹쳐서 동일한 네 개의 C-H 결합을 형성하여 methane이 된다.

정답 06 ② 07 ④ 08 ① 09 ③ 10 ① 11 ④

12 다음 중 1차 이온화 에너지가 가장 큰 것은?

① He ② Ne ③ Ar ④ Xe

해설 각 족에서 이온화 에너지는 일반적으로 원자번호의 증가에 따라 감소한다. 유효 핵 전하는 일정한 반면 원자 반지름이 증가하여 핵과 전자 사이의 인력이 감소하기 때문이다.

13 15wt%의 식염수 100g을 가열해서 질량이 처음의 $\frac{2}{5}$로 되었다면 이때 식염수의 농도는 몇 wt%인가?

① 15.5 ② 25.5 ③ 32.5 ④ 37.5

해설 가열하여 질량이 줄어든 것은 물이 증발하였기 때문이다. 그러므로 용액이 처음 질량 100g의 2/5(40g)로 줄어들었다면 최종적으로 남아 있는 물의 양은
100g$_{용액}$ − 15g$_{NaCl}$ − 60g$_{증발된\ 물}$ = 25g이므로
식염수의 농도는
{15g$_{NaCl}$/(15g$_{NaCl}$ + 25g$_{물}$)} × 100 = 37.5%이다.

14 다음 중 산소와 같은 족의 원소가 아닌 것은?

① S ② Se ③ Te ④ Bi

해설 산소와 같은 족의 원소는 O, S, Se, Te, Po이다.

15 다전자 원자에서 에너지 준위의 순서가 옳은 것은?

① 1s<2s<3s<4s<2p<3p<4p
② 1s<2s<2p<3s<3p<3d<4s
③ 1s<2s<2p<3s<3p<4s<4p
④ 1s<2s<2p<3s<3p<4s<3d

해설
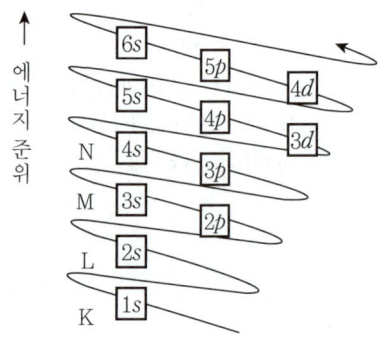

16 탄소 3g이 산소 16g 중에서 완전 연소되었다면, 연소한 후 혼합 기체의 부피는 표준 상태에서 몇 L가 되는가?

① 5.6 ② 6.8
③ 11.2 ④ 22.4

해설 탄소의 연소 반응식은 C + O_2 → CO_2이다. C는 0.25mol, O_2는 0.5mol이 주어졌으므로 C가 한계 반응물이다. 그러므로 CO_2는 0.25mol이 생성된다. 남은 기체의 부피는 생성된 CO_2와 반응하지 못한 O_2의 합이므로
(0.25mol × 22.4L/mol) + {(0.5mol − 0.25mol) × 22.4L/mol}
= 11.2L이다.

17 100mL 메스플라스크로 10ppm 용액 100mL를 만들려고 한다. 1,000ppm 용액 몇 mL를 취해야 하는가?

① 0.1 ② 1
③ 10 ④ 100

해설 10ppm × 100mL = 1,000ppm × X
X = 1mL

18 어떤 물질의 불꽃 반응은 노란색을 나타내며, 이 물질의 수용액에 $AgNO_3$ 용액을 넣었더니 흰색 침전이 생겼다. 이 물질은 무엇인가?

① NaCl ② $BaCl_2$
③ $CuSO_4$ ④ K_2SO_4

해설 노란색 불꽃 반응이 나타나는 원소는 Na이고, Ag^+와 반응하여 흰색 침전이 생기는 원소는 Cl이므로 이 물질은 NaCl이다.

19 에탄올의 탈수로 만들어지는 물질로 물에 잘 녹지 않으며 마취성과 휘발성이 있는 액체는?

① C_6H_6 ② CH_3COOH
③ $C_2H_5OC_2H_5$ ④ CH_3CHO

해설
$2C_2H_5OH \xrightarrow{C-H_2SO} C_2H_5OC_2H_5 + H_2O$

20 아레니우스의 이론에 의한 산·염기 정의에 따르면 다음 중 산에 해당하는 물질은?

① 물에 녹아 수소 이온을 내놓는 물질
② 물에 녹아 수소 이온을 받아들이는 물질
③ 물에 녹아 색깔이 변하는 물질
④ 물과 반응하지 않는 물질

해설

유별	산(acid)	염기(base)
아레니우스	물에서 H_3O^+를 생성하는 물질	물에서 OH^-를 생성하는 물질
브뢴스테드	H^+ 주는 물질	H^+ 받는 물질
루이스	전자쌍을 받는 물질	전자쌍을 주는 물질

제2과목 화재예방과 소화방법

21 다음 중 물분무 소화 설비가 적응성이 없는 대상물은?

① 전기 설비
② 제4류 위험물
③ 인화성 고체
④ 알칼리 금속의 과산화물

해설 소화 설비의 적응성

소화 설비의 구분	건축물·그 밖의 공작물	전기 설비	제1류 위험물		제2류 위험물			제3류 위험물		제4류 위험물	제5류 위험물	제6류 위험물
			알칼리 금속 과산화물 등	그 밖의 것	철분·금속분·마그네슘 등	인화성 고체	그 밖의 것	금수성 물품	그 밖의 것			
옥내 소화전 설비 또는 옥외 소화전 설비	○			○		○	○		○		○	○
스프링클러 설비	○			○		○	○		○	△	○	○

물분무 등 소화 설비	물분무 소화 설비		○	○		○	○	○		○	○	○	○
	포 소화 설비	○			○		○	○		○	○	○	○
	불활성 가스 소화 설비		○				○				○		
	할로겐 화합물 소화 설비		○				○				○		
	분말 소화 설비	인산염류 등	○			○		○	○			○		○
		탄산 수소 염류 등		○	○		○	○		○		○		
		그 밖의 것			○			○		○				

22 칼륨에 대한 설명 중 틀린 것은?

① 보호액을 사용하여 저장한다.
② 가급적 소분하여 저장하는 것이 좋다.
③ 화재시 주수 소화는 위험하므로 CO_2 약제를 사용한다.
④ 화재 초기에는 건조사 질식 소화가 적당하다.

해설 칼륨(K)은 주수를 절대 엄금하며, 포, 건조, 분말, CO_2, 할론 소화 약제(할론 1211, 할론 1301)를 사용하지 말아야 한다.

23 제조소 등에서 위험물의 저장 및 취급에 관한 기준 중 틀린 것은?

① 위험물을 저장 또는 취급하는 건축물 그 밖의 공작물 또는 설비는 당해 위험물의 성질에 따라 차광 또는 환기를 실시하여야 한다.
② 위험물은 온도계, 습도계, 압력계 그 밖의 계기를 감시하여 당해 위험물의 성질에 맞는 적정한 온도, 습도 또는 압력을 유지하도록 저장 또는 취급하여야 한다.
③ 위험물을 보호액 중에 보존하는 경우에는 당해 위험물이 보호액으로부터 일정 부분 이상 노출되도록 하여야 한다.
④ 가연성의 미분이 현저하게 부유할 우려가 있는 장소에서는 전선과 전기 기구를 완전히 접속한다.

해설 ③ 위험물은 보호액 중에 보존하는 경우에는 당해 위험물이 보호액으로부터 노출되지 아니하도록 하여야 한다.

정답 20 ① 21 ④ 22 ③ 23 ③

24 자체 소방대에 두어야 하는 화학 소방 자동차 중 포수용액을 방사하는 화학 소방 자동차는 전체 법정 화학 소방 자동차 대수의 얼마 이상으로 하여야 하는가?

① 1/3 ② 2/3
③ 1/5 ④ 2/5

해설 포 수용액을 방사하는 화학 소방 자동차의 대수 : 화학 소방 자동차 대수의 $\frac{2}{3}$ 이상

25 대형 수동식 소화기를 설치하는 경우 방호 대상물의 각 부분으로부터 하나의 대형 수동식 소화기까지의 거리는 보행 거리가 몇 m 이하가 되도록 하여야 하는가? (단, 원칙적인 경우에 한한다.)

① 10 ② 20
③ 25 ④ 30

해설 ① 소형 수동식 소화기 : 20m 이하
② 대형 수동식 소화기 : 30m 이하

26 다음 중 분말 소화 설비의 기준에서 가압용 가스로 정한 것에 해당하는 가스는?

① 공기 ② 질소
③ 산소 ④ 염소

해설 분말 소화기의 가압원 : N_2, CO_2 가스 등

27 다음에서 설명하는 소화 약제는?

㉠ 무색, 무취이며 비전도성이다.
㉡ 증기 상태의 비중은 약 1.5이다.
㉢ 임계 온도는 약 31℃이다.

① 탄산수소나트륨 ② 이산화탄소
③ 할론 1302 ④ 황산알루미늄

해설 이산화탄소 소화 약제의 설명이다.

28 화학 포 소화기에서 중탄산나트륨과 황산알루미늄의 수용액이 반응할 때 생성되는 물질이 아닌 것은?

① 수산화알루미늄
② 이산화탄소
③ 황산나트륨
④ 인산암모늄

해설 $6NaHCO_3 + Al_2(SO_4)_3 + 18H_2O$
$\rightarrow 3Na_2SO_4 + 2Al(OH)_3 + 6CO_2 + 18H_2O$

29 Halon 1211인 물질의 분자식은?

① CF_2Br_2 ② CF_2ClBr
③ CF_3Br ④ $C_2F_4Br_2$

해설 Halon의 번호는 탄소, 불소, 염소, 브롬순이다.
② CF_2ClBr : Halon 1211

30 가연성 물질이 공기 중에서 연소할 때의 연소 형태에 대한 설명으로 틀린 것은?

① 공기와 접촉하는 표면에서 연소가 일어나는 것을 표면 연소라 한다.
② 황의 연소는 표면 연소이다.
③ 산소 공급원을 가진 물질 자체가 연소하는 것을 자기 연소라 한다.
④ TNT의 연소는 자기 연소이다.

해설 ② 황의 연소는 증발 연소이다.

31 소화 설비의 설치 기준에 있어서 위험물 저장소의 건축물로서 외벽이 내화 구조로 된 것은 연면적 몇 m^2를 1소요 단위로 하는가?

① 50 ② 75
③ 100 ④ 150

해설 저장소 건축물의 경우
㉠ 외벽이 내화 구조로 된 것으로 연면적 $150m^2$
㉡ 외벽이 내화 구조로 아닌 것으로 연면적 $75m^2$

정답 24 ② 25 ④ 26 ② 27 ② 28 ④ 29 ② 30 ② 31 ④

32 ABC급 분말 소화 약제의 주성분은?

① 탄산수소나트륨
② 제1인산암모늄
③ 인산칼륨
④ 탄산수소칼륨

해설 분말 소화 약제

종별	소화 약제 주성분	적응 화재
제1종	$NaHCO_3$	B·C
제2종	$KHCO_3$	B·C
제3종	$NH_4H_2PO_4$	A·B·C
제4종	$KHCO_3 + (NH_2)_2CO$	B·C

33 할로겐 화합물 소화 약제가 전기 화재에 사용될 수 있는 이유에 대한 다음 설명 중 가장 적합한 것은?

① 전기적으로 부도체이다.
② 액체의 유동성이 좋다.
③ 탄산가스와 반응하여 포스겐가스를 만든다.
④ 증기의 비중이 공기보다 작다.

해설 할로겐화물 소화 약제가 전기 화재에 사용될 수 있는 이유는 전기적으로 부도체이기 때문이다.

34 피리딘 40,000L에 대한 소화 설비의 소요 단위는?

① 5단위
② 10단위
③ 15단위
④ 100단위

해설 C_5H_5N(제1석유류에서 수용성) : 400L

소요단위 $= \dfrac{저장량}{지정 수량 \times 10배}$
$= \dfrac{40,000}{400 \times 10}$
$= 10$단위

35 옥내 소화전 설비에서 펌프를 이용한 가압송수장치의 전양정 H는 소정의 산식에 의한 수치 이상이어야 한다. 전양정 H를 구하는 식으로 옳은 것은? (단, h_1은 소방용 호스의 마찰 손실 수두, h_2는 배관의 마찰 손실 수두, h_3는 낙차이며, h_1, h_2, h_3의 단위는 모두 m이다.)

① $H = h_1 + h_2 + h_3$
② $H = h_1 + h_2 + h_3 + 0.35m$
③ $H = h_1 + h_2 + h_3 + 35m$
④ $H = h_1 + h_2 + h_3 + 3.5m$

해설 옥내 소화전 설비의 펌프를 이용한 가압송수장치
전양정$(H) = h_1 + h_2 + h_3 + 35m$

36 옥내 소화전 설비의 기준에서 옥내 소화전 설비 비상전원의 용량은 옥내 소화전 설비를 유효하게 몇 분 이상 작동시킬 수 있어야 하는가?

① 15
② 30
③ 45
④ 60

해설 옥내 소화전 설비의 비상전원의 용량은 옥내 소화전 설비를 유효하게 45분 이상 작동시킬 수 있어야 한다.

37 제4류 위험물의 탱크 화재에서 발생되는 보일 오버(boil over)에 대한 설명으로 가장 거리가 먼 것은?

① 원추형 탱크의 지붕판이 폭발에 의해 날아가고 화제가 확대될 때 저장된 연소 중인 기름에서 발생할 수 있는 현상이다.
② 화재가 지속된 부유식 탱크나 지붕과 측판을 약하게 결합한 구조의 기름 탱크에서도 일어난다.
③ 원유, 중유 등을 저장하는 탱크에서 발생할 수 있다.
④ 대량으로 증발된 가연성 액체가 갑자기 연소했을 때 커다란 구형의 불꽃을 발하는 것을 의미한다.

해설 ④ 파이어 볼(fire ball)의 설명이다.

정답 32 ② 33 ① 34 ② 35 ③ 36 ③ 37 ④

38 소화기의 본체 용기에 표기하여야 하는 사항이 아닌 것은?

① 제조 회사 대표자명과 제조자명
② 총 중량
③ 취급상 주의 사항
④ 사용 방법

해설 소화기의 본체 용기에 표시 사항
㉠ 소화기의 명칭
㉡ 적응 화재 표시
㉢ 사용 방법
㉣ 용기 합격 및 중량 표시
㉤ 취급상 주의 사항
㉥ 능력 단위
㉦ 제조연월일

39 다음 소화 설비와 능력 단위의 연결이 옳은 것은?

① 마른 모래(삽 1개 포함) 50L : 0.5 능력 단위
② 팽창질석(삽 1개 포함) 80L : 1.0 능력 단위
③ 소화 전용 물통 3L : 0.3 능력 단위
④ 수조(소화 전용 물통 6개 포함) 190L : 1.5 능력 단위

해설 능력 단위 : 소방 기구의 소화 능력을 나타내는 수치. 즉 소요 단위에 대응하는 소화 설비 소화 능력의 기준 단위이다.
1. 마른 모래(50L, 삽 1개를 포함) : 0.5단위
2. 팽창질석 또는 팽창진주암(160L, 삽 1개 포함) : 1단위
3. 소화 전용 물통(8L) : 0.3단위
4. 수조
　㉠ 190L(8L, 소화 전용 물통 6개 포함) : 2.5단위
　㉡ 80L(8L, 소화 전용 물통 3개 포함) : 1.5단위

40 화재 예방을 위하여 이황화탄소는 액면 자체 위에 물을 채워주는데 그 이유로 가장 타당한 것은?

① 공기와 접촉하면 불쾌한 냄새가 나기 때문에
② 발화점을 낮추기 위하여
③ 불순물을 물에 용해시키기 위하여
④ 가연성 증기의 발생을 방지하기 위하여

해설 이황화탄소(CS_2) 저장시 액면 자체 위에 물을 채워주는 이유는 가연성 증기의 발생을 방지하기 위해서이다.

제3과목 위험물의 성질과 취급

41 옥내 저장 창고의 바닥을 물이 스며나오거나 스며들지 아니하는 구조로 해야 하는 위험물은?

① 과염소산칼륨
② 나이트로셀룰로오스
③ 적린
④ 트라이에틸알루미늄

해설 옥내 저장소의 바닥 방수 구조 적용 위험물

유별	적용대상
제1류 위험물	• 알칼리 금속의 과산화물
제2류 위험물	• 철분 • 금속분 • 마그네슘
제3류 위험물	• 금수성 물질
제4류 위험물	• 전부

42 염소산칼륨에 대한 설명 중 틀린 것은?

① 촉매없이 가열하면 약 400℃에서 분해한다.
② 열분해하여 산소를 방출한다.
③ 불연성 물질이다.
④ 냉수, 알코올, 에테르에 잘 녹는다.

해설 ④ 글리세린, 온수, 알칼리에 잘 녹으며 알코올에는 약간 녹고 냉수, 에테르에는 녹지 않는다.

43 위험물 제조소 등의 안전 거리의 단축 기준과 관련해서 $H \leq pD^2 + a$인 경우 방화상 유효한 담의 높이는 2m 이상으로 한다. 다음 중 a에 해당하는 것은?

① 인근 건축물의 높이(m)
② 제조소 등의 외벽의 높이(m)
③ 제조소 등과 공작물과의 거리(m)
④ 제조소 등과 방화상 유효한 담과의 거리(m)

정답 38 ① 39 ① 40 ④ 41 ④ 42 ④ 43 ②

해설 방화상 유효한 담의 높이
$H \leq pD^2 + a$
여기서, H : 인근 건축물 또는 공작물의 높이(m)
　　　p : 상수
　　　D : 제조소 등과 인근 건축물 또는 공작물과의 거리(m)
　　　a : 제조소 등의 외벽의 높이(m)

44 아밀알코올에 대한 설명으로 틀린 것은?

① 8가지 이성체가 있다.
② 청색이고 무취의 액체이다.
③ 분자량은 약 88.15이다.
④ 포화 지방족 알코올이다.

해설 ② 불쾌한 냄새가 나는 무색의 투명한 액체이다.

45 짚, 헝겊 등을 다음의 물질과 적셔서 대량으로 쌓아두었을 경우 자연 발화의 위험성이 제일 높은 것은?

① 동유　　　② 야자유
③ 올리브유　　④ 피마자유

해설 ① 동유(건성유) : 146~176
② 야자유(불건성유) : 7~16
③ 올리브유(불건성유) : 75~90
④ 피마자유(불건성유) : 81~91

46 질산나트륨에 대한 안전 조치 사항으로 틀린 것은?

① 가열하면 열분해하므로 주의한다.
② 충격, 마찰, 타격 등을 피한다.
③ 유기물과의 혼합을 피한다.
④ 화재 발생시 주수 소화는 금한다.

해설 ④ 화재 발생시 주수 소화를 한다.

47 다음 위험물의 유별 구분이 나머지 셋과 다른 하나는?

① 다이크로뮴산나트륨　② 과염소산마그네슘
③ 과염소산칼륨　　　　④ 과염소산

해설 ㉠ 제1류 위험물 : ①, ②, ③
㉡ 제6류 위험물 : ④

48 제3류 위험물의 성질을 설명한 것으로 옳은 것은?

① 물에 의한 냉각 소화를 모두 금지한다.
② 알킬알루미늄, 나트륨, 수소화나트륨은 비중은 모두 물보다 무겁다.
③ 모두 무기 화합물로 구성되어 있다.
④ 지정 수량은 모두 300kg 이하의 값을 갖는다.

해설 ① 황린을 제외하고 절대 주수를 엄금하며 어떠한 경우든 물에 의한 냉각 소화는 불가능하다.
②
위험물	비중
알킬알루미늄	0.83
나트륨	0.97
수소화나트륨	0.92

③ 칼륨, 나트륨, 황린, 알칼리 금속류, 알칼리토 금속류, 금속 수소화합물류, 인화합물류 그리고 칼륨 또는 알루미늄 탄화물은 무기 화합물이며, 알킬알루미늄, 알킬리튬과 유기 금속 화합물류는 유기 화합물이다.

49 간이 탱크 저장소의 위치·구조 및 설비의 기준에서 간이 저장 탱크 1개의 용량은 몇 L 이하이어야 하는가?

① 300　　　② 600
③ 1,000　　④ 1,200

해설 간이 저장 탱크의 용량 : 600L

50 과산화수소의 성질에 대한 설명 중 틀린 것은?

① 에테르에 녹지 않으며, 벤젠에 녹는다.
② 산화제이지만 환원제로서 작용하는 경우도 있다.
③ 물보다 무겁다.
④ 분해 방지 안정제로 인산, 요산 등을 사용할 수 있다.

해설 ① 알코올, 에테르에는 녹지만, 벤젠, 석유에는 녹지 않는다.

정답 44 ② 45 ① 46 ④ 47 ④ 48 ④ 49 ② 50 ①

51 그림과 같은 위험물을 저장하는 탱크의 내용적은 약 몇 m³인가? (단, r은 10m, l은 25m이다.)

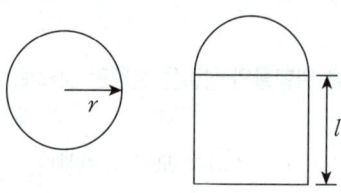

① 3,612　　② 4,712
③ 5,812　　④ 7,854

해설　$V = \pi r^2 l = \pi \times (10m)^2 \times 25m$
　　　　$= 7,854 m^3$

52 위험물안전관리법령에서 정의한 제2석유류의 인화점 범위는 1기압에서 얼마인가?

① 21℃ 미만
② 21℃ 이상, 70℃ 미만
③ 70℃ 이상, 200℃ 미만
④ 200℃ 이상

해설　① 제1석유류 : 인화점이 21℃ 미만인 것
② 제2석유류 : 인화점이 21℃ 이상 70℃ 미만인 것
③ 제3석유류 : 인화점이 70℃ 이상 200℃ 미만인 것
④ 제4석유류 : 인화점이 200℃ 이상 250℃ 미만인 것

53 메틸에틸케톤에 대한 설명으로 옳은 것은?

① 물보다 무겁다.
② 증기는 공기보다 가볍다
③ 지정 수량은 200L이다.
④ 물과 접촉하면 심하게 발열하므로 주수소화는 금한다.

해설　① 물보다 가볍다(비중 0.8).
② 증기는 공기보다 무겁다(증기 비중 2.5).
④ 약 4배의 물에 녹으며 초기 화재시는 분말, CO_2, 포가 유효하며 기타의 경우는 알코올형 포로 일시에 소화된다. 소규모 화재시는 물분무로 소화한다.

54 특정 옥외 저장 탱크를 원통형으로 설치하고자 한다. 지반면으로부터의 높이가 16m일 때 이 탱크가 받는 풍하중은 1m²당 얼마 이상으로 계산하여야 하는가? (단, 강풍을 받을 우려가 있는 장소에 설치하는 경우는 제외한다.)

① 0.7640kN　　② 1.2348kN
③ 1.6464kN　　④ 2.348kN

해설　$q = 0.588 k \sqrt{h}$
　　　　$= 0.588 \times 0.7 \times \sqrt{16}$
　　　　$= 1.646 kN$
여기서, q : 풍하중[kN/m²]
　　　　k : 풍력 계수(원통형 탱크의 경우는 0.7, 그 외의 탱크 1.0)
　　　　h : 지반면으로부터의 높이[m]

55 다음 중 가연성 물질이 아닌 것은?

① 수소화나트륨
② 황화린
③ 과산화나트륨
④ 적린

해설　과산화나트륨 : 산화성 고체

56 P_4S_7에 더운물을 가하면 분해된다. 이때 주로 발생하는 유독 물질의 명칭은?

① 아황산
② 황화수소
③ 인화수소
④ 오산화린

해설　칠황화린(P_4S_7)은 냉수에는 서서히 분해하고, 더운물에서는 급격히 분해하여 황화수소를 발생한다.

57 과산화칼슘의 성질에 대한 설명으로 틀린 것은?

① 백색의 분말이다.
② 에테르에 용해되지 않는다.
③ 염산과 반응하여 과산화수소를 발생한다.
④ 가열하면 50℃ 이하에서 분해하여 산소를 발생하고 폭발한다.

정답　51 ④　52 ②　53 ③　54 ③　55 ③　56 ②　57 ④

해설 ④ 가열하면 100℃에서 결정수를 잃고 분해 온도(257℃)에서 폭발적으로 산소를 방출한다.

58 유기 과산화물에 대한 설명으로 틀린 것은?

① 소화 방법으로는 질식 소화가 가장 효과적이다.
② 벤조일퍼옥사이드, 메틸에틸케톤퍼옥사이드 등이 있다.
③ 저장시 고온체나 화기의 접근을 피한다.
④ 지정 수량은 10kg이다.

해설 유기 과산화물의 내부에는 산소가 존재하기 때문에 질식 소화는 효과가 없고, 고체인 경우는 분무 주수하면 유효하며 액체인 경우 또는 유기 용제의 경우는 CO_2나 건조 분말은 양이 적거나 화재 초기에는 일부 효과가 있다.

59 다음 위험물의 저장시 보호액으로 물을 사용하는 것이 적합하지 않은 것은?

① 황린
② 인화칼슘
③ 이황화탄소
④ 나이트로셀룰로오스

해설 ② $Ca_3P_2 + 6H_2O \rightarrow 3Ca(OH)_2 + 2PH_3$

60 다음 중 위험물안전관리법상 품명이 다른 하나는?

① 클로로벤젠
② 에틸렌글리콜
③ 큐멘
④ 벤즈알데하이드

해설 ① 클로로벤젠(C_6H_5Cl) : 제4류 위험물 제2석유류
② 에틸렌글리콜[$(C_2H_4(OH)_2$] : 제4류 위험물 제3석유류
③ 큐멘[$(CH_3)_2CHC_6H_5$] : 제4류 위험물 제2석유류
④ 벤즈알데하이드[$(C_6H_5)CHO$] : 제4류 위험물 제2석유류

정답 58 ① 59 ② 60 ②

위험물 산업기사 (2025. 2. 7 시행)

제1과목 일반화학

01 원소 질량의 표준이 되는 것은?
① ^1H
② ^{12}C
③ ^{16}O
④ ^{235}U

해설 원소 질량의 표준
탄소원자 $^{12}_{6}C$ 1개의 질량을 12로 정하고, 이와 비교한 다른 원자들의 질량비를 원자량이라 한다.

02 분자식 $HClO_2$의 명명으로 옳은 것은?
① 염소산
② 아염소산
③ 차아염소산
④ 과염소산

해설
① 염소산 : $HClO_3$
② 아염소산 : $HClO_2$
③ 차아염소산 : $HClO$
④ 과염소산 : $HClO_4$

03 다음 중 카르보닐기를 갖는 화합물은?
① $C_6H_5CH_3$
② $C_6H_5NH_2$
③ CH_3OCH_3
④ CH_3COCH_3

해설 카르보닐기 : $-CO-$이다.
예 CH_3COCH_3(아세톤)

04 백금 전극을 사용하여 물을 전기 분해할 때 (+)극에서 5.6L의 기체가 발생하는 동안 (−)극에서 발생하는 기체의 부피는?
① 5.6L
② 11.2L
③ 22.4L
④ 44.8L

해설
(+)극 : $H_2O \rightarrow \frac{1}{2}O_2(g) + 2H^+(aq) + 2e^-$
(−)극 : $2H_2O + 2e^- \rightarrow H_2(g) + 2OH^-(aq)$
전체 반응식 : $H_2O(l) \rightarrow H_2(g) + \frac{1}{2}O_2(g)$

∴ O_2가 5.6L 발생했다면 H_2는 $5.6 \times 2 = 11.2L$의 기체가 발생한다.

05 80℃와 40℃에서 물에 대한 용해도가 각각 50, 30인 물질이 있다. 80℃의 이 포화 용액 75g을 40℃로 냉각시키면 몇 g의 물질이 석출되겠는가?
① 25
② 20
③ 15
④ 10

해설 ㉠ 80℃에서의 용해도가 50이다.
=80℃에서 용매 100g에 녹을 수 있는 용질의 최대량은 50g이다.
∴ 80℃의 포화 용액 75g은 용매 50g과 용질 25g 이다.
㉡ 40℃에서의 용해도가 30이다.
=40℃에서 용매 100g에 녹을 수 있는 용질의 최대량은 30g이다.
∴ 40℃에서 용매 50g에는 15g의 용질이 녹아있다.
→ 따라서 80℃에서 40℃로 냉각시키면 $(25-15)g=10g$이 석출된다.

06 주양자수가 4일 때 이 속에 포함된 오비탈수는?
① 4
② 9
③ 16
④ 32

해설 주양자수 $n=4$
=s, p, d, f의 오비탈 종류를 가진다.
∴ s는 1개, p는 3개, d는 5개, f는 7개의 오비탈을 가지므로 주양자수 4일 때의 오비탈수는 $1+3+5+7=16$이 된다.

07 아세토페논의 화학식에 해당하는 것은?
① C_6H_5OH
② $C_6H_5NO_2$
③ $C_6H_5CH_3$
④ $C_6H_5COCH_3$

해설
① C_6H_5OH : 페놀
② $C_6H_5NO_2$: 니트로벤젠
③ $C_6H_5CH_3$: 톨루엔
④ $C_6H_5COCH_3$: 아세토페논

정답 01 ② 02 ② 03 ④ 04 ② 05 ④ 06 ③ 07 ④

08 10.0mL의 0.1M-NaOH을 25.0mL의 0.1M-HCl에 혼합하였을 때 이 혼합 용액의 PH는 얼마인가?

① 1.37 ② 2.82
③ 3.37 ④ 4.82

해설 10.0mL의 0.1M-NaOH, 25.0mL의 0.1M-HCl에서
$$= \frac{N_1V_1 - N_2V_2}{V_1 + V_2} = \frac{25 \times 0.1 - 10 \times 0.1}{10 + 25} = 0.04286$$
$$\therefore pH = -\log[H^+] = -\log(0.04286) = 1.37$$

09 $CO + 2H_2 \rightarrow CH_3OH$의 반응에 있어서 평형상수 K를 나타내는 식은?

① $K = \dfrac{[CH_3OH]}{[CO][H_2]}$ ② $K = \dfrac{[CH_3OH]}{[CO][H_2]^2}$

③ $K = \dfrac{[CO][H_2]}{[CH_3OH]}$ ④ $K = \dfrac{[CO][H_2]^2}{[CH_3OH]}$

해설 $CO + 2H_2 \rightarrow CH_3OH$의 반응에서 평형 상수 K는 $K = \dfrac{[CH_3OH]}{[CO][H_2]^2}$이다.

10 0°C, 일정 압력하에서 1L의 물에 이산화탄소 10.8g을 녹인 탄산 음료가 있다. 동일한 온도에서 압력을 1/4로 낮추면 방출되는 이산화탄소의 질량은 몇 g인가?

① 2.7 ② 5.4
③ 8.1 ④ 10.8

해설 $PV = nRT$
㉠ V, R, T는 모두 일정하므로 $P = n$으로 볼 수 있다.
㉡ CO_2의 $n = \dfrac{10.8g}{(16 \times 2) + 12 g/mol}$
$= 0.25 mol$
㉠에서 압력이 $\dfrac{1}{4}$로 감소하면 n도 $\dfrac{1}{4}$ 감소한다.
$\dfrac{0.25}{4} mol = \dfrac{x}{44 g/mol}$
$x = 2.75g$
$\therefore$ 2.75g의 CO_2가 물에 녹고 $(10.8 - 2.75)g = 8.1g$의 CO_2가 방출된다.

11 4°C의 물이 얼음의 밀도보다 큰 이유는 물분자의 무슨 결합 때문인가?

① 이온 결합 ② 공유 결합
③ 배위 결합 ④ 수소 결합

해설 4°C의 물이 얼음의 밀도보다 큰 이유
보통 다른 물질들은 고체가 되면 분자끼리 최대한 거리를 줄이는 배열을 하게 되어 부피가 줄어들지만, 물의 경우, 수소 결합을 하게 되면 사이 공간이 약간 벌어지면서 육각형 구조를 형성하기 때문에 부피가 늘어나게 된다. 그러므로 물은 얼음이 되면서 부피가 늘어나기 때문에 밀도가 낮아진다.

12 프로판 1몰을 완전 연소하는 데 필요한 산소의 이론량을 표준 상태에서 계산하면 몇 L가 되는가?

① 22.4 ② 44.8
③ 89.6 ④ 112.0

해설 0°C, 1기압의 표준 상태에서, 기체 1몰이 차지하는 부피는 22.4L이다. 프로판 1몰이 완전 연소하는 반응식은 $C_3H_8(g) + 5O_2(g) \rightarrow 3CO_2(g) + 4H_2O(l)$이므로 완전 연소에 필요한 산소의 이론량은 $5 \times 22.4 = 112.0L$가 된다.

13 다음 중 공유 결합 화합물이 아닌 것은?

① NaCl ② HCl
③ CH_3COOH ④ CCl_4

해설 1. 공유결합(covalent bond)
㉠ 극성(이온성) 공유 결합 : 전기 음성도가 다른 두 원자 사이에 결합이 이루어질 때는 전기 음성도가 큰 쪽의 원자가 더 강하게 전자쌍을 잡아당기게 되고, 이때 한쪽의 원자는 음성을, 다른 한쪽의 원자는 양성을 띠어 극성을 가지며 결합하는 것을 말한다.
예 HCl, CH_3COOH, H_2O, HF, NH_3 등
㉡ 비극성(완전) 공유 결합 ; 전기 음성도가 같거나 비슷한 원자들은 그 전자쌍이 두 개의 원자로부터 같은 거리에 있게 되는데. 이러한 결합을 비극성 공유 결합이라 하며 극성 공유 결합 물질이 대칭 구조를 이룰 때는 극성이 서로 상쇄되어 비극성 분자가 된다.
예 CCl_4, CO_2, CH_4, C_6H_6 등
2. 이온 결합(ionic bond)
양이온과 음이온 간의 전기적 인력이 작용하며 쿨롱의 힘

에 의하여 결합하는 화학결합이다.
예 NaCl, KCl, MgO, CaO 등

14 같은 분자식을 가지면서 각각을 서로 겹치게 할 수 없는 거울상의 구조를 갖는 분자를 무엇이라 하는가?
① 구조 이성질체 ② 기하 이성질체
③ 광학 이성질체 ④ 분자 이성질체

해설 **이성질체의 종류**
① 구조 이성질체(constitutional isomer) : 분자식은 같지만 구조가 다르므로 다른 성질을 갖는 화합물
② 기하 이성질체(geometrical isomer) : 분자 내의 같은 원자나 원자단의 상대적 위치 차이로 생기는 이성질체로, 이중 결합을 가지는 탄소 화합물(또는 착이온)에서는 흔히 시스(cis)형과 트랜스(trans)형 등 두 가지 기하 이성질체를 갖는다. 시스형은 이중 결합을 중심으로 같은 종류의 원자나 원자단이 같은 쪽에 있는 것으로, cis는 '같은쪽'에 라는 뜻이다. 트랜스형은 이중 결합을 중심으로 같은 종류의 원자나 원자단이 반대쪽에 있는 것으로 trans는 '반대쪽'에 라는 뜻이다. 이중 결합에서 이와 같은 이성질체가 생기는 이유는 회전하지 못하기 때문이다.
③ 광학 이성질체(optical isomer) : 같은 분자식을 가지면서 각각을 서로 겹치게 할 수 없는 거울상의 구조를 갖는 분자
④ 입체 이성질체(stereoisomer) : 입체 이성의 관계에 있는 화합물. 즉, 같은 구조식을 가지는 분자 내의 원자나 원자단의 공간적 배열 상태가 달라져 성질이 다른 물질이 생기는 현상을 나타내는 화합물을 말한다. 광학 이성질체와 기하 이성질체가 있다.

15 물이 브뢴스테드의 산으로 작용한 것은?
① $HCl + H_2O \rightleftarrows H_3O^+ + Cl^-$
② $HCOOH + H_2O \rightleftarrows HCOO^- + H_3O^+$
③ $NH_3 + H_2O \rightleftarrows NH_4^+ + OH^-$
④ $3Fe + 4H_2O \rightleftarrows Fe_3O_4 + 4H_2$

해설 **브뢴스테드(J. N. Brönsted)설**
H^+을 주는 물질을 산, H^+을 받는 물질을 염기라 한다.
$NH_3 + H_2O \rightleftarrows NH_4^+ + OH^-$
염기 산   산   염기

16 불꽃 반응 시 보라색을 나타내는 금속은?
① Li ② K ③ Na ④ Ba

해설 **불꽃 반응(flame reaction)** : 염색 반응이라고도 하며 홑원소 물질 또는 화합물을 불꽃 속에 넣어 가열하면 불꽃이 그 원소 특유의 색을 띠는 반응이다. 이때의 색은 열에 의해 들뜬 원자가 불안정한 들뜬 상태에서 안정된 들뜬 상태로 돌아올 때 발하는 휘선 스펙트럼 때문인데, 알칼리 금속이나 알칼리 토금속 등 원소의 정성 분석의 보조 수단으로 이용된다.
① Li : 빨강색 ② K : 보라색
③ Na : 노랑색 ④ Ba : 황록색

17 일정한 온도하에서 물질 A와 B가 반응을 할 때 A의 농도만 2배로 하면 반응 속도가 2배가 되고 B의 농도만 2배로 하면 반응 속도가 4배로 된다. 이 반응의 속도식은? (단, 반응 속도 상수는 k이다.)
① $v = k[A][B]^2$ ② $v = k[A]^2[B]$
③ $v = k[A][B]^{0.5}$ ④ $v = k[A][B]$

해설 ㉠ A의 농도를 2배로 하면 반응 속도가 2배가 되므로, 반응 속도(v)는 A 농도에 비례한다.
㉡ B의 농도를 2배로 하면 반응 속도가 4배로 된다. 반응 속도(v)는 B 농도의 제곱에 비례한다.
$v = k[B]^2$
∴ $v = k[A][B]^2$

18 귀금속인 금이나 백금 등을 녹이는 왕수의 제조 비율로 옳은 것은?
① 질산 3부피 + 염산 1부피
② 질산 3부피 + 염산 2부피
③ 질산 1부피 + 염산 3부피
④ 질산 2부피 + 염산 3부피

해설 **왕수(aqua regia)**
염산이나 질산에도 녹지 않는 금, 백금과 같은 귀금속도 염화물로 녹이기 때문에 이런 이름이 붙었다. 보통 사용되는 것은 진한 질산 1부피와 진한 염산 3부피의 혼합물이지만 오래 보존하면 조성이 변화하므로 사용할 때마다 새로 조제한다. 특유한 자극성 냄새가 나는 노란색 액체이며, 이 용액 속에서는 $HNO_3 + 3HCl \rightarrow Cl_2 + NOCl + 2H_2O$와 같은 반응에 의해서 발생기의 염소와 염화나이트로실(NOCl)이 생기기 때문에

정답 14 ③ 15 ③ 16 ② 17 ① 18 ③

강력한 산화 용해성을 지닌다. 왕수는 금이나 백금 외에 황화물 광석, 텔루륨, 셀레늄 광물, 납이나 구리의 합금, 여러 가지 금속의 비화물 광석, 아연 합금, 니켈 광석, 페로텅스텐 등의 분석 시료를 잘 용해시키므로 화학 분석에서 용해제로 사용된다.

19 솔베이법으로 만들어지는 물질이 아닌 것은?

① Na_2CO_3 ② NH_4Cl
③ $CaCl_2$ ④ H_2SO_4

해설 암모니아소다법(Solvay 법)의 이론
㉠ 암모니아소다법은 우선 소금 수용액(함수)에 암모니아와 이산화탄소 가스를 순서대로 흡수시켜 용해도가 작은 중조를 침전시킨다.
$NaCl + NH_3 + CO_2 + H_2O \rightarrow NaHCO_3 + NH_4Cl$
㉡ 중조를 침전 분리하고, 200℃ 정도에서 하소하여 제품 탄산소다를 얻는다.
$2NaHCO_3 \rightarrow Na_2CO_3 + CO_2 + H_2O$
㉢ 중조는 여과한 모액(NH_4Cl)에 석회유($Ca(OH)_2$) 용액을 첨가하고 증류하면 암모니아를 얻고 그 부산물로 $CaCl_2$를 얻는다(증류탑).

20 니트로벤젠의 증기에 수소를 혼합한 뒤 촉매를 사용하여 환원시키면 무엇이 되는가?

① 페놀 ② 톨루엔
③ 아닐린 ④ 나프탈렌

해설 아닐린(aniline, $C_6H_5NH_2$ 제법)
$C_6H_5NO_2 + 6(H) \xrightarrow[\text{환원}]{Fe,\ Sn+HCl} C_6H_5NH_2 + 2H_2O$
니트로벤젠 → 아닐린

제2과목 화재예방과 소화방법

21 인화점이 38℃ 이상인 제4류 위험물 취급을 주된 작업 내용으로 하는 장소에 스프링클러 설비를 설치할 경우 확보하여야 하는 1분당 방사 밀도는 몇 L/m^2 이상이어야 하는가? (단, 살수 기준 면적은 $250m^2$이다.)

① 12.2 ② 13.9 ③ 15.5 ④ 16.3

해설 제4류 위험물을 저장·취급하는 장소의 살수 기준 면적에 따른 스프링클러 설비의 살수 밀도

살수 기준 면적 (m^2)		279 미만	279 이상 372 미만	372 이상 465 미만	465 이상
방사 밀도 (L/m^2)	인화점 38℃ 미만	16.3 이상	15.5 이상	13.9 이상	12.2 이상
	인화점 38℃ 이상	12.2 이상	11.8 이상	9.8 이상	8.1 이상
비고		살수 기준 면적은 내화 구조의 벽 및 바닥으로 구획된 하나의 실의 바닥 면적을 말하고, 하나의 실의 바닥 면적이 $465m^2$ 이상인 경우의 살수 기준 면적은 $465m^2$로 한다. 다만, 위험물의 취급을 주된 작업 내용으로 하지 아니하고 소량의 위험물을 취급하는 설비 또는 부분이 넓게 분산되어 있는 경우에는 방사 밀도는 $8.2L/m^2$·분 이상, 살수 기준 면적은 $279m^2$ 이상으로 할 수 있다.			

22 과산화칼륨에 의한 화재 시 주수 소화가 적합하지 않은 이유로 가장 타당한 것은?

① 산소가스가 발생하기 때문에
② 수소가스가 발생하기 때문에
③ 가연물이 발생하기 때문에
④ 금속 칼륨이 발생하기 때문에

해설 과산화칼륨(K_2O_2)은 자신은 불연성이지만 물과 급격히 반응하여 발열하고 산소를 발생한다.
$2K_2O_2 + 2H_2O \rightarrow 4KOH + O_2 + Qkcal$

23 다음 중 소화기의 외부 표시 사항으로 가장 거리가 먼 것은?

① 유효 기간
② 적응 화재 표시
③ 능력 단위
④ 취급상 주의 사항

해설 소화기의 외부 표시 사항
㉠ 소화기의 명칭   ㉡ 적응 화재 표시
㉢ 사용 방법   ㉣ 용기 합격 및 중량 표시
㉤ 취급상 주의 사항 ㉥ 능력 단위
㉦ 제조 연월일

정답 19 ④ 20 ③ 21 ① 22 ① 23 ①

24 화재를 잘 일으킬 수 있는 일반적인 경우에 대한 설명 중 틀린 것은?

① 산소와 친화력이 클수록 연소가 잘 된다.
② 온도가 상승하면 연소가 잘 된다.
③ 연소 범위가 넓을수록 연소가 잘 된다.
④ 발화점이 높을수록 연소가 잘 된다.

해설 ④ 발화점이 낮을수록 연소가 잘 된다.

25 공기 포 발포 배율을 측정하기 위해 중량 340g, 용량 1,800mL의 포 수집 용기에 가득히 포를 채취하여 측정한 용기의 무게가 540g이었다면 발포 배율은? (단, 포 수용액의 비중은 1로 가정한다.)

① 3배   ② 5배
③ 7배   ④ 9배

해설 발포 배율(팽창비)

$$= \frac{\text{내용적(용량)}}{\text{전체 중량} - \text{빈 시료 용기의 중량}} = \frac{1,800}{540-340} = 9\text{배}$$

26 옥내 탱크 전용실에 설치하는 탱크 상호 간에는 얼마의 간격을 두어야 하는가?

① 0.1m 이상   ② 0.3m 이상
③ 0.5m 이상   ④ 0.6m 이상

해설 옥내 탱크 전용실에 설치하는 탱크 상호 간에는 0.5m 이상의 간격을 둔다.

27 다음 중 화재 시 물을 사용할 경우 가장 위험한 물질은?

① 염소산칼륨
② 인화칼슘
③ 황린
④ 과산화수소

해설 물과 심하게 반응하여 포스핀을 발생한다.
$Ca_3P_2 + 6H_2O \rightarrow 3Ca(OH)_2 + 2PH_3$
그러므로 주수 엄금, 마른 모래, 건조 흙, 건조 소석회 등으로 질식 소화한다.

28 위험물 제조소 등에 설치하는 옥내 소화전 설비의 기준으로 옳지 않은 것은?

① 옥내 소화전함에는 그 표면에 "소화전"이라고 표시하여야 한다.
② 옥내 소화전함의 상부 벽면에 적색의 표시등을 설치하여야 한다.
③ 표시등 불빛은 부착면과 10도 이상의 각도가 되는 방향으로 8m 이내에서 쉽게 식별할 수 있어야 한다.
④ 호스 접속구는 바닥면으로부터 1.5m 이하의 높이에 설치하여야 한다.

해설 ③ 옥내 소화전 설비의 위치를 표시하는 표시등은 함의 상부에 설치하되, 그 불빛은 부착면으로부터 15° 이상의 범위 안에서 부착 지점으로부터 10m 이내의 어느 곳에서도 쉽게 식별할 수 있는 적색등으로 한다.

29 제1종 분말 소화 약제의 소화 효과에 대한 설명으로 가장 거리가 먼 것은?

① 열분해 시 발생하는 이산화탄소와 수증기에 의한 질식 효과
② 열분해 시 흡열 반응에 의한 냉각 효과
③ H^+에 의한 부촉매 효과
④ 분말 운무에 의한 열방사의 차단 효과

해설 ③ 부촉매 효과 : 화학적으로 활성을 가진 물질이 가연 물질의 연속적인 연소의 연쇄 반응을 더 이상 진행하지 않도록 억제·차단 또는 방해하여 소화시키는 역할을 하므로 부촉매 소화 작용을 일명 화학 소화작용이라 한다. 제1종 분말 소화 약제는 탄산수소나트륨($NaHCO_3$)으로부터 유리되어 나온 나트륨이온(Na^+)이 가연 물질 내부에 함유되어 있는 화염의 연락 물질인 활성화된 수산 이온(OH^-)과 반응하여 더 이상 연쇄 반응이 진행되지 않도록 함으로써 화재가 소화되도록 한다.

30 주된 소화 작용이 질식 소화와 가장 거리가 먼 것은?

① 할론 소화기   ② 분말 소화기
③ 포 소화기   ④ 이산화탄소 소화기

정답 24 ④ 25 ④ 26 ③ 27 ② 28 ③ 29 ③ 30 ①

해설 ① 할론 소화기 : 화재에 대한 냉각, 질식, 부촉매 소화 작용을 갖는다. 이 중 냉각 소화 작용이 가장 큰 영향을 준다. 저비점 물질로서 대부분 비점이 낮고 액체에서 기체로 기화하는 과정에서 주위로부터 많은 증발열을 흡수하며 흡수되는 증발 잠열의 값이 크므로 화재를 발화점 이하로 냉각시켜 소화하는 냉각 소화 작용을 한다.

31 위험물안전관리법령상 지정 수량의 10배 이상의 위험물을 저장, 취급하는 제조소 등에 설치하여야 할 경보 설비 종류에 해당되지 않는 것은?

① 확성 장치
② 비상 방송 설비
③ 자동 화재 탐지 설비
④ 무선 통신 설비

해설 ④ 무선 통신 설비 : 소화 활동상 필요한 설비

32 자연 발화가 일어날 수 있는 조건으로 가장 옳은 것은?

① 주위의 온도가 낮을 것
② 표면적이 작을 것
③ 열전도율이 작을 것
④ 발열량이 작을 것

해설 자연 발화가 일어날 수 있는 조건
㉠ 표면적이 넓을 것
㉡ 발열량이 많을 것
㉢ 열전도율이 작을 것
㉣ 발화되는 물질보다 주위 온도가 높을 것

33 위험물 제조소에서 옥내 소화전이 1층에 4개, 2층에 6개가 설치되어 있을 때 수원의 수량은 몇 L이상이 되도록 설치하여야 하는가?

① 13,000
② 15,600
③ 39,000
④ 46,800

해설 옥내 소화전 수원의 양(L)
소화전 최대 설치 개수(최대 5개)
∴ $Q(L) = 5 \times 7,800L = 39,000L$

34 제1인산암모늄 분말 소화 약제의 색상과 적응 화재를 옳게 나타낸 것은?

① 백색, BC급
② 담홍색, BC급
③ 백색, ABC급
④ 담홍색, ABC급

해설 분말 소화 약제

종별	소화 약제 주성분	적응 화재
제1종	$NaHCO_3$	B·C
제2종	$KHCO_3$	B·C
제3종	$NH_4H_2PO_4$	A·B·C
제4종	$KHCO_3 + (NH_2)_2CO$	B·C

35 위험물안전관리법령에 따라 관계인이 예방 규정을 정하여야 할 옥외 탱크 저장소에 저장되는 위험물의 지정 수량 배수는?

① 100배 이상
② 150배 이상
③ 200배 이상
④ 250배 이상

해설 예방 규정

작성 대상	지정 수량의 배수
제조소	10배 이상
옥내 저장소	150배 이상
옥외 탱크 저장소	200배 이상
옥외 저장소	100배 이상
이송 취급소	전 대상
일반 취급소	10배 이상
암반 탱크 저장소	전 대상

36 소화기에 "B-2"라고 표시되어 있었다. 이 표시의 의미를 가장 옳게 나타낸 것은?

① 일반 화재에 대한 능력 단위 2단위에 적용되는 소화기
② 일반 화재에 대한 압력 단위 2단위에 적용되는 소화기
③ 유류 화재에 대한 능력 단위 2단위에 적용되는 소화기
④ 유류 화재에 대한 압력 단위 2단위에 적용되는 소화기

정답 31 ④ 32 ③ 33 ③ 34 ④ 35 ③ 36 ③

해설 소화기에 "B-2"표시란 유류 화재에 대한 능력 단위 2단위에 적용되는 소화기를 말한다.

37 할로겐 화합물 소화 약제의 구비 조건으로 틀린 것은?

① 전기 절연성이 우수할 것
② 공기보다 가벼울 것
③ 증발 잔유물이 없을 것
④ 인화성이 없을 것

해설 할로겐 화합물 소화 약제의 구비 조건
㉠ 비점이 낮을 것
㉡ 기화되기 쉽고, 증발 잠열이 클 것
㉢ 공기보다 무겁고(증기 비중이 클 것) 불연성일 것
㉣ 기화 후 잔유물을 남기지 않을 것
㉤ 전기 절연성이 우수할 것
㉥ 인화성이 없을 것

38 다음 중 나이트로셀룰로오스 위험물의 화재 시에 가장 적절한 소화 약제는?

① 사염화탄소   ② 이산화탄소
③ 물   ④ 인산염류

해설 소화 설비의 적응성

소화 설비의 구분		건축물·그 밖의 공작물	전기 설비	제1류 위험물		제2류 위험물			제3류 위험물		제4류 위험물	제5류 위험물	제6류 위험물
				알칼리 금속 과산화물 등	그 밖의 것	철분·금속분·마그네슘 등	인화성 고체	그 밖의 것	금수성 물품	그 밖의 것			
옥내 소화전 설비 또는 옥외 소화전 설비		○			○		○	○		○		○	○
스프링클러 설비		○			○		○	○		○	△	○	○
물분무 등 소화 설비	물분무 소화 설비	○	○		○		○	○		○	○	○	○
	포 소화 설비	○			○		○	○		○	○	○	○
	불활성 가스 소화 설비		○				○				○		
	할로겐 화합물 소화 설비		○				○				○		
	분말 소화 설비	인산염류 등	○	○		○		○	○			○		○
		탄산수소염류 등		○	○		○	○		○		○		
		그 밖의 것			○			○		○				

		봉상수(棒狀水) 소화기	○		○		○	○		○		○	○
대형·소형 수동식 소화기		무상수(霧狀水) 소화기	○	○	○		○	○		○		○	○
		봉상 강화액 소화기	○		○		○	○		○		○	○
		무상 강화액 소화기	○	○	○		○	○		○	○	○	○
		포 소화기	○		○		○	○		○	○	○	○
		이산화탄소 소화기		○				○			○		△
		할론 소화 설비		○				○			○		
	분말 소화기	인산염류 소화기	○	○				○	○		○		○
		탄산수소염류 소화기		○	○		○	○		○		○		
		그 밖의 것			○			○		○				
기타		물통 또는 수조	○				○	○		○		○	○
		건조사			○		○	○	○	○	○	○	○	○
		팽창 질석 또는 팽창 진주암			○		○	○	○	○	○	○	○	○

39 위험물안전관리법령상 이동 탱크 저장소로 위험물을 운송하게 하는 자는 위험물 안전 카드를 위험물 운송자로 하여금 휴대하게 하여야 한다. 다음 중 이에 해당하는 위험물이 아닌 것은?

① 휘발유   ② 과산화수소
③ 경유   ④ 벤조일퍼옥사이드

해설 위험물 운송 시 위험물 운송자가 위험물 안전 카드를 휴대하여야 하는 위험물
㉠ 제1류 위험물   ㉡ 제2류 위험물   ㉢ 제3류 위험물
㉣ 제4류 위험물(특수 인화물, 제1석유류)
㉤ 제5류 위험물   ㉥ 제6류 위험물

40 위험물 취급소의 건축물 연면적이 500m²인 경우 소요 단위는? (단, 외벽은 내화 구조이다.)

① 4단위   ② 5단위
③ 6단위   ④ 7단위

해설 소요 단위(1단위)
제조소 또는 취급소용 건축물의 경우
㉠ 외벽이 내화 구조로 된 것으로 연면적이 100m²
㉡ 외벽이 내화 구조가 아닌 것으로 연면적이 50m²
∴ 500m²/100m² = 5단위

정답 37 ② 38 ③ 39 ③ 40 ②

제3과목 위험물의 성질과 취급

41 위험물의 반응성에 대한 설명 중 틀린 것은?

① 마그네슘은 온수와 작용하여 산소를 발생하고 산화마그네슘이 된다.
② 황린은 공기중에서 연소하여 오산화인을 발생한다.
③ 아연분말은 공기 중에서 연소하여 산화아연을 발생한다.
④ 삼황화인은 공기 중에서 연소하여 오산화인을 발생한다.

[해설] $Mg + 2H_2O \rightarrow Mg(OH)_2 + H_2$

42 물보다 무겁고, 물에 녹지 않아 저장 시 가연성 증기 발생을 억제하기 위해 콘크리트 수조 속의 위험물 탱크에 저장하는 물질은?

① 디에틸에테르 ② 에탄올
③ 이황화탄소   ④ 아세트알데히드

[해설] 이황화탄소(CS_2)의 설명이다.

43 고체 위험물은 운반 용기 내용적의 몇 % 이하의 수납률로 수납하여야 하는가?

① 94%   ② 95%
③ 98%   ④ 99%

[해설] 운반 용기의 수납률

위험물	수납률
알킬알루미늄 등	90% 이하 (50℃에서 5% 이상 공간 용적 유지)
고체 위험물	95% 이하
액체 위험물	98% 이하(55℃에서 누설되지 않는 것)

44 위험물안전관리법령상 다음 ( ) 안에 알맞은 수치는?

이동 저장 탱크로부터 위험물을 저장 또는 취급하는 탱크에 인화점이 ( )℃ 미만인 위험물을 주입할 때에는 이동 탱크 저장소의 원동기를 정지시킬 것

① 40   ② 50
③ 60   ④ 70

[해설] 이동 저장 탱크로부터 위험물을 저장 또는 취급하는 탱크에 인화점이 40℃ 미만인 위험물을 주입할 때에는 이동 탱크 저장소의 원동기를 저장시킨다.

45 다음 위험물 중에서 인화점이 가장 낮은 것은?

① $C_6H_5CH_3$
② $C_6H_5CHCH_2$
③ CH_3OH
④ CH_3CHO

[해설] ① 톨루엔($C_6H_5CH_3$) : 4.5℃
② 스티렌($C_6H_5CH=CH_2$) : 31℃
③ 메탄올(CH_3OH) : 11℃
④ 아세트알데하이드(CH_3CHO) : -37.7℃

46 제2류 위험물과 제5류 위험물의 공통점에 해당하는 것은?

① 유기 화합물이다.
② 가연성 물질이다.
③ 자연 발화성 물질이다.
④ 산소를 포함하고 있는 물질이다.

[해설] ㉠ 제2류 위험물 : 대표적인 성질은 가연성 고체
㉡ 제5류 위험물 : 자기 반응성 물질이란 외부로부터 공기 중의 산소 공급 없이도 가열 충격 등에 의해 발열 분해를 일으켜 급속한 가스의 발생이나 연소 폭발을 일으키는 물질이다.
㉢ 제2류 위험물과 제5류 위험물의 공통점은 가연성 물질이다.

정답 41 ① 42 ③ 43 ② 44 ① 45 ④ 46 ②

47 위험물안전관리법령상 위험물의 운반 용기 외부에 표시해야 할 사항이 아닌 것은? (단, 용기의 용적은 10L이며, 원칙적인 경우에 한한다.)

① 위험물의 화학명
② 위험물의 지정 수량
③ 위험물의 품명
④ 위험물의 수량

해설 위험물의 운반 용기 외부에 표시해야 할 사항
㉠ 위험물의 품명·위험등급·화학명 및 수용성(제4류 위험물로서 수용성에 한함)
㉡ 위험물의 수량
㉢ 수납하는 위험물에 따른 주의사항

48 취급하는 위험물 최대 수량이 지정 수량의 10배를 초과할 경우 제조소 주위에 보유하여야 하는 공지의 너비는?

① 3m 이상
② 5m 이상
③ 10m 이상
④ 15m 이상

해설

위험물의 최대 수량	공지 너비
지정 수량 10배 이하	3m 이상
지정 수량 10배 초과	5m 이상

49 위험물안전관리법령 중 위험물의 운반에 관한 기준에 따라 운반 용기의 외부에 주의 사항으로 "화기·충격 주의", "물기 엄금" 및 "가연물 접촉주의"를 표시하였다. 어떤 위험물에 해당하는가?

① 제1류 위험물 중 알칼리 금속의 과산화물
② 제2류 위험물 중 철분·금속분·마그네슘
③ 제3류 위험물 중 자연 발화성 물질
④ 제5류 위험물

해설 위험물 운반 용기의 주의사항

위험물		주의 사항
제1류 위험물	알칼리 금속의 과산화물	·화기·충격 주의 ·물기 엄금 ·가연물 접촉 주의
	기타	·화기·충격 주의 ·가연물 접촉 주의
제2류 위험물	철분·금속분·마그네슘	·화기 주의 ·물기 엄금
	인화성 고체	화기 엄금
	기타	화기 주의
제3류 위험물	자연 발화성 물질	·화기 엄금 ·공기 접촉 엄금
	금수성 물질	물기 엄금
제4류 위험물		화기 엄금
제5류 위험물		·화기 엄금 ·충격 주의
제6류 위험물		가연물 접촉 주의

50 벤젠의 성질에 대한 설명 중 틀린 것은?

① 증기는 유독하다.
② 물에 녹지 않는다.
③ CS_2보다 인화점이 낮다.
④ 독특한 냄새가 있는 액체이다.

해설

③

구분	C_6H_6	CS_2
인화점	$-11.1°C$	$-30°C$

51 과산화벤조일에 대한 설명으로 틀린 것은?

① 발화점이 약 425°C로 상온에서 비교적 안전하다.
② 상온에서 고체이다.
③ 산소를 포함하는 산화성 물질이다.
④ 물을 혼합하면 폭발성이 줄어든다.

해설 ① 발화점이 125°C로 상온에서 비교적 안전하다.

52 위험물 간이 탱크 저장소의 간이 저장 탱크 수압 시험 기준으로 옳은 것은?

① 50kPa의 압력으로 7분간의 수압 시험
② 70kPa의 압력으로 10분간의 수압 시험
③ 50kPa의 압력으로 10분간의 수압 시험
④ 70kPa의 압력으로 7분간의 수압 시험

해설 간이 저장 탱크 수압 시험 기준
70kPa의 압력으로 10분간의 수압 시험을 실시하여 새거나 변형되지 않아야 한다.

정답 47 ② 48 ② 49 ① 50 ③ 51 ① 52 ②

53 다음 중 연소 범위가 가장 넓은 위험물은?

① 휘발유 ② 톨루엔
③ 에틸알코올 ④ 디에틸에테르

해설 ① 1.4~7.6% ② 1.1~7.1%
③ 3.3~19% ④ 1.9~48%

54 아세톤의 물리적 특성으로 틀린 것은?

① 무색, 투명한 액체로서 독특한 자극성의 냄새를 가진다.
② 물에 잘 녹으며 에테르, 알코올에도 녹는다.
③ 화재 시 대량 주수 소화로 희석 소화가 가능하다.
④ 증기는 공기보다 가볍다.

해설 ④ 증기는 공기보다 무겁다(증기 비중 : 2.0).

55 오황화인이 물과 반응하였을 때 발생하는 물질로 옳은 것은?

① 황화수소, 오산화인
② 황화수소, 인산
③ 이산화황, 오산화인
④ 이산화황, 인산

해설 $P_2S_5 + 8H_2O \rightarrow 5H_2S\uparrow + 2H_3PO_4$

56 과산화수소 용액의 분해를 방지하기 위한 방법으로 가장 거리가 먼 것은?

① 햇빛을 차단한다.
② 암모니아를 가한다.
③ 인산을 가한다.
④ 요산을 가한다.

해설 과산화수소 용액의 분해를 방지하기 위한 방법
㉠ 햇빛을 차단한다.
㉡ 인산, 요산, 요소, 글리세린, 인산나트륨을 가한다.

57 염소산칼륨이 고온으로 가열되었을 때의 현상으로 가장 거리가 먼 것은?

① 분해한다.
② 산소를 발생한다.
③ 염소를 발생한다.
④ 염화칼륨이 생성된다.

해설 $2KClO_3 \longrightarrow 2KCl + 3O_2$

58 가솔린의 저장량이 2,000L일 때 소화 설비 설치를 위한 소요 단위는?

① 1 ② 2
③ 3 ④ 4

해설 소요단위 = $\dfrac{\text{저장량}}{\text{지정 수량} \times 10\text{배}}$

∴ $\dfrac{2,000L}{200L \times 10} = 1$

59 다음 위험물 중 물과 반응하여 연소 범위가 약 2.5~81%인 위험한 가스를 발생시키는 것은?

① Na ② P
③ CaC_2 ④ Na_2O_2

해설 $CaC_2 + 2H_2O \rightarrow Ca(OH)_2 + C_2H_2$
아세틸렌은 고도의 가연성 가스로서 연소 범위가 2.5~81%로 대단히 넓다.

60 다음 중 제3류 위험물이 아닌 것은?

① 황린 ② 나트륨
③ 칼륨 ④ 마그네슘

해설 ④ 마그네슘 : 제2류 위험물

정답 53 ④ 54 ④ 55 ② 56 ② 57 ③ 58 ① 59 ③ 60 ④

위험물 산업기사 (2025. 5. 10 시행)

제1과목 일반화학

01 다음 중 완충 용액에 해당하는 것은?

① CH_3COONa와 CH_3COOH
② NH_4Cl와 HCl
③ CH_3COONa와 $NaOH$
④ $HCOONa$와 Na_2SO_4

해설 완충 용액(buffer solution)
약산에 그 약산의 염을 포함한 혼합 용액에 산을 가하거나 약염기에 그 약염기의 염을 포함한 혼합 용액에 염기를 가하여도 pH의 변화가 거의 없는 용액이다.
예 $CH_3COOH + CH_3COONa$(약산+약산의 염)
  $NH_4OH + NH_4Cl$(약염기+약염기의 염)

02 $H^+ = 2 \times 10^{-6}$M인 용액의 pH는 약 얼마인가?

① 5.7 ② 4.7
③ 3.7 ④ 2.7

해설 $pH = -\log[H^+] = -\log(2 \times 10^{-6}) = 5.699 ≒ 5.7$

03 730mmHg, 100°C에서 257mL 부피의 용기 속에 어떤 기체가 채워져 있으며, 그 무게는 1.671g이다. 이 물질의 분자량은 약 얼마인가?

① 28 ② 56
③ 207 ④ 257

해설 $PV = \dfrac{W}{M}RT$ 이므로
$\therefore M = \dfrac{WRT}{PV}$
$= \dfrac{1.671g \times (0.082 atm \cdot L/K \cdot mol) \times (100+273)K}{(730/760)atm \times 0.257L}$
$= 207.04 ≒ 207$

04 디에틸에테르에 관한 설명으로 옳지 않은 것은?

① 휘발성이 강하고, 인화성이 크다.
② 증기는 마취성이 있다.
③ 2개의 알킬기가 있다.
④ 물에 잘 녹지만 알코올에는 불용이다.

해설 ④ 물에는 잘 녹지 않지만 알코올에는 잘 녹는다.

05 암모니아 분자의 구조는?

① 평면 ② 선형
③ 피라밋 ④ 사각형

해설 암모니아 분자의 구조(피라밋, p^3형)
질소 원자는 그 궤도 함수가 $1s^2 2s^2 2p^3$로서, $2p$ 궤도 3개에 쌍을 이루지 않은 전자가 3개여서 3개의 H 원자의 $1s^1$과 공유 결합하여 Ne형의 전자 배열이 된다. 이 경우 3개의 H는 N 원자를 중심으로 이론상 90°이지만 실제는 107°의 각도를 유지하며, 그 모형이 피라밋이다.

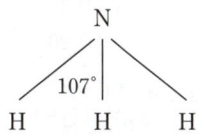

06 표준상태에서의 생성 엔탈피가 다음과 같다고 가정할 때 가장 안정한 것은?

① $\Delta H_{HF} = -269$ kcal/mol
② $\Delta H_{HCl} = -92.30$ kcal/mol
③ $\Delta H_{HBr} = -36.2$ kcal/mol
④ $\Delta H_{HI} = 25.21$ kcal/mol

해설 생성 엔탈피가 작을수록 안정하다.

07 어떤 기체의 환산 속도는 SO_2의 2배이다. 이 기체의 분자량은 얼마인가?

① 8 ② 16 ③ 32 ④ 64

정답 01 ① 02 ① 03 ③ 04 ④ 05 ③ 06 ① 07 ②

해설 그레이엄의 확산 속도 법칙

$$\frac{u_A}{u_B}=\sqrt{\frac{M_B}{M_A}}$$

여기서, u_A, u_B : 기체의 확산 속도
   M_A, M_B : 분자량

$$\frac{2SO_2}{SO_2}=\sqrt{\frac{64g/mol}{M_A}}$$

$$\therefore M_A = \frac{64g/mol}{2^2}=16g/mol$$

08 원자에서 복사되는 빛은 선 스펙트럼을 만드는데 이것으로부터 알 수 있는 사실은?

① 빛에 의한 광전자의 방출
② 빛이 파동의 성질을 가지고 있다는 사실
③ 전자 껍질의 에너지의 불연속성
④ 원자핵 내부의 구조

해설 원자로에서 복사되는 빛은 선 스펙트럼을 만든다. 이것은 전자 껍질의 에너지의 불연속성이다.

09 밀도가 $2g/mL$인 고체의 비중은 얼마인가?

① 0.002   ② 2
③ 20   ④ 200

해설 고체의 비중$=\dfrac{\rho_s(물질의 밀도)}{\rho_w(물의 밀도)}$

$=\dfrac{2g/mL}{1g/mL}$

$=2$

10 CH_4 16g 중에는 C가 몇 mol 포함되어 있는가?

① 1   ② 2   ③ 4   ④ 16

해설 CH_4 16g=1mol, C=1mol이므로
$CH_4 \rightarrow C+4H$

11 방사성 원소에서 방출되는 방사선 중 전기장의 영향을 받지 않아 휘어지지 않는 선은?

① α선   ② β선
③ γ선   ④ α, β, γ선

해설 방사선의 종류와 작용

㉠ α선 : 전기장을 작용하면 ($-$)쪽으로 구부러지므로 그 자신은 ($+$)전기를 가진 입자의 흐름임을 알게 된다.
㉡ β선 : 전기장을 작용하면 ($+$)쪽으로 구부러지므로 그 자신은 ($-$)전기를 가진 입자의 흐름임을 알게 된다. 즉 전자의 흐름이다.
㉢ γ선 : 전기장의 영향을 받지 않아 휘어지지 않는 선이며, 광선이나 X선과 같은 일종의 전자파이다.

12 산(acid)의 성질을 설명한 것 중 틀린 것은?

① 수용액 속에서 H^+를 내는 화합물이다.
② pH 값이 작을수록 강산이다.
③ 금속과 반응하여 수소를 발생하는 것이 많다.
④ 붉은색 리트머스 종이를 푸르게 변화시킨다.

해설 ④ 푸른색 리트머스 종이를 붉게 변화시킨다.

13 다음중 전자의 수가 같은 것으로 나열된 것은?

① Ne, Cl^- ② Mg^{2+}, O^{2-}
③ F, Ne   ④ Na, Cl^-

해설 ① Ne : 10, Cl^- : 17+1
② Mg^{2+} : 12-2, O^{2-} : 8+2
③ F : 9, Ne : 10
④ Na : 11, Cl^- : 17+1

14 할로겐 원소에 대한 설명 중 옳지 않은 것은?

① 요오드의 최외각 전자는 7개이다.
② 할로겐 원소 중 원자 반지름이 가장 작은 원소는 F이다.
③ 염화이온은 염화은의 흰색 침전 생성에 관여한다.
④ 브롬은 상온에서 적갈색 기체로 존재한다.

해설 ④ 브롬은 상온에서 적갈색 액체로 존재한다.

15 분자식이 같으면서도 구조가 다른 유기 화합물을 무엇이라고 하는가?

① 이성질체   ② 동소체
③ 동위원소   ④ 방향족 화합물

정답 08 ③ 09 ② 10 ① 11 ③ 12 ④ 13 ② 14 ④ 15 ①

해설 ② 동소체 : 같은 원소로 되어있으나 성질과 모양이 다른 단체이다.
③ 동위 원소 : 양성자수는 같으나 질량수가 다른 원소, 즉 중성자수가 다른 원소이다.
④ 방향족 화합물 : 벤젠 고리나 나프탈렌 고리를 가진 탄화수소를 방향족 탄화수소라 하며, 지방족 탄화수소는 대부분 석유를 분별 증류하여 얻지만, 방향족 탄화수소는 석탄을 건류할 때 생기는 콜타르를 분별 증류하여 얻는다.

16 $CH_4(g)+2O_2(g) \rightarrow CO_2(g)+2H_2O(g)$의 반응에서 메탄의 농도를 일정하게 하고 산소의 농도를 2배로 하면 동일한 온도에서 반응 속도는 몇 배로 되는가?

① 2배　② 4배　③ 6배　④ 8배

해설 반응 속도는 반응하는 물질의 농도의 곱에 비례하므로 $[CH_4][O_2]^2 = 1 \times 2^2 = 4$배

17 다음은 열역학 제 몇 법칙에 대한 내용인가?

0K(절대 영도)에서 물질의 엔트로피는 0이다.

① 열역학 제0법칙
② 열역학 제1법칙
③ 열역학 제2법칙
④ 열역학 제3법칙

해설 ① 열역학 제0법칙 : 열의 평형 법칙
② 열역학 제1법칙 : 에너지는 결코 생성될 수도, 없어질 수도 없고 단지 형태의 이변이라는 에너지의 보존 법칙
③ 열역학 제2법칙 : 일을 열로 바꾸는 것은 용이하나, 열을 일로 바꾸는 것은 제한을 받는다는 법칙

18 $CuSO_4$ 수용액을 10A의 전류로 32분 10초동안 전기 분해시켰다. 음극에서 석출되는 Cu의 질량은 몇 g인가? (단, Cu의 원자량은 63.6이다.)

① 3.18　② 6.36　③ 9.54　④ 12.72

해설 전기량 1F(패러데이)=96,500C에 의하여 석출되는 Cu의 양은 63.6/2=31.8g(1g당량)이다.

전기량(C)=I(전류)×T(시간)
　　　　　=$10 \times (32 \times 60 + 10) = 19,300C$
여기서 석출되는 Cu의 양은 다음과 같다.
96,500C : 31.8g = 19,300C : x
∴ x=6.36g

19 원자 번호 19, 질량수 39인 칼륨 원자의 중성자수는 얼마인가?

① 19　② 20　③ 39　④ 58

해설 원자 번호=양성자수=전자수
원자량=양성자+중성자수
39=19+x
∴ x=20

20 다음 중 부동액으로 사용되는 것은?

① 에탄　② 아세톤
③ 이황화탄소　④ 에틸렌글리콜

해설 부동액
내연 기관의 냉각용으로서 물에 염류를 혼합하여 물의 비등점을 높게, 응고점은 낮게 한 수용액 염류로 에틸렌글리콜을 널리 이용한다. 냉각액은 비등점이 높을수록 대기와의 온도차를 크게 취하기 때문에 냉각기는 소형으로도 가능하다. 응고점이 낮으면, 한랭 시 동결의 걱정이 없다.

제2과목 화재예방과 소화방법

21 위험물안전관리법령상 제1류 위험물에 속하지 않는 것은?

① 염소산염류　② 무기과산화물
③ 유기과산화물　④ 중크롬산염류

해설 ③ 유기과산화물 : 제5류 위험물

22 탄화칼슘 60,000kg을 소요 단위로 산정하면?

① 10단위　② 20단위　③ 30단위　④ 40단위

정답　16 ②　17 ④　18 ②　19 ②　20 ④　21 ③　22 ②

해설 소요 단위 = $\dfrac{저장량}{지정 수량 \times 10배}$

$= \dfrac{60,000}{300 \times 10} = 20$단위

23 위험물안전관리법령상 디에틸에테르 화재 발생 시 적응성이 없는 소화기는?

① 이산화탄소 소화기 ② 포소화기
③ 봉상 강화액 소화기 ④ 할로겐 화합물 소화기

해설 소화 설비의 적응성

소화 설비의 구분		대상물 구분								
		건축물·그 밖의 공작물	전기 설비	제1류 위험물		제2류 위험물			제3류 위험물		제4류 위험물	제5류 위험물	제6류 위험물
				알칼리 금속 과산화물 등	그 밖의 것	철분·금속분·마그네슘 등	인화성 고체	그 밖의 것	금수성 물품	그 밖의 것			
옥내 소화전 설비 또는 옥외 소화전 설비		○			○		○	○		○		○	○
스프링클러 설비		○			○		○	○		○	△	○	○
물분무 등 소화 설비	물분무 소화 설비	○	○		○		○	○		○	○	○	○
	포 소화 설비	○			○		○	○		○	○	○	○
	불활성 가스 소화 설비		○					○			○		
	할로겐 화합물 소화 설비		○					○			○		
	분말 소화 설비	인산염 등	○	○		○		○	○			○		○
		탄산수소염류 등		○	○		○	○		○		○		
		그 밖의 것			○		○			○				
대형·소형 수동식 소화기	봉상수(棒狀水) 소화기	○			○		○	○		○		○	○
	무상수(霧狀水) 소화기	○	○		○		○	○		○		○	○
	봉상 강화액 소화기	○			○		○	○		○		○	○
	무상 강화액 소화기	○	○		○		○	○		○	○	○	○
	포 소화기	○			○		○	○		○	○	○	○
	이산화탄소 소화기		○					○			○		△
	할론 소화기		○					○			○		
	분말 소화기	인산염 소화기	○	○		○		○	○			○		○
		탄산수소염류 소화기		○	○		○	○		○		○		
		그 밖의 것			○		○			○				
기타	물통 또는 수조	○			○		○	○		○		○	○
	건조사			○	○	○	○	○	○	○	○	○	○
	팽창 질석 또는 팽창 진주암			○	○	○	○	○	○	○	○	○	○

24 분말 소화 약제로 사용할 수 있는 것을 모두 옳게 나타낸 것은?

㉠ 탄산수소나트륨 ㉡ 탄산수소칼륨
㉢ 황산구리 ㉣ 인산암모늄

① ㉠, ㉡, ㉢, ㉣ ② ㉠, ㉣
③ ㉠, ㉡, ㉢ ④ ㉠, ㉡, ㉣

해설 분말 소화 약제

종별	소화 약제 주성분	적응 화재
제1종	$NaHCO_3$	B·C
제2종	$KHCO_3$	B·C
제3종	$NH_4H_2PO_4$	A·B·C
제4종	$KHCO_3 + (NH_2)_2CO$	B·C

25 고정 지붕 구조 위험물 옥외 탱크 저장소의 탱크 안에 설치하는 고정포 방출구가 아닌 것은?

① 특형 방출구 ② Ⅰ형 방출구
③ Ⅱ형 방출구 ④ 표면하 주입식 방출구

해설 고정 지붕 구조 위험물 옥외 탱크 저장소의 탱크 안에 설치하는 고정포 방출구의 종류

㉠ Ⅰ형 방출구 ㉡ Ⅱ형 방출구
㉢ 표면하 주입식 방출구(반고정식)

26 위험물안전관리법령상 지정 수량의 3천배 초과 4천배 이하의 위험물을 저장하는 옥외 탱크 저장소에 확보하여야 하는 보유 공지는 얼마인가?

① 6m이상 ② 9m이상
③ 12m이상 ④ 15m이상

해설 옥외 탱크 저장소 보유 공지

저장 또는 취급하는 위험물의 최대 수량	공지의 너비
지정 수량의 500배 이하	3m 이상
지정 수량의 500배 초과 1,000배 이하	5m 이상

정답 23 ③ 24 ④ 25 ① 26 ④

지정 수량의 1,000배 초과 2,000배 이하	9m 이상
지정 수량의 2,000배 초과 3,000배 이하	12m 이상
지정 수량의 3,000배 초과 4,000배 이하	15m 이상
지정 수량의 4,000배 초과	당해 탱크의 수평 단면의 최대 지름(횡형인 경우에는 긴 변)과 높이 중 큰 것과 같은 거리 이상, 다만, 30m 초과의 경우에는 30m 이상으로 할 수 있고, 15m 미만의 경우에는 15m 이상으로 하여야 한다.

27 공기 중 산소는 부피 백분율과 질량 백분율로 각각 약 몇 %인가?

① 79, 21
② 21, 23
③ 23, 21
④ 21, 79

해설 산소는 공기 중에 21%(용량) 또는 23%(중량) 존재하고 있으므로 공급되는 공기 중의 산소의 양에 따라 화재가 확대 또는 축소되기도 하므로 가연 물질의 연소 또는 화재에 미치는 산소의 역할은 크다.

28 다음 중 착화점에 대한 설명으로 가장 옳은 것은?

① 연소가 지속될 수 있는 최저의 온도
② 점화원과 접촉했을 때 발화하는 최저 온도
③ 외부의 점화원 없이 발화하는 최저 온도
④ 액체 가연물에서 증기가 발생할 때의 온도

해설 착화점(발화점)
외부의 점화원 없이 발화하는 최저 온도

29 가연성의 증기 또는 미분이 체류할 우려가 있는 건축물에는 배출 설비를 하여야 하는데 배출 능력은 1시간당 배출 장소 용적의 몇 배 이상인 것으로 하여야 하는가? (단, 국소 방식의 경우이다.)

① 5배
② 10배
③ 15배
④ 20배

해설 배출 설비
배출 능력은 1시간당 배출 장소 용적의 20배 이상인 것으로 하여야 한다. 다만, 전역 방식의 경우에는 바닥면적 $1m^2$당 $18m^3$ 이상으로 할 수 있다.

30 포 소화 약제의 주된 소화 효과를 모두 옳게 나타낸 것은?

① 촉매 효과와 억제 효과
② 억제 효과와 제거 효과
③ 질식 효과와 냉각 효과
④ 연소 방지와 촉매 효과

해설 포 소화 약제 화학 반응식
$6NaHCO_3 + Al_2(SO_4)_3 + 18H_2O$
$\rightarrow 2Na_2SO_4 + 2Al(OH)_3 + \underline{6CO_2} + \underline{18H_2O}$
　　　　　　　　　　　　　질식효과　냉각효과

31 고체의 일반적인 연소 형태에 속하지 않는 것은?

① 표면 연소
② 확산 연소
③ 자기 연소
④ 증발 연소

해설 연소의 형태
㉠ 기체의 연소 : 발염 연소, 확산 연소
㉡ 액체의 연소 : 증발 연소
㉢ 고체의 연소 : 표면(직접)연소, 분해 연소, 증발 연소, 내부(자기) 연소

32 Halon 1011에 함유되지 않은 원소는?

① H
② Cl
③ Br
④ F

해설 ㉠ Halon 번호
첫째-탄소수, 둘째-불소수, 셋째-염소수, 넷째-브롬수
㉡ Halon 1011 - CH_2ClBr

33 고온체의 색깔과 온도 관계에서 다음 중 가장 낮은 온도의 색깔은?

① 적색
② 암적색
③ 휘적색
④ 백적색

정답　27 ②　28 ③　29 ④　30 ③　31 ②　32 ④　33 ②

[해설] 1. 발광에 따른 온도 구분
   ㉠ 적열 상태 : 500℃ 부근
   ㉡ 백열 상태 : 1,000℃ 이상
2. 고온체의 색깔과 온도의 관계
   ㉠ 암적색 : 700℃   ㉡ 적색 : 850℃
   ㉢ 휘적색 : 950℃   ㉣ 황적색 : 1,100℃
   ㉤ 백적색 : 1,300℃ ㉥ 휘백색 : 1,500℃

34 94wt% 드라이아이스 100g은 표준 상태에서 몇 L의 CO_2가 되는가?

① 22.40   ② 47.85
③ 50.90   ④ 62.74

[해설] 94wt% 드라이아이스 100g은 100g×0.94=94g
이므로 44g : 22.4L=94g : x(L)
∴ x=47.85L

35 제1종 분말 소화 약제가 1차 열분해되어 표준 상태를 기준으로 10m³의 탄산가스가 생성되었다. 몇 kg의 탄산수소나트륨이 사용되었는가? (단, 나트륨의 원자량은 23이다.)

① 18.75   ② 37
③ 56.25   ④ 75

[해설] $2NaHCO_3 \rightarrow Na_2CO_3 + CO_2 + H_2O$

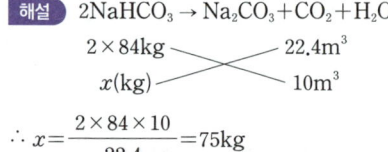

∴ $x = \dfrac{2 \times 84 \times 10}{22.4} = 75kg$

36 다음 중 위험물안전관리법상의 기타 소화설비에 해당하지 않는 것은?

① 마른 모래   ② 수조
③ 소화기   ④ 팽창 질석

[해설] 기타 소화 설비
㉠ 물통 또는 수조
㉡ 건조사
㉢ 팽창 질석 또는 팽창 진주암

37 제3종 분말 소화 약제의 표시 색상은?

① 백색   ② 담홍색
③ 검은색   ④ 회색

[해설] 분말 소화 약제

종별	소화 약제 주성분	적응 화재
제1종	$NaHCO_3$	B·C
제2종	$KHCO_3$	B·C
제3종	$NH_4H_2PO_4$	A·B·C
제4종	$KHCO_3 + (NH_2)_2CO$	B·C

38 할로겐화물 소화 약제의 조건으로 옳은 것은?

① 비점이 높을 것
② 기화되기 쉬울 것
③ 공기보다 가벼울 것
④ 연소되기 좋을 것

[해설] 할로겐화물 소화 약제의 조건
㉠ 비점이 낮을 것
㉡ 기화되기 쉽고, 증발 잠열이 클 것
㉢ 공기보다 무겁고(증기 비중이 클 것) 불연성일 것
㉣ 기화 후 잔유물을 남기지 않을 것
㉤ 전기 전연성이 우수할 것
㉥ 인화성이 없을 것

39 위험물안전관리법령에 따라 폐쇄형 스프링클러 헤드를 설치하는 장소의 평상시 최고 주위 온도가 28℃ 이상, 39℃ 미만일 경우 헤드의 표시 온도는?

① 52℃ 이상 76℃ 미만
② 52℃ 이상 79℃ 미만
③ 58℃ 이상 76℃ 미만
④ 58℃ 이상 79℃ 미만

[해설] 스프링클러 헤드 부착 장소의 평상시 최고 주위 온도와 표시 온도(℃)

부착 장소의 최고 주위 온도(℃)	표시 온도(℃)
28 미만	58 미만
28 이상 39 미만	58 이상 79 미만
39 이상 64 미만	79 이상 121 미만

정답 34 ② 35 ④ 36 ③ 37 ② 38 ② 39 ④

64 이상 106 미만	121 이상 162 미만
106 이상	162 이상

40 위험물안전관리법령에 따른 불활성 가스 소화 설비의 소화 약제의 저장용기 설치 장소에 대한 설명으로 틀린 것은?

① 방호 구역 내의 장소에 설치하여야 한다.
② 직사일광 및 빗물이 침투할 우려가 적은 장소에 설치하여야 한다.
③ 온도 변화가 적은 장소에 설치하여야 한다.
④ 온도가 섭씨 40도 이하인 곳에 설치하여야 한다.

해설 ① 방호 구역 외의 장소에 설치하여야 한다.

제3과목 위험물의 성질과 취급

41 제5류 위험물 중 나이트로 화합물에서 나이트로기(nitro group)를 옳게 나타낸 것은?

① $-NO$
② $-NO_2$
③ $-NO_3$
④ $-NON_3$

해설 나이트로 화합물이란 유기 화합물의 알킬기 (C_nH_{2n+1}) 또는 페닐기(⬡-) 등의 탄소 원자에 나이트로기($-NO_2$)가 직접 결합(나이트로화 반응)하고 있는 화합물을 말하며, 위험물안전관리법상 나이트로기가 2개 이상 결합하고 있는 것이다.

42 구리, 은, 마그네슘과 접촉 시 아세틸라이드를 만들고, 연소 범위가 2.5~38.5%인 물질은?

① 아세트알데하이드
② 알킬알루미늄
③ 산화프로필렌
④ 콜로디온

해설 산화프로필렌(CH_3CHOCH_2)의 설명이다.

43 다음 중 인화점이 가장 낮은 것은?

① $C_6H_5NH_2$
② $C_6H_5NO_2$
③ C_5H_5N
④ $C_6H_5CH_3$

해설

위험물	인화점
$C_6H_5NH_2$	70℃
$C_6H_5NO_2$	88℃
C_6H_5N	20℃
$C_6H_5CH_3$	4.5℃

44 위험물안전관리법령에 따른 지하 탱크 저장소의 지하 저장 탱크의 기준으로 옳지 않은 것은?

① 탱크의 외면에는 녹 방지를 위한 도장을 하여야 한다.
② 탱크의 강철판 두께는 3.2mm 이상으로 하여야 한다.
③ 압력 탱크는 최대 상용 압력의 1.5배의 압력으로 10분간 수압 시험을 한다.
④ 압력 탱크 외의 것은 50kPa의 압력으로 10분간 수압 시험을 한다.

해설 지하 탱크 저장소의 수압 시험
㉠ 압력 탱크 : 최대 상용 압력의 1.5배 압력으로 10분간 실시
㉡ 압력 탱크 외 : 70kPa의 압력으로 10분간 실시

45 다음과 같이 위험물을 저장할 경우 각각의 지정 수량 배수의 총합은 얼마인가?

- 클로로벤젠 : 1,000L
- 동·식물유류 : 5,000L
- 제4석유류 : 12,000L

① 2.5
② 3.0
③ 3.5
④ 4.0

해설 $\dfrac{1,000}{1,000} + \dfrac{5,000}{10,000} + \dfrac{12,000}{6,000} = 3.5$배

46 다음 중 적린과 황린에서 동일한 성질을 나타내는 것은?

① 발화점
② 색상
③ 유독성
④ 연소 생성물

정답 40 ① 41 ② 42 ③ 43 ④ 44 ④ 45 ③ 46 ④

해설

구분	적린	황린
발화점	260℃	34℃
색상	암적색 분말	황색 또는 담황색 고체
유독성	독성 없음	독성 있음
연소 생성물	P_2O_5	P_2O_5

47 지정 수량 이상의 위험물을 차량으로 운반할 때 게시판의 색상에 대한 설명으로 옳은 것은?

① 흑색 바탕에 청색의 도료로 "위험물"이라고 게시한다.
② 흑색 바탕에 황색의 반사 도료로 "위험물"이라고 게시한다.
③ 적색 바탕에 흰색의 반사 도료로 "위험물"이라고 게시한다.
④ 적색 바탕에 흑색의 도료로 "위험물"이라고 게시한다.

해설 지정 수량 이상 위험물을 차량으로 운반 시 게시판의 색상
흑색 바탕에 황색의 반사도료로 "위험물"이라고 게시한다.

48 과산화나트륨이 물과 반응해서 일어나는 변화로 옳은 것은?

① 격렬히 반응하여 산소를 내며 수산화나트륨이 된다.
② 격렬히 반응하여 산소를 내며 산화나트륨이 된다.
③ 물을 흡수하여 과산화나트륨 수용액이 된다.
④ 물을 흡수하여 탄산나트륨이 된다.

해설 $2Na_2O_2 + 2H_2O \rightarrow 4NaOH + O_2 + 69.8kcal$

49 [보기]의 물질이 K_2O_2와 반응하였을 때 주로 생성되는 가스의 종류가 같은 것으로만 나열된 것은?

[보기] 물, 이산화탄소, 아세트산, 염산

① 물, 이산화탄소
② 물, 이산화탄소, 염산
③ 물, 아세트산
④ 이산화탄소, 아세트산, 염산

해설
㉠ $2K_2O_2 + 2H_2O \rightarrow 4KOH + O_2$
㉡ $2K_2O_2 + 2CO_2 \rightarrow 2K_2CO_3 + O_2$
㉢ $K_2O_2 + 2CH_3COOH \rightarrow 2CH_3COOK + H_2O_2$
㉣ $K_2O_2 + 2HCl \rightarrow 2KCl + H_2O_2$

50 다음 중 금수성 물질로만 나열된 것은?

① K, CaC_2, Na
② $KClO_3$, Na, S
③ KNO_3, CaO_2, Na_2O_2
④ $NaNO_3$, $KClO_3$, CaO_2

해설 ① K, CaC_2, Na : 금수성 물질(제3류 위험물)
② $KClO_3$: 산화성 고체(제1류 위험물)
　Na : 금수성 물질(제3류 위험물)
　S : 가연성 고체(제2류 위험물)
③ KNO_3, CaO_2, Na_2O_2 : 산화성 고체(제1류 위험물)
④ $NaNO_3$, $KClO_3$, CaO_2 : 산화성 고체(제1류 위험물)

51 다음 중 물에 가장 잘 녹는 것은?

① CH_3CHO
② $C_2H_5OC_2H_5$
③ P_4
④ $C_2H_5ONO_2$

해설 ① 물, 에탄올, 에테르에 잘 녹는다.
② 물에 잘 녹지 않는다.
③ 물에 녹지 않는다.
④ 물에 잘 녹지 않지만 에틸알코올, 에테르에 녹는다.

52 옥내 저장소에서 위험물 용기를 겹쳐 쌓는 경우에 있어서 제4류 위험물 중 제3석유류만을 수납하는 용기를 겹쳐 쌓을 수 있는 높이는 최대 몇 m인가?

① 3　② 4　③ 5　④ 6

해설 옥내 저장소
㉠ 기계에 의하여 하역하는 구조로 된 용기만을 겹쳐 쌓는 경우 : 6m
㉡ 제4류 위험물 제3석유류, 제4석유류 및 동·식물유류를 수납하는 용기만을 겹쳐 쌓는 경우 : 4m
㉢ 그 밖의 경우 : 3m

정답 47 ②　48 ①　49 ③　50 ①　51 ①　52 ②

53 동·식물유류에 대한 설명으로 틀린 것은?
① 건성유는 자연 발화의 위험성이 높다.
② 불포화도가 높을수록 아이오딘이 크며, 산화되기 쉽다.
③ 아이오딘값이 130 이하인 것이 건성유이다.
④ 1기압에서 인화점이 섭씨 250도 미만이다.

해설 ③ 아이오딘값이 130 이상인 것이 건성유이다.

54 메틸알코올의 성질로 옳은 것은?
① 인화점 이하가 되면 밀폐된 상태에서 연소하여 폭발한다.
② 비점은 물보다 높다.
③ 물에 녹기 어렵다.
④ 증기 비중이 공기보다 크다.

해설 ① 인화점 이상이 되면 밀폐된 상태에서 연소하여 폭발한다.
② 메틸알코올(64℃)은 물(100℃)보다 비점이 낮다.
③ 물에 잘 녹는다.

55 다음 각 위험물을 저장할 때 사용하는 보호액으로 틀린 것은?
① 니트로셀룰로오스 — 알코올
② 이황화탄소 — 알코올
③ 금속 칼륨 — 등유
④ 황린 — 물

해설 ② 이황화탄소 — 물

56 제4류 위험물의 성질 및 취급 시 주의 사항에 대한 설명 중 가장 거리가 먼 것은?
① 액체의 비중은 물보다 가벼운 것이 많다.
② 대부분 증기는 공기보다 무겁다.
③ 제1석유류와 제2석유류는 비점으로 구분한다.
④ 정전기 발생에 주의하여 취급하여야 한다.

해설 ③ 제1석유류와 제2석유류는 인화점으로 구분한다.

57 적린이 공기 중에서 연소할 때 생성되는 물질은?
① P_2O ② PO_2
③ PO_3 ④ P_2O_5

해설 $4P + 5O_2 \rightarrow 2P_2O_5$

58 벤젠의 성질로 옳지 않은 것은?
① 휘발성을 갖는 갈색, 무취의 액체이다.
② 증기는 유해하다.
③ 인화점은 0℃보다 낮다
④ 끓는점은 상온보다 높다.

해설 ① 휘발성이 강하고, 무색 투명하며, 독특한 냄새를 가진 액체이다.

59 제조소에서 위험물을 취급함에 있어서 정전기를 유효하게 제거할 수 있는 방법으로 가장 거리가 먼 것은?
① 접지에 의한 방법
② 상대 습도를 70% 이상 높이는 방법
③ 공기를 이온화하는 방법
④ 부도체 재료를 사용하는 방법

해설 ④ 전기의 도체를 사용한다.

60 위험물안전관리법령에 따른 안전 거리 규제를 받는 위험물 시설이 아닌 것은?
① 제6류 위험물 제조소
② 제1류 위험물 일반 취급소
③ 제4류 위험물 옥내 저장소
④ 제5류 위험물 옥외 저장소

해설 안전 거리 규제 적용 대상
㉠ 위험물 제조소(제6류 위험물을 취급하는 제조소 제외)
㉡ 일반 취급소   ㉢ 옥내 저장소
㉣ 옥외 탱크 저장소   ㉤ 옥외 저장소

정답 53 ③ 54 ④ 55 ② 56 ③ 57 ④ 58 ① 59 ④ 60 ①

위험물 산업기사 (2025. 8. 9 시행)

제1과목 일반화학

01 물 분자들 사이에 작용하는 수소 결합에 의해 나타나는 현상과 가장 관계가 없는 것은?

① 물의 기화열이 크다.
② 물의 끓는 점이 높다.
③ 무색 투명한 액체이다.
④ 얼음이 물 위에 뜬다.

해설
1. 수소 결합
   물 분자의 수소 원자는 다른 물 분자의 산소 원자의 고립 전자쌍과 약한 결합을 이루는 것이다.
2. 수소 결합에 의해 나타나는 현상
   ㉠ 물의 기화열이 크다.
   ㉡ 물의 끓는점이 높다.
   ㉢ 얼음이 물 위에 뜬다.

02 염화나트륨 수용액의 전기 분해 시 음극(cathode)에서 일어나는 반응식을 옳게 나타낸 것은?

① $2H_2O(l) + 2Cl^-(aq) \rightarrow H_2(g) + Cl_2(g) + 2OH^-(aq)$
② $2Cl^-(aq) \rightarrow Cl_2(g) + 2e^-$
③ $2H_2O(l) + 2e^- \rightarrow H_2(g) + 2OH^-(aq)$
④ $2H_2O \rightarrow O_2 + 4H^+ + 4e^-$

해설
1. 전기 분해의 원리
   전해질 ⇌ (+)이온 + (-)이온
   (+)극 : (-)이온 - e^- → 중성(산화)
   (-)극 : (+)이온 + e^- → 중성(환원)
2. NaCl 수용액의 전기 분해시 반응식
   (-) : $2H_2O(l) + 2e^- \rightarrow H_2(g) + 2OH^-(aq)$
   (+) : $2Cl^-(aq) \rightarrow Cl_2(g) + 2e^-$

03 A는 B 이온과 반응하지만 C 이온과는 반응하지 않고, D는 C이온과 반응한다고 할 때 A, B, C, D의 환원력 세기를 큰 것부터 차례대로 나타낸 것은? (단, A, B, C, D는 모두 금속이다.)

① A > B > D > C
② D > C > A > B
③ C > D > B > A
④ B > A > C > D

해설 A > B, C > A, D > C
∴ D > C > A > B

04 이상 기체의 밀도에 대한 설명으로 옳은 것은?

① 절대온도에 비례하고, 압력에 반비례한다.
② 절대온도와 압력에 반비례한다.
③ 절대온도에 반비례하고, 압력에 비례한다.
④ 절대온도와 압력에 비례한다.

해설 $PV = \dfrac{W}{M}RT$에서 밀도 $= \dfrac{W}{V} = \dfrac{PM}{RT}$

∴ 이상 기체의 밀도는 절대온도에 반비례하고, 압력에 비례한다.

05 공유 결정(원자 결정)으로 되어 있어 녹는점이 매우 높은 것은?

① 얼음   ② 수정
③ 소금   ④ 나프탈렌

해설 그물 구조를 이루고 있는 공유 결정(원자 결정)은 녹는 점이 높고, 단단하다.
예 수정(SiO_2), 다이아몬드(C)

06 다음 중 기하 이성질체가 존재하는 것은?

① C_5H_{12} ② $CH_3CH = CHCH_3$
③ C_3H_7Cl ④ $CH \equiv CH$

정답 01 ③ 02 ③ 03 ② 04 ③ 05 ② 06 ②

해설 기하 이성질체

두 탄소 원자가 이중 결합으로 연결될 때 탄소에 결합된 원자나 원자 단위 위치가 다름으로 인하여 생기는 이성질체로 cis형과 trans형이 있다.

예 2-뷰테인(부탄)($CH_3CH=CHCH_3$)

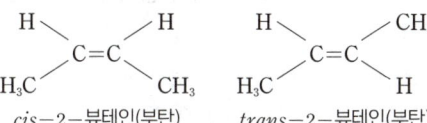

cis-2-뷰테인(부탄)   trans-2-뷰테인(부탄)

07 어떤 기체가 탄소 원자 1개당 2개의 수소 원자를 함유하고 0℃, 1기압에서 밀도가 1.25g/L일 때 이 기체에 해당하는 것은?

① CH_2 ② C_2H_4
③ C_3H_6 ④ C_4H_8

해설 밀도(g/L) = $\dfrac{분자량(g)}{22.4(L)}$

① $CH_2 = \dfrac{12+2g}{22.4L} = 0.625g/L$

② $C_2H_4 = 24+4 = \dfrac{28g}{22.4L} = 1.25g/L$

③ $C_3H_6 = 36+6 = \dfrac{42g}{22.4L} = 1.875g/L$

④ $C_4H_8 = 48+8 = \dfrac{56g}{22.4L} = 2.5g/L$

08 0.001N-HCl의 pH는?

① 2   ② 3   ③ 4   ④ 5

해설 pH = $-\log[H^+] = -\log[10^{-3}] = 3$

09 평면 구조를 가진 $C_2H_2Cl_2$의 이성질체의 수는?

① 1개   ② 2개
③ 3개   ④ 4개

해설 $C_2H_2Cl_2$의 이성질체는 3가지이다.

cis형   trans형   구조 이성질체

10 산성 산화물에 해당하는 것은?

① CaO   ② Na_2O
③ CO_2 ④ MgO

해설 산성 산화물

물에 녹아 산이 되거나 염기와 반응할 때 염과 물을 만드는 비금속 산화물

예 $CO_2 + H_2O \rightarrow H_2CO_3$

11 염소는 2가지 동위원소로 구성되어 있는데 원자량이 35인 염소가 75% 존재하고, 37인 염소는 25% 존재한다고 가정할 때, 이 염소의 평균 원자량은 얼마인가?

① 34.5   ② 35.5
③ 36.5   ④ 37.5

해설 평균 원자량 = 35×0.75+37×0.25 = 35.5

12 염소 원자의 최외각 전자수는 몇 개인가?

① 1   ② 2
③ 7   ④ 8

해설 전자 껍질의 종류

전자 껍질	K	L	M
Cl	2	8	7

13 가열하면 부드러워져 소성을 나타내고, 식히면 경화하는 수지는?

① 페놀 수지   ② 멜라민 수지
③ 요소 수지   ④ 폴리염화비닐 수지

해설 ㉠ 열가소성 수지 : 가열하면 부드러워져 소성을 나타내고, 식히면 경화하는 수지
예 폴리염화비닐 수지(PVC), 폴리에틸렌, 폴리스티렌, 아크릴 수지, 규소 수지(실리콘 수지)
㉡ 열경화성 수지 : 축중합에 의한 중합체로 한 번 성형되어 경화된 후에는 재차 용융하지 않는 수지
예 페놀 수지(phenol resin) 멜라민 수지(melamin resine), 요소 수지(urea resine)

정답 07 ② 08 ② 09 ③ 10 ③ 11 ② 12 ③ 13 ④

14 다음 반응식에서 산화된 성분은?

$$MnO_2 + 4HCl \rightarrow MnCl_2 + 2H_2O + Cl_2$$

① Mn ② O ③ H ④ Cl

해설 $MnO_2 + 4HCl \rightarrow MnCl_2 + 2H_2O + Cl_2$
㉠ 반응물 산화수
 MnO_2에서 Mn=+4, O=−2
 HCl에서 H=+1, Cl=−1
㉡ 생성물 산환수
 $MnCl_2$에서 Mn=+2, Cl=−1
 H_2O에서 H=+1, O=−2
 Cl_2에서 Cl=0
즉, Mn은 +4 → +2 (환원, 산화수 감소)
Cl은 −1 → 0 (산화, 산화수 증가)
- 산화반응 : $2Cl^- \rightarrow Cl_2 + 2e^-$
- 환원반응 : $MnO_2 + 4H^+ + 2e^- \rightarrow Mn^{2+} + 2H_2O$

15 옥텟 규칙(octet rule)에 따르면 게르마늄이 반응할 때, 다음 중 어떤 원소의 전자수와 같아지려고 하는가?

① Kr ② Si
③ Sn ④ As

해설 옥텟 규칙(octet rule)
모든 원자들은 주기율표 0족에 있는 비활성 기체(Ne, Ar, Kr, Xe 등)와 같이 최외각 전자 8개를 가져서 안정되려는 경향(단, He은 2개의 가전자를 가지고 있으며 안정하다.)

16 $Fe(CN)_6^{4-}$와 4개의 K^+이온으로 이루어진 물질 $K_4Fe(CN)_6$을 무엇이라고 하는가?

① 착화합물 ② 할로겐 화합물
③ 유기 혼합물 ④ 수소 화합물

해설 $\underset{\text{착염}}{K_4Fe(CN)_6} \rightarrow \underset{\text{착이온}}{4K^+ + Fe(CN)_6^{4-}}$

17 공유 결합과 배위 결합에 의하여 이루어진 것은?

① NH_3 ② $Cu(OH)_2$
③ K_2CO_3 ④ $[NH_4]^+$

해설 공유·배위 결합을 모두 가지는 화합물 : $[NH_4]^+$
예 $N + 3H \xrightarrow{\text{공유}} NH_3, NH_3 + H^+ \xrightarrow{\text{배위}} [NH_4]^+$

18 아미노기와 카르복시기가 동시에 존재하는 화합물은?

① 식초산 ② 석탄산
③ 아미노산 ④ 아민

해설 아미노산은 이름에서 알 수 있듯이, 아미노기($-NH_2$)와 카르복시기($-COOH$)를 포함하고 있다.
예 가장 간단한 아미노산인 글라이신의 분자 구조

$$HO-\underset{\underset{O}{\|}}{C}-CH_2-N\underset{H}{\overset{H}{\diagup}}$$

19 Be의 원자핵에 α 입자를 충격하였더니 중성자 n이 방출되었다. 다음 반응식을 완결하기 위하여 ( ) 속에 알맞은 것은?

$$Be + {}^4_2He \rightarrow (\quad) + {}^1_0n$$

① Be ② B
③ C ④ N

해설 ${}^9_4Be + {}^4_2He \rightarrow ({}^{12}_6C) + {}^1_0n$

20 산화 – 환원에 대한 설명 중 틀린 것은?

① 한 원소의 산화수가 증가하였을 때 산화되었다고 한다.
② 전자를 잃은 반응을 산화라 한다.
③ 산화제는 다른 화학종을 환원시키며, 그 자신의 산화수는 증가하는 물질을 말한다.
④ 중성인 화합물에서 모든 원자와 이온들의 산화수의 합은 0이다.

해설 ③ 산화제는 다른 화학종을 산화시키며, 그 자신의 산화수는 감소하는 물질이다.

정답 14 ④ 15 ① 16 ① 17 ④ 18 ③ 19 ③ 20 ③

제2과목 화재예방과 소화방법

21 전기 설비에 화재가 발생하였을 경우에 위험물 안전관리법령상 적응성을 가지는 소화 설비는?

① 이산화탄소 소화기
② 포 소화기
③ 봉상 강화액 소화기
④ 마른 모래

해설 소화 설비의 적응성

소화 설비의 구분		건축물·그밖의 공작물	전기 설비	제1류 위험물 알칼리 금속 과산화물 등	제1류 위험물 그 밖의 것	제2류 위험물 철분·금속분·마그네슘 등	제2류 위험물 인화성 고체	제2류 위험물 그 밖의 것	제3류 위험물 금수성 물품	제3류 위험물 그 밖의 것	제4류 위험물	제5류 위험물	제6류 위험물
옥내 소화전 설비 또는 옥외 소화전 설비		O			O		O	O		O		O	O
스프링클러 설비		O			O		O	O		O	△	O	O
물분무 등 소화 설비	물분무 소화 설비	O	O		O		O	O		O	O	O	O
	포 소화 설비	O			O		O	O		O	O	O	O
	불활성 가스 소화 설비		O				O				O		
	할로겐 화합물 소화 설비		O				O				O		
	분말 소화 설비 인산염류 등	O	O		O		O	O			O		O
	탄산수소염류 등		O	O		O	O		O		O		
	그 밖의 것			O		O			O				
대형·소형 수동식 소화기	봉상수(棒狀水) 소화기	O			O		O	O		O		O	O
	무상수(無狀水) 소화기	O	O		O		O	O		O		O	O
	봉상 강화액 소화기	O			O		O	O		O		O	O
	무상 강화액 소화기	O	O		O		O	O		O	O	O	O
	포 소화기	O			O		O	O		O	O	O	O
	이산화탄소 소화기		O				O				O		△
	할론 소화기		O				O				O		
	분말 소화기 인산염류 소화기	O	O		O		O	O			O		O
	탄산수소염류 소화기		O	O		O	O		O		O		
	그 밖의 것			O		O			O				
기타	물통 또는 수조	O			O		O	O		O		O	O
	건조사			O	O	O	O	O	O	O	O	O	O
	팽창 질석 또는 팽창 진주암			O	O	O	O	O	O	O	O	O	O

22 분말 소화 설비에서 분말 소화 약제의 가압용 가스로 사용하는 것은?

① CO_2　　② He
③ CCl_4　　④ Cl_2

해설 분말 소화 약제의 가압용 가스 : N_2, CO_2 등

23 다음 중 산소와 화합하지 않는 원소는?

① 황　　② 질소　　③ 인　　④ 헬륨

해설 ④ 헬륨 : 비활성 기체이므로 산소와 화합하지 않는다.

24 폭굉 유도 거리(DID)가 짧아지는 요건에 해당하지 않는 것은?

① 정상 연소 속도가 큰 혼합 가스일 경우
② 관 속에 방해물이 없거나 관경이 큰 경우
③ 압력이 높을 경우
④ 점화원의 에너지가 클 경우

해설 ② 관 속에 방해물이 있거나 관경이 가는 경우

25 질소 함유량 약 11%의 니트로셀룰로오스를 장뇌와 알코올에 녹여 교질 상태로 만든 것을 무엇이라고 하는가?

① 셀룰로이드　　② 펜트리트
③ TNT　　④ 니트로글리콜

해설 셀룰로이드 제법 : 일종의 인조 플라스틱으로 질화도가 낮은 니트로셀룰로오스(질소 함유량 10.5~11.5%)에 장뇌와 알코올을 녹여 교질 상태로 만든다. 보통 니트로셀룰로오스 40~45%, 장뇌 15~20%, 알코올 40% 비율로 배합하여 24시간 반죽하여 섞어 만든다.

26 위험물 제조소에 옥내 소화전이 가장 많이 설치된 층의 옥내 소화전 설치 개수가 2개이다. 위험물안전관리법령의 옥내 소화전 설비 설치 기준에 의하면 수원의 수량은 얼마 이상이 되어야 하는가?

① 10.6m³　　② 15.6m³
③ 20.6m³　　④ 25.6m³

정답 21 ① 22 ① 23 ④ 24 ② 25 ① 26 ②

[해설] 수원의 양 $Q(m^3) = N \times 7.8m^3 = 2 \times 7.8m^3 = 15.6m^3$
(N : 옥내 소화전 설비의 설치 개수로 설치 개수가 5개 이상인 경우에는 5개임)

27 위험물 제조소 등에 설치하는 포 소화 설비에 있어서 포 헤드 방식의 포 헤드는 방호 대상물의 표면적(m^2) 얼마 당 1개 이상의 헤드를 설치하여야 하는가?

① 3　　　　　　② 6
③ 9　　　　　　④ 12

[해설] 포 헤드 : 특정 소방 대상물의 천장 또는 반자에 설치하되, 바닥 면적 $9m^2$/1개 이상으로 하여 해당 방호 대상물의 화재를 유효하게 소화할 수 있도록 한다.

28 분말 소화 약제의 착색된 색상으로 틀린 것은?

① $KHCO_3 + (NH_2)_2CO$: 회색
② $NH_4H_2PO_4$: 담홍색
③ $KHCO_3$: 담회색
④ $NaHCO_3$: 황색

[해설] 분말 소화 약제

종별	소화 약제 주성분	적응 화재
제1종	$NaHCO_3$	B·C
제2종	$KHCO_3$	B·C
제3종	$NH_4H_2PO_4$	A·B·C
제4종	$KHCO_3 + (NH_2)_2CO$	B·C

29 위험물안전관리법령상 지정 수량의 몇 배 이상의 제4류 위험물을 취급하는 제조소에는 자체 소방대를 두어야 하는가?

① 1,000배　　　　② 2,000배
③ 3,000배　　　　④ 5,000배

[해설] 자체 소방대를 두어야 할 대상의 기준
㉠ 지정 수량의 3천배 이상의 제4류 위험물을 저장·취급하는 제조소 또는 일반 취급소
㉡ 옥외 탱크 저장소에 저장하는 제4류 위험물의 최대 수량이 지정 수량의 50만 배 이상의 사업소

30 이산화탄소 소화기 사용 중 소화기 방출구에서 생길 수 있는 물질은?

① 포스겐　　　　② 일산화탄소
③ 드라이아이스　④ 수소가스

[해설] 줄-톰슨 효과에 의하여 CO_2가 발생한다.

31 옥내 저장소 내부에 체류하는 가연성 증기를 지붕 위로 방출시키는 배출 설비를 하여야 하는 위험물은?

① 과염소산　　　② 과망간산칼륨
③ 피리딘　　　　④ 과산화나트륨

[해설] 배출 설비는 인화성 액체 위험물(피리딘)에서 가연성 증기가 발생하므로 지붕 위로 방출시켜야 한다.

32 외벽이 내화 구조인 위험물 저장소 건축물의 연면적이 $1,500m^2$인 경우 소요 단위는?

① 6　　　　　　② 10
③ 13　　　　　④ 14

[해설] 소요 단위(1단위)
㉠ 제조소 또는 취급소용 건축물의 경우
　• 외벽이 내화 구조로 된 것으로 연면적 $100m^2$
　• 외벽이 내화 구조가 아닌 것으로 연면적 $50m^2$
㉡ 저장소 건축물의 경우
　• 외벽이 내화 구조로 된 것으로 연면적 $150m^2$
　• 외벽이 내화 구조가 아닌 것으로 연면적 $75m^2$

∴ 소요 단위 $\dfrac{1,500m^2}{150m^2} = 10$

33 다음 위험물 중 자연 발화 위험성이 가장 낮은 것은?

① 알킬리튬　　　② 알킬알루미늄
③ 칼륨　　　　　④ 유황

[해설] ①, ② ③ : 자연 발화성 및 금수성 물질
④ : 가연성 고체

정답 27 ③　28 ④　29 ③　30 ③　31 ③　32 ②　33 ④

34 제3종 분말 소화 약제 사용 시 방진(방신)효과로 A급 화재의 진화에 효과적인 물질은?

① 암모늄 이온 ② 메타인산
③ 물 ④ 수산화 이온

해설 방진 효과 : 가연 물질이 화염을 외부로 발생하지 않고 숯불 모양으로 연소하는 것을 잔진 연소라 하며, 대부분 1차 연소 물질인 목탄(숯), 코크스(cokes) 등의 연소 과정에서 제3종 소화 분말의 열분해 시에 발생하는 액체 상태의 메타인산(HPO_3)이 숯불 모양으로 연소하는 가연 물질에 접촉하여 더 이상 연소하는 현상을 방지하는 소화 작용
$NH_4H_2PO_4 \rightarrow \underline{HPO_3} + NH_3 + H_2O - 76.95kcal$
유리(glass)상의 피막 형성(방진 효과)

35 위험물안전관리법령에서 정한 다음의 소화 설비 중 능력 단위가 가장 큰 것은?

① 팽창 진주암 160L(삽 1개 포함)
② 수조 80L(소화 전용 물통 3개 포함)
③ 마른 모래 50L(삽 1개 포함)
④ 팽창 질석 160L(삽 1개 포함)

해설 능력 단위
소방 기구의 소화 능력을 나타내는 수치, 즉 소요 단위에 대응하는 소화 설비 소화 능력의 기준 단위
㉠ 마른 모래(50L, 삽 1개 포함) : 0.5단위
㉡ 팽창 질석 또는 팽창 진주암 (160L, 삽 1개 포함) : 1단위
㉢ 소화 전용 물통(8L) : 0.3단위
㉣ 수조
　• 190L(8L 소화 전용 물통 6개 포함) : 2.5단위
　• 80L(8L 소화 전용 물통 3개 포함) : 1.5단위

36 오황화인의 저장 및 취급 방법으로 틀린 것은?

① 산화제와의 접촉을 피한다.
② 물속에 밀봉하여 저장한다.
③ 불꽃과의 접근이나 가열을 피한다.
④ 용기의 파손, 위험물의 누출에 유의한다.

해설 ② 빗물의 침투를 막고, 습기와의 접촉을 피한다.

37 수성막 포 소화 약제를 수용성 알코올 화재 시 사용하면 소화 효과가 떨어지는 가장 큰 이유는?

① 유독가스가 발생하므로
② 화염의 온도가 높으므로
③ 알코올은 포와 반응하여 가연성 가스를 발생하므로
④ 알코올은 소포성을 가지므로

해설 수성막 포 소화 약제를 수용성 알코올 화재 시 사용하면 소화 효과가 떨어지는 이유 : 알코올은 소포성을 가지므로

38 할로겐 화합물 소화 약제를 구성하는 할로겐 원소가 아닌 것은?

① 불소(F) ② 염소(Cl)
③ 브롬(Br) ④ 네온(Ne)

해설 할로겐 원소 : F, Cl, Br, I

39 위험물안전관리법령상 제6류 위험물을 저장 또는 취급하는 제조소 등에 적응성이 없는 소화설비는?

① 팽창 질석
② 할로겐 화합물 소화기
③ 포 소화기
④ 인산염류 분말 소화기

해설 21번 해설 참조

40 유기 과산화물의 화재 예방상 주의사항으로 틀린 것은?

① 열원으로부터 멀리 한다.
② 직사광선을 피한다.
③ 용기의 파손 여부를 정기적으로 점검한다.
④ 가급적 환원제와 접촉하고, 산화제는 멀리한다.

해설 ④ 가급제 환원제 또는 산화제와 멀리한다.

정답　34 ②　35 ②　36 ②　37 ④　38 ④　39 ②　40 ④

제3과목 위험물의 성질과 취급

41 위험물안전관리법령상 위험물의 운반에 관한 기준에 따라 차광성 있는 피복으로 가리는 조치를 하여야 하는 위험물에 해당하지 않는 것은?

① 특수 인화물 ② 제1석유류
③ 제1류 위험물 ④ 제6류 위험물

해설 차광성이 있는 피복조치

유별	적용 대상
제1류 위험물	전부
제3류 위험물	자연 발화성 물품
제4류 위험물	특수 인화물
제5류 위험물	전부
제6류 위험물	

42 옥외 저장소에서 저장할 수 없는 위험물은?(단, 시·도 조례에서 정하는 위험물 또는 국제해상위험물 규칙에 적합한 용기에 수납된 위험물은 제외한다.)

① 과산화수소 ② 아세톤
③ 에탄올 ④ 황

해설 옥외 저장소에 저장할 수 있는 위험물
㉠ 제2류 위험물 중 황 또는 인화성 고체(인화점 0℃ 이상인 것에 한한다.)
㉡ 제4류 위험물 중 제1석유류(인화점 0℃ 이상인 것에 한한다.), 알코올류, 제2석유류, 제3석유류, 제4석유류, 동·식물유류
㉢ 제6류 위험물

43 안전한 저장을 위해 첨가하는 물질로 옳은 것은?

① 과망가니즈산나트륨에 목탄을 첨가
② 질산나트륨에 유황을 첨가
③ 금속칼륨에 등유를 첨가
④ 다이크로뮴산칼륨에 수산화칼슘을 첨가

해설

위험물	보호액
K, Na, 적린	등유(석유)
황린, CS_2	물속(수조)

44 TNT가 폭발·분해하였을 때 생성되는 가스가 아닌 것은?

① CO ② N_2
③ SO_2 ④ H_2

해설 $2C_6H_2CH_3(NO_2)_3 \rightarrow 12CO + 2C + 3N_2 + 5H_2$

45 황린의 연소 생성물은?

① 삼황화인 ② 인화수소
③ 오산화인 ④ 오황화인

해설 $P_4 + 5O_2 \rightarrow 2P_2O_5$

46 다음 ( ) 안에 알맞은 수치는? (단, 인화점이 200℃ 이상인 위험물은 제외한다.)

옥외 저장 탱크의 지름이 15m 미만인 경우에 방유제는 탱크의 옆판으로부터 탱크 높이의 ( ) 이상 이격하여야 한다.

① $\frac{1}{3}$ ② $\frac{1}{2}$
③ $\frac{1}{4}$ ④ $\frac{2}{3}$

해설 옥외 탱크 저장소의 방유제와 탱크 측면의 이격 거리

탱크 지름	이격 거리
15m 미만	탱크 높이의 $\frac{1}{3}$ 이상
15m 이상	탱크 높이의 $\frac{1}{2}$ 이상

47 피크린산의 각 특성 온도 중 가장 낮은 것은?

① 인화점 ② 발화점
③ 녹는점 ④ 끓는점

해설 ① 인화점 : 150℃
② 발화점 : 300℃
③ 녹는점 : 122.5℃
④ 끓는점 : 255℃

정답 41 ② 42 ② 43 ③ 44 ③ 45 ③ 46 ① 47 ③

48 다음 중 과망간산칼륨과 혼촉하였을 때 위험성이 가장 낮은 물질은?

① 물 ② 에테르
③ 글리세린 ④ 염산

해설 혼촉 발화 : 일반적으로 2가지 이상 물질의 혼촉에 의해 위험한 상태가 생기는 것을 말하지만, 혼촉 발화가 모두 발화 위험을 일으키는 것은 아니며 유해 위험도 포함된다.
② $KMnO_4+(C_2H_5)_2O$: 최대 위험 비율=8wt%
③ $KMnO_4+CH_2OHCHOHCH_2OH$: 최대 위험 비율=15wt%
④ $KMnO_4+HCl$: 최대 위험 비율=63wt%

49 디에틸에테르의 성상에 해당하는 것은?

① 청색 액체 ② 무미, 무취 액체
③ 휘발성 액체 ④ 불연성 액체

해설 디에틸에테르 : 무색 투명한 휘발성 액체로 자극성, 마취 작용이 있다.

50 옥내 저장 창고의 바닥을 물이 스며 나오거나 스며들지 아니하는 구조로 해야 하는 위험물은?

① 과염소산칼륨
② 나이트로셀룰로오스
③ 적린
④ 트라이에틸알루미늄

해설 방수성이 있는 피복 조치

유별	적용 대상
제1류 위험물	알칼리 금속의 과산화물
제2류 위험물	· 철분 · 금속분 · 마그네슘
제3류 위험물	금수성 물품(트리에틸알루미늄)

51 휘발유를 저장하던 이동 저장 탱크에 탱크의 상부로부터 등유나 경유를 주입할 때 액표면이 주입관의 선단을 넘는 높이가 될 때까지 그 주입관 내의 유속을 몇 m/s 이하로 하여야 하는가?

① 1 ② 2 ③ 3 ④ 5

해설 이동 저장 탱크
㉠ 휘발유 저장 : 등유, 경유 주입 : 1m/s 이하
㉡ 등유, 경유 저장 : 휘발유 주입 : 1m/s 이하

52 위험물 제조소 등이 안전 거리의 단축 기준과 관련해서 $H≤pD^2+a$인 경우 방화상 유효한 담의 높이는 2m 이상으로 한다. 다음 중 a에 해당되는 것은?

① 인근 건축물의 높이(m)
② 제조소 등의 외벽의 높이(m)
③ 제조소 등과 공작물과의 거리(m)
④ 제조소 등과의 방화상 유효한 담과의 거리(m)

해설 방화상 유효한 담의 높이
$H≤pD^2+a$인 경우
$h=2$
위 식에서 D, H, a, d, h 및 p는 다음과 같다.

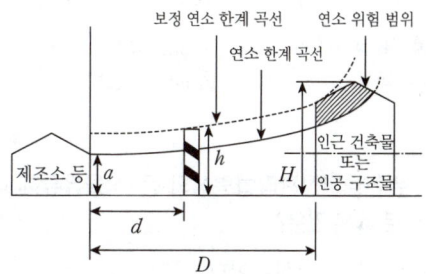

여기서, D : 제조소 등과 인근 건축물 또는 공작물과의 거리(m)
H : 인근 건축물 또는 공작물의 높이(m)
a : 제조소 등의 외벽의 높이(m)
d : 제조소 등과 방화상 유효한 담과의 거리(m)
h : 방화상 유효한 담의 높이(m)
p : 상수

53 위험물안전관리법령상 어떤 위험물을 저장 또는 취급하는 이동 탱크 저장소가 불활성 기체를 봉입할 수 있는 구조를 하여야 하는가?

① 아세톤 ② 벤젠
③ 과염소산 ④ 산화프로필렌

해설 이동탱크 저장소에 불활성 기체를 봉입하는 구조로 하여야 하는 것 : 산화프로필렌

정답 48 ① 49 ③ 50 ④ 51 ① 52 ② 53 ④

54 적린에 관한 설명 중 틀린 것은?

① 황린의 동소체이고, 황린에 비하여 안정하다.
② 성냥, 화약 등에 이용된다.
③ 연소 생성물은 황린과 같다.
④ 자연 발화를 막기 위해 물속에 보관한다.

해설 ④ 적린은 석유 속에 보관한다.

55 위험물안전관리법령에서 정하는 제조소와의 안전 거리 기준이 다음 중 가장 큰 것은?

①「고압가스 안전관리법」의 규정에 의하여 허가를 받거나 신고를 하여야 하는 고압가스 저장 시설
② 사용 전압이 35,000V를 초과하는 특고압 가공 전선
③ 병원, 학교, 극장
④「문화재보호법」의 규정에 의한 유형 문화재

해설 ① 20m 이상　② 5m 이상
③ 30m 이상　④ 50m 이상

56 위험물안전관리법령상의 동·식물유류에 대한 설명으로 옳은 것은?

① 피마자유는 건성유이다.
② 아이오딘값이 130 이하인 것이 건성유이다.
③ 불포화도가 클수록 자연 발화하기 쉽다.
④ 동·식물유류의 지정 수량은 20,000L이다.

해설 ① 피마자유는 불건성유이다.
② 아이오딘값이 130 이상인 것이 건성유이다.
④ 동·식물유류의 지정 수량은 10,000L이다.

57 나이트로셀룰로오스의 안전한 저장 및 운반에 대한 설명으로 옳은 것은?

① 습도가 높으면 위험하므로 건조한 상태로 취급한다.
② 아닐린과 혼합한다.
③ 산을 첨가하여 중화시킨다.
④ 알코올 수용액으로 습면시킨다.

해설 ㉠ 습도가 높으면 안전하므로 즉시 습한 상태를 유지시킨다.
㉡ 아닐린과 혼합하면 자연 발화의 위험이 있다.
㉢ 산을 첨가하면 직사광선과 습기의 영향에 따라 분해하여 자연 발화하고, 폭발 위험이 증가한다.

58 옥내 저장소의 안전 거리 기준을 적용하지 않을 수 있는 조건으로 틀린 것은?

① 지정 수량 20배 미만의 제4석유류를 저장하는 경우
② 제6류 위험물을 저장하는 경우
③ 지정 수량 20배 미만의 동·식물유류를 저장하는 경우
④ 지정 수량의 20배 이하를 저장하는 것으로서 창에 망입 유리를 설치한 것

해설 안전 거리 기준을 적용하지 않을 수 있는 조건
㉠ 제4석유류 또는 동·식물유류의 위험물을 저장 또는 취급하는 옥내 저장소로 그 최대 수량의 20배 미만인 것
㉡ 제6류 위험물을 저장 또는 취급하는 옥내 저장소
㉢ 지정 수량의 20배(한 저장 창고의 바닥 면적이 150m² 이하인 경우에는 50배) 이하의 위험물을 저장 또는 취급하는 옥내 저장소로 다음의 기준에 적합한 것
　· 저장 창고의 벽·기둥·바닥·보 및 지붕이 내화 구조인 것
　· 저장 창고의 출입구에 수시로 열 수 있는 자동 폐쇄 방식의 60분+ 방화문 또는 60분 방화문이 설치되어 있을 것
　· 저장 창고에 창을 설치하지 아니할 것

59 위험물안전관리법령에서 정한 위험물의 운반에 관한 설명으로 옳은 것은?

① 위험물을 화물 차량으로 운반하면 특별히 규제받지 않는다.
② 승용 차량으로 위험물을 운반할 경우에만 운반의 규제를 받는다.
③ 지정 수량 이상의 위험물을 운반할 경우에만 운반의 규제를 받는다.
④ 위험물을 운반할 경우 그 양의 다소를 불문하고 운반의 규제를 받는다.

정답　54 ④　55 ①　56 ③　57 ④　58 ④　59 ④

해설 위험물의 운반 : 위험물을 운반할 경우 그 양의 다소를 불문하고 운반의 규제를 받는다.

60 위험물안전관리법령상의 지정 수량이 나머지 셋과 다른 하나는?

① 질산에스테르류
② 나이트로소 화합물
③ 다이아조 화합물
④ 하이드라진 유도체

해설 제5류 위험물의 품명과 지정 수량

성 질	품 명	지정 수량	위험 등급
자기 반응성 물질	1. 유기 과산화물 2. 질산에스터류 3. 나이트로 화합물 4. 나이트로소 화합물 5. 아조 화합물 6. 다이아조 화합물 7. 하이드라진 유도체 8. 하이드록실아민 9. 하이드록실아민염류 10. 그 밖에 행정안전부령이 정하는 것 11. 제1호부터 제10호까지의 어느 하나에 해당하는 위험물을 하나 이상 함유한 것	제1종 : 10kg 제2종 : 100kg	제1종 : I 제2종 : II

정답 60 ①

〈저자 약력〉

저자 **김 재 호**

- 한국폴리텍Ⅱ대학 겸임교수
- 경남정보대학 외래교수
- 한국소방안전원 외래교수

위험물 산업기사 기출문제집 필기 [핵심이론+10개년 기출]

1판 1쇄 발행	2023년 2월 10일
3판 1쇄 발행	2025년 1월 11일
4판 1쇄 발행	2026년 1월 12일

저자	김재호
펴낸이	박 용
펴낸곳	도서출판 세화
주소	경기도 파주시 회동길 325-22(서패동69-2)
영업부	(031)955-9331~2
편집부	(031)955-9333
FAX	(031)955-9334
등록	1978년 12월 26일 제1-338호

이 책에 실린 모든 내용에 대한 저작권은 도서출판 세화에 있으므로
무단으로 복사 복제할 수 없습니다.
copyright©Sehwa Publishing Co.,Ltd.

ISBN 978-89-317-1355-8 (13530)

정가 18,000원

독자 여러분의 의견을 기다립니다.
잘못된 책은 교환하여 드립니다.

▶ 위험물 저자가 직강하는 전문학원
관인 대원 위험물 기술학원 | 서울 당산동 TEL.02) 6013-3999 |